"十四五"国家重点出版物出版规划重大工程
量子科学出版工程（第三辑）

The Unitary Symmetry and the Wave Functions of Mesons and Baryons

阮图南　著

幺正对称性和介子、重子波函数

中国科学技术大学出版社

内 容 简 介

本书是已故的中国科学技术大学阮图南教授的遗作之一.主要内容包括幺正幺模群(SU_n)及其表示、群 SU_2 及其不可约表示(以及群 SU_2 不可约表示直乘分解和 CG 系数、拉卡系数、U 系数、带自旋系统的波函数及其变换等)、群 SU_3 及其表示(以及 Gell-Mann 夸克模型、Han-Nambu 模型等)、群 SU_6 及其表示、夸克波函数、重子波函数、介子波函数等.全书推演透彻,叙述深入浅出,不乏作者精辟而独到的见解,结构严谨而简洁,逻辑性强,反映了作者一贯的明晰、透彻的教学科研思路,也体现了理论物理的美感.

本书适合相关专业研究生、高年级本科生以及有关科研教学人员研读.

图书在版编目(CIP)数据

幺正对称性和介子、重子波函数/阮图南著.—合肥:中国科学技术大学出版社,2022.3
(量子科学出版工程.第三辑)
国家出版基金项目
“十四五”国家重点出版物出版规划重大工程
ISBN 978-7-312-05423-5

Ⅰ.幺… Ⅱ.阮… Ⅲ.①幺正性 ②介子-重子相互作用—波函数 Ⅳ.O143

中国版本图书馆 CIP 数据核字(2022)第 045226 号

幺正对称性和介子、重子波函数
YAOZHENG DUICHENGXING HE JIEZI、ZHONGZI BO HANSHU

出版 中国科学技术大学出版社
安徽省合肥市金寨路 96 号,230026
http://press.ustc.edu.cn
https://zgkxjsdxcbs.tmall.com
印刷 合肥华苑印刷包装有限公司
发行 中国科学技术大学出版社
开本 787 mm×1092 mm 1/16
印张 23.75
字数 500 千
版次 2022 年 3 月第 1 版
印次 2022 年 3 月第 1 次印刷
定价 120.00 元

前言

本书是已故的中国科学技术大学阮图南教授的遗稿之一,是他50余年研究和讲授量子场论的智慧结晶.整理出版本书是为了让更多青年学生受益,也为相关研究人员提供重要的参考.

阮图南教授大学学习期间师从彭桓武院士,他于1958年北京大学物理系毕业以后在中国科学院原子能研究所于敏院士、朱洪元院士指导下开展研究工作,也曾为朱洪元院士在中国科学院原子能研究所、中国科学技术大学等单位所授课程(量子场论、群论)担任助教.他毕生从事原子核和基本粒子理论研究,成就卓著.1965年,他参加朱洪元院士主持的"强子结构的层子模型"研究,引入V-A强相互作用.1977年,他与周光召院士、杜东生教授合作,提出陪集空间纯规范场理论,丰富和发展了杨-米尔斯方程和费曼-李杨理论.1980年,他与何祚庥院士合作,提出相对论等时方程,建立了复合粒子量子场论.在培养研究生过程中,他给出了路径积分量子化等效拉格朗日函数的一般形式以及超弦B-S方程,并在费米子的玻色化结构、约束动力学、Bargmann-Wigner方程的严格解、螺旋振幅分析方法等领域均有重要的建树.他一生中共发表科学论文近200篇,曾获中国科学院重大科技成果奖等多个奖项.

阮图南教授物理理论的功底是在大学学习和中国科学院原子能研究所工作期间打下的.他在学生期间就非常认真,一丝不苟,理论物理学中的每一个公式都仔细计算，这种严谨在班上是出了名的. 他随于敏院士、朱洪元院士做科研，为朱洪元院士所授课程担任助教，把朱洪元院士的场论教材从头到尾全部仔细做了演算和推导，形成了他自己厚厚的量子场论笔记. 他在中国科学院原子能研究所工作期间，新来场论组的和后来又离开场论组的年轻人，几乎没有人不把他的笔记本、算稿奉为学习的经典、范本.

1974 年，阮图南教授调入中国科学技术大学近代物理系工作，他始终如一致力于我国物理学教育与人才培养事业. 他是我国首批物理学博士的导师，一生共培养博士、硕士 70 余名. 他坚守讲台 30 余年，直至生病住院，直接受惠学生数以千计. 阮老师在中国科学技术大学讲授过的课程有"粒子和场""场论和粒子物理""量子力学""量子力学专题""高等量子力学""量子场论""高等量子场论""规范场理论""粒子物理中的对称性""力学""电动力学""高等电动力学"等（其中多数课程都讲过好几轮），留下的讲稿数以千页.

我们一众同门师兄弟们当年都上过他的"量子场论"课，对他在量子场论体系方面的博大精深至今仍怀着深深的景仰之心. 精深的量子场论，再怎么繁难，经阮老师深入浅出的推演也就变得简单而生动. 阮老师以他一贯的严谨、明晰的授课风格和勤勤恳恳的敬业精神赢得青年学子的尊敬和爱戴. 他还通过言传身教，把自己教学方面的经验和心得毫无保留地传给青年教师，不遗余力为青年教师引路. 诺贝尔物理学奖获得者李政道先生曾说"阮图南教授是极优秀的物理学家、教育家".

阮图南老师 2007 年 4 月去世以后，我们对他的丰富遗稿的整理就开始了，其出版也得到中国科学技术大学、中国科学院理论物理研究所、中国科学院高能物理研究所、中国科学院兰州近代物理研究所、北京大学、南京大学、复旦大学等许多单位老师们特别是阮老师生前众多好友同行的关心. 虽然如此，书的整理出版其实并不顺利，一再拖延. 我曾经参与了他的科研导师朱洪元先生的群论遗著的整理. 阮老师曾一个字一个字地校，还不放心，要求我对着朱先生家属提供的原稿一个字一个字地反复校. 关于朱先生这部遗著的出版，他倾注了心血，当年他与井思聪老师和我，或者与张肇西老师和我，或者与出版社的领导几次见面商议的情形至今历历在目. 阮老师为朱先生群论遗著操心的情形深深影响了我，成了我整理这本遗稿的动力之一.

阮图南老师家属、范洪义教授、孙腊珍教授等提供书稿讲义、手写稿等；阮老师生前把这些亲笔手稿的一部分放在他办公室或家里，也把一部分给了我们这些学生. 这一个个本子和一摞摞手写稿里面，每页纸上每个字、每个符号、每个公式都写得工工整整、稳稳当当、一丝不苟，显得那么自信与认真.书的整理出版凝聚着我们同门师兄弟、师姐师妹们共同的心力；大家感怀恩师生前的教诲，有力出力，有点子出点子.本书的整理由我完成，大师兄范洪义教授、师姐孙腊珍教授、师弟于森博士，以及远在国外的阮老师女儿阮洁博士参加了书稿的校核，对书稿包括书名、封面设计等都提出意见.

本书由我们所见的阮老师各种笔记整理而成，以忠实于原作为原则，部分内容稍有补充、调整，术语、文字叙述和结构安排也有微调.

本书的出版得到了方方面面的关心，得到中国科学技术大学出版社的大力支持，在此一并致以诚挚的谢意.

张鹏飞

中国科学技术大学物理学院

2022年2月

目录

前言 —— i

第 1 章

***SU_3* 群** —— 001

1.1　幺模幺正群 SU_3 —— 001
1.2　无穷小算符 —— 004
1.3　盖尔曼夸克模型 —— 009
1.4　逆步表示 —— 015
1.5　正则表示 —— 020
1.6　介子波函数 —— 025
1.7　二阶张量 —— 029
1.8　二阶逆步张量 —— 031
1.9　重子波函数 —— 032
1.10　卡西米尔算符 —— 045
　1.10.1　$C_2, C_3, \cdots, C_n$ —— 045
　1.10.2　恒等式 —— 050

1.11 二阶混合张量 T_{α}^{β} —— 052
1.12 质量公式 —— 059
1.12.1 赝标介子八重态($J^P=0^-$) —— 062
1.12.2 矢量介子八重态($J^P=1^-$) —— 063
1.12.3 重子八重态$\left(J^P=\frac{1}{2}^+\right)$ —— 065
1.12.4 重子十重态$\left(J^P=\frac{3}{2}^+\right)$ —— 067
1.13 饱和性、超强相互作用 —— 068
1.13.1 两夸克系统 —— 072
1.13.2 四夸克系统 —— 073
1.13.3 五夸克系统 —— 074
1.13.4 七夸克系统 —— 074
1.13.5 八夸克系统 —— 075
1.14 Han-Nambu 模型 —— 083

第 2 章
SU_6 群 —— 086

2.1 幺模幺正群 SU_6 —— 087
2.2 介子波函数 —— 088
2.3 重子波函数 —— 092

第 3 章
相对论性 SU_6 波函数(静止情况) —— 102

3.1 夸克波函数 —— 102
3.2 介子波函数(相对论中静止情况) —— 104
3.3 重子波函数 —— 108

第 4 章
相对论性 SU_6 波函数(运动情况) —— 113

4.1 狄拉克旋量 —— 113

4.2 介子波函数 —— 119
4.3 重子波函数 —— 121
4.3.1 $\chi_r \to u_r(\boldsymbol{p}) = \Lambda u_r$ —— 121
4.3.2 $\chi_r \to v_r(\boldsymbol{p}) = \Lambda v_r$ —— 124
4.3.3 一条性质 —— 127

第 5 章

夸克波函数 —— 128

5.1 海森伯绘景中的夸克 —— 128
5.2 自由夸克波函数 —— 129
5.3 吸收算符和发射算符 —— 131

第 6 章

介子波函数 —— 133

第 7 章

重子波函数 —— 138

7.1 重子波函数的定义 —— 138
7.2 全对称波函数 —— 141
7.3 共轭波函数 —— 144

第 8 章

幺模幺正变换群 SU_m —— 147

8.1 幺模幺正变换群 SU_m —— 147
8.2 逆变基底、共轭表示 —— 153
8.3 群 SU_m 的二阶混合张量表示 $SU_m \otimes SU_m^c$ —— 156
8.4 群 SU_m 的 n 阶张量表示 SU_m^n —— 159
8.5 群 SU_m 的 n 阶逆变张量表示 SU_m^{cn} —— 162
8.6 群 SU_m 的复共轭表示、电荷共轭 —— 165

第 9 章

幺模幺正变换群 SU_2 —— 171

9.1 幺正变换群 SU_2 —— 171

9.2 逆变基底，共轭表示 SU_2^c —— 175

9.3 SU_2 与 SU_2^c 的关系 —— 177

9.3.1 $\phi^i = \phi_i^*$ 复共轭表示 —— 177

9.3.2 $\phi^i = -\sigma_2 \phi_i^*$ —— 178

9.3.3 $\phi^r = \mathrm{i}\varepsilon^{rs}\phi_s$ —— 179

9.4 群 SU_2 的二阶混合张量表示 $SU_2 \otimes SU_2^c$ —— 181

9.5 欧拉角 —— 194

9.6 群 SU_2 的 n 阶不可约表示 D_J —— 202

9.7 广义球函数 $D_{MK}^J(\theta, \varphi, \psi)$ —— 217

9.8 群 SU_2 的 n 阶逆变张量表示 SU_2^{cn} —— 228

9.9 群 SU_2 的不变积分，广义球函数的正交性质 —— 233

9.10 广义球函数满足的微分方程 —— 245

9.11 表示 $D_{J_1} \otimes D_{J_2}$ 的分解，CG 系数 —— 256

9.12 表示 $D_{J_1} \otimes D_{J_2} \otimes D_{J_3}$ 的分解，拉卡系数 —— 279

9.13 表示 $D_{J_1} \otimes D_{J_2} \otimes D_{J_3} \otimes D_{J_4}$ 的分解，U 系数 —— 287

9.14 不可约张量算符代数、约化矩阵元和几何因子 —— 298

9.15 平面波按球谐函数的展开式 —— 313

9.16 带有自旋的球函数 —— 321

9.17 参考系变换时，波函数的变换 —— 325

9.18 关于空间转动群不变的方程式 —— 328

9.19 正则表示 $SU_2 \times SU_2^c$ 与二阶张量表示 $SU_2 \times SU_2$ —— 331

9.20 梯度的极坐标表示式 —— 337

9.21 梯度公式 —— 341

9.22 不变方程的分波展开 —— 347

9.23 麦克斯韦方程 —— 351

9.24 多极场 —— 359

后记 —— 369

第 1 章

SU_3 群

1.1 幺模幺正群 SU_3

考虑 3×3 的行列式为 1 的幺正矩阵的集合

$$SU_3 = \{\cdots u \cdots\} \tag{1.1.1}$$

矩阵 u 满足两个条件：

(1) 幺正条件

$$u^\dagger u = 1 = uu^\dagger, \quad u^\dagger = u^{-1}$$

(2) 幺模条件

$$\det u = 1$$

显然以下叙述成立：

（1）若 u、$v \in SU_3$，则其乘积 $uv \in SU_3$（封闭性）；

（2）若 $u \in SU_3$，则其逆 $u^{-1} \in SU_3$（有逆）；

（3）单位矩阵 $I \in SU_3$；

（4）根据矩阵乘法，对任意幺模幺正矩阵 u、v、w，满足 $(uv)w = u(vw)$（结合律）.
因此集合 SU_3 构成群.

取正交归一基底

$$\phi_1 = \begin{pmatrix} 1 \\ 0 \\ 0 \end{pmatrix}, \quad \phi_2 = \begin{pmatrix} 0 \\ 1 \\ 0 \end{pmatrix}, \quad \phi_3 = \begin{pmatrix} 0 \\ 0 \\ 1 \end{pmatrix} \tag{1.1.2}$$

满足

$$\phi_\alpha^\dagger \phi_\beta = \delta_\beta^\alpha = \delta_{\alpha\beta} \quad (\alpha, \beta = 1,2,3)$$

SU_3 引起的基底变换（两个坐标之间变换）为

$$\phi_\alpha \to \phi'_\alpha = u\phi_\alpha = u_{\beta\alpha}\phi_\beta = \sum_{\beta=1}^{3} u_{\beta\alpha}\varphi_\beta \tag{1.1.3}$$

上式中倒数第二个等号采用了爱因斯坦的重复指标表示求和的约定，表示像最后一个等号那样写出求和符号同样的含义；此后本书中若不是特意写出求和符号，则都采用这种约定.所以 u 的矩阵形式为

$$u = \begin{pmatrix} u_{11} & u_{12} & u_{13} \\ u_{21} & u_{22} & u_{23} \\ u_{31} & u_{32} & u_{33} \end{pmatrix} \tag{1.1.4}$$

共有 18 个实参数，这时幺模幺正条件可以表示为

$$\text{幺正：} \quad u_{\alpha\gamma}u^*_{\beta\gamma} = \delta_{\alpha\beta} = u_{\gamma\alpha}u^*_{\gamma\beta} \tag{1.1.5}$$

$$\text{幺模：} \quad \varepsilon_{\alpha\beta\gamma}u_{\alpha 1}u_{\beta 2}u_{\gamma 3} = 1 \tag{1.1.6}$$

共是 10 个条件，因此只有 $18 - 10 = 8$ 个独立实参数，即 SU_3 群是八阶的.

根据矩阵论，一个幺正矩阵一定可以通过幺正变换对角化，即

$$u = V\begin{pmatrix} \varepsilon_1 & & \\ & \varepsilon_2 & \\ & & \varepsilon_3 \end{pmatrix}V^{-1}, \quad V^\dagger = V^{-1} \tag{1.1.7}$$

于是幺模幺正条件又可以表示为

$$\text{幺正：}\quad u^{\dagger}u = 1 = uu^{\dagger},\quad |\varepsilon_{\alpha}|^2 = 1\quad (\alpha = 1,2,3) \tag{1.1.8}$$

$$\text{幺模：}\quad \det u = \varepsilon_1\varepsilon_2\varepsilon_3 = 1 \tag{1.1.9}$$

它的解为

$$\text{幺正：}\quad \varepsilon_{\alpha} = \mathrm{e}^{\mathrm{i}\omega_{\alpha}}\quad (\alpha = 1,2,3) \tag{1.1.10}$$

$$\text{幺模：}\quad \omega_1 + \omega_2 + \omega_3 = 0 \tag{1.1.11}$$

代入得

$$u = V\begin{pmatrix} \mathrm{e}^{\mathrm{i}\omega_1} & & \\ & \mathrm{e}^{\mathrm{i}\omega_2} & \\ & & \mathrm{e}^{\mathrm{i}\omega_3} \end{pmatrix}V^{-1} = V\exp\left\{\mathrm{i}\begin{pmatrix} \omega_1 & & \\ & \mathrm{e}^{\mathrm{i}\omega_2} & \\ & & \mathrm{i}\omega_3 \end{pmatrix}\right\}V^{-1}$$

$$= \exp\left\{\mathrm{i}V\begin{pmatrix} \omega_1 & & \\ & \omega_2 & \\ & & \omega_3 \end{pmatrix}V^{-1}\right\} = \mathrm{e}^{\mathrm{i}\Theta} \tag{1.1.12}$$

也就是

$$u = \mathrm{e}^{\mathrm{i}\Theta} \tag{1.1.13}$$

其中

$$\Theta = V\begin{pmatrix} \omega_1 & & \\ & \omega_2 & \\ & & \omega_3 \end{pmatrix}V^{-1},\quad \Theta^{\dagger} = \Theta$$

其次可以求出

$$\det u = \varepsilon_1\varepsilon_2\varepsilon_3 = \mathrm{e}^{\mathrm{i}(\omega_1+\omega_2+\omega_3)} = \mathrm{e}^{\mathrm{i}\,\mathrm{tr}\,\Theta}$$

因此幺模幺正条件变成零迹厄米条件

$$\text{幺正：}\quad u = \mathrm{e}^{\mathrm{i}\Theta},\quad \Theta^{\dagger} = \Theta\quad (\text{厄米}) \tag{1.1.14}$$

$$\text{幺模：}\quad \det u = \mathrm{e}^{\mathrm{i}\,\mathrm{tr}\,\Theta} = 1,\quad \mathrm{tr}\,\Theta = 0\quad (\text{零迹}) \tag{1.1.15}$$

1.2 无穷小算符

我们把矩阵 Θ 在如式(1.1.2)所给的基底 ϕ_α 上展开

$$\Theta\phi_\alpha = \theta_{\beta\alpha}\phi_\beta \tag{1.2.1}$$

或者

$$\Theta = \begin{pmatrix} \theta_{11} & \theta_{12} & \theta_{13} \\ \theta_{21} & \theta_{22} & \theta_{23} \\ \theta_{31} & \theta_{32} & \theta_{33} \end{pmatrix} = \theta_{\alpha\beta}E_{\alpha\beta} \tag{1.2.2}$$

满足

$$\begin{cases} \text{零迹：} \quad \theta_{\alpha\alpha} = 0 & (1.2.3\text{a}) \\ \text{厄米：} \quad \theta^*_{\alpha\beta} = \theta_{\beta\alpha} & (1.2.3\text{b}) \end{cases}$$

其中矩阵基底为

$$E_{\alpha\beta} = \phi_\alpha\phi^\dagger_\beta \tag{1.2.4}$$

如下列出：

$$\begin{gathered} E_{11} = \begin{pmatrix} 1 & 0 & 0 \\ 0 & 0 & 0 \\ 0 & 0 & 0 \end{pmatrix}, \quad E_{12} = \begin{pmatrix} 0 & 1 & 0 \\ 0 & 0 & 0 \\ 0 & 0 & 0 \end{pmatrix}, \quad E_{13} = \begin{pmatrix} 0 & 0 & 1 \\ 0 & 0 & 0 \\ 0 & 0 & 0 \end{pmatrix} \\ E_{21} = \begin{pmatrix} 0 & 0 & 0 \\ 1 & 0 & 0 \\ 0 & 0 & 0 \end{pmatrix}, \quad E_{22} = \begin{pmatrix} 0 & 0 & 0 \\ 0 & 1 & 0 \\ 0 & 0 & 0 \end{pmatrix}, \quad E_{23} = \begin{pmatrix} 0 & 0 & 0 \\ 0 & 0 & 1 \\ 0 & 0 & 0 \end{pmatrix} \\ E_{31} = \begin{pmatrix} 0 & 0 & 0 \\ 0 & 0 & 0 \\ 1 & 0 & 0 \end{pmatrix}, \quad E_{32} = \begin{pmatrix} 0 & 0 & 0 \\ 0 & 0 & 0 \\ 0 & 1 & 0 \end{pmatrix}, \quad E_{33} = \begin{pmatrix} 0 & 0 & 0 \\ 0 & 0 & 0 \\ 0 & 0 & 1 \end{pmatrix} \end{gathered} \tag{1.2.5}$$

它们满足如下条件：

$$\text{等幂元：} \quad E_{\alpha\beta}E_{\alpha'\beta'} = \delta_{\beta\alpha'}E_{\alpha\beta'} \tag{1.2.6}$$

$$\text{对易子：}\quad [E_{\alpha\beta}, E_{\alpha'\beta'}] = \delta_{\beta\alpha'}E_{\alpha\beta'} - \delta_{\beta'\alpha}E_{\alpha'\beta} \tag{1.2.7}$$

它们有的不是零迹的，如 E_{11}, E_{22}, E_{33}，如下取零迹矩阵：

$$\lambda_{\alpha\beta} = E_{\alpha\beta} - \frac{1}{3}\delta_{\alpha\beta} \tag{1.2.8}$$

得展开

$$\Theta = \theta_{\alpha\beta}E_{\alpha\beta} = \theta_{\alpha\beta}\left(\lambda_{\alpha\beta} + \frac{1}{3}\delta_{\alpha\beta}\right) = \theta_{\alpha\beta}\lambda_{\alpha\beta} + \frac{1}{3}\theta_{\alpha\alpha} \tag{1.2.9}$$

利用零迹条件(1.2.3a)，

$$\Theta = \theta_{\alpha\beta}\lambda_{\alpha\beta} \tag{1.2.10}$$

$\lambda_{\alpha\beta}$满足如下对易子：

$$[\lambda_{\alpha\beta}, \lambda_{\alpha'\beta'}] = \delta_{\beta\alpha'}\lambda_{\alpha\beta'} - \delta_{\beta'\alpha}\lambda_{\alpha'\beta} \tag{1.2.11}$$

这就是 SU_3 群无穷小算符满足的对易关系.原因是

$$\begin{cases} \lambda_{11} = \begin{pmatrix} 2/3 & & \\ & -1/3 & \\ & & -1/3 \end{pmatrix} = \theta = \dfrac{\pi^0}{\sqrt{2}} + \dfrac{\eta}{\sqrt{6}} \\ \lambda_{22} = \begin{pmatrix} -1/3 & & \\ & 2/3 & \\ & & -1/3 \end{pmatrix} = Y - Q = -\dfrac{\pi^0}{\sqrt{2}} + \dfrac{\eta}{\sqrt{6}} \\ \lambda_{33} = \begin{pmatrix} -1/3 & & \\ & -1/3 & \\ & & 2/3 \end{pmatrix} = -Y = -\dfrac{2}{\sqrt{6}}\eta \end{cases} \tag{1.2.12}$$

$$\begin{cases} \lambda_{12} = \begin{pmatrix} 0 & 1 & 0 \\ 0 & 0 & 0 \\ 0 & 0 & 0 \end{pmatrix} = T_+ = \pi^+ \\ \lambda_{21} = \begin{pmatrix} 0 & 0 & 0 \\ 1 & 0 & 0 \\ 0 & 0 & 0 \end{pmatrix} = T_- = \pi^- \end{cases} \tag{1.2.13}$$

$$
\begin{cases}
\lambda_{13} = \begin{pmatrix} 0 & 0 & 1 \\ 0 & 0 & 0 \\ 0 & 0 & 0 \end{pmatrix} = V_+ = \mathrm{K}^+ \\
\lambda_{31} = \begin{pmatrix} 0 & 0 & 0 \\ 0 & 0 & 0 \\ 1 & 0 & 0 \end{pmatrix} = V_- = \mathrm{K}^-
\end{cases}
\tag{1.2.14}
$$

$$
\begin{cases}
\lambda_{23} = \begin{pmatrix} 0 & 0 & 0 \\ 0 & 0 & 1 \\ 0 & 0 & 0 \end{pmatrix} = U_+ = \mathrm{K}^0 \\
\lambda_{32} = \begin{pmatrix} 0 & 0 & 0 \\ 0 & 0 & 0 \\ 0 & 1 & 0 \end{pmatrix} = U_- = \overline{\mathrm{K}^0}
\end{cases}
\tag{1.2.15}
$$

其中三个可对易矩阵 λ_{11}、λ_{22}、λ_{33}满足条件

$$
\lambda_{\alpha\alpha} = \lambda_{11} + \lambda_{22} + \lambda_{33} = 0 \tag{1.2.16}
$$

所以只有两个独立可对易矩阵，即 SU_3 群是 2 秩的，只能容纳两个物理量电荷 Q 和超荷 Y. 如果还有新物理量，则必须寻找 3 秩、4 秩……群.

因此八个独立的零迹矩阵，正好对应八个独立实参数. 虽然上述矩阵是零迹的但不是厄米的，所以盖尔曼(Gell-Mann)引进如下八个零迹厄米矩阵：

$$
\lambda_1 = \begin{pmatrix} 0 & 1 & 0 \\ 1 & 0 & 0 \\ 0 & 0 & 0 \end{pmatrix} = 2T_1 = \pi^+ + \pi^- = \sqrt{2}\pi_1 \tag{1.2.17}
$$

$$
\lambda_2 = \begin{pmatrix} 0 & -\mathrm{i} & 0 \\ \mathrm{i} & 0 & 0 \\ 0 & 0 & 0 \end{pmatrix} = 2T_2 = \frac{\pi^+ - \pi^-}{\mathrm{i}} = \sqrt{2}\pi_2 \tag{1.2.18}
$$

$$
\lambda_3 = \begin{pmatrix} 1 & 0 & 0 \\ 0 & -1 & 0 \\ 0 & 0 & 0 \end{pmatrix} = 2T_3 = \sqrt{2}\pi_0 = \sqrt{2}\pi_3 \tag{1.2.19}
$$

$$
\lambda_4 = \begin{pmatrix} 0 & 0 & 1 \\ 0 & 0 & 0 \\ 1 & 0 & 0 \end{pmatrix} = 2V_1 = \mathrm{K}^+ + \mathrm{K}^- = \sqrt{2}\mathrm{K}_1 \tag{1.2.20}
$$

$$
\lambda_5 = \begin{pmatrix} 0 & 0 & -\mathrm{i} \\ 0 & 0 & 0 \\ \mathrm{i} & 0 & 0 \end{pmatrix} = 2V_2 = \frac{\mathrm{K}^+ - \mathrm{K}^-}{\mathrm{i}} = \sqrt{2}\mathrm{K}_2 \tag{1.2.21}
$$

$$\lambda_6 = \begin{pmatrix} 0 & 0 & 0 \\ 0 & 0 & 1 \\ 0 & 1 & 0 \end{pmatrix} = 2U_1 = \mathrm{K}^0 + \overline{\mathrm{K}}^0 = \sqrt{2}\mathrm{K}_1^0 \tag{1.2.22}$$

$$\lambda_7 = \begin{pmatrix} 0 & 0 & 0 \\ 0 & 0 & -\mathrm{i} \\ 0 & \mathrm{i} & 0 \end{pmatrix} = 2U_2 = \frac{\mathrm{K}^0 - \overline{\mathrm{K}}^0}{\mathrm{i}} = \sqrt{2}\mathrm{K}_2^0 \tag{1.2.23}$$

$$\lambda_8 = \frac{1}{\sqrt{3}}\begin{pmatrix} 1 & 0 & 0 \\ 0 & 1 & 0 \\ 0 & 0 & -2 \end{pmatrix} = \sqrt{3}Y = \sqrt{2}\eta \tag{1.2.24}$$

为了方便,记

$$\lambda_0 = \sqrt{\frac{2}{3}}\begin{pmatrix} 1 & 0 & 0 \\ 0 & 1 & 0 \\ 0 & 0 & 1 \end{pmatrix} = \sqrt{2}\eta_1 \tag{1.2.25}$$

可见$\dfrac{\lambda_i}{\sqrt{2}}$$(i=1,2,\cdots,8)$相应于8个赝标介子.它们(连同$\lambda_0$)具有如下性质:

(1) 零迹厄米

$$\begin{aligned} &\text{零迹:}\quad \mathrm{tr}\,\lambda_i = \sqrt{6}\delta_{i0} \\ &\text{厄米:}\quad \lambda_i^\dagger = \lambda_i \quad (i = 0,1,\cdots,8) \end{aligned} \tag{1.2.26}$$

(2) 正交归一

$$\mathrm{tr}\,\lambda_i\lambda_j = 2\delta_{ij} \quad (i,j = 0,1,\cdots,8) \tag{1.2.27}$$

或者

$$(\lambda_i)_{\alpha\beta}(\lambda_j)_{\beta\alpha} = 2\delta_{ij} \tag{1.2.28}$$

(3) 完备性

$$A = \sum_{i=0}^{8} a_i\lambda_i,\quad a_i = \frac{1}{2}\mathrm{tr}\,\lambda_i A \tag{1.2.29}$$

例如

$$E_{\alpha\beta} = \frac{1}{2}\sum^{8}(\lambda_i)_{\beta\alpha}\lambda_i,\quad \delta_{\alpha\alpha'}\delta_{\beta\beta'} = \frac{1}{2}\sum_{i=0,1}^{8}(\lambda_i)_{\beta\alpha}(\lambda_i)_{\alpha'\beta'} \tag{1.2.30}$$

$$1 = \frac{1}{2}\sum_{i=0}^{8}(\lambda_i)_{\alpha\alpha}\lambda_i \tag{1.2.31}$$

$$\lambda_{\alpha\beta} = \frac{1}{2}\sum_{i=0,1}^{8}(\lambda_i)_{\beta\alpha}\lambda_i \tag{1.2.32}$$

反解之得

$$\lambda_0 = \frac{1}{3}(\lambda_0)_{\alpha\alpha}\cdot 1 = \sqrt{\frac{2}{3}}\cdot 1,\quad \lambda_i = (\lambda_i)_{\alpha\beta}\lambda_{\alpha\beta}$$

(4) 对易子——无穷小算符的对易关系

$$[\lambda_i,\lambda_j] = 2\mathrm{i}f_{ijk}\lambda_k \quad (i,j,k = 0,1,\cdots,8) \tag{1.2.33}$$

其中,f_{ijk}对i、j、k 全反对称,取实数,如下所给:

$$f_{ijk} = \frac{1}{4\mathrm{i}}\mathrm{tr}[\lambda_i,\lambda_j]\lambda_k = \frac{1}{4\mathrm{i}}\mathrm{tr}(\lambda_i\lambda_j\lambda_k - \lambda_j\lambda_i\lambda_k) \tag{1.2.34}$$

它的非零值为

$$f_{123} = 1,\quad f_{147} = -f_{156} = f_{246} = f_{257} = f_{345} = -f_{367} = \frac{1}{2},\quad f_{458} = f_{678} = \frac{\sqrt{3}}{2}$$

(5) 反对易子

$$\{\lambda_i,\lambda_j\} = 2d_{ijk}\lambda_k + \frac{2}{\sqrt{3}}\lambda_0 \quad (i,j,k = 0,1,\cdots,8) \tag{1.2.35}$$

其中,d_{ijk}对i、j、k 全对称,取实数,它的非零值为

$$\begin{cases} d_{000} = d_{011} = \cdots = d_{088} = \sqrt{\dfrac{2}{3}} \\ d_{118} = d_{228} = d_{338} = -d_{888} = \dfrac{1}{\sqrt{3}} \\ d_{146} = d_{157} = -d_{247} = d_{256} = d_{344} = d_{355} = -d_{366} = -d_{377} = \dfrac{1}{2} \\ d_{448} = d_{558} = d_{668} = d_{778} = -\dfrac{1}{2\sqrt{3}} \end{cases} \tag{1.2.36}$$

以上 f_{ijk}、d_{ijk} 称为SU_3 群的群结构常数.

(6) SU_3 群盖尔曼矩阵的对易子与反对易子

$$\begin{cases} [\lambda_i,\lambda_j] = 2\mathrm{i}f_{ijk}\lambda_k \\ \{\lambda_i,\lambda_j\} = 2d_{ijk}\lambda_k + \dfrac{4}{3}\delta_{ij} \end{cases} \tag{1.2.37}$$

其中，$i, j, k = 0,1,\cdots,8$.

(7) SU_3 矩阵的标准形式

$$u = e^{i\Theta}, \quad \Theta = \sum_{j=1}^{8} \theta_j \lambda_j \tag{1.2.38}$$

其中，θ_j 为实数，或者

$$u = \exp\left\{i \sum_{j=1}^{8} \theta_j \lambda_j\right\}$$

其无穷小形式为

$$u = 1 + i \sum_{j=1}^{8} \theta_j \lambda_j$$

(8) 雅可比恒等式

$$[[\lambda_i, \lambda_j], \lambda_k] + [[\lambda_j, \lambda_k], \lambda_i] + [[\lambda_k, \lambda_i], \lambda_j] \equiv 0 \tag{1.2.39}$$

给出

$$(f_{ijl} f_{lkn} + f_{jkl} f_{lin} + f_{kil} f_{ljn}) \lambda_n \equiv 0$$

由 λ_n 的完备性条件立得

$$f_{ijl} f_{lkn} + f_{jkl} f_{lin} + f_{kil} f_{ljn} \equiv 0 \quad (i, j, k, l, n = 0,1,\cdots,8) \tag{1.2.40}$$

1.3 盖尔曼夸克模型

夸克波函数

$$\langle p \rangle = \phi_1 = u \tag{1.3.1}$$

$$\langle n \rangle = \phi_2 = d \tag{1.3.2}$$

$$\langle \Lambda \rangle = \phi_3 = s \tag{1.3.3}$$

共是三个夸克.

电荷

$$Q = \begin{pmatrix} 2/3 & & \\ & -1/3 & \\ & & -1/3 \end{pmatrix} = \frac{\lambda_3}{2} + \frac{\lambda_8}{2\sqrt{3}} \tag{1.3.4}$$

三个夸克是电荷本征态，如下所示：

$$\begin{cases} Q\phi_1 = \dfrac{2}{3}\phi_1 \\ Q\phi_2 = -\dfrac{1}{3}\phi_2 \\ Q\phi_3 = -\dfrac{1}{3}\phi_3 \end{cases}$$

上式可见，夸克是分数电荷.

超荷

$$Y = \begin{pmatrix} 1/3 & & \\ & 1/3 & \\ & & -2/3 \end{pmatrix} = \frac{\lambda_8}{\sqrt{3}} = -\lambda_3 \tag{1.3.5}$$

三个夸克是超荷本征态，如下所示：

$$\begin{cases} Y\phi_1 = \dfrac{1}{3}\phi_1 \\ Y\phi_2 = \dfrac{1}{3}\phi_2 \\ Y\phi_3 = -\dfrac{2}{3}\phi_3 \end{cases}$$

在粒子物理理论中，超荷定义为

$$Y = N + S \tag{1.3.6}$$

式中，N 为重子数，S 为奇异数，如果取夸克的重子数为

$$N = \frac{1}{3} \tag{1.3.7}$$

则夸克的奇异数为

$$S = Y - \frac{1}{3} = \begin{pmatrix} 0 & & \\ & 0 & \\ & & -1 \end{pmatrix} = \frac{\lambda_8}{\sqrt{3}} - \frac{1}{3} \tag{1.3.8}$$

三个夸克是奇异数本征态，如下所示：

$$\begin{cases} S\phi_1 = 0 \\ S\phi_2 = 0 \\ S\phi_3 = -\phi_3 \end{cases}$$

可见，只有第三个夸克是奇异的，因此我们将它记为 s 夸克，即 $\phi_3 = \mathrm{s}$.

同位旋

$$\begin{cases} T_1 = \dfrac{1}{2}\begin{pmatrix} 0 & 1 & 0 \\ 1 & 0 & 0 \\ 0 & 0 & 0 \end{pmatrix} = \dfrac{\lambda_1}{2} \\ T_2 = \dfrac{1}{2}\begin{pmatrix} 0 & -\mathrm{i} & 0 \\ \mathrm{i} & 0 & 0 \\ 0 & 0 & 0 \end{pmatrix} = \dfrac{\lambda_2}{2} \\ T_3 = \dfrac{1}{2}\begin{pmatrix} 1 & 0 & 0 \\ 0 & -1 & 0 \\ 0 & 0 & 0 \end{pmatrix} = \dfrac{\lambda_3}{2} \end{cases} \tag{1.3.9}$$

满足

$$\boldsymbol{T}^2 = T_1^2 + T_2^2 + T_3^2 = \begin{pmatrix} 3/4 & & \\ & 3/4 & \\ & & 0 \end{pmatrix} = \frac{\sqrt{3}}{4}(\sqrt{2}\lambda_0 + \lambda_8) = \frac{\sqrt{6}\lambda_0 + \sqrt{3}\lambda_8}{4}$$

它们的对易子为

$$[T_\alpha, T_\beta] = \mathrm{i}\varepsilon_{\alpha\beta\gamma}T_\gamma \tag{1.3.10}$$

$$[T_\alpha, \boldsymbol{T}^2] = 0 \tag{1.3.11}$$

选 T_3、$\boldsymbol{T}^2$ 为力学量完全集，则有

$$\begin{cases} T_3\phi_1 = \dfrac{1}{2}\phi_1, \quad \boldsymbol{T}^2\phi_1 = \dfrac{3}{4}\phi_1, \quad Y\phi_1 = \dfrac{1}{3}\phi_1 \\ T_3\phi_2 = -\dfrac{1}{2}\phi_2, \quad \boldsymbol{T}^2\phi_2 = \dfrac{3}{4}\phi_2, \quad Y\phi_2 = \dfrac{1}{3}\phi_2 \\ T_3\phi_3 = 0, \quad \boldsymbol{T}^2\phi_3 = 0, \quad Y\phi_3 = -\dfrac{2}{3}\phi_3 \end{cases} \tag{1.3.12}$$

可见超荷相同的态组成同位旋多重态，即非奇异夸克 $\phi_1\phi_2$ 组成同位旋二重态，奇异夸克 ϕ_3 单独组成同位旋单态. 这正是强作用的特点，因此按同位旋分类自然符合强作用的要求.

反映这种要求的是第一个夸克 ϕ_1 同位旋朝上，所以称为上(up)夸克，即 $\phi_1 = \mathrm{u}$，第二个夸克 ϕ_2 同位旋朝下，所以称为下(down)夸克，即 $\phi_2 = \mathrm{d}$. 如此 u、d、s 三种夸克相应于夸克模型中夸克的三种不同的味(flavor).

这时盖尔曼-西岛规则成立

$$Q = T_3 + \frac{1}{2}Y \tag{1.3.13}$$

或者

$$\begin{pmatrix} 2/3 & & \\ & -1/3 & \\ & & -1/3 \end{pmatrix} = \frac{1}{2}\begin{pmatrix} 1 & & \\ & -1 & \\ & & 0 \end{pmatrix} + \frac{1}{2}\begin{pmatrix} 1/3 & & \\ & 1/3 & \\ & & -2/3 \end{pmatrix}$$

夸克如表 1.1 所列，以图 1.1 表示为等边三角形.

表 1.1　夸克 u、d、s 的电荷、超荷、同位旋第三分量

	u	d	s
Q	2/3	−1/3	−1/3
T_3	1/2	−1/2	0
Y	1/3	1/3	−2/3

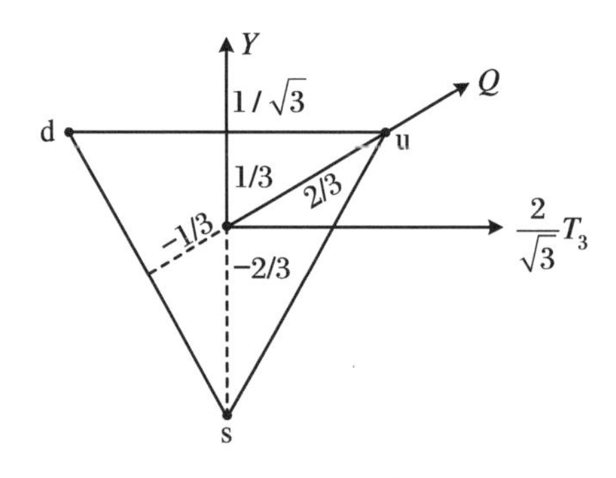

图 1.1　夸克 u、d、s 的图表示

U 旋

$$\left\{\begin{aligned} U_1 &= \frac{1}{2}\begin{pmatrix}0&0&0\\0&0&1\\0&1&0\end{pmatrix} = \frac{\lambda_6}{2} \\ U_2 &= \frac{1}{2}\begin{pmatrix}0&0&0\\0&0&-\mathrm{i}\\0&\mathrm{i}&0\end{pmatrix} = \frac{\lambda_7}{2} \\ U_3 &= \frac{1}{2}\begin{pmatrix}0&0&0\\0&1&0\\0&0&-1\end{pmatrix} = \frac{-\lambda_3+\sqrt{3}\lambda_8}{4} \end{aligned}\right. \tag{1.3.14}$$

满足

$$\begin{aligned} \boldsymbol{U}^2 = U_1^2 + U_2^2 + U_3^2 &= \begin{pmatrix}0&&\\&3/4&\\&&3/4\end{pmatrix} = \frac{3}{4}\left(\sqrt{6}\lambda_0 - \frac{\lambda_3}{2} - \frac{\lambda_8}{2\sqrt{3}}\right) \\ &= \frac{3\sqrt{6}}{4}\lambda_0 - \frac{3}{8}\lambda_3 - \frac{\sqrt{3}}{8}\lambda_8 \end{aligned} \tag{1.3.15}$$

它们的对易子为

$$\left\{\begin{aligned} &[U_\alpha, U_\beta] = \mathrm{i}\varepsilon_{\alpha\beta\gamma}U_\gamma \\ &[U_\alpha, \boldsymbol{U}^2] = 0 \end{aligned}\right. \tag{1.3.16}$$

选 U_3、$\boldsymbol{U}^2$ 为力学量完全集，则有

$$\begin{aligned} &U_3\phi_1 = 0, && \boldsymbol{U}^2\phi_1 = 0, && Q\phi_1 = \frac{2}{3}\phi_1 \\ &U_3\phi_2 = \frac{1}{2}\phi_2, && \boldsymbol{U}^2\phi_2 = \frac{3}{4}\phi_2, && Q\phi_2 = -\frac{1}{3}\phi_2 \\ &U_3\phi_3 = -\frac{1}{2}\phi_3, && \boldsymbol{U}^2\phi_3 = \frac{3}{4}\phi_3, && Q\phi_3 = -\frac{1}{3}\phi_3 \end{aligned}$$

由此可知，电荷相同的夸克组成 U 旋多重态. 这是电磁作用的特点.

这时下列关系成立：

$$Y = U_3 + \frac{1}{2}Q \tag{1.3.17}$$

也就是

$$\begin{pmatrix} 1/3 & & \\ & 1/3 & \\ & & -2/3 \end{pmatrix} = \frac{1}{2}\begin{pmatrix} 0 & & \\ & 1 & \\ & & -1 \end{pmatrix} + \frac{1}{2}\begin{pmatrix} 2/3 & & \\ & -1/3 & \\ & & -1/3 \end{pmatrix}$$

这正是盖尔曼-西岛规则作变换

$$Q \to Y, \quad T_3 \to U_3, \quad Y \to Q \tag{1.3.18}$$

的结果,因此若 Q 称为电荷,则 Y 称为超荷就是很自然的了.

V 旋

$$V_1 = \frac{1}{2}\begin{pmatrix} 0 & 0 & 1 \\ 0 & 0 & 0 \\ 1 & 0 & 0 \end{pmatrix} = \frac{\lambda_4}{2} \tag{1.3.19}$$

$$V_2 = \frac{1}{2}\begin{pmatrix} 0 & 0 & -\mathrm{i} \\ 0 & 0 & 0 \\ \mathrm{i} & 0 & 0 \end{pmatrix} = \frac{\lambda_5}{2} \tag{1.3.20}$$

$$V_3 = \frac{1}{2}\begin{pmatrix} 1 & 0 & 0 \\ 0 & 0 & 0 \\ 0 & 0 & -1 \end{pmatrix} = \frac{\lambda_3 + \sqrt{3}\lambda_8}{4} \tag{1.3.21}$$

它们满足

$$\begin{aligned} \boldsymbol{V}^2 = V_1^2 + V_2^2 + V_3^2 &= \begin{pmatrix} 3/4 & & \\ & 0 & \\ & & 3/4 \end{pmatrix} = \frac{3}{4}\left(\sqrt{\frac{2}{3}}\lambda_0 + \frac{\lambda_3}{2} - \frac{\lambda_8}{2\sqrt{3}}\right) \\ &= \frac{\sqrt{6}}{4}\lambda_0 + \frac{3}{8}\lambda_3 - \frac{\sqrt{3}}{8}\lambda_8 \end{aligned} \tag{1.3.22}$$

以及如下对易关系:

$$[V_\alpha, V_\beta] = \mathrm{i}\varepsilon_{\alpha\beta\gamma}V_\gamma \tag{1.3.23}$$

$$[V_\alpha, \boldsymbol{V}^2] = 0 \tag{1.3.24}$$

选 V_3、$\boldsymbol{V}^2$ 为力学量完全集,则有

$$
\begin{cases}
V_3\phi_1 = \dfrac{1}{2}\phi_1, & \boldsymbol{V}^2\phi_1 = \dfrac{3}{4}\phi_1, & X\phi_1 = -\dfrac{1}{3}\phi_1 \\
V_3\phi_2 = 0, & \boldsymbol{V}^2\phi_2 = 0, & X\phi_2 = \dfrac{2}{3}\phi_2 \\
V_3\phi_3 = -\dfrac{1}{2}\phi_3, & \boldsymbol{V}^2\phi_3 = \dfrac{3}{4}\phi_3, & X\phi_3 = -\dfrac{1}{3}\phi_3
\end{cases}
\tag{1.3.25}
$$

式中

$$
X = \lambda_{22} = Y - Q = -\frac{\lambda_3}{2} + \frac{\lambda_8}{2\sqrt{3}}
$$

可见 X 荷相同的夸克组成 V 旋多重态.由于 V 旋在弱流中出现,

$$
J_\mu = -\mathrm{i}\bar{\psi}\gamma_\mu(1+\gamma_5)(\cos\theta T_- + \sin\theta V_-)\psi \tag{1.3.26}
$$

式中

$$
T_- = \begin{pmatrix} 0 & 0 & 0 \\ 1 & 0 & 0 \\ 0 & 0 & 0 \end{pmatrix}, \quad V_- = \begin{pmatrix} 0 & 0 & 0 \\ 0 & 0 & 0 \\ 1 & 0 & 0 \end{pmatrix}
$$

所以 V 旋与弱作用有关.

1.4 逆步表示

SU_3 群给出的变换为

$$
\phi_\alpha \to \phi'_\alpha = u_{\beta\alpha}\phi_\beta \tag{1.4.1}
$$

由于

$$
\phi_\alpha \frac{\partial}{\partial\phi_\alpha} = \mathrm{inv}(\text{不变})
$$

考察$\dfrac{\partial}{\partial\phi_\alpha}$的变换

$$
\frac{\partial}{\partial\phi_\alpha} \to \frac{\partial}{\partial\phi'_\alpha} = \frac{\partial\phi_\beta}{\partial\phi'_\alpha}\cdot\frac{\partial}{\partial\phi_\beta}
$$

自然由幺正条件可得

$$u^*_{\beta\alpha}\phi'_\alpha = \phi_\beta, \quad \frac{\partial \phi_\beta}{\partial \phi'_\alpha} = u^*_{\beta\alpha}$$

所以

$$\frac{\partial}{\partial \phi_\alpha} \to \frac{\partial}{\partial \phi'_\alpha} = u^*_{\beta\alpha}\frac{\partial}{\partial \phi_\beta}$$

我们把与$\frac{\partial}{\partial \phi_\alpha}$变换性质相同的变换记为$\phi^\alpha$,即

$$\phi^\alpha \sim \frac{\partial}{\partial \phi_\alpha}$$

由此定义逆步变换:

$$\phi^\alpha \to \phi'^\alpha = v^*_{\beta\alpha}\phi^\beta$$

如果 v 的形式为

$$v = \exp\left\{\mathrm{i}\sum_{j=1}^{8}\theta_j\mu_j\right\}, \quad \mu_j = -\lambda_j^* = -\tilde{\lambda}_j \quad (j = 1,2,\cdots,8)$$

显然它们具有以下性质:

(1) 零迹厄米

$$\mathrm{tr}\,\mu_i = 0, \quad \mu_i^\dagger = \mu_i \quad (i = 1,2,\cdots,8)$$

(2) 对易子

$$\begin{aligned}[\mu_i,\mu_j] &= [-\lambda_i^*, -\lambda_j^*] = [\lambda_i^*, \lambda_j^*] = (2\mathrm{i}f_{ijk}\lambda_k)^* \\ &= -2\mathrm{i}f_{ijk}\lambda_k^* = 2\mathrm{i}f_{ijk}\mu_k \end{aligned} \tag{1.4.2}$$

所以逆步变换的全体

$$SU_3^c = \{\cdots v \cdots\}$$

是群 SU_3 的表示,称为逆步表示:

$$SU_3 \to SU_3^c$$

无穷小算符的全体为

$$\mu_1 = -\begin{pmatrix} 0 & 1 & 0 \\ 1 & 0 & 0 \\ 0 & 0 & 0 \end{pmatrix}$$

$$\mu_2 = -\begin{pmatrix} 0 & -i & 0 \\ i & 0 & 0 \\ 0 & 0 & 0 \end{pmatrix}$$

$$\mu_3 = -\begin{pmatrix} 1 & 0 & 0 \\ 0 & -1 & 0 \\ 0 & 0 & 0 \end{pmatrix}$$

$$\mu_4 = -\begin{pmatrix} 0 & 0 & 1 \\ 0 & 0 & 0 \\ 1 & 0 & 0 \end{pmatrix}$$

$$\mu_5 = -\begin{pmatrix} 0 & 0 & -i \\ 0 & 0 & 0 \\ i & 0 & 0 \end{pmatrix}$$

$$\mu_6 = -\begin{pmatrix} 0 & 0 & 0 \\ 0 & 0 & 1 \\ 0 & 1 & 0 \end{pmatrix}$$

$$\mu_7 = -\begin{pmatrix} 0 & 0 & 0 \\ 0 & 0 & -i \\ 0 & i & 0 \end{pmatrix}$$

$$\mu_8 = -\frac{1}{\sqrt{3}}\begin{pmatrix} 1 & 0 & 0 \\ 0 & 1 & 0 \\ 0 & 0 & -2 \end{pmatrix}$$

把 SU_3 力学量中的 $\lambda_i \to \mu_i$ 得 SU_3^c 的力学量

$$Q = \frac{\lambda_3}{2} - \frac{\lambda_8}{2\sqrt{8}} = \begin{pmatrix} 2/3 & & \\ & -1/3 & \\ & & -1/3 \end{pmatrix} \to Q = \frac{\mu_3}{2} + \frac{\mu_8}{2\sqrt{3}} = \begin{pmatrix} -2/3 & & \\ & 1/3 & \\ & & 1/3 \end{pmatrix}$$

$$T_3 = \frac{\lambda_3}{2} = \frac{1}{2}\begin{pmatrix} 1 & & \\ & -1 & \\ & & 0 \end{pmatrix} \to T_3 = \frac{\mu_3}{2} = \frac{1}{2}\begin{pmatrix} -1 & & \\ & 1 & \\ & & 0 \end{pmatrix}$$

$$
Y = \frac{\lambda_8}{\sqrt{3}} = \begin{pmatrix} 1/3 & & \\ & 1/3 & \\ & & -2/3 \end{pmatrix} \to Y = \frac{\mu_8}{\sqrt{3}} = \begin{pmatrix} -1/3 & & \\ & -1/3 & \\ & & 2/3 \end{pmatrix}
$$

所以盖尔曼-西岛规则仍然成立

$$
Q = T_3 + \frac{1}{2} Y \tag{1.4.3}
$$

也就是

$$
\begin{pmatrix} -2/3 & & \\ & 1/3 & \\ & & 1/3 \end{pmatrix} = \frac{1}{2} \begin{pmatrix} -1 & & \\ & 1 & \\ & & 0 \end{pmatrix} + \frac{1}{2} \begin{pmatrix} -1/3 & & \\ & -1/3 & \\ & & 2/3 \end{pmatrix}
$$

反夸克如表 1.2 所列,以图 1.2 所示为倒等边三角形.

表 1.2　反夸克 $\bar{u}$、$\bar{d}$、$\bar{s}$ 的电荷、超荷、同位旋第三分量

	$\bar{u}$	$\bar{d}$	$\bar{s}$
Q	$-2/3$	$1/3$	$1/3$
T_3	$-1/2$	$1/2$	0
Y	$-1/3$	$-1/3$	$2/3$

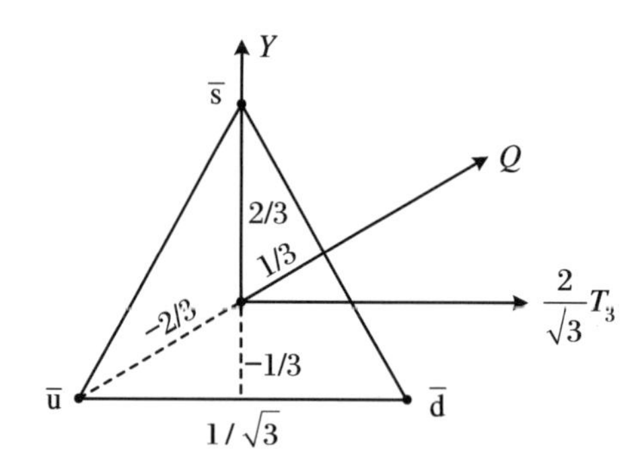

图 1.2　反夸克 $\bar{u}$、$\bar{d}$、$\bar{s}$ 的图表示

它的量子数与 u、d、s 相反,因此称为反夸克 $\bar{u}$、$\bar{d}$、$\bar{s}$.

有以下三种逆步表示:

(1) 复数共轭表示

对式(1.1.3)取复数共轭得

$$\phi_\alpha^* \to \phi_\alpha'^* = u_{\beta\alpha}^* \phi_\beta^*$$

从而

$$\phi_\alpha^* \sim \phi^\alpha$$

即复数共轭底基组成逆步表示基底.

(2) 厄米共轭表示

对式(1.1.3)取厄米共轭得

$$\phi_\alpha^\dagger \to \phi_\alpha'^\dagger = u_{\beta\alpha}^* \phi_\beta^\dagger$$

从而

$$\phi_\alpha^\dagger \sim \phi^\alpha$$

即厄米共轭基底也组成逆步表示的基底.

(3) 二阶反对称张量

定义

$$\phi_{[\alpha\beta]} = -\phi_{[\beta\alpha]} \quad (\alpha, \beta = 1,2,3)$$

它只有三个非零分量:

$$\phi_{[12]}, \quad \phi_{[23]}, \quad \phi_{[31]}$$

所以它又可以改写为形式:

$$\phi_{[\alpha,\beta]} = \frac{1}{\sqrt{2}} \varepsilon_{\alpha\beta\gamma} \phi^\gamma \quad (\alpha, \beta, \gamma = 1,2,3)$$

反解之得

$$\phi^\gamma = \frac{1}{\sqrt{2}} \varepsilon^{\alpha\beta\gamma} \phi_{[\alpha,\beta]} \quad (\alpha, \beta, \gamma = 1,2,3)$$

可见确实只有三个分量:

$$\phi^1 = \sqrt{2}\phi_{[2,3]}$$

$$\phi^2 = \sqrt{2}\phi_{[3,1]}$$

$$\phi^3 = \sqrt{2}\phi_{[1,2]}$$

在 SU_3 变换下

$$\phi_{[\alpha,\beta]} \to \phi'_{[\alpha,\beta]} = u_{a\alpha} u_{b\beta} \phi_{[a,b]}$$

因此,得 ϕ^{γ} 的变换为

$$\phi^{\gamma} \to \phi'^{\gamma} = \frac{1}{\sqrt{2}} \varepsilon^{\alpha\beta\gamma} \phi'_{[\alpha,\beta]} = \frac{1}{\sqrt{2}} \varepsilon^{\alpha\beta\gamma} u_{a\alpha} u_{b\beta} \phi_{[a,\beta]} \tag{1.4.4}$$

根据幺模、幺正条件可得

$$\varepsilon^{\alpha\beta\gamma} u_{1\alpha} u_{2\beta} u_{3\gamma} = \det u = 1$$

$$\varepsilon^{\alpha\beta\gamma} u_{a\alpha} u_{b\beta} u_{c\gamma} = \varepsilon^{abc} \det u = \varepsilon^{abc}$$

$$\varepsilon^{\alpha\beta\gamma} u_{a\alpha} u_{b\beta} = \varepsilon^{abc} \cdot u_{c\gamma}^{*}$$

代入得

$$\phi^{\gamma'} = \frac{1}{\sqrt{2}} \varepsilon^{abc} u_{c\gamma}^{*} \phi_{[a,b]} = u_{c\gamma}^{*} \phi^{c}$$

上面用了式(1.2.40).或者

$$\phi^{\alpha} \to \phi^{\alpha'} = u_{\beta\alpha}^{*} \phi^{\beta}$$

这恰巧是逆步表示.因此我们说二阶反对称张量组成逆步表示.上式又可写为

$$\varepsilon^{\alpha ab} \phi_{[ab]} \to \varepsilon^{\alpha ab} \phi'_{[ab]} = u_{\beta\alpha}^{*} \varepsilon^{\beta ab} \phi_{[ab]}$$

由此我们得到如下结论:二阶反对称张量可以上升为一阶逆步张量:

$$\varepsilon^{\alpha\beta\gamma} \phi_{[\beta\gamma]} \sim \phi^{\alpha}$$

或者

$$\phi_{[\alpha\beta]} \sim \varepsilon_{\alpha\beta\gamma} \phi^{\gamma}$$

1.5 正则表示

考虑二阶混合张量 ϕ_{α}^{β},它的变换为

$$\phi_{\alpha}^{\beta} \to \phi_{\alpha}^{\beta'} = u_{a\alpha} u_{b\beta}^{*} \phi_{a}^{b}$$

式中

$$u_{a\alpha} = (1 + \mathrm{i}\theta_j\lambda_j)_{a\alpha} = \delta_\alpha^a + \mathrm{i}\theta_j(\lambda_j)_{a\alpha}$$

$$u_{b\beta}^* = \delta_b^\beta - \mathrm{i}\theta_j(\lambda_j)_{b\beta}^* = \delta_b^\beta - \mathrm{i}\theta_j(\lambda_j)_{\beta b}$$

其中,利用了 $\lambda_j^\dagger = \lambda_j$. 代入得

$$\phi_\alpha^{\beta'} = \phi_\alpha^\beta + \mathrm{i}\theta_j[(\lambda_j)_{a\alpha}\delta_b^\beta - \delta_\alpha^a(\lambda_j)_{\beta b}]\phi_a^b$$

下面引进正则基底. 由于

$$\delta_\alpha^a\delta_b^\beta = \frac{1}{2}\sum_{i=0}^{8}(\lambda_i)_{\beta\alpha}(\lambda_i)_{ab}$$

所以

$$\phi_\alpha^\beta = \delta_\alpha^a\delta_b^\beta\phi_a^b = \frac{1}{2}\sum_{i=0}^{8}(\lambda_i)_{\beta\alpha}(\lambda_i)_{ab}\phi_a^b = \frac{1}{\sqrt{2}}\sum_{i=0}^{8}(\lambda_i)_{\beta\alpha}\psi_i$$

或者

$$\begin{cases} \phi_\alpha^\beta = \dfrac{1}{\sqrt{2}}\displaystyle\sum_{i=0}^{8}(\lambda_i)_{\beta\alpha}\psi_i \\ \psi_i = \dfrac{1}{\sqrt{2}}\displaystyle\sum_{\alpha\beta}(\lambda_i)_{\alpha\beta}\phi_\alpha^\beta \end{cases} \quad (i = 0,\cdots,8)$$

它们之间的关系是一一对应的:

$$\psi_0 = \left(\frac{\lambda_0}{\sqrt{2}}\right)_{\alpha\beta}\phi_\alpha^\beta = \frac{\phi_1^1 + \phi_2^2 + \phi_3^3}{\sqrt{3}} = \eta_1$$

$$\psi_1 = \left(\frac{\lambda_1}{\sqrt{2}}\right)_{\alpha\beta}\phi_\alpha^\beta = \frac{\phi_1^2 + \phi_2^1}{\sqrt{2}} = \pi_1$$

$$\psi_2 = \left(\frac{\lambda_2}{\sqrt{2}}\right)_{\alpha\beta}\phi_\alpha^\beta = \frac{\phi_1^2 - \phi_2^1}{\sqrt{2}i} = \pi_2$$

$$\psi_3 = \left(\frac{\lambda_3}{\sqrt{2}}\right)_{\alpha\beta}\phi_\alpha^\beta = \frac{\phi_1^1 - \phi_2^2}{\sqrt{2}} = \pi_3$$

$$\psi_4 = \left(\frac{\lambda_4}{\sqrt{2}}\right)_{\alpha\beta}\phi_\alpha^\beta = \frac{\phi_1^3 + \phi_3^1}{\sqrt{2}} = \mathrm{K}_1$$

$$\psi_5 = \left(\frac{\lambda_5}{\sqrt{2}}\right)_{\alpha\beta}\phi_\alpha^\beta = \frac{\phi_1^3 - \phi_3^1}{\sqrt{2}\mathrm{i}} = \mathrm{K}_2$$

$$\psi_6 = \left(\frac{\lambda_6}{\sqrt{2}}\right)_{\alpha\beta} \phi_\alpha^\beta = \frac{\phi_2^3 + \phi_3^2}{\sqrt{2}} = \mathrm{K}_1^0$$

$$\psi_7 = \left(\frac{\lambda_7}{\sqrt{2}}\right)_{\alpha\beta} \phi_\alpha^\beta = \frac{\phi_2^3 - \phi_3^2}{\sqrt{2}\mathrm{i}} = \mathrm{K}_0^0$$

$$\psi_8 = \left(\frac{\lambda_8}{\sqrt{2}}\right)_{\alpha\beta} \phi_\alpha^\beta = \frac{\phi_1^1 + \phi_2^2 - 2\phi_3^3}{\sqrt{6}} = \eta_8$$

上面各式联立反解之又得

$$\begin{cases} \phi_1^1 = \dfrac{\psi_0}{\sqrt{3}} + \dfrac{\psi_3}{\sqrt{2}} + \dfrac{\psi_8}{\sqrt{6}} \\ \phi_2^2 = \dfrac{\psi_0}{\sqrt{3}} - \dfrac{\psi_3}{\sqrt{2}} + \dfrac{\psi_8}{\sqrt{6}} \quad (\text{满足 } \phi_1^1 + \phi_2^2 + \phi_3^3 = 0) \\ \phi_3^3 = \dfrac{\psi_0}{\sqrt{3}} - \dfrac{2}{\sqrt{6}}\psi_8 \end{cases}$$

$$\begin{cases} \phi_1^2 = \dfrac{\psi_1 + \mathrm{i}\psi_2}{\sqrt{2}} \\ \phi_2^1 = \dfrac{\psi_1 - \mathrm{i}\psi_2}{\sqrt{2}} \end{cases}$$

$$\begin{cases} \phi_1^3 = \dfrac{\psi_4 + \mathrm{i}\psi_5}{\sqrt{2}} \\ \phi_3^1 = \dfrac{\psi_4 - \mathrm{i}\psi_5}{\sqrt{2}} \end{cases}$$

$$\begin{cases} \phi_2^3 = \dfrac{\psi_6 + \mathrm{i}\psi_7}{\sqrt{2}} \\ \phi_3^2 = \dfrac{\psi_6 - \mathrm{i}\psi_7}{\sqrt{2}} \end{cases}$$

从 ϕ_α^β 的变换性质可以给出 ψ_i 的变换性质：

$$\begin{aligned} \psi'_i &= \left(\frac{\lambda_i}{\sqrt{2}}\right)_{\alpha\beta} \phi_\alpha^{\beta'} = \left(\frac{\lambda_i}{\sqrt{2}}\right)_{\alpha\beta} \left\{ \phi_\alpha^\beta + \mathrm{i}\sum_{j=1}^{8} \theta_j \left[(\lambda_i)_{a\alpha}\delta_b^\beta - \delta_\alpha^a (\lambda_i)_{\beta b} \right] \phi_a^b \right\} \\ &= \psi_i + \frac{\mathrm{i}}{\sqrt{2}} \sum_{j=1}^{8} \theta_j \left[(\lambda_j\lambda_i)_{a\beta}\delta_b^\beta - \delta_\alpha^a (\lambda_i\lambda_j)_{\alpha b} \right] \phi_a^b \\ &= \psi_i + \frac{\mathrm{i}}{\sqrt{2}} \sum_{j=1}^{8} \theta_j (\lambda_j\lambda_i - \lambda_i\lambda_j)_{ab} \phi_a^b \end{aligned}$$

$$= \psi_i + \frac{\mathrm{i}}{\sqrt{2}} \sum_{j,k=1}^{8} \theta_j (-2\mathrm{i} f_{ijk})(\lambda_k)_{\alpha\beta} \phi_\alpha^\beta = \psi_i + 2 \sum_{j,k=1}^{8} f_{ijk} \theta_j \psi_k$$

或者

$$\psi_i \to \psi'_i = \psi_i + 2 \sum_{j,k=1}^{8} f_{ijk} \theta_j \psi_k \tag{1.5.1}$$

它有两个特点：

(1) ψ_0 或迹项 ϕ_α^α 是SU_3 不变量

$$\psi_0 \to \psi'_0 = \psi_0 \quad \text{或} \quad \phi_\alpha^\alpha \to \phi'^\alpha_\alpha = \phi_\alpha^\alpha$$

(2) 以结构常数为无穷小算符.

把它与

$$\psi_i \to \psi'_i = \psi_i + 2\mathrm{i} \sum_{j,k=1}^{8} \theta_j (\lambda_j)_{ki} \psi_k$$

相比较得

$$(\lambda_j)_{ki} = 2\mathrm{i} f_{ijk} = -2\mathrm{i} f_{jki} = (-2\mathrm{i} f_j)_{ki}$$

上面用了式(1.2.40).或者

$$\Lambda_i = 2\mathrm{i} f_i$$

其中,定义了算符

$$(f_i)_{jk} = f_{ijk}$$

现在我们证明 Λ_i 组成SU_3 群表示的无穷小算符.求

$$\begin{aligned}
[\Lambda_i, \Lambda_j]_{nw} &= (\Lambda_i \Lambda_j - \Lambda_j \Lambda_i)_{nw} = (\Lambda_i)_{nk} (\Lambda_j)_{kw} - (\Lambda_j)_{nk} (\Lambda_i)_{kn} \\
&= -4 f_{ink} f_{jkw} + 4 f_{jnk} f_{ikw} = -4 f_{ink} f_{kwj} - 4 f_{wik} f_{knj} \\
&= 4 f_{nwk} f_{kij} = 2\mathrm{i} f_{ijk} (2\mathrm{i} f_k)_{nw} = 2\mathrm{i} f_{ijk} (\Lambda_k)_{nw}
\end{aligned}$$

或者

$$[\Lambda_i, \Lambda_j] = 2\mathrm{i} f_{ijk} \Lambda_k$$

这恰巧是 SU_3 群表示无穷小算符应该满足的对易关系.根据李群的基本理论以结构常数为无穷小算符的表示称为正则表示.

由此我们得到如下结论:二阶混合张量可分解为一个一维表示和一个八维正则表示.

$$3 \otimes 3^* = 1 \oplus 8 \tag{1.5.2}$$

如果以下列方式分解：

$$\phi_\alpha^\beta = \psi_\alpha^\beta + \frac{1}{3}\delta_\alpha^\beta \phi_\gamma^\gamma, \quad \psi_\alpha^\alpha = 0$$

则有

$$\frac{1}{3}\delta_\alpha^\beta \phi_\gamma^\gamma = \frac{1}{\sqrt{2}}(\lambda_0)_{\beta\alpha}\psi_0$$

$$\psi_\alpha^\beta = \phi_\alpha^\beta - \frac{1}{3}\delta_\alpha^\beta \phi_\gamma^\gamma = (\lambda_{\alpha\beta})_{ab}\phi_a^b = \frac{1}{\sqrt{2}}\sum_{i=1}^{8}(\lambda_i)_{\beta\alpha}\psi_i$$

$$\psi_i = \frac{1}{\sqrt{2}}(\lambda_i)_{\alpha\beta}\left(\psi_\alpha^\beta - \frac{1}{3}\delta_\alpha^\beta \phi_\gamma^\gamma\right) = \frac{1}{\sqrt{2}}(\lambda_i)_{\alpha\beta}\psi_\alpha^\beta \quad (i = 1,2,\cdots,8)$$

或者

$$\begin{cases} \psi_\alpha^\beta = \dfrac{1}{\sqrt{2}}\displaystyle\sum_{j=1}^{8}(\lambda_i)_{\beta\alpha}\psi_i \\ \psi_i = \dfrac{1}{\sqrt{2}}(\lambda_i)_{\alpha\beta}\psi_\alpha^\beta \quad (i = 1,2,\cdots,8) \end{cases}$$

也就是

$$\psi_1 = \frac{\psi_1^2 + \psi_2^1}{\sqrt{2}}$$

$$\psi_2 = \frac{\psi_1^2 - \psi_2^1}{\sqrt{2}\mathrm{i}}$$

$$\psi_3 = \frac{\psi_1^1 - \psi_2^2}{\sqrt{2}}$$

$$\psi_4 = \frac{\psi_1^3 + \psi_3^1}{\sqrt{2}}$$

$$\psi_5 = \frac{\psi_1^3 + \psi_3^1}{\sqrt{2}\mathrm{i}}$$

$$\psi_6 = \frac{\psi_2^3 + \psi_3^2}{\sqrt{2}}$$

$$\psi_7 = \frac{\psi_2^3 - \psi_3^2}{\sqrt{2}\mathrm{i}}$$

$$\psi_8 = \frac{\psi_1^1 + \psi_2^2 - 2\psi_3^3}{\sqrt{6}}$$

反解之又得

$$\begin{cases} \psi_1^1 = \dfrac{\psi_3}{\sqrt{2}} + \dfrac{\psi_8}{\sqrt{6}} \\ \psi_2^2 = -\dfrac{\psi_3}{\sqrt{2}} + \dfrac{\psi_8}{\sqrt{6}} \quad (\text{满足 } \psi_1^1 + \psi_2^2 + \psi_3^3 = 0) \\ \psi_3^3 = -\dfrac{2}{\sqrt{6}}\psi_8 \end{cases}$$

$$\begin{cases} \psi_1^2 = \dfrac{\psi_1 + \mathrm{i}\psi_2}{\sqrt{2}} \\ \psi_2^1 = \dfrac{\psi_1 - \mathrm{i}\psi_2}{\sqrt{2}} \end{cases}$$

$$\begin{cases} \psi_1^3 = \dfrac{\psi_4 + \mathrm{i}\psi_5}{\sqrt{2}} \\ \psi_3^1 = \dfrac{\psi_4 - \mathrm{i}\psi_5}{\sqrt{2}} \end{cases}$$

$$\begin{cases} \psi_2^3 = \dfrac{\psi_6 + \mathrm{i}\psi_7}{\sqrt{2}} \\ \psi_3^2 = \dfrac{\psi_6 - \mathrm{i}\psi_7}{\sqrt{2}} \end{cases}$$

1.6 介子波函数

介子由正反夸克组成，即

$$E_{\alpha\beta} = \phi_\alpha \phi_\beta^\dagger = \frac{1}{2}\sum_{j=1}^{8}(\lambda_j)_{\beta\alpha}\lambda_i \tag{1.6.1}$$

或者

$$\lambda_i = (\lambda_i)_{\alpha\beta} E_{\alpha\beta} = (\lambda_i)_{\alpha\beta} \phi_\alpha \phi_\beta^\dagger \tag{1.6.2}$$

介子波函数定义为

$$\frac{1}{\sqrt{2}}\lambda_0 = \frac{\phi_1\phi_1^\dagger + \phi_2\phi_2^\dagger + \phi_3\phi_3^\dagger}{\sqrt{3}} = \eta_1 \tag{1.6.3}$$

$$\frac{1}{\sqrt{2}}\lambda_1 = \frac{\phi_1\phi_2^\dagger + \phi_2\phi_1^\dagger}{\sqrt{3}} = \pi_1 \tag{1.6.4}$$

$$\frac{1}{\sqrt{2}}\lambda_2 = \frac{\phi_1\phi_2^\dagger - \phi_2\phi_1^\dagger}{\sqrt{2}\mathrm{i}} = \pi_2 \tag{1.6.5}$$

$$\frac{1}{\sqrt{2}}\lambda_3 = \frac{\phi_1\phi_1^\dagger - \phi_2\phi_2^\dagger}{\sqrt{2}} = \pi_3 \tag{1.6.6}$$

$$\frac{1}{\sqrt{2}}\lambda_4 = \frac{\phi_1\phi_3^\dagger + \phi_3\phi_1^\dagger}{\sqrt{2}} = \mathrm{K}_1 \tag{1.6.7}$$

$$\frac{1}{\sqrt{2}}\lambda_5 = \frac{\phi_1\phi_3^\dagger - \phi_3\phi_1^\dagger}{\sqrt{2}\mathrm{i}} = \mathrm{K}_2 \tag{1.6.8}$$

$$\frac{1}{\sqrt{2}}\lambda_6 = \frac{\phi_2\phi_3^\dagger + \phi_3\phi_2^\dagger}{\sqrt{2}} = \mathrm{K}_1^0 \tag{1.6.9}$$

$$\frac{1}{\sqrt{2}}\lambda_7 = \frac{\phi_2\phi_3^\dagger - \phi_3\phi_2^\dagger}{\sqrt{2}\mathrm{i}} = \mathrm{K}_2^0 \tag{1.6.10}$$

$$\frac{1}{\sqrt{2}}\lambda_8 = \frac{\phi_1\phi_1^\dagger + \phi_2\phi_2^\dagger - 2\phi_3\phi_3^\dagger}{\sqrt{6}} = \eta_8 \tag{1.6.11}$$

上面 η_1 和 η_8 都是 $I=0, Y=0$ 的粒子.但是 η_1 属 SU_3 单态,η_8 属 SU_3 八重态.如果 SU_3 对称严格保持,则 η_1、η_8 互不相干.但实际上 SU_3 是有轻度破坏的,这导致 η_1、η_8 有混合.粒子性质表①上的 η、η' 介子是 η_1、η_8 混合后的产物.

结论 介子波函数由 SU_3 群的无穷小算符组成.可以证明 SU_3 群的无穷小算符组成群的正则表示.

$$\lambda_i \to \lambda'_i = (\lambda_i)_{\alpha\beta}\phi'_\alpha\phi'^\dagger_\beta = (\lambda_i)_{\alpha\beta} u\phi_\alpha\phi_\beta^\dagger u^{-1} = U(\lambda_i)_{\alpha\beta}\phi_\alpha\phi_\beta^\dagger U^{-1} = U\lambda_i U^{-1}$$

或者

$$\lambda'_i = U\lambda_i U^{-1} \tag{1.6.12}$$

在无穷小变换下

① R. L. Workman, et al. (Particle Data Group), Prog. Theor. Exp. Phys. 2022, 083C01 (2022).

$$\lambda'_i = e^{i\theta_j\lambda_j}\lambda_i e^{-i\theta_j\lambda_j} = \lambda_i - i\theta_j[\lambda_i,\lambda_j] = \lambda_i - i\theta_j 2if_{ijk}\lambda_k = \lambda_i + 2f_{ijk}\theta_j\lambda_k \quad (1.6.13)$$

或者

$$\lambda_i \to \lambda'_i = \lambda_i + 2f_{ijk}\theta_j\lambda_k = \lambda_i + i\theta_j(-2if_j)_{ki}\lambda_k \quad (1.6.14)$$

可见 SU_3 群的无穷小算符组成正则表示.它又可以分成

(1) 一维表示:$\lambda_0 \to \lambda_0' = \lambda_0$;

(2) 八维表示(正则表示):$\lambda_i \to \lambda_i' = \lambda_i + 2f_{ijk}\theta_j\lambda_k (i,j,k=1,\cdots,8)$.

$3\otimes3^*$ 在正则基底上分为两个不变子空间,一维不可约表示,和八维不可约正则表示.

夸克、反夸克的量子数如表 1.3 所示,所以介子的量子数如表 1.4 所列.

表 1.3　夸克、反夸克的量子数

	ϕ_1	ϕ_2	ϕ_3	$\phi_1^\dagger$	$\phi_2^\dagger$	$\phi_3^\dagger$
Q	2/3	−1/3	−1/3	−2/3	1/3	1/3
T_3	1/2	−1/2	0	−1/2	1/2	0
Y	1/3	1/3	−2/3	−1/3	−1/3	2/3

表 1.4　介子的量子数

	η_1	π^+	π^0	π^-	K^+	K^0	K^-	$\overline{K^0}$	η_8
Q	0	1	0	−1	1	0	−1	0	0
T_3	0	1	0	−1	1/2	−1/2	−1/2	1/2	0
Y	0	0	0	0	1	+1	−1	−1	0

表 1.4 中

$$\begin{cases} \pi^+ = \phi_1\phi_2^\dagger = u\bar{d} \\ \pi^- = \phi_2\phi_1^\dagger = d\bar{u} \\ \pi^0 = \dfrac{\phi_1\phi_1^\dagger - \phi_2\phi_2^\dagger}{\sqrt{2}} = \dfrac{u\bar{u} - d\bar{d}}{\sqrt{2}} \end{cases}$$

$$\eta_8 = \frac{\phi_1\phi_1^\dagger + \phi_2\phi_2^\dagger - 2\phi_3\phi_3^\dagger}{\sqrt{6}}$$

$$\begin{cases} K^+ = \phi_1\phi_3^\dagger = u\bar{s} \\ K^- = \phi_3\phi_1^\dagger = s\bar{u} \end{cases},\quad \begin{cases} K^0 = \phi_2\phi_3^\dagger = d\bar{s} \\ \overline{K^0} = \phi_3\phi_2^\dagger = s\bar{d} \end{cases}$$

赝标介子如图 1.3 所示.

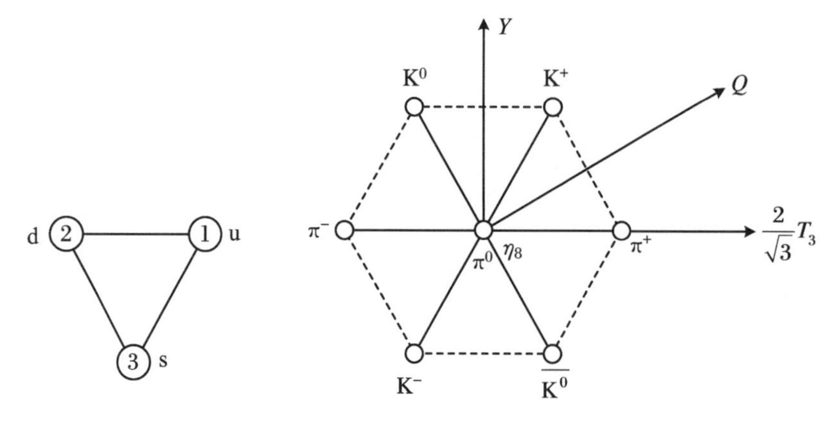

图 1.3　赝标介子

根据强作用规则有：

（1）超荷相同的组成同位旋多重态；

（2）盖尔曼-西岛规则成立

$$Q = T_3 + \frac{1}{2} Y$$

反粒子问题

$$\begin{cases} \phi_\alpha \to \phi_\alpha^\dagger \\ \phi_\alpha^\dagger \to \phi_\alpha \end{cases}$$

于是

$$\begin{cases} \overline{\pi^+} = \overline{\phi_1 \phi_2^\dagger} = \phi_2 \phi_1^\dagger = \pi^- \\ \overline{\pi^-} = \overline{\phi_2 \phi_1^\dagger} = \phi_1 \phi_2^\dagger = \pi^+ \\ \overline{\pi^0} = \dfrac{\overline{\phi_1 \phi_1^\dagger - \phi_2 \phi_2^\dagger}}{\sqrt{2}} = \dfrac{\phi_1 \phi_1^\dagger - \phi_2 \phi_2^\dagger}{\sqrt{2}} = \pi^0 \end{cases}$$

$$\begin{cases} \overline{\mathrm{K}^+} = \overline{\phi_1 \phi_3^\dagger} = \phi_3 \phi_1^\dagger = \mathrm{K}^- \\ \overline{\mathrm{K}^-} = \overline{\phi_3 \phi_1^\dagger} = \phi_1 \phi_3^\dagger = \mathrm{K}^+ \end{cases}, \quad \begin{cases} \overline{\mathrm{K}^0} = \overline{\phi_2 \phi_3^\dagger} = \phi_3 \phi_2^\dagger = \overline{\mathrm{K}^0} \\ \overline{\overline{\mathrm{K}^0}} = \overline{\phi_3 \phi_2^\dagger} = \phi_2 \phi_3^\dagger = \mathrm{K}^0 \end{cases}$$

以及

$$\bar{\eta}_8 = \eta_8$$

或者

$$\begin{cases}\overline{\pi^+} = \pi^- \\ \overline{\pi^-} = \pi^+ \\ \overline{\pi^0} = \pi^0\end{cases}$$

以及

$$\begin{cases}\overline{K^+} = K^- \\ \overline{K^-} = K^+\end{cases}, \quad \begin{cases}\overline{K^0} = \overline{K^0} \\ \overline{\overline{K^0}} = K^0\end{cases}$$

和

$$\bar{\eta}_8 = \eta_8$$

1.7 二阶张量

SU_3 群的二阶张量定义为 $\phi_{\alpha\beta}$,它的变换为

$$\phi_{\alpha\beta} \to \phi'_{\alpha\beta} = u_{a\alpha}u_{b\beta}\phi_{ab} \to \phi_{\alpha\beta} + \mathrm{i}\theta_j[(\lambda_j)_{a\alpha}\delta^b_\beta + \delta^a_\alpha(\lambda_j)_{b\beta}]\phi_{ab} \tag{1.7.1}$$

根据对称群 $\mathscr{S}_2$ 的正交单位

$$\boxed{1\,|\,2} \quad \bigcirc^{[2]} = \frac{\varepsilon + (12)}{2} = \bigcirc_S$$

$$\begin{array}{|c|}\hline 1 \\ \hline 2 \\ \hline\end{array} \quad \bigcirc^{[1^2]} = \frac{\varepsilon - (12)}{2} = \bigcirc_A$$

$$\varepsilon = \bigcirc_S + \bigcirc_A$$

我们把 $\phi_{\alpha\beta}$分解为对称张量与反对称张量之和

$$\phi_{\alpha\beta} = \varepsilon\phi_{\alpha\beta} = (\bigcirc_S + \bigcirc_A)\phi_{\alpha\beta} = \bigcirc_S\phi_{\alpha\beta} + \bigcirc_A\phi_{\alpha\beta} = \phi_{\{\alpha\beta\}} + \phi_{[\alpha\beta]}$$

或者

$$\phi_{\alpha\beta} = \phi_{\{\alpha\beta\}} + \phi_{[\alpha\beta]} \tag{1.7.2}$$

其中

$$\begin{cases} \phi_{\{\alpha,\beta\}} = \bigcirc_S \phi_{\alpha\beta} = \dfrac{\phi_{\alpha\beta} + \phi_{\beta\alpha}}{2} \\ \phi_{[\alpha,\beta]} = \bigcirc_A \phi_{\alpha\beta} = \dfrac{\phi_{\alpha\beta} - \phi_{\beta\alpha}}{2} \end{cases}$$

我们已经证明二阶反对称张量等价于一阶逆步张量

$$\phi_{\alpha\beta} = \frac{1}{\sqrt{2}} \varepsilon_{\alpha\beta\gamma} \phi^{\gamma}$$

其变换为

$$\phi^{\alpha} \rightarrow \phi^{\alpha'} = \phi^{\alpha} + \mathrm{i}\theta_j (\mu_j)_{a\alpha} \phi^{a}$$

因此下面我们只讨论二阶对称张量 $\phi_{\{\alpha\beta\}}$.它有六个非零分量

$$\phi_{\{11\}} = \phi_{11}, \quad \phi_{\{12\}} = \frac{\phi_{12} + \phi_{21}}{2}$$

$$\phi_{\{22\}} = \phi_{22}, \quad \phi_{\{13\}} = \frac{\phi_{13} + \phi_{31}}{2}$$

$$\phi_{\{33\}} = \phi_{33}, \quad \phi_{\{23\}} = \frac{\phi_{23} + \phi_{32}}{2}$$

它的变换为

$$\begin{aligned} \phi_{\{\alpha\beta\}} \rightarrow \phi'_{\{\alpha\beta\}} &= \phi_{\{\alpha\beta\}} + \mathrm{i}\theta_j [(\lambda_j)_{a\alpha} \delta^b_\beta + \delta^a_\alpha (\lambda_j)_{b\beta}] \phi_{\{a,b\}} \\ &= \phi_{\{\alpha,\beta\}} + \mathrm{i}\theta_j \frac{1}{2} [(\lambda_j)_{a\alpha} \delta^b_\beta + \delta^a_\alpha (\lambda_j)_{b\beta} + (\lambda_j)_{b\alpha} \delta^a_\beta + \delta^b_\alpha (\lambda_j)_{a\beta}] \phi_{\{a,b\}} \\ &\equiv \phi_{\{\alpha,\beta\}} + \mathrm{i}\theta_j (\Lambda_j)_{ab,\alpha\beta} \phi_{\{a,b\}} \end{aligned} \tag{1.7.3}$$

式中

$$(\Lambda_i)_{ab,\alpha\beta} = \frac{1}{2} [(\lambda_j)_{a\alpha} \delta^b_\beta + (\lambda_j)_{b\beta} \delta^a_\alpha + (\lambda_j)_{b\alpha} \delta^a_\beta + (\lambda_j)_{a\beta} \delta^b_\alpha] \tag{1.7.4}$$

因此给出

$$\begin{aligned} (\Lambda_i \Lambda_j)_{\alpha\beta,\alpha'\beta'} &= (\Lambda_i)_{\alpha\beta,ab} (\Lambda_j)_{ab,\alpha'\beta'} \\ &= \frac{1}{4} [(\lambda_i)_{\alpha a} \delta^\beta_b + (\lambda_i)_{\beta b} \delta^\alpha_a + (\lambda_i)_{\beta a} \delta^\alpha_b + (\lambda_i)_{ab} \delta^\beta_a] \\ &= [(\lambda_j)_{a\alpha'} \delta^b_{\beta'} + (\lambda_j)_{b\beta'} \delta^a_{\alpha'} + (\lambda_j)_{b\alpha'} \delta^a_{\beta'} + (\lambda_j)_{a\beta'} \delta^b_{\alpha'}] \\ &= \frac{1}{2} \Big[(\lambda_i \lambda_j)_{\alpha\alpha'} \delta^\beta_{\beta'} + (\lambda_i \lambda_j)_{\alpha\beta'} \delta^\beta_{\alpha'} + (\lambda_i \lambda_j)_{\beta\alpha'} \delta^\alpha_{\beta'} + (\lambda_i \lambda_j)_{\beta\beta'} \delta^\alpha_{\alpha'} + (\lambda_i)_{\alpha\alpha'} (\lambda_j)_{\beta\beta'} \end{aligned}$$

$$+(\lambda_i)_{\alpha\beta'}(\lambda_j)_{\beta\alpha'}+(\lambda_i)_{\beta\alpha'}(\lambda_j)_{\alpha\beta'}+(\lambda_i)_{\beta\beta'}(\lambda_j)_{\alpha\alpha'}\Big] \tag{1.7.5}$$

所以

$$\begin{aligned}[\Lambda_i,\Lambda_j]_{\alpha\beta,\alpha'\beta'} &= \frac{1}{2}\{[\lambda_i,\lambda_j]_{\alpha\alpha'}\delta^{\beta}_{\beta'}+[\lambda_i,\lambda_j]_{\alpha\beta'}\delta^{\beta}_{\alpha'}+[\lambda_i,\lambda_j]_{\beta\alpha'}\delta^{\alpha}_{\beta'}+[\lambda_i,\lambda_j]_{\beta\beta'}\delta^{\alpha}_{\alpha'}\} \\ &= \mathrm{i}f_{ijk}[(\lambda_k)_{\alpha\alpha'}\delta^{\beta}_{\beta'}+(\lambda_k)_{\beta\alpha'}\delta^{\alpha}_{\beta'}+(\lambda_k)_{\beta\beta'}\delta^{\alpha}_{\alpha'}]+(\lambda_k)_{\alpha\beta'}\delta^{\beta}_{\alpha'} \\ &= 2\mathrm{i}f_{ijk}(\Lambda_k)_{\alpha\beta,\alpha'\beta'}\end{aligned}$$

或者

$$[\Lambda_i,\Lambda_j]=2\mathrm{i}f_{ijk}\Lambda_k \tag{1.7.6}$$

因此 Λ_i 是表示的无穷小算符,即 $\phi_{\{\alpha,\beta\}}$ 组成 SU_3 的六维表示.

结论 二阶张量表示可分解为逆步表示与六维表示之和:

$$3\otimes 3=9=3^*\oplus 6$$
$$3\otimes 3^*=9=8\oplus 1$$

1.8 二阶逆步张量

在上节的结果中令

$$\phi_\alpha\to\phi^\alpha,\quad \lambda_i\to\mu_i$$

则得

$$\phi^{\alpha\beta}=\phi^{[\alpha\beta]}+\phi^{\{\alpha,\beta\}}$$

它的变换为

$$\phi^{\alpha\beta}\to\phi^{\alpha\beta'}=u^*_{a\alpha}u^*_{b\beta}\phi^{ab}=\phi^{\alpha\beta}+\mathrm{i}\theta_j[(\mu_j)_{a\alpha}\delta^{\beta}_{b}+(\mu_j)_{b\beta}\delta^{\alpha}_{a}]\phi^{ab} \tag{1.8.1}$$

(1) $\phi^{[\alpha,\beta]}=\dfrac{1}{\sqrt{2}}\varepsilon^{\alpha\beta\gamma}\phi_\gamma$

$$\phi_\alpha\to\phi'_\alpha=\phi_\alpha+\mathrm{i}\theta_j(\lambda_j)_{a\alpha}\phi_a \tag{1.8.2}$$

(2) $\phi^{\{\alpha\beta\}}\to\phi'^{\{\alpha\beta\}}=\phi^{\{\alpha\beta\}}+\mathrm{i}\theta_j(\Lambda_j)_{ab,\alpha\beta}\phi^{\{ab\}}$,其中

$$(\Lambda_i)_{ab,\alpha\beta} = \frac{1}{2}[(\mu_i)_{a\alpha}\delta_b^\beta + (\mu_i)_{b\beta}\delta_a^\alpha + (\mu_i)_{b\alpha}\delta_a^\beta + (\mu_i)_{a\beta}\delta_b^\alpha]$$

其中,Λ_i、Λ_j 满足对易式(1.7.6).

1.9 重子波函数

重子由三个夸克组成,因此定义三阶张量

$$\begin{aligned}\phi_{\alpha\beta\gamma} \rightarrow \phi'_{\alpha\beta\gamma} &= u_{a\alpha}u_{b\beta}u_{c\gamma}\phi_{abc} \\ &= \phi_{\alpha\beta\gamma} + \mathrm{i}\theta_j[(\lambda_j)_{a\alpha}\delta_\beta^b\delta_\gamma^c + (\lambda_j)_{b\beta}\delta_\alpha^a\delta_\gamma^c + (\lambda_j)_{c\gamma}\delta_\alpha^a\delta_\beta^b]\phi_{abc}\end{aligned} \tag{1.9.1}$$

形式上写为

$$\phi_{\alpha\beta\gamma} \rightarrow \phi'_{\alpha\beta\gamma} = u^3\phi_{\alpha\beta\gamma} \tag{1.9.2}$$

其中

$$\begin{aligned}u^3 &= u \otimes u \otimes u = \mathrm{e}^{\mathrm{i}\theta_j\lambda_j(1)} \otimes \mathrm{e}^{\mathrm{i}\theta_j\lambda_j(2)} \otimes \mathrm{e}^{\mathrm{i}\theta_j\lambda_j(3)} \\ &= \mathrm{e}^{\mathrm{i}\theta_j[\lambda_j(1)+\lambda_j(2)+\lambda_j(3)]} = \mathrm{e}^{\mathrm{i}\theta_j\Lambda_j}\end{aligned} \tag{1.9.3}$$

Λ_i 为如下力学量相加:

$$\Lambda_i = \lambda_i(1) + \lambda_i(2) + \lambda_i(3) \tag{1.9.4}$$

显然 Λ_i、Λ_j 满足对易式(1.7.6).

可见,$\phi_{\alpha\beta\gamma}$组成SU_3 的表示.据此定义

$$\begin{cases} Q = Q(1) + Q(2) + Q(3) \\ Y = Y(1) + Y(2) + Y(3) \\ T = T(1) + T(2) + T(3) \end{cases} \tag{1.9.5}$$

则盖尔曼-西岛规则成立:

$$Q = T_3 + \frac{1}{2}Y \tag{1.9.6}$$

显然,表示 $\phi_{\alpha\beta\gamma}$是可约的.根据对称群 $\mathscr{S}_3$ 的正交单位为

$$\begin{array}{|c|}\hline 1\\ \hline 2\\ \hline 3\\ \hline\end{array}\qquad \bigcirc_A = \frac{\varepsilon + (123) + (321) - (12) - (13) - (23)}{6}$$

$$\begin{array}{|c|c|c|}\hline 1 & 2 & 3\\ \hline\end{array}\qquad \bigcirc_S = \frac{\varepsilon + (123) + (321) + (12) + (13) + (23)}{6}$$

$$\begin{array}{|c|c|}\hline 1 & 2\\ \hline 3 \\ \cline{1-1}\end{array}\qquad \bigcirc_1 = \frac{\varepsilon - (12)}{2} - \bigcirc_A$$

$$\begin{array}{|c|c|}\hline 1 & 3\\ \hline 2 \\ \cline{1-1}\end{array}\qquad \bigcirc_2 = \frac{\varepsilon + (12)}{2} - \bigcirc_S$$

于是

$$\varepsilon = \bigcirc_A + \bigcirc_1 + \bigcirc_2 + \bigcirc_S$$

所以 $\phi_{\alpha\beta\gamma}$ 可分解为

$$\phi_{\alpha\beta\gamma} = \varepsilon\phi_{\alpha\beta\gamma} = \phi^A_{\alpha\beta\gamma} + \phi^1_{\alpha\beta\gamma} + \phi^2_{\alpha\beta\gamma} + \phi^S_{\alpha\beta\gamma} \tag{1.9.7}$$

其中

$$\phi^A_{\alpha\beta\gamma} = \bigcirc_A\phi_{\alpha\beta\gamma} = \frac{\phi_{\alpha\beta\gamma} + \phi_{\beta\gamma\alpha} + \phi_{\gamma\alpha\beta} - \phi_{\beta\alpha\gamma} - \phi_{\alpha\gamma\beta} - \phi_{\beta\gamma\alpha}}{6} \tag{1.9.8a}$$

$$\phi^S_{\alpha\beta\gamma} = \bigcirc_S\phi_{\alpha\beta\gamma} = \frac{\phi_{\alpha\beta\gamma} + \phi_{\beta\gamma\alpha} + \phi_{\gamma\alpha\beta} + \phi_{\beta\alpha\gamma} + \phi_{\alpha\gamma\beta} + \phi_{\beta\gamma\alpha}}{6} \tag{1.9.8b}$$

$$\phi^1_{\alpha\beta\gamma} = \bigcirc_1\phi_{\alpha\beta\gamma} = \frac{\phi_{\alpha\beta\gamma} - \phi_{\beta\alpha\gamma}}{2} - \phi^A_{\alpha\beta\gamma} \tag{1.9.8c}$$

$$\phi^2_{\alpha\beta\gamma} = \bigcirc_2\phi_{\alpha\beta\gamma} = \frac{\phi_{\alpha\beta\gamma} + \phi_{\beta\alpha\gamma}}{2} - \phi^S_{\alpha\beta\gamma} \tag{1.9.8d}$$

全反对称张量 $\phi^A_{\alpha\beta\gamma}$ 为

$$\begin{aligned}\phi^A_{\alpha\beta\gamma} &= \frac{\phi_{\alpha\beta\gamma} + \phi_{\beta\gamma\alpha} + \phi_{\gamma\alpha\beta} - \phi_{\beta\alpha\gamma} - \phi_{\alpha\gamma\beta} - \phi_{\gamma\beta\alpha}}{6}\\ &= \varepsilon_{\alpha\beta\gamma}\frac{\phi_{123} + \phi_{231} + \phi_{312} - \phi_{213} - \phi_{132} - \phi_{321}}{6} = \varepsilon_{\alpha\beta\gamma}\phi^A_{123}\end{aligned}$$

或者

$$\phi^A_{\alpha\beta\gamma} = \varepsilon_{\alpha\beta\gamma}\phi^A_{123} \tag{1.9.9}$$

有一个独立分量. 在 SU_3 变换下

$$\phi^A_{\alpha\beta\gamma} \to \phi'^A_{\alpha\beta\gamma} = u_{a\alpha} u_{b\beta} u_{c\gamma} \phi^A_{abc} = u_{a\alpha} u_{b\beta} u_{c\gamma} \varepsilon_{abc} \phi^A_{123}$$
$$= \varepsilon_{\alpha\beta\gamma} \det u \phi^A_{123} = \varepsilon_{\alpha\beta\gamma} \phi^A_{123} = \phi^A_{\alpha\beta\gamma}$$

或者

$$\phi^{A'}_{\alpha\beta\gamma} = \phi^A_{\alpha\beta\gamma} \tag{1.9.10}$$

结论 $\phi^A_{\alpha\beta\gamma}$是$SU_3$不变的，即$SU_3$的一维表示.

部分反对称张量$\phi'_{\alpha\beta\gamma}$.定义：

$$\phi^{(1)}_{\alpha\beta\gamma} = \frac{\phi'_{\alpha\beta\gamma} - \phi_{\beta\alpha\gamma}}{2} - \phi^A_{\alpha\beta\gamma} = \phi_{[\alpha\beta]\gamma} - \phi^A_{\alpha\beta\gamma} = \frac{1}{\sqrt{2}} \varepsilon_{\alpha\beta\gamma} \phi^c_\gamma - \varepsilon_{\alpha\beta\gamma} \phi^A_{123} \tag{1.9.11}$$

显然它有如下八个独立分量：

$$\begin{cases} \phi^{(1)}_{121} = \dfrac{\phi_{121} - \phi_{211}}{2} = \phi_{[12]1} = \dfrac{\phi^3_1}{\sqrt{2}} = \dfrac{1}{\sqrt{2}}\mathrm{p} \\ \phi^{(1)}_{122} = \dfrac{\phi_{122} - \phi_{212}}{2} = \phi_{[12]2} = \dfrac{\phi^3_2}{\sqrt{2}} = \dfrac{1}{\sqrt{2}}\mathrm{n} \end{cases}$$

不带奇异数.而

$$\begin{cases} \phi^{(1)}_{313} = \dfrac{\phi_{313} - \phi_{133}}{2} = \phi_{[31]3} = \dfrac{\phi^2_3}{\sqrt{2}} = \dfrac{\Xi^0}{\sqrt{2}} \\ \phi^{(1)}_{333} = \dfrac{\phi_{233} - \phi_{323}}{2} = \phi_{[23]3} = \dfrac{\phi^1_3}{\sqrt{2}} = \dfrac{\Xi^-}{\sqrt{2}} \end{cases}$$

各自带两个奇异数.

$$\begin{cases} \phi^{(1)}_{311} = \dfrac{\phi_{311} - \phi_{131}}{2} = \phi_{[31]1} = \dfrac{1}{\sqrt{2}}\phi^2_1 = \dfrac{1}{\sqrt{2}}\Sigma^+ \\ \phi^{(1)}_{232} = \dfrac{\phi_{232} - \phi_{322}}{2} = \phi_{[33]2} = \dfrac{1}{\sqrt{2}}\phi^1_2 = \dfrac{1}{\sqrt{2}}\Sigma^- \end{cases}$$

各自带一个奇异数.以及

$$\phi^{(1)}_{123} = \frac{\phi_{123} - \phi_{213}}{2} - \frac{\phi_{123} + \phi_{213} + \phi_{312} - \phi_{213} - \phi_{132} - \phi_{321}}{6}$$
$$= \frac{\phi_{123} - \phi_{213}}{3} - \frac{\phi_{231} + \phi_{312} - \phi_{132} - \phi_{321}}{6}$$

$$= \frac{2\phi_{[12]3} - \phi_{[231]1} - \phi_{[31]2}}{3} = \frac{2\phi_3^3 - \phi_1^1 - \phi_2^2}{3\sqrt{2}}$$

和

$$\phi_{312}^{(1)} = \frac{\phi_{312} - \phi_{132}}{2} - \frac{\phi_{123} + \phi_{231} + \phi_{312} - \phi_{213} - \phi_{132} - \phi_{321}}{6}$$
$$= \frac{2\phi_2^2 - \phi_3^3 - \phi_1^1}{3\sqrt{2}} = \frac{-3(\phi_1^1 - \phi_2^2) + (\phi_1^1 + \phi_2^2 - 2\phi_3^3)}{6\sqrt{2}}$$

满足

$$\phi_{123}^{(1)} + \phi_{231}^{(1)} + \phi_{312}^{(1)} = 0$$

即三个波函数,两个是独立的.

$$\Sigma^0 = \phi_{231}^{(1)} - \phi_{312}^{(1)} = \frac{\phi_{231} - \phi_{321}}{2} - \frac{\phi_{312} - \phi_{132}}{2} = \phi_{[23]1} - \phi_{[31]2} = \frac{\phi_1^1 - \phi_2^2}{\sqrt{2}}$$

下面纳入标准形式.由于我们已经证明

$$\phi_{[\alpha\beta]} = \frac{1}{\sqrt{2}}\varepsilon_{\alpha\beta\gamma}\phi^{\gamma} \tag{1.9.12}$$

其中,ϕ^{γ} 是逆步基底.由此可得,

$$\frac{\phi_{\alpha\beta\gamma} - \phi_{\beta\alpha\gamma}}{2} = \phi_{[\alpha\beta]\gamma} = \frac{1}{\sqrt{2}}\varepsilon_{\alpha\beta\gamma}\phi_{\gamma}^{c} \tag{1.9.13}$$

式中,ϕ_{γ}^{c} 是二阶混合张量,反解之得

$$\phi_{\alpha}^{\beta} = \frac{1}{\sqrt{2}}\varepsilon^{ab\beta}\phi_{ab\alpha} \tag{1.9.14}$$

它的迹

$$\phi_{\alpha}^{\alpha} = \frac{1}{\sqrt{2}}\varepsilon^{abc}\phi_{abc} = 3\sqrt{2}\phi_{123}^{A} \tag{1.9.15}$$

是一个 SU_3 不变量,于是我们把它分解为“零迹项”与“非零迹项”之和.

$$\phi_{\alpha}^{\beta} = \psi_{\alpha}^{\beta} + \frac{1}{3}\delta_{\alpha}^{\beta}\phi_{\gamma}^{\gamma}, \quad \psi_{\alpha}^{\alpha} = 0$$

或者

$$\psi_\alpha^\beta = \phi_\alpha^\beta - \frac{1}{3}\delta_\alpha^\beta\phi_\gamma^\gamma$$

其分量有

$$\begin{cases} \psi_1^1 = \dfrac{2\phi_1^1 - \phi_2^2 - \phi_3^3}{3} = \dfrac{\Sigma^0}{\sqrt{2}} + \dfrac{\Lambda}{\sqrt{6}} \\ \psi_2^2 = \dfrac{2\phi_2^2 - \phi_3^3 - \phi_1^1}{3} = -\dfrac{\Sigma^0}{\sqrt{2}} + \dfrac{\Lambda}{\sqrt{6}} \\ \psi_3^3 = \dfrac{2\phi_3^3 - \phi_1^1 - \phi_2^2}{3} = -\dfrac{2}{\sqrt{6}}\Lambda \end{cases}$$

满足 $\psi_1^1 + \psi_2^2 + \psi_3^3 = 0$. ψ_α^β 其他分量有

$$\begin{cases} \psi_1^2 = \phi_1^2 = \Sigma^+ \\ \psi_2^1 = \phi_2^1 = \Sigma^- \end{cases}$$

$$\begin{cases} \psi_1^3 = \phi_1^3 = \mathrm{p}, \quad \psi_3^1 = \phi_3^1 = \Xi^- \\ \psi_2^3 = \phi_2^3 = \mathrm{n}, \quad \psi_3^2 = \phi_3^2 = \Xi^0 \end{cases}$$

式(1.9.9)和(1.9.13)代入上式得

$$\phi_{a\beta\gamma}^{(1)} = \frac{1}{\sqrt{2}}\varepsilon_{a\beta c}\phi_\gamma^c - \varepsilon_{a\beta\gamma}\phi_{123}^A - \frac{1}{\sqrt{2}}\varepsilon_{a\beta c}\phi_\gamma^c - \varepsilon_{a\beta\gamma}\frac{1}{3\sqrt{2}}\phi_a^a = \frac{1}{\sqrt{2}}\varepsilon_{a\beta c}\left(\phi_\gamma^c - \frac{1}{3}\delta_\gamma^c\phi_a^a\right) = \frac{1}{\sqrt{2}}\varepsilon_{a\beta c}\psi_\gamma^c$$

或者

$$\phi_{a\beta\gamma}^{(1)} = \frac{1}{\sqrt{2}}\varepsilon_{a\beta c}\psi_\gamma^c \tag{1.9.16}$$

$$\psi_\alpha^\beta = \frac{1}{\sqrt{2}}\varepsilon^{ab\beta}\phi_{ab\alpha}^{(1)} \tag{1.9.17}$$

它们是一一对应的.重子的量子数如表 1.5 所列.

表 1.5　重子的量子数

	p	n	Λ	Σ^+	Σ^0	Σ^-	Ξ^0	Ξ^-
Q	1	0	0	1	0	−1	0	−1
T_3	$\frac{1}{2}$	$-\frac{1}{2}$	0	1	0	−1	$\frac{1}{2}$	$-\frac{1}{2}$
Y	1	1	0	0	0	0	−1	−1

盖尔曼-西岛规则成立

$$Q = T_3 + \frac{1}{2} Y$$

图形表示见图 1.4,其分解见图 1.5.

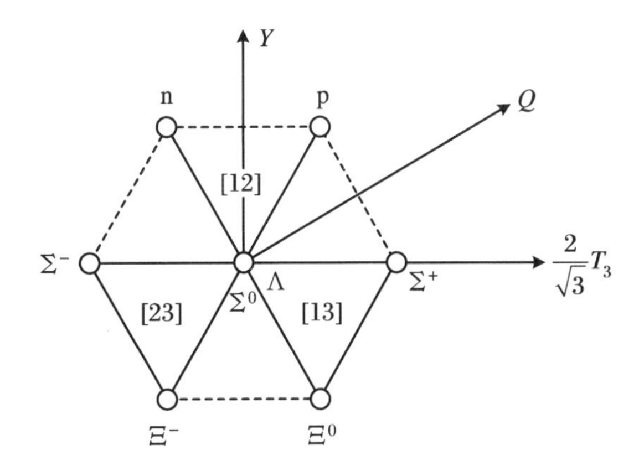

图 1.4　重子图示

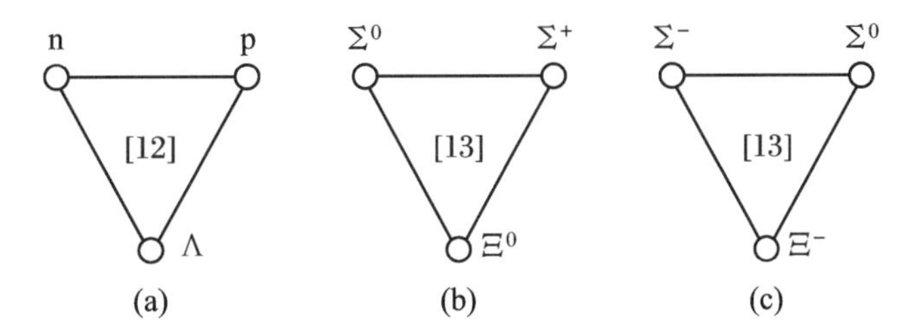

图 1.5　重子分解图示

可以证明 ϕ_α^β 为正则表示的基底

$$\phi_\alpha^\beta = \frac{1}{\sqrt{2}} \varepsilon^{\sigma\rho\beta} \phi_{\sigma\rho\alpha} = \frac{1}{\sqrt{2}} \sum_{i=0}^{8} (\lambda_i)_{\beta\alpha} \psi_i$$

所以

$$\psi_i = \frac{1}{\sqrt{2}} (\lambda_i)_{\alpha\beta} \phi_\alpha^\beta = \frac{1}{2} (\lambda_i)_{\alpha\beta} \varepsilon^{\sigma\rho\beta} \phi_{\sigma\rho\alpha}$$

它的变换为

$$\psi_i \to \psi'_i = \frac{1}{2} (\lambda_i)_{\alpha\beta} \varepsilon^{\sigma\rho\beta} \phi'_{\sigma\rho\alpha}$$

式中

$$\phi'_{\sigma\rho\alpha} = \phi_{\sigma\rho\alpha} + \mathrm{i}\sum_{j=1}^{8}\theta_j[(\lambda_j)_{\sigma\sigma'}\phi_{\sigma'\rho\alpha} + (\lambda_j)_{\rho'\rho}\phi_{\sigma\rho'\alpha} + (\lambda_j)_{\alpha'\alpha}\phi_{\sigma\rho\alpha'}]$$

代入得

$$\begin{aligned}
\psi'_i &= \psi_i + \frac{\mathrm{i}}{2}\sum_{j=1}^{8}\theta_j(\lambda_j)_{\alpha\beta}\varepsilon^{\sigma\rho\beta}[(\lambda_j)_{\sigma\sigma'}\phi_{\sigma'\rho\alpha} + (\lambda_j)_{\rho'\rho}\phi_{\sigma\rho'\alpha} + (\lambda_j)_{\alpha'\alpha}\phi_{\sigma\rho\alpha'}] \\
&= \psi_i + \frac{\mathrm{i}}{2}\sum_{j=1}^{8}\theta_j(\lambda_i)_{\alpha\beta}\varepsilon^{\sigma\rho\beta}[(\lambda_j)_{\sigma'\sigma}\phi_{\sigma'\rho\alpha} - (\lambda_j)_{\sigma'\sigma}\phi_{\rho\sigma'\alpha} + (\lambda_j)_{\alpha'\alpha}\phi_{\sigma\rho\alpha'}] \\
&= \psi_i + \frac{\mathrm{i}}{2}\sum_{j=1}^{8}\theta_j(\lambda_i)_{\alpha\beta}\varepsilon^{\sigma\rho\beta}\{(\lambda_j)_{\sigma'\sigma}\sqrt{2}\varepsilon_{\sigma\rho\alpha}\phi^{\gamma}_{\alpha} + (\lambda_j)_{\alpha'\alpha}\phi_{\sigma\rho\alpha'}\} \\
&= \psi_i + \frac{\mathrm{i}}{2}(\lambda_i)_{\alpha\beta}\sqrt{2}\{(\lambda_j)_{\sigma'\sigma}(\delta^{\sigma'\gamma}_{\alpha\beta} - \delta^{\gamma\sigma'}_{\alpha\beta})\phi^{\gamma}_{\alpha} + (\lambda_j)_{\alpha'\alpha}\phi^{\beta}_{\alpha'}\} \\
&= \psi_i + \frac{\mathrm{i}}{\sqrt{2}}\sum_{j=1}^{8}\theta_j(\lambda_i)_{\alpha\beta}\{(\lambda_j)_{\sigma\sigma}\phi^{\beta}_{\alpha} - (\lambda_j)_{\beta\gamma}\phi^{\gamma}_{\alpha} + (\lambda_j)_{\gamma\alpha}\phi^{\beta}_{\gamma}\} \\
&= \psi_i + \frac{\mathrm{i}}{\sqrt{2}}\sum_{j=1}^{8}\theta_j\{-(\lambda_i\lambda_j)_{\alpha\gamma}\phi^{\gamma}_{\alpha} + (\lambda_j\lambda_i)_{\gamma\beta}\phi^{\beta}_{\gamma}\} \\
&= \psi_i + \frac{\mathrm{i}}{\sqrt{2}}\sum_{j=1}^{8}\theta_j[\lambda_i,\lambda_j]_{\alpha\beta}\phi^{\beta}_{\alpha} = \psi_i + 2\sum_{j=1}^{8}\theta_j f_{ijk}\frac{1}{\sqrt{2}}(\lambda_k)_{\alpha\beta}\phi^{\beta}_{\alpha} \\
&= \psi_i + 2f_{ijk}\theta_j\psi_k
\end{aligned}$$

或者

$$\psi_i \to \psi'_i = \psi_i + 2f_{ijk}\theta_j\psi_k \tag{1.9.18}$$

即 $\psi_i(i=1,\cdots,8)$为正则表示，ψ_0 为一维表示.

反粒子问题 $\phi_\alpha \to \phi^\alpha, \lambda \to \mu$

$$\begin{cases}
\bar{\mathrm{p}} = \overline{\psi^3_1} = \psi^1_3, \quad \bar{\mathrm{n}} = \overline{\psi^3_2} = \psi^2_3 \\
\overline{\Sigma^+} = \overline{\psi^2_1} = \psi^1_2, \quad \overline{\Sigma^-} = \overline{\psi^1_2} = \psi^2_1 \\
\overline{\Xi^-} = \overline{\psi^3_1} = \psi^1_3, \quad \overline{\Xi^0} = \overline{\psi^2_3} = \psi^3_2
\end{cases}$$

以及

$$\overline{\Sigma^0} = \overline{\frac{\psi^1_1 - \psi^2_2}{\sqrt{2}}} = \frac{\psi^1_1 - \psi^2_2}{\sqrt{2}}$$

$$\bar{\Lambda} = -\sqrt{\frac{3}{2}}\,\overline{\psi_3^3} = -\sqrt{\frac{3}{2}}\,\psi_3^3$$

反重子的量子数列表见表 1.6,相应图形见图 1.6.

表 1.6　反重子的量子数

	$\bar{p}$	$\bar{n}$	$\bar{\Lambda}$	$\overline{\Sigma^+}$	$\overline{\Sigma^0}$	$\overline{\Sigma^-}$	$\overline{\Xi^0}$	$\overline{\Xi^-}$
Q	−1	0	0	−1	0	1	0	1
T_3	$-\frac{1}{2}$	$\frac{1}{2}$	0	−1	0	1	$-\frac{1}{2}$	$\frac{1}{2}$
Y	−1	−1	0	0	0	0	1	1

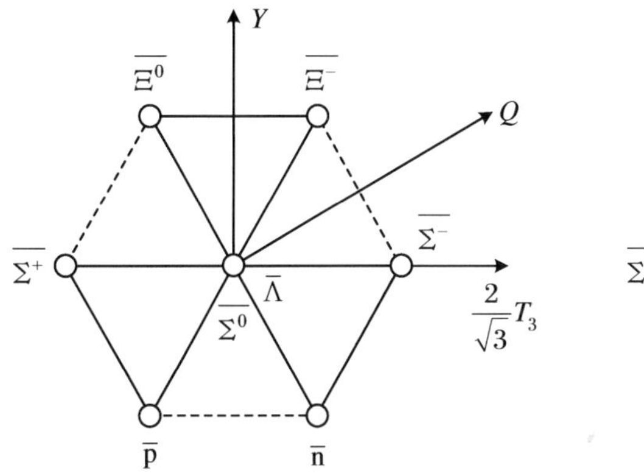

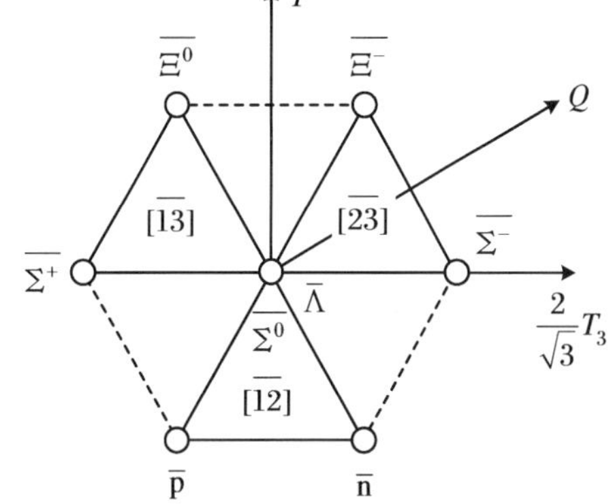

图 1.6　反重子

(2) 部分对称张量

定义

$$\phi_{\alpha\beta\gamma}^{(2)} = \frac{\phi_{\alpha\beta\gamma} + \phi_{\beta\alpha\gamma}}{2} - \phi_{\alpha\beta\gamma}^{S}$$

$$= \frac{\phi_{\alpha\beta\gamma} + \phi_{\beta\alpha\gamma}}{2} - \frac{\phi_{\alpha\beta\gamma} + \phi_{\beta\gamma\alpha} + \phi_{\gamma\alpha\beta} + \phi_{\beta\alpha\gamma} + \phi_{\alpha\gamma\beta} + \phi_{\gamma\beta\alpha}}{6}$$

$$= \frac{1}{6}\{2\phi_{\alpha\beta\gamma} + 2\phi_{\beta\alpha\gamma} - \phi_{\beta\gamma\alpha} - \phi_{\gamma\alpha\beta} - \phi_{\alpha\gamma\beta} - \phi_{\gamma\beta\alpha}\}$$

$$= \frac{1}{6}\{(\phi_{\alpha\beta\gamma} - \phi_{\alpha\gamma\beta}) + (\phi_{\alpha\beta\gamma} - \phi_{\gamma\beta\alpha}) + (\phi_{\beta\alpha\gamma} - \phi_{\beta\gamma\alpha}) + (\phi_{\beta\alpha\gamma} - \phi_{\gamma\alpha\beta})\}$$

$$= \frac{1}{3\sqrt{2}}\{\varepsilon_{\alpha'\beta}\phi_{\alpha}^{\alpha'}(1) + \varepsilon_{\alpha\beta'\gamma}\phi_{\beta}^{\beta'}(2) + \varepsilon_{\beta'\alpha\gamma}\phi_{\beta}^{\beta'}(1) + \varepsilon_{\beta\alpha'\gamma}\phi_{\alpha}^{\alpha'}(2)\}$$

$$= \frac{1}{3\sqrt{2}} \{ \varepsilon_{\alpha'\beta\gamma} [\phi_{\alpha}^{\alpha'}(1) - \phi_{\alpha}^{\alpha'}(2)] - \varepsilon_{\alpha\beta'\gamma} [\phi_{\beta}^{\beta'}(1) - \phi_{\beta}^{\beta'}(2)] \}$$

$$= \frac{\delta_{\alpha}^{\rho}\varepsilon_{\sigma\beta\gamma} - \delta_{\beta}^{\rho}\varepsilon_{\alpha\sigma\gamma}}{3} \cdot \frac{\phi_{\rho}^{\sigma}(1) - \phi_{\rho}^{\sigma}(2)}{\sqrt{2}}$$

或者

$$\phi_{\alpha\beta\gamma}^{(2)} = \frac{\delta_{\alpha}^{\rho}\varepsilon_{\sigma\beta\gamma} - \delta_{\beta}^{\rho}\varepsilon_{\alpha\sigma\gamma}}{3} \cdot \frac{\phi_{\rho}^{\sigma}(1) - \phi_{\rho}^{\sigma}(2)}{\sqrt{2}} \tag{1.9.19}$$

式中我们定义了

$$\begin{aligned} \frac{\phi_{\alpha\beta\gamma} - \phi_{\alpha\gamma\beta}}{2} &= \frac{1}{\sqrt{2}}\varepsilon_{\alpha'\beta\gamma}\phi_{\alpha}^{\alpha'}(1), \quad \phi_{\alpha}^{\alpha'}(1) = \frac{1}{\sqrt{2}}\varepsilon^{\alpha'\beta\gamma}\phi_{\alpha\beta\gamma} \\ \frac{\phi_{\alpha\beta\gamma} - \phi_{\gamma\beta\alpha}}{2} &= \frac{1}{\sqrt{2}}\varepsilon_{\alpha\beta'\gamma}\phi_{\beta}^{\beta'}(2), \quad \phi_{\beta}^{\beta'}(2) = \frac{1}{\sqrt{2}}\varepsilon^{\alpha\beta'\gamma}\phi_{\alpha\beta\gamma} \\ \frac{\phi_{\alpha\beta\gamma} - \phi_{\beta\alpha\gamma}}{2} &= \frac{1}{\sqrt{2}}\varepsilon_{\alpha\beta\gamma'}\phi_{\gamma}^{\gamma'}(3), \quad \phi_{\gamma}^{\gamma'}(3) = \frac{1}{\sqrt{2}}\varepsilon^{\alpha\beta\gamma'}\phi_{\alpha\beta\gamma} \end{aligned} \tag{1.9.20}$$

根据二阶反对称张量的讨论 $\phi_{\alpha}^{\beta}(1)$、$\phi_{\alpha}^{\beta}(2)$和 $\phi_{\alpha}^{\beta}(3)$都是二阶混合张量.由此给出迹项

$$\phi_{\alpha}^{\alpha}(1) = \phi_{\alpha}^{\alpha}(2) = \phi_{\alpha}^{\alpha}(3) = \frac{1}{\sqrt{2}}\varepsilon^{\alpha\beta\gamma}\phi_{\alpha\beta\gamma} = 3\sqrt{2}\phi_{123}^{A} \tag{1.9.21}$$

定义零迹二阶混合张量

$$\begin{cases} \psi_{\alpha}^{\beta}(1) = \phi_{\alpha}^{\beta}(1) - \frac{1}{3}\delta_{\alpha}^{\beta}\phi_{\gamma}^{\gamma}(1) = \phi_{\alpha}^{\beta}(1) - \sqrt{2}\delta_{\alpha}^{\beta}\phi_{123}^{A} \\ \psi_{\alpha}^{\beta}(2) = \phi_{\alpha}^{\beta}(2) - \frac{1}{3}\delta_{\alpha}^{\beta}\phi_{\gamma}^{\gamma}(2) = \phi_{\alpha}^{\beta}(2) - \sqrt{2}\delta_{\alpha}^{\beta}\phi_{123}^{A} \\ \psi_{\alpha}^{\beta}(3) = \phi_{\alpha}^{\beta}(3) - \frac{1}{3}\delta_{\alpha}^{\beta}\phi_{\gamma}^{\gamma}(3) = \phi_{\alpha}^{\beta}(3) - \sqrt{2}\delta_{\alpha}^{\beta}\phi_{123}^{A} \end{cases} \tag{1.9.22}$$

则得

$$\psi_{\alpha}^{\beta} = \frac{\psi_{\alpha}^{\beta}(1) - \psi_{\alpha}^{\beta}(2)}{\sqrt{2}} = \frac{\phi_{\alpha}^{\beta}(1) - \phi_{\alpha}^{\beta}(2)}{\sqrt{2}} \tag{1.9.23}$$

由此给出

$$\phi_{\alpha\beta\gamma}^{(2)} = \frac{\delta_{\alpha}^{\rho}\varepsilon_{\sigma\beta\gamma} - \delta_{\beta}^{\rho}\varepsilon_{\alpha\sigma\gamma}}{3}\psi_{\rho}^{\sigma} \tag{1.9.24}$$

它有八个独立分量

$$\begin{cases} \phi_{112}^{(2)} = -2\phi_{121}^{(2)} = \dfrac{2}{3}\psi_1^3 = \dfrac{2}{3}\mathrm{p} \\ \phi_{221}^{(2)} = -2\phi_{212}^{(2)} = \dfrac{-2}{3}\psi_2^3 = -\dfrac{2}{3}\mathrm{n} \end{cases}$$

$$\begin{cases} \phi_{113}^{(2)} = -2\phi_{131}^{(2)} = -\dfrac{2}{3}\psi_1^2 = -\dfrac{2}{3}\Sigma^+ \\ \phi_{331}^{(2)} = -2\phi_{313}^{(2)} = \dfrac{2}{3}\psi_3^2 = \dfrac{2}{3}\Xi^0 \end{cases}$$

$$\begin{cases} \phi_{223}^{(2)} = -\phi_{232}^{(2)} = \dfrac{2}{3}\psi_2^1 = \dfrac{2}{3}\Sigma^- \\ \phi_{332}^{(2)} = -2\phi_{323}^{(2)} = -\dfrac{2}{3}\psi_3^1 = -\dfrac{2}{3}\Xi^- \end{cases}$$

$$\begin{cases} \phi_{123}^{(2)} = \dfrac{\psi_1^1 - \psi_2^2}{3} = \dfrac{\sqrt{2}}{3}\Sigma^0 \\ \phi_{231}^{(2)} = \dfrac{\psi_2^2 - \psi_3^3}{3} = -\dfrac{\Sigma^0}{3\sqrt{2}} + \dfrac{1}{\sqrt{6}}\Lambda \\ \phi_{312}^{(2)} = \dfrac{\psi_3^3 - \psi_1^1}{3} = -\dfrac{\Sigma^0}{3\sqrt{2}} - \dfrac{1}{\sqrt{6}}\Lambda \end{cases}$$

最后有零迹条件

$$\phi_{123}^{(2)} + \phi_{231}^{(2)} + \phi_{312}^{(2)} = 0$$

(3) 全对称张量

定义

$$\phi_{\alpha\beta\gamma}^{S} = \frac{\phi_{\alpha\beta\gamma} + \phi_{\beta\gamma\alpha} + \phi_{\gamma\alpha\beta} + \phi_{\beta\alpha\gamma} + \phi_{\alpha\gamma\beta} + \phi_{\gamma\beta\alpha}}{6}$$

以前我们已经证明对称群的正交单位给出 SU_3 群的不可约表示,所以这里我们不再证明.

$\phi_{\alpha\beta\gamma}^{S}$有十个独立分量

$$\begin{cases} \phi_{111}^{S} = \phi_{111} = \Delta^+ \\ \phi_{222}^{S} = \phi_{222} = \Delta^- \\ \phi_{333}^{S} = \phi_{333} = \Omega^- \end{cases}$$

$$\begin{cases} \phi^S_{112} = \dfrac{\phi_{112} + \phi_{121} + \phi_{211}}{3} = \dfrac{1}{\sqrt{3}}\Delta^+ \\ \phi^S_{122} = \dfrac{\phi_{122} + \phi_{212} + \phi_{221}}{3} = \dfrac{1}{\sqrt{3}}\Delta^0 \end{cases}$$

$$\begin{cases} \phi^S_{113} = \dfrac{\phi_{113} + \phi_{131} + \phi_{311}}{3} = \dfrac{1}{\sqrt{3}}\Sigma^{+*} \\ \phi^S_{133} = \dfrac{\phi_{133} + \phi_{313} + \phi_{331}}{3} = \dfrac{1}{\sqrt{3}}\Xi^{0*} \end{cases}$$

$$\begin{cases} \phi^S_{223} = \dfrac{\phi_{223} + \phi_{232} + \phi_{322}}{3} = \dfrac{1}{\sqrt{3}}\Sigma^{-*} \\ \phi^S_{233} = \dfrac{\phi_{233} + \phi_{323} + \phi_{332}}{3} = \dfrac{1}{\sqrt{3}}\Xi^{-*} \end{cases}$$

$$\phi^S_{123} = \frac{\phi_{123} + \phi_{231} + \phi_{312} + \phi_{213} + \phi_{132} + \phi_{321}}{6} = \frac{1}{\sqrt{6}}\Sigma^{0*}$$

这两套基底相差一个归一化常数,可以写成

$$\phi^S_{\alpha\beta\gamma} = \sum^S N^S_{\alpha\beta\gamma}\psi^S$$

式中,S 遍及于十个粒子求和.显然正交归一化条件成立.

$$\psi^{\xi'\dagger}\psi^{\xi} = \delta_{\xi'\xi}$$

而系数 $N^S_{\alpha\beta\gamma}$ 是全对称实数,它的非零分量为

$$N^{\Delta^{++}}_{111} = N^{\Delta^-}_{222} = N^{\Omega^-}_{333} = 1$$

$$N^{\Delta^+}_{112} = N^{\Delta^0}_{122} = N^{\Omega^-}_{333} = 1$$

$$N^{\Delta^+}_{111} = N^{\Delta^-}_{222} = N^{\Sigma^*}_{113} = N^{\Xi^{0*}}_{133} = N^{\Sigma^{-*}}_{223} = N^{\Xi^{-*}}_{233} = \frac{1}{\sqrt{3}}$$

$$N^{\Sigma^{0*}}_{123} = \frac{1}{\sqrt{6}}$$

它们的量子数见表 1.7.

表 1.7　重子的量子数

	Δ^-	Δ^0	Δ^+	Δ^{++}	Σ^{-*}	Σ^{0*}	Σ^{+*}	Ξ^{-*}	Ξ^{0*}	Ω^-
Q	-1	0	1	2	-1	0	1	-1	0	-1
T_3	$-\frac{2}{3}$	$-\frac{1}{2}$	$\frac{1}{2}$	$\frac{3}{2}$	-1	0	1	$-\frac{1}{2}$	$\frac{1}{2}$	0
Y	1	1	1	1	0	0	0	-1	-1	-2
S	0	0	0	0	-1	-1	-1	-2	-2	-3

奇异数 $S=-1$ 第三个夸克的数目

$$S_q = \begin{pmatrix} 0 & & \\ & 0 & \\ & & -1 \end{pmatrix}$$

盖尔曼-西岛规则成立

$$Q = T_3 + \frac{1}{2}Y$$

相应图形见图 1.7.

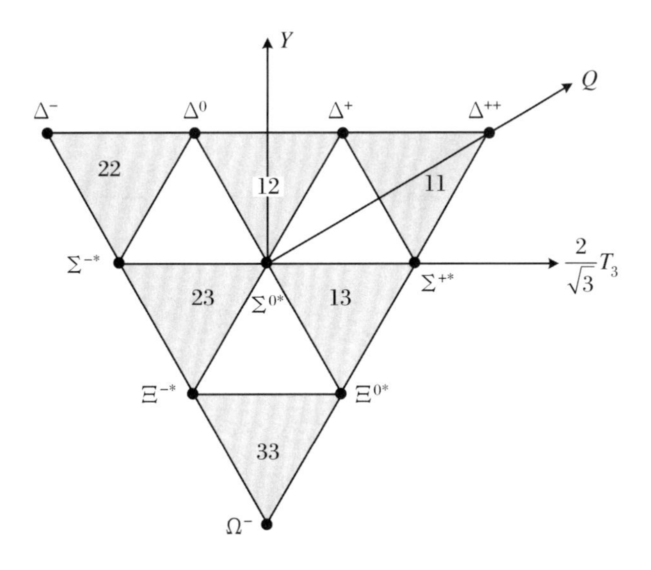

图 1.7　重子图示

其分解见图 1.8 的(a)～(f).

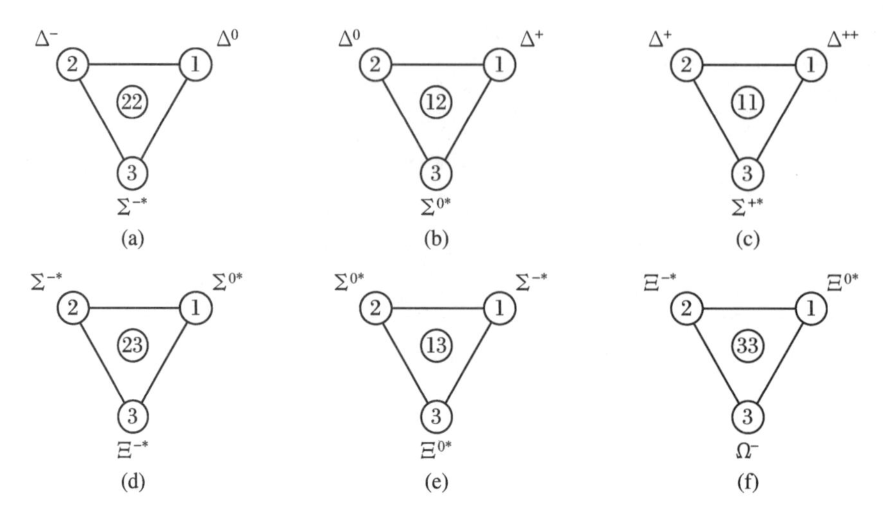

图 1.8　重子分解图示

其反重子的量子数见表 1.8,相应图形见图 1.9.

表 1.8　重子反粒子的量子数

	$\overline{\Delta^-}$	$\overline{\Delta^0}$	$\overline{\Delta^+}$	$\overline{\Delta^{++}}$	$\overline{\Sigma^{-*}}$	$\overline{\Sigma^{0*}}$	$\overline{\Sigma^{+*}}$	$\overline{\Xi^{-*}}$	$\overline{\Xi^{0*}}$	$\overline{\Omega^-}$
Q	1	0	-1	-2	1	0	-1	1	0	1
T_3	$\frac{2}{3}$	$\frac{1}{2}$	$-\frac{1}{2}$	$-\frac{3}{2}$	1	0	-1	$\frac{1}{2}$	$-\frac{1}{2}$	0
Y	-1	-1	-1	-1	0	0	0	1	1	2
S	0	0	0	0	1	1	1	2	2	3

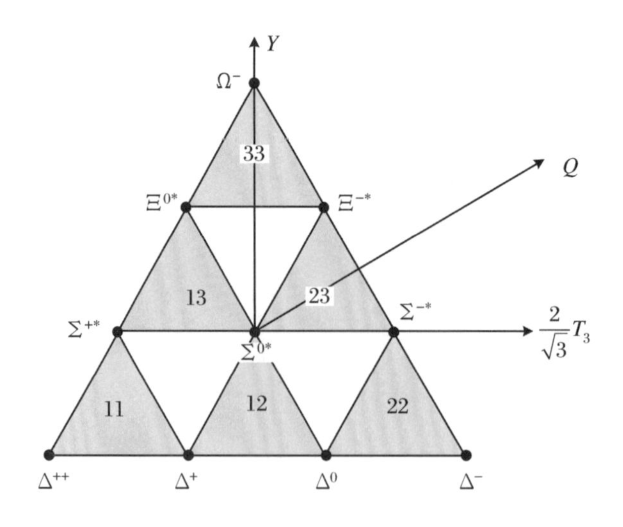

图 1.9　反重子

1.10 卡西米尔算符

1.10.1 $C_2, C_3, \cdots, C_n$

SU_3 群及其表示

$$u = e^{i\theta_{\alpha\beta}\lambda_{\alpha\beta}} = 1 + i\theta_{\alpha\beta}\lambda_{\alpha\beta} \to U = e^{i\theta_{\alpha\beta}\Lambda_{\alpha\beta}} = 1 + i\theta_{\alpha\beta}\Lambda_{\alpha\beta}$$

其厄米性和零迹条件如下：

$$\begin{cases} \theta_{\alpha\alpha} = 0, \quad \theta^*_{\alpha\beta} = \theta_{\beta\alpha} \\ \lambda_{\alpha\alpha} = 0, \quad \lambda^\dagger_{\alpha\beta} = \lambda_{\beta\alpha} \to \Lambda_{\alpha\alpha} = 0 \\ \lambda^*_{\alpha\beta} = \tilde{\lambda}_{\beta\alpha} = \lambda_{\alpha\beta} \end{cases} \tag{1.10.1}$$

并有对易关系

$$[\lambda_{\alpha\beta}, \lambda_{\alpha'\beta'}] = \lambda_{\alpha\beta'}\delta_{\alpha'\beta} - \lambda_{\alpha'\beta}\delta_{\alpha\beta'} \to [\Lambda_{\alpha\beta}, \Lambda_{\alpha'\beta'}] = \Lambda_{\alpha\beta'}\delta_{\alpha'\beta} - \Lambda_{\alpha'\beta}\delta_{\alpha\beta'} \tag{1.10.2}$$

上面"→"的左边式子两边同乘以 $u\cdots u^{-1}$，右边式子两边同乘以 $U\cdots U^{-1}$，可得

$$\begin{aligned} &[u\lambda_{\alpha\beta}u^{-1}, u\lambda_{\alpha'\beta'}u^{-1}] = u\lambda_{\alpha\beta'}u^{-1}\delta_{\alpha'\beta} - u\lambda_{\alpha'\beta}u^{-1}\delta_{\alpha\beta'} \\ \to &[U\Lambda_{\alpha\beta}U^{-1}, U\Lambda_{\alpha'\beta'}U^{-1}] = U\Lambda_{\alpha\beta'}U^{-1}\delta_{\alpha'\beta} - U\Lambda_{\alpha'\beta}U^{-1}\delta_{\alpha\beta'} \end{aligned} \tag{1.10.3}$$

首先计算

$$\begin{aligned} \lambda'_{\alpha\beta} &= u\lambda_{\alpha\beta}u^{-1} = (1 + i\theta_{ab}\lambda_{ab})\lambda_{\alpha\beta}(1 - i\theta_{ab}\lambda_{ab}) \\ &= \lambda_{\alpha\beta} + i\theta_{ab}[\lambda_{ab}, \lambda_{\alpha\beta}] = \lambda_{\alpha\beta} + i\theta_{ab}(\lambda_{a\beta}\delta_{\alpha b} - \lambda_{\alpha b}\delta_{a\beta}) \\ &= \lambda_{\alpha\beta} + i\theta_{a\alpha}\lambda_{a\beta} - i\theta_{\beta b}\lambda_{\alpha b} = (\delta_{a\alpha}\delta_{b\beta} + i\theta_{a\alpha}\delta_{b\beta} - i\theta_{\beta b}\delta_{a\alpha})\lambda_{ab} \\ &= (\delta_{a\alpha} + i\theta_{a\alpha})(\delta_{b\beta} - i\theta^*_{b\beta})\lambda_{ab} = (\delta_{a\alpha} + i\theta_{a\alpha})(\delta_{b\beta} + i\theta_{b\beta})^*\lambda_{ab} \end{aligned} \tag{1.10.4}$$

式中

$$\theta_{\alpha\beta} = \delta_{a\alpha}\delta_{b\beta}\theta_{ab} = \left(\delta_{a\alpha}\delta_{b\beta} - \frac{1}{3}\delta_{ab}\delta_{\alpha\beta}\right)\theta_{ab}$$

代入得

$$\lambda'_{\alpha\beta} = (1 + \mathrm{i}\theta_{cd}\lambda_{cd})_{a\alpha}(1 + \mathrm{i}\theta_{cd}\lambda_{cd})^*_{b\beta}\lambda_{ab} = u_{a\alpha}u^*_{b\beta}\lambda_{ab} \tag{1.10.5}$$

或者

$$\lambda_{\alpha\beta} \to \lambda'_{\alpha\beta} = u\lambda_{\alpha\beta}u^{-1} = u_{a\alpha}u^*_{b\beta}\lambda_{ab} \tag{1.10.6}$$

因此 $\lambda_{\alpha\beta}$是二阶混合张量,即

$$\lambda_{\alpha\beta} = \lambda^{\beta}_{\alpha} = E_{\alpha\beta} - \frac{1}{3}\delta_{\alpha\beta} = |\alpha\rangle\langle\beta| - \frac{1}{3}\delta^{\beta}_{\alpha} = \lambda^{\beta}_{\alpha}$$

所以

$$u = 1 + \mathrm{i}\theta^{\alpha}_{\beta}\lambda^{\beta}_{\alpha}, \quad u^{\beta}_{\alpha} = \langle\beta|U|\alpha\rangle = \delta^{\beta}_{\alpha} + \mathrm{i}\theta^{\beta}_{\alpha}$$

它的表示

$$\lambda^{\beta}_{\alpha} \to \lambda'^{\beta}_{\alpha} = u^{a}_{\alpha}u^{*b}_{\beta}\lambda^{b}_{a}$$

$$\Lambda_{\alpha\beta} \to \Lambda'_{\alpha\beta} = u\Lambda_{\alpha\beta}u^{-1} = ? = u_{a\alpha}u^*_{b\beta}\Lambda_{ab}$$

计算

$$\begin{aligned}\Lambda'_{\alpha\beta} &= u\Lambda_{\alpha\beta}u^{-1} = (1 + \mathrm{i}\theta_{ab}\Lambda_{ab})\Lambda_{\alpha\beta}(1 - \mathrm{i}\theta_{ab}\Lambda_{ab}) = \Lambda_{\alpha\beta} + \mathrm{i}\theta_{ab}[\Lambda_{ab},\Lambda_{\alpha\beta}] \\ &= \Lambda_{\alpha\beta} + \mathrm{i}\theta_{ab}(\Lambda_{a\beta}\delta_{\alpha b} - \Lambda_{\alpha b}\delta_{a\beta}) = \Lambda_{\alpha\beta} + \mathrm{i}\theta_{a\alpha}\Lambda_{a\beta} - \mathrm{i}\theta_{\beta b}\Lambda_{\alpha b} = \delta_{a\alpha}\delta_{b\beta}\Lambda_{ab} \\ &= (\delta_{a\alpha} + \mathrm{i}\theta_{a\alpha})(\delta_{b\beta} + \mathrm{i}\theta_{b\beta})^*\Lambda_{ab} = u_{a\alpha}u^*_{b\beta}\Lambda_{ab} = u^{a}_{\beta}u^{b^*}_{\beta}\Lambda_{ab}\end{aligned} \tag{1.10.7}$$

因此,$\Lambda_{\alpha\beta}$也是二阶混合张量,即

$$\Lambda_{\alpha\beta} = \Lambda^{\beta}_{\alpha}$$

所以

$$u = 1 + \mathrm{i}\theta^{\alpha}_{\beta}\Lambda^{\beta}_{\alpha}, \quad \Lambda^{\beta}_{\alpha} \to \Lambda^{\beta'}_{\alpha} = u^{a}_{\alpha}u^{b*}_{\beta}\Lambda^{b}_{a}$$

由此改写对易关系

$$\begin{cases}[\lambda^{\beta}_{\alpha},\lambda^{\beta'}_{\alpha'}] = \lambda^{\beta'}_{\alpha}\delta^{\beta}_{\alpha'} - \lambda^{\beta}_{\alpha'}\delta^{\beta'}_{\alpha} \to [\Lambda^{\beta}_{\alpha},\Lambda^{\beta'}_{\alpha'}] = \Lambda^{\beta'}_{\alpha}\delta^{\beta}_{\alpha'} - \Lambda^{\beta}_{\alpha'}\delta^{\beta'}_{\alpha} \\ \lambda^{\beta}_{\alpha} \to \lambda'^{\beta}_{\alpha} = u_{a\alpha}u^*_{b\beta}\lambda^{b}_{a} \to \Lambda^{\beta}_{\alpha} \to \Lambda'^{\beta}_{\alpha} = u_{a\alpha}u^*_{b\beta}\Lambda^{b}_{a}\end{cases} \tag{1.10.8}$$

(1) 第一个卡西米尔算子 C_1

$$C_1 = \Lambda^{\alpha}_{\alpha} = \Lambda^1_1 + \Lambda^2_2 + \Lambda^3_3 = 0, \quad \text{是不变量} \tag{1.10.9}$$

是不变量. 在对易关系式(1.10.8)中令 $\alpha' = \beta'$,约定求和则得

$$[\Lambda^{\beta}_{\alpha}, C_1] = 0$$

(2) 第二个卡西米尔算子 C_2

定义

$$\langle \Lambda^2 \rangle_\alpha^\beta = \Lambda_\alpha^\gamma \Lambda_\gamma^\beta = C_2$$

则在 SU_3 变换下

$$\begin{aligned}\langle \Lambda^2 \rangle_\alpha'^\beta = \Lambda_\alpha'^\gamma \Lambda_\gamma'^\beta &= u_{a\alpha} \overbrace{u_{c\gamma}^* \Lambda_a^c u_{d\gamma}}^{\delta_c^d} u_{b\beta}^* \Lambda_d^b \\ &= u_{a\alpha} u_{b\beta}^* \Lambda_a^c \Lambda_c^b = u_{a\alpha} u_{b\beta}^* \langle \Lambda^2 \rangle_a^b \end{aligned} \tag{1.10.10}$$

或者

$$\langle \Lambda^2 \rangle_\alpha^\beta \rightarrow \langle \Lambda^2 \rangle_\alpha'^\beta = u_{a\alpha} u_{b\beta}^* \langle \Lambda^2 \rangle_a^b$$

是不变量.因此$\langle \Lambda^2 \rangle_\alpha^\beta$ 也是一个二阶混合张量.特别地定义

$$C_2 = \langle \Lambda^2 \rangle \Lambda_\alpha^\alpha = \Lambda_\alpha^\beta \Lambda_\beta^\alpha = SU_3 \text{ 不变量} \tag{1.10.11}$$

利用式(1.10.8)较易求出

$$\begin{aligned}[\Lambda_\alpha^\beta, \langle \Lambda^2 \rangle_{\alpha'}^{\beta'}] = [\Lambda_\alpha^\beta, \Lambda_{\alpha'}^a \Lambda_a^{\beta'}] &= [\Lambda_\alpha^\beta, \Lambda_{\alpha'}^a] \Lambda_a^{\beta'} + \Lambda_{\alpha'}^a [\Lambda_\alpha^\beta, \Lambda_a^{\beta'}] \\ &= (\Lambda_\alpha^a \delta_{\alpha'}^\beta - \Lambda_{\alpha'}^\beta \delta_\alpha^a) \Lambda_a^{\beta'} + \Lambda_{\alpha'}^a (\Lambda_\alpha^{\beta'} \delta_a^\beta - \Lambda_a^\beta \delta_\alpha^{\beta'}) \\ &= \langle \Lambda^2 \rangle_\alpha^{\beta'} \delta_{\alpha'}^\beta - \Lambda_{\alpha'}^\beta \Lambda_\alpha^{\beta'} + \Lambda_{\alpha'}^\beta \Lambda_\alpha^{\beta'} - \langle \Lambda^2 \rangle_{\alpha'}^\beta \delta_\alpha^{\beta'} \end{aligned} \tag{1.10.12}$$

或者

$$[\Lambda_\alpha^\beta, \langle \Lambda^2 \rangle_{\alpha'}^{\beta'}] = \langle \Lambda^2 \rangle_\alpha^{\beta'} \delta_{\alpha'}^\beta - \langle \Lambda^2 \rangle_{\alpha'}^\beta \delta_\alpha^{\beta'}$$

令 $\alpha' = \beta'$约定求和得

$$[\Lambda_\alpha^\beta, C_2] = 0 \tag{1.10.13}$$

(3) 第三个卡西米尔算子 C_3

定义(三阶混合张量)

$$\langle \Lambda^3 \rangle_\alpha^\beta = \Lambda_\alpha^{\gamma_1} \Lambda_{\gamma_1}^{\gamma_2} \Lambda_{\gamma_2}^\beta$$

在 SU_3 变换下

$$\langle \Lambda^3 \rangle_\alpha^\beta \rightarrow \langle \Lambda^3 \rangle_\alpha'^\beta = u_{a\alpha} u_{b\beta}^* \langle \Lambda^3 \rangle_a^b$$

可以证明

$$[\Lambda_\alpha^\beta, \langle \Lambda^3 \rangle_{\alpha'}^{\beta'}] = \langle \Lambda^3 \rangle_\alpha^{\beta'} \delta_{\alpha'}^\beta - \langle \Lambda^3 \rangle_{\alpha'}^\beta \delta_\alpha^{\beta'}$$

证明 利用式(1.10.8)

$$[\Lambda_\alpha^\beta,\langle\Lambda^3\rangle_{\alpha'}^{\beta'}]=[\Lambda_\alpha^\beta,\Lambda_{\alpha'}^a\Lambda_a^b\Lambda_b^{\beta'}]=[\Lambda_\alpha^\beta,\Lambda_{\alpha'}^a]\Lambda_a^b\Lambda_b^{\beta'}+\Lambda_{\alpha'}^a[\Lambda_\alpha^\beta,\Lambda_a^b]\Lambda_b^{\beta'}+\Lambda_{\alpha'}^a\Lambda_a^b[\Lambda_\alpha^\beta,\Lambda_b^{\beta'}]$$
$$=(\Lambda_\alpha^a\delta_{\alpha'}^\beta-\Lambda_{\alpha'}^\beta\delta_\alpha^a)\Lambda_a^b\Lambda_b^{\beta'}+\Lambda_{\alpha'}^a(\Lambda_\alpha^b\delta_a^\beta-\Lambda_a^\beta\delta_\alpha^b)\Lambda_b^{\beta'}+\Lambda_{\alpha'}^a\Lambda_a^b(\Lambda_\alpha^{\beta'}\delta_b^\beta-\Lambda_b^\beta\delta_\alpha^{\beta'})$$
$$=\langle\Lambda^3\rangle_\alpha^{\beta'}\delta_{\alpha'}^\beta-\Lambda_{\alpha'}^\beta\Lambda_\alpha^b\Lambda_b^{\beta'}+\Lambda_{\alpha'}^\beta\Lambda_\alpha^b\Lambda_b^{\beta'}-\Lambda_{\alpha'}^a\Lambda_a^\beta\Lambda_\alpha^{\beta'}+\Lambda_{\alpha'}^a\Lambda_a^\beta\Lambda_\alpha^{\beta'}-\langle\Lambda^3\rangle_{\alpha'}^\beta\delta_\alpha^{\beta'}$$

定义

$$C_3=\langle\Lambda^3\rangle_\alpha^\alpha=\Lambda_\alpha^\beta\Lambda_\beta^\gamma\Lambda_\gamma^\alpha=SU_3\text{ 不变量}\tag{1.10.14}$$

则有

$$[\Lambda_\alpha^\beta,C_3]=0$$

(4) 第 n 个卡西米尔算子 C_n

定义(n 阶混合张量)

$$\langle\Lambda^n\rangle_\alpha^\beta=\Lambda_\alpha^{\gamma_1}\Lambda_{\gamma_1}^{\gamma_2}\cdots\Lambda_{\gamma_{n-1}}^\beta\tag{1.10.15}$$

极易证明

$$\langle\Lambda^n\rangle_\alpha^\beta\to\langle\Lambda^n\rangle_\alpha'^\beta=\%_{\alpha'}^a u_{a\alpha}u_{b\beta}^*\langle\Lambda^n\rangle_a^b$$
$$[\Lambda_\alpha^\beta,\langle\Lambda^n\rangle_{\alpha'}^{\beta'}]=\langle\Lambda^n\rangle_\alpha^{\beta'}\delta_{\alpha'}^\beta-\langle\Lambda^n\rangle_{\alpha'}^\beta\delta_\alpha^{\beta'}$$

定义

$$C_n=\langle\Lambda^n\rangle_\alpha^\alpha=\Lambda_\alpha^{\gamma_1}\Lambda_{\gamma_1}^{\gamma_2}\cdot\cdots\cdot\Lambda_{\gamma_{n-1}}^\alpha$$

其中,$n=1,2,3,\cdots$,则有

$$[\Lambda_\alpha^\beta,C_n]=0$$

引理 在三维线性空间中,如果混合张量 $T_{\alpha\alpha'}^{\beta\beta'}$ 的上指标反对称,下指标也反对称,而且零迹,则它恒等于零,即若 $T_{\alpha\alpha'}^{\beta\beta'}$ 满足

$$T_{\alpha\alpha'}^{\beta\beta'}=-T_{\alpha\alpha'}^{\beta'\beta}=T_{[\alpha\alpha']}^{[\beta\beta']}=-T_{\alpha'\alpha}^{\beta\beta'}\to T_{\alpha\alpha'}^{\beta\beta'}\equiv0\quad(\text{反对称})$$

以及

$$T_{\alpha\gamma}^{\beta\gamma}=0\quad(\text{零迹})$$

则必有

$$T_{\alpha\alpha'}^{\beta\beta'}\equiv0\tag{1.10.16}$$

证明 SU_3 群的反对称指标可以上升或下降,即

$$T_{\alpha\alpha'}^{\beta\beta'} = \varepsilon_{\alpha\alpha' b}\varepsilon^{\beta\beta' a} T_a^b \tag{1.10.17}$$

零迹条件给出

$$T_{\alpha\gamma}^{\beta\gamma} = \varepsilon_{\alpha\gamma b}\varepsilon^{\beta\gamma a} T_a^b = (\delta_{\alpha b}^{\beta a} - \delta_{\alpha b}^{a\beta}) T_a^b = \delta_\alpha^\beta T_a^a - T_\alpha^\beta = 0$$

其中,$\delta_{\alpha b}^{a\beta}$ 为 $\delta_\alpha^a \delta_b^\beta$ 的简写,等.或者

$$T_\alpha^\beta = \delta_\alpha^\beta T_a^a \xrightarrow{\alpha = \beta} T_\alpha^\alpha = 3T_a^a, \quad T_a^a = 0$$

它给出如下方程:

$$\begin{aligned} T_1^2 &= 0, \quad T_2^1 = 0 \\ T_1^3 &= 0, \quad T_3^1 = 0 \\ T_2^3 &= 0, \quad T_3^2 = 0 \end{aligned}$$

以及

$$\begin{cases} T_1^1 = T_1^1 + T_2^2 + T_3^3 \\ T_2^2 = T_1^1 + T_2^2 + T_3^3 \\ T_3^3 = T_1^1 + T_2^2 + T_3^3 \end{cases} \to \begin{cases} T_2^2 + T_3^3 = 0 \\ T_1^1 + T_3^3 = 0 \\ T_1^1 + T_2^2 = 0 \end{cases} \to \begin{cases} T_1^1 = 0 \\ T_2^2 = 0 \\ T_3^3 = 0 \end{cases}$$

或者

$$T_\alpha^\beta \equiv 0$$

代入式(1.10.17)得式(1.10.16),证毕.

因此,如果混合张量 $Q_{\alpha\alpha'}^{\beta\beta'}$ 只满足反对称条件,不一定满足零迹条件,即

$$Q_{\alpha\alpha'}^{\beta\beta'} = Q_{[\alpha\alpha']}^{[\beta\beta']}$$

可以求其迹

$$Q_{\alpha\gamma}^{\beta\gamma}, \quad Q_{\gamma\alpha'}^{\gamma\beta'}, \quad Q_{\alpha\gamma}^{\gamma\beta'}, \quad Q_{\gamma\alpha'}^{\beta\gamma}, \quad Q_{\gamma\delta}^{\gamma\delta}$$

构造迹为零的反对称张量

$$\begin{aligned} 0 \equiv T_{\alpha\alpha'}^{\beta\beta'} &= T_{[\alpha\alpha']}^{[\beta\beta']} \\ &= Q_{\alpha\alpha'}^{\beta\beta'} - Q_{\gamma\alpha'}^{\gamma\beta'}\delta_\alpha^\beta - Q_{\alpha\gamma}^{\beta\gamma}\delta_{\alpha'}^{\beta'} - Q_{\alpha\gamma}^{\gamma\beta'}\delta_{\alpha'}^{\beta} - Q_{\beta\gamma}^{\beta\alpha'}\delta_\alpha^{\beta'} + \frac{1}{2}(\delta_{\alpha\alpha'}^{\beta\beta'} - \delta_{\alpha\alpha'}^{\beta'\beta})Q_{\gamma\delta}^{\gamma\delta} \\ &= Q_{\alpha\alpha'}^{\beta\beta'} - Q_{\alpha\gamma}^{\beta\gamma}\delta_{\alpha'}^{\beta'} - Q_{\alpha'\gamma}^{\beta'\gamma}\delta_\alpha^\beta + Q_{\alpha\gamma}^{\beta'\gamma}\delta_{\alpha'}^{\beta} + Q_{\alpha'\gamma}^{\beta'\gamma}\delta_\alpha^{\beta'} + \frac{1}{2}(\delta_{\alpha\alpha'}^{\beta\beta'} - \delta_{\alpha\alpha'}^{\beta'\beta})Q_{\gamma\delta}^{\gamma\delta} \end{aligned} \tag{1.10.18}$$

由此给出,反对称张量的一般表达式为

$$Q_{\alpha\alpha'}^{\beta\beta'} \equiv Q_{[\alpha\alpha']}^{[\beta\beta']} \equiv Q_{\alpha\gamma}^{\beta\gamma}\delta_{\alpha'}^{\beta'} + Q_{\alpha'\gamma}^{\beta'\gamma}\delta_{\alpha}^{\beta} - Q_{\alpha\gamma}^{\beta'\gamma}\delta_{\alpha'}^{\beta} - Q_{\alpha'\gamma}^{\beta\gamma}\delta_{\alpha}^{\beta'} - \frac{1}{2}(\delta_{\alpha\alpha'}^{\beta\beta'} - \delta_{\alpha\alpha'}^{\beta'\beta})Q_{\gamma\delta}^{\gamma\delta} \quad (1.10.19)$$

显然零迹、非零迹的四阶混合反对称张量都满足上述公式.

1.10.2 恒等式

令

$$Q_{\alpha\alpha'}^{\beta\beta'} = \Lambda_{\alpha}^{\beta}\Lambda_{\alpha'}^{\beta'} + \Lambda_{\alpha'}^{\beta'}\Lambda_{\alpha}^{\beta} - \Lambda_{\alpha}^{\beta'}\Lambda_{\alpha'}^{\beta}\Lambda_{\alpha'}^{\beta}\Lambda_{\alpha}^{\beta'} = Q_{[\alpha\alpha']}^{[\beta\beta']}$$

可以求出,$\alpha' = \beta' = \gamma$

$$Q_{\alpha\gamma}^{\beta\gamma} = -\Lambda_{\alpha}^{\gamma}\Lambda_{\gamma}^{\beta} - \Lambda_{\gamma}^{\beta}\Lambda_{\alpha}^{\gamma} = -\langle\Lambda^2\rangle_{\alpha}^{\beta} - \Lambda_{\alpha}^{\gamma}\Lambda_{\gamma}^{\beta} + [\Lambda_{\alpha}^{\gamma}\Lambda_{\gamma}^{\beta}] = -2\langle\Lambda^2\rangle_{\alpha}^{\beta} + 3\Lambda_{\alpha}^{\beta} \quad (1.10.20)$$

$$Q_{\gamma\delta}^{\gamma\delta} = -2C_2 + 3\Lambda_{\delta}^{\delta} = -2C_2 \quad (1.10.21)$$

代入表达式得恒等式.

$$\begin{aligned}\Lambda_{\alpha}^{\beta}\Lambda_{\alpha'}^{\beta'} + \Lambda_{\alpha'}^{\beta'}\Lambda_{\alpha}^{\beta} - \Lambda_{\alpha}^{\beta'}\Lambda_{\alpha'}^{\beta} - \Lambda_{\alpha'}^{\beta}\Lambda_{\alpha}^{\beta'} \equiv & -2[\langle\Lambda^2\rangle_{\alpha}^{\beta}\delta_{\alpha'}^{\beta'} + \langle\Lambda^2\rangle_{\alpha'}^{\beta'}\delta_{\alpha}^{\beta} - \langle\Lambda^2\rangle_{\alpha}^{\beta'}\delta_{\alpha'}^{\beta} - \langle\Lambda^2\rangle_{\alpha'}^{\beta}\delta_{\alpha}^{\beta'}] \\ & + 3(\Lambda_{\alpha}^{\beta}\delta_{\alpha'}^{\beta'} + \Lambda_{\alpha'}^{\beta'}\delta_{\alpha}^{\beta} - \Lambda_{\alpha}^{\beta'}\delta_{\alpha'}^{\beta} - \Lambda_{\alpha'}^{\beta}\delta_{\alpha}^{\beta'}) + (\delta_{\alpha\alpha'}^{\beta\beta'} - \delta_{\alpha\alpha'}^{\beta'\beta})C_2\end{aligned} \quad (1.10.22)$$

右乘 $\Lambda_{\beta'}^{\alpha'}$ 按重复指标求和约定求和得

$$\begin{aligned}&\Lambda_{\alpha}^{\beta}C_2 + \Lambda_{\alpha'}^{\beta'}\Lambda_{\alpha}^{\beta}\Lambda_{\beta'}^{\alpha'} - \Lambda_{\alpha}^{\beta'}\Lambda_{\alpha'}^{\beta}\Lambda_{\beta'}^{\alpha'} - \Lambda_{\alpha'}^{\beta}\Lambda_{\alpha}^{\beta'}\Lambda_{\beta'}^{\alpha'} \\ &\equiv -2[C_3\delta_{\alpha}^{\beta} - \langle\Lambda^2\rangle_{\alpha}^{\beta'}\Lambda_{\beta'}^{\beta} - \langle\Lambda^2\rangle_{\alpha'}^{\beta}\Lambda_{\alpha}^{\alpha'}] + 3(C_2\delta_{\alpha}^{\beta} - \Lambda_{\alpha}^{\beta'}\Lambda_{\beta'}^{\beta} - \Lambda_{\alpha'}^{\beta}\Lambda_{\alpha}^{\alpha'}) - C_2\Lambda_{\alpha}^{\beta} \\ &= -2[C_3\delta_{\alpha}^{\beta} - \langle\Lambda^3\rangle_{\alpha}^{\beta} - \langle\Lambda^2\rangle_{\alpha'}^{\beta}\Lambda_{\alpha}^{\alpha'}] + 3(C_2\delta_{\alpha}^{\beta} - \langle\Lambda^2\rangle_{\alpha}^{\beta} - \Lambda_{\alpha'}^{\beta}\Lambda_{\alpha}^{\alpha'}) - C_2\Lambda_{\alpha}^{\beta}\end{aligned} \quad (1.10.23)$$

式中

$$\begin{aligned}\Lambda_{\alpha'}^{\beta}\Lambda_{\alpha}^{\alpha'} &= \Lambda_{\alpha}^{\gamma}\Lambda_{\gamma}^{\beta} + [\Lambda_{\gamma}^{\beta}\Lambda_{\gamma}^{\gamma}] = \langle\Lambda^2\rangle_{\alpha}^{\beta} - 3\Lambda_{\alpha}^{\beta} \\ \langle\Lambda^2\rangle_{\alpha'}^{\beta}\Lambda_{\alpha}^{\alpha'} &= \Lambda_{\alpha}^{\gamma}\langle\Lambda^2\rangle_{\gamma}^{\beta} + [\langle\Lambda^2\rangle_{\gamma}^{\beta}, \Lambda_{\alpha}^{\gamma}] = \langle\Lambda^3\rangle_{\alpha}^{\beta} + [\Lambda_{\gamma}^{a}\Lambda_{a}^{\beta}\Lambda_{\alpha}^{\gamma}] \\ &= \langle\Lambda^3\rangle_{\gamma}^{\beta} + [\Lambda_{\gamma}^{a}\Lambda_{\alpha}^{\gamma}]\Lambda_{a}^{\beta} + \Lambda_{\gamma}^{a}[\Lambda_{a}^{\beta}, \Lambda_{\alpha}^{\gamma}] \\ &= [\Lambda^3]_{\alpha}^{\beta} - 3\Lambda_{\alpha}^{a}\Lambda_{a}^{\beta} + \Lambda_{\gamma}^{a}(\Lambda_{a}^{\gamma}\delta_{\alpha}^{\beta} - \Lambda_{\alpha}^{\beta}\delta_{a}^{\gamma}) \\ &= \langle\Lambda^3\rangle_{\alpha}^{\beta} - 3\langle\Lambda^2\rangle_{\alpha}^{\beta} + C_2\delta_{\alpha}^{\beta}\end{aligned} \quad (1.10.24)$$

或者

$$\begin{cases}\Lambda_{\gamma}^{\beta}\Lambda_{\alpha}^{\gamma} = 3\Lambda_{\alpha}^{\beta} + \langle\Lambda^2\rangle_{\alpha}^{\beta} \\ \langle\Lambda^2\rangle_{\gamma}^{\beta}\Lambda_{\alpha}^{\gamma} = C_2\delta_{\alpha}^{\beta} - 3\langle\Lambda^2\rangle_{\alpha}^{\beta} + \langle\Lambda^3\rangle_{\alpha}^{\beta}\end{cases}$$

于是

$$\text{式(1.10.23) 的右边} = -2[C_3\delta^\beta_\alpha - \langle\Lambda^3\rangle^\beta_\alpha - C_2\delta^\beta_\alpha + 3\langle\Lambda^2\rangle^\beta_\alpha - \langle\Lambda^3\rangle^\beta_\alpha]$$
$$+ 3(C_2\delta^\beta_\alpha - \langle\Lambda^2\rangle^\beta_\alpha + 3\Lambda^\beta_\alpha - \langle\Lambda^2\rangle^\beta_\alpha) - C_2\Lambda^\beta_\alpha$$
$$= (-2C_3 + 5C_2)\delta^\beta_\alpha + (9 - C_2)\Lambda^\beta_\alpha - 12\langle\Lambda^2\rangle^\beta_\alpha + 4\langle\Lambda^3\rangle^\beta_\alpha \tag{1.10.25}$$

由于

$$\left\{\begin{aligned}
\Lambda^{\beta'}_{\alpha'}\Lambda^\beta_\alpha\Lambda^{\alpha'}_{\beta'} &= \Lambda^{\beta'}_{\alpha'}(\Lambda^{\alpha'}_{\beta'}\Lambda^\beta_\alpha + [\Lambda^\beta_\alpha\Lambda^{\alpha'}_{\beta'}]) = \Lambda^\beta_{\alpha'}(\Lambda^{\alpha'}_{\beta'}\Lambda^\beta_\alpha + \Lambda^{\alpha'}_\alpha\delta^\beta_{\beta'} - \Lambda^\beta_{\beta'}\delta^{\alpha'}_\alpha)\\
&= C_2\Lambda^\beta_\alpha + \Lambda^\beta_{\alpha'}\Lambda^{\alpha'}_\alpha - \Lambda^{\beta'}_\alpha\Lambda^\beta_{\beta'}\\
\Lambda^{\beta'}_\alpha\Lambda^\beta_{\alpha'}\Lambda^{\alpha'}_{\beta'} &= \Lambda^{\beta'}_\alpha(\Lambda^{\alpha'}_{\beta'}\Lambda^\beta_{\alpha'} + [\Lambda^\beta_{\alpha'}\Lambda^{\alpha'}_{\beta'}]) = \Lambda^{\beta'}_\alpha(\Lambda^{\alpha'}_{\beta'}\Lambda^\beta_{\alpha'} + \Lambda^{\alpha'}_{\alpha'}\delta^\beta_{\beta'} - \Lambda^\beta_{\beta'}\delta^{\alpha'}_{\alpha'})\\
&= \Lambda^{\beta'}_\alpha\Lambda^{\alpha'}_{\beta'}\Lambda^\beta_\alpha - \Lambda^{\beta'}_\alpha\Lambda^\beta_{\beta'}\delta^{\alpha'}_{\alpha'}\\
\Lambda^\beta_{\alpha'}\Lambda^{\beta'}_\alpha\Lambda^{\alpha'}_{\beta'} &= \Lambda^{\beta'}_\alpha\Lambda^{\alpha'}_{\beta'}\Lambda^\beta_{\alpha'} + [\Lambda^\beta_{\alpha'}, \Lambda^{\beta'}_\alpha\Lambda^{\alpha'}_{\beta'}] = \langle\Lambda^3\rangle^\beta_\alpha + [\Lambda^\beta_{\alpha'}, \Lambda^{\beta'}_\alpha]\Lambda^{\alpha'}_{\beta'} + \Lambda^{\beta'}_\alpha[\Lambda^\beta_{\alpha'}, \Lambda^{\alpha'}_{\beta'}]\\
&= \langle\Lambda^3\rangle^\beta_\alpha + (\Lambda^{\beta'}_{\alpha'}\delta^\beta_\alpha - \Lambda^\beta_\alpha\delta^{\beta'}_{\alpha'})\Lambda^{\alpha'}_{\beta'} + \Lambda^{\beta'}_\alpha(\Lambda^{\alpha'}_{\alpha'}\delta^\beta_{\beta'} - \Lambda^\beta_{\beta'}\delta^{\alpha'}_{\alpha'})\\
&= \langle\Lambda^3\rangle^\beta_\alpha + C_2\delta^\beta_\alpha - 3\langle\Lambda^2\rangle^\beta_\alpha
\end{aligned}\right. \tag{1.10.26}$$

或者

$$\left\{\begin{aligned}
\Lambda^{\beta'}_{\alpha'}\Lambda^\beta_\alpha\Lambda^{\alpha'}_{\beta'} &= (C_2 - 3)\Lambda^\beta_\alpha\\
\Lambda^{\beta'}_\alpha\Lambda^\beta_{\alpha'}\Lambda^{\alpha'}_{\beta'} &= -3\langle\Lambda^2\rangle^\beta_\alpha + \langle\Lambda^3\rangle^\beta_\alpha\\
\Lambda^\beta_{\alpha'}\Lambda^{\beta'}_\alpha\Lambda^{\alpha'}_{\beta'} &= C_2\delta^\beta_\alpha - 3\langle\Lambda^2\rangle^\beta_\alpha + \langle\Lambda^3\rangle^\beta_\alpha
\end{aligned}\right. \tag{1.10.27}$$

所以

$$\text{式(1.10.23) 的左边} = C_2\Lambda^\beta_\alpha + (C_2 - 3)\Lambda^\beta_\alpha + 3\langle\Lambda^2\rangle^\beta_\alpha - \langle\Lambda^3\rangle^\beta_\alpha - C_2\delta^\beta_\alpha + 3\langle\Lambda^2\rangle^\beta_\alpha - \langle\Lambda^3\rangle^\beta_\alpha$$
$$= -C_2\delta^\beta_\alpha + (2C_2 - 3)\Lambda^\beta_\alpha + 6\langle\Lambda^2\rangle^\beta_\alpha - 2\langle\Lambda^3\rangle^\beta_\alpha \tag{1.10.28}$$

令左 = 右得

$$-C_2\delta^\beta_\alpha + (2C_2 - 3)\Lambda^\beta_\alpha + 6\langle\Lambda^2\rangle^\beta_\alpha - 2\langle\Lambda^3\rangle^\beta_\alpha$$
$$= (5C_2 - 2C_3)\delta^\beta_\alpha + (9 - C_2)\Lambda^\beta_\alpha - 12\langle\Lambda^2\rangle^\beta_\alpha + 4\langle\Lambda^3\rangle^\beta_\alpha \tag{1.10.29}$$

或者

$$2(3C_2 - C_3)\delta^\beta_\alpha + 3(4 - C_2)\Lambda^\beta_\alpha - 18\langle\Lambda^2\rangle^\beta_\alpha + 6\langle\Lambda^3\rangle^\beta_\alpha \equiv 0 \tag{1.10.30}$$

亦即$\langle\Lambda^3\rangle^\beta_\alpha$ 可用$\langle\Lambda^2\rangle^\beta_\alpha$、$\Lambda^\beta_\alpha$ 和δ^β_α 来展开,这就是我们需要的恒等式.式(1.10.30)右乘以Λ^γ_β 得第二恒等式.

$$2(3C_2 - C_3)\Lambda_\alpha^\beta + 3(4 - C_2)\langle\Lambda^2\rangle_\alpha^\beta - 18\langle\Lambda^3\rangle_\alpha^\beta + 6\langle\Lambda^4\rangle_\alpha^\beta = 0 \quad (1.10.31)$$

亦即$\langle\Lambda^4\rangle_\alpha^\beta$可用$\langle\Lambda^3\rangle_\alpha^\beta$、$\langle\Lambda^2\rangle_\alpha^\beta$、$\Lambda_\alpha^\beta$和$\delta_\alpha^\beta$来展开.式(1.10.30)右乘以$\Lambda_\beta^\gamma$再$\gamma\to\beta$,得

$$2(3C_2 - C_3)\langle\Lambda^2\rangle_\alpha^\beta + 3(4 - C_2)\langle\Lambda^3\rangle_\alpha^\beta - 18\langle\Lambda^4\rangle_\alpha^\beta + 6\langle\Lambda^5\rangle_\alpha^\beta = 0$$

亦即$\langle\Lambda^5\rangle_\alpha^\beta$可用$\langle\Lambda^4\rangle_\alpha^\beta$、$\langle\Lambda^3\rangle_\alpha^\beta$和$\langle\Lambda^2\rangle_\alpha^\beta$来展开.

由此给出基本恒等式.

$$2(3C_2 - C_3)\langle\Lambda^{n-3}\rangle_\alpha^\beta + 3(4 - C_2)\langle\Lambda^{n-2}\rangle_\alpha^\beta - 18\langle\Lambda^{n-3}\rangle_\alpha^\beta + 6\langle\Lambda^n\rangle_\alpha^\beta \equiv 0 \quad (1.10.32)$$

亦即张量$\langle\Lambda^n\rangle_\alpha^\beta$可用$\langle\Lambda^{n-1}\rangle_\alpha^\beta$、$\langle\Lambda^{n-2}\rangle_\alpha^\beta$、$\langle\Lambda^{n-3}\rangle_\alpha^\beta$来展开,因此独立的张量只有三个:$\delta_\alpha^\beta$、$\Lambda_\alpha^\beta$和$\langle\Lambda^2\rangle_\alpha^\beta$.特别地,令$\alpha=\beta$约定求和得

$$2(3C_2 - C_3)C_{n-3} + 3(4 - C_2)C_{n-2} - 18C_{n-1} + 6C_n = 0 \quad (1.10.33)$$

或者

$$C_n = 3C_{n-1} - \frac{4 - C_2}{2}C_{n-2} - \frac{3C_2 - C_3}{3}C_{n-3} \quad (n = 4,5,6,\cdots) \quad (1.10.34)$$

由此给出卡西米尔算符间的线性关系.例如:

$$C_4 = 3C_3 - \frac{4 - C_2}{2}C_2, \quad C_1 = 0$$

$$C_5 = 3C_4 - \frac{4 - C_2}{2}C_3 - \frac{3C_2 - C_3}{3}C_2$$

$$C_6 = 3C_5 - \frac{4 - C_2}{2}C_4 - \frac{3C_2 - C_3}{3}C_3$$

由此我们得到如下结论:SU_3群只有两个独立的卡西米尔算符,C_2、C_3即秩的个数.

1.11 二阶混合张量 T_α^β

定义

$$T_\alpha^\beta \to T_\alpha^{\beta'} = UT_\alpha^\beta U^{-1} = u_{a\alpha}u_{b\beta}^* T_a^b \quad (1.11.1)$$

或者

$$[\Lambda_\alpha^\beta, T_{\alpha'}^{\beta'}] = T_\alpha^{\beta'}\delta_{\alpha'}^\beta - T_{\alpha'}^\beta\delta_\alpha^{\beta'} \tag{1.11.2}$$

可以证明这两种定义是等价的.

$$\text{式(1.11.1)左边} = UT_\alpha^\beta U^{-1} = (1 + \mathrm{i}\theta_a^b\Lambda_a^b)T_\alpha^\beta(1 - \mathrm{i}\theta_b^a\Lambda_a^b) = T_\alpha^\beta + \mathrm{i}\theta_b^a[\Lambda_a^b, T_\alpha^\beta]$$

$$\begin{aligned}\text{式(1.11.1)右边} &= u_{a\alpha}u_{b\beta}^* T_a^b = (\delta_\alpha^a + \mathrm{i}\theta_\alpha^a)(\delta_\beta^b + \mathrm{i}\theta_\beta^b)^* T_a^b \\ &= (\delta_\alpha^a + \mathrm{i}\theta_\alpha^a)(\delta_b^\beta - \mathrm{i}\theta_b^\beta)T_a^b = T_\alpha^\beta + \mathrm{i}\theta_b^a(T_a^\beta\delta_\alpha^b - T_a^b\delta_a^\beta)\end{aligned}$$

两式相比较得

$$[\Lambda_a^b, T_\alpha^\beta] = T_a^\beta\delta_\alpha^b - T_a^b\delta_a^\beta \tag{1.11.3}$$

证毕.

这样我们证明了从前式可以导出后式.显然从后式也可以导出前式.因此这两种定义是完全等价的.

定义

$$\begin{cases}\langle\Lambda^0\rangle_\alpha^\beta = \delta_\alpha^\beta \\ \langle\Lambda\rangle_\alpha^\beta = \Lambda_\alpha^\beta\end{cases}$$

较易证明

$$\begin{cases}[\Lambda_\alpha^\beta, \Lambda_{\alpha'}^{\beta'}] = \delta_\alpha^{\beta'}\delta_{\alpha'}^\beta - \delta_{\alpha'}^\beta\delta_\alpha^{\beta'} \\ [\Lambda_\alpha^\beta, \Lambda_{\alpha'}^{\beta'}] = \Lambda_\alpha^{\beta'}\Lambda_{\alpha'}^\beta - \Lambda_{\alpha'}^\beta\Lambda_\alpha^{\beta'} \\ [\Lambda_\alpha^\beta, \langle\Lambda^2\rangle_{\alpha'}^{\beta'}] = \langle\Lambda^2\rangle_\alpha^{\beta'}\delta_{\alpha'}^\beta - \langle\Lambda^2\rangle_{\alpha'}^\beta\delta_\alpha^{\beta'} \\ [\Lambda_\alpha^\beta, \langle\Lambda^3\rangle_{\alpha'}^{\beta'}] = \langle\Lambda^3\rangle_\alpha^{\beta'}\delta_{\alpha'}^\beta - \langle\Lambda^3\rangle_{\alpha'}^\beta\delta_\alpha^{\beta'} \\ [\Lambda_\alpha^\beta, \langle\Lambda^n\rangle_{\alpha'}^{\beta'}] = \langle\Lambda^n\rangle_\alpha^{\beta'}\delta_{\alpha'}^\beta - \langle\Lambda^n\rangle_{\alpha'}^\beta\delta_\alpha^{\beta'}\end{cases} \tag{1.11.4}$$

因此 T_α^β 可以展开为

$$T_\alpha^\beta = \sum_{n=0}^{\infty} a_n\langle\Lambda^n\rangle_\alpha^\beta \tag{1.11.5}$$

由于我们按式(1.10.32)已经证明$\langle\Lambda^n\rangle_\alpha^\beta(n=0,1,2,\cdots)$中只有三个是独立的,所以 T_α^β 的展开只需要三项,即

$$T_\alpha^\beta = a\delta_\alpha^\beta + b\Lambda_\alpha^\beta + c\langle\Lambda\Lambda\rangle_\alpha^\beta \tag{1.11.6}$$

乘以 Λ_β^γ,$\langle\Lambda^2\rangle_\beta^\gamma$ 得

$$T_\alpha^\beta = a\delta_\alpha^\beta + b\Lambda_\alpha^\beta + c\langle\Lambda\Lambda\rangle_\alpha^\beta$$

$$\langle T\Lambda\rangle_\alpha^\beta = a\Lambda_\alpha^\beta + b\langle\Lambda\Lambda\rangle_\alpha^\beta + c\langle\Lambda\Lambda\Lambda\rangle_\alpha^\beta$$
$$\langle T\Lambda\Lambda\rangle_\alpha^\beta = a\langle\Lambda\Lambda\rangle_\alpha^\beta + b\langle\Lambda\Lambda\Lambda\rangle_\alpha^\beta + c\langle\Lambda\Lambda\Lambda\Lambda\rangle_\alpha^\beta$$

令 $\alpha=\beta$ 求迹得

$$\begin{cases}\langle T\rangle = 3a + 0 + cC_2\\ \langle T\Lambda\rangle = 0 + C_2 b + C_3 c\\ \langle T\Lambda\Lambda\rangle = C_2 a + C_3 b + C_4 c\end{cases}$$

由式(1.10.33)可知,上式中

$$C_4 = 3C_3 + \left(\frac{C_2}{2} - 2\right)C_2 = 3C_3 - 2C_2 + \frac{1}{2}C_2^2$$

由此导出

$$\begin{pmatrix}a\\ b\\ c\end{pmatrix} = \begin{pmatrix}3 & 0 & C_2\\ 0 & C_2 & C_3\\ C_2 & C_3 & C_4\end{pmatrix}^{-1}\begin{pmatrix}\langle T\rangle\\ \langle T\Lambda\rangle\\ \langle T\Lambda\Lambda\rangle\end{pmatrix}$$

亦即 a、b、c 可用与卡西米尔算符 C_2、C_3 以及 $\langle T\rangle$、$\langle T\Lambda\rangle$、$\langle T\Lambda\Lambda\rangle$ 表示. 实际上我们可以证明:

$$[\Lambda_\alpha^\beta, T_{\alpha'}^{\beta'}] = T_\alpha^{\beta'}\delta_{\alpha'}^\beta - T_{\alpha'}^\beta\delta_\alpha^{\beta'}$$
$$[\Lambda_\alpha^\beta, \langle T\Lambda\rangle_{\alpha'}^{\beta'}] = \langle T\Lambda\rangle_\alpha^{\beta'}\delta_{\alpha'}^\beta \langle T\Lambda\rangle_{\alpha'}^\beta\delta_\alpha^{\beta'}$$
$$[\Lambda_\alpha^\beta, \langle T\Lambda\Lambda\rangle_{\alpha'}^{\beta'}] = \langle T\Lambda\Lambda\rangle_\alpha^{\beta'}\delta_{\alpha'}^\beta - \langle T\Lambda\Lambda\rangle_{\alpha'}^\beta\delta_\alpha^{\beta'}$$
$$[\Lambda_\alpha^\beta, \langle T\Lambda^n\rangle_{\alpha'}^{\beta'}] = \langle T\Lambda^b\}_\alpha^{\beta'}\delta_{\alpha'}^\beta - \langle T\Lambda^n\rangle_{\alpha'}^\beta\delta_\alpha^{\beta'}$$

令 $\alpha'=\beta'$ 按爱因斯坦求和约定得

$$[\Lambda_\alpha^\beta, \langle T\rangle] = 0$$
$$[\Lambda_\alpha^\beta, \langle T\Lambda\rangle] = 0$$
$$[\Lambda_\alpha^\beta, \langle T\Lambda\Lambda\rangle] = 0$$
$$\vdots$$
$$[\Lambda_\alpha^\beta, \langle T\Lambda^n\rangle] = 0$$
$$\vdots$$

亦即 $\langle T\rangle,\langle T\Lambda\rangle,\langle T\Lambda\Lambda\rangle,\cdots,\langle T\Lambda^n\rangle,\cdots$ 都是常数.

证明 在恒等式(1.10.22)

$$\Lambda_\alpha^\beta\Lambda_{\alpha'}^{\beta'} + \Lambda_\alpha^{\beta'}\Lambda_\alpha^\beta - \Lambda_\alpha^\beta\Lambda_{\alpha'}^{\beta'} - \Lambda_{\alpha'}^\beta\Lambda_\alpha^{\beta'} \equiv -2[\langle\Lambda\Lambda\rangle_\alpha^\beta\delta_{\alpha'}^{\beta'} + \langle\Lambda\Lambda\rangle_{\alpha'}^{\beta'}\delta_\alpha^\beta - \langle\Lambda\Lambda\rangle_\alpha^{\beta'}\delta_{\alpha'}^\beta - \langle\Lambda\Lambda\rangle_{\alpha'}^\beta\delta_\alpha^{\beta'}]$$

$$+3[\Lambda_\alpha^\beta\delta_\alpha^{\beta'}+\Lambda_\alpha^{\beta'}\delta_\alpha^\beta-\Lambda_\alpha^\beta\delta_{\alpha'}^\beta-\Lambda_{\alpha'}^\beta\delta_\alpha^{\beta'}]+(\delta_{\alpha\alpha'}^{\beta\beta'}-\delta_{\alpha\alpha'}^{\beta'\beta})C_2$$

的两边都乘以 $T_{\beta'}^{\alpha'}$,按重复指标求和得

$$\Lambda_\alpha^\beta\langle\Lambda T\rangle+\Lambda_{\alpha'}^{\beta'}\Lambda_\alpha^\beta T_{\alpha'}^{\beta'}-\Lambda_\alpha^{\beta'}\Lambda_{\alpha'}^\beta T_{\beta'}^{\alpha'}-\Lambda_{\alpha'}^\beta\langle\Lambda T\rangle_\alpha^{\alpha'}$$
$$\equiv-2[\langle\Lambda\Lambda\rangle_\alpha^\beta\langle T\rangle+\langle\Lambda\Lambda T\rangle\delta_\alpha^\beta-\langle\Lambda\Lambda T\rangle_\alpha^\beta-\langle\Lambda\Lambda\rangle_{\alpha'}^\beta T_\alpha^{\alpha'}]$$
$$+3[\Lambda_\alpha^\beta\langle T\rangle+\langle\Lambda T\rangle\delta_\alpha^\beta-\langle\Lambda T\rangle_\alpha^\beta-\Lambda_{\alpha'}^\beta T_\alpha^{\alpha'}]+C_2\langle T\rangle\delta_\alpha^\beta-C_2T_\alpha^\beta \quad (1.11.7)$$

式中

$$[\Lambda_\gamma^\beta,T_\alpha^\gamma]=\langle T\rangle\delta_\alpha^\beta-3T_\alpha^\beta$$
$$[\langle\Lambda\Lambda\rangle_\gamma^\beta T_\alpha^\gamma]=[\Lambda_\gamma^\sigma\Lambda_\sigma^\beta,T_\alpha^\gamma]=[\Lambda_\gamma^\sigma,T_\alpha^\gamma]\Lambda_\alpha^\beta+\Lambda_\gamma^\sigma[\Lambda_\sigma^\beta T_\alpha^\gamma]$$
$$=(\langle T\rangle\delta_\alpha^\sigma-3T_\alpha^\sigma)\Lambda_\sigma^\beta+\Lambda_\gamma^\sigma(T_\sigma^\gamma\delta_\alpha^\beta-\delta_\sigma^\gamma\Lambda_\alpha^\beta)$$
$$=\langle T\rangle\Lambda_\alpha^\beta-3\langle T\Lambda\rangle_\alpha^\beta+\langle\Lambda T\rangle\delta_\alpha^\beta$$

由于 $C_2=$ 常数,所以 C_2 与所有无穷小算子对易,于是

$$0=[C_2,T_\alpha^\beta]=[\Lambda_a^b\Lambda_b^a,T_\alpha^\beta]=[\Lambda_a^b,T_\alpha^\beta]\Lambda_b^a+\Lambda_a^b[\Lambda_b^a,T_\alpha^\beta]$$
$$=(T_a^\beta\delta_\alpha^b-T_a^b\delta_a^\beta)\Lambda_b^a+\Lambda_a^b(T_b{}^B\delta_\alpha^a-T_\alpha^a\delta_b^\beta)$$
$$=T_a^\beta\Lambda_\alpha^a-T_a^b\Lambda_b^\beta+\Lambda_\alpha{}^bT_a^\beta-\Lambda_a^\beta T_\alpha^a$$
$$=[T_a^\beta\Lambda_\alpha{}^a]+\langle\Lambda T\rangle_\alpha^\beta-\langle T\rangle_\alpha^\beta+\langle\Lambda T\rangle_\alpha^\beta-[T_a^\beta\Lambda_\alpha{}^a]-\langle T\rangle_\alpha^\beta$$
$$=2\langle\Lambda T\rangle_\alpha^\beta-2\langle T\rangle_\alpha^\beta-[\Lambda_\alpha{}^a,T_a^\beta]-[\Lambda_a^\beta T\Lambda_\alpha{}^a]$$
$$=2\langle\Lambda T\rangle_\alpha^\beta-2\langle T\rangle_\alpha^\beta-3T_\alpha^\beta+\langle T\rangle\delta_\alpha^\beta-\langle T\rangle\delta_\alpha^\beta+3T_\alpha^\beta$$
$$=2\langle\Lambda T\rangle_\alpha^\beta-2\langle\Lambda T\rangle_\alpha^\beta=0$$

或者

$$\langle\Lambda T\rangle_\beta^\alpha=\langle T\Lambda\rangle_\alpha^\beta\rightarrow\langle\Lambda T\rangle=\langle T\Lambda\rangle$$

因此

$$[\langle\Lambda\Lambda\rangle_\gamma^\beta,T_\alpha^\gamma]=\langle\Lambda T\rangle d_\alpha^\beta+\langle T\rangle\Lambda_\alpha^\beta-3\langle\Lambda T\rangle_\alpha^\beta$$

代入式(1.11.7)右边,得

式(1.11.7) 右边

$$=-2\{\langle\Lambda\Lambda\rangle_\alpha^\beta\langle T\rangle+\langle\Lambda\Lambda T\rangle\delta_\alpha^\beta-\langle\Lambda\Lambda T\rangle_\alpha^\beta-[\langle\Lambda\Lambda\rangle_\alpha^\beta T_\alpha^\gamma]-\langle T\Lambda\Lambda\rangle_\alpha^\beta\}$$
$$+3\{\Lambda_\alpha^\beta\langle T\rangle+\langle\Lambda T\rangle\delta_\alpha^\beta-\langle\Lambda T\rangle_\alpha^\beta-[\Lambda_\gamma^\beta,T_\alpha^\gamma]-\langle T\Lambda\rangle_\alpha^\beta\}+C_2\langle T\rangle\delta_\alpha^\beta-C_2T_\alpha^\beta$$
$$=-2\{\langle\Lambda\Lambda\rangle_\alpha^\beta\langle T\rangle+\langle\Lambda\Lambda T\rangle\delta_\alpha^\beta-\langle\Lambda\Lambda T\rangle_\alpha^\beta-\langle T\Lambda\Lambda\rangle_\alpha^\beta-\langle T\Lambda\rangle\delta_\alpha^\beta-\langle T\rangle\Lambda_\alpha^\beta+3\langle\Lambda T\rangle_\alpha^\beta\}$$
$$+3\{\Lambda_\alpha^\beta\langle T\rangle+\langle\Lambda T\rangle\delta_\alpha^\beta-\langle\Lambda T\rangle_\alpha^\beta-\langle T\Lambda\rangle_\alpha^\beta-\langle T\rangle\delta_\alpha^\beta+3T_\alpha^\beta\}+C_2\langle T\rangle\delta_\alpha^\beta-C_2T_\alpha^\beta$$

$$
\begin{aligned}
&= -2\{(-\langle \Lambda T\rangle + \langle \Lambda\Lambda T\rangle)\delta_\alpha^\beta - \langle T\rangle\Lambda_\alpha^\beta + \langle T\rangle\langle\Lambda\Lambda\rangle_\alpha^\beta + 3\langle\Lambda T\rangle_\alpha^\beta - \langle\Lambda\Lambda T\rangle_\alpha^\beta - \langle T\Lambda\Lambda\rangle_\alpha^\beta\} \\
&\quad + 3\{(-\langle T\rangle + \langle\Lambda T\rangle)\delta_\alpha^\beta + \langle T\rangle\Lambda_\alpha^\beta + 3T_\alpha^\beta - 2\langle\Lambda T\rangle_\alpha^\beta\} + C_2\langle T\rangle\delta_\alpha^\beta - C_2 T_\alpha^\beta \\
&= (-3\langle T\rangle + 5\langle\Lambda T\rangle - 2\langle\Lambda\Lambda T\rangle + C_2\langle T\rangle)\delta_\alpha^\beta + 5\langle T\rangle\Lambda_\alpha^\beta - 2\langle T\rangle\langle\Lambda\Lambda\rangle_\alpha^\beta \\
&\quad + (9 - C_2)T_\alpha^\beta - 12\langle\Lambda T\rangle_\alpha^\beta + 2(\langle\Lambda\Lambda T\rangle_\beta^\alpha + \langle T\Lambda\Lambda\rangle_\alpha^\beta)
\end{aligned}
$$

由于 $C_3 =$ 常数,所以

$$
\begin{aligned}
0 &= [C_3, T_\alpha^\beta] = [\Lambda_a^b\Lambda_b^c\Lambda_c^a, T_\alpha^\beta] \\
&= [\Lambda_a^b, T_\alpha^\beta]\langle\Lambda\Lambda\rangle_b^a + \Lambda_a^b[\Lambda_b^c T_\alpha^\beta]\Lambda_c^a + \langle\Lambda\Lambda\rangle_a^b[\Lambda_b^a, T_\alpha^\beta] \\
&= [T_a^\beta\delta_\alpha^b - T_\alpha^b\delta_a^\beta]\langle\Lambda\Lambda\rangle_b^a + \Lambda_a^b(T_b^\beta\delta_\alpha^c - T_\alpha^c\delta_b^\beta)\Lambda_c^a + \langle\Lambda\Lambda\rangle_a^b(T_b^\beta\delta_\alpha^a - T_\alpha^a\delta_b^\beta) \\
&= T_a^\beta\langle\Lambda\Lambda\rangle_\alpha^\beta - \langle T\Lambda\Lambda\rangle_\alpha^\beta + \langle\Lambda T\rangle_a^\beta\Lambda_\alpha^a - \Lambda_a^\beta\langle T\Lambda\rangle_\alpha^a + \langle\Lambda\Lambda T\rangle_\alpha^\beta - \langle\Lambda\Lambda\rangle_a^\beta T_\alpha^a \\
&= [T_a^\beta\langle\Lambda\Lambda\rangle_\alpha^a] + \langle\Lambda\Lambda T\rangle_\alpha^\beta - \langle T\Lambda\Lambda\rangle_\alpha^\beta + [\langle\Lambda T\rangle_a^\beta\Lambda_\alpha^a] + \langle\Lambda\Lambda T\rangle_\alpha^\beta \\
&\quad - [\Lambda_a^\beta\langle T\Lambda\rangle_\alpha^a] - \langle T\Lambda\Lambda\rangle_\alpha^\beta + \langle\Lambda\Lambda T\rangle_\alpha^\beta - [\langle\Lambda\Lambda\rangle_a^\beta T_\alpha^a] - \langle T\Lambda\Lambda\rangle_\alpha^\beta \\
&= 3\langle\Lambda\Lambda T\rangle_\alpha^\beta - 3\langle T\Lambda\Lambda\rangle_\alpha^\beta - [\langle\Lambda\Lambda\rangle_\alpha^a T_a^\beta] - [\Lambda_\alpha^a\langle\Lambda T\rangle_a^\beta] - [\Lambda_a^\beta, \langle T\Lambda\rangle_\alpha^a] - [\langle\Lambda\Lambda\rangle_a^\beta, T_\alpha^a]
\end{aligned}
$$

式中

$$
\begin{aligned}
[\Lambda_\alpha^\beta, \langle T\Lambda\rangle_{\alpha'}^{\beta'}] &= [\Lambda_\alpha^\beta, T_{\alpha'}^\sigma\Lambda_\sigma^{\beta'}] = [\Lambda_\alpha^\beta T_{\alpha'}^\sigma]\Lambda_\sigma^{\beta'} + T_{\alpha'}^\sigma[\Lambda_\alpha^\beta\Lambda_\sigma^{\beta'}] \\
&= (T_\alpha^\sigma\delta_{\alpha'}^\beta - T_{\alpha'}^\beta\delta_\alpha^\sigma)\Lambda_\sigma^{\beta'} + T_{\alpha'}^\sigma(\Lambda_\alpha^{\beta'}\delta_\sigma^\beta - \Lambda_\sigma^\beta\delta_\alpha^{\beta'}) \\
&= \langle T\Lambda\rangle_\alpha^{\beta'}\delta_{\alpha'}^\beta - \langle T\Lambda\rangle_{\alpha'}^\beta\delta_\alpha^{\beta'}
\end{aligned}
$$

或者

$$
\begin{aligned}
[\Lambda_\alpha^\beta, \langle T\Lambda\rangle_{\alpha'}^{\beta'}] &= \langle T\Lambda\rangle_\alpha^{\beta'}\delta_{\alpha'}^\beta - \langle T\Lambda\rangle_{\alpha'}^\beta\delta_\alpha^{\beta'} \\
[\Lambda_\alpha^\beta, \langle\Lambda T\rangle_{\alpha'}^{\beta'}] &= \langle\Lambda T\rangle_\alpha^{\beta'}\delta_{\alpha'}^\beta - \langle\Lambda T\rangle_{\alpha'}^\beta\delta_\alpha^{\beta'}
\end{aligned}
$$

所以

$$
\begin{aligned}
[\Lambda_\alpha^a, \langle\Lambda T\rangle_a^\beta] &= 3\langle\Lambda T\rangle_\alpha^\beta - \langle\Lambda T\rangle\delta_\alpha^\beta \\
[\Lambda_a^\beta, \langle T\Lambda\rangle_\alpha^a] &= \langle T\Lambda\rangle\delta_\alpha^\beta - 3\langle T\Lambda\rangle_\alpha^\beta
\end{aligned}
$$

又由于

$$
\begin{aligned}
[\langle\Lambda\Lambda\rangle_\alpha^\gamma, T_\gamma^\beta] &= [\Lambda_\alpha^\sigma\Lambda_\sigma^\gamma, T_\gamma^\beta] = [\Lambda_\alpha^\sigma, T_\gamma^\beta]\Lambda_\sigma^\gamma + \Lambda_\alpha^\sigma[\Lambda_\sigma^\gamma, T_\gamma^\beta] \\
&= (T_\alpha^\beta\delta_\gamma^\sigma - T_\gamma^\sigma\delta_\alpha^\beta)\Lambda_\sigma^\gamma + \Lambda_\alpha^\sigma(3T_\sigma^\beta - \langle T\rangle\delta_\sigma^\beta) \\
&= -\langle T\Lambda\rangle\delta_\alpha^\beta + 3\langle\Lambda T\rangle_\alpha^\beta - \langle T\rangle\Lambda_\alpha^\beta
\end{aligned}
$$

所以

$$
[\langle\Lambda\Lambda\rangle_\alpha^\gamma, T_\gamma^\beta] = -\langle\Lambda T\rangle\delta_\alpha^\beta - \langle T\rangle\Lambda_\alpha^\beta + 3\langle\Lambda T\rangle_\alpha^\beta
$$

$$[\langle\Lambda\Lambda\rangle^\beta_\gamma, T^\gamma_\alpha] = \langle\Lambda T\rangle\delta^\beta_\alpha + \langle T\rangle\Lambda^\beta_\alpha - 3\langle\Lambda T\rangle^\beta_\alpha$$

因此

$$0 = [C_3, T^\beta_\alpha] = 3\langle\Lambda\Lambda T\rangle^\beta_\alpha - 3\langle T\Lambda\Lambda\rangle^\beta_\alpha$$

或者

$$\langle\Lambda\Lambda T\rangle^\beta_\alpha \langle T\Lambda\Lambda\rangle^\beta_\alpha \langle\Lambda T\Lambda\rangle^\beta_\alpha$$

代入得

$$\begin{aligned}\text{式(1.11.7)右边} = {} & [(C_2 - 3)\langle T\rangle + 5\langle\Lambda T\rangle - 2\langle\Lambda\Lambda T\rangle]\delta^\beta_\alpha + 5\langle T\rangle\Lambda^\beta_\alpha - 2\langle T\rangle\langle\Lambda\Lambda\rangle^\beta_\alpha \\ & + (9 - C_2)T^\beta_\alpha - 12\langle\Lambda T\rangle^\beta_\alpha + 4\langle\Lambda\Lambda T\rangle^\beta_\alpha\end{aligned}$$

现在来计算式(1.11.7)左边的各项

$$\begin{aligned}\Lambda^{\beta'}_{\alpha'}\Lambda^\beta_\alpha T^{\alpha'}_{\beta'} &= ([\Lambda^{\beta'}_{\alpha'}, \Lambda^\beta_\alpha] + \Lambda^\beta_\alpha\Lambda^{\beta'}_{\alpha'})T^{\alpha'}_{\beta'} = (\Lambda^\beta_{\alpha'}\delta^{\beta'}_\alpha - \Lambda^{\beta'}_\alpha\delta^\beta_{\alpha'} + \Lambda^\beta_\alpha\Lambda^{\beta'}_{\alpha'})T^{\alpha'}_{\beta'} \\ &= \Lambda^\beta_{\alpha'}T^{\alpha'}_\alpha - \langle\Lambda T\rangle^\beta_\alpha + \Lambda^\beta_\alpha\langle\Lambda T\rangle = [\Lambda^\beta_{\alpha'}, T^{\alpha'}_\alpha] + \langle T\Lambda\rangle^\beta_\alpha - \langle\Lambda T\rangle^\beta_\alpha + \langle\Lambda T\rangle\Lambda^\beta_\alpha \\ &= \langle T\rangle\delta^\beta_\alpha - 3T^\beta_\alpha + \langle\Lambda T\rangle\Lambda^\beta_\alpha = \langle T\rangle\delta^\beta_\alpha + \langle\Lambda T\rangle\Lambda^\beta_\alpha - 3T^\beta_\alpha\end{aligned}$$

以及

$$\begin{aligned}\Lambda^{\beta'}_\alpha\Lambda^\beta_{\alpha'}T^{\alpha'}_{\beta'} &= \Lambda^{\beta'}_\alpha([\Lambda^\beta_{\alpha'}, T^{\alpha'}_{\beta'}] + T^{\alpha'}_{\beta'}\Lambda^\beta_{\alpha'}) = \Lambda^{\beta'}_\alpha(\langle T\rangle\delta^\beta_{\beta'} - 3T^\beta_{\beta'} + \langle T\Lambda\rangle^\beta_{\beta'}) \\ &= \langle T\rangle\Lambda^\beta_\alpha - 3\langle\Lambda T\rangle^\beta_\alpha + \langle\Lambda T\Lambda\rangle^\beta_\alpha\end{aligned}$$

由于 C_2 = 常数，所以

$$\begin{aligned}0 &= [C_2, \langle\Lambda T\rangle^\beta_\alpha] = [\Lambda^b_a\Lambda^a_b, \langle\Lambda T\rangle^\beta_\alpha] = [\Lambda^b_a, \langle\Lambda T\rangle^\beta_\alpha]\Lambda^a_b + \Lambda^b_a[\Lambda^a_b, \langle\Lambda T\rangle^\beta_\alpha] \\ &= (\langle\Lambda T\rangle^\beta_a\delta^b_\alpha - \langle\Lambda T\rangle\delta^\beta_a)\Lambda^a_b + \Lambda^b_a(\langle\Lambda T\rangle^\beta_b\delta^a_\alpha - \langle\Lambda T\rangle^a_\alpha\delta^\beta_b) \\ &= \langle\Lambda T\rangle^\beta_a\Lambda^a_\alpha - \langle\Lambda T\Lambda\rangle^\beta_\alpha + \langle\Lambda\Lambda T\rangle^\beta_\alpha - \Lambda^\beta_\gamma\langle\Lambda T\rangle^\gamma_\alpha \\ &= [\langle\Lambda T\rangle^\beta_\gamma, \Lambda^\gamma_\alpha] + 2\langle\Lambda\Lambda T\rangle^\beta_\alpha - [\Lambda^\beta_\gamma\langle\Lambda T\rangle^\gamma_\alpha] - 2\langle\Lambda T\Lambda\rangle^\beta_\alpha \\ &= 2\langle\Lambda\Lambda T\rangle^\beta_\alpha - 2\langle\Lambda T\Lambda\rangle^\beta_\alpha - [\Lambda^\gamma_\alpha, \langle\Lambda T\rangle^\beta_\gamma] - [\Lambda^\beta_\gamma\langle\Lambda T\rangle^\gamma_\alpha] \\ &= 2\langle\Lambda\Lambda T\rangle^\beta_\alpha - 2\langle\Lambda T\Lambda\rangle^\beta_\alpha - 3\langle\Lambda T\rangle + \langle\Lambda T\rangle\delta^\beta_\alpha - \langle\Lambda T\rangle\delta^\beta_\alpha + 3\langle\Lambda T\rangle^\beta_\alpha \\ &= 2\langle\Lambda\Lambda T\rangle^\beta_\alpha - 2\langle\Lambda T\Lambda\rangle^\beta_\alpha\end{aligned}$$

或者

$$\langle\Lambda\Lambda T\rangle^\beta_\alpha = \langle\Lambda T\Lambda\rangle^\beta_\alpha$$

联立以前的结果得

$$\langle\Lambda\Lambda T\rangle^\beta_\alpha = \langle\Lambda T\Lambda\rangle^\beta_\alpha = \langle T\Lambda\Lambda\rangle^\beta_\alpha$$

实际上从

$$\langle \Lambda T\rangle_\alpha^\beta = \langle T\Lambda\rangle_\alpha^\beta$$

左乘 Λ_α^α 或右乘Λ_β^γ,得

$$\langle \Lambda\Lambda T\rangle_\alpha^\beta = \langle \Lambda T\Lambda\rangle_\alpha^\beta$$

$$\langle \Lambda T\Lambda\rangle_\alpha^\beta = \langle T\Lambda\Lambda\rangle_\alpha^\beta$$

$$\Lambda_\alpha^{\beta'}\Lambda_{\alpha'}^{\beta}T_{\beta'}^{\alpha'} = \langle T\rangle\Lambda_\alpha^\beta - 3\langle \Lambda T\rangle_\alpha^\beta + \langle \Lambda\Lambda T\rangle_\alpha^\beta$$

最后

$$\Lambda_{\alpha'}^{\beta}\langle \Lambda T\rangle_\alpha^{\alpha'} = [\Lambda_\gamma^\beta\langle \Lambda T\rangle_\alpha^\gamma] + \langle \Lambda T\Lambda\rangle_\alpha^\beta = \langle \Lambda T\rangle\delta_\alpha^\beta - 3\langle \Lambda T\rangle_\alpha^\beta + \langle \Lambda\Lambda T\rangle_\alpha^\beta$$

于是得

$$\begin{cases}\Lambda_{\alpha'}^{\beta'}\Lambda_\alpha^\beta T_{\beta'}^{\alpha'} = \langle T\rangle\delta_\alpha^\beta + \langle \Lambda T\rangle\Lambda_\alpha^\beta - 3T_\alpha^\beta \\ \Lambda_\alpha^{\beta'}\Lambda_{\alpha'}^{\beta}T_{\beta'}^{\alpha'} = \langle T\rangle\Lambda_\alpha^\beta - 3\langle \Lambda T\rangle_\alpha^\beta + \langle \Lambda\Lambda T\rangle_\alpha^\beta \\ \Lambda_{\alpha'}^{\beta}\Lambda_\alpha^{\beta'}T_{\beta'}^{\alpha'} = \langle \Lambda T\rangle\delta_\alpha^\beta - 3\langle \Lambda T\rangle_\alpha^\beta + \langle \Lambda\Lambda T\rangle_\alpha^\beta\end{cases}$$

由此给出

$$\begin{aligned}\text{式(1.11.7) 左边} &= \langle \Lambda T\rangle\Lambda_\alpha^\beta + \langle T\rangle\delta_\alpha^\beta + \langle \Lambda T\rangle\Lambda_\alpha^\beta - 3T_\alpha^\beta - \langle T\rangle\Lambda_\alpha^\beta \\ &\quad - \langle \Lambda T\rangle\delta_\alpha^\beta + 3\langle \Lambda T\rangle_\alpha^\beta - \langle \Lambda\Lambda T\rangle_\alpha^\beta + 3\langle \Lambda T\rangle_\alpha^\beta - \langle \Lambda\Lambda T\rangle_\alpha^\beta \\ &= (\langle T\rangle - \langle \Lambda T\rangle)\delta_\alpha^\beta + (-\langle T\rangle - 2\langle \Lambda T\rangle)\Lambda_\alpha^\beta \\ &\quad - 3T_\alpha^\beta + 6\langle \Lambda T\rangle_\alpha^\beta - 2\langle \Lambda\Lambda T\rangle_\alpha^\beta\end{aligned}$$

式(1.11.7)左边≡右边给出

$$\begin{aligned}(12 - C_2)T_\alpha^\beta - 18\langle \Lambda T\rangle_\alpha^\beta + 6\langle \Lambda\Lambda T\rangle_\alpha^\beta =& -[(C_2 - 4)\langle T\rangle + 6\langle \Lambda T\rangle - 2\langle \Lambda\Lambda T\rangle]\delta_\alpha^\beta \\ & - [6\langle T\rangle - 2\langle \Lambda T\rangle]\Lambda_\alpha^\beta + 2\langle T\rangle\langle \Lambda\Lambda\rangle_\alpha^\beta\end{aligned}$$

左乘$\langle \Lambda\rangle_a^\alpha$、$\langle \Lambda\Lambda\rangle_a^\alpha$ 得

$$\begin{aligned}&(12 - C_2)\langle \Lambda T\rangle_\alpha^\beta - 18\langle \Lambda\Lambda T\rangle_\alpha^\beta + 6\langle \Lambda\Lambda\Lambda T\rangle_\alpha^\beta \\ &= -[(C_2 - 4)\langle T\rangle + 6\langle \Lambda T\rangle - 2\langle \Lambda\Lambda T\rangle]\Lambda_\alpha^\beta \\ &\quad - [6\langle T\rangle - 2\langle \Lambda T\rangle]\langle \Lambda\Lambda\rangle_\alpha^\beta + 2\langle T\rangle\langle \Lambda\Lambda\Lambda\rangle_\alpha^\beta\end{aligned}$$

以及

$$\begin{aligned}&(12 - C_2)\langle \Lambda\Lambda T\rangle_\alpha^\beta - 18\langle \Lambda\Lambda\Lambda T\rangle_\alpha^\beta + 6\langle \Lambda\Lambda\Lambda\Lambda T\rangle_\alpha^\beta \\ &= -[(C_2 - 4)\langle T\rangle + 6\langle \Lambda T\rangle - 2\langle \Lambda\Lambda T\rangle]\langle \Lambda\Lambda\rangle_\alpha^\beta \\ &\quad - [6\langle T\rangle - 2\langle \Lambda T\rangle]\langle \Lambda\Lambda\Lambda\rangle_\alpha^\beta + 2\langle T\rangle\langle \Lambda\Lambda\Lambda\Lambda\rangle_\alpha^\beta\end{aligned}$$

式中

$$\langle \Lambda^3 T\rangle_\alpha^\beta = \langle \Lambda^3\rangle_\alpha^\beta \langle T\rangle_\gamma^\beta, \quad \langle \Lambda^3\rangle_\alpha^\beta$$

$$\langle \Lambda^4 T\rangle_\alpha^\beta = \langle \Lambda^4\rangle_\alpha^\gamma \langle T\rangle_\gamma^\beta, \quad \langle \Lambda^4\rangle_\alpha^\beta$$

可用恒等式降阶,结果得

$$\begin{pmatrix} a_{11} & a_{12} & a_{13} \\ a_{21} & a_{22} & a_{23} \\ a_{31} & a_{32} & a_{33} \end{pmatrix} \begin{pmatrix} T_\alpha^\beta \\ \langle \Lambda T\rangle_\alpha^\beta \\ \langle \Lambda\Lambda T\rangle_\alpha^\beta \end{pmatrix} = \begin{pmatrix} b_{11} & b_{12} & b_{13} \\ b_{21} & b_{22} & b_{23} \\ b_{31} & b_{32} & b_{33} \end{pmatrix} \begin{pmatrix} \delta_\alpha^\beta \\ \Lambda_\alpha^\beta \\ \langle \Lambda\Lambda\rangle_\alpha^\beta \end{pmatrix}$$

或者

$$\begin{pmatrix} T_\alpha^\beta \\ \langle \Lambda T\rangle_\alpha^\beta \\ \langle \Lambda\Lambda T\rangle_\alpha^\beta \end{pmatrix} = \begin{pmatrix} a_{11} & a_{12} & a_{13} \\ a_{21} & a_{22} & a_{23} \\ a_{31} & a_{32} & a_{33} \end{pmatrix}^{-1} \begin{pmatrix} b_{11} & b_{12} & b_{13} \\ b_{21} & b_{22} & b_{23} \\ b_{31} & b_{32} & b_{33} \end{pmatrix} \begin{pmatrix} \delta_\alpha^\beta \\ \Lambda_\alpha^\beta \\ \langle \Lambda\Lambda\rangle_\alpha^\beta \end{pmatrix}$$

1.12 质量公式

在 SU_3 对称严格成立的条件下,同一个 SU_3 多重态中的粒子质量相等.然而实际粒子间的电磁质量差则不同的 TY 多重态间的质量差基本上按超荷分类,即具有 T_3^3 的性质.根据这个事实假定:把夸克束缚起来的超强作用具有 SU_3 对称性而引起夸克衰变散射的强作用则是破坏 SU_3 对称的,但仍然保持同位旋守恒和超荷守恒,并引起同一个 SU_3 多重态中不同的 TY 多重态间的质量分裂.

原则上按"最大对称,最小破坏",由 T_3^3 的一阶效应给出质量公式

$$T_3^3 = a' + b'\Lambda_3^3 + c'\langle \Lambda\Lambda\rangle_3^3 \tag{1.12.1}$$

其中

$$\Lambda_3^3 = -Y = \lambda_{33} = \begin{pmatrix} -\frac{1}{3} & & \\ & -\frac{1}{3} & \\ & & -\frac{2}{3} \end{pmatrix}$$

所以

$$T_3^3 = a' - b'Y + c'\langle \Lambda\Lambda \rangle_3^3$$

又由于

$$\langle \Lambda\Lambda \rangle_3^3 = \Lambda_3^\alpha \Lambda_\alpha^3 = \Lambda_3^1\Lambda_1^3 + \Lambda_3^2\Lambda_2^3 + \Lambda_3^3\Lambda_3^3$$

式中

$$\Lambda_3^1 = V_-,\quad \Lambda_1^3 = V_+$$
$$\Lambda_3^2 = U_-,\quad \Lambda_2^3 = U_+$$

于是

$$\langle \Lambda\Lambda \rangle_3^3 = V_- V_+ + U_- U_+ + Y^2 \tag{1.12.2}$$

式中

$$V_- = V_1 - \mathrm{i}V_2,\quad V_+ = V_1 + \mathrm{i}V_2$$
$$U_- = U_1 - \mathrm{i}U_2,\quad U_+ = U_1 + \mathrm{i}U_2$$

所以

$$\begin{aligned} V_- V_+ &= (V_1 - \mathrm{i}V_2)(V_1 + \mathrm{i}V_2) = V_1^2 + V_2^2 + \mathrm{i}[V_1 V_2] \\ &= V_1^2 + V_2^2 + \frac{\mathrm{i}}{4}[\Lambda_4\Lambda_5] = V_1^2 + V_2^2 - \frac{1}{2}f_{45k}\Lambda_k \\ &= V_1^2 + V_2^2 - \frac{1}{2}(f_{453}\Lambda_3 + f_{458}\Lambda_8) \\ &= V_1^2 + V_2^2 - \frac{1}{2}\left(\frac{1}{2}\Lambda_3 + \frac{\sqrt{3}}{2}\Lambda_8\right) \\ &= V_1^2 + V_2^2 - \frac{1}{2}\left(T_3 + \frac{3}{2}Y\right) \\ &= V_1^2 + V_2^2 - \frac{1}{2}T_3 - \frac{3}{4}Y \end{aligned}$$

以及

$$\begin{aligned} U_- U_+ &= (U_1 - \mathrm{i}U_2)(U_1 + \mathrm{i}U_2) = U_1^2 + U_2^2 + \mathrm{i}[U_1 U_2] \\ &= U_1^2 + U_2^2 + \frac{\mathrm{i}}{4}[\Lambda_6\Lambda_7] = U_1^2 + U_2^2 - \frac{1}{2}f_{67k}\Lambda_k \end{aligned}$$

$$= U_1^2 + U_2^2 - \frac{1}{2}(f_{673}\Lambda_3 + f_{678}\Lambda_8)$$

$$= U_1^2 + U_2^2 - \frac{1}{2}\left(-\frac{1}{2}\Lambda_3 + \frac{\sqrt{3}}{2}\Lambda_8\right)$$

$$= U_1^2 + U_2^2 - \frac{1}{2}\left(-T_3 + \frac{3}{2}Y\right)$$

$$= U_1^2 + U_2^2 + \frac{1}{2}T_3 - \frac{3}{4}Y$$

或者

$$\begin{cases} V_- V_+ = V_1^2 + V_2^2 - \frac{1}{2}T_3 - \frac{3}{4}Y \\ U_- U_+ = U_1^2 + U_2^2 + \frac{1}{2}T_3 - \frac{3}{4}Y \end{cases} \tag{1.12.3}$$

代入式(1.12.2)

$$\langle \Lambda\Lambda \rangle_3^3 = U_1^2 + U_2^2 + V_1^2 + V_2^2 - \frac{3}{2}Y + Y^2$$

又由于

$$\begin{aligned} C_2 &= \langle \Lambda\Lambda \rangle_\alpha^\alpha = \langle \Lambda\Lambda \rangle_1^1 + \langle \Lambda\Lambda \rangle_2^2 + \langle \Lambda\Lambda \rangle_3^3 \\ &= (\Lambda_1^1\Lambda_1^1 + \Lambda_1^2\Lambda_2^1 + \Lambda_1^3\Lambda_3^1) + (\Lambda_2^1\Lambda_1^2 + \Lambda_2^2\Lambda_2^2 + \Lambda_2^3\Lambda_3^2) + (\Lambda_3^1\Lambda_1^3 + \Lambda_3^2\Lambda_2^3 + \Lambda_3^3\Lambda_3^3) \\ &= (Q^2 + T_+ T_- + V_+ V_-) + [T_- T_+ + U_+ U_- + (Y - Q)^2] + (V_- V_+ + U_- U_+ + Y^2) \\ &= Q^2 + Y^2 + (Y - Q)^2 + 2(T_1^2 + T_2^2 + U_1^2 + U_2^2 + V_1^2 + V_2^2) \end{aligned}$$

或者

$$C_2 = Q^2 + Y^2 + (Y - Q)^2 + 2(T_1^2 + T_2^2 + U_1^2 + U_2^2 + V_1^2 + V_2^2) \tag{1.12.4}$$

所以

$$\begin{aligned} \langle \Lambda\Lambda \rangle_3^3 &= \frac{C_2 - Q^2 - Y^2 - (Q - Y)^2}{2} - T_1^2 - T_2^2 - \frac{3}{2}Y + Y^2 \\ &= \frac{C_2 - Q^2 - Y^2 - (Q - Y)^2}{2} - \boldsymbol{T}^2 + T_3^2 - \frac{3}{2}Y + Y^2 \end{aligned}$$

根据盖尔曼-西岛规则

$$Q = T_3 + \frac{1}{2}Y$$

消除 T_3 则得

$$\langle \Lambda\Lambda \rangle_3^3 = \frac{C_2 - Q^2 - Y^2 - (Q-Y)^2}{2} - \boldsymbol{T}^2 + \left(Q - \frac{1}{2}Y\right) - \frac{3}{2}Y + Y^2$$
$$= \frac{C_2 - Q^2 - Y^2 - (Q-Y)^2}{2} - \boldsymbol{T}^2 + Q^2 - QY + \frac{1}{4}Y^2 - \frac{3}{2}Y + Y^2$$
$$= \frac{C_2}{2} - \frac{3}{2}Y - \left(\boldsymbol{T}^2 - \frac{1}{4}Y^2\right)$$

或者

$$\langle \Lambda\Lambda \rangle_3^3 = \frac{C_2}{2} - \frac{3}{2}Y - \left(\boldsymbol{T}^2 - \frac{1}{4}Y^2\right)$$

代入 T_3^3 得

$$T_3^3 = a' - b'Y + c'\left[\frac{C_2}{2} - \frac{3}{2}Y - \left(\boldsymbol{T}^2 - \frac{1}{4}Y^2\right)\right]$$
$$= \left(a' + \frac{c'}{2}C_2\right) - \left(b' + \frac{3c'}{2}\right)Y - c'\left(\boldsymbol{T}^2 - \frac{1}{4}Y^2\right)$$

质量公式

$$T_3^3 = a + bY + c\left(\boldsymbol{T}^2 - \frac{1}{4}Y^2\right) = a + bY + c\left[T(T+1) - \frac{1}{4}Y^2\right]$$

其中,a 为平均质量,b 给出与 Y 相同的粒子质量,c 给出与同位旋不相同粒子的质量差,如在八重态中,Λ、Σ^0 的 T 不一样,所以 Λ 和 Σ^0 的质量不一样. 对于介子,由于同一 SU_3 多重态中的介子具有电荷共轭不变性,在质量公式中与 Y 成正比的项在电荷共轭变换下变号,因而这一项的系数对介子质量公式的贡献为零. 对于八重态的介子质量公式,一般认为应是平方形式,因为玻色子场与费米子场的量纲不同,费米子场质量以一次项的形式出现在拉氏量中,而玻色子场质量以平方的形式出现.

1.12.1 赝标介子八重态($J^P = 0^-$)

$$m^2(T, Y) = a + bY + c\left[T(T+1) - \frac{1}{4}Y^2\right]$$

实验上,K^0、K^- 介子的质量一样. $Y=1$, $Y=-1$ 的 K 介子质量相等,给出

$$b = 0,\quad m^2\left(\frac{1}{2},1\right) = m^2\left(\frac{1}{2},-1\right)$$

所以

$$m^2(T,Y) = a + c\left[T(T+1) - \frac{1}{4}Y^2\right]$$

对于 $T = Y = 0$ 的 η 介子

$$m_\eta^2 = m^2(0,0) = a \quad (平均质量)$$

所以

$$m^2(T,Y) = m_\eta^2 + c\left[T(T+1) - \frac{1}{4}Y^2\right]$$

对于 π 介子,

$$m_\pi^2 = m^2(1,0) = m_\eta^2 + 2c$$

其中,$c = \dfrac{m_\pi^2 - m_\eta^2}{2}$.所以

$$m^2(T,Y) = m_\eta^2 + \frac{w_\pi^2 - m_\eta^2}{2}\left[T(T+1) - \frac{1}{4}Y^2\right]$$

对于 K 介子,

$$m_K^2 = m^2\left(\frac{1}{2},\pm 1\right) = m_\eta^2 + \frac{m_\pi^2 - m_\eta^2}{2}\left(\frac{3}{4} - \frac{1}{4}\right) = \frac{m_\pi^2 + 3m_\eta^2}{4}$$

或者

$$m_\pi^2 + 3m_\eta^2 = 4m_K^2$$

上式称为介子质量关系,它在5%的精度内成立.

1.12.2 矢量介子八重态($J^P = 1^-$)

$$m^{*2}(T,Y) = a + bY + c\left[T(T+1) - \frac{1}{4}Y^2\right]$$

$$\phi_0 = \frac{\phi_1\phi_1^2 + \phi_2\phi_2^\dagger - 2\phi_3\phi_3^\dagger}{\sqrt{6}},\quad \omega_0 = \frac{\phi_1\phi_1^2 + \phi_2\phi_2^\dagger + \phi_3\phi_3^\dagger}{\sqrt{3}}$$

同样讨论给出

$$m^{*2}(T,Y) = m_{\phi_0}^2 + \frac{m_\rho^2 - m_{\phi_0}^2}{2}\left[T(T+1) - \frac{1}{4}Y^2\right]$$

以及质量关系

$$m_\rho^2 + 3m_{\phi_0}^2 = 4m_{K^*}^2$$

由此可定 ϕ_0 质量

$$m_{\phi_0}^2 = \frac{4m_{K^*}^2 - m_\rho^2}{3} = \frac{4\times 0.796 - 0.598}{3} = \frac{2.586}{3} = 0.862\ \mathrm{GeV}^2$$

于是

$$m_{\phi_0} = 0.928\ \mathrm{GeV} = 928\ \mathrm{MeV}$$

与实验不符,实验上

$$m_\phi = 1020\ \mathrm{MeV},\quad m_\phi^2 = 1.04\ \mathrm{GeV}^2$$

$$m_\omega = 783\ \mathrm{MeV},\quad m_\omega^2 = 0.613\ \mathrm{GeV}^2$$

考虑到强作用是破坏 SU_3 对称的,物理上的 ω、ϕ 可能是SU_3 单态 ω_0 与 SU_3 八重态中 $T=Y=0$ 的状态 ϕ_0 的混合.

$$\begin{cases}\phi = -\phi_0\cos\theta + \omega_0\sin\theta \\ \omega = \phi_0\sin\theta + \omega_0\cos\theta\end{cases}$$

或者

$$\begin{cases}\phi_0 = -\phi\cos\theta + \omega\sin\theta \\ \omega_0 = \phi_0\sin\theta + \omega\cos\theta\end{cases}$$

取 Okubo 混合角 θ 满足

$$\cos\theta = \sqrt{\frac{2}{3}},\quad \sin\theta = \sqrt{\frac{1}{3}}$$

则得

$$\begin{cases}\phi^0 = -\sqrt{\frac{2}{3}}\cdot\frac{\phi_1^1 + \phi_2^2 + \phi_3^3}{\sqrt{3}} = \phi_3^3 = \phi_3\phi_3^\dagger \\ \omega_0 = \sqrt{\frac{1}{3}}\,\frac{\phi_1^1 + \phi_2^2 - 2\phi_3^3}{\sqrt{6}} + \sqrt{\frac{2}{3}}\,\frac{\phi_1^1 + \phi_2^2 + \phi_3^3}{\sqrt{3}} = \frac{\phi_1^1 + \phi_2^2}{\sqrt{2}} = \frac{\phi_1\phi_1^\dagger + \phi_2\phi_2^\dagger}{\sqrt{2}}\end{cases}$$

或者

$$\phi_0 = \phi_3 \phi_3^\dagger, \quad \omega_0 = \frac{\phi_1 \phi_1^\dagger + \phi_2 \phi_2^\dagger}{\sqrt{2}}$$

由此给出

$$\begin{cases} m_{\phi_0}^2 = \cos^2\theta m_\phi^2 + \sin^2\theta m_\omega^2 = \dfrac{2}{3} m_\phi^2 + \dfrac{1}{3} m_\omega^2 = \dfrac{2m_\phi^2 + m_\omega^2}{3} \\ \quad = \dfrac{2 \times 1.04 + 0.613}{3} = 0.989\ (\text{GeV}^2) \\ m_{\omega_0}^2 = \sin^2\theta m_\phi^2 + \cos^2\theta m_\omega^2 = \dfrac{1}{3} m\phi^2 + \dfrac{2}{3} m_\omega^2 = \dfrac{m_\phi^2 + 2m_\omega^v}{3} \\ \quad = \dfrac{1.04 + 2 \times 0.613}{3} = \dfrac{2.27}{3} = 0.757\ (\text{GeV}^2) \end{cases}$$

或者

$$\begin{cases} m_{\phi_0} = 949\ \text{MeV} \\ m_{\omega_0} = 872\ \text{MeV} \end{cases}$$

与实验基本一致.

1.12.3 重子八重态 $\left(J^P = \dfrac{1}{2}^+\right)$

$$M(T, Y) = a + bY + c\left[T(T+1) - \frac{1}{4}Y^2\right]$$

由于

$$M_\Lambda = M(0,0) = a$$

为平均质量.所以

$$M(T, Y) = M_\Lambda + bY + c\left[T(T+1) - \frac{1}{4}Y^2\right]$$

$M_\Sigma = M(1,0) = M_\Lambda + 2c$,于是 $c = \dfrac{M_\Sigma - M_\Lambda}{2}$,从而

$$M(T,Y) = M_\Lambda + bY + \frac{M_\Sigma - M_\Lambda}{2}\left[T(T+1) - \frac{1}{4}Y^2\right]$$

$$M_n = M\left(\frac{1}{2},1\right) = M_\Lambda + b + c\left(\frac{3}{4} - \frac{1}{4}\right) = M_\Lambda + b + \frac{M_\Sigma - M_\Lambda}{4}$$

$$= b + \frac{M_\Sigma + 3M_\Lambda}{4}$$

于是

$$b = \frac{4M_n - M_\Sigma - 3M_\Lambda}{4}$$

从而

$$M(T,Y) = M_\Lambda + (4M_n - M_\Sigma - 3M_\Lambda)\frac{Y}{4} + \frac{M_\Sigma - M_\Lambda}{2}\left[T(T+1) - \frac{1}{4}Y^2\right]$$

这样

$$M_\Sigma = M\left(\frac{1}{2} - 1\right) = M_\Lambda - \frac{4M_n - M_\Sigma - 3M_\Lambda}{4} + \frac{M_\Sigma - M_\Lambda}{4}$$

$$= \frac{1}{4}(4M_\Lambda - 4M_n + M_\Sigma + 3M_\Lambda - M_\Sigma - M_\Lambda)$$

$$= \frac{1}{4}(6M_\Lambda - M_n + 2M_\Sigma) = \frac{3M_\Lambda - 2M_n + M_\Sigma}{2}$$

或者

$$2(M_n + M_\Sigma) = 3M_\Lambda + M_\Sigma$$

上式称为重子质量关系,在5%精度内与实验一致.

对反重子八重态,当 $B \to \overline{B}, Y \to \overline{Y} = -Y$

$$\overline{M}(T,Y) = a + b\overline{Y} + c\left[\overline{T^2} - \frac{1}{4}\overline{Y}^2\right] = a - bY + c\left[T(T+1) - \frac{1}{4}Y^2\right]$$

或

$$\overline{M}(T,Y) = a - bY + c\left[T(T+1) - \frac{1}{4}Y^2\right]$$

式中,a、b、c 与重子相同.

1.12.4 重子十重态$\left(J^P=\dfrac{3}{2}^+\right)$

$$M(T,Y)=a+bY+c\left[T(T+1)-\frac{1}{4}Y^2\right]$$

用于 Δ、Σ^* 和 Ξ^{*-} 给出

$$M_\Delta=M\left(\frac{3}{2},1\right)=a+b+\frac{7}{2}c=(a+2c)+\left(b+\frac{3}{2}c\right)$$

$$M_{\Sigma^*}=M(1,0)=a+2c$$

$$M_{\Xi^{*-}}=M\left(\frac{1}{2},-1\right)=a-b+\frac{1}{2}c=(a+2c)-\left(b+\frac{3}{2}c\right)$$

由此给出两条质量关系

$$a+2c=M_{\Sigma^*}=\frac{M_\Delta+M_{\Xi^*}}{2}$$

$$b+\frac{3}{2}c=M_{\Sigma^*}-M_{\Xi^*}=M_\Delta-M_{\Sigma^*}=-G$$

用于 Ω 粒子给出

$$M_\Omega=M(0,-1)=a-2b-c=(a+2c)-\left(b+\frac{3}{2}c\right)=M_{\Sigma^*}+2G$$

与实验一致.因为在十重态中

$$T(T+1)-\frac{1}{4}Y^2=2+\frac{3}{2}Y$$

所以

$$M(T,Y)=M_{\Sigma^*}-GY$$

因为 $Y=1+S$,所以

$$M(T,Y)=M_\Delta-SG$$

式中,$S=0-1-2-3$.所以十重态能级是等间隔的.

当 $B\to\bar{B}$ 时,有 $S\to\bar{S}=-S$

$$\bar{M}(T,Y)=M_\Delta+SG$$

1.13 饱和性、超强相互作用

为什么粒子包含的夸克数等于3的倍数,例如

$$介子\ q\bar{q}:包含夸克数\ 0\times 3=0$$
$$重子\ qqq:包含夸克数\ 1\times 3=3$$

是否存在一种超强相互作用?而这种特点是超强作用饱和性的表现.

超强相互作用与幺旋无关,因为激发只有几百个MeV.

超强相互作用与自旋无关,因为自旋激发也只有几百个MeV.

超强相互作用与轨道无关,因为轨道激发同样只有几百个MeV.

由于超强相互作用与幺旋、自旋和轨道无关,所以存在另外一个新自由度.

设这种新自由度满足第二个 SU_3 不变,这就是"色"自由度.这时 N 个夸克系统的超强势能为

$$V=\sum_{\substack{n\neq m\\ m,n=1}}^{N}\lambda_{\alpha}^{\beta}(n)\lambda_{\beta}^{\alpha}(m)V(|\boldsymbol{x}_n-\boldsymbol{x}_m|)\tag{1.13.1}$$

其中我们假定了:

(1) 两体相互作用;

(2) 在基本粒子内部夸克运动是非相对论的;

(3) 超强相互作用是 SU_3 不变.

求势能平均值得

$$\bar{V}=\int \mathrm{d}^3\boldsymbol{x}_1\cdots\mathrm{d}^3\boldsymbol{x}_N\psi^*(\boldsymbol{x}_1\cdots\boldsymbol{x}_N)V\psi(\boldsymbol{x}_1\cdots\boldsymbol{x}_N)$$

由于超强相互作用与轨道无关,所以假定

(1) 方势阱(图1.10)

$$V(|\boldsymbol{x}_n-\boldsymbol{x}_m|)=\begin{cases}V_0 & (r\leqslant a)\\ 0 & (r>a)\end{cases}\tag{1.13.2}$$

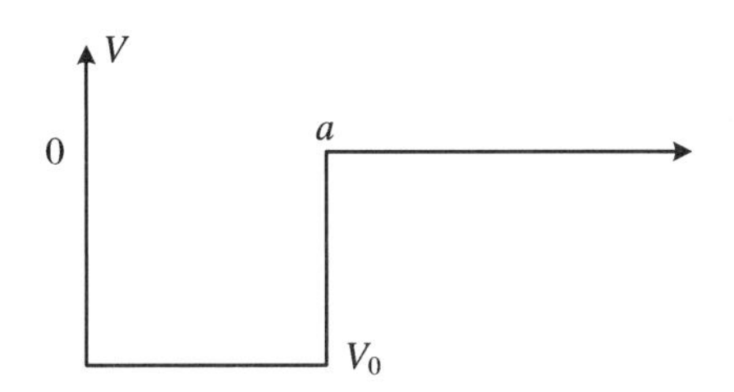

图 1.10　超强相互作用的方势阱

（2）阱外波函数贡献很小.

则得

$$\bar{V} = V_0 \phi^0 \sum_{n \neq m}^{N} \lambda_{\alpha}^{\beta}(n) \lambda_{\beta}^{\alpha}(m) \phi \tag{1.13.3}$$

式中，ϕ 是 $SU_3^{(2)}$ 波函数. 显然

$$\begin{aligned} \sum_{\substack{n \neq m \\ m,n=1}}^{N} \lambda_{\alpha}^{\beta}(n) \lambda_{\beta}^{\alpha}(m) &= \sum_{n,m=1}^{N} \lambda_{\alpha}^{\beta}(n) \lambda_{\beta}^{\alpha}(m) - \sum_{n,m=1}^{N} \lambda_{\alpha}^{\beta}(n) \lambda_{\beta}^{\alpha}(m) \\ &= \sum_{u=1}^{N} \lambda_{\alpha}^{\beta}(u) \sum_{m=1}^{N} \lambda_{\beta}^{\alpha}(m) - \sum_{u=1}^{N} \lambda_{\alpha}^{\beta}(u) \lambda_{\beta}^{\alpha}(u) \\ &= \Lambda_{\alpha}^{\beta} \Lambda_{\beta}^{\alpha} - N \lambda_{\alpha}^{\beta} \lambda_{\beta}^{\alpha} = C_2 - N \lambda_{\alpha}^{\beta} \lambda_{\beta}^{\alpha} \end{aligned}$$

式中

$$\Lambda_{\alpha}^{\beta} = \sum_{u=1}^{N} \lambda_{\alpha}^{\beta}(u)$$

是 N 个夸克系统的无穷小算符. 又

$$\begin{aligned} \lambda_{\alpha}^{\beta} \lambda_{\beta}^{\alpha} &= Q^2 + Y^2 + (Y - Q)^2 + 2(T_1^2 + T_2^2 + U_1^2 + U_2^2 + V_1^2 + V_2^2) \\ &= \begin{pmatrix} 4/9 & & \\ & 1/9 & \\ & & 1/9 \end{pmatrix} + \begin{pmatrix} 1/9 & & \\ & 1/9 & \\ & & 4/9 \end{pmatrix} + \begin{pmatrix} 1/9 & & \\ & 4/9 & \\ & & 1/9 \end{pmatrix} \\ &\quad + 2\left[\begin{pmatrix} 3/4 & & \\ & 3/4 & \\ & & 0 \end{pmatrix} + \begin{pmatrix} 1/4 & & \\ & 1/4 & \\ & & 0 \end{pmatrix} + \begin{pmatrix} 0 & & \\ & 3/4 & \\ & & 3/4 \end{pmatrix}\right. \\ &\quad \left. - \begin{pmatrix} 0 & & \\ & 1/4 & \\ & & 1/4 \end{pmatrix} + \begin{pmatrix} 3/4 & & \\ & 0 & \\ & & 3/4 \end{pmatrix} - \begin{pmatrix} 1/4 & & \\ & 0 & \\ & & 1/4 \end{pmatrix}\right] \end{aligned}$$

$$= \frac{2}{3} + 2\left[\begin{pmatrix} 1/2 & & \\ & 1/2 & \\ & & 0 \end{pmatrix} + \begin{pmatrix} 0 & & \\ & 1/2 & \\ & & 1/2 \end{pmatrix} + \begin{pmatrix} 1/2 & & \\ & 0 & \\ & & 1/2 \end{pmatrix}\right]$$

$$= \frac{2}{3} + 2 = \frac{8}{3} \tag{1.13.4}$$

所以

$$\sum_{n \neq m} \lambda_\alpha^\beta(n) \lambda_\beta^\alpha(m) = C_2 - \frac{8}{3}N \tag{1.13.5}$$

式中,C_2 是 N 个夸克系统的卡西米尔算子.将式(1.13.5)代入式(1.13.3)得

$$\begin{aligned} \bar{V} &= V_0 \phi^\dagger \sum_{n \neq m} \lambda_\alpha^\beta(n) \lambda_\beta^\alpha(m) \phi \\ &= V_0 \phi^\dagger \left(C_2 - \frac{8}{3}N\right)\phi = V_0\left(C_2 - \frac{8}{3}N\right) \end{aligned} \tag{1.13.6}$$

或者

$$\bar{V} = V_0\left(C_2 - \frac{8}{3}N\right) \tag{1.13.7}$$

根据对称群的理论可以证明

$$C_2 = \frac{2}{3}(\lambda_1^2 + \lambda_1\lambda_2 + \lambda_2^2) + 2(\lambda_1 + \lambda_2) \tag{1.13.8}$$

式中的 λ_1、λ_2 用图 1.11 所示杨图表示,分别为

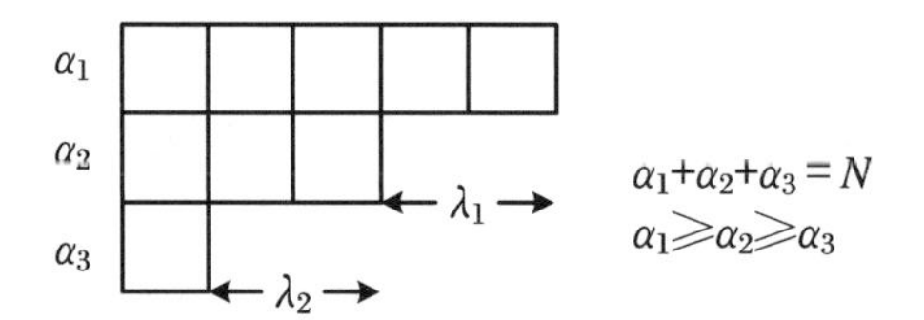

图 1.11　杨图表示

$$\lambda_1 = \text{第一行突出的格数} = \alpha_1 - \alpha_2$$
$$\lambda_2 = \text{第二行突出的格数} = \alpha_2 - \alpha_3$$

所以

$$\bar{V} = V_0\left[\frac{2}{3}(\lambda_1^2 + \lambda_1\lambda_2 + \lambda_2^2) + 2(\lambda_1\lambda_2) - \frac{8}{3}N\right] \tag{1.13.9}$$

(1) 基态 $\lambda_1=\lambda_2=0$

当 $\lambda_1=\lambda_2=0$ 时平均势能 $\bar{V}$ 最小,即

$$\bar{V}=-\frac{8}{3}NV_0 \tag{1.13.10}$$

这是最稳定态,它的杨图如图 1.12 所示.

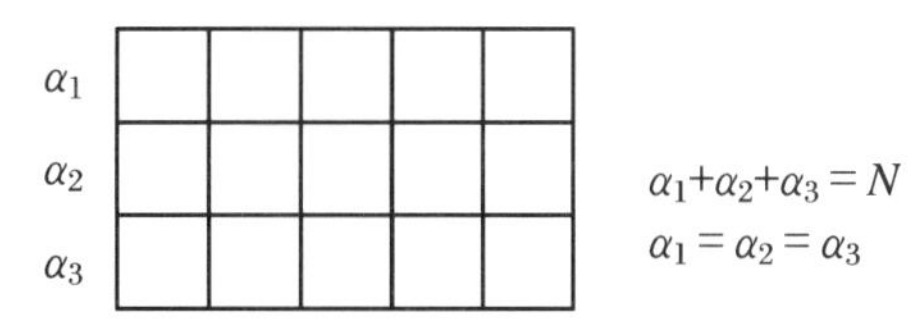

图 1.12 基态杨图表示

从而

$$N=3\alpha_1=3\text{ 的倍数}$$

设夸克的静止质量为 M,平均动能为 K,最稳定态的质量为

$$m=NM+NK+\bar{V}=N\left(M+K-\frac{8}{3}V_0\right)=N(u+K) \tag{1.13.11}$$

或者

$$m=N(u+K)\quad\left(u=M-\frac{8}{3}V_0\right)$$

式中,u 是夸克的有效质量.考虑到 M 很大(因为没找到),V_0 也很深(打不出来),K 很小(内部运动缓慢),u 很小(实验粒子质量小),则有

$$u\approx 0,\quad M\approx\frac{8}{3}V_0 \tag{1.13.12}$$

因此当夸克束缚核子时,或夸克落进超强势阱时,放出大量能量,差不多把本身质量都消光了.所以如从深阱中将夸克取出,必须给出很大能量,才能得到自由夸克.

(2) 第一激发态.它的杨图如图 1.13 所示.

这时平均势能和质量为

$$\bar{V}=V_0\left\{\frac{2}{3}+2-\frac{8}{3}N\right\}=V_0\left(\frac{8}{3}-\frac{8}{3}N\right) \tag{1.13.13}$$

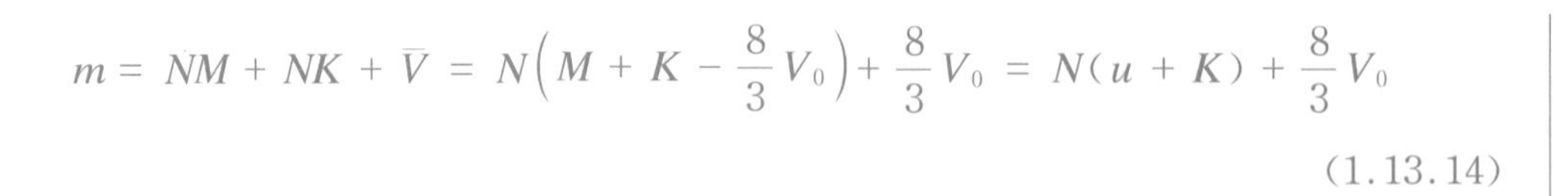

$$m = NM + NK + \bar{V} = N\left(M + K - \frac{8}{3}V_0\right) + \frac{8}{3}V_0 = N(u + K) + \frac{8}{3}V_0$$

(1.13.14)

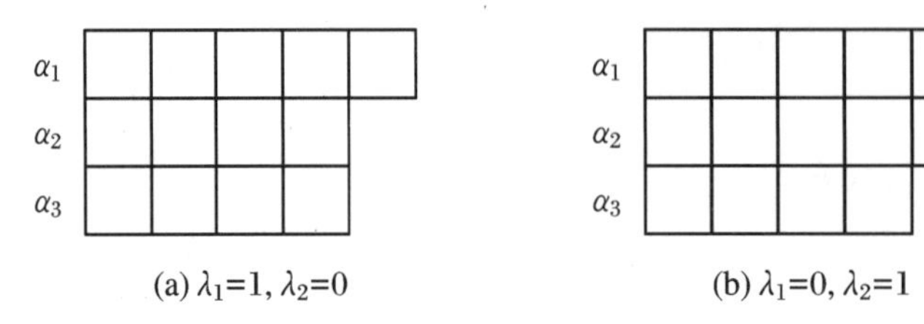

图 1.13　第一激发态杨图表示

假定

(1) 夸克质量与势阱消光

$$u = M - \frac{8}{3}V_0 \approx 0$$

(2) 夸克在势阱内运动很慢，

$$K \approx 0 \quad \text{或者} \quad \frac{K}{V_0} \approx 0$$

则得

$$m = \frac{8}{3}V_0 \approx M \tag{1.13.15}$$

所以超强激发态的能级间隔 $\Delta E \approx$ 夸克质量 M，这很高，在实验上还不能发现. 下面以 2、4、5、7、8 个夸克系统为例进行介绍.

1.13.1　两夸克系统

最低能态的杨图如图 1.14 所示.

图 1.14　两夸克系统基态杨图表示

图中 $\lambda_1=1,\lambda_2=0$,表示 2 阶反对称张量可以上升为 1 阶逆步张量.这时平均势能为

$$\bar{V}=V_0\left(\frac{8}{3}-\frac{8}{3}N\right),\quad N=2 \tag{1.13.16}$$

质量

$$m=NM+NK+\bar{V}=N(u+K)+\frac{8}{3}V_0\approx\frac{8}{3}V_0\approx M$$

或者

$$m\approx M \tag{1.13.17}$$

即两个夸克系统质量与一个夸克质量相近.

1.13.2 四夸克系统

最低能态的杨图如图 1.15 所示.

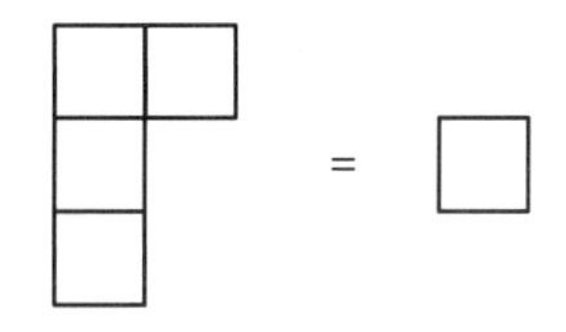

图 1.15 四夸克系统基态杨图表示

图中 $\lambda_1=1,\lambda_2=0$.平均势能

$$V=V_0\left(\frac{8}{3}-\frac{8}{3}N\right),\quad N=4$$

质量

$$m=N(M+K)+\bar{V}=N(\mu+K)+\frac{8}{3}V_0\approx\frac{8}{3}V_0\approx M$$

或者

$$m\approx M$$

1.13.3　五夸克系统

最低能态的杨图如图 1.16 所示.

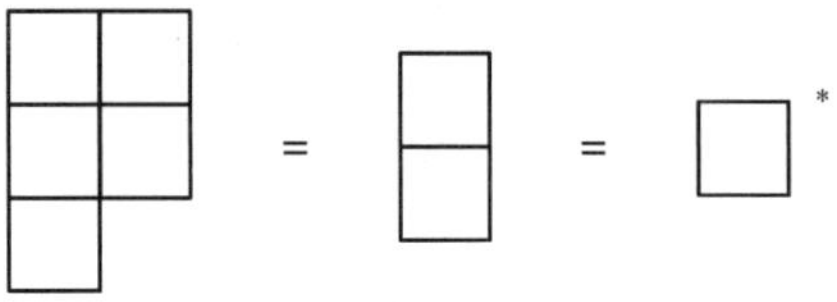

图 1.16　五夸克系统基态杨图表示

图中 $\lambda_1=0,\lambda_2=1$. 平均势能

$$\bar{V}=V_0\left(\frac{8}{3}-\frac{8}{3}N\right),\quad N=5$$

质量

$$m=N(M+K)+\bar{V}=N(\mu+K)+\frac{8}{3}V_0\approx\frac{8}{3}V_0\approx M$$

或者

$$m\approx M$$

1.13.4　七夸克系统

最低能态的杨图如图 1.17 所示.

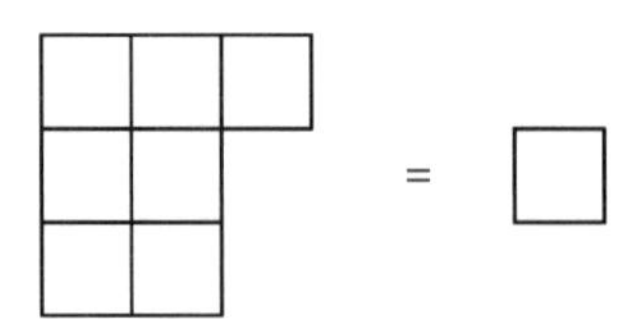

图 1.17　七夸克系统基态杨图表示

图中 $\lambda_1=1,\lambda_2=0$. 质量

$$m \approx M$$

1.13.5 八夸克系统

最低能态的杨图如图 1.18 所示.

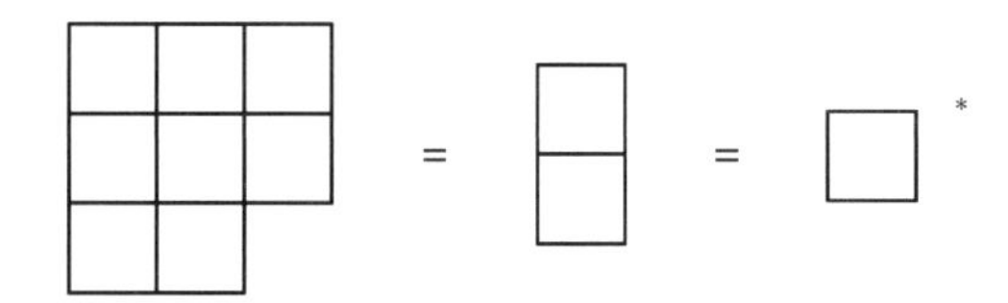

图 1.18 八个夸克系统基态杨图表示

图中 $\lambda_1=0, \lambda_2=1$. 质量

$$m \approx M$$

由此在数学上得到下列结论:

(1) $N=3$ 的倍数

最低能态杨图如图 1.19 所示.

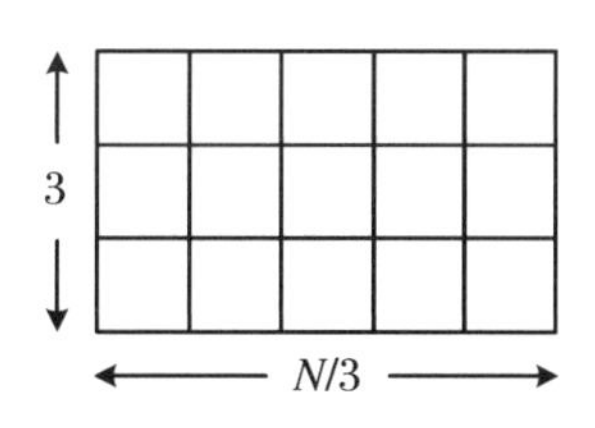

图 1.19 夸克系统基态杨图表示

图中 $\lambda_1=\lambda_2=0$. 质量

$$m \approx N(\mu+K)$$

(2) $N=3$ 的倍数 $+1$

最低能态杨图如图 1.20 所示.

图中 $\lambda_1=1, \lambda_2=0$. 质量

$$m \approx M$$

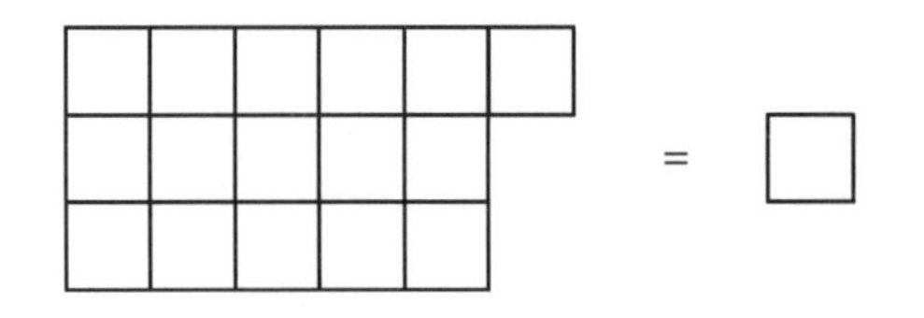

图 1.20 夸克系统基态杨图表示

(3) $N=3$ 的倍数 $+2$

最低能态杨图如图 1.21 所示.

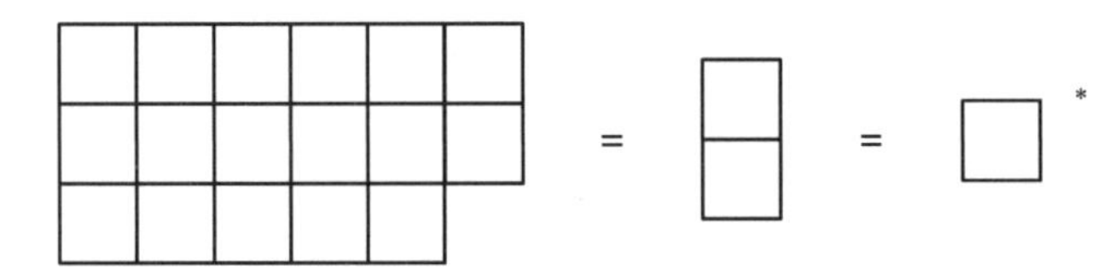

图 1.21 夸克系统基态杨图表示

图中 $\lambda_1=0,\lambda_2=1$. 质量

$$m\approx M$$

因此在物理上得到如下结论:

(1) 考察图 1.22 所示的杨图

图 1.22 所示的上下两个图的结合能都是一个夸克质量 M,所以在强子和夸克强子和反夸克之间不存在超强结合能.因此实验上产生了夸克在低能时,夸克、反夸克和强子之间的超强作用不会显露出来,这就是所谓的饱和性.

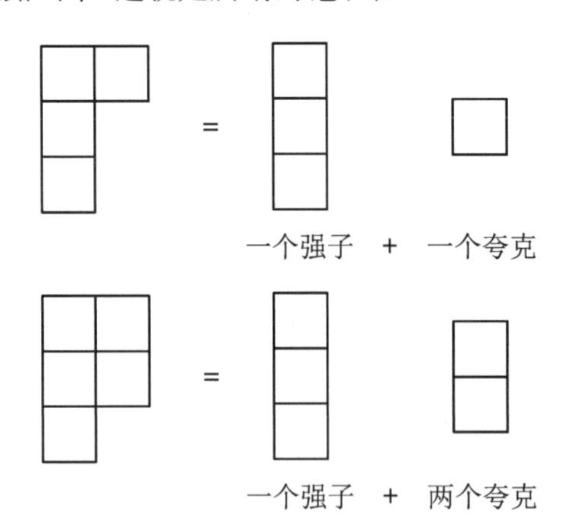

图 1.22 杨图表示

(2) 三个夸克系统的最低能态

如果夸克是自旋为$\frac{1}{2}$的粒子服从费米统计，那么重子的幺旋($SU_3^{(1)}$)、自旋、空间波函数应该是全对称的.这就解决了所谓全对称波函数产生的统计困难.

数学证明 现在我们来证明卡西米尔算子 C_2 的表示.

SU_3 群的表示可以用三个数 α_1、α_2、α_3 来描写，记为

$$R^{[\alpha_1,\alpha_2,\alpha_3]}$$

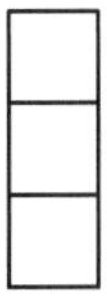

一个重子

全反对称波函数 $SU_3^{(2)}$

图 1.23 SU_3 群用三个数描写

图形表示如图 1.24 所示.

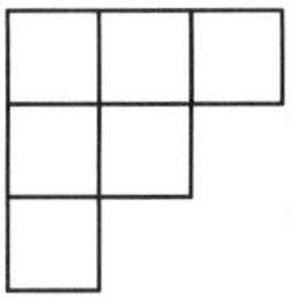

α_1

α_2

α_3

$\alpha_1+\alpha_2+\alpha_3=N$

$\alpha_1\geqslant\alpha_2\geqslant\alpha_3$

图 1.24 SU_3 群用图形表示

极易证明下列表示数列是等价的：

$$\underbrace{R^{[\alpha_1,\alpha_2,\alpha_3]},R^{[\alpha_1-1,\alpha_2-1,\alpha_3-1]},\cdots,R^{[\alpha_1-\alpha_3,\alpha_2-\alpha_3,0]}}_{\text{共}\alpha_3+1\text{个表示}} \tag{1.13.18}$$

因此 SU_3 群的表示实际上可以用两个数 f_1、f_2 来描写：

$$f_1=\alpha_1-\alpha_3,\quad f_2=\alpha_2-\alpha_3$$

而

$$R^{[\alpha_1,\alpha_2,\alpha_3]}=R^{[f_1,f_2]} \tag{1.13.19}$$

相应杨图如 1.25 所示.

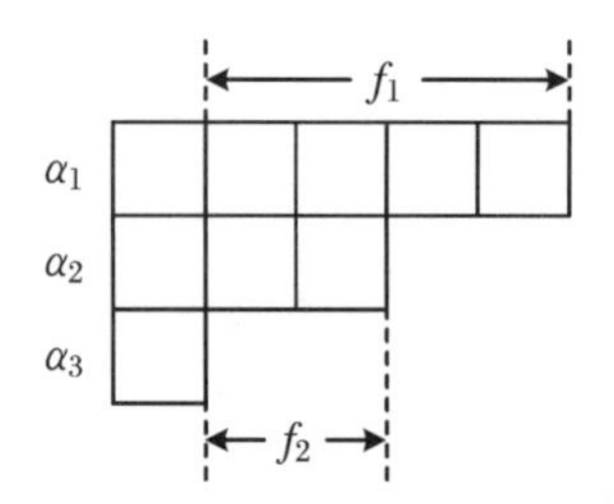

图 1.25 SU_3 群的杨图表示

一个杨图对应一个算子→对应一个表示.还可以证明表示:

$$R^{[f_1 f_2]}, \quad R_c^{[f_1 \cdot f_1 - f_2]} \tag{1.13.20}$$

彼此等价,由此引进

$$\lambda_1 = f_1 - f_2 = \alpha_1 - \alpha_2, \quad \lambda_2 = f_2 = \alpha_2 - \alpha_3$$

由 SU_3 群的表示改由 $\lambda_1 \lambda_2$ 来描写

$$D^{[\lambda_1 \lambda_2]}, \quad D_c^{[\lambda_2 \lambda_1]}$$

特别的是 $D^{[10]}$、$D_c^{[01]}$ 彼此等价,如图 1.26 所示.

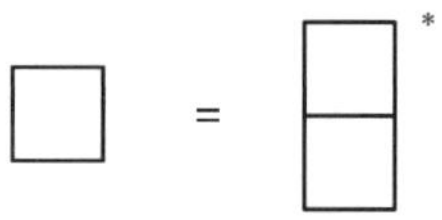

$$\square = \begin{matrix}\square \\ \square\end{matrix}^{*}$$

图 1.26 $D^{[10]}$、$D_c^{[01]}$ 等价示意图

下面我们来证明卡西米尔算子 C_2 的公式

$$C_2 = \frac{2}{3}(\lambda_1^2 + \lambda_1 \lambda_2 + \lambda_2^2) + 2(\lambda_1 + \lambda_2) \tag{1.13.21}$$

由于

$$\lambda_\alpha^\beta = E_\alpha^\beta - \frac{1}{3}\delta_\alpha^\beta, \quad E_\alpha^\beta \phi_\gamma = \delta_\gamma^\beta \phi_\alpha \tag{1.13.22}$$

所以

$$\sum_{\alpha,\beta} \lambda_\alpha^\beta(1) \lambda_\beta^\alpha(2) = \sum_{\alpha,\beta} \left[E_\alpha^\beta(1) - \frac{1}{3}\delta_\alpha^\beta \right] \left[E_\beta^\alpha(2) - \frac{1}{3}\delta_\beta^\alpha \right] = \sum_{\alpha,\beta} E_\alpha^\beta(1) E_\beta^\alpha(2) - \frac{1}{3} \tag{1.13.23}$$

我们把它作用于波函数 $\phi_{\gamma_1}(1)\phi_{\gamma_2}(2)$上得

$$\sum_{\alpha,\beta} E_\alpha^\beta(1) E_\beta^\alpha(2) \phi_a(1)\phi_b(2) = \sum_{\alpha,\beta} \delta_a^\beta \delta_b^\alpha \phi_\alpha(1)\phi_\beta(2) = \phi_b(1)\phi_a(2) = (1,2)\phi_a(1)\phi_b(2)$$

或者

$$\begin{cases} \sum_{\alpha,\beta} E_\alpha^\beta(1) E_\beta^\alpha(2) \phi_a(1)\phi_b(2) = (1,2)\phi_a(1)\phi_b(2) \\ \sum_{\alpha,\beta} \lambda_\alpha^\beta(1)\lambda_\beta^\alpha(2)\phi_a(1)\phi_b(2) = \left[(1,2) - \frac{1}{3}\right]\phi_a(1)\phi_b(2) \end{cases} \quad (a,b = 1,2,3) \tag{1.13.24}$$

因此

$$\begin{cases} \sum_{\alpha,\beta} \lambda_\alpha^\beta(1)\lambda_\beta^\alpha(2) = (1,2) - \frac{1}{3} \\ \sum_{\alpha,\beta} \lambda_\alpha^\beta(n)\lambda_\beta^\alpha(m) = (n,m) - \frac{1}{3} \end{cases} \tag{1.13.25}$$

由此给出

$$\sum_{n\neq m}^{N} \sum_{\alpha,\beta} \lambda_\alpha^\beta(n)\lambda_\beta^\alpha(m) = \sum_{n\neq m}\left[(n,m) - \frac{1}{3}\right] = \sum_{n\neq m}(n,m) - \frac{N(N-1)}{3} \tag{1.13.26}$$

或者

$$\sum_{n\neq m}^{N} \sum_{\alpha,\beta} \lambda_\alpha^\beta(n)\lambda_\beta^\alpha(m) = \sum_{n\neq m}(n,m) - \frac{N(N-1)}{3} \tag{1.13.27}$$

这样超强势能可以改写为

$$V = \sum_{n\neq m}^{N}\left[(n,m) - \frac{1}{3}\right]V(|\boldsymbol{x}_n - \boldsymbol{x}_m|) \tag{1.13.28}$$

可见,势能 V 代表幺旋交换力.平均势能为

$$\begin{aligned} \bar{V} &= V_0 \phi^\dagger \sum_{n\neq m}^{N}\left[(n,m) - \frac{1}{3}\right]\phi = V_0\phi^\dagger\left(\sum_{n\neq n}^{N}(n,m) - \frac{N(N-1)}{3}\right)\phi \\ &= V_0\left\{\sum_{n\neq m}^{N}\phi^\dagger(n,m)\phi - \frac{N(N-1)}{3}\right\} \end{aligned} \tag{1.13.29}$$

或者

$$\bar{V} = V_0\left\{\sum_{n\neq m}^{N}\phi^\dagger(n,m)\phi - \frac{N(N-1)}{3}\right\} \tag{1.13.30}$$

式中,ϕ 是系统的归一化的$SU_3^{(2)}$ 波函数.可以计算 C_2

$$C_2 = \sum_{\alpha,\beta}\Lambda_\alpha^\beta\Lambda_\beta^\alpha = \sum_{\alpha,\beta}\sum_{n,m}\lambda_\alpha^\beta(n)\lambda_\beta^\alpha(m) = \sum_{n\neq m}\sum_{\alpha,\beta}\lambda_\alpha^\beta(n)\lambda_\beta^\alpha(m) + \sum_{n=m}\sum_{\alpha,\beta}\lambda_\alpha^\beta(n)\lambda_\beta^\alpha(n)$$

$$= \sum_{n\neq m}(n,m) - \frac{N(N-1)}{3} + \frac{8}{3}N \tag{1.13.31}$$

或者

$$C_2 = \sum_{n\neq m}(n,m) - \frac{N(N-9)}{3} \tag{1.13.32}$$

由于 C_2 在确定的表示中是常数，所以

$$C_2 = \phi^\dagger\sum_{n\neq m}(n,m)\phi - \frac{N(N-9)}{3} \tag{1.13.33}$$

在表示 R^α 中，波函数 ϕ 可以写成

$$\phi_\gamma^\alpha(i_1,\cdots,i_N) = O_\gamma^\alpha\phi_{i_1,\cdots,i_N} \quad (i_1,\cdots,i_N = 1,2,3)$$

$$= \frac{1}{\sqrt{\theta^\alpha}}\sum_{\sigma\in\mathscr{S}_N}U_{\gamma\gamma}^\alpha(\sigma)\sigma\phi_{i_1,\cdots,i_N} \tag{1.13.34}$$

式中，α 是 N 的配分，$\alpha=[\alpha_1,\alpha_2,\alpha_3]$，满足

$$\alpha_1+\alpha_2+\alpha_3 = N \quad (\alpha_1\geqslant\alpha_2\geqslant\alpha_3)$$

而 γ 是在固定 α 的条件下，标准杨图的数目

$$\gamma = 1,2,\cdots,f^\alpha$$

实际上，f^α 等于对称群 $\mathscr{S}_N$ 的正交表示 $U_{\gamma\gamma}^\alpha(\sigma)$ 的维数，

$$f^\alpha = \sum_\gamma U_{\gamma\gamma}^\alpha(\varepsilon)\lambda^\alpha(\varepsilon) = \chi^\alpha(\varepsilon) \tag{1.13.35}$$

式中，$\lambda^\alpha(\varepsilon)$ 是表示 U^α 的特征标的 ε 分量，ε 是单位置换，由此给出

$$(n,m)\phi_\gamma^\alpha(i_1,\cdots,i_N) = \frac{1}{\sqrt{\theta_\alpha}}\sum_{\sigma\in\mathscr{S}_N}U_{\gamma\gamma}^\alpha(\sigma)(n,m)\sigma\phi_{i_1,\cdots,i_N}$$

$$= \frac{1}{\sqrt{\theta_\alpha}}\sum_{\sigma\in\mathscr{S}_N}U_\gamma^\alpha[(n,m)\sigma]\sigma\phi_{i_1,\cdots,i_N} \tag{1.13.36}$$

于是

$$\phi_\gamma^{\alpha\dagger}(i_1,\cdots,i_N)(n,m)\phi_\gamma^\alpha(i_1,\cdots,i_N) = \frac{1}{\theta_\infty}\sum_{\sigma,\tau\in\mathscr{S}_N}U_{\gamma\gamma}^\alpha(\sigma)U_{\gamma\gamma}^\alpha[(n,m)\tau](\sigma\phi_{i_1,\cdots,i_N})^\dagger(\tau\phi_{i_1,\cdots,i_N})$$

式中

$$(\sigma\phi_{i_1,\cdots,i_N})^\dagger(\tau\phi_{i_1,\cdots,i_N}) = \delta_{\sigma,\tau}$$

而

$$\begin{aligned}\phi_\gamma^{\alpha\dagger}(i_1,\cdots,i_N)(n,m)\phi_\gamma^\alpha(i_1,\cdots,i_N) &= \frac{1}{\theta_\alpha}\sum_{\sigma\in\mathcal{S}_N}U_{\gamma\gamma}^\alpha(\sigma)U_{\gamma\gamma}^\alpha[(n,m)\tau] \\ &= \frac{1}{\theta^\alpha}\sum_{\sigma\in\mathcal{S}_N}U_m^\alpha(\sigma^{-1})U_{\gamma\gamma}^\alpha(\sigma^{-1}(n,m)) \\ &= \frac{1}{\theta^\alpha}\sum_{\sigma\in\mathcal{S}_N}U_{\gamma\gamma}^\alpha(\sigma)U_m^\alpha(\sigma(n,m)) \\ &= U_\gamma^\alpha((n,m))\end{aligned}$$

或者

$$\phi_\gamma^{\alpha\dagger}(i_1,\cdots,i_N)(n,m)\phi_\gamma^\alpha(i_1,\cdots,i_N) = U_{\gamma\gamma}^\alpha((n,m)) \tag{1.13.37}$$

其中我们利用了公式

$$\begin{cases}U_{\gamma\delta}^\alpha(\sigma) = U_{\delta\gamma}^\alpha(\sigma^{-1}) \\ \dfrac{1}{\theta^\alpha}\displaystyle\sum_{\sigma\in\mathcal{S}_N}U_{\gamma\delta}^\alpha(\sigma)U_{pq}^\beta(\sigma\tau) = \delta^{\alpha,\beta}\delta_{\gamma p}U_{\delta q}^\alpha(\tau)\end{cases} \tag{1.13.38}$$

代入得

$$\begin{aligned}C_2 &= \phi^\dagger\sum_{n\neq m}(n,m)\phi - \frac{N(N-9)}{3} \\ &= \phi_\gamma^{\alpha\dagger}(i_1,\cdots,i_N)\sum_{n\neq m}(n,m)\phi_\beta^\alpha(i_1,\cdots,i_N) - \frac{N(N-9)}{3} \\ &= \sum_{n\neq m}U_{\gamma\gamma}^\alpha(n,m) - \frac{N(N-9)}{3}\end{aligned} \tag{1.13.39}$$

考虑到不可约表示 $R_1^\alpha,R_2^\alpha,\cdots,R_{f^\alpha}^\alpha$ 是彼此等价的,而卡西米尔算子的数值只由 α 决定,与 γ 无关,即

$$C_2 = \phi_1^{\alpha\dagger}C_2\phi_1^\alpha = \phi_2^{\alpha\dagger}C_2\phi_2^\alpha = \cdots = \phi_{f^\alpha}^{\alpha\dagger}C_2\phi_{f^\alpha}^\alpha \tag{1.13.40}$$

由此给出

$$C_2 = \frac{1}{f^\alpha}\sum_{\gamma=1}^{f^\alpha}\phi_\gamma^{\alpha\dagger}C_2\phi_\gamma^\alpha = \frac{1}{f^\alpha}\sum_{\gamma=1}^{f^\alpha}\sum_{n\neq m}U_m^\alpha((n,m)) - \frac{N(N-9)}{3}$$

$$= \frac{1}{f^\alpha}\sum_{n\neq m} U\chi^\alpha((n,m))\frac{N(N-9)}{3} = \frac{N(N-1)}{f^\alpha}\chi^\alpha(1,2) - \frac{N(N-9)}{3}$$

$$= N(N-1)\frac{\chi^\alpha(1,2)}{\chi^\alpha(\varepsilon)} - \frac{N(N-9)}{3}$$

或者

$$C_2 = N(N-1)\frac{\chi^\alpha(1,2)}{\chi^\alpha(\varepsilon)} - \frac{N(N-9)}{3}, \quad \chi^\alpha(1,2) = \sum_\gamma U^\alpha_{\gamma\gamma}(1,2) \qquad (1.13.41)$$

由于特征标只是类的函数,其中我们利用了公式

$$\chi^\alpha(n,m) = \chi^\alpha(1,2) \qquad (1.13.42)$$

根据对称群的理论

$$N(N-1)\frac{\chi^\alpha(1,2)}{\chi^\alpha(\varepsilon)} = \alpha_1(\alpha_1-1)+\alpha_2(\alpha_2-3)+\alpha_3(\alpha_3-5)$$

代入得

$$C_2 = \alpha_1(\alpha_1-1)+\alpha_2(\alpha_2-3)+\alpha_3(\alpha_3-5) - \frac{N(N-9)}{3}$$

现设

$$f_1 = \alpha_1 - \alpha_3, \quad f_2 = \alpha_2 - \alpha_3$$

可得

$$C_2 = (f_1+\alpha_3)(f_1+\alpha_3-1)+(f_2+\alpha_3)(f_2+\alpha_3-3)+\alpha_3(\alpha_3-5) - \frac{N(N-9)}{3}$$

$$= f_1(f_1-1)+f_2(f_2-3)+\alpha_3(3\alpha_3+2f_1+2f_2-9) - \frac{N(N-9)}{3}$$

因为

$$\alpha_1+\alpha_2+\alpha_3 = N \to f_1+f_2+3\alpha_3 = N$$

所以

$$C_2 = f_1(f_1-1)+f_2(f_2-3)+\frac{1}{3}(N-f_1-f_2)(N+f_1+f_2-9) - \frac{N(N-9)}{3}$$

$$= \frac{2}{3}(f_1^2+f_2^2-f_1f_2)+2f_1$$

如图 1.27 所示的杨图.

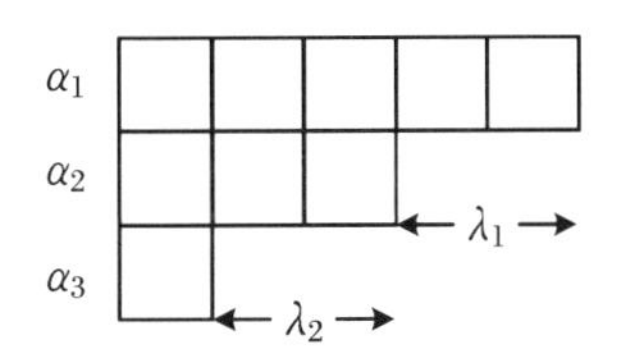

图 1.27　杨图表示

设 $f_1=\lambda_1+\lambda_2$,$f_2=\lambda_2$,最后得

$$C_2=\frac{2}{3}(\lambda_1^2+\lambda_1\lambda_2+\lambda_2^2)+2(\lambda_1+\lambda_2)$$

其中

$$\lambda_1=f_1-f_2=\alpha_1-\alpha_2,\quad \lambda_2=f_2=\alpha_2-\alpha_3$$

这就是我们需要证明的.

1.14　Han-Nambu 模型

夸克有两个 SU_3 指标,即

$$SU_3^{(1)}\otimes SU_3^{(2)} \tag{1.14.1}$$

其中

$$SU_3^{(1)}\sim SU_3$$
$$SU_3^{(2)}\sim SU_3^c$$

所以夸克的波函数为

$$\phi_\alpha^\beta=\phi_\alpha\cdot\phi^\beta\quad(\alpha,\beta=1,2,3) \tag{1.14.2}$$

一共九个夸克,考虑它的变换,因为

$$\begin{aligned}\phi_\alpha&\to\phi'_\alpha=U\phi_\alpha\\ \phi_\beta&\to\phi^{\beta'}=U^*\phi^\beta\end{aligned} \tag{1.14.3}$$

所以

$$\phi_\alpha^\beta \to \phi_\alpha^{\beta'} = \phi'_\alpha \phi^{\beta'} = U\phi_\alpha U^* \phi^\beta = uu^* \phi_\alpha^\beta = U\phi_\alpha^\beta \tag{1.14.4}$$

或者

$$\phi_\alpha^\beta \to \phi_\alpha^{\beta'} = U\phi_\alpha^\beta \tag{1.14.5}$$

式中

$$U = u \otimes u^* = \mathrm{e}^{\mathrm{i}\theta_j\lambda_j} \otimes \mathrm{e}^{\mathrm{i}\theta_j(-\lambda_j^*)} = \mathrm{e}^{\mathrm{i}\theta_j(\lambda_j - \lambda_j^*)} = \mathrm{e}^{\mathrm{i}\theta_j\Lambda_j} \tag{1.14.6}$$

或者

$$U = \mathrm{e}^{\mathrm{i}\theta_j\Lambda_j} \tag{1.14.7}$$

式中

$$\Lambda_j = \lambda_j \oplus (-\lambda_j^*) \tag{1.14.8}$$

为 Han-Nambu 模型的无穷小算子.夸克的力学量为

$$Q = \left(\frac{\lambda_3}{2} + \frac{\lambda_8}{2\sqrt{3}}\right) + \left(-\frac{\lambda_3^*}{2} - \frac{\lambda_8^*}{2\sqrt{3}}\right) = \begin{pmatrix} 2/3 & & \\ & -1/3 & \\ & & -1/3 \end{pmatrix} + \begin{pmatrix} -2/3 & & \\ & 1/3 & \\ & & 1/3 \end{pmatrix}^*$$

$$T_3 = \frac{\lambda_3}{2} + \left(-\frac{\lambda_3^*}{2}\right) = \begin{pmatrix} 1/2 & & \\ & -1/2 & \\ & & 0 \end{pmatrix} + \begin{pmatrix} -1/2 & & \\ & 1/2 & \\ & & 0 \end{pmatrix}^*$$

$$Y = \frac{\lambda_8}{\sqrt{3}} + \left(-\frac{\lambda_8^*}{\sqrt{3}}\right) = \begin{pmatrix} \frac{1}{3} & & \\ & \frac{1}{3} & \\ & & -\frac{2}{3} \end{pmatrix} + \begin{pmatrix} -\frac{1}{3} & & \\ & -\frac{1}{3} & \\ & & \frac{2}{3} \end{pmatrix}^*$$

相应本征值如表 1.9~表 1.11 所示.

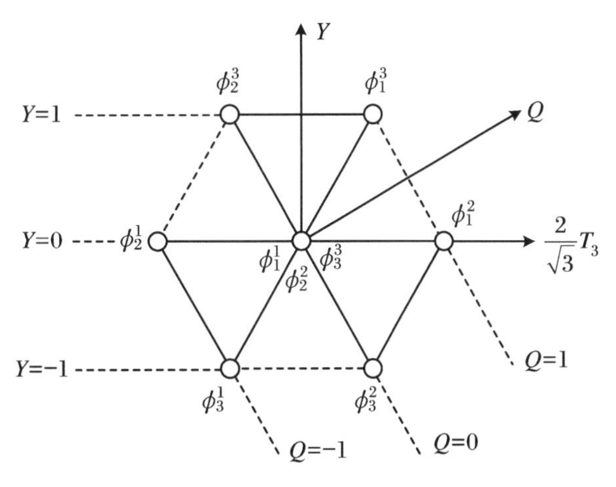

图 1.28　夸克量子数图示

表 1.9

Q	1^*	2^*	3^*
1	0	1	1
2	−1	0	0
3	−1	0	0

表 1.10

T_3	1^*	2^*	3^*
1	0	1	1/2
2	−1	0	−1/2
3	−1/2	1/2	0

表 1.11

Y	1^*	2^*	3^*
1	0	0	1
2	0	0	1
3	−1	−1	0

它满足盖尔曼-西岛规则

$$Q = T_3 + \frac{1}{2}Y \tag{1.14.9}$$

第 2 章

SU_6 群

粒子除了 Q、Y、T 这些量子数以外，还有自旋 J，实验上发现了许多高自旋的粒子. 对 0^- 与 1^- 介子的质谱发现

$$m_{K^*}^2 - m_K^2 = m_\rho^2 - m_\pi^2$$

的经验规律，等号两边的质量差完全是由自旋不同引起的. 而可以设在 SU_3 的基础上把自旋量子数也扩大进来，用幺正群研究粒子谱的分类. SU_2 的基础表示是 2 维的，自旋 $s=1/2$，因而可以认为层子是自旋为 1/2 的粒子. 按照层子模型的假定，介子和重子内部层子的速度很低，在这种情况下，假定它与自旋无关，那么就可以把 $SU_3 \otimes SU_2$ 扩大到 SU_6. 就是在速度很低时，超强作用是 SU_6 不变的，就用 SU_6 去研究粒子的分类和强作用，以及电磁作用对它的破坏.

2.1 幺模幺正群 SU_6

在 SU_3 群中自旋不同的粒子属于不同的表示,彼此独立无关.例如

$$介子\quad 0^-,\quad 1$$

$$重子\quad \frac{1}{2}^+,\quad \frac{3}{2}^+$$

我们希望把它们联系起来.实验上有经验公式:

$$m_K^2 - m_\pi^2 = m_{K^*}^2 - m_\rho^2 \quad [幺旋质量差(自旋不同\ T_3^3\ 破坏相同)]$$

$$m_\rho^2 - m_\pi^2 = m_{K^*}^2 - m_K^2 \quad (自旋质量差)$$

上式表明自旋为 0^- 与 1^- 的介子之间确实是有联系的.

为了建立这种联系,假定:

(1) 夸克是自旋为 1/2 的粒子,即

$$夸克波函数 = 自旋波函数 \times 幺旋波函数$$

或者

$$\phi_A = \chi_r \phi_\alpha \quad (r = 1,2;\alpha = 1,2,3;A = 1,\cdots,6) \tag{2.1.1}$$

式中

$$r = 1\ 时,\chi_1 = \begin{pmatrix}1\\0\end{pmatrix} 自旋朝上$$

$$r = -1\ 时,\chi_2 = \begin{pmatrix}0\\1\end{pmatrix} 自旋朝下$$

这样就有三个自旋向上的夸克和三个自旋向下的夸克(图 2.1),一共是六个,但这不是本质性的.

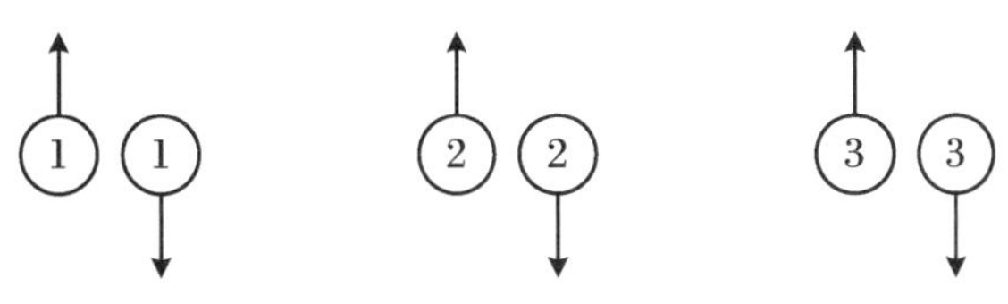

图 2.1 三个自旋向上的夸克和三个自旋向下的夸克

（2）自旋变换 SU_2 和幺旋变换 SU_3 形成一个更大的群 SU_6，即

$$SU_2 \otimes SU_3 \to SU_6$$

它们的生成元是

泡利矩阵	σ_i	
Gell-Mann 矩阵	λ_j	$(i=1,2,3;j=1,2,\cdots,8)$
扩充	$\sigma_i\lambda_j$	

它们满足的对易关系为

$$\begin{cases}[\sigma_i,\sigma_j]=2\mathrm{i}\varepsilon_{ijk}\sigma_k, \quad \{\sigma_i,\sigma_j\}=2\delta_{ij} \quad (i,j,k=1,2,3)\\ [\lambda_i,\lambda_j]=2\mathrm{i}f_{ijk}\lambda_k, \quad \{\lambda_i,\lambda_j\}=2d_{ijk}\lambda_k+\dfrac{4}{3}\delta_{ij} \quad (i,j,k=1,2,\cdots,8)\end{cases} \tag{2.1.2}$$

于是 SU_6 矩阵为

$$u=\mathrm{e}^{\mathrm{i}(\theta_i\sigma_i+\theta_i\lambda_j+\theta_{ij}\sigma_i\lambda_j)} \Rightarrow 1+\mathrm{i}(\theta_i\sigma_i+\theta_j\lambda_j+\theta_{ij}\sigma_i\lambda_j) \tag{2.1.3}$$

其中群参数满足实数条件(厄米)：

$$\begin{cases}\theta_i^*=\theta_i \quad (i=1,2,3)\\ \theta_j^*=\theta_j \quad (j=1,2,\cdots,8)\\ \theta_{ij}{}^*=\theta_{ij} \quad (i=1,2,3;j=1,2,\cdots,8)\end{cases} \tag{2.1.4}$$

由此给出夸克波函数的变换

$$\phi \to \phi'_A=u\phi_A=u_{BA}\phi_B \quad (A,B=1,2,\cdots,6) \tag{2.1.5}$$

2.2　介子波函数

介子由正反夸克组成，所以它的波函数为

$$\phi_A^B=\phi_A\phi_B^\dagger=\chi_r\chi_s^\dagger, \quad \phi_\alpha\phi_\beta^\dagger=\varepsilon_{rs}E_{\alpha\beta} \tag{2.2.1}$$

零迹化定义：

$$\phi_A^B = \phi_A^B - \frac{1}{6}\delta_A^B\phi_C^C = \phi_A^B - \frac{1}{6}\delta_A^B \tag{2.2.2}$$

我们利用泡利矩阵和 Gell-Mann 矩阵来达到这一点，作展开

$$\varepsilon = \frac{1}{2}\sum_{i=0}^{3}\sigma_i(\sigma_i)_{sr} \tag{2.2.3}$$

$$E_{\alpha\beta} = \frac{1}{2}\sum_{j=0}^{8}\lambda_i(\lambda_i)_{\beta\alpha} \tag{2.2.4}$$

式中，我们引进了

$$\sigma_0 = \begin{pmatrix}1 & 0\\ 0 & 1\end{pmatrix} \tag{2.2.5}$$

$$\lambda_0 = \sqrt{\frac{2}{3}}\begin{pmatrix}1 & 0 & 0\\ 0 & 1 & 0\\ 0 & 0 & 1\end{pmatrix} \tag{2.2.6}$$

代入得

$$\phi_A^B = \frac{1}{4}\sum_{i=0}^{3}\sum_{j=0}^{8}\sigma_i\sigma_j(\sigma_i)_{sr}(\lambda_j)_{\beta\alpha} = \frac{1}{4}\sum_{i=0}^{3}\sum_{j=0}^{8}\sigma_i\lambda_j(\sigma_i\lambda_j)_{BA} \tag{2.2.7}$$

$$= \frac{\sigma_0\lambda_0}{2\sqrt{6}}\delta_{rs}\delta_{\alpha\beta} + \frac{1}{4}\sum_{j=1}^{8}\sigma_0\lambda_j\delta_{rs}(\lambda_i)_{\beta\alpha} + \frac{1}{2\sqrt{6}}\sum_{i=1}^{3}\sigma_i\lambda_0(\sigma_i)_{sr}\delta_{\alpha\beta}$$

$$+ \frac{1}{4}\sum_{i=1}^{3}\sum_{j=1}^{8}\sigma_i\lambda_i(\sigma_i)_{sr}(\lambda_j)_{\beta\alpha} \tag{2.2.8}$$

这样我们就完成了乘积分解：

$$6\times 6^* = 1 + 35$$

下面考察自旋波函数.

自旋单态（$S=0$）

$$\chi_0 = \frac{\chi_1\chi_1^\dagger + \chi_2\chi_1^\dagger}{\sqrt{2}} = \frac{\sigma_0}{\sqrt{2}} \tag{2.2.9}$$

自旋三重态（$S=1$）

$$\chi_1 = \frac{\chi_1\chi_2^\dagger + \chi_2\chi_1^\dagger}{\sqrt{2}} = \frac{\sigma_1}{\sqrt{2}}$$

$$\chi_2 = \frac{\chi_1 \chi_2^\dagger - \chi_2 \chi_1^\dagger}{\sqrt{2}\mathrm{i}} = \frac{\sigma_2}{\sqrt{2}}$$

$$\chi_3 = \frac{\chi_1 \chi_1^\dagger - \chi_2 \chi_2^\dagger}{\sqrt{2}} = \frac{\sigma_3}{\sqrt{2}}$$

或者

$$\chi_i = \frac{\sigma_2}{\sqrt{2}} \quad (i = 1,2,3) \tag{2.2.10}$$

SU_6 单态-迹项：

$$\mathscr{A}(\chi_0) = \chi_0 \frac{\lambda_0}{\sqrt{2}} = \frac{\sigma_0 \lambda_0}{2} \tag{2.2.11}$$

$SU_6$35 重态-零迹项：

(1) 赝标介子 0^-

$$\begin{cases} \mathscr{A}(\pi_1) = \chi_0 \dfrac{\lambda_1}{\sqrt{2}} = \dfrac{\sigma_0 \lambda_1}{2} \\ \mathscr{A}(\pi_2) = \chi_0 \dfrac{\lambda_2}{\sqrt{2}} = \dfrac{\sigma_0 \lambda_2}{2} \\ \mathscr{A}(\pi_3) = \chi_0 \dfrac{\lambda_3}{\sqrt{2}} = \dfrac{\sigma_0 \lambda_3}{2} \\ \mathscr{A}(\mathrm{K}_1) = \chi_0 \dfrac{\lambda_4}{\sqrt{2}} = \dfrac{\sigma_0 \lambda_4}{2} \\ \mathscr{A}(\mathrm{K}_2) = \chi_0 \dfrac{\lambda_5}{\sqrt{2}} = \dfrac{\sigma_0 \lambda_5}{2} \\ \mathscr{A}(\mathrm{K}_1^0) = \chi_0 \dfrac{\lambda_6}{\sqrt{2}} = \dfrac{\sigma_0 \lambda_6}{2} \\ \mathscr{A}(\mathrm{K}_2^0) = \chi_0 \dfrac{\lambda_7}{\sqrt{2}} = \dfrac{\sigma_0 \lambda_7}{2} \\ \mathscr{A}(\eta) = \chi_0 \dfrac{\lambda_8}{\sqrt{2}} = \dfrac{\sigma_0 \lambda_8}{2} \end{cases} \tag{2.2.12}$$

(2) 矢量介子 1^-

$$
\begin{cases}
\mathscr{A}_i(\rho_1) = \chi_i \dfrac{\lambda_1}{\sqrt{2}} = \dfrac{\sigma_i\lambda_1}{2} \\
\mathscr{A}_i(\rho_2) = \chi_i \dfrac{\lambda_2}{\sqrt{2}} = \dfrac{\sigma_i\lambda_2}{2} \\
\mathscr{A}_i(\rho_3) = \chi_i \dfrac{\lambda_3}{\sqrt{2}} = \dfrac{\sigma_i\lambda_3}{2} \\
\mathscr{A}_i(\mathrm{K}_1^*) = \chi_i \dfrac{\lambda_4}{\sqrt{2}} = \dfrac{\sigma_i\lambda_4}{2} \\
\mathscr{A}_i(\mathrm{K}_2^*) = \chi_i \dfrac{\lambda_5}{\sqrt{2}} = \dfrac{\sigma_i\lambda_5}{2} \\
\mathscr{A}_i(\mathrm{K}_1^{0^*}) = \chi_i \dfrac{\lambda_6}{\sqrt{2}} = \dfrac{\sigma_i\lambda_6}{2} \\
\mathscr{A}_i(\mathrm{K}_2^{0^*}) = \chi_i \dfrac{\lambda_7}{\sqrt{2}} = \dfrac{\sigma_i\lambda_7}{2} \\
\mathscr{A}_i(\phi_0) = \chi_i \dfrac{\lambda_8}{\sqrt{2}} = \dfrac{\sigma_i\lambda_8}{2} = -\sqrt{\dfrac{2}{3}}\mathscr{A}_i(\phi) + \sqrt{\dfrac{1}{3}}\mathscr{A}_i(\omega) \\
\mathscr{A}_i(\omega_0) = \chi_i \dfrac{\lambda_0}{\sqrt{2}} = \dfrac{\sigma_i\lambda_0}{2} = \sqrt{\dfrac{1}{3}}\mathscr{A}_i(\phi) + \sqrt{\dfrac{2}{3}}\mathscr{A}_i(\omega)
\end{cases}
\tag{2.2.13}
$$

式中

$$
\mathscr{A}_i(\phi) = \frac{\sigma_i}{\sqrt{2}}\phi_3\phi_3^+ = \frac{\sigma_i}{2}\left(-\sqrt{\frac{2}{3}}\lambda_8 + \sqrt{\frac{1}{3}}\lambda_0\right) = -\sqrt{\frac{2}{3}}\mathscr{A}_i(\phi_0) + \sqrt{\frac{1}{3}}\mathscr{A}_i(\omega_0)
\tag{2.2.14}
$$

$$
\mathscr{A}_i(\omega) = \frac{\sigma_i}{\sqrt{2}}\frac{\phi_1\phi_1{}^+ + \phi_2\phi_2{}^+}{\sqrt{2}} = \frac{\sigma_i}{2}\left(\sqrt{\frac{1}{3}}\lambda_8 + \sqrt{\frac{2}{3}}\lambda_0\right) = \sqrt{\frac{1}{3}}\mathscr{A}_i(\phi_0) + \sqrt{\frac{2}{3}}\mathscr{A}_i(\omega_0)
\tag{2.2.15}
$$

由此我们得到结论：SU_6 群的生成元 $\sigma_i\lambda_j/2$ 代表 $1+35$ 个介子：

$$
\begin{array}{cccc}
1 & \sigma_i & \lambda_i & \sigma_i\lambda_j \\
\downarrow & \downarrow & \downarrow & \downarrow \\
\chi_0 & \omega_0 & \pi\mathrm{K}\eta & \rho\mathrm{K}^*\phi_0
\end{array}
$$

相互展开为

$$\begin{cases} \phi_A^B = \dfrac{1}{4}\sum_{i=0}^{3}\sum_{j=0}^{8}\sigma_i\lambda_j(\sigma_i)_{sr}(\lambda_j)_{\beta\alpha} \\ \sigma_i\lambda_j = \sum_{A,B}\phi_A^B(\sigma_i)_{sr}(\lambda_j)_{\alpha\beta}, \quad \phi_A^B = \varepsilon_{rs}E_{\alpha\beta} \end{cases} \tag{2.2.16}$$

介子质量公式：

$$\begin{aligned} m^2 &= m_0^2 + m_s^2 c(S+1) + c\left[T(T+1) - \frac{1}{4}Y^2\right] \\ &= a^2 + bc(S+1) + c\left[T(T+1) - \frac{1}{4}Y^2\right] \end{aligned} \tag{2.2.17}$$

2.3 重子波函数

重子由三个夸克组成，它的波函数为

$$\phi_{ABC} = \phi_A\phi_B\phi_C = (\chi_r\chi_s\chi_t)(\phi_\alpha\phi_\beta\phi_\gamma) = \chi_{rst}\phi_{\alpha\beta\gamma} \tag{2.3.1}$$

它的 SU_6 变换为

$$U = 1 + \mathrm{i}(\theta_i\sigma_i + \theta_j\lambda_j + \theta_{ij}\sigma_i\lambda_j) \tag{2.3.2}$$

式中

$$\begin{cases} \sigma_i = \sigma_i(1) + \sigma_i(2) + \sigma_i(3) \\ \lambda_i = \lambda_i(1) + \lambda_i(2) + \lambda_i(3) \end{cases} \tag{2.3.3}$$

显然它们满足如下对易关系：

$$\begin{cases} [\sigma_i, \sigma_j] = 2\mathrm{i}\varepsilon_{ijk}\sigma_k \quad (i,j,k = 1,2,3) \\ [\lambda_i, \lambda_j] = 2\mathrm{i}f_{ijk}\lambda_k \quad (i,j,k = 1,2,\cdots,8) \end{cases} \tag{2.3.4}$$

我们把它按 $\varepsilon = O_A + O_1 + O_2 + O_S$ 展开为

$$\phi_{ABC} = \phi_{ABC}^{(A)} + \phi_{ABC}^{(1)} + \phi_{ABC}^{(2)} + \phi_{ABC}^{(S)} \tag{2.3.5}$$

其中，O_A、O_1、O_2、O_3、O_S 是 A、B、C 的置换. 由于三个夸克的超强基态 $\begin{array}{|c|}\hline \\ \hline \\ \hline \\ \hline\end{array}$ 是全对称的，

所以下面我们只讨论全对称波函数 $\phi_{ABC}^{(S)}$，这是由于重子是自旋为$\frac{1}{2}$，$\frac{3}{2}$，…的粒子，服从费米统计.

$$\phi_{ABC}^{(S)} = O_S\phi_{ABC} = O_S(\chi_{rst}\phi_{\alpha\beta\gamma}) \tag{2.3.6}$$

式中 $\phi_{\alpha\beta\gamma}$ 可以展开为

$$\phi_{\alpha\beta\gamma} = \phi_{\alpha\beta\gamma}^{(A)} + \phi_{\alpha\beta\gamma}^{(1)} + \phi_{\alpha\beta\gamma}^{(2)} + \phi_{\alpha\beta\gamma}^{(S)} \tag{2.3.7}$$

代入得

$$\phi_{ABC}^{(S)} = O_S[\chi_{rst}(\phi_{\alpha\beta\gamma}^{(A)} + \phi_{\alpha\beta\gamma}^{(1)} + \phi_{\alpha\beta\gamma}^{(2)} + \phi_{\alpha\beta\gamma}^{(S)})] \tag{2.3.8}$$

式中

$$\begin{aligned} O_S(\chi_{rst}\phi_{\alpha\beta\gamma}^{(A)}) &= \frac{\chi_{rst} + \chi_{str} + \chi_{trs} - \chi_{srt} - \chi_{rts} - \chi_{tsr}}{6}\phi_{\alpha\beta\gamma}^{(A)} \\ &= \chi_{rst}^{(A)}\phi_{\alpha\beta\gamma}^{(A)} = 0 \quad (\because \chi_{rst}^{(A)} = 0) \end{aligned} \tag{2.3.9}$$

$$\begin{aligned} O_S(\chi_{rst}\phi_{\alpha\beta\gamma}^{(S)}) &= \frac{\chi_{rst} + \chi_{str} + \chi_{trs} + \chi_{srt} + \chi_{rts} + \chi_{tsr}}{6}\phi_{\alpha\beta\gamma}^{(S)} \\ &= \chi_{rst}^{(S)}\phi_{\alpha\beta\gamma}^{(S)} = 0 \end{aligned} \tag{2.3.10}$$

代入得

$$\phi_{ABC}^{(S)} = \chi_{rst}^{(S)}\phi_{\alpha\beta\gamma}^{(S)} + O_S[\chi_{rst}(\phi_{\alpha\beta\gamma}^{(1)} + \phi_{\alpha\beta\gamma}^{(2)})] \tag{2.3.11}$$

由于性质 $\phi_{\alpha\beta\gamma}^{(1)} = -\phi_{\alpha\beta\gamma}^{(1)}$，所以

$$\begin{aligned} O_S(\chi_{rst}\phi_{\alpha\beta\gamma}^{(1)}) &= \frac{1}{6}[\chi_{rst}\phi_{\alpha\beta\gamma}^{(1)} + \chi_{str}\phi_{\beta\gamma\alpha}^{(1)} + \chi_{trs}\phi_{\gamma\alpha\beta}^{(1)} + \chi_{srt}\phi_{\beta\alpha\gamma}^{(1)} + \chi_{rts}\phi_{\alpha\gamma\beta}^{(1)} + \chi_{tsr}\phi_{\gamma\beta\alpha}^{(1)}] \\ &= \frac{1}{6}[(\chi_{rst} - \chi_{srt})\phi_{\alpha\beta\gamma}^{(1)} + (\chi_{str} - \chi_{tsr})\phi_{\beta\gamma\alpha}^{(1)} + (\chi_{trs} - \chi_{rts})\phi_{\gamma\alpha\beta}^{(1)}] \end{aligned} \tag{2.3.12}$$

又由于 $\phi_{\alpha\beta\gamma}^{(2)} = \phi_{\beta\alpha\gamma}^{(2)}$，所以

$$O_S(\chi_{rst}\phi_{\alpha\beta\gamma}^{(2)}) = \frac{1}{6}[(\chi_{rst} + \chi_{srt})\phi_{\alpha\beta\gamma}^{(2)} + (\chi_{str} + \chi_{tsr})\phi_{\beta\gamma\alpha}^{(2)} + (\chi_{trs} + \chi_{rts})\phi_{\gamma\alpha\beta}^{(2)}] \tag{2.3.13}$$

由于

$$\left.\begin{aligned} \phi^{(1)}_{\alpha\beta\gamma} &= \frac{\phi_{\alpha\beta\gamma} - \phi_{\beta\alpha\gamma}}{2} - \phi^{(A)}_{\alpha\beta\gamma} \\ \phi^{(1)}_{\beta\gamma\alpha} &= \frac{\phi_{\beta\gamma\alpha} - \phi_{\gamma\beta\alpha}}{2} - \phi^{(A)}_{\alpha\beta\gamma} \\ \phi^{(1)}_{\gamma\alpha\beta} &= \frac{\phi_{\gamma\alpha\beta} - \phi_{\alpha\gamma\beta}}{2} - \phi^{(A)}_{\alpha\beta\gamma} \end{aligned}\right\} \phi^{(1)}_{\alpha\beta\gamma} + \phi^{(1)}_{\beta\gamma\alpha} + \phi^{(1)}_{\gamma\alpha\beta} = 0 \tag{2.3.14}$$

$$\left.\begin{aligned} \phi^{(2)}_{\alpha\beta\gamma} &= \frac{\phi_{\alpha\beta\gamma} + \phi_{\beta\alpha\gamma}}{2} - \phi^{(S)}_{\alpha\beta\gamma} \\ \phi^{(2)}_{\beta\gamma\alpha} &= \frac{\phi_{\beta\gamma\alpha} + \phi_{\gamma\beta\alpha}}{2} - \phi^{(S)}_{\alpha\beta\gamma} \\ \phi^{(2)}_{\gamma\alpha\beta} &= \frac{\phi_{\gamma\alpha\beta} + \phi_{\alpha\gamma\beta}}{2} - \phi^{(S)}_{\alpha\beta\gamma} \end{aligned}\right\} \phi^{(2)}_{\alpha\beta\gamma} + \phi^{(2)}_{\beta\gamma\alpha} + \phi^{(2)}_{\gamma\alpha\beta} = 0 \tag{2.3.15}$$

所以

$$\begin{aligned} O_S(\chi_{rst}\phi^{(2)}_{\alpha\beta\gamma}) &= \frac{1}{3}[\chi^{(2)}_{rst}\phi^{(2)}_{\alpha\beta\gamma} + \chi^{2}_{str}\phi^{(2)}_{\beta\gamma\alpha} + \chi^{(2)}_{trs}\phi^{(2)}_{\gamma\alpha\beta} + 3\chi^{(S)}_{rst}(\phi^{(2)}_{\alpha\beta\gamma} + \phi^{(2)}_{\beta\gamma\alpha} + \phi^{(2)}_{\gamma\alpha\beta})] \\ &= \frac{1}{3}[\chi^{(2)}_{rst}\phi^{(2)}_{\alpha\beta\gamma} + \chi^{(2)}_{str}\phi^{(2)}_{\beta\gamma\alpha} + \chi^{(2)}_{trs}\phi^{(2)}_{\gamma\alpha\beta}] \end{aligned} \tag{2.3.16}$$

式中

$$\begin{aligned} \chi^{(2)}_{rst} &= \frac{\chi_{rst} + \chi_{srt}}{2} - \chi^{(S)}_{rst} \\ &= \frac{\chi_{rst} + \chi_{srt}}{2} - \frac{\chi_{rst} + \chi_{str} + \chi_{trs} + \chi_{stt} + \chi_{rts} + \chi_{tsr}}{6} \\ &= \frac{1}{6}[(\chi_{rst} + \chi_{rts}) + (\chi_{srt} - \chi_{trs}) + (\chi_{srt} - \chi_{str}) + (\chi_{rst} - \chi_{tsr})] \end{aligned} \tag{2.3.17}$$

$$\chi^{(2)}_{str} = \frac{1}{6}[(\chi_{str} - \chi_{srt}) + (\chi_{tsr} - \chi_{rst}) + (\chi_{tsr} - \chi_{trs}) + (\chi_{str} - \chi_{rts})] \tag{2.3.18}$$

$$\chi^{(2)}_{trs} = \frac{1}{6}[(\chi_{trs} - \chi_{tsr}) + (\chi_{rts} - \chi_{str}) + (\chi_{rts} - \chi_{rst}) + (\chi_{trs} - \chi_{srt})] \tag{2.3.19}$$

代入得

$$\begin{aligned} O_S(\chi_{rst}\phi^{(2)}_{\alpha\beta\gamma}) = \frac{1}{18}[&(\chi_{rst} - \chi_{rts})(\phi^{(2)}_{\alpha\beta\gamma} - \phi^{(2)}_{\gamma\alpha\beta}) + (\chi_{trs} - \chi_{srt})(\phi^{(2)}_{\gamma\alpha\beta} - \phi^{(2)}_{\alpha\beta\gamma}) \\ &+ (\chi_{str} - \chi_{srt})(\phi^{(2)}_{\beta\gamma\alpha} - \phi^{(2)}_{\alpha\beta\gamma}) + (\chi_{rst} - \chi_{tsr})(\phi^{(2)}_{\alpha\beta\gamma} - \phi^{(2)}_{\beta\gamma\alpha}) \\ &+ (\chi_{trs} - \chi_{tsr})(\phi^{(2)}_{\gamma\alpha\beta} - \phi^{(2)}_{\beta\gamma\alpha}) + (\chi_{str} - \chi_{rts})(\phi^{(2)}_{\beta\gamma\alpha} - \phi^{(2)}_{\gamma\alpha\beta})] \end{aligned} \tag{2.3.20}$$

由此给出

$$O_S[\chi_{rst}(\phi^{(1)}_{\alpha\beta\gamma}+\phi^{(2)}_{\alpha\beta\gamma})]$$

$$\begin{aligned}&=\frac{1}{18}[(\chi_{rst}-\chi_{rts})(\phi^{(2)}_{\alpha\beta\gamma}-\phi^{(2)}_{\gamma\alpha\beta})+(\chi_{str}-\chi_{tsr})3\phi^{(1)}_{\beta\gamma\alpha}+(\chi_{trs}-\chi_{srt})(\phi^{(2)}_{\gamma\alpha\beta}-\phi^{(2)}_{\alpha\beta\gamma})\\&\quad+(\chi_{str}-\chi_{srt})(\phi^{(2)}_{\beta\gamma\alpha}-\phi^{(2)}_{\alpha\beta\gamma})+(\chi_{rst}-\chi_{tsr})(\phi^{(2)}_{\alpha\beta\gamma}-\phi^{(2)}_{\beta\gamma\alpha})+(\chi_{trs}-\chi_{rts})3\phi^{(1)}_{\gamma\alpha\beta}\\&\quad+(\chi_{trs}-\chi_{tsr})(\phi^{(2)}_{\gamma\alpha\beta}-\phi^{(2)}_{\beta\gamma\alpha})+(\chi_{str}-\chi_{rts})(\phi^{(2)}_{\beta\gamma\alpha}-\phi^{(2)}_{\gamma\alpha\beta})+(\chi_{rst}-\chi_{srt})3\phi^{(1)}_{\alpha\beta\gamma}]\end{aligned}\tag{2.3.21}$$

又由于

$$\chi^{(A)}_{rst}=\chi_{rst}+\chi_{str}+\chi_{trs}-\chi_{srt}-\chi_{rts}-\chi_{tsr}=0\tag{2.3.22}$$

所以进行零迹化为

$$\begin{aligned}&a(\chi_{rst}-\chi_{rts})+b(\chi_{trs}-\chi_{xrt})+c(\chi_{str}-\chi_{tsr})\\&\quad=(\chi_{rst}-\chi_{rts})\left(a-\frac{a+b+c}{3}\right)+(\chi_{trs}-\chi_{srt})\left(b-\frac{a+b+c}{3}\right)\\&\qquad+(\chi_{str}-\chi_{tsr})\left(c-\frac{a+b+c}{3}\right)\end{aligned}\tag{2.3.23}$$

由此导出

$$O_S[\chi_{rst}(\phi^{(1)}_{\alpha\beta\gamma}+\phi^{(2)}_{\alpha\beta\gamma})]$$

$$\begin{aligned}&=\frac{1}{18}[(\chi_{rst}-\chi_{rts})(\phi^{(2)}_{\alpha\beta\gamma}-\phi^{(2)}_{\gamma\alpha\beta}-\phi^{(1)}_{\beta\gamma\alpha})+(\chi_{str}-\chi_{tsr})2\phi^{(1)}_{\beta\gamma\alpha}\\&\quad+(\chi_{trs}-\chi_{srt})(\phi^{(2)}_{\gamma\alpha\beta}-\phi^{(2)}_{\alpha\beta\gamma}-\phi^{(1)}_{\beta\gamma\alpha})+(\chi_{str}-\chi_{srt})(\phi^{(2)}_{\beta\gamma\alpha}-\phi^{(2)}_{\alpha\beta\gamma}-\phi^{(1)}_{\gamma\alpha\beta})\\&\quad+(\chi_{rst}-\chi_{tsr})(\phi^{(2)}_{\alpha\beta\gamma}-\phi^{(2)}_{\beta\gamma\alpha}-\phi^{(1)}_{\gamma\alpha\beta})+(\chi_{trs}-\chi_{rts})2\phi^{(1)}_{\gamma\alpha\beta}\\&\quad+(\chi_{trs}-\chi_{tsr})(\phi^{(2)}_{\gamma\alpha\beta}-\phi^{(2)}_{\beta\gamma\alpha}-\phi^{(1)}_{\alpha\beta\gamma})+(\chi_{rst}-\chi_{srt})2\phi^{(1)}_{\alpha\beta\gamma}\\&\quad+(\chi_{str}-\chi_{rts})(\phi^{(2)}_{\beta\gamma\alpha}-\phi^{(2)}_{\gamma\alpha\beta}-\phi^{(1)}_{\alpha\beta\gamma})]\end{aligned}\tag{2.3.24}$$

较易证明

$$\begin{cases}\phi^{(2)}_{\alpha\beta\gamma}-\phi^{(2)}_{\gamma\alpha\beta}-\phi^{(1)}_{\beta\gamma\alpha}=\dfrac{2}{\sqrt{2}}\varepsilon_{\lambda\beta\gamma}\phi^{\lambda}_{\alpha}(1)=\phi_{\alpha\beta\gamma}-\phi_{\alpha\gamma\beta}-2\phi^{(A)}_{\alpha\beta\gamma}\\ \phi^{(2)}_{\gamma\alpha\beta}-\phi^{(2)}_{\alpha\beta\gamma}-\phi^{(1)}_{\beta\gamma\alpha}=\dfrac{2}{\sqrt{2}}\varepsilon_{\lambda\beta\gamma}\psi^{\lambda}_{\alpha}(2)=\phi_{\gamma\alpha\beta}-\phi_{\beta\alpha\gamma}-2\phi^{(A)}_{\alpha\beta\gamma}\\ 2\phi^{(1)}_{\beta\gamma\alpha}=\dfrac{2}{\sqrt{2}}\varepsilon_{\lambda\beta\gamma}\psi^{\lambda}_{\alpha}(3)=\phi_{\beta\gamma\alpha}-\phi_{\gamma\beta\alpha}-2\phi^{(A)}_{\alpha\beta\gamma}\end{cases}\tag{2.3.25}$$

$$\begin{cases} \phi^{(2)}_{\beta\gamma\alpha} - \phi^{(2)}_{\alpha\beta\gamma} - \phi^{(1)}_{\gamma\alpha\beta} = \dfrac{2}{\sqrt{2}}\varepsilon_{\alpha\lambda\gamma}\phi^{\lambda}_{\beta}(1) = \phi_{\beta\gamma\alpha} - \phi_{\beta\alpha\gamma} - 2\phi^{(A)}_{\beta\gamma\alpha} \\ \phi^{(2)}_{\alpha\beta\gamma} - \phi^{(2)}_{\beta\gamma\alpha} - \phi^{(1)}_{\gamma\alpha\beta} = \dfrac{2}{\sqrt{2}}\varepsilon_{\alpha\lambda\gamma}\psi^{\lambda}_{\beta}(2) = \phi_{\alpha\beta\gamma} - \phi_{\gamma\beta\alpha} - 2\phi^{(A)}_{\beta\gamma\alpha} \\ 2\phi^{(1)}_{\gamma\alpha\beta} = \dfrac{2}{\sqrt{2}}\varepsilon_{\alpha\lambda\gamma}\psi^{\lambda}_{\beta}(3) = \phi_{\gamma\alpha\beta} - \phi_{\alpha\gamma\beta} - 2\phi^{(A)}_{\beta\gamma\alpha} \end{cases} \tag{2.3.26}$$

$$\begin{cases} \phi^{(2)}_{\gamma\alpha\beta} - \phi^{(2)}_{\beta\gamma\alpha} - \phi^{(1)}_{\alpha\beta\gamma} = \dfrac{2}{\sqrt{2}}\varepsilon_{\alpha\beta\lambda}\psi^{\lambda}_{\gamma}(1) = \phi_{\gamma\alpha\beta} - \phi_{\gamma\beta\alpha} - 2\phi^{(A)}_{\alpha\beta\gamma} \\ \phi^{(2)}_{\beta\gamma\alpha} - \phi^{(2)}_{\gamma\alpha\beta} - \phi^{(1)}_{\alpha\beta\gamma} = \dfrac{2}{\sqrt{2}}\varepsilon_{\alpha\beta\lambda}\psi^{\lambda}_{\gamma}(2) = \phi_{\beta\gamma\alpha} - \phi_{\alpha\gamma\beta} - 2\phi^{(A)}_{\alpha\beta\gamma} \\ 2\phi^{(1)}_{\alpha\beta\gamma} = \dfrac{2}{\sqrt{2}}\varepsilon_{\alpha\beta\lambda}\psi^{\lambda}_{\gamma}(3) = \phi_{\alpha\beta\gamma} - \phi_{\beta\alpha\gamma} - 2\phi^{(A)}_{\alpha\beta\gamma} \end{cases} \tag{2.3.27}$$

式中

$$\begin{cases} \dfrac{1}{\sqrt{2}}\varepsilon_{\lambda\beta\gamma}\psi^{\lambda}_{\alpha}(1) = \dfrac{\phi_{\alpha\beta\gamma} - \phi_{\alpha\gamma\beta}}{2} - \phi^{(A)}_{\alpha\beta\gamma} \\ \dfrac{1}{\sqrt{2}}\varepsilon_{\lambda\beta\gamma}\psi^{\lambda}_{\alpha}(2) = \dfrac{\phi_{\gamma\alpha\beta} - \phi_{\beta\alpha\gamma}}{2} - \phi^{(A)}_{\alpha\beta\gamma} \\ \dfrac{1}{\sqrt{2}}\varepsilon_{\lambda\beta\gamma}\psi^{\lambda}_{\alpha}(3) = \dfrac{\phi_{\beta\gamma\alpha} - \phi_{\gamma\beta\alpha}}{2} - \phi^{(A)}_{\alpha\beta\gamma} \end{cases} \tag{2.3.28}$$

$$\begin{cases} \dfrac{1}{\sqrt{2}}\varepsilon_{\alpha\lambda\gamma}\psi^{\lambda}_{\beta}(1) = \dfrac{\phi_{\beta\gamma\alpha} - \phi_{\beta\alpha\gamma}}{2} - \phi^{(A)}_{\alpha\beta\gamma} \\ \dfrac{1}{\sqrt{2}}\varepsilon_{\alpha\lambda\gamma}\psi^{\lambda}_{\beta}(2) = \dfrac{\phi_{\alpha\beta\gamma} - \phi_{\gamma\beta\alpha}}{2} - \phi^{(A)}_{\alpha\beta\gamma} \\ \dfrac{1}{\sqrt{2}}\varepsilon_{\alpha\lambda\gamma}\psi^{\lambda}_{\beta}(3) = \dfrac{\phi_{\gamma\alpha\beta} - \phi_{\alpha\gamma\beta}}{2} - \phi^{(A)}_{\alpha\beta\gamma} \end{cases} \tag{2.3.29}$$

$$\begin{cases} \dfrac{1}{\sqrt{2}}\varepsilon_{\alpha\beta\lambda}\psi^{\lambda}_{\gamma}(1) = \dfrac{\phi_{\gamma\alpha\beta} - \phi_{\gamma\beta\alpha}}{2} - \phi^{(A)}_{\alpha\beta\gamma} \\ \dfrac{1}{\sqrt{2}}\varepsilon_{\alpha\beta\lambda}\psi^{\lambda}_{\gamma}(2) = \dfrac{\phi_{\beta\gamma\alpha} - \phi_{\alpha\gamma\beta}}{2} - \phi^{(A)}_{\alpha\beta\gamma} \\ \dfrac{1}{\sqrt{2}}\varepsilon_{\alpha\beta\lambda}\psi^{\lambda}_{\gamma}(3) = \dfrac{\phi_{\alpha\beta\gamma} - \phi_{\beta\alpha\gamma}}{2} - \phi^{(A)}_{\alpha\beta\gamma} \end{cases} \tag{2.3.30}$$

因此又有

$$O_S[\chi_{rst}(\phi^{(1)}_{\alpha\beta\gamma}+\phi^{(2)}_{\alpha\beta\gamma})]$$
$$=\frac{1}{9\sqrt{2}}\varepsilon_{\lambda\beta\gamma}[(\chi_{rst}-\chi_{rts})\psi^{\lambda}_{\alpha}(1)+(\chi_{trs}-\chi_{srt})\psi^{\lambda}_{\alpha}(2)+(\chi_{str}-\chi_{tsr})\psi^{\lambda}_{\alpha}(3)]$$
$$+\frac{1}{9\sqrt{2}}\varepsilon_{\alpha\lambda\gamma}[(\chi_{str}-\chi_{srt})\psi^{\lambda}_{\beta}(1)+(\chi_{rst}-\chi_{tsr})\psi^{\lambda}_{\beta}(2)+(\chi_{rts}-\chi_{rts})\psi^{\lambda}_{\beta}(3)]$$
$$+\frac{1}{9\sqrt{2}}\varepsilon_{\alpha\beta\lambda}[(\chi_{trs}-\chi_{tsr})\psi^{\lambda}_{\gamma}(1)+(\chi_{str}-\chi_{rts})\psi^{\lambda}_{\gamma}(2)+(\chi_{rst}-\chi_{srt})\psi^{\lambda}_{\gamma}(3)]$$
$$=\frac{1}{9\sqrt{2}}\varepsilon_{st}\varepsilon_{\lambda\beta\gamma}[(\chi_{r12}-\chi_{r21})\psi^{\lambda}_{\alpha}(1)+(\chi_{2r1}-\chi_{1r2})\psi^{\lambda}_{\alpha}(2)+(\chi_{12r}-\chi_{21r})\psi^{\lambda}_{\alpha}(3)]$$
$$+\frac{1}{9\sqrt{2}}\varepsilon_{tr}\varepsilon_{\lambda\gamma\alpha}[(\chi_{s12}-\chi_{s21})\psi^{\lambda}_{\beta}(1)+(\chi_{2s1}-\chi_{1s2})\psi^{\lambda}_{\beta}(2)+(\chi_{12s}-\chi_{21s})\psi^{\lambda}_{\beta}(3)]$$
$$+\frac{1}{9\sqrt{2}}\varepsilon_{rs}\varepsilon_{\lambda\alpha\beta}[(\chi_{t12}-\chi_{t21})\psi^{\lambda}_{\gamma}(1)+(\chi_{2t1}-\chi_{1t2})\psi^{\lambda}_{\gamma}(2)+(\chi_{12t}-\chi_{21t})\psi^{\lambda}_{\gamma}(3)]$$
$$(2.3.31)$$

代入得全对称波函数

$$\phi^{(S)}_{ABC}=\frac{1}{2\sqrt{2}}\{\varepsilon_{st}\varepsilon_{\lambda\beta\gamma}[(\chi_{r12}-\chi_{r21})\psi^{\lambda}_{\alpha}(1)+(\chi_{2r1}-\chi_{1r2})\psi^{\lambda}_{\alpha}(2)+(\chi_{12r}-\chi_{21r})\psi^{\lambda}_{\alpha}(3)]$$
$$+\varepsilon_{tr}\varepsilon_{\lambda\gamma\alpha}[(\chi_{s12}-\chi_{s21})\psi^{\lambda}_{\beta}(1)+(\chi_{2s1}-\chi_{1s2})\psi^{\lambda}_{\beta}(2)+(\chi_{12s}-\chi_{21s})\psi^{\lambda}_{\beta}(3)]$$
$$+\varepsilon_{rs}\varepsilon_{\lambda\alpha\beta}[(\chi_{t12}-\chi_{t21})\psi^{\lambda}_{\gamma}(1)+(\chi_{2t1}-\chi_{1t2})\psi^{\lambda}_{\gamma}(2)+(\chi_{12t}-\chi_{21t})\psi^{\lambda}_{\gamma}(3)]\}$$
$$+\chi^{(S)}_{rst}\phi^{(S)}_{\alpha\beta\gamma}\qquad(2.3.32)$$

下面进行矩阵化.

1/2 粒子. 利用公式

$$\begin{cases}\chi_r=(\chi_r)_{r'}\chi_{r'}\\(\chi_r)_{r'}(\chi_s)_{s'}=(\chi_r\bar{\chi}_s)_{r's'}=(\varepsilon_{rs})_{r's'}\end{cases}\qquad(2.3.33)$$

$$\chi_1\bar{\chi}_2-\chi_2\bar{\chi}_1=\varepsilon_{12}-\varepsilon_{21}=\mathrm{i}\sigma_2\qquad(2.3.34)$$

$$\begin{aligned}\chi_1\chi_2-\chi_2\chi_1&=[(\chi_1)_r(\chi_2)_s-(\chi_2)_r(\chi_1)_s]\chi_r\chi_s\\&=(\chi_1\bar{\chi}_2-\chi_2\bar{\chi}_1)_{rs}\chi_r\chi_s=\mathrm{i}(\sigma_2)_{rs}\chi_r\chi_s\end{aligned}$$

或

$$\chi_1\chi_2-\chi_2\chi_1=\mathrm{i}(\sigma_2)_{rs}\chi_r\chi_s\qquad(2.3.35)$$

可得

$$\phi_{ABC}^{(S)} = \frac{1}{9\sqrt{2}}\{\varepsilon_{st}\varepsilon_{\lambda\beta\gamma}(\sigma_2)_{s't'}[\chi_{rs't'}\psi_\alpha^\lambda(1) + \chi_{t's'}\psi_\alpha^\lambda(2) + \chi_{s't'r}\psi_\alpha^\lambda(3)]$$

$$+ \varepsilon_{tr}\varepsilon_{\lambda\gamma\alpha}(\sigma_2)_{t'r'}[\chi_{st'r'}\psi_\beta^\lambda(1) + \chi_{r's'}\psi_\beta^\lambda(2) + \chi_{t'r's}\psi_\beta^\lambda(3)]$$

$$+ \varepsilon_{rs}\varepsilon_{\lambda\alpha\beta}(\sigma_2)_{r's'}[\chi_{tr's'}\psi_\gamma^\lambda(1) + \chi_{s'r'}\psi_\gamma^\lambda(2) + \chi_{r's't}\psi_\gamma^\lambda(3)]\} + \chi_{rst}^{(S)}\phi_{\alpha\beta\gamma}^{(S)} \quad (2.3.36)$$

3/2 粒子利用公式

$$\chi_{rst}^{(S)} = \frac{\chi_{rst} + \chi_{str} + \chi_{trs} + \chi_{srt} + \chi_{rts} + \chi_{tsr}}{6}$$

$$\chi_{111}^{(S)} = \chi_{111} = (\varepsilon_{11})_{rs}\chi_{rs1} = \left(\frac{1+\sigma_3}{2}\right)_{rs}\chi_{rs1} = \chi_{3/2} \quad (2.3.37)$$

$$\chi_{222}^{(S)} = \chi_{222} = (\varepsilon_{22})_{rs}\chi_{rs2} = \left(\frac{1-\sigma_3}{2}\right)_{rs}\chi_{rs2} = \chi_{-3/2} \quad (2.3.38)$$

$$\chi_{112}^{(S)} = \frac{\chi_{112} + \chi_{121} + \chi_{211}}{3} = \frac{(\varepsilon_{11})_{rs}\chi_{rs2} + (\varepsilon_{12} + \varepsilon_{21})_{rs}\chi_{rs1}}{3}$$

$$= \frac{1}{3}\left[\left(\frac{1+\sigma_3}{2}\right)_{rs}\chi_{rs2} + (\sigma_1)_{rs}\chi_{rs1}\right] = \frac{1}{\sqrt{3}}\chi_{1/2} \quad (2.3.39)$$

$$\chi_{122}^{(S)} = \frac{\chi_{122} + \chi_{212} + \chi_{221}}{3} = \frac{(\varepsilon_{22})_{rs}\chi_{rs1} + (\varepsilon_{12} + \varepsilon_{21})_{rs}\chi_{rs2}}{3}$$

$$= \frac{1}{3}\left[\left(\frac{1-\sigma_3}{2}\right)_{rs}\chi_{rs2} + (\sigma_1)_{rs}\chi_{rs2}\right] = \frac{1}{\sqrt{3}}\chi_{-1/2} \quad (2.3.40)$$

定义归一化的自旋波函数

$$\chi_{rst}^{(S)} = \sum_{m=-3/2-1/2,1/2,3/2} d_{rst}^m\chi_m, \quad \phi_{\alpha\beta\gamma}^{(S)} = d_{\alpha\beta\gamma}^\xi\phi_\xi \quad (2.3.41)$$

式中，d_{rst}^m 是全对称的，它的非零值为

$$\begin{cases} d_{111} = d_{222} = 1 \\ d_{112} = d_{112} = \dfrac{1}{\sqrt{3}} \end{cases} \quad (2.3.42)$$

代入得

$$\phi_{ABC}^{(S)} = d_{rst}^m d_{\alpha\beta\gamma}^s\chi_m\phi_s + \frac{\mathrm{i}}{9\sqrt{2}}\{\varepsilon_{st}\varepsilon_{\lambda\beta\gamma}(\sigma_2)_{s't'}[\chi_{rs't'}\psi_\alpha^\lambda(1) + \chi_{t'r'}\psi_\alpha^\lambda(2) + \chi_{s't'r}\psi_\alpha^\lambda(3)]$$

$$+ \varepsilon_{tr}\varepsilon_{\lambda\gamma\alpha}(\sigma_2)_{t'r'}[\chi_{st'r'}\psi_\beta^\lambda(1) + \chi_{r't'}\psi_\beta^\lambda(2) + \chi_{t'r's}\psi_\beta^\lambda(3)]$$

$$+ \varepsilon_{rs}\varepsilon_{\lambda\alpha\beta}(\sigma_2)_{r's'}[\chi_{tr's'}\psi_\gamma^\lambda(1) + \chi_{s't'}\psi_\gamma^\lambda(2) + \chi_{r's't}\psi_\gamma^\lambda(3)]\} \quad (2.3.43)$$

SU_6 重子波函数的标准形式

$$\phi_{ABC}^{(S)} = \chi_{rst}^{(S)} \phi_{\alpha\beta\gamma}^{(S)} + \frac{1}{3\sqrt{2}} (\varepsilon_{st} \varepsilon_{\alpha'\beta\gamma} \chi_{r\alpha}^{\alpha'} + \varepsilon_{tr} \varepsilon_{\alpha\beta'\gamma} \chi_{\sigma\beta}^{\beta} + \varepsilon_{rS} \varepsilon_{\alpha\beta\gamma'} \chi_{t\gamma}^{\gamma'}) \tag{2.3.44}$$

(1)

$$\chi_{rst}^{(S)} = d_{rst}^{m} \chi_{m} \tag{2.3.45}$$

全对称张量 d_{rst}^{m} 的非零分量

$$d_{111}^{3/2} = d_{222}^{-3/2} = 1$$

$$d_{112}^{1/2} = d_{122}^{-1/2} = \frac{1}{\sqrt{3}}$$

定义

$$d_{m}^{rst} \equiv d_{rst}^{m} \tag{2.3.46}$$

则有

$$\chi_{m} = d_{m}^{rst} \chi_{rst} \tag{2.3.47}$$

(2)

$$\phi_{\alpha\beta\gamma}^{(S)} = d_{\alpha\beta\gamma}^{s} \phi_{s} \tag{2.3.48}$$

全对称的张量 $d_{\alpha\beta\gamma}^{s}$ 的非零分量

$$\begin{cases} d_{111}^{\Delta^{++}} = d_{222}^{\Delta^{-}} = d_{333}^{\Omega^{-}} = 1 \\ d_{112}^{\Delta^{+}} = d_{113}^{\Sigma^{+*}} = d_{122}^{\Delta^{0}} = d_{133}^{\Xi^{\Xi^{*}}} = d_{223}^{\Sigma^{-*}} = d_{233}^{\Xi^{-*}} = \frac{1}{\sqrt{3}} \\ d_{123}^{\Sigma^{0*}} = \frac{1}{\sqrt{6}} \end{cases} \tag{2.3.49}$$

定义

$$d_{s}^{\alpha\beta\gamma} \equiv d_{\alpha\beta\gamma}^{s}$$

则有

$$\phi_{\zeta} = d_{\zeta}^{\alpha\beta\gamma} \phi_{\alpha\beta\gamma} \tag{2.3.50}$$

(3)

$$\varepsilon_{st}\varepsilon_{\alpha'\beta\gamma}\chi_{r\alpha}^{\alpha'}=\frac{1}{3\sqrt{2}}[(\chi_{rst}-\chi_{rts})(\phi_{\alpha\beta\gamma}-\phi_{\alpha\gamma\beta}-2\phi_{\alpha\beta\gamma}^{(A)})+(\chi_{trs}-\chi_{srt})(\phi_{\gamma\alpha\beta}-\phi_{\beta\alpha\gamma}-2\phi_{\alpha\beta\gamma}^{(A)})$$
$$+(\chi_{str}-\chi_{tsr})(\phi_{\beta\gamma\alpha}-\phi_{\gamma\beta\alpha}-2\phi_{\alpha\beta\gamma}^{(A)})]$$
$$=\frac{1}{3}\varepsilon_{st}\varepsilon_{\alpha'\beta\gamma}[(\chi_{r12}-\chi_{r21})\psi_{\alpha}^{\alpha'}(1)+(\chi_{2r1}-\chi_{1r2})\psi_{\alpha}^{\alpha'}(2)+(\chi_{12r}-\chi_{21r})\psi_{\alpha}^{\alpha'}(3)]$$

所以

$$\chi_{r\alpha}^{\alpha'}=\frac{1}{3}[(\chi_{r12}-\chi_{r21})\psi_{\alpha}^{\alpha'}(1)+(\chi_{2r1}-\chi_{1r2})\psi_{\alpha}^{\alpha'}(2)+(\chi_{12r}-\chi_{21r})\psi_{\alpha}^{\alpha'}(3)]\tag{2.3.51}$$

式中

$$\begin{cases}\psi_{\alpha}^{\alpha'}(1)=\varepsilon^{\alpha'\beta\gamma}\dfrac{\phi_{\alpha\beta\gamma}-\phi_{\alpha\beta\gamma}^{(A)}}{\sqrt{2}}\\ \psi_{\alpha}^{\alpha'}(2)=\varepsilon^{\alpha'\beta\gamma}\dfrac{\phi_{\gamma\alpha\beta}-\phi_{\alpha\beta\gamma}^{(A)}}{\sqrt{2}}\\ \psi_{\alpha}^{\alpha'}(3)=\varepsilon^{\alpha'\beta\gamma}\dfrac{\phi_{\beta\gamma\alpha}-\phi_{\alpha\beta\gamma}^{(A)}}{\sqrt{2}}\end{cases}\tag{2.3.52}$$

代入得

$$\chi_{r\alpha}^{\alpha'}=\frac{1}{3\sqrt{2}}\varepsilon^{\alpha\beta\gamma}[(\chi_{r12}-\chi_{r21})(\phi_{\alpha\beta\gamma}-\phi_{\alpha\beta\gamma}^{(A)})+(\chi_{2r1}-\chi_{1r2})(\phi_{\gamma\alpha\beta}-\phi_{\alpha\beta\gamma}^{(A)})$$
$$+(\chi_{12r}-\chi_{21r})(\phi_{\beta\gamma\alpha}-\phi_{\alpha\beta\gamma}^{(A)})]\tag{2.3.53}$$

由于

$$(\chi_{r12}-\chi_{r21})+(\chi_{2r1}-\chi_{1r2})+(\chi_{12r}-\chi_{21r})=0\tag{2.3.54}$$

所以

$$\chi_{r\alpha}^{\alpha'}=\frac{1}{3\sqrt{2}}\varepsilon^{\alpha'\beta\gamma}[(\chi_{r12}-\chi_{r21})\phi_{\alpha\beta\gamma}+(\chi_{2r1}-\chi_{1r2})\phi_{\gamma\alpha\beta}+(\chi_{12r}-\chi_{21r})\phi_{\beta\gamma\alpha}]\tag{2.3.55}$$

矩阵化得

$$\chi_{r\alpha}^{\alpha'}=\frac{1}{3\sqrt{2}}\varepsilon^{\alpha'\beta\gamma}(\chi_1\bar{\chi}_2-\chi_2\bar{\chi}_1)_{\sigma\tau}(\chi_r)_{\rho}[\chi_{\rho\sigma\tau}\phi_{\alpha\beta\gamma}+\chi_{\tau\rho\sigma}\phi_{\gamma\alpha\beta}+\chi_{\sigma\tau\rho}\phi_{\beta\gamma\alpha}]\tag{2.3.56}$$

$$\chi_{r\alpha}^{\alpha} = 0 \tag{2.3.57}$$

当 χ_r 为二维旋量时，$\pi,\sigma,r=1,2$；当 χ_r 为四维旋量时，$\pi,\sigma,r=1,2,3,4$.

根据以上三点 SU_6，知重子波函数的标准形式为始式.其次可得

$$\chi_{3/2} = \chi_{111} = (\chi_1\bar{\chi}_1)_{\rho\sigma}(\chi_1)_\tau\chi_{\rho\sigma\tau} \tag{2.3.58}$$

$$\chi_{-3/2} = \chi_{222} = (\chi_2\bar{\chi}_2)_{\rho\sigma}(\chi_2)_\tau\chi_{\rho\sigma\tau} \tag{2.3.59}$$

$$\chi_{1/2} = \frac{\chi_{112}+\chi_{121}+\chi_{211}}{\sqrt{3}} = \frac{(\chi_1\bar{\chi}_1)_{\rho\sigma}(\chi_2)_\tau + (\chi_1\bar{\chi}_2+\chi_2\bar{\chi}_1)_{\rho\sigma}(\chi_1)_\tau}{\sqrt{3}}\chi_{\rho\sigma\tau} \tag{2.3.60}$$

$$\chi_{-1/2} = \frac{\chi_{122}+\chi_{212}+\chi_{221}}{\sqrt{3}} = \frac{(\chi_1\bar{\chi}_2+\chi_2\bar{\chi}_1)_{\rho\sigma}(\chi_2)_\tau + (\chi_2\bar{\chi}_2)_{\rho\sigma}(\chi_1)_\tau}{\sqrt{3}}\chi_{\rho\sigma\tau} \tag{2.3.61}$$

第3章

相对论性 SU_6 波函数（静止情况）

3.1 夸克波函数

在相对论情况下自旋波函数应作如下推广：

$$\text{泡利旋量} \quad \rightarrow \quad \text{狄拉克旋量}$$

$$\chi_r \quad \rightarrow \quad u_r = \begin{pmatrix} \chi_r \\ 0 \end{pmatrix} \quad (r = 1,2)$$

在狄拉克旋量中粒子和反粒子是同时出现的.而幺旋部分与时空无关,因此夸克波函数应推广为

$$\phi_A = \chi_{r'}\phi_\alpha \rightarrow u_{r'}\phi_\alpha \tag{3.1.1}$$

类似的，反夸克波函数可推广为

$$\chi_r \to v_r = \begin{pmatrix} 0 \\ \varphi_r \end{pmatrix} \tag{3.1.2}$$

其中

$$v_1 = \begin{pmatrix} 0 \\ \varphi_1 \end{pmatrix} = \begin{pmatrix} 0 \\ \chi_2 \end{pmatrix} = \begin{pmatrix} 0 \\ 0 \\ 0 \\ 1 \end{pmatrix} \text{反粒子自旋朝上，相当于粒子自旋朝下}$$

$$v_2 = \begin{pmatrix} 0 \\ \varphi_2 \end{pmatrix} = \begin{pmatrix} 0 \\ -\chi_1 \end{pmatrix} = \begin{pmatrix} 0 \\ 0 \\ -1 \\ 0 \end{pmatrix} \text{反粒子自旋朝下，相当于粒子自旋朝上}$$

我们用电荷共轭来定义 v_r，引进度规算符

$$\gamma_4 = \begin{pmatrix} 1 & 0 \\ 0 & -1 \end{pmatrix} \tag{3.1.3}$$

以及电荷共轭算符

$$C = -\mathrm{i}\alpha_2 = -\mathrm{i}\begin{pmatrix} 0 & \sigma_2 \\ \sigma_2 & 0 \end{pmatrix} \tag{3.1.4}$$

定义

$$\begin{aligned} \bar{u}_r &= u_r^\dagger \gamma_4 = (\chi_r^\dagger, 0) \\ v_r &= C\tilde{\bar{u}}_r = -\mathrm{i}\begin{pmatrix} 0 & \sigma_2 \\ \sigma_2 & 0 \end{pmatrix}\begin{pmatrix} \chi_r^* \\ 0 \end{pmatrix} = \begin{pmatrix} 0 \\ -\mathrm{i}\sigma_2\chi_r^* \end{pmatrix} \end{aligned} \tag{3.1.5}$$

式中

$$\varphi_r = -\mathrm{i}\sigma_2\chi_r^* = -\mathrm{i}\sigma_2\chi_r = -\mathrm{i}\chi_s\chi_s^\dagger\sigma_2\chi_r = -\mathrm{i}\chi_s(\sigma_2)_{sr} = -\chi_s\varepsilon_{sr} = \varepsilon_{rs}\chi_s \tag{3.1.6}$$

或者

$$\varphi_r = \varepsilon_{rs}\chi_s$$

$$\varphi_1 = -\mathrm{i}\sigma_2\chi_1^* = -\mathrm{i}\begin{pmatrix} 0 & -\mathrm{i} \\ \mathrm{i} & 0 \end{pmatrix}\begin{pmatrix} 1 \\ 0 \end{pmatrix} = \begin{pmatrix} 0 \\ 1 \end{pmatrix} = \chi_2$$

$$\varphi_2 = -\mathrm{i}\sigma_2 \chi_2^* = -\mathrm{i}\begin{pmatrix} 0 & -\mathrm{i} \\ \mathrm{i} & 0 \end{pmatrix}\begin{pmatrix} 0 \\ 1 \end{pmatrix} = \begin{pmatrix} -1 \\ 0 \end{pmatrix} = -\chi_1$$

代入得

$$\begin{gathered} v_r = \begin{pmatrix} 0 \\ \varepsilon_{rs}\chi_s \end{pmatrix} \\ v_1 = \begin{pmatrix} 0 \\ +\chi_2 \end{pmatrix}, \quad v_2 = \begin{pmatrix} 0 \\ -\chi_1 \end{pmatrix} \end{gathered} \tag{3.1.7}$$

上式代表粒子向上时,反粒子向下.它的共轭波函数为

$$\bar{v}_r = v_r^\dagger \gamma_4 = (0, -\varepsilon_{rs}\chi_s^\dagger) \tag{3.1.8}$$

$$\varepsilon_{rs}\bar{v}_s = (0, \chi_r^\dagger) \tag{3.1.9}$$

于是反夸克波函数应推广为

$$\begin{gathered} \phi^A = \chi_r^\dagger \phi_\alpha^\dagger \to \bar{v}_r \phi_\alpha^\dagger \\ \phi_A = \chi_r \phi_\alpha \to u_r \phi_\alpha \end{gathered} \tag{3.1.10}$$

此节中,由电荷共轭变换将粒子变为反粒子,引进度规算符 γ_4,主要是为了去掉 ε.

3.2 介子波函数(相对论中静止情况)

定义介子波函数

$$M_A^B = u_r \phi_\alpha \varepsilon_{st} \bar{v}_t \phi_\beta^\dagger = u_r \varepsilon_{st} \bar{u}_t E_{\alpha\beta} = u_r \varepsilon_{st} \bar{v}_t \frac{1}{2}\sum_{j=0}^{8} \lambda_j (\lambda_j)_{\beta\alpha} \tag{3.2.1}$$

式中,前一个因子是自旋波函数,可矩阵化为

$$u_r \varepsilon_{st} \bar{v}_t = \begin{pmatrix} \chi_r \\ 0 \end{pmatrix}(0, +\chi_s^\dagger) = \begin{pmatrix} 0 & \chi_r\chi_s^\dagger \\ 0 & 0 \end{pmatrix} = \begin{pmatrix} 0 & E_{rs} \\ 0 & 0 \end{pmatrix} = \begin{pmatrix} 1 & 0 \\ 0 & 0 \end{pmatrix}\begin{pmatrix} 0 & E_{rs} \\ -E_{rs} & 0 \end{pmatrix} \tag{3.2.2}$$

利用公式

$$\frac{1+\gamma_4}{2} = \begin{pmatrix} 1 & 0 \\ 0 & 0 \end{pmatrix} \tag{3.2.3}$$

$$E_{rs} = \frac{1}{2}\sum_{i=0}^{3}\lambda_j(\lambda_j)_{\beta\alpha} \tag{3.2.4}$$

可得

$$\begin{aligned}
u_r\varepsilon_{st}\bar{v}_t &= \begin{pmatrix}1 & 0\\0 & 0\end{pmatrix}\begin{pmatrix}0 & E_{rs}\\-E_{rs} & 0\end{pmatrix}\\
&= \frac{1}{2}(1+\gamma_4)\begin{pmatrix}0 & \frac{1}{2}\sum_{i=0}^{3}\sigma_j(\sigma_j)_{sr}\\-\frac{1}{2}\sum_{i=0}^{3}\sigma_j(\sigma_j)_{sr} & 0\end{pmatrix}\\
&= \frac{1}{4}(1+\gamma_4)\sum_{i=0}^{3}\begin{pmatrix}0 & \sigma_i\\-\sigma_i & 0\end{pmatrix}(\sigma_i)_{sr}\\
&= \frac{\mathrm{i}}{4}(1+\gamma_4)\sum_{i=0}^{3}\begin{pmatrix}0 & -\mathrm{i}\sigma_i\\\mathrm{i}\sigma_i & 0\end{pmatrix}(\sigma_i)_{sr}\\
&= \frac{\mathrm{i}}{4}(1+\gamma_4)\sum_{i=0}^{3}\gamma_i(\sigma_i)_{sr}
\end{aligned} \tag{3.2.5}$$

其中

$$\gamma_i = \begin{pmatrix}0 & -\mathrm{i}\sigma_i\\\mathrm{i}\sigma_i & 0\end{pmatrix}$$

或者

$$u_r\varepsilon_{st}\bar{v}_t = \frac{\mathrm{i}}{4}(1+\gamma_4)\sum_{i=0}^{3}\gamma_i(\sigma_i)_{sr} \tag{3.2.6}$$

式中

$$\gamma_1 = \begin{pmatrix}0 & -\mathrm{i}\sigma_1\\\mathrm{i}\sigma_1 & 0\end{pmatrix} = \begin{pmatrix}0 & 0 & 0 & -\mathrm{i}\\0 & 0 & -\mathrm{i} & 0\\0 & \mathrm{i} & 0 & 0\\\mathrm{i} & 0 & 0 & 0\end{pmatrix}$$

$$\gamma_2 = \begin{pmatrix}0 & -\mathrm{i}\sigma_2\\\mathrm{i}\sigma_2 & 0\end{pmatrix} = \begin{pmatrix}0 & 0 & 0 & -1\\0 & 0 & 1 & 0\\0 & 1 & 0 & 0\\-1 & 0 & 0 & 0\end{pmatrix}$$

$$\gamma_3 = \begin{pmatrix} 0 & -i\sigma_3 \\ i\sigma_3 & 0 \end{pmatrix} = \begin{pmatrix} 0 & 0 & -i & 0 \\ 0 & 0 & 0 & i \\ i & 0 & 0 & 0 \\ 0 & -i & 0 & 0 \end{pmatrix}$$

$$\gamma_0 = \begin{pmatrix} 0 & -i\sigma_0 \\ i\sigma_0 & 0 \end{pmatrix} = i\begin{pmatrix} 0 & -1 \\ 1 & 0 \end{pmatrix} = i\gamma_4\gamma_5 \tag{3.2.7}$$

$$\gamma_5 = \begin{pmatrix} 0 & -1 \\ -1 & 0 \end{pmatrix} = \gamma_1\gamma_2\gamma_3\gamma_4 \tag{3.2.8}$$

$$\begin{aligned} u_r \varepsilon_{rs} \bar{v}_s &= \frac{i}{4}(1+\gamma_4)\left[i\gamma_4\gamma_5(\sigma_0)_{sr} + \sum_{i=1}^{3}\gamma_i(\sigma_i)_{sr}\right] \\ &= \frac{i}{4}(1+\gamma_4)\left[\gamma_5(i\sigma_0)_{sr} + \sum_{i=1}^{3}\gamma_i(\sigma_i)_{sr}\right] \end{aligned} \tag{3.2.9}$$

定义

$$\sigma_5 = i\sigma_0 = i$$

则得

$$u_r \varepsilon_{rs} \bar{v}_s = \frac{i}{4}(1+\gamma_4)\sum_{i=1,2,3,5}\gamma_i(\sigma_i)_{sr} \tag{3.2.10}$$

定义

$$w_i = \frac{i}{2\sqrt{2}}(1+\gamma_4)\gamma_i \quad (i = 1,2,3,5) \tag{3.2.11}$$

它们满足如下正交归一化条件：

$$\mathrm{tr}\, w_i w_j^{\dagger} = \delta_{ij} \quad (i,j = 1,2,3,5) \tag{3.2.12}$$

代入得

$$u_r \varepsilon_{rs} \bar{v}_s = \frac{1}{\sqrt{2}}\sum_{i=1,2,3,5}\frac{i}{2\sqrt{2}}(1+\gamma_4)\gamma_i(\sigma_i)_{sr} = \frac{1}{\sqrt{2}}\sum_{i=1,2,3,5}W_i(\sigma_i)_{sr} \tag{3.2.13}$$

与非对论情形

$$E = \frac{1}{2}\sum_{i=0}^{3}\sigma_j(\sigma_i)_{sr} \tag{3.2.14}$$

相比较，可见自旋波函数作了如下推广：

$$\frac{\sigma_i}{\sqrt{2}} \to W_i \tag{3.2.15}$$

或者

$$\begin{cases} \dfrac{\sigma_0}{\sqrt{2}} \to W_5 \\ \dfrac{\sigma_i}{\sqrt{2}} \to \overline{W}_i \end{cases} \tag{3.2.16}$$

因此 W_5 是自旋为 0 的波函数，$W_i(i=1,2,3)$是自旋的波函数.代入得介子波函数：

$$\begin{aligned} M_A^B &= \frac{1}{2}\sum_{i=1}^{1,2,3,5}\sum_{j=0}^{8}\frac{1}{4}(1+\gamma_4)\gamma_i\lambda_j(\sigma_i)_{sr}(\lambda_j)_{\beta\alpha} \\ &= \frac{1}{2\sqrt{2}}\sum_{i=1}^{3,5} W_i(\sigma_i)_{sr}\lambda_j(\lambda_j)_{\beta\alpha} \end{aligned} \tag{3.2.17}$$

其中赝标介子的波函数为

$$\frac{W_5\lambda_j}{\sqrt{2}} = \frac{\mathrm{i}}{4}(1+\gamma_4)\gamma_5\lambda_j \tag{3.2.18}$$

矢量介子的波函数为

$$\frac{\overline{W}_i\lambda_j}{2} = \frac{\mathrm{i}}{4}(1+\gamma_4)\gamma_i\lambda_j \quad (i=1,2,3,5) \tag{3.2.19}$$

以下对反介子波函数进行介绍.

定义

$$\overline{M_A^B} = \gamma_4 M_A^{B\dagger}\gamma_4$$

则有

$$\overline{M_A^B} = \gamma_4(u_r\varepsilon_{st}\bar{v}_t E_{\alpha\beta})^\dagger\gamma_4 = \gamma_4(u_r\varepsilon_{st}v_t{}^\dagger\gamma_4 E_{\alpha\beta})^\dagger\gamma_4 = \varepsilon_{st}v_t\bar{u}_r E_{\beta\alpha} \tag{3.2.20}$$

或

$$\overline{M_A^B} = \varepsilon_{st}v_t\bar{u}_r\phi_B E_{\beta\alpha}$$

可见，它恰巧代表相应的反粒子波函数.另一方面可得

$$\overline{M_A^B} = \gamma_4\left[\frac{1}{2}\sum_{i=1}^{3,5}\sum_{j=0}^{8} W_i\lambda_j/\sqrt{2}(\sigma_i)_{st}(\lambda_j)_{\beta\alpha}\right]^\dagger \gamma_4 = \frac{1}{2}\sum_{i=5}^{3}\sum_{j=0}^{8}\overline{W}_i\lambda_i/\sqrt{2}(\sigma_i^\dagger)_{rs}(\lambda_j)_{\alpha\beta} \tag{3.2.21}$$

式中

$$\overline{W}_i = \frac{\mathrm{i}}{2\sqrt{2}}(1-\gamma_4)\gamma_i \quad (i=1,2,3,5) \tag{3.2.22}$$

由此又得一条正交归一化条件：

$$\mathrm{tr}\ W_i\overline{W}_j = -\delta_{ij} \quad (i,j=1,2,3,5) \tag{3.2.23}$$

3.3 重子波函数

引进基底

$$\chi_1 = \begin{pmatrix}1\\0\\0\\0\end{pmatrix},\quad \chi_2 = \begin{pmatrix}0\\1\\0\\0\end{pmatrix},\quad \chi_3 = \begin{pmatrix}0\\0\\1\\0\end{pmatrix},\quad \chi_4 = \begin{pmatrix}0\\0\\0\\1\end{pmatrix} \tag{3.3.1}$$

记成 $\chi_\sigma(\sigma=1,2,3,4)$. 首先将 χ_r 换成 u_r，而 u_r 可展成

$$u_r = (u_r)_\rho\chi_\rho$$

$$u_r u_s = (u_r)_\rho(u_s)_\sigma\chi_\rho\chi_\sigma = (u_r\bar{u}_s)_{\rho\sigma}\chi_{\rho\sigma} \quad (\chi_{\rho\sigma}\equiv\chi_\rho\chi_\sigma)$$

式中

$$u_r\bar{u}_s = \begin{pmatrix}\chi_r\\0\end{pmatrix}(\bar{\chi}_s,0) = \begin{pmatrix}\chi_r\bar{\chi}_s & 0\\0 & 0\end{pmatrix} = \begin{pmatrix}E_{rs} & 0\\0 & 0\end{pmatrix} = \begin{pmatrix}1 & 0\\0 & 0\end{pmatrix}\begin{pmatrix}E_{rs} & 0\\0 & E_{rs}\end{pmatrix}$$

$$= \frac{1}{2}(1+\gamma_4)\begin{pmatrix}\frac{1}{2}\sum_{i=0}^{3}\sigma_i(\sigma_i)_{sr} & 0\\0 & \frac{1}{2}\sum_{i=0}^{3}\sigma_i(\sigma_i)_{sr}\end{pmatrix}$$

$$= \frac{1}{4}(1+\gamma_4)\sum_{i=0}^{3}\begin{pmatrix}\sigma_i & 0\\ 0 & \sigma_i\end{pmatrix}(\sigma_i)_{sr} = \frac{1}{4}(1+\gamma_4)\sum_{i=0}^{3}\sum_{i}(\sigma_i)_{sr} \tag{3.3.2}$$

或者

$$u_\gamma \bar{u}_s = \frac{1}{4}(1+\gamma_4)\sum_{i=0}^{3}\sum_{i}(\sigma_i)_{sr} \tag{3.3.3}$$

式中

$$\Sigma = \begin{pmatrix}\sigma & 0\\ 0 & \sigma\end{pmatrix},\quad \Sigma_0 = \begin{pmatrix}\sigma_0 & 0\\ 0 & \sigma_0\end{pmatrix} = 1 \tag{3.3.4}$$

由于

$$\sigma_0 = \begin{pmatrix}1 & 0\\ 0 & 1\end{pmatrix},\quad \sigma_1 = \begin{pmatrix}0 & 1\\ 1 & 0\end{pmatrix},\quad \sigma_2 = \begin{pmatrix}0 & -\mathrm{i}\\ -\mathrm{i} & 0\end{pmatrix},\quad \sigma_3 = \begin{pmatrix}1 & 0\\ 0 & -1\end{pmatrix} \tag{3.3.5}$$

所以

$$\begin{cases} u_1\tilde{u}_1 = \frac{1}{4}(1+\gamma_4)(\Sigma_0+\Sigma_3)\\ u_2\tilde{u}_2 = \frac{1}{4}(1+\gamma_4)(\Sigma_0-\Sigma_3)\\ u_1\tilde{u}_2 = \frac{1}{4}(1+\gamma_4)(\Sigma_1+\mathrm{i}\Sigma_2)\\ u_2\tilde{u}_1 = \frac{1}{4}(1+\gamma_4)(\Sigma_1-\mathrm{i}\Sigma_2) \end{cases} \tag{3.3.6}$$

极易证明

$$\begin{cases} \Sigma_0 = \mathrm{i}\gamma_4\gamma_2\alpha_2\\ \Sigma_1 = -\gamma_4\gamma_3\alpha_2\\ \Sigma_2 = -\gamma_5\alpha_2\\ \Sigma_3 = \gamma_4\gamma_1\alpha_2 \end{cases} \tag{3.3.7}$$

代入得

$$\begin{cases} u_1\tilde{u}_1 = \dfrac{1}{4}(1+\gamma_4)(\mathrm{i}\gamma_2+\gamma_1)\alpha_2 = \dfrac{1}{\sqrt{2}}(W_2-\mathrm{i}W_1)\alpha_2 \\ u_2\tilde{u}_2 = \dfrac{1}{4}(1+\gamma_4)(\mathrm{i}\gamma_2-\gamma_1)\alpha_2 = \dfrac{1}{\sqrt{2}}(W_2+\mathrm{i}W_1)\alpha_2 \\ u_1\tilde{u}_2 = \dfrac{1}{4}(1+\gamma_4)(-\gamma_3-\mathrm{i}\gamma_5)\alpha_2 = \dfrac{1}{\sqrt{2}}(\mathrm{i}W_3-W_5)\alpha_2 \\ u_2\tilde{u}_1 = \dfrac{1}{4}(1+\gamma_4)(-\gamma_3+\mathrm{i}\gamma_5)\alpha_2 = \dfrac{1}{\sqrt{2}}(\mathrm{i}W_3+W_5)\alpha_2 \end{cases} \tag{3.3.8}$$

由于

$$\begin{aligned} \sigma_2\sigma_5 &= \begin{pmatrix} 0 & 1 \\ -1 & 0 \end{pmatrix}, \quad \sigma_2\sigma_1 = \begin{pmatrix} -\mathrm{i} & 0 \\ 0 & \mathrm{i} \end{pmatrix} \\ \sigma_2\sigma_2 &= \begin{pmatrix} 1 & 0 \\ 0 & 1 \end{pmatrix}, \quad \sigma_2\sigma_3 = \begin{pmatrix} 0 & \mathrm{i} \\ -\mathrm{i} & 0 \end{pmatrix} \end{aligned} \tag{3.3.9}$$

所以上式可以统一地写成

$$u_\gamma\tilde{u}_s = \frac{1}{\sqrt{2}}\sum_{i=1}^{3,5} W_i\alpha_2(\sigma_0\sigma_i)_{sr} \tag{3.3.10}$$

利用

$$\begin{cases} u_1\tilde{u}_2 + u_2\tilde{u}_1 = \mathrm{i}\sqrt{2}W_3\alpha_2 \\ u_1\tilde{u}_2 - u_2\tilde{u}_1 = -\sqrt{2}W_5\alpha_2 \end{cases} \tag{3.3.11}$$

可得$\dfrac{3}{2}$自旋波函数

$$\chi_{3/2} = \chi_{111} - u_1u_1u_1 = (u_1\tilde{u}_1)_{\rho\sigma}(u_1)_\tau\chi_{\rho\sigma\tau} = \frac{1}{\sqrt{2}}[(W_2-\mathrm{i}W_1)\alpha_2]_{\rho\sigma}(u_1)_\tau\chi_{\rho\sigma\tau} \tag{3.3.12}$$

$$\chi_{-3/2} = \chi_{222} - u_2u_2u_2 = (u_2\tilde{u}_2)_{\rho\sigma}(u_2)_\tau\chi_{\rho\sigma\tau} = \frac{1}{\sqrt{2}}[(W_2+\mathrm{i}W_1)\alpha_2]_{\rho\sigma}(u_2)_\tau\chi_{\rho\sigma\tau} \tag{3.3.13}$$

$$\begin{aligned} \chi_{1/2} &= \frac{\chi_{112}+\chi_{121}+\chi_{211}}{\sqrt{3}} = \frac{u_1u_1u_2+u_1u_2u_1+u_2u_1u_1}{\sqrt{3}} \\ &= \frac{(u_1\tilde{u}_1)_{\rho\sigma}(u_2)_\tau + (u_1\tilde{u}_2+u_2\tilde{u}_1)_{\rho\sigma}(u_1)_\tau}{\sqrt{3}}\chi_{\rho\sigma\tau} \end{aligned}$$

$$= \frac{[(W_2 - \mathrm{i}W_1)\alpha_2]_{\rho\sigma}(u_2)_\tau + 2\mathrm{i}(W_3\alpha_2)_{\rho\sigma}(u_1)_\tau}{\sqrt{6}}\chi_{\rho\sigma\tau} \tag{3.3.14}$$

$$\chi_{-1/2} = \frac{\chi_{122} + \chi_{212} + \chi_{221}}{\sqrt{3}} = \frac{u_1u_2u_2 + u_2u_1u_2 + u_2u_2u_1}{\sqrt{3}}$$

$$= \frac{(u_1\tilde{u}_2 + u_2\tilde{u}_1)_{\rho\sigma}(u_2)_\tau + (u_2\tilde{u}_2)_{\rho\sigma}(u_1)_\tau}{\sqrt{3}}\chi_{\rho\sigma\tau}$$

$$= \frac{[(W_2 + \mathrm{i}W_1)\alpha_2]_{\rho\sigma}(u_1)_\tau + 2\mathrm{i}(W_3\alpha_2)_{\rho\sigma}(u_2)_\tau}{\sqrt{6}}\chi_{\rho\sigma\tau} \tag{3.3.15}$$

夸克以及$\frac{1}{2}$自旋波函数：

$$\chi^{\alpha'}_{r\alpha} = \frac{-1}{3}\varepsilon^{\alpha\beta\gamma}(W_5\alpha_2)_{\sigma\tau}(u_r)_\rho(\chi_{\rho\sigma\tau}\phi_{\alpha\beta\gamma} + \chi_{\tau\rho\sigma}\phi_{\gamma\alpha\beta} + \chi_{\sigma\tau\rho}\phi_{\beta\gamma\alpha}) \tag{3.3.16}$$

其次，将 χ_r 换成 v_r，而 v_r 可展成

$$\begin{aligned} v_r &= (v_r)_\rho\chi_\rho \\ v_rv_s &= (v_r\tilde{v}_s)_{\rho\sigma}\chi_{\rho\sigma}, \quad (\chi_{\rho\sigma} = \chi_\rho\chi_\sigma) \end{aligned} \tag{3.3.17}$$

式中

$$\begin{aligned} v_r\tilde{v}_s &= c\,\tilde{\bar{u}}_r\bar{u}_s\tilde{c} = (-\mathrm{i}\alpha_2)\tilde{\bar{u}}_r\bar{u}_s(\mathrm{i}\alpha_2) = \alpha_2\,\widetilde{u^\dagger_r}\gamma_4u^\dagger_s\gamma_4\alpha_2 = \alpha_2\gamma_4(\widetilde{u^\dagger_r u^\dagger_s})\gamma_4\alpha_2 \\ &= \alpha_2\gamma_4(u_s\tilde{u}_r)^\dagger\gamma_4\alpha_2 \\ &= \alpha_2\,\overline{(u_s\tilde{u}_r)}\alpha_2 \end{aligned} \tag{3.3.18}$$

或者

$$v_r\tilde{v}_s = \alpha_2\,\overline{(u_s\tilde{u}_r)}\alpha_2 = \frac{-1}{\sqrt{2}}\sum_{i=1}^{5}\overline{W}_i\alpha_2(\sigma_2\sigma_i)^*_{rs} \tag{3.3.19}$$

$$\begin{cases} v_1\tilde{v}_1 = -\dfrac{1}{\sqrt{2}}(\overline{W}_2 + \mathrm{i}\overline{W}_1)\alpha_2 \\ v_2\tilde{v}_2 = -\dfrac{1}{\sqrt{2}}(\overline{W}_2 + \mathrm{i}\overline{W}_1)\alpha_2 \\ v_1\tilde{v}_2 = -\dfrac{1}{\sqrt{2}}(\overline{W}_5 - \mathrm{i}\overline{W}_3)\alpha_2 \\ v_2\tilde{v}_1 = -\dfrac{1}{\sqrt{2}}(-\overline{W}_5 - \mathrm{i}\overline{W}_3)\alpha_2 \end{cases} \tag{3.3.20}$$

$$\nu_1\tilde{\nu}_2+\nu_2\tilde{\nu}_1=\mathrm{i}\sqrt{2}\,\overline{W}_3\alpha_2 \tag{3.3.21}$$

$$\nu_1\tilde{\nu}_2-\nu_2\tilde{\nu}_1=-\sqrt{2}\,\overline{W}_5\alpha_2 \tag{3.3.22}$$

由此给出$\frac{3}{2}$自旋波函数：

$$\chi_{3/2}=\chi_{111}=\nu_1\nu_1\nu_1=(\nu_1\tilde{\nu}_1)_{\rho\sigma}(\nu_1)\chi_{\rho\sigma\tau}=\frac{1}{\sqrt{2}}[(-\overline{W}_2-\mathrm{i}\overline{W}_1)\alpha_2]_{\rho\sigma}(\nu_1)_\tau\chi_{\rho\sigma\tau} \tag{3.3.23}$$

$$\chi_{-3/2}=\chi_{222}=\nu_2\nu_2\nu_2=(\nu_2\tilde{\nu}_2)_{\rho\sigma}(\nu_2)\chi_{\rho\sigma\tau}=\frac{1}{\sqrt{2}}[(-\overline{W}_2+\mathrm{i}\overline{W}_1)\alpha_2]_{\rho\sigma}(\nu_2)_\tau\chi_{\rho\sigma\tau} \tag{3.3.24}$$

$$\begin{aligned}\chi_{1/2}&=\frac{\chi_{112}+\chi_{121}+\chi_{211}}{\sqrt{3}}=\frac{\nu_1\nu_1\nu_2+\nu_1\nu_2\nu_1+\nu_2\nu_1\nu_1}{\sqrt{2}}\\&=\frac{(\nu_1\tilde{\nu}_1)_{\rho\sigma}(\nu_2)_\tau+(\nu_1\tilde{\nu}_2+\nu_2\tilde{\nu}_1)_{\rho\sigma}(\nu_1)_\tau\chi_{\rho\sigma\tau}}{\sqrt{3}}\\&=\frac{[(-\overline{W}_2-\mathrm{i}\overline{W}_1)\alpha_2]_{\rho\sigma}(\nu_2)_\tau+2\mathrm{i}(\overline{W}_3\alpha_2)_{\rho\sigma}(\nu_1)_\tau}{\sqrt{6}}\chi_{\rho\sigma\tau}\end{aligned} \tag{3.3.25}$$

$$\begin{aligned}\chi_{-1/2}&=\frac{\chi_{122}+\chi_{212}+\chi_{221}}{\sqrt{3}}=\frac{\nu_1\nu_2\nu_2+\nu_2\nu_1\nu_2+\nu_2\nu_2\nu_1}{\sqrt{3}}\\&=\frac{(\nu_1\tilde{\nu}_2+\nu_2\tilde{\nu}_1)_{\rho\sigma}(\nu_2)_\tau+(\nu_2\tilde{\nu}_2)_{\rho\sigma}(\nu_1)_\tau}{\sqrt{3}}\chi_{\rho\sigma\tau}\\&=\frac{[(-\overline{W}_2+\mathrm{i}\overline{W}_1)\alpha_2]_{\rho\sigma}(\nu_1)_\tau+2\mathrm{i}(\overline{W}_3\alpha_2)_{\rho\sigma}(\nu_2)_\tau}{\sqrt{6}}\chi_{\rho\sigma\tau}\end{aligned} \tag{3.3.26}$$

反夸克以及$\frac{1}{2}$自旋波函数：

$$\chi^{\alpha'}_{\gamma'\alpha}=-\frac{1}{3}\varepsilon^{\alpha'\beta\gamma}(\overline{W}_5\alpha_2)_{\sigma\tau}(\nu_\gamma)[\chi_{\rho\sigma\tau}\phi_{\alpha\beta\gamma}+\chi_{\tau\rho\sigma}\phi_{\gamma\alpha\beta}+\chi_{\sigma\tau\rho}\phi_{\beta\gamma\alpha}] \tag{3.3.27}$$

第 4 章

相对论性 SU_6 波函数（运动情况）

4.1　狄拉克旋量

静止旋量满足方程

$$(1-\gamma_4)u_r=0,\quad (1+\gamma_4)v_r=0 \tag{4.1.1}$$

式中

$$u_r=\begin{pmatrix}\chi_r\\0\end{pmatrix},\quad v_r=\begin{pmatrix}0\\\varphi_r\end{pmatrix},\quad \phi_r=\varepsilon_{rs}\chi_s \tag{4.1.2}$$

洛伦兹变换

定义

$$\Lambda = \mathrm{e}^{\boldsymbol{\alpha}\cdot\boldsymbol{e}\theta/2} \tag{4.1.3}$$

式中

$$\begin{aligned}
&\boldsymbol{e} = \frac{\boldsymbol{p}}{|\boldsymbol{p}|}, \quad \theta > 0 \text{ 是实数} \\
&\cosh\theta = \frac{E}{m} = \frac{1}{\sqrt{1-v^2}} \\
&\sinh\theta = \frac{|\boldsymbol{p}|}{m} = \frac{v}{\sqrt{1-v^2}}, \quad E^2 = m^2 + \boldsymbol{p}^2 \\
&v = \tanh\theta = \frac{|\boldsymbol{p}|}{E}, \quad \boldsymbol{v} = \frac{\boldsymbol{p}}{E}
\end{aligned} \tag{4.1.4}$$

其中,速度算符

$$\boldsymbol{\alpha} = \begin{pmatrix} 0 & \boldsymbol{\sigma} \\ \boldsymbol{\sigma} & 0 \end{pmatrix} \tag{4.1.5}$$

(1) 运动旋量的标准形式

$$\begin{aligned}
\Lambda &= \sum_{n=0}^{\infty} \frac{(\boldsymbol{\alpha}\cdot\boldsymbol{e}\theta/2)^n}{n!} = \sum_{n=0,2,4} \frac{(\boldsymbol{\alpha}\cdot\boldsymbol{e}\theta/2)^n}{n!} + \sum_{n=1,3,5} \frac{(\boldsymbol{\alpha}\cdot\boldsymbol{e}\theta/2)^n}{n!} \\
&= \sum_{n=0,1,2} \frac{(\boldsymbol{\alpha}\cdot\boldsymbol{e}\theta/2)^{2n}s}{2n!} + \sum_{n=0,1,2} \frac{(\boldsymbol{\alpha}\cdot\boldsymbol{e}\theta/2)^{2n+1}}{(2n+1)!}
\end{aligned} \tag{4.1.6}$$

由于

$$(\boldsymbol{\alpha}\cdot\boldsymbol{e})^2 = (\alpha_i \boldsymbol{e}_i)^2 = \alpha_i \boldsymbol{e}_i \alpha_j \boldsymbol{e}_j = \boldsymbol{e}_i \boldsymbol{e}_j \frac{\alpha_i\alpha_j + \alpha_j\alpha_i}{2} = \boldsymbol{e}_i \boldsymbol{e}_j \delta_{ij} = \boldsymbol{e}\cdot\boldsymbol{e} = 1 \tag{4.1.7}$$

所以

$$\Lambda = \sum_{n=0}^{\infty} \frac{(\theta/2)^{2n}}{2n!} + \boldsymbol{\alpha}\cdot\boldsymbol{e}\sum_{n=0}^{\infty} \frac{(\theta/2)^{2n+1}}{(2n+1)!} = \cosh\frac{\theta}{2} + \boldsymbol{\alpha}\cdot\boldsymbol{e}\sinh\frac{\theta}{2} \tag{4.1.8}$$

式中

$$\begin{aligned}
&\cosh\frac{\theta}{2} = \sqrt{\frac{\cosh\theta+1}{2}} = \sqrt{\frac{E+m}{2m}} \\
&\sinh\frac{\theta}{2} = \sqrt{\frac{\cosh\theta-1}{2}} = \sqrt{\frac{E-m}{2m}} \\
&\boldsymbol{\alpha} = \mathrm{i}\gamma_4\boldsymbol{\gamma} = -\mathrm{i}\boldsymbol{\gamma}\gamma_4
\end{aligned}$$

从而

$$\Lambda = \sqrt{\frac{E+m}{2m}} + \boldsymbol{\alpha}\cdot\boldsymbol{e}\sqrt{\frac{E-m}{2m}} = \frac{m+E+\boldsymbol{\alpha}\cdot\boldsymbol{p}}{\sqrt{2m(m+E)}} = \frac{m+E-\mathrm{i}\boldsymbol{\gamma}\cdot\boldsymbol{p}\gamma_4}{\sqrt{2m(m+E)}} \quad (4.1.9)$$

或者

$$\Lambda = \frac{m+E-\mathrm{i}\boldsymbol{\gamma}\cdot\boldsymbol{p}\gamma_4}{\sqrt{2m(m+E)}} \quad (4.1.10)$$

定义运动旋量

$$\begin{cases} u_r(\boldsymbol{p}) = \Lambda u_r = \dfrac{m+E\gamma_4-\mathrm{i}\boldsymbol{\gamma}\cdot\boldsymbol{p}}{\sqrt{2m(m+E)}}\begin{pmatrix}\chi_r\\0\end{pmatrix} = \dfrac{m-\mathrm{i}\hat{p}}{\sqrt{2m(m+E)}}\begin{pmatrix}\chi_r\\0\end{pmatrix} \\ v_r(\boldsymbol{p}) = \Lambda v_r = \dfrac{m-E\gamma_4+\mathrm{i}\boldsymbol{\gamma}\cdot\boldsymbol{p}}{\sqrt{2m(m+E)}}\begin{pmatrix}0\\\varphi_r\end{pmatrix} = \dfrac{m+\mathrm{i}\hat{p}}{\sqrt{2m(m+E)}}\begin{pmatrix}0\\\varphi_r\end{pmatrix} \end{cases} \quad (4.1.11)$$

式中

$$\hat{p} = \gamma_\mu P_\mu \quad P_\mu = (\boldsymbol{p},\mathrm{i}E) \quad (4.1.12)$$

极易证明

$$\bar{\Lambda} = \gamma_4\Lambda^\dagger\gamma_4 = \mathrm{e}^{-\boldsymbol{\alpha}\cdot\boldsymbol{e}\theta/2} = \Lambda^{-1} \quad (4.1.13)$$

$$\bar{\hat{p}} = \gamma_4(\hat{p})^\dagger\gamma_4 = -\hat{p}, \quad \gamma_4\boldsymbol{\gamma} = -\boldsymbol{\gamma}\gamma_4 \quad (4.1.14)$$

由此导出

$$\begin{cases} \bar{u}_r(\boldsymbol{p}) = \bar{u}_r\Lambda^{-1} = \begin{pmatrix}\bar{\chi}_r\\0\end{pmatrix}\dfrac{m-\mathrm{i}\hat{p}}{\sqrt{2m(m+E)}} \\ \bar{v}_r(\boldsymbol{p}) = \bar{v}_r\Lambda^{-1} = \begin{pmatrix}\bar{0}\\\varphi_r\end{pmatrix}\dfrac{m+\mathrm{i}\hat{p}}{\sqrt{2m(m+E)}} \end{cases} \quad (4.1.15)$$

由于静止旋量满足正交归一化条件：

$$\begin{cases} \bar{u}_r u_s = \delta_{rs} \\ \bar{u}_r v_s = 0 \\ \bar{v}_r v_s = -\delta_{rs} \end{cases} \quad (4.1.16)$$

所以运动旋量满足正交归一化条件：

$$
\begin{cases}
\bar{u}_r(\boldsymbol{p})u_s(\boldsymbol{p}) = \delta_{rs} \\
\bar{u}_r(\boldsymbol{p})v_s(\boldsymbol{p}) = 0 \\
\bar{v}_r(\boldsymbol{p})v_s(\boldsymbol{p}) = -\delta_{rs}
\end{cases} \tag{4.1.17}
$$

（2）极化矢量

$$
\Lambda\gamma_5\Lambda^{-1} = \gamma_5 \tag{4.1.18}
$$

由于 $\boldsymbol{\alpha}\gamma_5 = \gamma_5\boldsymbol{\alpha}$，所以

$$
\Lambda\gamma_5\Lambda^{-1} = \gamma_5\Lambda\Lambda^{-1} = \gamma_5 \tag{4.1.19}
$$

$$
\Lambda\gamma_4\Lambda^{-1} = -\mathrm{i}\frac{\hat{p}}{m} \tag{4.1.20}
$$

由于

$$
\boldsymbol{\alpha}\gamma_4 = \boldsymbol{\alpha}\beta = -\beta\boldsymbol{\alpha} = -\gamma_4\boldsymbol{\alpha} \tag{4.1.21}
$$

所以

$$
\begin{aligned}
\Lambda\gamma_4\Lambda^{-1} &= \gamma_4\Lambda^{-1}\Lambda^{-1} = \gamma_4\Lambda^{-2} = \gamma_4\mathrm{e}^{-\boldsymbol{\alpha}\cdot\boldsymbol{e}\theta} = \gamma_4(\cosh\theta - \boldsymbol{\alpha}\cdot\boldsymbol{e}\sinh\theta) \\
&= \gamma_4\left(\frac{E}{m} - \boldsymbol{\alpha}\cdot\boldsymbol{e}\frac{|\boldsymbol{p}|}{m}\right) = \frac{1}{m}(\gamma_4 E - \beta\boldsymbol{\alpha}\cdot\boldsymbol{p}) = \frac{1}{m}(\gamma_4 E - \mathrm{i}\boldsymbol{\gamma}\cdot\boldsymbol{p}) = -\mathrm{i}\frac{\hat{p}}{m}
\end{aligned} \tag{4.1.22}
$$

其中利用了公式 $\boldsymbol{\gamma} = -\mathrm{i}\beta\boldsymbol{\alpha}$

$$
\Lambda\gamma_\lambda\Lambda^{-1} = \gamma_\mu f_\mu^\lambda(\boldsymbol{p}) \tag{4.1.23}
$$

例如

$$
\begin{aligned}
\Lambda\gamma_1\Lambda^{-1} &= \left(\cosh\frac{\theta}{2} + \boldsymbol{\alpha}\cdot\boldsymbol{e}\sinh\frac{\theta}{2}\right)(-\mathrm{i}\beta\alpha_1)\Lambda^{-1} \\
&= -\mathrm{i}\beta\left[\cosh\frac{\theta}{2} - (\alpha_1 e_1 + \alpha_2 e_2 + \alpha_3 e_3)\sinh\frac{\theta}{2}\right]\alpha_1\Lambda^{-1} \\
&= -\mathrm{i}\beta\alpha_1\left[\cosh\frac{\theta}{2} - (\alpha_1 e_1 - \alpha_2 e_2 - \alpha_3 e_3)\sinh\frac{\theta}{2}\right]\Lambda^{-1} \\
&= \gamma_1\left[\Lambda - 2\alpha_1 e_1\sinh\frac{\theta}{2}\right]\Lambda^{-1} = \gamma_1\left(1 - 2\alpha_1\Lambda^{-1}e_1\sinh\frac{\theta}{2}\right) \\
&= \gamma_1 + 2\mathrm{i}\beta\Lambda^{-1}e_1\sinh\frac{\theta}{2}, \quad \alpha_1^2 = 1 \\
&= \gamma_1 + 2\mathrm{i}e_1\sinh\frac{\theta}{2}\beta\left(\cosh\frac{\theta}{2} - \boldsymbol{e}\cdot\boldsymbol{\alpha}\sinh\frac{\theta}{2}\right)
\end{aligned}
$$

$$
\begin{aligned}
&= \gamma_1 + e_1[\mathrm{i}\gamma_4 \sinh\theta + \boldsymbol{\gamma}\cdot\boldsymbol{e}(\cosh\theta - 1)] \\
&= [1 + e_1^2(\cosh\theta - 1)]\gamma_1 + e_1 e_2(\cosh\theta - 1)\gamma_2 \\
&\quad + e_1 e_3(\cosh\theta - 1)\gamma_3 + \mathrm{i}e_1 \sinh\theta\gamma_4 \\
&= \gamma_\mu f_\mu^1(\boldsymbol{p})
\end{aligned} \tag{4.1.24}
$$

因此得

$$
\begin{cases}
f_\mu^1(\boldsymbol{p}) = \{1 + e_1^2(\cosh\theta - 1), e_1 e_2(\cosh\theta - 1), e_1 e_3(\cosh\theta - 1), \mathrm{i}e_1 \sinh\theta\} \\
f_\mu^2(\boldsymbol{p}) = \{e_2 e_1(\cosh\theta - 1), 1 + e_2^2(\cosh\theta - 1), e_2 e_3(\cosh\theta - 1), \mathrm{i}e_2 \sinh\theta\} \\
f_\mu^3(\boldsymbol{p}) = \{e_3 e_1(\cosh\theta - 1), e_3 e_2(\cosh\theta - 1), 1 + e_3^2(\cosh\theta - 1), \mathrm{i}e_3 \sinh\theta\} \\
f_\mu^4(\boldsymbol{p}) = \{-\mathrm{i}e_1 \sinh\theta, -\mathrm{i}e_2 \sinh\theta, -\mathrm{i}e_3 \sinh\theta, \cosh\theta\}
\end{cases} \tag{4.1.25}
$$

或者

$$
\Lambda\gamma_r\Lambda^{-1} = \gamma_\mu f_\mu{}^\gamma(\boldsymbol{p}) \tag{4.1.26}
$$

极易证明

$$
f_\mu^\sigma f_r^\sigma = \delta_{\mu\nu} = f_\sigma^\mu f_\sigma^\gamma \tag{4.1.27}
$$

因此 f_μ^ν 就是一个洛伦兹变换,又可以证明

$$
P_\mu f_\mu^\lambda(\boldsymbol{p}) = 0 \quad (\lambda = 1,2,3) \tag{4.1.28}
$$

$$
f_\mu^\lambda(\boldsymbol{p}) f_r^\lambda(\boldsymbol{p}) = \delta_{\mu\nu} + \frac{\boldsymbol{p}_\mu \boldsymbol{p}_\nu}{\boldsymbol{m}^2} \tag{4.1.29}
$$

因此 f_μ^ν 称为极化矢量.

(3) 运动方程

$$
\begin{aligned}
0 &= \Lambda(1 - \gamma_4)u_r = (1 - \Lambda\gamma_4\Lambda^{-1})u_r(\boldsymbol{p}) = \left(1 + \mathrm{i}\frac{\hat{p}}{m}\right)u_r(\boldsymbol{p}) \\
&= (m + \mathrm{i}\hat{p})u_r(\boldsymbol{p})
\end{aligned} \tag{4.1.30}
$$

$$
\begin{aligned}
0 &= \Lambda(1 + \gamma_4)v_r = (1 + \Lambda\gamma_4\Lambda^{-1})v_r(\boldsymbol{p}) = \left(1 - \mathrm{i}\frac{\hat{p}}{m}\right)v_r(\boldsymbol{p}) \\
&= (m - \mathrm{i}\hat{p})v_r(\boldsymbol{p})
\end{aligned} \tag{4.1.31}
$$

(4) 正交归一性和完备性

先讨论正交归一性.由于

$$
\begin{cases}
\bar{u}_r\boldsymbol{\gamma}u_s = 0, \quad \bar{u}_r\gamma_4 u_s = u_r^\dagger u_s = \delta_{rs} \\
\bar{v}_r\boldsymbol{\gamma}v_s = 0, \quad \bar{v}_r\gamma_4 v_s = v_r^\dagger v_s = \delta_{rs}
\end{cases} \tag{4.1.32}
$$

所以

$$u_r^\dagger(\boldsymbol{p})u_s(\boldsymbol{p}) = \bar{u}_r(\boldsymbol{p})\gamma_4 u_s(\boldsymbol{p}) = \bar{u}_r\Lambda^{-1}\gamma_4\Lambda u_s = \bar{u}_r\left(-\mathrm{i}\frac{\hat{p}}{m}\right)\Big|_{p\to -p} u_s$$

$$= \frac{E}{m}\bar{u}_r\gamma_4 u_5 = \frac{E}{m}\delta_{rs}$$

$$v_r^\dagger(\boldsymbol{p})v_s(\boldsymbol{p}) = \bar{v}_r(\boldsymbol{p})\gamma_4 v_s(\boldsymbol{p}) = \bar{v}_r\Lambda^{-1}\gamma_4\Lambda u_s = \bar{v}_r\left(-\mathrm{i}\frac{\hat{p}}{m}\right)\Big|_{p\to -p} v_s$$

$$= \frac{E}{m}\bar{v}_r\gamma_4 v_5 = \frac{E}{m}\delta_{rs}$$

也就有

$$u_r^\dagger(\boldsymbol{p})u_s(\boldsymbol{p}) = \frac{E}{m}\delta_{rs} = v_r^\dagger(\boldsymbol{p})v_s(\boldsymbol{p}) \tag{4.1.33}$$

特别地

$$u_r^\dagger(\boldsymbol{p})v_s^\dagger(-\boldsymbol{p}) = u_r^\dagger v_s = 0 \tag{4.1.34}$$

证明

$$u_r^\dagger(\boldsymbol{p})v_s(-\boldsymbol{p}) = \bar{u}_r(p)\gamma_4 v_s(-\boldsymbol{p}) = \bar{u}_r\Lambda^{-1}\gamma_4\Lambda^{-1}v_s = \bar{u}_r\gamma_4\Lambda\Lambda^{-1}v_s \tag{4.1.35}$$

$$= \bar{u}_r\gamma_r v_s = u_r^\dagger v_s = 0 \tag{4.1.36}$$

其次讨论完备性.由于

$$\begin{cases} u_r\bar{u}_r = \begin{pmatrix}\chi_r\\0\end{pmatrix}(\chi_r^\dagger,0) = \begin{pmatrix}\chi_r\chi_r^\dagger & 0\\0 & 0\end{pmatrix} = \begin{pmatrix}1 & 0\\0 & 0\end{pmatrix} = \dfrac{1+\gamma_4}{2}\\ v_r\bar{v}_r = \begin{pmatrix}0\\\varphi_r\end{pmatrix}(0,-\varphi_r^\dagger) = \begin{pmatrix}0 & 0\\0 & -\varphi_r\varphi_r^\dagger\end{pmatrix} = \begin{pmatrix}0 & 0\\0 & -1\end{pmatrix} = -\dfrac{1-\gamma_4}{2}\end{cases} \tag{4.1.37}$$

或者

$$\begin{cases} u_r\bar{u}_r = \dfrac{1+\gamma_4}{2}\\ v_r\bar{v}_r = -\dfrac{1+\gamma_4}{2}\end{cases} \tag{4.1.38}$$

所以

$$
\begin{cases}
u_r(\boldsymbol{p})\bar{u}_r(\boldsymbol{p}) = \Lambda u_r\bar{u}_r\Lambda^{-1} = \Lambda\dfrac{1+\gamma_4}{2}\Lambda^{-1} = \dfrac{1-\mathrm{i}\dfrac{\hat{p}}{m}}{2} = \dfrac{m-\mathrm{i}\hat{p}}{2m} \\
v_r(\boldsymbol{p})\bar{v}_r(\boldsymbol{p}) = \Lambda v_r\bar{v}_r\Lambda^{-1} = \Lambda\dfrac{-1+\gamma_4}{2}\Lambda^{-1} = \dfrac{-1-\mathrm{i}\dfrac{\hat{p}}{m}}{2} = \dfrac{-m-\mathrm{i}\hat{p}}{2m}
\end{cases} \tag{4.1.39}
$$

或者

$$
\begin{cases}
u_r(\boldsymbol{p})\bar{u}_r(\boldsymbol{p}) = \dfrac{m-\mathrm{i}\hat{p}}{2m} \\
v_r(\boldsymbol{p})\bar{v}_r(\boldsymbol{p}) = \dfrac{-m-\mathrm{i}\hat{p}}{2m}
\end{cases} \tag{4.1.40}
$$

二式相减得

$$
\sum_{r=1,2} u_r(\boldsymbol{p})\bar{u}_r(\boldsymbol{p}) - v_r(\boldsymbol{p})\bar{v}_r(\boldsymbol{p}) = 1 \tag{4.1.41}
$$

上式称为完备性.非相对论自旋波函数的完备性为

$$
\sum_{r=1,2}\chi_r\chi_r^\dagger = 1,\quad \sum_{r=1,2}\varphi_r\varphi_r^\dagger = 1 \tag{4.1.42}
$$

4.2 介子波函数

静止介子波函数定义为

$$
M_A^B = u_r\varepsilon_{st}\bar{v}_t E_{\alpha\beta} = \frac{1}{2}\sum_{i=1}^{5}\sum_{j=0}^{8} w_i\lambda_j/\sqrt{2}(\sigma_i)_{sr}(\lambda_j)_{\beta\alpha} \tag{4.2.1}
$$

运动介子波函数定义为

$$
M_A^B(\boldsymbol{p}) = u_r(\boldsymbol{p})\varepsilon_{st}\bar{v}_t(\boldsymbol{p})E_{\alpha\beta} = \Lambda u_r\varepsilon_{st}\bar{v}_t E_{\alpha\beta}\Lambda^{-1} = \Lambda M_A^B\Lambda^{-1} \tag{4.2.2}
$$

或者

$$
M_A^B(\boldsymbol{p}) = \Lambda M_A^B\Lambda^{-1} \tag{4.2.3}
$$

将展开式代入得

$$M_A^B(\boldsymbol{p}) = \frac{1}{2}\sum_{i=1}^{5}\sum_{j=0}^{8} w_i\lambda_j/\sqrt{2}(\sigma_i)_{sr}(\lambda_j)_{\beta\alpha} \tag{4.2.4}$$

式中

$$w_i(\boldsymbol{p}) = \Lambda w_i \Lambda^{-1} \quad (i = 1,2,3,5) \tag{4.2.5}$$

(1) 赝标介子

$$w_5(\boldsymbol{p}) = \Lambda w_5 \Lambda^{-1} = \Lambda \frac{\mathrm{i}}{2\sqrt{2}}(1+\gamma_4)\gamma_5\Lambda^{-1} = \frac{\mathrm{i}}{2\sqrt{2}}\left(1 - \mathrm{i}\frac{\hat{p}}{m}\right)\gamma_5 \tag{4.2.6}$$

或者

$$w_5(\boldsymbol{p}) = \frac{\mathrm{i}}{2\sqrt{2}}\left(1 - \mathrm{i}\frac{\hat{p}}{m}\right)\gamma_5 \tag{4.2.7}$$

所以

$$w_5(\boldsymbol{p})\lambda_j/\sqrt{2} = \frac{\mathrm{i}}{4}\left(1 - \mathrm{i}\frac{\hat{p}}{m}\right)\gamma_5\lambda_j$$

(2) 矢量介子

$$w_\lambda(\boldsymbol{p}) = \Lambda w_\lambda \Lambda^{-1} = \Lambda \frac{\mathrm{i}}{2\sqrt{2}}(1+\gamma_4)\gamma_\lambda\Lambda^{-1} = \frac{\mathrm{i}}{2\sqrt{2}}\left(1 - \mathrm{i}\frac{\hat{p}}{m}\right)\gamma_\mu f_\mu^\lambda(\boldsymbol{p}) \tag{4.2.8}$$

或者

$$w_\lambda(\boldsymbol{p}) = \frac{\mathrm{i}}{2\sqrt{2}}\left(1 - \mathrm{i}\frac{\hat{p}}{m}\right)\gamma_\mu f_\mu^\lambda(\boldsymbol{p}) \quad (\lambda = 1,2,3) \tag{4.2.9}$$

所以

$$w_\lambda(\boldsymbol{p})\lambda_j/\sqrt{2} = \frac{\mathrm{i}}{4}\left(1 - \mathrm{i}\frac{\hat{p}}{E}\right)\gamma_\mu f_\mu^\lambda(\boldsymbol{p})\lambda_j$$

(3) 正交归一化条件.静止

$$\begin{cases} \mathrm{tr}\, w_i w_j^\dagger = \delta_{ij} \rightarrow \mathrm{tr}\ w_i(\boldsymbol{p}) w_j^\dagger(\boldsymbol{p}) = \dfrac{E^2}{m^2}\delta_{i,j} \\ \mathrm{tr}\, w_i \overline{w}_j = -\delta_{ij} \rightarrow \mathrm{tr}\ w_i(\boldsymbol{p})\overline{w}_j(\boldsymbol{p}) = -\delta_{ij} \end{cases} \quad (i,j = 1,2,3,5) \tag{4.2.10}$$

(4) 反介子波函数 $\overline{w}_i \rightarrow \overline{w}_i(\boldsymbol{p})$

$$\overline{M_A^B}(\boldsymbol{p}) = \gamma_4(M_A^B(\boldsymbol{p}))^\dagger\gamma_4 = \frac{1}{2}\sum_{i=1}^{5}\sum_{j=0}^{8}\overline{w}_i(\boldsymbol{p})\lambda_j/\sqrt{2}(\sigma_i^\dagger)_{rs}(\lambda_j)_{\alpha\beta} \tag{4.2.11}$$

4.3 重子波函数

以下分两种情况进行讨论.

4.3.1 $\chi_r \to u_r(\boldsymbol{p}) = \Lambda u_r$

考虑

$$u_r(\boldsymbol{p})\tilde{u}_s(\boldsymbol{p}) = \Lambda u_r \tilde{u}_s \tilde{\Lambda} \tag{4.3.1}$$

式中

$$\tilde{\Lambda} = e^{\tilde{\boldsymbol{\alpha}} \cdot \boldsymbol{e}\theta/2}$$
$$\tilde{\alpha}_1 = \alpha_1 = -\alpha_2\alpha_1\alpha_2$$
$$\tilde{\alpha}_2 = \alpha_2 = -\alpha_2\alpha_2\alpha_2$$
$$\tilde{\alpha}_3 = \alpha_3 = -\alpha_2\alpha_3\alpha_2$$

或者

$$\tilde{\boldsymbol{\alpha}} = -\alpha_2\boldsymbol{\alpha}\alpha_2 \tag{4.3.2}$$

代入得

$$\tilde{\Lambda} = e^{-\alpha_2\boldsymbol{\alpha}\cdot\boldsymbol{e}\theta/2} = \alpha_2 e^{-\tilde{\alpha}\cdot\boldsymbol{e}\theta/2}\alpha_2 = \alpha_2\Lambda^{-1}\alpha_2 \tag{4.3.3}$$

或者

$$\tilde{\Lambda} = \alpha_2\Lambda^{-1}\alpha_2 \tag{4.3.4}$$

所以

$$u_r(\boldsymbol{p})\tilde{u}_s(\boldsymbol{p}) = \Lambda u_r\tilde{u}_s\alpha_2\Lambda^{-1}\alpha_2 = \Lambda\frac{1}{\sqrt{2}}\sum_{i=1}^{5}w_i\alpha_2(\sigma_2\sigma_i)_{sr}\alpha_2\Lambda^{-1}\alpha_2$$
$$= \frac{1}{\sqrt{2}}\sum_{i=1}^{5}w_i(\boldsymbol{p})\alpha_2(\sigma_2\sigma_i)_{sr} \tag{4.3.5}$$

或者

$$u_r(\boldsymbol{p})\tilde{u}_s(\boldsymbol{p}) = \frac{1}{\sqrt{2}}\sum_{i=1}^{5} w_i(\boldsymbol{p})\alpha_2(\sigma_2\sigma_i)_{sr} \tag{4.3.6}$$

$$\begin{cases} u_1(\boldsymbol{p})\tilde{u}_1(\boldsymbol{p}) = \dfrac{1}{\sqrt{2}}[w_2(\boldsymbol{p}) - \mathrm{i}w_1(\boldsymbol{p})]\alpha_2 = \dfrac{1}{4m}(m - \mathrm{i}\hat{p})\gamma_\mu\alpha_2(f_\mu^1 + \mathrm{i}f_\mu^2) \\ u_2(\boldsymbol{p})\tilde{u}_2(\boldsymbol{p}) = \dfrac{1}{\sqrt{2}}[w_2(\boldsymbol{p}) + \mathrm{i}w_1(\boldsymbol{p})]\alpha_2 = \dfrac{1}{4m}(m - \mathrm{i}\hat{p})\gamma_\mu\alpha_2[-f_\mu^1 + \mathrm{i}\alpha_2(-f_\mu^1 + \mathrm{i}f_\mu^2)] \\ u_1(\boldsymbol{p})\tilde{u}_2(\boldsymbol{p}) = \dfrac{1}{\sqrt{2}}[-w_5(\boldsymbol{p}) + \mathrm{i}w_3(\boldsymbol{p})]\alpha_2 \\ u_2(\boldsymbol{p})\tilde{u}_1(\boldsymbol{p}) = \dfrac{1}{\sqrt{2}}[w_5(\boldsymbol{p}) + \mathrm{i}w_3(\boldsymbol{p})]\alpha_2 \end{cases} \tag{4.3.7}$$

所以

$$\begin{cases} u_1(\boldsymbol{p})\tilde{u}_2(\boldsymbol{p}) + u_2(\boldsymbol{p})\tilde{u}_1(\boldsymbol{p}) = \mathrm{i}\sqrt{2}w_3(\boldsymbol{p})\alpha_2 = -\dfrac{1}{2m}(m - \mathrm{i}\hat{p})\gamma_\mu\alpha_2 f_\mu^3 \\ u_1(\boldsymbol{p})\tilde{u}_2(\boldsymbol{p}) - u_2(\boldsymbol{p})\tilde{u}_1(\boldsymbol{p}) = -\sqrt{2}w_5(\boldsymbol{p})\alpha_2 = \dfrac{-\mathrm{i}}{2m}(m - \mathrm{i}\hat{p})\gamma_5\alpha_2 \end{cases} \tag{4.3.8}$$

可见只需作代

$$w_i \to w_i(\boldsymbol{p})$$

由此给出相对论(运动情况下)重子自旋波函数

$$u_{r\alpha}^{\alpha'}(\boldsymbol{p}) = \frac{-\mathrm{i}}{6\sqrt{2}m}[(m - \mathrm{i}\hat{p})\gamma_5\alpha_2]_{\sigma\tau}(u_r(\boldsymbol{p}))_\rho\epsilon^{\alpha'\beta\gamma}[\chi_{\rho\sigma\tau}\phi_{\alpha\beta\gamma} + \chi_{\tau\rho\sigma}\phi_{\rho\alpha\beta} + \chi_{\sigma\tau\rho}\phi_{\beta\gamma\alpha}] \tag{4.3.9}$$

以及

$$\begin{aligned} u_{3/2}(\boldsymbol{p}) &= \frac{1}{\sqrt{2}}\{[w_2(\boldsymbol{p}) - \mathrm{i}w_1(\boldsymbol{p})]\alpha_2\}_{\rho\sigma}(u_1(\boldsymbol{p}))_\tau\chi_{\rho\sigma\tau} \\ &= \frac{1}{2\sqrt{2}m}[(m - \mathrm{i}\hat{p})\gamma_\mu\alpha_2]_{\rho\sigma}\left[\frac{f_\mu^1(\boldsymbol{p}) + \mathrm{i}f_\mu^2(\boldsymbol{p})}{\sqrt{2}}u_1(\boldsymbol{p})\right]_\tau\chi_{\rho\sigma\tau} \end{aligned} \tag{4.3.10}$$

$$u_{-3/2}(\boldsymbol{p}) = \frac{1}{\sqrt{2}}\{[w_2(\boldsymbol{p}) + \mathrm{i}w_1(\boldsymbol{p})]\alpha_2\}_{\rho\sigma}(u_2(\boldsymbol{p}))_\tau\chi_{\rho\sigma\tau}$$

$$= \frac{1}{2\sqrt{2}m}[(m - i\hat{p})\gamma_{\mu}\alpha_2]_{\rho\sigma}\left[\frac{-f_{\mu}^1(\boldsymbol{p}) + if_{\mu}^2(\boldsymbol{p})}{\sqrt{2}}u_2(\boldsymbol{p})\right]_{\tau}\chi_{\rho\sigma\tau} \tag{4.3.11}$$

$$u_{1/2}(\boldsymbol{p}) = \frac{1}{\sqrt{6}}\{([w_2(\boldsymbol{p}) - iw_1(\boldsymbol{p})]\alpha_2)_{\rho\sigma}(u_2(\boldsymbol{p}))_{\tau} + 2i(w_3(\boldsymbol{p})\alpha_2)_{\rho\sigma}(u_1(\boldsymbol{p}))_{\tau}\}\chi_{\rho\sigma\tau}$$

$$= \frac{1}{2\sqrt{2}m}[(m - i\hat{p})\gamma_{\mu}\alpha_2]_{\rho\sigma}\left[\frac{(f_{\mu}^1(\boldsymbol{p}) + if_{\mu}^2(\boldsymbol{p}))u_2(\boldsymbol{p}) - 2f_{\mu}^3u_1(\boldsymbol{p})}{\sqrt{6}}\right]_{\tau}\chi_{\rho\sigma\tau} \tag{4.3.12}$$

$$u_{-1/2}(\boldsymbol{p}) = \frac{1}{\sqrt{6}}\{[(w_2(\boldsymbol{p}) + iw_1(\boldsymbol{p}))\alpha_2]_{\rho\sigma}(u_1(\boldsymbol{p}))_{\tau} + 2i(w_3(\boldsymbol{p})\alpha_2)_{\rho\sigma}(u_2(\boldsymbol{p}))_{\tau}\}\chi_{\rho\sigma\tau}$$

$$= \frac{1}{2\sqrt{2}m}[(m - i\hat{p})\gamma_{\mu}\alpha_2]_{\rho\sigma}\left[\frac{(-f_{\mu}^1(\boldsymbol{p}) + if_{\mu}^2(\boldsymbol{p}))u_1(\boldsymbol{p}) - 2f_{\mu}^3u_2(\boldsymbol{p})}{\sqrt{6}}\right]_{\tau}\chi_{\rho\sigma\tau} \tag{4.3.13}$$

定义

$$f_{\mu}^{(+)} = \frac{-f_{\mu}^1 - if_{\mu}^2}{\sqrt{2}}, \quad f_{\mu}^{(-)} = \frac{f_{\mu}^1 - if_{\mu}^2}{\sqrt{2}}, \quad f_{\mu}{}^0 = f_{\mu}^3 \tag{4.3.14}$$

则有

$$\begin{cases} u_{\mu}^{(3/2)}(\boldsymbol{p}) = \dfrac{-f_{\mu}^1(\boldsymbol{p}) - if_{\mu}^2(\boldsymbol{p})}{\sqrt{2}}u_1(\boldsymbol{p}) = f_{\mu}^{(+)}(\boldsymbol{p})u_1(\boldsymbol{p}) \\ u_{\mu}^{(-3/2)}(\boldsymbol{p}) = \dfrac{f_{\mu}^1(\boldsymbol{p}) - if_{\mu}^2(\boldsymbol{p})}{\sqrt{2}}u_2(\boldsymbol{p}) = f_{\mu}^{(-)}(\boldsymbol{p})u_2(\boldsymbol{p}) \\ u_{\mu}^{(1/2)}(\boldsymbol{p}) = \dfrac{-f_{\mu}^1(\boldsymbol{p}) - if_{\mu}^2(\boldsymbol{p})}{\sqrt{6}}u_2(\boldsymbol{p}) + \sqrt{\dfrac{2}{3}}f_{\mu}^3(\boldsymbol{p})u_1(\boldsymbol{p}) \\ \qquad = \sqrt{\dfrac{1}{6}}f_{\mu}^{(+)}(\boldsymbol{p})u_2(\boldsymbol{p}) + f_{\mu}^{(0)}u_1(\boldsymbol{p}) \\ u_{\mu}^{(-1/2)}(\boldsymbol{p}) = \dfrac{f_{\mu}^1(\boldsymbol{p}) - if_{\mu}^2(\boldsymbol{p})}{\sqrt{6}}u_1(\boldsymbol{p}) + \sqrt{\dfrac{2}{3}}f_{\mu}^3(\boldsymbol{p})u_2(\boldsymbol{p}) \\ \qquad = \sqrt{\dfrac{1}{6}}f_{\mu}^{(-)}(\boldsymbol{p})u_1(\boldsymbol{p}) + \sqrt{\dfrac{2}{6}}f_{\mu}^{(0)}u_2(\boldsymbol{p}) \end{cases} \tag{4.3.15}$$

或者

$$u_{\mu}^{(m)}(\boldsymbol{p}) = + \sum_{r} C_{1m-r,\frac{1}{2}r}^{3/2m} f_{\mu}^{(m-r)}(\boldsymbol{p})u_r(\boldsymbol{p}) \tag{4.3.16}$$

则有

$$u_m(\boldsymbol{p}) = \frac{-1}{2\sqrt{2}m}[(m - \mathrm{i}\hat{p})\gamma_\mu\alpha_2]_{\rho\sigma}[u_\mu^{(m)}(\boldsymbol{p})]_\tau\chi_{\rho\sigma\gamma} \tag{4.3.17}$$

定义

$$\bar{u}_\mu^{(m)}(\boldsymbol{p}) = u_r^{(m)\dagger}\gamma_4 g_{\gamma\mu} = +\sum_4 C_{1m-r,\frac{1}{2}r}^{\frac{3}{2}m}(-1)^{m-r}f_\mu^{(-m+r)}(\boldsymbol{p})\bar{u}_r(\boldsymbol{p}) \tag{4.3.18}$$

于是

$$\bar{u}_\mu^{(3/2)}(\boldsymbol{p}) = \frac{-f_\mu^1(\boldsymbol{p}) + \mathrm{i}f_\mu^2(\boldsymbol{p})}{\sqrt{2}}\bar{u}_1(\boldsymbol{p})$$

$$\bar{u}_\mu^{(-3/2)}(\boldsymbol{p}) = \frac{f_\mu^1(\boldsymbol{p}) + \mathrm{i}f_\mu^2(\boldsymbol{p})}{\sqrt{2}}\bar{u}_2(\boldsymbol{p})$$

$$\bar{u}_\mu^{(1/2)}(\boldsymbol{p}) = \frac{-f_\mu^1(\boldsymbol{p}) + \mathrm{i}f_\mu^2(\boldsymbol{p})}{\sqrt{6}}\bar{u}_2(\boldsymbol{p}) + \sqrt{\frac{2}{3}}f_\mu^3(\boldsymbol{p})\bar{u}_1(\boldsymbol{p})$$

$$\bar{u}_\mu^{(-1/2)}(\boldsymbol{p}) = \frac{f_\mu^1(\boldsymbol{p}) + \mathrm{i}f_\mu^2(\boldsymbol{p})}{\sqrt{6}}\bar{u}_1(\boldsymbol{p}) + \sqrt{\frac{2}{3}}f_\mu^3(\boldsymbol{p})\bar{u}_2(\boldsymbol{p})$$

则得如下正交归一完备条件：

$$\begin{cases}\bar{u}_\mu^{(m)}(\boldsymbol{p})u_\mu^{(m')}(\boldsymbol{p}) = \delta_{mm'}\\ \bar{u}_\mu^{(m)}(\boldsymbol{p})\gamma_4 u_\mu^{(m')}(\boldsymbol{p}) = \dfrac{E}{m}\delta_{mm'}\end{cases} \tag{4.3.19}$$

$$u_\mu^{(m)}(\boldsymbol{p})\bar{u}_\nu^{(m)}(\boldsymbol{p}) = \frac{m - \mathrm{i}\hat{p}}{2m}\left[\delta_{\mu\nu} + \frac{2}{3m^2}P_\mu P_\nu + \frac{\mathrm{i}}{3m}(\gamma_\mu P_\nu - \gamma_\nu P_\mu) - \frac{1}{3}\gamma_\mu\gamma_\nu\right] \tag{4.3.20}$$

4.3.2 $\chi_r \rightarrow v_r(\boldsymbol{p}) = \Lambda v_r$

由于

$$v_r(\boldsymbol{p})\bar{v}_s(\boldsymbol{p}) = \Lambda v_r\bar{v}_s\widetilde{\Lambda} = \Lambda(v_r\bar{v}_s)\alpha_2\Lambda^{-1}\alpha_2 = \frac{-1}{\sqrt{2}}\sum_{i=1}^{5}\bar{w}_i(\boldsymbol{p})\alpha_2(\sigma_2\sigma_i)_{rs}^*$$

所以

$$\bar{w}_i \to \bar{w}_i(\boldsymbol{p}) \tag{4.3.21}$$

$$\begin{cases} v_1(\boldsymbol{p})\tilde{v}_1(\boldsymbol{p}) = -\dfrac{1}{\sqrt{2}}[\bar{w}_2(\boldsymbol{p}) + \mathrm{i}w_1(\boldsymbol{p})]\alpha_2 = \dfrac{-1}{4m}(m+\mathrm{i}\hat{p})\gamma_\mu\alpha_2(-f_\mu^1(\boldsymbol{p}) + \mathrm{i}f_\mu^2(\boldsymbol{p})) \\ v_2(\boldsymbol{p})\tilde{v}_2(\boldsymbol{p}) = -\dfrac{1}{\sqrt{2}}[\bar{w}_2(\boldsymbol{p}) - \mathrm{i}w_1(\boldsymbol{p})]\alpha_2 = \dfrac{-1}{4m}(m+\mathrm{i}\hat{p})\gamma_\mu\alpha_2(f_\mu^1(\boldsymbol{p}) + \mathrm{i}f_\mu^2(\boldsymbol{p})) \\ v_1(\boldsymbol{p})\tilde{v}_2(\boldsymbol{p}) + v_2(\boldsymbol{p})\tilde{v}_1(\boldsymbol{p}) = \mathrm{i}\sqrt{2}\bar{w}_3(\boldsymbol{p})\alpha_2 = \dfrac{-1}{2m}(m+\mathrm{i}\hat{p})\gamma_\mu\alpha_2 f_\mu^3(\boldsymbol{p}) \\ v_1(\boldsymbol{p})\tilde{v}_2(\boldsymbol{p}) - v_2(\boldsymbol{p})\tilde{v}_1(\boldsymbol{p}) = -\sqrt{2}\bar{w}_5(\boldsymbol{p})\alpha_2 = \dfrac{-\mathrm{i}}{2m}(m+\mathrm{i}\hat{p})\gamma_5\alpha_2 \end{cases} \tag{4.3.22}$$

由此给出

$$v_{r\alpha}^{\alpha'}(\boldsymbol{p}) = -\frac{\mathrm{i}}{6\sqrt{2}m}[(m+\mathrm{i}\hat{p})\gamma_5\alpha_2]_{\sigma\tau}[v_r(\boldsymbol{p})]_\rho\varepsilon^{\alpha'\beta\gamma}(\chi_{\rho\sigma\tau}\phi_{\alpha\beta\gamma} + \chi_{\tau\rho\sigma}\phi_{\gamma\alpha\beta} + \chi_{\sigma\tau\rho}\phi_{\beta\gamma\alpha}) \tag{4.3.23}$$

以及

$$\begin{aligned} v_{3/2}(\boldsymbol{p}) &= \frac{1}{\sqrt{2}}([-\bar{w}_2(\boldsymbol{p}) - \mathrm{i}w_1(\boldsymbol{p})]\alpha_2)_{\rho\sigma}[v_1(\boldsymbol{p})]_\tau\chi_{\rho\sigma\tau} \\ &= \frac{1}{2\sqrt{2}m}[(m+\mathrm{i}\hat{p})\gamma_\mu\alpha_2]_{\rho\sigma}\left[\frac{f_\mu^1(\boldsymbol{p}) - \mathrm{i}f_\mu^2(\boldsymbol{p})}{\sqrt{2}}v_1(\boldsymbol{p})\right]_\tau\chi_{\rho\sigma\tau} \end{aligned} \tag{4.3.24}$$

$$\begin{aligned} v_{-3/2}(\boldsymbol{p}) &= \frac{1}{\sqrt{2}}([-\bar{w}_2(\boldsymbol{p}) + \mathrm{i}w_1(\boldsymbol{p})]\alpha_2)_{\rho\sigma}[v_2(\boldsymbol{p})]_\tau\chi_{\rho\sigma\tau} \\ &= \frac{1}{2\sqrt{2}m}[(m+\mathrm{i}\hat{p})\gamma_\mu\alpha_2]_{\rho\sigma}\left[\frac{-f_\mu^1(\boldsymbol{p}) - \mathrm{i}f_\mu^2(\boldsymbol{p})}{\sqrt{2}}v_2(\boldsymbol{p})\right]_\tau\chi_{\rho\sigma\tau} \end{aligned} \tag{4.3.25}$$

$$\begin{aligned} v_{1/2}(\boldsymbol{p}) &= \frac{1}{\sqrt{6}}\{([-\bar{w}_2(\boldsymbol{p}) - \mathrm{i}w_1(\boldsymbol{p})]\alpha_2)_{\rho\sigma}[v_2(\boldsymbol{p})]_\tau + 2\mathrm{i}[\bar{w}_3(\boldsymbol{p})\alpha_2]_{\rho\sigma}[v_1(\boldsymbol{p})]_\tau\}\chi_{\rho\sigma\tau} \\ &= \frac{1}{2\sqrt{2}m}[(m+\mathrm{i}\hat{p})\gamma_\mu\alpha_2]_{\rho\sigma}\left[\frac{f_\mu^1(\boldsymbol{p}) - \mathrm{i}f_\mu^2(\boldsymbol{p})}{\sqrt{6}}v_2(\boldsymbol{p}) - \sqrt{\frac{2}{3}}f_\mu^3(\boldsymbol{p})v_1(\boldsymbol{p})\right]_\tau\chi_{\rho\sigma\tau} \end{aligned} \tag{4.3.26}$$

$$v_{-1/2}(\boldsymbol{p}) = \frac{1}{\sqrt{6}}\{([-\bar{w}_2(\boldsymbol{p}) + \mathrm{i}w_1(\boldsymbol{p})]\alpha_2)_{\rho\sigma}[v_1(\boldsymbol{p})]_\tau + 2\mathrm{i}[\bar{w}_3(\boldsymbol{p})\alpha_2]_{\rho\sigma}[v_2(\boldsymbol{p})]_\tau\}\chi_{\rho\sigma\tau}$$

$$= \frac{1}{2\sqrt{2}m}[(m+\mathrm{i}\hat{p})\gamma_{\mu}\alpha_{2}]_{\rho\sigma}\left[\frac{-f_{\mu}^{1}(\boldsymbol{p})-\mathrm{i}f_{\mu}^{2}(\boldsymbol{p})}{\sqrt{6}}v_{1}(\boldsymbol{p})-\sqrt{\frac{2}{3}}f_{\mu}^{3}(\boldsymbol{p})v_{2}(\boldsymbol{p})\right]_{\tau}\chi_{\rho\sigma\tau} \tag{4.3.27}$$

定义

$$\begin{cases} v_{\mu}^{(3/2)}(\boldsymbol{p}) = \dfrac{-f_{\mu}^{1}(\boldsymbol{p})+\mathrm{i}f_{\mu}^{2}(\boldsymbol{p})}{\sqrt{2}}v_{1}(\boldsymbol{p}) \\ v_{\mu}^{(-3/2)}(\boldsymbol{p}) = \dfrac{f_{\mu}^{1}(\boldsymbol{p})+\mathrm{i}f_{\mu}^{2}(\boldsymbol{p})}{\sqrt{2}}v_{2}(\boldsymbol{p}) \\ v_{\mu}^{(1/2)}(\boldsymbol{p}) = \dfrac{-f_{\mu}^{1}(\boldsymbol{p})+\mathrm{i}f_{\mu}^{2}(\boldsymbol{p})}{\sqrt{6}}v_{2}(\boldsymbol{p})+\sqrt{\dfrac{2}{3}}f_{\mu}^{3}(\boldsymbol{p})v_{1}(\boldsymbol{p}) \\ v_{\mu}^{(-1/2)}(\boldsymbol{p}) = \dfrac{f_{\mu}^{1\prime}(\boldsymbol{p})+\mathrm{i}f_{\mu}^{2}(\boldsymbol{p})}{\sqrt{6}}v_{1}(\boldsymbol{p})+\sqrt{\dfrac{2}{3}}f_{\mu}^{3}(\boldsymbol{p})v_{2}(\boldsymbol{p}) \end{cases} \tag{4.3.28}$$

或者

$$v_{\mu}^{(m)}(\boldsymbol{p}) = \sum_{r}C_{1m-r,\frac{1}{2}r}^{\frac{3}{2}m}(-1)^{m-r}f_{\mu}^{(-m+r)}(\boldsymbol{p})v_{r}(\boldsymbol{p}) = C\tilde{u}_{\mu}^{(m)}(\boldsymbol{p}) \tag{4.3.29}$$

则有

$$v_{m}(\boldsymbol{p}) = \frac{-1}{2\sqrt{2}m}[(m+\mathrm{i}\hat{p})\gamma_{\mu}\alpha_{2}]_{\rho\sigma}[v_{\mu}^{(m)}(\boldsymbol{p})]_{\tau}\chi_{\rho\sigma\tau} \tag{4.3.30}$$

定义

$$\bar{v}_{\mu}^{(m)}(\boldsymbol{p}) = v_{\gamma}^{(m)\dagger}(\boldsymbol{p})\gamma_{4}g_{\gamma\mu} = \sum_{r}C_{1m-r,\frac{1}{2}r}^{\frac{3}{2}m}f_{\mu}^{(m-r)}(\boldsymbol{p})\bar{v}_{r}(\boldsymbol{p}) \tag{4.3.31}$$

于是

$$\begin{cases} \bar{v}_{\mu}^{(3/2)}(\boldsymbol{p}) = \dfrac{-f_{\mu}^{1}(\boldsymbol{p})-\mathrm{i}f_{\mu}^{2}(\boldsymbol{p})}{\sqrt{2}}\bar{v}_{1}(\boldsymbol{p}) \\ \bar{v}_{\mu}^{(-3/2)}(\boldsymbol{p}) = \dfrac{+f_{\mu}^{1}(\boldsymbol{p})-\mathrm{i}f_{\mu}^{2}(\boldsymbol{p})}{\sqrt{2}}\bar{v}_{2}(\boldsymbol{p}) \\ \bar{v}_{\mu}^{(1/2)}(\boldsymbol{p}) = \dfrac{-f_{\mu}^{1}(\boldsymbol{p})-\mathrm{i}f_{\mu}^{2}(\boldsymbol{p})}{\sqrt{6}}\bar{v}_{2}(\boldsymbol{p})+\sqrt{\dfrac{2}{3}}f_{\mu}^{3}(\boldsymbol{p})\bar{v}_{1}(\boldsymbol{p}) \\ \bar{v}_{\mu}^{(-1/2)}(\boldsymbol{p}) = \dfrac{+f_{\mu}^{1}(\boldsymbol{p})-\mathrm{i}f_{\mu}^{2}(\boldsymbol{p})}{\sqrt{6}}\bar{v}_{1}(\boldsymbol{p})+\sqrt{\dfrac{2}{3}}f_{\mu}^{3}(\boldsymbol{p})\bar{v}_{2}(\boldsymbol{p}) \end{cases} \tag{4.3.32}$$

则得如下正交归一完备条件：

$$\begin{cases}\bar{v}_{\mu}^{(m)}(\boldsymbol{p})v_{\mu}^{(m')}(\boldsymbol{p}) = -\delta_{mm'} \\ \bar{v}_{\mu}^{(m)}(\boldsymbol{p})\gamma_4 v_{\mu}^{(m')}(\boldsymbol{p}) = \dfrac{E}{m}\delta_{mm'}\end{cases} \tag{4.3.33}$$

$$v_{\mu}^{(m)}(\boldsymbol{p})\bar{v}_{\nu}^{(m)}(\boldsymbol{p}) = -\frac{m+\mathrm{i}\hat{p}}{2m}\left[\delta_{\mu\nu} + \frac{2}{3m^2}p_{\mu}p_{\nu} - \frac{\mathrm{i}}{3m}(\gamma_{\mu}p_{\nu} - \gamma_{\nu}p_{\mu}) - \frac{1}{3}\gamma_{\mu}\gamma_{\nu}\right] \tag{4.3.34}$$

4.3.3 一条性质

由于

$$\begin{cases}(\sigma_1+\mathrm{i}\sigma_2)\chi_1 = 0,\quad (\sigma_1-\mathrm{i}\sigma_2)\chi_1 = 2\chi_2 = -2\sigma_3\chi_2 \\ (\sigma_1+\mathrm{i}\sigma_2)\chi_2 = 2\chi_1 = 2\sigma_3\chi_1,\quad (\sigma_1-i\sigma_2)\chi_2 = 0\end{cases} \tag{4.3.35}$$

所以

$$\begin{cases}(\gamma_1+\mathrm{i}\gamma_2)u_1 = 0,\quad (\gamma_1-\mathrm{i}\gamma_2)u_1 = -2\gamma_3 u_2 \\ (\gamma_1+\mathrm{i}\gamma_2)u_2 = 2\gamma_3 u_1,\quad (\gamma_1-\mathrm{i}\gamma_2)u_2 = 0 \\ (\gamma_1+\mathrm{i}\gamma_2)v_1 = 0,\quad (\gamma_1-\mathrm{i}\gamma_2)v_1 = 2\gamma_3 v_1 \\ (\gamma_1+\mathrm{i}\gamma_2)v_2 = -2\gamma_3 v_2,\quad (\gamma_1-\mathrm{i}\gamma_2)v_1 = 0\end{cases} \tag{4.3.36}$$

左乘以 Λ 得

$$\begin{cases}\gamma_{\mu}(f_{\mu}^1+\mathrm{i}f_{\mu}^2)u_1(\boldsymbol{p}) = 0,\quad \gamma_{\mu}(f_{\mu}^1-\mathrm{i}f_{\mu}^2)u_1(\boldsymbol{p}) = -2\gamma_{\mu}f_{\mu}^3u_2(\boldsymbol{p}) \\ \gamma_{\mu}(f_{\mu}^1+\mathrm{i}f_{\mu}^2)u_2(\boldsymbol{p}) = 2\gamma_{\mu}f_{\mu}^3u_1(\boldsymbol{p}),\quad \gamma_{\mu}(f_{\mu}^1-\mathrm{i}f_{\mu}^2)u_2(\boldsymbol{p}) = 0\end{cases} \tag{4.3.37}$$

$$\begin{cases}\gamma_{\mu}(f_{\mu}^1+\mathrm{i}f_{\mu}^2)v_2(\boldsymbol{p}) = 0,\quad \gamma_{\mu}(f_{\mu}^1-\mathrm{i}f_{\mu}^2)v_2(\boldsymbol{p}) = 2\gamma_{\mu}f_{\mu}^3v_1(\boldsymbol{p}) \\ \gamma_{\mu}(f_{\mu}^1+\mathrm{i}f_{\mu}^2)v_1(\boldsymbol{p}) = -2\gamma_{\mu}f_{\mu}^3v_2(\boldsymbol{p}),\quad \gamma_{\mu}(f_{\mu}^1-\mathrm{i}f_{\mu}^2)v_1(\boldsymbol{p}) = 0\end{cases} \tag{4.3.38}$$

改写为

$$\begin{cases}\gamma_{\mu}u_{\mu}^{(m)}(\boldsymbol{p}) = 0,\quad \bar{u}_{\mu}^{(m)}(\boldsymbol{p})\gamma_{\mu} = 0 \\ \gamma_{\mu}v_{\mu}^{(m)}(\boldsymbol{p}) = 0,\quad \bar{v}_{\mu}^{(m)}(\boldsymbol{p})\gamma_{\mu} = 0\end{cases} \tag{4.3.39}$$

第 5 章

夸克波函数

5.1 海森伯绘景中的夸克

假定:

(1) 基本粒子由夸克组成,即由三个点组成.

(2) 夸克是点,由点模型场论描述.

(3) 夸克是自旋为$\frac{1}{2}$的粒子,服从费米统计.

因此夸克波函数为狄拉克旋量,有

$$\psi(x)=\begin{pmatrix}\psi^1(x)\\ \psi^2(x)\\ \psi^3(x)\end{pmatrix}=\psi^\alpha(x)\phi_\alpha \tag{5.1.1}$$

式中,ϕ_α 是第α 个夸克的幺旋波函数.$\psi^\alpha(x)$是第 α 个夸克的旋量波函数.于是设

$$(M+\gamma_\mu\partial_\mu)\psi(x)=J(x)\quad\left(\partial_\mu=\frac{\partial}{\partial x_\mu}\right)\tag{5.1.2}$$

式中

$$\{\gamma_\mu,\gamma_\nu\}=2\delta_{\mu\nu}\tag{5.1.3}$$

5.2 自由夸克波函数

令 $J=0$,得自由夸克的狄拉克方程如下:

$$\left(M+\gamma_\mu\frac{\partial}{\partial x_\mu}\right)\psi(x)=0\tag{5.2.1}$$

两边乘以 $M-\gamma_\mu\dfrac{\partial}{\partial x_\mu}$,得

$$(M^2-\square)\psi(x)=0\quad\left(\square=\Delta^2-\frac{\partial^2}{\partial t^2}\right)\tag{5.2.2}$$

可见,ψ 满足狄拉克方程,也必然满足 K-G 条件.

作傅里叶展开

$$\psi(x)=\sum_{\boldsymbol{p}}\int_{-\infty}^{+\infty}\mathrm{d}p_0\mathrm{e}^{\mathrm{i}px}\tilde{\psi}(p)\tag{5.2.3}$$

式中

$$px=\boldsymbol{p}\cdot\boldsymbol{x}-p_0t$$

代入 K-G 条件得

$$\sum_{\boldsymbol{p}}\int_{-\infty}^{+\infty}\mathrm{d}p_0\mathrm{e}^{\mathrm{i}px}(M^2+p^2)\tilde{\psi}(p)=0\tag{5.2.4}$$

或者

$$(M^2+p^2)\tilde{\psi}(p)=0,\quad p^2=\boldsymbol{p}^2-p_0^2\tag{5.2.5}$$

它的解为

$$
\begin{aligned}
\tilde{\psi}(p) &= 2E\delta(M^2 + p^2)w(p), \quad E = \sqrt{M^2 + \boldsymbol{p}^2} \\
&= [\delta(p_0 - E) + \delta(p_0 + E)]w(\boldsymbol{p}, p_0) \\
&= \delta(p_0 - E)w(\boldsymbol{p}, E) + \delta(p_0 + E)w(\boldsymbol{p} - E) \\
&= \delta(p_0 - E)u(\boldsymbol{p}) + \delta(p_0 + E)v(-\boldsymbol{p})
\end{aligned} \tag{5.2.6}
$$

式中

$$
\begin{cases}
u(\boldsymbol{p}) = w(\boldsymbol{p}, E) \\
v(\boldsymbol{p}) = w(-\boldsymbol{p}, -E)
\end{cases} \tag{5.2.7}
$$

代入得

$$
\begin{aligned}
\psi(x) &= \sum_p [u(\boldsymbol{p})e^{i(\boldsymbol{p}\cdot\boldsymbol{x} - Et)} + v(\boldsymbol{p})e^{-i(\boldsymbol{p}\cdot\boldsymbol{x} - Et)}] \\
&= \sum_p [u(\boldsymbol{p})e^{ipx} + v(\boldsymbol{p})e^{-ipx}], \quad p\boldsymbol{x} = \boldsymbol{p}\cdot\boldsymbol{x} - Et
\end{aligned} \tag{5.2.8}
$$

式中，$u(\boldsymbol{p})$正能波函数描写夸克，而 $v(\boldsymbol{p})$负能波函数，描写反夸克. 可见由 K-G 条件给出粒子和反粒子. 代入狄拉克方程得

$$
\sum_p (M + i\hat{p})u(\boldsymbol{p})e^{ipx} + (M - i\hat{p})u(\boldsymbol{p})e^{-ipx} = 0 \tag{5.2.9}
$$

或者

$$
(M + i\hat{p})u(\boldsymbol{p}) = 0, \quad (M - i\hat{p})v(\boldsymbol{p}) = 0 \tag{5.2.10}
$$

式中

$$
\hat{p} = p_\mu \gamma_\mu \quad p_\mu = (\boldsymbol{p}, iE)
$$

利用

$$
\Lambda \gamma_4 \Lambda^{-1} = -i\frac{\hat{p}}{M}, \quad \gamma_4 = \begin{pmatrix} 1 & 0 \\ 0 & -1 \end{pmatrix} \tag{5.2.11}
$$

可得自由夸克运动方程

$$
(1 - \gamma_4)\Lambda^{-1}u(\boldsymbol{p}) = 0, \quad (1 + \gamma_4)\Lambda^{-1}v(\boldsymbol{p}) = 0 \tag{5.2.12}
$$

或者

$$
\begin{pmatrix} 0 & 0 \\ 0 & 1 \end{pmatrix}\Lambda^{-1}u(\boldsymbol{p}) = 0, \quad \begin{pmatrix} 1 & 0 \\ 0 & 0 \end{pmatrix}\Lambda^{-1}v(\boldsymbol{p}) = 0 \tag{5.2.13}
$$

它的解为

$$\Lambda^{-1}u(\boldsymbol{p}) = \begin{pmatrix} a(\boldsymbol{p}) \\ 0 \end{pmatrix}, \quad \Lambda^{-1}v(\boldsymbol{p}) = \begin{pmatrix} 0 \\ b(\boldsymbol{p}) \end{pmatrix} \tag{5.2.14}$$

作展开

$$\begin{cases} a(\boldsymbol{p}) = \sqrt{\dfrac{M}{E}}\begin{pmatrix} a_1(\boldsymbol{p}) \\ a_2(\boldsymbol{p}) \end{pmatrix} = \sqrt{\dfrac{M}{E}}\sum\limits_{r=1,2} a_r(\boldsymbol{p})\chi_r \\ b(\boldsymbol{p}) = \sqrt{\dfrac{M}{E}}\begin{pmatrix} -b_1^\dagger(\boldsymbol{p}) \\ b_2^\dagger(\boldsymbol{p}) \end{pmatrix} = \sqrt{\dfrac{M}{E}}\sum\limits_r b_r^\dagger(\boldsymbol{p})\varphi_r \end{cases} \tag{5.2.15}$$

代入得

$$\Lambda^{-1}u(\boldsymbol{p}) = \sqrt{\frac{M}{E}}\sum_r a_r(\boldsymbol{p})u_r, \quad \Lambda^{-1}v(\boldsymbol{p}) = \sqrt{\frac{M}{E}}\sum_r b_r^\dagger(\boldsymbol{p})v_r \tag{5.2.16}$$

或者

$$\begin{cases} u(\boldsymbol{p}) = \sqrt{\dfrac{M}{E}}\sum\limits_r a_r(\boldsymbol{p})\Lambda u_r = \sqrt{\dfrac{M}{E}}\sum\limits_r a_r(\boldsymbol{p})u_r(\boldsymbol{p}) \\ v(\boldsymbol{p}) = \sqrt{\dfrac{M}{E}}\sum\limits_r b_r^\dagger(\boldsymbol{p})\Lambda v_r = \sqrt{\dfrac{M}{E}}\sum\limits_r b_r^\dagger(\boldsymbol{p})v_r(\boldsymbol{p}) \end{cases} \tag{5.2.17}$$

代入原式得

$$\begin{aligned} \psi(x) &= \sum_{\boldsymbol{p},r}\sqrt{\frac{M}{E}}[a_r(\boldsymbol{p})u_r(\boldsymbol{p})\mathrm{e}^{\mathrm{i}px} + b_r^\dagger(\boldsymbol{p})v_r(\boldsymbol{p})\mathrm{e}^{-\mathrm{i}px}] \\ &= \sum_{\boldsymbol{p},r,\alpha}\sqrt{\frac{M}{E}}[a_r^\alpha(\boldsymbol{p})u_r(\boldsymbol{p})\mathrm{e}^{\mathrm{i}px} + b_r^{\alpha\dagger}(\boldsymbol{p})v_r(\boldsymbol{p})\mathrm{e}^{-\mathrm{i}px}]\phi_\alpha \end{aligned} \tag{5.2.18}$$

5.3 吸收算符和发射算符

实验证明

$$\begin{cases} a_r^{\alpha\dagger}(\boldsymbol{p})a_r^{\alpha}(\boldsymbol{p}) = \text{夸克数目} = 0,1 \\ b_r^{\alpha\dagger}(\boldsymbol{p})b_r^{\alpha}(\boldsymbol{p}) = \text{反夸克数目} = 0,1 \end{cases} \tag{5.3.1}$$

如果补充设 a、b 为吸收算符，$a^\dagger$、$b^\dagger$ 为发射算符，则极易证明下列量子化条件成立：

$$\begin{cases} \{a_r^{\alpha}(\boldsymbol{p}), a_{r'}^{\alpha'\dagger}(\boldsymbol{p}')\} = \delta_{\alpha\alpha'}\delta_{rr'}\delta_{\boldsymbol{p},\boldsymbol{p}'} \\ \{b_r^{\alpha}(\boldsymbol{p}), b_{r'}^{\alpha'\dagger}(\boldsymbol{p}')\} = \delta_{\alpha\alpha'}\delta_{rr'}\delta_{\boldsymbol{p},\boldsymbol{p}'} \end{cases} \tag{5.3.2}$$

其余各对均可反对易，则 $a_r^{\alpha}(\boldsymbol{p})$、$b_r^{\alpha}(\boldsymbol{p})$代表吸收算符(湮灭算符)，而 $a_r^{\alpha\dagger}(\boldsymbol{p})$、$b_r^{\alpha\dagger}(\boldsymbol{p})$代表发射算符(产生算符). 极易证明

$$\begin{cases} a_r(\boldsymbol{p}) = \sqrt{\dfrac{M}{E}}\displaystyle\int \mathrm{d}^3x\mathrm{e}^{-\mathrm{i}px}\bar{u}_r(\boldsymbol{p})\gamma_4\psi(x) \\ b_r^\dagger(\boldsymbol{p}) = \sqrt{\dfrac{M}{E}}\displaystyle\int \mathrm{d}^3x\mathrm{e}^{\mathrm{i}px}\bar{v}_r(\boldsymbol{p})\gamma_4\psi(x) \end{cases} \tag{5.3.3}$$

或者

$$\begin{aligned} a_r(\boldsymbol{p}) &= \sqrt{\frac{M}{E}}\int \mathrm{d}^3x\mathrm{e}^{-\mathrm{i}px}\phi_\alpha^\dagger\bar{u}_r(\boldsymbol{p})\gamma_4\psi(x) \\ b_r^\dagger(\boldsymbol{p}) &= \sqrt{\frac{M}{E}}\int \mathrm{d}^3x\mathrm{e}^{\mathrm{i}px}\phi_\alpha^\dagger\bar{v}_r(\boldsymbol{p})\gamma_4\psi(x) \end{aligned} \tag{5.3.4}$$

同样可以证明海森伯场 $\psi(x)$可以展开为自由夸克波函数：

$$\psi(x) = \sum_{p,r}\sqrt{\frac{M}{E}}[a_r^{\alpha}(\boldsymbol{p},t)u_r(\boldsymbol{p})\mathrm{e}^{\mathrm{i}px} + b_r^{\alpha\dagger}(\boldsymbol{p},t)v_r(\boldsymbol{p})\mathrm{e}^{-\mathrm{i}px}]\phi_\alpha \tag{5.3.5}$$

的形式，其中

$$\begin{cases} a_r^{\alpha}(\boldsymbol{p}t) = \sqrt{\dfrac{M}{E}}\displaystyle\int \mathrm{d}^3x\mathrm{e}^{-\mathrm{i}px}\bar{u}_r(\boldsymbol{p})\gamma_4\phi_\alpha^\dagger\psi(x) \\ b_r^{\alpha\dagger}(\boldsymbol{p}t) = \sqrt{\dfrac{M}{E}}\displaystyle\int \mathrm{d}^3x\mathrm{e}^{\mathrm{i}px}\bar{v}_r(\boldsymbol{p})\gamma_4\phi_\alpha^\dagger\psi(x) \end{cases} \tag{5.3.6}$$

第6章

介子波函数

定义介子波函数为

$$M(x_1,x_2) = \psi(x_1)\bar{\psi}(x_2) \tag{6.1.1}$$

上式代表在超强结合力组成的介子,它具有如下对称性质:

$$\bar{M}(x_1,x_2) = \gamma_4 M^{\dagger}(x_1,x_2)\gamma_4 = M(x_2,x_1) \tag{6.1.2}$$

x_1、x_2 均是时空4矢量,时间都相同.对于其各空间坐标矢量,引进介子质心坐标

$$\boldsymbol{X} = \frac{\boldsymbol{x}_1 + \boldsymbol{x}_2}{2}$$

和夸克相对坐标

$$\boldsymbol{x} = \boldsymbol{x}_1 - \boldsymbol{x}_2$$

则上述对称性式(6.1.2)可改写为

$$\bar{M}(X,x) = M(X,-x) \tag{6.1.3}$$

为了求介子波函数的零级近似,设

(1) 内部运动对质心运动没有影响.

(2) 质心作均速直线运动.

这相当于一个质量为 m 的双费米子(夸克、反夸克)作自由运动.它满足下列运动方程

$$\left(m+\gamma_\mu \frac{\partial}{\partial X_\mu}\right)M(X,x)\left(m-\gamma_\mu \frac{\partial}{\partial X_\mu}\right)=0 \tag{6.1.4}$$

其中 m 是介子质量.上式给出的 K-G 条件为

$$(m^2-\square)M(X,x)(m^2-\square)=0 \tag{6.1.5}$$

或

$$(m^2-\square)M(X,x)=0 \tag{6.1.6}$$

于是它可以展开为

$$M(X,x)=\sum_p\left[u(\boldsymbol{p},x)\mathrm{e}^{\mathrm{i}pX}+v(\boldsymbol{p},\boldsymbol{x})\mathrm{e}^{-\mathrm{i}pX}\right] \tag{6.1.7}$$

的形式,其中

$$pX=\boldsymbol{p}\cdot\boldsymbol{X}-ET,\quad E=\sqrt{m^2+\boldsymbol{p}^2}$$

代入双重狄拉克方程得

$$\sum_p\left(1+\mathrm{i}\frac{\hat{p}}{m}\right)u(\boldsymbol{p},x)\left(1-\mathrm{i}\frac{\hat{p}}{m}\right)\mathrm{e}^{\mathrm{i}pX}+\left(1+\mathrm{i}\frac{\hat{p}}{m}\right)v(\boldsymbol{p},x)\left(1+\mathrm{i}\frac{\hat{p}}{m}\right)\mathrm{e}^{-\mathrm{i}pX}=0 \tag{6.1.8}$$

或者

$$\begin{cases}\left(1+\mathrm{i}\dfrac{\hat{p}}{m}\right)u(\boldsymbol{p},x)\left(1-\mathrm{i}\dfrac{\hat{p}}{m}\right)=0\\[2ex]\left(1-\mathrm{i}\dfrac{\hat{p}}{m}\right)v(\boldsymbol{p},x)\left(1+\mathrm{i}\dfrac{\hat{p}}{m}\right)=0\end{cases} \tag{6.1.9}$$

它又可以化为

$$\begin{aligned}&(1-\gamma_4)\Lambda^{-1}u(\boldsymbol{p},x)\Lambda(1+\gamma_4)=0\\&(1+\gamma_4)\Lambda^{-1}v(\boldsymbol{p},x)\Lambda(1-\gamma_4)=0\end{aligned} \tag{6.1.10}$$

它的解为

$$\Lambda^{-1}u(\boldsymbol{p},x)\Lambda=\frac{\mathrm{i}m}{2\sqrt{2}E}(1+\gamma_4)\left[\gamma_5 a_5(\boldsymbol{p},x)+\sum_{\lambda=1}^{3}\gamma_\lambda a_\lambda(\boldsymbol{p},x)\right]$$

$$= \frac{\mathrm{i}m}{2\sqrt{2}E}(1+\gamma_4)\sum_{\lambda=1}^{5}\gamma_i a_i(\boldsymbol{p},x) \tag{6.1.11}$$

$$\Lambda^{-1}v(\boldsymbol{p},x)\Lambda = \frac{\mathrm{i}m}{2\sqrt{2}E}(1-\gamma_4)\sum_{\lambda=1}^{5}\gamma_i b_i^{\dagger}(\boldsymbol{p},x) \tag{6.1.12}$$

式中略去了标量介子赝矢介子,由此给出

$$u(\boldsymbol{p},x) = \frac{1}{2\sqrt{2}E}(m-\mathrm{i}\hat{p})[\gamma_5 a_5(\boldsymbol{p},x)+\gamma_\mu f_\mu^\lambda(\boldsymbol{p})a_\lambda(\boldsymbol{p},x)] \tag{6.1.13}$$

$$v(\boldsymbol{p},x) = \frac{\mathrm{i}}{2\sqrt{2}E}(m+\mathrm{i}\hat{p})[\gamma_5 b_5^{\dagger}(\boldsymbol{p}x)+\gamma_\mu f_\mu^\lambda(\boldsymbol{p})b_\lambda^{\dagger}(\boldsymbol{p}x)] \tag{6.1.14}$$

代入得介子波函数

$$M(X,x) = \frac{\mathrm{i}}{2}(m-\hat{\partial})\left\{\gamma_5\sum_p \frac{1}{\sqrt{2E}}[a_5(\boldsymbol{p}x)\mathrm{e}^{\mathrm{i}pX}+b_5^{\dagger}(\boldsymbol{p}x)\mathrm{e}^{-\mathrm{i}pX}]\right.$$
$$\left.+\gamma_\mu\sum_{\boldsymbol{p},\lambda}\frac{1}{\sqrt{2E}}[a_\lambda(\boldsymbol{p}x)\mathrm{e}^{\mathrm{i}pX}+b_\lambda^{\dagger}(\boldsymbol{p}x)\mathrm{e}^{-\mathrm{i}pX}]f_\mu^\lambda(\boldsymbol{p})\right\} \tag{6.1.15}$$

式中

$$\hat{\partial}=\gamma_\mu\partial_\mu,\quad \partial=\frac{\partial}{\partial X_\mu},\quad \partial_\mu\mathrm{e}^{\mathrm{i}pX}=\mathrm{i}p_\mu\mathrm{e}^{\mathrm{i}pX},\quad \partial_\mu\mathrm{e}^{-\mathrm{i}pX}=(-\mathrm{i}p_\mu)\mathrm{e}^{-\mathrm{i}pX} \tag{6.1.16}$$

并得

$$\overline{M}(X,x) = \frac{-\mathrm{i}}{2}\left\{\gamma_4\gamma_5\gamma_4\sum_p\frac{1}{\sqrt{2E}}[a_5^{\dagger}(\boldsymbol{p}x)\mathrm{e}^{-\mathrm{i}pX}+b_5(\boldsymbol{p}x)\mathrm{e}^{\mathrm{i}pX}]+\gamma_4\gamma_\mu\gamma_4\right\}$$
$$\cdot\sum_{\boldsymbol{p},\lambda}\frac{1}{\sqrt{2E}}[a_\lambda^{\dagger}(\boldsymbol{p}x)\mathrm{e}^{-\mathrm{i}pX}+b_\lambda(\boldsymbol{p}x)\mathrm{e}^{\mathrm{i}pX}]f_\mu^{l^*}(\boldsymbol{p})(m-\gamma_4\gamma_\mu\gamma_4\partial_\mu^*)$$
$$=\frac{\mathrm{i}}{2}\left\{\gamma_5\sum_p\left[a_5^{\dagger}(\boldsymbol{p},x)\frac{\mathrm{e}^{-\mathrm{i}pX}}{\sqrt{2E}}+b_5(\boldsymbol{p}x)\frac{\mathrm{e}^{\mathrm{i}pX}}{\sqrt{2E}}\right]\right.$$
$$\left.+\gamma_\mu\sum_{\boldsymbol{p},\lambda}\left\{a_\lambda^{\dagger}(\boldsymbol{p},x)\frac{\mathrm{e}^{-\mathrm{i}pX}}{\sqrt{2E}}+b_\lambda(\boldsymbol{p}x)\frac{\mathrm{e}^{\mathrm{i}pX}}{\sqrt{2E}}\right\}f_\mu^\lambda(\boldsymbol{p})\right\}(m+\partial) \tag{6.1.17}$$

由于

$$\begin{cases}\gamma_\mu\hat{\partial}=-\hat{\partial}\gamma_\mu+2\partial_\mu\\ \partial_\mu\mathrm{e}^{\pm\mathrm{i}pX}f_\mu^\lambda(\boldsymbol{p})=\pm\mathrm{i}\mathrm{e}^{\pm\mathrm{i}pX}p_\mu f_\mu^\lambda(\boldsymbol{p})=0\end{cases} \tag{6.1.18}$$

所以

$$\bar{M}(X,x)=\frac{\mathrm{i}}{2}(m-\hat{\partial})\left\{\gamma_5\sum_{p}\left[a_5^{\dagger}(\boldsymbol{px})\frac{\mathrm{e}^{-\mathrm{i}pX}}{\sqrt{2E}}+b_5(\boldsymbol{px})\frac{\mathrm{e}^{\mathrm{i}pX}}{\sqrt{2E}}\right]\right.$$

$$\left.+\gamma_\mu\sum_{p\lambda}\left[a_\lambda^{\dagger}(px)\frac{\mathrm{e}^{-\mathrm{i}pX}}{\sqrt{2E}}+b_\lambda(px)\frac{\mathrm{e}^{\mathrm{i}pX}}{\sqrt{2E}}\right]f_\mu^\lambda(\boldsymbol{p})\right\} \tag{6.1.19}$$

根据对称性质

$$\bar{M}(X,x)=M(X,-x) \tag{6.1.20}$$

给出

$$\begin{cases} b_5(\boldsymbol{p},x)=a_5(\boldsymbol{p},-\boldsymbol{x}) \\ b_\lambda(\boldsymbol{p},x)=a_\lambda(\boldsymbol{p},-\boldsymbol{x}) \end{cases} \tag{6.1.21}$$

代入得

$$M(X,x)=\frac{\mathrm{i}}{2}(m-\hat{\partial})\left\{\gamma_5\sum_{p}\left[a_5(\boldsymbol{p},x)\frac{\mathrm{e}^{\mathrm{i}pX}}{\sqrt{2E}}+a_5^{\dagger}(\boldsymbol{p},-x)\frac{\mathrm{e}^{-\mathrm{i}pX}}{\sqrt{2E}}\right]\right.$$

$$\left.+\gamma_\mu\sum_{p,\lambda}\left[a_\lambda(\boldsymbol{p},x)\frac{\mathrm{e}^{\mathrm{i}pX}}{\sqrt{2E}}+a_\lambda^{\dagger}(\boldsymbol{p},-x)\frac{\mathrm{e}^{-\mathrm{i}pX}}{\sqrt{2E}}\right]f_\mu^\lambda(\boldsymbol{p})\right\} \tag{6.1.22}$$

其次作分波展开,留下 s 波幅,

$$\begin{cases} a_5(\boldsymbol{p},x)=\dfrac{1}{\sqrt{m}}a_5(\boldsymbol{p})\Phi(x) \\ a_\lambda(\boldsymbol{p},x)=\dfrac{1}{\sqrt{m}}a_\lambda(\boldsymbol{p})\Phi(x) \end{cases} \tag{6.1.23}$$

因为内部波函数必须 SU_6 不变,所以二者相同.设

$$\Phi^*(-x)=\Phi(x)$$

则得

$$M(X,x)=\frac{\mathrm{i}\Phi(x)}{2\sqrt{m}}(m-\hat{\partial})[\gamma_5\varphi(X)+\gamma_\mu V_\mu(X)] \tag{6.1.24}$$

式中

$$\begin{cases} \varphi(X)=\displaystyle\sum_{p}\left[a_5(\boldsymbol{p})\frac{\mathrm{e}^{\mathrm{i}pX}}{\sqrt{2E}}+a_5^{\dagger}(\boldsymbol{p})\frac{\mathrm{e}^{-\mathrm{i}pX}}{\sqrt{2E}}\right] \\ V_\mu(X)=\displaystyle\sum_{p,\lambda}\left[a_\lambda(\boldsymbol{p})\frac{\mathrm{e}^{\mathrm{i}pX}}{\sqrt{2E}}+a_\lambda^{\dagger}(\boldsymbol{p})\frac{\mathrm{e}^{-\mathrm{i}pX}}{\sqrt{2E}}\right]f_\mu^\lambda(\boldsymbol{p}) \end{cases} \tag{6.1.25}$$

并满足洛伦茨条件

$$p_\mu f_\mu^\lambda(\boldsymbol{p}) = 0 \Rightarrow \partial_\mu V_\mu(X) = 0 \tag{6.1.26}$$

显然洛伦茨条件保证 $3V_\mu(x)$是自旋为 1 的场.

我们不加证明给出 $\Phi(x)$的正交归一化条件:

$$-\mathrm{i}\mu\int \mathrm{d}^4 x \mid \Phi(x) \mid^2 = \frac{m}{E}$$

式中,μ 是夸克的质量,m 是介子质量.由于 $a(p)$是 SU_3 矩阵,它可以展开为

$$\begin{aligned} a_5(\boldsymbol{p}) &= \sum_{j=0}^{8} a_5^{(j)}(\boldsymbol{p}) \frac{\lambda_j}{\sqrt{2}} \\ a_\lambda(\boldsymbol{p}) &= \sum_{j=0}^{8} a_\lambda^{(j)}(\boldsymbol{p}) \frac{\lambda_j}{\sqrt{2}} \end{aligned} \tag{6.1.27}$$

给出

$$\varphi(x) = \sum_{j=0}^{8}\sum_{p}\left[a_5^{(j)}(\boldsymbol{p})\frac{\mathrm{e}^{\mathrm{i}pX}}{\sqrt{2E}} + a_5^{(j)\dagger}(\boldsymbol{p})\frac{\mathrm{e}^{-\mathrm{i}pX}}{\sqrt{2E}}\right]\frac{\lambda_j}{\sqrt{2}} = \sum_{j=0}^{8}\varphi^{(j)}(x)\frac{\lambda_j}{\sqrt{2}} \tag{6.1.28}$$

$$V_\mu(x) = \sum_{j=0}^{8}\sum_{p\lambda}\left[a_\lambda^{(j)}(\boldsymbol{p})\frac{\mathrm{e}^{\mathrm{i}pX}}{\sqrt{2E}} + a_\lambda^{(j)\dagger}(\boldsymbol{p})\frac{\mathrm{e}^{-\mathrm{i}pX}}{\sqrt{2E}}\right]f_\mu^\lambda(\boldsymbol{p})\frac{\lambda_j}{\sqrt{2}} = \sum_{j=0}^{8}V_m^{(j)}(x)\frac{\lambda_j}{\sqrt{2}} \tag{6.1.29}$$

式中

$$\varphi^{(j)}(x) = \sum_{p}\left[a_5^{(j)}(\boldsymbol{p})\frac{\mathrm{e}^{\mathrm{i}pX}}{\sqrt{2E}} + a_5^{(j)^\dagger}(\boldsymbol{p})\frac{\mathrm{e}^{\mathrm{i}pX}}{\sqrt{2E}}\right] \tag{6.1.30}$$

$$V_\mu^{(j)}(x) = \sum_{p,\lambda}\left[a_\lambda^{(j)}(\boldsymbol{p})\frac{\mathrm{e}^{\mathrm{i}pX}}{\sqrt{2E}} + a_\lambda^{(j)^\dagger}(\boldsymbol{p})\frac{\mathrm{e}^{-\mathrm{i}pX}}{\sqrt{2E}}\right]f_\mu^\lambda(\boldsymbol{p}) \tag{6.1.31}$$

考虑 T_3^3 破坏,令介子质量取物理质量:

$$m \to m_{物理}$$

为了与实验相符,必须保持

$$\frac{\Phi(0)}{\sqrt{m_{物理}}} = 常数$$

上式称为 Weisskopff 假设.

第7章

重子波函数

7.1 重子波函数的定义

定义重子波函数

$$
\begin{cases} B(x_1, x_2, x_3) = \psi(x_1)\psi(x_2)\psi(x_3) \\ \bar{B}(x_1, x_2, x_3) = \bar{\psi}(x_1)\bar{\psi}(x_2)\bar{\psi}(x_3) \end{cases} \tag{7.1.1}
$$

各宗量 x_1、x_2 等均是时空4矢量，时间都相同.对于其各空间坐标矢量，如图7.1引进质心坐标[①]

① 这里取重子的三个价夸克质量相等，实际上一般不是如此.

$$\boldsymbol{X} = \frac{\boldsymbol{x}_1 + \boldsymbol{x}_2 + \boldsymbol{x}_3}{3}$$

以及内部坐标

$$\boldsymbol{x} = \boldsymbol{x}_1 - \boldsymbol{x}_2$$

$$\boldsymbol{x}' = \frac{\boldsymbol{x}_1 + \boldsymbol{x}_2}{2} - \boldsymbol{x}_3$$

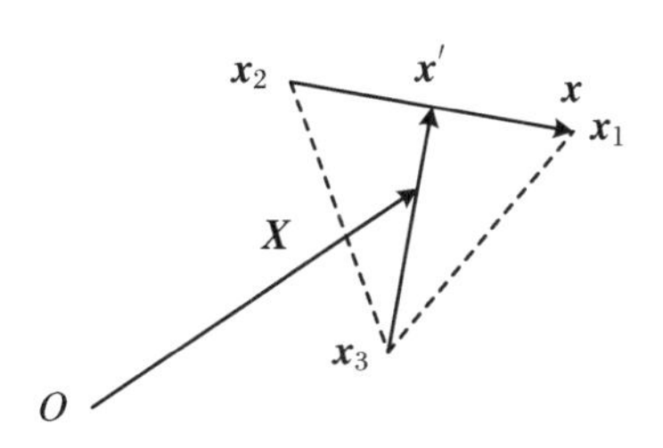

图 7.1　重子三个价夸克坐标

反解之得

$$\boldsymbol{x}_1 = \boldsymbol{X} + \frac{\boldsymbol{x}}{2} + \frac{\boldsymbol{x}'}{3}$$

$$\boldsymbol{x}_2 = \boldsymbol{X} - \frac{\boldsymbol{x}}{2} + \frac{\boldsymbol{x}'}{3}$$

$$\boldsymbol{x}_3 = \boldsymbol{X} - \frac{3}{2}\boldsymbol{x}'$$

于是

$$\begin{cases} B(x_1, x_2, x_3) = B(X, x, x') \\ \bar{B}(x_1, x_2, x_3) = \bar{B}(X, x, x') \end{cases} \tag{7.1.2}$$

假定：

(1) 内部运动对质心运动没有影响；

(2) 质心做匀速直线运动(做惯性运动).

亦即重子质心，相当于质量为 m 的三费米子的自由运动，自由方程为

$$(m + \gamma_\mu \partial_\mu) \otimes (m + \gamma_\mu \partial_\mu) \otimes (m + \gamma_\mu \partial_\mu) B(X, x, x') = 0 \tag{7.1.3}$$

式中

$$\partial_\mu = \frac{\partial}{\partial x_\mu}$$

左乘$(m-\hat{\partial})\otimes(m-\hat{\partial})\otimes(m-\hat{\partial})$得 K-G 条件：

$$(m^2-\Box)\otimes(m^2-\Box)\otimes(m^2-\Box)B(X,x,x')=0 \tag{7.1.4}$$

式中

$$\Box=\frac{\partial}{\partial x_\mu}\frac{\partial}{\partial x_\mu}$$

式(7.1.4)的解为

$$B(X,x,x')=\sum_p\left[u(\boldsymbol{p},x,x')\mathrm{e}^{\mathrm{i}pX}+v(\boldsymbol{p},x,x')\mathrm{e}^{-\mathrm{i}pX}\right] \tag{7.1.5}$$

式中

$$pX=p_\mu X_\mu \quad (p_\mu=(\boldsymbol{p},\mathrm{i}E))$$
$$E=\sqrt{m^2+\boldsymbol{p}^2}$$

代入狄拉克方程得

$$\sum_p(m+\mathrm{i}\hat{p})\otimes(m+\mathrm{i}\hat{p})\otimes(m+\mathrm{i}\hat{p})u(\boldsymbol{p},x,x')\mathrm{e}^{\mathrm{i}pX}$$
$$+(m-\mathrm{i}\hat{p})\otimes(m-\mathrm{i}\hat{p})\otimes(m-\mathrm{i}\hat{p})v(\boldsymbol{p},x,x')\mathrm{e}^{-\mathrm{i}pX}=0 \tag{7.1.6}$$

或者

$$\begin{cases}(m+\mathrm{i}\hat{p})\otimes(m+\mathrm{i}\hat{p})\otimes(m+\mathrm{i}\hat{p})u(\boldsymbol{p},x,x')=0\\(m-\mathrm{i}\hat{p})\otimes(m-\mathrm{i}\hat{p})\otimes(m-\mathrm{i}\hat{p})v(\boldsymbol{p},x,x')=0\end{cases} \tag{7.1.7}$$

上式又可以约化为

$$\begin{cases}(1-\gamma_4)\otimes(1-\gamma_4)\otimes(1-\gamma_4)(\Lambda^{-1}\otimes\Lambda^{-1}\otimes\Lambda^{-1}u(\boldsymbol{p},x,x'))=0\\(1+\gamma_4)\otimes(1+\gamma_4)\otimes(1+\gamma_4)(\Lambda^{-1}\otimes\Lambda^{-1}\otimes\Lambda^{-1}v(\boldsymbol{p},x,x'))=0\end{cases} \tag{7.1.8}$$

式(7.1.8)的解为

$$\begin{aligned}\overline{\Lambda}^3u(\boldsymbol{p},x,x')&=\begin{pmatrix}x_r\\0\end{pmatrix}\begin{pmatrix}x_s\\0\end{pmatrix}\begin{pmatrix}x_t\\0\end{pmatrix}\phi_\alpha\phi_\beta\phi_\gamma\sqrt{3!}m\sqrt{\frac{m}{E}}a_{rst}^{\alpha\beta}(\boldsymbol{p},x,x')\\&=u_ru_su_t\phi_\alpha\phi_\beta\phi_\gamma\sqrt{3!}m\sqrt{\frac{m}{E}}a_{rst}^{\alpha\beta\gamma}(\boldsymbol{p},x,x')\end{aligned} \tag{7.1.9}$$

$$\overline{\Lambda}^3v(\boldsymbol{p},x,x')=\begin{pmatrix}0\\\varphi_r\end{pmatrix}\begin{pmatrix}0\\\varphi_s\end{pmatrix}\begin{pmatrix}0\\\varphi_t\end{pmatrix}\phi_\alpha\phi_\beta\phi_\gamma\sqrt{3!}m\sqrt{\frac{m}{E}}b_{rst}^{\alpha\beta\gamma\dagger}(\boldsymbol{p},x,x')$$

$$= v_r v_s v_t \phi_\alpha \phi_\beta \phi_\gamma \sqrt{3}!\, m\sqrt{\frac{m}{E}} b_{rst}^{\alpha\beta\gamma\dagger}(\boldsymbol{p}, x, x') \tag{7.1.10}$$

或者

$$\begin{aligned} u(\boldsymbol{p}, x, x') &= u_r(\boldsymbol{p}) u_s(\boldsymbol{p}) u_t(\boldsymbol{p}) \phi_\alpha \phi_\beta \phi_\gamma \sqrt{3}!\, m\sqrt{\frac{m}{E}} a_{rst}^{\alpha\beta\gamma}(\boldsymbol{p}, x, x') \\ &= u_{ABC}(\boldsymbol{p}) \sqrt{3}!\, m\sqrt{\frac{m}{E}} a_{ABC}(\boldsymbol{p}, x, x') \end{aligned} \tag{7.1.11}$$

$$\begin{aligned} v(\boldsymbol{p}, x, x') &= v_r(\boldsymbol{p}) v_s(\boldsymbol{p}) v_t(\boldsymbol{p}) \phi_\alpha \phi_\beta \phi_\gamma \sqrt{3}!\, m\sqrt{\frac{m}{E}} b_{rst}^{\alpha\beta\gamma\dagger}(\boldsymbol{p}, x, x') \\ &= u_{ABC}(\boldsymbol{p}) \sqrt{3}!\, m\sqrt{\frac{m}{E}} b_{ABC}^{\dagger}(\boldsymbol{p}, x, x') \end{aligned} \tag{7.1.12}$$

式中

$$\begin{cases} u_{ABC}(\boldsymbol{p}) = u_r(\boldsymbol{p}) u_s(\boldsymbol{p}) u_t(\boldsymbol{p}) \phi_\alpha \phi_\beta \phi_\gamma \\ v_{ABC}(\boldsymbol{p}) = v_r(\boldsymbol{p}) v_s(\boldsymbol{p}) v_t(\boldsymbol{p}) \phi_\alpha \phi_\beta \phi_\gamma \end{cases} \tag{7.1.13}$$

代入得

$$\begin{aligned} & B(X, x, x') \\ & = \sqrt{3}! \sum_{p, A, B, C} m\sqrt{\frac{m}{E}} \{ a_{ABC}(\boldsymbol{p}, x, x') u_{ABC}(\boldsymbol{p}) \mathrm{e}^{\mathrm{i}pX} + b_{ABC}^{\dagger}(\boldsymbol{p}, x, x') v_{ABC}(\boldsymbol{p}) \mathrm{e}^{-\mathrm{i}pX} \} \end{aligned} \tag{7.1.14}$$

式中，$\sqrt{3!}$是玻色统计因子.

7.2 全对称波函数

超强基态是全反对称的，因此强作用部分是全对称波函数，以保证重子满足费米统计，由此得

$$M(X, x, x')$$

$$= \sqrt{3}! \sum_{p,A,B,C} m \sqrt{\frac{m}{E}} [a_{ABC}(\boldsymbol{p},x,x')u_{ABC}^{(S)}(\boldsymbol{p})\mathrm{e}^{\mathrm{i}pX} + b_{ABC}^{\dagger}(\boldsymbol{p},x,x')v_{ABC}^{(S)}(\boldsymbol{p})\mathrm{e}^{-\mathrm{i}pX}] \tag{7.2.1}$$

式中

$$u_{ABC}^{(S)}(\boldsymbol{p}) = d_{rst}^{m} d_{\alpha\beta\gamma}^{s} u_m(\boldsymbol{p})\phi_s + \frac{1}{3\sqrt{2}}[\varepsilon_{st}\varepsilon_{\alpha'\beta\gamma}u_{r\alpha}^{\alpha'}(\boldsymbol{p}) + \varepsilon_{tr}\varepsilon_{\alpha\beta'\gamma}u_{s\beta}^{\beta'}(\boldsymbol{p}) + \varepsilon_{rs}\varepsilon_{\alpha\beta\gamma'}u_{tr}^{\gamma'}(\boldsymbol{p})]$$

$$v_{ABC}^{(S)}(\boldsymbol{p}) = d_{rst}^{m} d_{\alpha\beta\gamma}^{s} v_m(\boldsymbol{p})\phi_s + \frac{1}{3\sqrt{2}}[\varepsilon_{st}\varepsilon_{\alpha'\beta\gamma}v_{r\alpha}^{\alpha'}(\boldsymbol{p}) + \varepsilon_{tr}\varepsilon_{\alpha\beta'\gamma}v_{s\beta}^{\beta'}(\boldsymbol{p}) + \varepsilon_{rs}\varepsilon_{\alpha\beta\gamma'}v_{tr}^{\gamma'}(\boldsymbol{p})]$$

代入得

$$\begin{aligned}
&B(X,x,x') \\
&= m\sqrt{3}! \sum_{p,r,s,t} \sqrt{\frac{m}{E}} [a_{rst}^{\alpha\beta\gamma}(\boldsymbol{p},x,x')d_{rst}^{m}d_{\alpha\beta\gamma}^{s}u_m(\boldsymbol{p})\mathrm{e}^{\mathrm{i}pX} + b_{rst}^{\alpha\beta\gamma^{\dagger}}(\boldsymbol{p},x,x')d_{rst}^{m}d_{\alpha\beta\gamma}^{s}v_m(\boldsymbol{p})\mathrm{e}^{-\mathrm{i}pX}]\phi_s \\
&\quad + \frac{m\sqrt{3}}{3\sqrt{2}} \sum_{p,r,s,t} \sqrt{\frac{m}{E}} \{a_{rst}^{\alpha\beta\gamma}(\boldsymbol{p},x,x')[\varepsilon_{st}\varepsilon_{\alpha'\beta\gamma}u_{r\alpha}^{\alpha'}(\boldsymbol{p}) + \varepsilon_{tr}\varepsilon_{\alpha\beta'\gamma}u_{s\beta}^{\beta'}(\boldsymbol{p}) + \varepsilon_{rs}\varepsilon_{\alpha\beta\gamma'}u_{tr}^{\gamma'}(\boldsymbol{p})]\mathrm{e}^{\mathrm{i}pX} \\
&\quad + b_{rst}^{\alpha\gamma^{\dagger}}(\boldsymbol{p},x,x')[\varepsilon_{st}\varepsilon_{\alpha\alpha'\beta\gamma}v_{r\alpha}^{\alpha'}(\boldsymbol{p}) + \varepsilon_{tr}\varepsilon_{\alpha\beta'\gamma}v_{s\beta}^{\beta'}(\boldsymbol{p}) + \varepsilon_{rs}\varepsilon_{\alpha\beta\gamma'}v_{tr}^{\gamma'}(\boldsymbol{p})]\mathrm{e}^{-\mathrm{i}pX}\} \\
&= \sqrt{3}! \sum_{p,m,s} \sqrt{\frac{m}{E}} [a_m^s(\boldsymbol{p},x,x')u_m(\boldsymbol{p})\mathrm{e}^{\mathrm{i}pX} + b_m^{s^{\dagger}}(\boldsymbol{p},x,x')v_m(\boldsymbol{p})\mathrm{e}^{-\mathrm{i}pX}]\phi_s \\
&\quad + m\sqrt{3}! \sum_{p,r,\alpha\alpha'} \sqrt{\frac{m}{E}} [a_r^{\alpha\alpha'}(\boldsymbol{p},x,x')u_{r\alpha}^{\alpha'}(\boldsymbol{p})\mathrm{e}^{\mathrm{i}pX} + b_r^{\alpha\alpha'^{\dagger}}(\boldsymbol{p},x,x')v_{r\alpha}^{\alpha'}(\boldsymbol{p})\mathrm{e}^{-\mathrm{i}pX}]
\end{aligned} \tag{7.2.2}$$

式中

$$\begin{cases}
a_m^s(\boldsymbol{p},x,x') = d_m^{rst}d_{\alpha\beta\gamma}^{s}a_{rst}^{\alpha\beta\gamma}(\boldsymbol{p},x,x') \\
b_m^{s^{\dagger}}(\boldsymbol{p},x,x') = d_m^{rst}d_{\alpha\beta\gamma}^{s}a_{rst}^{\alpha\beta\gamma^{\dagger}}(\boldsymbol{p},x,x')
\end{cases} \tag{7.2.3}$$

$$\begin{cases}
a_r^{\alpha\alpha'}(\boldsymbol{p},x,x') = \dfrac{1}{3\sqrt{2}}\varepsilon_{st}\varepsilon_{\alpha'\beta\gamma}[a_{rst}^{\alpha\beta\gamma}(\boldsymbol{p},x,x') + a_{trs}^{\gamma\alpha\beta}(\boldsymbol{p},x,x') + a_{srt}^{\beta\gamma\alpha}(\boldsymbol{p},x,x')] \\
b_r^{\alpha\alpha'}(\boldsymbol{p},x,x') = \dfrac{1}{3\sqrt{2}}\varepsilon_{st}\varepsilon_{\alpha'\beta\gamma}[b_{rst}^{\alpha\beta\gamma^{\dagger}}(\boldsymbol{p},x,x') + b_{trs}^{\gamma\alpha\beta^{\dagger}}(\boldsymbol{p},x,x') + b_{srt}^{\beta\gamma\alpha^{\dagger}}(\boldsymbol{p},x,x')]
\end{cases} \tag{7.2.4}$$

以及

$$\begin{cases} u_m(\boldsymbol{p}) = \dfrac{-1}{2\sqrt{2}m}[(m-\mathrm{i}\hat{p})\gamma_\mu\alpha_2]_{\rho\sigma}[u_\mu^{(m)}(\boldsymbol{p})]_\tau\chi_{\rho\sigma\tau} \\ v_m(\boldsymbol{p}) = \dfrac{-1}{2\sqrt{2}m}[(m+\mathrm{i}\hat{p})\gamma_\mu\alpha_2]_{\rho\sigma}[v_\mu^{(m)}(\boldsymbol{p})]_\tau\chi_{\rho\sigma\tau} \\ \phi_s = d_s^{\alpha\beta\gamma}\phi_{\alpha\beta\gamma} \end{cases} \tag{7.2.5}$$

$$\begin{cases} u_{r\alpha}^{\alpha'}(\boldsymbol{p}) = \dfrac{-\mathrm{i}}{6\sqrt{2}m}[(m-\mathrm{i}\hat{p})\gamma_5\alpha_2]_{\sigma\tau}\varepsilon^{\alpha\beta\gamma}(\chi_{\rho\sigma\tau}\phi_{\alpha\beta\gamma}+\chi_{\tau\rho\sigma}\phi_{\gamma\alpha\beta}+\lambda_{\sigma\tau\rho}\phi_{\beta\gamma\alpha}) \\ v_{r\alpha}^{\alpha'}(\boldsymbol{p}) = \dfrac{-\mathrm{i}}{6\sqrt{2}m}[(m+\mathrm{i}\hat{p})\gamma_5\alpha_2]_{\sigma\tau}\varepsilon^{\alpha\beta\gamma}(\chi_{\rho\sigma\tau}\phi_{\alpha\beta\gamma}+\chi_{\tau\rho\sigma}\phi_{\gamma\alpha\beta}+\chi_{\sigma\tau\rho}\phi_{\beta\gamma\alpha}) \end{cases} \tag{7.2.6}$$

代入得重子波函数

$$\begin{aligned} & B(X,x,x') \\ & = \frac{-\sqrt{3}}{2}[(m-\hat{\partial})\gamma_\mu\alpha_2]_{\rho\sigma} \\ & \quad \cdot \sum_{\boldsymbol{p},m}\sqrt{\frac{m}{E}}[a_m^s(\boldsymbol{p},x,x')u_\mu^{(m)}(\boldsymbol{p})\mathrm{e}^{\mathrm{i}pX}+b_m^s(\boldsymbol{p},x,x')v_\mu^{(m)}(\boldsymbol{p})\mathrm{e}^{-\mathrm{i}pX}]_\tau d_s^{\alpha\beta\gamma}\chi_{\rho\sigma\tau}\phi_{\alpha\beta\gamma} \\ & \quad + \frac{-\mathrm{i}}{2\sqrt{3}}[(m-\hat{\partial})\gamma_5\alpha_2]_{\sigma\tau} \\ & \quad \cdot \sum_{\boldsymbol{p},r}\sqrt{\frac{m}{E}}[a_r^{\alpha\alpha'}(\boldsymbol{p},x,x')u_r(\boldsymbol{p})\mathrm{e}^{\mathrm{i}pX}+b_r^{\alpha\alpha'\dagger}(\boldsymbol{p},x,x')v_r(\boldsymbol{p})\mathrm{e}^{-\mathrm{i}pX}]_\rho \\ & \quad \cdot \varepsilon^{\alpha'\beta\gamma}(\chi_{\rho\sigma\tau}\phi_{\alpha\beta\gamma}+\chi_{\tau\rho\sigma}\phi_{\gamma\alpha\beta}+\chi_{\sigma\tau\rho}\phi_{\beta\gamma\alpha}) \end{aligned} \tag{7.2.7}$$

分波展开,留下 s 波,

$$\begin{cases} a_m^s(\boldsymbol{p},x,x') = -a_m^s(\boldsymbol{p})\Phi(x,x')/m \\ b_m^{s\dagger}(\boldsymbol{p},x,x') = -b_m^{s\dagger}(\boldsymbol{p})\Phi(x,x')/m \\ a_r^{\alpha\alpha'}(\boldsymbol{p},x,x') = -a_r^{\alpha\alpha'}(\boldsymbol{p})\Phi_{\frac{1}{2}}(x,x')/m \\ b_r^{\alpha\alpha'\dagger}(\boldsymbol{p},x,x') = -b_r^{\alpha\alpha'\dagger}(\boldsymbol{p})\Phi_{\frac{1}{2}}(x,x')/m \end{cases} \tag{7.2.8}$$

并设 $\mathrm{i}\Phi_{\frac{1}{2}}(x,x')=\Phi(x,x')$,则得

$$\begin{aligned} B(X,x,x') = & \frac{\sqrt{3}}{2m}\Phi(x,x')[(m-\hat{\partial})\gamma_\mu\alpha_2]_{\rho\sigma}(\psi_\mu^s)_\tau(X)d_s^{\alpha\beta\gamma}\chi_{\rho\sigma\tau}\phi_{\alpha\beta\gamma} \\ & + \frac{2}{2\sqrt{3}m}\Phi(x,x')[(m-\hat{\partial})\gamma_5\alpha_2]_{\sigma\tau}\psi_\rho^{\alpha\alpha'}(X)\varepsilon^{\alpha'\beta\gamma} \\ & \cdot (\chi_{\rho\sigma\tau}\phi_{\alpha\beta\gamma}+\chi_{\tau\rho\sigma}\phi_{\gamma\alpha\beta}+\chi_{\sigma\tau\rho}\phi_{\beta\gamma\alpha}) \end{aligned}$$

$$= \chi_{\rho\sigma\tau}\phi_{\alpha\beta\gamma}\frac{\sqrt{3}}{2m}\Phi(x,x')\Big\{[(m-\hat{\partial})_{\mu}\alpha_2]_{\rho\sigma}[\psi_{\mu}^{s}(X)]_{\tau}d_{s}^{\alpha\beta\gamma}$$

$$+\frac{1}{3}[(m-\hat{\partial})\gamma_5\alpha_2]_{\sigma\tau}\psi_{\rho}^{\alpha\alpha'}(X)\varepsilon^{\alpha'\beta\gamma}+\frac{1}{3}[(m-\hat{\partial})_5\alpha_2]_{\tau\rho}\psi_{\rho}^{\beta\beta'}(X)\varepsilon^{\alpha\beta'\gamma}$$

$$+\frac{1}{3}[(m-\hat{\partial})\gamma_5\alpha_2]_{\rho\sigma}\psi_{\tau}^{\gamma\gamma'}(X)\varepsilon^{\alpha\beta\gamma'}\Big\} \tag{7.2.9}$$

或者

$$B_{\rho\sigma\tau}^{\alpha\beta\gamma}(X,x,x') = \psi_{\rho}^{\alpha}(x_1)\psi_{\sigma}^{\beta}(x_2)\psi_{\tau}^{\gamma}(x_3)$$

$$= \frac{\sqrt{3}}{6m}\Phi(x,x')\Big\{3[(m-\hat{\partial})\gamma_{\mu}\alpha_2]_{\rho\sigma}[\psi_{\mu}^{\xi}(X)]_{\tau}d_{\xi}^{\alpha\beta\gamma}$$

$$+[(m-\hat{\partial})_5\alpha_2]_{\sigma\tau}\psi_{\rho}^{\alpha\alpha'}(X)\varepsilon^{\alpha'\beta\gamma}+[(m-\hat{\partial})\gamma_5\alpha_2]_{\tau\rho}\psi_{\rho}^{\beta\beta'}(X)\varepsilon^{\alpha\beta'\gamma}$$

$$+[(m-\hat{\partial})\gamma_5\alpha_2]_{\rho\sigma}\psi'^{\gamma'}_{\tau}(X)\varepsilon^{\alpha\beta\gamma'}\Big\} \tag{7.2.10}$$

式中

$$\psi_{\mu}^{\xi}(x) = \sum_{p,m}\sqrt{\frac{m}{E}}[a_m^{\xi}(\boldsymbol{p})u_{\mu}^{(m)}(\boldsymbol{p})\mathrm{e}^{\mathrm{i}px}+b_m^{\xi\dagger}(\boldsymbol{p})v_{\mu}^{(m)}(\boldsymbol{p})\mathrm{e}^{-\mathrm{i}pX}] \tag{7.2.11}$$

满足$\partial_{\mu}\psi_{\mu}^{\xi}=0,\gamma_{\mu}\psi_{\mu}^{\xi}=0$.而

$$\psi^{\alpha\beta}(x) = \sum_{p,m}\sqrt{\frac{m}{E}}[a_r^{\alpha\beta}(\boldsymbol{p})u_r(\boldsymbol{p})\mathrm{e}^{\mathrm{i}px}+b_r^{\alpha\beta\dagger}(\boldsymbol{p})v_r(\boldsymbol{p})\mathrm{e}^{-\mathrm{i}pX}]$$

$$= \begin{pmatrix} \frac{\Sigma^0}{\sqrt{2}}+\frac{\Lambda}{\sqrt{2}} & \Sigma^+ & p \\ \Sigma^- & -\frac{\Sigma^0}{\sqrt{2}}+\frac{\Lambda}{\sqrt{6}} & n \\ \Xi^- & \Xi^0 & -\frac{\Lambda}{\sqrt{6}} \end{pmatrix} \tag{7.2.12}$$

7.3 共轭波函数

定义

$$
\begin{aligned}
\overline{B}^{\alpha\beta\gamma}_{\rho\sigma\tau}(X,x,x') &= \overline{\psi}^{\alpha}_{\rho}(x_1)\overline{\psi}^{\beta}_{\sigma}(x_2)\overline{\psi}^{\gamma}_{\tau}(x_3) \\
&= B^{\alpha\beta\gamma}_{\rho'\sigma'\tau'}(X,x,x')(\gamma_4)_{\rho'\rho}(\gamma_4)_{\sigma'\sigma}(\gamma_4)_{\tau'\tau} \\
&= \frac{\sqrt{3}}{2m}\Phi(x,x')\Big\{[(m-\hat{\partial})\gamma_\mu\alpha_2]^*_{\rho'\sigma'}(\gamma_4)_{\rho'\rho}(\gamma_4)_{\sigma'\sigma}\psi^{s^*}_{\mu\tau'}(X)(\gamma_4)_{\tau'\tau}d^{\alpha\beta\gamma}_s \\
&\quad + \frac{1}{3}[(m-\hat{\partial})\gamma_5\alpha_2]^*_{\sigma'\tau'}(\gamma_4)_{\sigma'\sigma}(\gamma_4)_{\tau'\tau}\psi^{\alpha q^*}_{\rho}(X)(\gamma_4)_{\rho'\rho}\varepsilon^{\alpha'\beta\gamma} \\
&\quad + \frac{1}{3}[(m-\hat{\partial})\gamma_5\alpha_2]^*_{\tau'\rho'}(\gamma_4)_{\tau'\tau}(\gamma_4)_{\rho'\rho}\psi^{\beta\beta'}_{\sigma'}(X)(\gamma_4)_{\sigma'\sigma}\varepsilon^{\alpha\beta'\gamma} \\
&\quad + \frac{1}{3}[(m-\hat{\partial})\gamma_5\alpha_2]^*_{\rho'\sigma'}(\gamma_4)_{\rho'\rho}(\gamma_4)_{\sigma'\sigma}\psi'^{\gamma'}_{\tau'}(X)(\gamma_4)_{\tau'\tau}\varepsilon^{\alpha\beta\gamma'}\Big\}
\end{aligned} \tag{7.3.1}
$$

式中

$$
\begin{aligned}
&[(m-\hat{\partial})\gamma_\mu\alpha_2]^*_{\rho'\sigma'}(\gamma_4)_{\rho'\rho}(\gamma_4)_{\sigma'\sigma}\psi^{s^*}_{\mu\tau'}(X)(\gamma_4)_{\tau'\tau} \\
&\quad = (\gamma_4[(m-\hat{\partial})\gamma_\mu\alpha_2]^\dagger\gamma_4)_{\sigma\rho}[\psi^{s^\dagger}_{\mu}(X)\gamma_4]_\tau \\
&\quad = [\gamma_4\alpha_2\gamma_\mu(m-\hat{\partial}^*)_4]_{\sigma\rho}[\psi^{s^\dagger}_{\mu}(X)\gamma_4]_\tau \\
&\quad = [\alpha_2\gamma_4(m+\hat{\partial})]_{\sigma\rho}[\psi^{s^\dagger}_{\mu}(X)\gamma_4 g_{\mu v}]_\tau
\end{aligned}
$$

由于 $\alpha_2\gamma_\mu\alpha_2=-\tilde{\gamma}_\mu$，$\tilde{\alpha}_2=-\alpha_2$，则

$$
\begin{aligned}
&[(m-\hat{\partial})\gamma_\mu\alpha_2]^*_{\rho'\sigma'}(\gamma_4)_{\rho'\rho}(\gamma_4)_{\sigma'\sigma}\psi^{s^*}_{\mu\tau'}(X)(\gamma_4)_{\tau'\tau} \\
&\quad = -[\tilde{r}_\mu(m-\tilde{\hat{\partial}})\alpha_2]_{\sigma\rho}\overline{\psi}^{s}_{\mu\tau}(X) \\
&\quad = [\alpha_2(m-\hat{\partial})\gamma_\mu]_{\rho\sigma}\overline{\psi}^{s}_{\mu\tau}(X)[(m-\hat{\partial})\gamma_5\alpha_2]^*_{\sigma'\tau'}(\gamma_4)_{\sigma'\sigma}(\gamma_4)_{\tau'\tau} \\
&\quad = \{\gamma_4[(m-\hat{\partial})\gamma_5\alpha_2]^\dagger\gamma_4\}_{\tau\sigma} = [\gamma_4\alpha_2\gamma_5(m-\hat{\partial}^*)\gamma_4]_{\tau\sigma} \\
&\quad = [\alpha_2\gamma_5(m+\hat{\partial})]_{\tau\sigma} = [\gamma_5(m-\hat{\partial})\alpha_2]_{\tau\sigma} = -[a_2(m-\hat{\partial})\gamma_5]_{\sigma\tau}
\end{aligned} \tag{7.3.2}
$$

代入得

$$
\begin{aligned}
\overline{B}^{\alpha\beta\gamma}_{\rho\sigma\tau}(X,x,x') &= \overline{\psi}^{\alpha}_{\rho}(x_1)\overline{\psi}^{\beta}_{\sigma}(x_2)\overline{\psi}^{\gamma}_{\tau}(x_3) \\
&= \frac{\sqrt{3}}{2}\Phi(x,x')\Big\{[a_2(m-\hat{\partial})\gamma_\mu]_{\rho\sigma}\overline{\psi}^{s}_{\mu\tau}(X)d^{\alpha\beta\gamma}_s \\
&\quad - \frac{1}{3}[a_2(m-\hat{\partial})\gamma_s]_{\sigma\tau}\overline{\psi}^{\alpha\alpha'}_{\rho}(X)\varepsilon^{\alpha'\beta\gamma} - \frac{1}{3}[a_2(m-\hat{\partial})\gamma_s]_{\tau\rho}\overline{\psi}^{\beta\beta'}_{\sigma}(X)\varepsilon^{\alpha\beta'\gamma} \\
&\quad - \frac{1}{3}[a_2(m-\hat{\partial})\gamma_s]_{\rho\sigma}\overline{\psi}^{\gamma'}_{\tau}(X)\varepsilon^{\alpha\beta\gamma'}\Big\}
\end{aligned} \tag{7.3.3}
$$

式中

$$\overline{\psi}_{\mu}^{\xi}(x)=\overline{\psi}_{\gamma}^{\xi\dagger}(x)=\gamma_4 g_{\gamma\mu},\quad g_{\gamma\mu}=\begin{pmatrix}1&&&\\&1&&\\&&1&\\&&&-1\end{pmatrix} \tag{7.3.4}$$

极易证明

$$\begin{cases}\overline{(m-\hat{\partial})\gamma_5\alpha_2}=-(m-\hat{\partial})\gamma_5\alpha_2\\ \overline{\alpha_2(m-\hat{\partial})\gamma_5}=-\alpha_2(m-\hat{\partial})\gamma_5\\ \overline{(m-\hat{\partial})\gamma_{\mu}\alpha_2}=-(m-\hat{\partial})\gamma_{\mu}\alpha_2\\ \overline{\alpha_2(m-\hat{\partial})\gamma_{\mu}}=+\alpha_2(m-\hat{\partial})\gamma_{\mu}\end{cases} \tag{7.3.5}$$

我们不加证明给出内部波函数的归一化条件

$$-u^2\int \mathrm{d}^4x\mathrm{d}^4x'\,|\,\Phi(x,x')|^2=\left(\frac{m}{E}\right)^2 \tag{7.3.6}$$

式中,μ 为夸克质量,m 为重子质量.

式(7.3.5)证明过程如下:

利用$\widetilde{\gamma_5}=\gamma_5$,$\widetilde{\alpha_2}=-\alpha_2$,$\gamma_5\alpha_2=\alpha_2\gamma_5$,$\alpha_2\widetilde{\gamma_{\mu}}\alpha_2=-\gamma_{\mu}$

$$\begin{aligned}\overline{(m-\hat{\partial})\gamma_5\alpha_2}&=\widetilde{\alpha_2}\tilde{r}_5(m-\widetilde{\gamma_{\mu}}\partial_{\mu})=-\alpha_2\gamma_5(m-\widetilde{\gamma_{\mu}}\partial_{\mu})=-\gamma_5(m-\alpha_2\widetilde{\gamma_{\mu}}\alpha_2\partial_{\mu})\alpha_2\\&=-\gamma_5(m+\gamma_{\mu}\partial_{\mu})\alpha_2=-(m-\gamma_{\mu}\partial_{\mu})\gamma_5\alpha_2=-(m-\hat{\partial})\gamma_5\alpha_2\end{aligned}$$

$$\begin{aligned}\overline{\alpha_2(m-\hat{\partial})\gamma_5}&=\widetilde{\gamma_5}(m-\widetilde{\gamma_{\mu}}\partial_{\mu})\widetilde{\alpha_2}=-\gamma_5(m-\widetilde{\gamma_{\mu}}\partial_{\mu})\alpha_2=-\gamma_5\alpha_2(m-\alpha_2\widetilde{\gamma_{\mu}}\alpha_2\partial_{\mu})\\&=-\gamma_5\alpha_2(m+\gamma_{\mu}\partial_{\mu})=-\alpha_2(m-\gamma_{\mu}\partial_{\mu})\gamma_5=-\alpha_2(m-\hat{\partial})\gamma_5\end{aligned}$$

$$\begin{aligned}\overline{(m-\hat{\partial})\gamma_{\mu}\alpha_2}&=\widetilde{\alpha_2}\,\widetilde{\gamma_{\mu}}(m-\widetilde{\gamma_{\mu}}\partial_{\mu})=-\alpha_2\widetilde{\gamma_{\mu}}(m-\widetilde{\gamma_{\mu}}\partial_{\mu})=-\alpha_2\widetilde{\gamma_{\mu}}\alpha_2(m-\alpha_2\widetilde{\gamma_{\mu}}\alpha_2\partial_{\mu})\\&=-\gamma_{\mu}(m+\gamma_{\mu}\partial_{\mu})\alpha_2=(m-\gamma_{\mu}\partial_{\mu})\gamma_{\mu}\alpha_2=(m-\hat{\partial})\gamma_{\mu}\alpha_2\end{aligned}$$

$$\begin{aligned}\overline{\alpha_2(m-\hat{\partial})\gamma_{\mu}}&=\widetilde{\gamma_{\mu}}(m-\widetilde{\gamma_{\mu}}\partial_{\mu})\widetilde{\alpha_2}=-\alpha_2\cdot\alpha_2\widetilde{\gamma_{\mu}}\alpha_2(m-\alpha_2\widetilde{\gamma_{\mu}}\alpha_2\partial_{\mu})\\&=+\alpha_2\gamma_{\mu}(m+\gamma_{\mu}\partial_{\mu})=\alpha_2(m-\gamma_{\mu}\partial_{\mu})\gamma_{\mu}\end{aligned}$$

第 8 章

幺模幺正变换群 SU_m

8.1 幺模幺正变换群 SU_m

取酉群 U_m 中满足幺模条件的元素 u 的集合:

$$SU_m = \{\cdots, u, \cdots\}$$

其中,算符 $u \in SU_m$ 除了满足幺正性条件

$$u^\dagger u = E = uu^\dagger \tag{8.1.1}$$

之外,还满足幺模条件

$$\det u = 1 \tag{8.1.2}$$

极易证明,所有满足幺模幺正条件的算符集合 SU_m 形成一个群,即

(1) 如果 u、v 属于集合 SU_m，那么由于

$$(uv)^\dagger(uv) = E = (uv)(uv)^\dagger$$
$$\det(uv) = \det u \cdot \det v = 1$$

所以 uv 也属于集合 SU_m，即集合对于乘法是封闭的.

(2) 如果 u 属于集合 SU_m，那么由于

$$(u^{-1})^\dagger(u^{-1}) = E = (u^{-1})(u^{-1})^\dagger$$
$$\det(u^{-1}) = \frac{1}{\det u} = 1$$

所以，u^{-1} 也属于集合 SU_m，即集合包括逆算符.

(3) 显然，单位算符 E 也属于集合 SU_m，即

$$E^\dagger E = E = EE^\dagger$$
$$\det E = 1$$

(4) 若 u、v、w 是酉群 U_m 中满足幺模条件的元素，则酉群条件必满足 $(uv)w = u(vw)$（结合律）.

因此，集合 SU_m 形成一个群，称为幺模幺正变换群 SU_m. 显然，群 SU_m 是群 U_m 的子群，也是群 $\mathscr{S}_m$ 的子群.

在空间 L 上，群元素 u 引起协变基底的变换为

$$\begin{cases} \phi_i \to \phi'_i = u\phi_i = \phi_R a_i^k \quad (i = 1,2,\cdots) \\ u = E_i^k a_k^i \end{cases} \tag{8.1.3}$$

其中，$a_i^k(i,k = 1,2,\cdots,m)$ 称为群元素 u 在基底 ϕ_i 上的矩阵元，由于它是复数，所以矩阵 u 之中一共有 $2u^2$ 个实参数，为了求出独立实系数的个数，我们将式(8.1.3)代入幺模幺正条件之中，得

$$\begin{cases} a_i^\alpha a_k^{\alpha^*} = \delta_i^k a_\alpha^{i*} a_\alpha^k \quad (i,k = 1,2,\cdots,m) \\ \sum_\sigma \mathscr{S}_\sigma a_{\sigma_1}^1 \cdot \cdots \cdot a_{\sigma_m}^m = 1 \end{cases} \tag{8.1.4}$$

一共是 $m^2 + 1$ 个条件，所以矩阵 u 之中只有 $m^2 - 1$ 个独立的实参数，因此，李群 SU_m 是 $m^2 - 1$ 阶的.

如果我们挑选表象

$$\phi_1 = \begin{pmatrix} 1 \\ 0 \\ \vdots \\ 0 \end{pmatrix}, \quad \phi_2 = \begin{pmatrix} 0 \\ 1 \\ 0 \\ \vdots \\ 0 \end{pmatrix}, \quad \cdots, \quad \phi_m = \begin{pmatrix} 0 \\ \vdots \\ 0 \\ 1 \end{pmatrix} \tag{8.1.5}$$

那么根据

$$E_\alpha^\beta \phi_i = \phi_\alpha \delta_i^\beta \tag{8.1.6}$$

可以导出

$$E_1^1 = \begin{pmatrix} 1 & 0 & \cdots & 0 \\ 0 & 0 & \cdots & 0 \\ \vdots & \vdots & & \vdots \\ 0 & 0 & \cdots & 0 \end{pmatrix}, \quad E_1^2 = \begin{pmatrix} 0 & 0 & 0 & \cdots & 0 \\ 0 & 0 & 0 & \cdots & 0 \\ \vdots & \vdots & \vdots & & \vdots \\ 0 & 0 & 0 & \cdots & 0 \end{pmatrix} \tag{8.1.7}$$

这时 u 可以写成

$$u = E_i^k a_k^i = \begin{pmatrix} a_1^1 & a_2^1 & \cdots & a_m^1 \\ a_1^2 & a_2^2 & \cdots & a_m^2 \\ \vdots & \vdots & & \vdots \\ a_1^m & a_2^m & \cdots & a_m^m \end{pmatrix} \tag{8.1.8}$$

的形式，根据算符 u 的幺正性，它可以角化为

$$u = V^{-1} \begin{pmatrix} \varepsilon_1 & & \\ & \ddots & \\ & & \varepsilon_m \end{pmatrix} V \tag{8.1.9}$$

的形式.其中 V 是一个幺正矩阵，而

$$\varepsilon_j = e^{i\omega_j} \quad (j = 1, 2, \cdots, m) \tag{8.1.10}$$

是 m 个绝对值等于 1 的复数，$\omega_1, \cdots, \omega_m$ 是 m 个实数.根据 u 的幺模条件得

$$\det u = \varepsilon_1 \cdot \cdots \cdot \varepsilon_m = e^{i(\omega_1 + \cdots + \omega_m)} = 1 \tag{8.1.11}$$

或者

$$\begin{cases} \varepsilon_1 \cdot \cdots \cdot \varepsilon_m = 1 \\ \omega_1 + \cdots + \omega_m = 0 \end{cases} \tag{8.1.12}$$

从而导出如下定理：

定理 8.1 群 SU_m 的共轭类可以用 m 个绝对值等于 1 的复数 $\varepsilon_1, \cdots, \varepsilon_m$ 来描述，这

m 个数满足幺模条件

$$\varepsilon_1 \cdot \cdots \cdot \varepsilon_m = 1$$

或者是用 m 个实数 $\omega_1, \cdots, \omega_m$ 来描述，这 m 个数满足零迹条件

$$\omega_1 + \cdots + \omega_m = 0$$

其中

$$\varepsilon_j = e^{i\omega_j} \quad (j = 1, 2, \cdots, m)$$

是算符 u 的本征值.

由于算符 u 是幺正的，所以它可以写为指数形式

$$u = e^{i\Theta} \tag{8.1.13}$$

其中，Θ 是一个厄米算符，即

$$\Theta^\dagger = \Theta \tag{8.1.14}$$

由于算符 u 是幺模的，即

$$\det u = e^{i\mathrm{tr}\,\Theta} = 1 \quad (\varepsilon_1 \cdot \cdots \cdot \varepsilon_m = 1) \tag{8.1.15}$$

所以算符 Θ 满足零迹条件

$$\mathrm{tr}\,\Theta = 0 \quad (\omega_1 + \cdots + \omega_m = 0) \tag{8.1.16}$$

于是有如下定理：

定理 8.2 群 SU_m 的算符 u 具有如下的指数形式：

$$u = e^{i\Theta} \tag{8.1.17}$$

其中，Θ 是一个零迹厄米算符，即

$$\Theta^\dagger = \Theta, \quad \mathrm{tr}\,\Theta = 0$$

在协变基底 $\phi_i (i = 1, 2, \cdots, m)$ 上，零迹厄米算符 Θ 可以展开为

$$\Theta = E_i^k \theta_k^i \tag{8.1.18}$$

的形式，其中，θ_i^k 满足零迹厄米条件

$$\begin{cases} \theta_i^{k*} = \theta_k^i \\ \theta_i^i = 0 \end{cases} \tag{8.1.19}$$

于是得

$$u = e^{iE_j^k \theta_k^j}$$

由于参数 θ_i^k 满足零迹条件，这个条件必然地反映到算符 E_i^k 上去，所以我们令

$$\lambda_i^k = E_i^k - \frac{1}{m}\delta_i^k E \tag{8.1.20}$$

其中,算符 λ_i^k 自动地满足零迹条件

$$\lambda_i^i = 0 \tag{8.1.21}$$

将式(8.1.20)代入(8.1.18)之中获得

$$\Theta = \left(\lambda_i^k + \frac{1}{m}\delta_i^k E\right)\theta_k^i = \lambda_i^k \theta_k^i + \frac{1}{m}\theta_i^i E = \lambda_i^k \theta_k^i \tag{8.1.22}$$

或者

$$\Theta = \lambda_i^k \alpha_k^i \tag{8.1.23}$$

于是算符 u 的指数形式改写为

$$u = \mathrm{e}^{\mathrm{i}\lambda_j^k \theta_k^j} \tag{8.1.24}$$

从式(8.1.24)出发,根据无穷小算符的定义,导出群 SU_m 的无穷小算符是λ_i^k,即

$$-\mathrm{i}\frac{\partial u}{\partial \theta_k^j}\bigg|_{\theta_\alpha^\beta = 0} = \lambda_j^k \quad (k, j, \alpha, \beta = 1,2,\cdots,m) \tag{8.1.25}$$

由于 λ_i^k 满足零迹条件式(8.1.21),所以独立的无穷小算符只有 m^2-1 个,它们满足如下的对易关系:

$$[\lambda_i^k, \lambda_{i'}^{k'}] = \lambda_i^{k'}\delta_{i'}^k - \lambda_{i'}^k \delta_i^{k'} \tag{8.1.26}$$

或改写为

$$[\lambda_i^k, \lambda_{i'}^{k'}] = C_{ii'i''}^{kk'k''}\lambda_{k''}^{i''} \tag{8.1.27}$$

其中

$$C_{ii'i''}^{kk'k''} = [\lambda_i^k, \lambda_{i'}^{k'}]_{i''}^{k''} = \delta_{i'}^k \delta_i^{k''} \delta_{i''}^{k'} - \delta_i^{k'} \delta_{i'}^{k''} \delta_{i''}^k \tag{8.1.28}$$

称为群 SU_m 的结构常数,从式(8.1.26)可以看出,式(8.1.25)中可对易的无穷小算符是

$$\lambda_1^1, \cdots, \lambda_m^m$$

由于它们满足零迹条件 $\lambda_i^i = 0$,所以只有 $m-1$ 个,因此群 SU_m 的秩是$m-1$.

定理 8.3 在协变基底上,零迹厄米算符 Θ 可以展开为

$$\Theta = \lambda_i^k \theta_k^i \tag{8.1.29}$$

的形式.其中 $\theta_k^i(i, k = 1,2,\cdots,m)$是满足零迹厄米条件

$$\theta_i^{k*} = \theta_k^i, \quad \theta_i^i = 0$$

的参数.其中 λ_i^k 是零迹算符

$$\lambda_i^k = E_i^k - \frac{1}{m}\delta_i^k E, \quad \lambda_i^i = 0$$

它满足厄米条件

$$\lambda_i^{k\dagger} = \lambda_k^i$$

于是,算符 $u \in SU_m$ 具有如下的指数形式:

$$u = e^{i\lambda_i^k \theta_k^i}$$

因此,群 SU_m 的无穷小算符是λ_i^k($i,k=1,2,\cdots,m$),一共有 m^2-1 个,它们满足如下的对易关系:

$$[\lambda_i^k, \lambda_{i'}^{k'}] = \lambda_i^{k'}\delta_{i'}^k - \lambda_{i'}^k\delta_i^{k'}$$

其中可对易的无穷小算符是 $\lambda_1^1,\cdots,\lambda_m^m$,一共有 $m-1$ 个,所以群 SU_m 的秩是$m-1$,群的结构常数是 $C_{ii'i''}^{kk'k''}$.

群 $\mathscr{S}_m$ 中的阿贝尔不变子群 $\mathscr{S}_b$ 具有

$$\mathscr{S}_b = \{\cdots, E, \cdots\} \tag{8.1.30}$$

的形式.其中 C 是一个复数.由于群 u_m 具有幺正性,所以群 u_m 中的阿贝尔不变子群 $\mathscr{S}_b$ 具有

$$\mathscr{S}_b^u = \{\cdots e^{iE}\cdots\}\{\cdots e^{iE}\cdots\} \tag{8.1.31}$$

的形式.其中 θ 是一个实数.所以群 u_m 不是半单纯的.

由于群 SU_m 除了满足幺正性条件之外,还必须满足幺模条件,所以群 SU_m 中的阿贝尔不变子群具有

$$\mathscr{S}_b^{SU} = \{\cdots, E, \cdots\} = E \tag{8.1.32}$$

的形式,即 $\theta=0$.因此,群 $\mathscr{S}_b^{SU}$ 中只包括一个单位算符E,从而导出如下定理:

定理 8.4 群 SU_m 除了单位算符E 之外,不包括任何其他阿贝尔不变子群,因此群 SU_m 是半单纯的.

8.2 逆变基底、共轭表示

在群 SU_m 的作用下，在空间 L 中引起协变基底的变换

$$\phi_i \rightarrow \phi'_i = u\phi_i = \phi^i_k a^k_i \quad (i = 1,\cdots,m) \tag{8.2.1}$$

其中 $u = e^{i\lambda^k_j\theta^j_k} \in SU_m$. 相应地，在共轭空间 L^c 中引起逆变基底的变换

$$\phi^i \rightarrow \phi^{i'} = u^c\phi^i = \phi^k a^{k^*}_i \quad (i = 1,2,\cdots,m; u \in SU_m) \tag{8.2.2}$$

为了求得空间 L^c 中的算符 $u^c \in SU^c_m$ 的指数形式，我们考虑无穷小变换

$$u = e^{i\lambda^k_j\theta^j_k} = E + i\lambda^\beta_\alpha\theta^\alpha_\beta \tag{8.2.3}$$

从而求出

$$a^{k^*}_i = (E + i\lambda^\beta_\alpha\theta^\alpha_\beta)^{k^*}_i = \left[\delta^k_i + i\left(\delta^k_\alpha\delta^\beta_i - \frac{1}{m}\delta^\beta_\alpha\delta^k_i\right)\theta^\alpha_\beta\right]^*$$

$$= \left[\delta^k_i + i\left(\theta^k_i - \frac{1}{m}\delta^k_i\theta^\alpha_\alpha\right)\right]^* = (\delta^k_i + i\theta^k_i)^* = \delta^i_k - i\theta^i_k$$

或者

$$\begin{cases} a^k_i = \delta^k_i + i\theta^k_i \\ a^{k^*}_i = \delta^i_k + i\theta^i_k \end{cases} \tag{8.2.4}$$

代入式(8.2.2)获得

$$\begin{aligned} u^c\phi^i &= \phi^k(\delta^i_k - i\theta^i_k) = \phi^i - i\theta^i_k\phi^R = \phi^i - i\theta^\alpha_\beta\phi^\beta\delta^i_\alpha \\ &= \phi^i - i\theta^\alpha_\beta I^\beta_\alpha\phi^i = (I - i\theta^\alpha_\beta I^\beta_\alpha)\phi^i \end{aligned} \tag{8.2.5}$$

由于 θ^β_α 满足零迹条件，所以

$$I^k_i\theta^i_k = \left(I^k_i - \frac{1}{m}\delta^k_i I\right)\theta^i_k = -\bar{\lambda}^k_i\theta^i_k$$

或

$$I^k_i\theta^i_k = -\bar{\lambda}^k_i\theta^i_k \tag{8.2.6}$$

其中

$$\bar{\lambda}_i^k = -I_i^k + \frac{1}{m}\delta_i^k I \tag{8.2.7}$$

是 L^c 中的零迹算符，

$$\bar{\lambda}_i^i = 0 \tag{8.2.8}$$

将式(8.2.6)代入得

$$u^c\phi^i = (I + \mathrm{i}\bar{\lambda}_\alpha^\beta\theta_\beta^\alpha)\phi^i \quad (i = 1,2,\cdots,m) \tag{8.2.9}$$

或者

$$u^c = I + \mathrm{i}\bar{\lambda}_\alpha^\beta\theta_\beta^\alpha \tag{8.2.10}$$

于是 u^c 的指数形式为

$$u^c = \mathrm{e}^{\mathrm{i}\bar{\lambda}_\alpha^\beta\theta_\beta^\alpha} \tag{8.2.11}$$

从式(8.2.11)立即导出，表示 R_c 的无穷小算符是$\bar{\lambda}_i^k$，它满足如下的对易关系：

$$[\bar{\lambda}_i^k, \bar{\lambda}_{i'}^{k'}] = \bar{\lambda}_i^{k'}\delta_{i'}^k - \bar{\lambda}_{i'}^k\delta_i^{k'} \tag{8.2.12}$$

从而获得如下定理：

定理 8.5 群 SU_m 在共轭空间 L^c 上的表示为

$$SU_m \to SU_m^c = \{\cdots, u^c, \cdots\}$$

其中

$$u \to u^c = \mathrm{e}^{\mathrm{i}\bar{\lambda}_j^k\theta_k^j} \quad (u \in SU_m)$$

而 $\bar{\lambda}_i^k$ 是表示 SU_m^c 的无穷小算符，有

$$\bar{\lambda}_i^k = -I_i^k + \frac{1}{m}\delta_i^k I, \quad \bar{\lambda}_i^i = 0$$

满足如下的对易关系：

$$[\bar{\lambda}_i^k, \bar{\lambda}_{i'}^{k'}] = \bar{\lambda}_i^{k'}\delta_{i'}^k - \bar{\lambda}_{i'}^k\delta_i^{k'}$$

如果我们选择表象

$$\phi^1 = \begin{pmatrix} 1 \\ 0 \\ \vdots \\ 0 \end{pmatrix}, \quad \phi^2 = \begin{pmatrix} 0 \\ 1 \\ 0 \\ \vdots \\ 0 \end{pmatrix}, \quad \cdots, \quad \phi^m = \begin{pmatrix} 0 \\ \vdots \\ 0 \\ 1 \end{pmatrix} \tag{8.2.13}$$

那么根据

$$I_\alpha^\beta \phi^i = \phi^\beta \delta_\alpha^i \tag{8.2.14}$$

可以导出

$$I_1^1 = \begin{pmatrix} 1 & 0 & \cdots & 0 \\ 0 & 0 & \cdots & 0 \\ \vdots & \vdots & \ddots & \vdots \\ 0 & 0 & \cdots & 0 \end{pmatrix}, \quad I_1^2 = \begin{pmatrix} 0 & 0 & \cdots & 0 \\ 1 & 0 & \cdots & 0 \\ \vdots & \vdots & \ddots & \vdots \\ 0 & 0 & \cdots & 0 \end{pmatrix} \tag{8.2.15}$$

极易证明，$\phi^i\phi_i$ 是一个不变量. 特别地根据群 SU_m 的幺正性可以证明“迹”$\phi_i^\dagger\phi_i$ 也是一个不变量. 因此，我们考虑空间 L 中的矢量 $\boldsymbol{x}$，它在协变基底上展开为

$$\boldsymbol{x} = \phi_i x^i$$

当基底 $\phi_i(i=1,2,\cdots,m)$在 $u \in SU_m$ 的作用下变换时，协变分量 x^i 的变换为

$$x^i \to x'^i = a_i^{k^*} x^k \quad (i = 1,2,\cdots,m; u \in SU_m) \tag{8.2.16}$$

由于 u 是幺正的，所以和 $x^{i^*} y^i$ 是一个不变量，即

$$x'^{i^*} y'^i = x^{i^*} y^i$$

根据这种不变性我们定义空间 L 中矢量 x 与 y 的内积为

$$\langle \boldsymbol{x} \mid \boldsymbol{y} \rangle = x^{i^*} y^i \tag{8.2.17}$$

从而推出矢量 $\boldsymbol{x}$ 的长度为

$$\| \boldsymbol{x} \|^2 = \langle \boldsymbol{x} \mid \boldsymbol{x} \rangle = x^{i^*} x^i \geqslant 0 \tag{8.2.18}$$

随着内积的定义，在空间 L 中就引进了几何结构.

将 $\boldsymbol{x} = \phi_i x^i$，$\boldsymbol{y} = \phi_i y^i$ 代入式(8.2.17)可以导出 $\phi_i(i=1,2,\cdots,m)$的正交性，即

$$\langle \phi_i \mid \phi_k \rangle = \delta_k^i \quad (i,k = 1,2,\cdots,m) \tag{8.2.19}$$

从式(8.2.19)还可以导出 $\phi_1,\cdots,\phi_m$ 的完备性，即

$$\sum_\alpha \mid \phi_\alpha \rangle \langle \phi_\alpha \mid = E \tag{8.2.20}$$

这意味着在有限维的线性空间中，正交性与完备性是相互充分必要的. 类似于群 U_m 的情形我们可以建立对应

$$\begin{cases} |\phi_i\rangle = \phi_i, \quad \langle\phi_i| = \phi_i^\dagger \\ |\phi_\alpha\rangle\langle\phi_\beta| = E_\alpha^\beta \end{cases} \tag{8.2.21}$$

以及

$$\begin{cases} \langle\phi_i \mid \boldsymbol{x}\rangle = x^i, \quad \langle\boldsymbol{x} \mid \phi_i\rangle = x^{i^*} \\ \langle k \mid u \mid i\rangle = a_i^k, \quad \langle i \mid u^\dagger \mid k\rangle = a_k^{i^*} \end{cases} \tag{8.2.22}$$

定理 8.6 由于群 SU_m 的幺正性，所以乘积 $x^{i^*}y^i$ 是群 SU_m 作用下的不变量. 根据这种不变性定义空间 L 中的矢量 $\boldsymbol{x}$ 与 $\boldsymbol{y}$ 的内积为

$$\langle\boldsymbol{x} \mid \boldsymbol{y}\rangle = x^{i^*}y^i$$

从而导出空间 L 的几何结构是欧几里得的，即矢量 x 的长度元

$$\|\boldsymbol{x}\|^2 = \langle\boldsymbol{x} \mid \boldsymbol{x}\rangle = x^{i^*}x^i = \sum_{i=1}^m |x^i|^2$$

同时导出基底 $\phi_1,\cdots,\phi_m$ 的正交性和完备性是

$$\begin{cases} \phi_i^\dagger\phi_k = \delta_k^i \\ \phi_i\phi_k{}^\dagger = E_i^k, \quad \phi_i\phi_i^\dagger = E \end{cases}$$

8.3 群 SU_m 的二阶混合张量表示 $SU_m \otimes SU_m^c$

考虑协变基底与逆变基底的直积

$$\phi_i^k = \phi_i\phi^k \quad (i,k = 1,2,\cdots,m)$$

在空间 L 在群 SU_m 的作用下进行基底变换时，二阶混合张量 ϕ_i^k 的变换为

$$\phi_i^k \to \phi_i^{k'} = \phi_{i'}^{k'}a_i^{i'}a_k^{k'^*} \tag{8.3.1}$$

于是，群 SU_m 在空间 $L\otimes L^c$ 上的表示为

$$u \to u \otimes u^c \quad (u \in SU_m)$$

它称为群 SU_m 的二阶混合张量表示，记为

$$SU_m \otimes SU_m^c = \{\cdots, u \otimes u^c, \cdots\}$$

利用 u 和 u^c 的指数形式可以获得

$$u \otimes u^c = e^{i\lambda_\alpha^\beta \theta_\beta^\alpha} \otimes e^{i\bar{\lambda}_\alpha^\beta \theta_\beta^\alpha}$$

由于 λ_α^β 与 $\bar{\lambda}_i^k$ 是可对易的，所以得

$$u \otimes u^c = e^{i(\lambda_\alpha^\beta + \bar{\lambda}_\alpha^\beta)\theta_\beta^\alpha} = e^{iD_\alpha^\beta \theta_\beta^\alpha} \tag{8.3.2}$$

其中

$$D_i^k = \lambda_i^k + \bar{\lambda}_i^k \quad (i, k = 1, 2, \cdots, m) \tag{8.3.3}$$

是表示 $SU_m \otimes SU_m^c$ 的无穷小算符，显然由于

$$D_i^i = \lambda_i^i + \bar{\lambda}_i^i = 0 \tag{8.3.4}$$

所以 D_i^k 也是一个零迹算符，独立的只有(m^2-1)个，它们满足的对易关系是

$$[D_i^k, D_{i'}^{k'}] = D_i^{k'}\delta_{i'}^k - D_{i'}^k\delta_i^{k'} \tag{8.3.5}$$

或者

$$[D_i^k, D_{i'}^{k'}] = C_{ii'i''}^{kk'k''} D_{i''}^{k''} \tag{8.3.6}$$

将无穷小算符 D_i^k 作用于基底 ϕ_i^k 上得

$$\begin{aligned} D_\alpha^\beta \phi_i^k &= (\lambda_\alpha^\beta + \bar{\lambda}_\alpha^\beta)\phi_i^k = \left(E_\alpha^\beta - \frac{1}{m}\delta_\alpha^\beta E - T_\alpha^\beta + \frac{1}{m}\delta_\alpha^\beta I\right)\phi_i^k \\ &= (E_\alpha^\beta - I_\alpha^\beta)\phi_i^k = \phi_\alpha^k \delta_i^\beta - \phi_i^\beta \delta_\alpha^k = C_{\alpha i i'}^{\beta k k'} \phi_{k'}^{i'} \end{aligned} \tag{8.3.7}$$

或者

$$D_i^k \phi_{i'}^{k'} = \phi_i^{k'}\delta_{i'}^k - \phi_{i'}^k \delta_i^{k'} = C_{ii'i''}^{kk'k''} \phi_{k''}^{i''} \tag{8.3.8}$$

可见无穷小算符的作用等价于群的结构常数的作用. 为了将表示 $SU_m \otimes SU_m^c$ 分解为不可约表示的直积，我们首先考虑一维的阵迹表示 ϕ_i^i，显然，由于

$$D_\alpha^\beta \phi_i^i = 0 \tag{8.3.9}$$

所以

$$u \otimes u^c \phi_i^i = \phi_i^i$$

因此，阵迹 ϕ_i^i 是表示 $SU_m \otimes SU_m^c$ 的不变子空间；从而导出表示 $SU_m \otimes SU_m^c$ 之中有一个一维不可约表示，这个表示的基底就是阵迹 ϕ_i^i. 为了得到其他的不可约表示，必须将这个表示分离出去，即考虑零迹张量

$$\psi_i^k = \phi_i^k - \frac{1}{m}\delta_i^k\phi_\alpha^\alpha, \quad \psi_i^i = 0 \tag{8.3.10}$$

将无穷小算符作用上去得

$$D_\alpha^\beta\psi_i^k = D_\alpha^\beta\phi_i^k = C_{\alpha ii'}^{\beta kk'}\phi_{k'}^{i'} = C_{\alpha ii'}^{\beta kk'}\psi_{k'}^{i'}$$

或者

$$D_\alpha^\beta\psi_{i'}^{k'} = \psi_i^{k'}\delta_{i'}^k - \psi_{i'}^k\delta_i^{k'} = C_{ii'i''}^{kk'k''}\psi_{k''}^{i''} \tag{8.3.11}$$

因此,零迹张量 ψ_i^k 是群SU_m 作用下的子空间,这个子空间的维数是 m^2-1. 所以群 SU_m 的正则表示是 m^2-1 维的. 于是我们完成了分解

$$SU_m \otimes SU_m^c = E \dotplus R$$

其中,E 是一维的不可约表示,R 是m^2-1 维的正则表示.

定理 8.7 群 SU_m 的二阶混合张量表示

$$SU_m \otimes SU_m^c = \{\cdots, u \otimes u^c, \cdots\}$$

的算符 $u\otimes u^c$ 具有指数形式

$$u \otimes u^c = \mathrm{e}^{\mathrm{i}D_\alpha^\beta\theta_\beta^\alpha}$$

其中

$$D_i^k = \lambda_i^k + \bar{\lambda}_i^k = E_i^k - I_i^k$$

是表示 $SU_m\otimes SU_m^c$ 的无穷小算符. 这个表示可以分解为一维阵迹表示和 m^2-1 维正则表示的直和,即

$$\phi_i^k = \psi_i^k + \frac{1}{m}\delta_i^k\phi_\alpha^\alpha \quad (i,k = 1,\cdots,m)$$

其中,阵迹 ϕ_α^α 是阵迹表示的基底,零迹张量 ψ_i^k 是正则表示的基底. 所谓正则表示是由于有

$$D_\alpha^\beta\psi_i^k = C_{\alpha ii'}^{\beta kk'}\psi_{k'}^{i'}$$

得到成立的缘故.

8.4 群 SU_m 的 n 阶张量表示 SU_m^n

如果我们考虑 n 个协变基底的直积

$$\phi(i_1,\cdots,i_N) = \phi_{i_1},\cdots,\phi_{i_n} \quad (i_1,\cdots,i_N = 1,2,\cdots,m)$$

那么当群 SU_m 在空间 L 上张起一个基底变换时，相应地在空间 L^n 中引起一个基底变换

$$\phi(i_1,\cdots,i_N) \to \phi(i_1,\cdots,i_N) = \phi(k_1,\cdots,k_n) a_{i_1}^{k_1} \cdot \cdots \cdot a_{i_n}^{k_n} \tag{8.4.1}$$

因此，群 SU_m 在空间 L^n 上的表示为

$$u \to u^n = u \otimes \cdots \otimes u \quad (u \in SU_m) \tag{8.4.2}$$

它称为群 SU_m 的 n 阶张量表示，记为

$$SU_m^n = \{\cdots, u^n, \cdots\} \tag{8.4.3}$$

利用 u 的指数形式，可以将式(8.4.2)写成

$$u^n = \mathrm{e}^{\mathrm{i}\lambda_\alpha^\beta(1)\theta_\beta^\alpha} \otimes \cdots \otimes \mathrm{e}^{\mathrm{i}\lambda_\alpha^\beta(u)\theta_\beta^\alpha}$$

由于 $\lambda_\alpha^\beta,\cdots,\lambda_i^k(n)$ 可以彼此对易，所以得

$$u^n = \mathrm{e}^{\mathrm{i}(\lambda_\alpha^\beta(1)+\cdots+\lambda_\alpha^\beta(n))\theta_\alpha^\beta} = \mathrm{e}^{\mathrm{i}D_\alpha^\beta\theta_\beta^\alpha} \tag{8.4.4}$$

其中

$$D_i^k = \lambda_i^k + \cdots + \lambda_i^k(n) \quad (i,k = 1,2,\cdots,m) \tag{8.4.5}$$

是表示 SU_m^n 的无穷小算符，它们满足如下的对易关系：

$$[D_i^k, D_{i'}^{k'}] = D_i^{k'}\delta_{i'}^k - D_{i'}^k\delta_i^{k'} \tag{8.4.6}$$

表示 SU_m^n 的分解表达为如下定理：

定理 8.8 群 SU_m 的 n 阶张量表示 SU_m^n 可以按对称群 $\mathscr{S}_n$ 的正交单位 O_r^α($\alpha=[n]\cdots[1^n]$, $r=1,2,\cdots,f^\alpha$)分解为不可约表示 R_r^α 的直和，即

$$\phi(i_1,\cdots,i_N) = \sum_{\alpha,r}\phi_r^\alpha(i_1,\cdots,i_N), \quad \phi_r^\alpha(i_1,\cdots,i_N) = O_r^\alpha\phi(i_1,\cdots,i_N)$$

或者

$$L^n = \dot{\sum_{\alpha,r}} L_r^\alpha = L^{[n]} \dot{+} \cdots \dot{+} L_1^\alpha \dot{+} \cdots \dot{+} L_{f\alpha}^\alpha \dot{+} \cdots \dot{+} L^{[1^n]}$$

$$SU_m^n = \dot{\sum_{\alpha,r}} R_r^\alpha = R^{[n]} \dot{+} \cdots \dot{+} R_1^\alpha \dot{+} \cdots \dot{+} R_{f\alpha}^\alpha \dot{+} \cdots \dot{+} R^{[1^n]}$$

(这里两处$\sum_{\alpha,r}$中的$\sum$上面均加点,表示直和.)其中不可约表示 $R_1^\alpha,\cdots,R_{f\alpha}^\alpha$ 是等价的,而且具有相同的矩阵,即

$$R^\alpha(u)\begin{pmatrix} k_1 & \cdots & k_n \\ i_1 & \cdots & i_n \end{pmatrix} = \sum_\beta \frac{1}{n!}\chi_\beta^\alpha \sum_{\sigma\in\mathscr{S}_\beta} a_{i_{\sigma_1}}^{k_1} \cdot \cdots \cdot a_{i_{\sigma_n}}^{k_n}$$

当 α 取值$[n],\cdots,[1^n]$时就得到群 SU_m 的全部 n 阶不可约表示.但是,其中可能出现零表示,非零表示可以用 m 个整数

$$\alpha_1 \geqslant \cdots \geqslant \alpha_m \geqslant 0$$

$$\alpha_1 + \cdots + \alpha_m = n$$

来描述,即用 m 个数的整数 n 的配分

$$\alpha = [\alpha_1 \cdots \alpha_n]$$

来描述.

定理 8.9 群 SU_m 的 n 阶不可约表示 $R^\alpha(u)(u\in SU_m)$的特征标 $\chi^\alpha(\varepsilon)$等于

$$\chi^\alpha(\varepsilon) = \frac{|\varepsilon^{u_1} \cdot \cdots \cdot \varepsilon^{u_m}|}{|\varepsilon^{m-1} \cdot \cdots \cdot \varepsilon|}, \quad u_i = \alpha_i + m - i \quad (i = 1,2,\cdots,m)$$

其中 $\varepsilon_1,\cdots,\varepsilon_m$ 是算符 u 的本征值,它满足幺正性条件

$$\varepsilon_j = e^{i\omega_j} \quad (j = 1,2,\cdots,m)$$

以及幺模条件

$$\varepsilon_1 \cdot \cdots \cdot \varepsilon_m = 1$$

或零迹条件

$$\omega_1 + \cdots + \omega_m = 0$$

表示 R^α 的维数等于

$$d^\alpha = \frac{|u^{m-1} \cdot \cdots \cdot u|}{(m-1)1 \cdot \cdots \cdot 1! \cdot 0!}$$

定理 8.10 群 SU_m 的 n 阶不可约表示 R^α 与 R^β 的直积 $R^\alpha \otimes R^\beta$ 包括 n 阶不可约表

示 R^{γ} 共 $C_{\gamma}^{\alpha\beta}$ 次，而

$$C_{\gamma}^{\alpha\beta} = \sum_{k,q} \frac{n_k n'_q}{n!n'!} \chi_k^{\alpha} \chi_q^{\beta} \chi_{k+q}^{\gamma}$$

也就是

$$\chi^{\alpha}(\varepsilon)\chi^{\beta}(\varepsilon) = \sum_{\gamma} C_{\gamma}^{\alpha\beta} \chi^{\gamma}(\varepsilon)$$

由于群 SU_m 还满足幺模条件，所以关于群 SU_m 的不可约表示还有两条等价定理. 当我们考虑各种整数的配分时，就有如下定理：

定理 8.11 群 SU_m 的不可约表示序列

$$R^{[\alpha_1 \cdots \alpha_{m-1},0]}, R^{[\alpha_1+1 \cdots \alpha_{m-1}+1,1]}, R^{[\alpha_1+2 \cdots \alpha_{m-1}+2,2]}, \cdots$$

是彼此等价的，因此群 SU_m 的不等价不可约表示 R^{α} 可以用 $m-1$ 个正整数

$$\alpha_1 \geqslant \cdots \geqslant \alpha_{m-1} \geqslant 0$$

来描述，即可以用 $m-1$ 个数的配分

$$\alpha = [\alpha_1, \cdots, \alpha_{m-1}, 0]$$

来描述. 为此，只研究表示 $R^{[\alpha_1,\cdots,\alpha_{m-1},0]}$ 就足够了.

说明 由于

$$\chi^{[\alpha_1,\cdots,\alpha_{m-1},0]}(\varepsilon) = \frac{1}{\Delta(\varepsilon)} \begin{vmatrix} \varepsilon_1^{\alpha_1+m-1} & \cdots & \varepsilon_1^{\alpha_{m-1}+1} & 1 \\ \vdots & & \vdots & \vdots \\ \varepsilon_m^{\alpha_1+m-1} & \cdots & \varepsilon_m^{\alpha_{m-1}+1} & 1 \end{vmatrix}$$

又由于 u 满足幺模条件 $\varepsilon_1 \cdot \cdots \cdot \varepsilon_m = 1$，所以

$$\begin{aligned} \chi^{[\alpha_1,\cdots,\alpha_{m-1},0]}(\varepsilon) &= \frac{(\varepsilon_1 \cdot \cdots \cdot \varepsilon_m)^2}{\Delta(\varepsilon)} \begin{vmatrix} \varepsilon_1^{\alpha_1+m-1} & \cdots & \varepsilon_1^{\alpha_{m-1}+1} & 1 \\ \vdots & & \vdots & \vdots \\ \varepsilon_m^{\alpha_1+m-1} & \cdots & \varepsilon_m^{\alpha_{m-1}+1} & 1 \end{vmatrix} \\ &= \frac{1}{\Delta(\varepsilon)} \begin{vmatrix} \varepsilon_1^{(\alpha_1+r)+m-1} & \cdots & \varepsilon_1^{(\alpha_{m-1}+r)+1} & \varepsilon_1^{r} \\ \vdots & & \vdots & \vdots \\ \varepsilon_m^{(\alpha_1+r)+m-1} & \cdots & \varepsilon_m^{(\alpha_{m-1}+r)+1} & \varepsilon_m^{r} \end{vmatrix} \\ &= \chi^{[\alpha_1+r,\cdots\alpha_{m-1}+r,r]}(\varepsilon) \end{aligned}$$

或者

$$\chi^{[\alpha_1,\cdots,\alpha_{m-1},0]}(\varepsilon) = \chi^{[\alpha_1+r,\cdots\alpha_{m-1}+r,r]}(\varepsilon) \quad (r = 0,1,2,\cdots) \tag{8.4.7}$$

由于特征标相等的表示是等价的,所以表示 $R^{[\alpha_1,\cdots,\alpha_{m-1},0]}$ 与 $R^{[\alpha_1+r,\cdots,\alpha_{m-1}+r,r]}$($r=0,1,2,\cdots$)是等价的.

8.5 群 SU_m 的 n 阶逆变张量表示 SU_m^{cn}

如果我们考虑 n 个逆变基底的直积

$$\phi(i_1,\cdots,i_N) = \phi^{i_1}\cdots\phi^{i_n} \quad (i_1,\cdots,i_N = 1,2,\cdots,m) \tag{8.5.1}$$

那么当群 SU_m 在空间 L 中引起一个基底变换时,相应地 n 阶逆变张量 $\phi(i_1,\cdots,i_N)$ 的变换为

$$\phi(i_1,\cdots,i_N) \to \phi'(i_1,\cdots,i_N) = \phi(k_1,\cdots,k_n) a_{i_1}^{k_1^*} \cdot \cdots \cdot a_{i_n}^{k_n^*} \tag{8.5.2}$$

其中$(i_1,i_1,\cdots,i_n=1,2,\cdots,m)$,变换 $u\in SU_m$. 因此,群 SU_m 在空间 L^{cn} 中的表示为

$$u \to u^{cn} = u^c \otimes \cdots \otimes u^c \quad (u \in SU_m) \tag{8.5.3}$$

它称为群 SU_m 的 n 阶逆变张量表示 SU_m^{cn},记为

$$SU_m^{cn} = \{\cdots, u^{cn}, \cdots\}$$

利用 u^c 的指数形式得

$$u^{cn} = \mathrm{e}^{\mathrm{i}(\bar{\lambda}_\alpha^\beta(1)+\cdots+\bar{\lambda}_\alpha^\beta(n))\theta_\beta^\alpha} = \mathrm{e}^{\mathrm{i}D_\alpha^\beta \alpha_\beta^\alpha} \tag{8.5.4}$$

其中

$$D_i^k = \bar{\lambda}_i^k(1) + \cdots + \bar{\lambda}_i^k(n) \tag{8.5.5}$$

是表示 SU_m^{cn} 的无穷小算符,它们满足如下的对易关系:

$$[D_i^k, D_{i''}^{k''}] = D_i^{k'}\delta_{i'}^k - D_{i'}^k\delta_i^{k'} \tag{8.5.6}$$

以及零迹条件

$$D_i^i = 0 \tag{8.5.7}$$

表示的分解表达为如下定理:

定理 8.12 群 SU_m 的 n 阶逆变张量表示 SU_m^{cn} 可以按对称群 $\mathscr{S}_n$ 的正交单位 O_r^α(α

$=[n],\cdots,[1^n];r=1,\cdots f^{\alpha}$)分解为不可约表示 $R_r^{c\alpha}$ 的直和,即

$$\phi(i_1,\cdots,i_N)=\sum_{\alpha,r}\phi_r^{\alpha}(i_1,\cdots,i_N),\quad \phi_r^{\alpha}(i_1,\cdots,i_N)=O_r^{\alpha}\phi(i_1,\cdots,i_N)$$

或者

$$L^{cn}=\dot{\sum_{\alpha,r}}L_r^{c\alpha}=L^{c[n]}\dotplus\cdots\dotplus L_1^{c\alpha}\dotplus\cdots\dotplus L_{f\alpha}^{c\alpha}\dotplus\cdots\dotplus L^{c[1^n]}$$

$$SU_m^{cn}=\dot{\sum_{\alpha,r}}R_r^{c\alpha}=R^{c[n]}\dotplus\cdots\dotplus R_1^{c\alpha}\dotplus\cdots\dotplus R_{f\alpha}^{c\alpha}\dotplus\cdots\dotplus R^{c[1^n]}$$

(这里两处$\sum\limits_{\alpha,r}$ 中的$\sum$ 上面均加点,表示直和.)其中不可约表示 $R_1^{c\alpha},\cdots,R_{f\alpha}^{c\alpha}$ 是等价的,而且具有相同的矩阵,即

$$R^{c\alpha}(u)\begin{pmatrix} i_1 & \cdots & i_n \\ k_1 & \cdots & k_n \end{pmatrix}=\sum_{\beta}\frac{1}{m}\chi_{\beta}^{\alpha}\sum_{\sigma\in\mathscr{S}_\beta}a_{i\sigma_1}^{k_1^*}\cdot\cdots\cdot a_{i\sigma_n}^{k_n^*}$$

当 α 取值$[n],\cdots,[1^n]$时,就得到群 SU_m 的全部 n 阶不可约表示 $R^{c\alpha}$. 但是,其中可能出现零表示,非零表示可以用 m 个整数

$$\alpha_1\geqslant\cdots\geqslant\alpha_m\geqslant 0$$
$$\alpha_1+\cdots+\alpha_m=n$$

来描述,即用 m 个数的整体 n 的配分

$$\alpha=[\alpha_1\cdots\alpha_m]$$

来描述.

定理 8.13 群 SU_m 的 n 阶不可约表示 $R^{c\alpha}(u)(u\in SU_m)$的特征标 $\chi_c^{\alpha}(\varepsilon)$等于

$$\chi_c^{\alpha}(\varepsilon)=\chi^{\alpha}(\varepsilon^{-1})$$

其中 $\varepsilon_1,\cdots,\varepsilon_m$ 是算符 $u\in SU_m$ 的本征值. 表示 $R^{c\alpha}$的维数是

$$d^{c\alpha}=\frac{|\,u^{m-1}\cdot\cdots\cdot u1\,|}{(m-1)!\cdots 1!}$$

定理 8.14 群 SU_m 的 n 阶不可约表示 $R^{c\alpha}$ 与 $R^{c\beta}$ 的直积 $R^{c\alpha}\otimes R^{c\beta}$ 包括 n 阶不可约表示 $R^{c\gamma}$ 共 $C_{\gamma}^{\alpha\beta}$ 次,

$$C_{\gamma}^{\alpha\beta}=\sum_{k,l}\frac{n_k}{n!}\frac{n'_l}{n'!}\chi_R^{\alpha}\chi_l^{\beta}\chi_{k+l}^{\gamma}$$

也就是

$$\chi_c^{\alpha}(\varepsilon)\chi_c^{\beta}(\varepsilon)=\sum_{\gamma}C_{\gamma}^{\alpha\beta}\chi_c^{\gamma}(\varepsilon)$$

定理 8.15 群 SU_m 的不可约表示

$$R_c^{[\alpha_1,\cdots,\alpha_{m-1},0]} \quad 与 \quad R_c^{[\alpha_1+r,\cdots\alpha_{m-1}+r,r]}$$

是等价的,因此群 SU_m 的不等价不可约表示 R_c^α 可以用 $m-1$ 个正整数 $\alpha_1 \geqslant \cdots \geqslant \alpha_{m-1} \geqslant 0$ 来描述,即用 $m-1$ 个数的配分 $\alpha = [\alpha_1,\cdots,\alpha_{m-1},0]$来描述.

我们还可以证明下列等价定理.

定理 8.16 群 SU_m 的不可约表示

$$R^{[\alpha_1,\cdots,\alpha_{m-1},0]} 与 R_c^{[\alpha_1\alpha_1-\alpha_{m-1},\alpha_1-\alpha_{m-2},\cdots\alpha_1-\alpha_2,0]}$$

是等价的,换言之

$$\chi^{[\alpha_1,\cdots,\alpha_{m-1},0]}(\varepsilon) = \chi_c^{[\alpha_1\alpha_1-\alpha_{m-1},\alpha_1-\alpha_{m-2},\cdots\alpha_1-\alpha_2,0]}(\varepsilon)$$

证明 利用 $u \in SU_m$ 满足幺模条件 $\varepsilon_1 \cdot \cdots \cdot \varepsilon_m = 1$ 可得

$$\Delta^{[\alpha_1,\cdots,\alpha_{m-1},0]}(\varepsilon) = \begin{vmatrix} \varepsilon_1^{\alpha_1+m-1} & \varepsilon_1^{\alpha_2+m-2} & \cdots & \varepsilon_1^{\alpha_{m-1}+1} & 1 \\ \vdots & \vdots & & \vdots & \vdots \\ \varepsilon_m^{\alpha_1+m-1} & \varepsilon_m^{\alpha_2+m-2} & \cdots & \varepsilon_m^{\alpha_{m-1}+1} & 1 \end{vmatrix}$$

$$= (\varepsilon_1 \cdot \cdots \cdot \varepsilon_m)^{\alpha_1+m-1} \begin{vmatrix} 1 & \varepsilon_1^{\alpha_2-\alpha_1-1} & \varepsilon_1^{\alpha_{m-1}-\alpha_1-m+2} & \cdots & \varepsilon_1^{-\alpha_1-m+1} \\ \vdots & \vdots & & & \vdots \\ 1 & \varepsilon_m^{\alpha_2-\alpha_1-1} & \varepsilon_m^{\alpha_{m-1}-\alpha_1-m+2} & \cdots & \varepsilon_m^{-\alpha_1-m+1} \end{vmatrix}$$

$$= \begin{vmatrix} 1 & \varepsilon_1^{\alpha_2-\alpha_1-1} & \varepsilon_1^{\alpha_{m-1}-\alpha_1-m+2} & \cdots & \varepsilon_1^{-\alpha_1-m+1} \\ \vdots & \vdots & & & \vdots \\ 1 & \varepsilon_m^{\alpha_2-\alpha_1-1} & \varepsilon_m^{\alpha_{m-1}-\alpha_1-m+2} & \cdots & \varepsilon_m^{-\alpha_1-m+1} \end{vmatrix}$$

现在令

$$\varepsilon_1^{-1} = \eta_1, \quad \varepsilon_2^{-1} = \eta_2, \quad \cdots, \quad \varepsilon_m^{-1} = \eta_m \tag{8.5.8}$$

则有

$$\Delta^{[\alpha_1,\cdots,\alpha_{m-1},0]}(\varepsilon) = \begin{vmatrix} 1 & \eta_1^{\alpha_1-\alpha_2+1} & \cdots & \eta_1^{\alpha_1-\alpha_{m-1}-m+2} & \eta_1^{\alpha_1+m-1} \\ \vdots & \vdots & & & \vdots \\ 1 & \eta_m^{\alpha_2-\alpha_1-1} & \cdots & \eta_m^{\alpha_1-\alpha_{m-1}-m+2} & \eta_m^{\alpha_1+m-1} \end{vmatrix}$$

$$= \begin{vmatrix} \eta_1^{\alpha_1+m-1} & \eta_1^{\alpha_1-\alpha_{m-1}+m-2} & \cdots & \eta_1^{\alpha_1-\alpha_2+1} & 1 \\ \cdots & \cdots & \cdots & \cdots & \cdots \\ \eta_m^{\alpha_1+m-1} & \eta_m^{\alpha_1-\alpha_{m-1}+m-2} & \cdots & \eta_m^{\alpha_1-\alpha_2+1} & 1 \end{vmatrix} (-1)^{\frac{m(m-1)}{2}}$$

$$= \Delta^{[\alpha_1\alpha_1-\alpha_{m-1}\cdots\alpha_1-\alpha_2,0]}(\eta)(-1)^{\frac{m(m-1)}{2}}$$

或者

$$\Delta^{[\alpha_1,\cdots,\alpha_{m-1},0]}(\varepsilon) = \Delta^{[\alpha_1\alpha_1-\alpha_{m-1}\cdots\alpha_1-\alpha_2,0]}(\eta)(-1)^{\frac{m(m-1)}{2}} \tag{8.5.9}$$

同时又有

$$\Delta(\varepsilon)=\begin{vmatrix} \varepsilon_1^{m-1} & \varepsilon_1^{m-2} & \cdots & \varepsilon_1 & 1 \\ \vdots & \vdots & & \vdots & \vdots \\ \varepsilon_m^{m-1} & \varepsilon_m^{m-2} & \cdots & \varepsilon_m & 1 \end{vmatrix} = (\varepsilon_1\cdot\cdots\cdot\varepsilon_m)^{m-1}\begin{vmatrix} 1 & \varepsilon_1^{-1} & \cdots & \varepsilon_1^{-m+2} & \varepsilon_1^{-m+1} \\ \vdots & & \vdots & \vdots & \\ 1 & \varepsilon_m^{-1} & \cdots & \varepsilon_m^{-m+2} & \varepsilon_m^{-m+1} \end{vmatrix}$$

$$= \begin{vmatrix} 1 & \varepsilon_1^{-1} & \cdots & \varepsilon_1^{-m+2} & \varepsilon_1^{-m+1} \\ \vdots & & \vdots & \vdots & \\ 1 & \varepsilon_m^{-1} & \cdots & \varepsilon_m^{-m+2} & \varepsilon_m^{-m+1} \end{vmatrix} = \begin{vmatrix} 1 & \eta_1 & \cdots & \eta_1^{m-2} & \eta_1^{m-1} \\ \vdots & & \vdots & \vdots & \\ 1 & \eta_m & \cdots & \eta_m^{m-2} & \eta_m^{m-1} \end{vmatrix}$$

$$= \begin{vmatrix} \eta_1^{m-1} & \eta_1^{m-2} & \cdots & \eta_1 & 1 \\ \vdots & \vdots & & \vdots & \vdots \\ \eta_m^{m-1} & \eta_m^{m-2} & \cdots & \eta_m & 1 \end{vmatrix} = \Delta(\eta)$$

或者

$$\Delta(\varepsilon) = \Delta(\eta) \tag{8.5.10}$$

从式(8.5.9)和式(8.5.10)得

$$\chi^{[\alpha_1,\cdots,\alpha_{m-1},0]}(\varepsilon) = \frac{\Delta^{[\alpha_1,\cdots,\alpha_{m-1},0]}(\varepsilon)}{\Delta(\varepsilon)} = \frac{\Delta^{[\alpha_1\alpha_1-\alpha_{m-1}\cdots\alpha_1-\alpha_2 0]}}{\Delta(\eta)}$$

$$= \chi^{[\alpha_1\alpha_1-\alpha_{m-1}\cdots\alpha_1-\alpha_2 0]}(\eta) = \chi^{[\alpha_1\alpha_1-\alpha_{m-1}\cdots\alpha_1-\alpha_2,0]}(\varepsilon^{-1})$$

也就有

$$\chi^{[\alpha_1,\cdots,\alpha_{m-1},0]}(\varepsilon) = \chi^{[\alpha_1\alpha_1-\alpha_{m-1},\cdots\alpha_1-\alpha_2,0]}(\varepsilon^{-1}) = \chi_c^{[\alpha_1\alpha_1-\alpha_{m-1}\cdots\alpha_1-\alpha_2,0]}(\varepsilon) \tag{8.5.11}$$

定理得证,显然这是幺模条件的结果.

8.6 群 SU_m 的复共轭表示、电荷共轭

群 SU_m 在复数共轭空间 L^* 上引起的变换为

$$\phi_i^* \to \phi_i^{*\prime} = u^* \phi_i^* = \phi_k^* a_i^{k^*} \tag{8.6.1}$$

于是算符集合

$$SU_m \to SU_m^* = \{\cdots, u^*, \cdots\}$$
$$u \to u^* \quad (u \in SU_m)$$

称为群 SU_m 的复共轭表示. 由于幺正性条件 $u^\dagger = u^{-1}$，或

$$a_i^{k^*} = b_k^i \tag{8.6.2}$$

所以式(8.6.1)可以改写为

$$\phi_i^* \to \phi_i^{*\prime} = u^* \phi_i^* = \phi_k^* b_k^i \tag{8.6.3}$$

可见，ϕ_i^* 的变换方式与逆基底的变换方式相同. 因此，二者最多相差一个幺正变换 C，

$$C^\dagger C = E = CC^\dagger \tag{8.6.4}$$

在式(8.6.3)上乘以 C 得

$$C\phi_i^* \to C\phi_i^{*\prime} = Cu^* C^{-1} C\phi_i^* = C\phi_i^* b_k^i$$

令

$$\phi^i = C\phi_i^* \tag{8.6.5}$$

则得

$$\phi^i \to \phi'^i = u^c \phi^i = \phi^k b_k^i \tag{8.6.6}$$

其中

$$u^c = Cu^* C^{-1} \tag{8.6.7}$$

算符 u^* 的指数形式为

$$u^* = (\mathrm{e}^{\mathrm{i}\lambda_\alpha^\beta \theta_\beta^\alpha})^* = \mathrm{e}^{-\mathrm{i}\lambda_\alpha^{\beta^*} \theta_\beta^\alpha} = \mathrm{e}^{\mathrm{i}\lambda_\alpha^{(*)\beta} \theta_\beta^\alpha}$$

或

$$u^* = \mathrm{e}^{\mathrm{i}\lambda_\alpha^{(*)\beta} \theta_\beta^\alpha} \tag{8.6.8}$$

其中

$$\lambda_i^{(*)k} = -\lambda_k^{i^*} \tag{8.6.9}$$

是复共轭表示 SU_m^* 的无穷小算符. 显然，从 λ_i^k 的对易关系可以导出它满足如下的对易

关系：

$$[\lambda_i^{(*)k}\lambda_{i'}^{(*)k'}] = \lambda_i^{(*)k'}\delta_{i'}^k - \lambda_{i'}^{(*)k}\delta_i^{k'} \tag{8.6.10}$$

利用幺正性条件

$$E_i^{k\dagger} = E_k^i \tag{8.6.11}$$

可以导出

$$\lambda_i^{k*} = \tilde{\lambda}_k^i \tag{8.6.12}$$

于是得

$$\lambda_i^{(*)k} = -\lambda_k^{i*} = -\tilde{\lambda}_i^k \tag{8.6.13}$$

因此,共轭表示的指数形式为

$$u^c = Cu^* C^{-1} = e^{-iC\lambda_\alpha^{(*)\beta}C^{-1}\theta_\beta^\alpha} = e^{i\bar{\lambda}_\alpha^\beta\theta_\beta^\alpha}$$

或

$$u^c = e^{i\bar{\lambda}_\alpha^\beta\theta_\beta^\alpha} \tag{8.6.14}$$

其中

$$\bar{\lambda}_i^k = C\lambda_i^{(*)k}C^{-1} = -C\lambda_k^{i*}C^{-1} = -C\tilde{\lambda}_i^k C^{-1} \tag{8.6.15}$$

是共轭表示的无穷小算符.从式(8.5.10)可以导出它们满足如下的对易关系：

$$[\bar{\lambda}_i^k,\bar{\lambda}_{i'}^{k'}] = \bar{\lambda}_i^{k'}\delta_{i'}^k - \bar{\lambda}_{i'}^k\delta_i^{k'} \tag{8.6.16}$$

为了从方程

$$\bar{\lambda}_i^k = C\tilde{\lambda}_i^k C^{-1} \tag{8.6.17}$$

决定幺正变换 C,我们按两种方式来讨论.

(1) $\bar{\lambda}_i^k = \lambda_i^k$

由于 $\bar{\lambda}_i^k$ 满足的对易关系与 λ_i^k 相同,所以我们可以取

$$\bar{\lambda}_i^k = \lambda_i^k \tag{8.6.18}$$

来决定 C,这时从式(8.6.17)获得方程

$$\lambda_i^k = -C\tilde{\lambda}_i^k C^{-1} \tag{8.6.19}$$

这个方程在 $m>2$ 时只有零解 $C=0$,在 $m=2$ 时有非零解

$$C = -\sigma_2 \tag{8.6.20}$$

从而获得熟知的结果

$$\bar{\sigma}_i = -\sigma_2 \tilde{\sigma}_i \sigma_2 = \sigma_i \quad (i = 1,2,3) \tag{8.6.21}$$

我们取协变基底 $\chi_r(r=1,2)$与逆变基底 $\chi^r(r=1,2)$的直和得扩大的空间的基底

$$\begin{cases} u_r = \begin{pmatrix} \chi_r \\ 0 \end{pmatrix}. \\ v_r = \begin{pmatrix} 0 \\ \chi^r \end{pmatrix} \end{cases} \tag{8.6.22}$$

其中，$r=1,2$，而

$$\chi^r = -\sigma_2 \chi_r^* \tag{8.6.23}$$

当我们选取 $-\sigma_2\chi_r^*$ 作为共轭表示的基底时(即作为逆变基底)，共轭表示 u^c 的无穷小算符为

$$\bar{\sigma}_i = \sigma_i \quad (i = 1,2,3) \tag{8.6.24}$$

共轭表示 u^c 的指数形式为

$$u^c = e^{-i\frac{1}{2}\bar{\boldsymbol{\sigma}}\cdot\boldsymbol{\alpha}} = e^{-\frac{i}{2}\boldsymbol{\sigma}\cdot\boldsymbol{\alpha}} \tag{8.6.25}$$

或者

$$\begin{cases} u = e^{-\frac{i}{2}\boldsymbol{\sigma}\cdot\boldsymbol{\alpha}} \\ u^c = e^{-\frac{i}{2}\boldsymbol{\sigma}\cdot\boldsymbol{\alpha}} \end{cases} \tag{8.6.26}$$

因此，在扩大了的空间上群 SU_2 的表示为

$$R = \begin{pmatrix} u & 0 \\ 0 & u^c \end{pmatrix} = \exp\left\{-\frac{i}{2}\begin{pmatrix} \boldsymbol{\sigma} & 0 \\ 0 & \boldsymbol{\sigma} \end{pmatrix}\cdot\boldsymbol{\alpha}\right\} = e^{-\frac{i}{2}\boldsymbol{\Sigma}\cdot\boldsymbol{\alpha}} \tag{8.6.27}$$

其中自旋算符为

$$\boldsymbol{\Sigma} = \begin{pmatrix} \boldsymbol{\sigma} & 0 \\ 0 & \boldsymbol{\sigma} \end{pmatrix} \tag{8.6.28}$$

它们满足如下的对易关系：

$$\begin{cases} [\Sigma_r, \Sigma_s] = 2i\Sigma_{rst}\Sigma_t \\ \{\Sigma_r, \Sigma_s\} = 2\delta_{rs} \end{cases} \tag{8.6.29}$$

特别地，电荷共轭算符为

$$\mathbb{C} = \begin{pmatrix} 0 & \sigma_2 \\ -\sigma_2 & 0 \end{pmatrix} = \mathrm{i}\gamma_2 \tag{8.6.30}$$

这时根据式(8.6.23)导出

$$\begin{cases} v_r = \mathbb{C}u_r^* \\ u_r = \mathbb{C}v_r^* \end{cases} \tag{8.6.31}$$

引进

$$\bar{u}_r = u_r^\dagger\gamma_4, \quad \bar{v}_r = v_r^\dagger\gamma_4 \tag{8.6.32}$$

则有

$$\tilde{\bar{u}}_r = \gamma_4 u_r^*, \quad \tilde{\bar{v}}_r = \gamma_4 v_r^* \tag{8.6.33}$$

或者

$$u_r^* = \gamma_4 \tilde{\bar{u}}_r, \quad v_r^* = \gamma_4 \tilde{\bar{v}}_r \tag{8.6.34}$$

代入式(8.6.31)得

$$\begin{cases} v_r = \mathbb{C}\gamma_4 \tilde{\bar{u}} \\ u_r = \mathbb{C}\gamma_4 \tilde{\bar{v}} \end{cases} \tag{8.6.35}$$

令

$$C = \mathbb{C}\gamma_4 = \mathrm{i}\gamma_2\gamma_4 = \begin{pmatrix} 0 & -\sigma_2 \\ -\sigma_2 & 0 \end{pmatrix} \tag{8.6.36}$$

则有以下粒子与反粒子之间关系：

$$\begin{cases} u_r = C\tilde{\bar{v}} \\ v_r = C\tilde{\bar{u}} \end{cases} \tag{8.6.37}$$

(2) $\bar{\lambda}_i^k = -\tilde{\lambda}_i^k = -\lambda_k^{i*}$

由于 $\lambda_i^{(*)k}$ 满足的对易关系与λ_i^k 相同，所以我们可以取 $\bar{\lambda}_i^k$ 等于复共轭表示的无穷小算符，即取

$$\bar{\lambda}_i^k = \lambda_i^{(*)k} = -\tilde{\lambda}_i^k = -\lambda_k^{i*} \tag{8.6.38}$$

来决定 C，这时从式(8.6.17)获得方程

$$\tilde{\lambda}_i^k = C\tilde{\lambda}_i^k C^{-1} \tag{8.6.39}$$

于是

$$C = E \tag{8.6.40}$$

因此

$$\begin{cases} \bar{\lambda}_i^k = -\tilde{\lambda}_i^k \\ \phi^i = \phi_i^* \end{cases} \tag{8.6.41}$$

u^c 的指数形式为

$$u^c = \mathrm{e}^{-\mathrm{i}\tilde{\lambda}_\alpha^\beta \theta_\beta^\alpha} \tag{8.6.42}$$

我们取协变基底与逆变基底的直和得

$$u_i = \begin{pmatrix} \phi_i \\ 0 \end{pmatrix}, \quad v_i = \begin{pmatrix} 0 \\ \phi^i \end{pmatrix} \tag{8.6.43}$$

其中

$$\phi^i = \phi_i^* \tag{8.6.44}$$

在这个扩大的空间中群 SU_m 的表示为

$$R = \begin{pmatrix} u & 0 \\ 0 & u^c \end{pmatrix} = \exp\left\{ \mathrm{i}\begin{pmatrix} \lambda_\alpha^\beta & 0 \\ 0 & -\tilde{\lambda}_\alpha^\beta \end{pmatrix} \theta_\beta^\alpha \right\} = \mathrm{e}^{\mathrm{i}\Lambda_\alpha^\beta \theta_\beta^\alpha} \tag{8.6.45}$$

其中,“自旋”算符为

$$\Lambda_i^k = \begin{pmatrix} \lambda_\alpha^\beta & 0 \\ 0 & -\tilde{\lambda}_\alpha^\beta \end{pmatrix} \tag{8.6.46}$$

电荷共轭算符为

$$\mathbb{C} = \begin{pmatrix} 0 & 1 \\ 1 & 0 \end{pmatrix} \tag{8.6.47}$$

这时根据式(8.6.44)可以导出

$$\begin{cases} u_i = \mathbb{C}v_i^* \\ v_i = \mathbb{C}u_i^* \end{cases} \tag{8.6.48}$$

第9章

幺模幺正变换群 SU_2

9.1 幺正变换群 SU_2

群 SU_2 在协变基底上引起的变换为

$$\phi_i \to \phi'_i = u\phi_i = \phi_k a_i^k \quad (i = 1,2) \tag{9.1.1}$$

其中,算符 $u \in SU_2$ 具有如下的指数形式:

$$u = e^{iH} = e^{i\lambda_\alpha^\beta \varphi_\beta^\alpha} \quad (\alpha, \beta = 1,2)$$

其中

$$\lambda_\alpha^\beta = E_\alpha^\beta - \frac{1}{2}\delta_\alpha^\beta E \quad (\lambda_\alpha^\alpha = 0)$$

$$\varphi_\beta^\alpha = \varphi_\alpha^{\beta *}, \quad \varphi_\alpha^\alpha = 0$$

所以群 SU_2 是 4 阶的，它的秩是 1，展开 H 得

$$\begin{aligned}H &= \lambda_\alpha^\beta \varphi_\beta^\alpha = \lambda_1^1 \varphi_1^1 + \lambda_2^2 \varphi_2^2 + \lambda_1^2 \varphi_2^1 + \lambda_2^1 \varphi_1^2 \\ &= (\lambda_1^1 - \lambda_2^2)\varphi_1^1 + \lambda_\alpha^1 \varphi_2^1 + \lambda_2^1 \varphi_1^2 = (E_1^1 - E_2^2)\varphi_1^1 + E_1^2 \varphi_2^1 + E_2^1 \varphi_1^2\end{aligned}$$

取实参数

$$\varphi_1^1 = -\varphi_2^2 = -\frac{\alpha_3}{2}$$

$$\varphi_1^2 = -\frac{\alpha_1 + \mathrm{i}\alpha_2}{2}$$

$$\varphi_2^1 = -\frac{\alpha_1 - \mathrm{i}\alpha_2}{2}$$

则有

$$\begin{aligned}H &= -\left(\alpha_3 \frac{E_1^1 - E_2^2}{2} + E_1^2 \frac{\alpha_1 - \mathrm{i}\alpha_2}{2} + E_2^1 \frac{\alpha_1 + \mathrm{i}\alpha_2}{2}\right) \\ &= -\left(\alpha_1 \frac{E_1^2 + E_2^1}{2} + \alpha_2 \frac{E_1^2 - E_2^1}{2\mathrm{i}} + \alpha_3 \frac{E_1^1 - E_2^2}{2}\right)\end{aligned}$$

现在令

$$\begin{cases}\sigma_1 = E_1^2 + E_2^1 \\ \sigma_2 = \dfrac{E_1^2 - E_2^1}{\mathrm{i}} \\ \sigma_3 = E_1^1 - E_2^2\end{cases} \tag{9.1.2}$$

则有

$$H = -\left(\frac{1}{2}\alpha_1\sigma_1 + \frac{1}{2}\alpha_2\sigma_2 + \frac{1}{2}\alpha_3\sigma_3\right) = -\frac{1}{2}\boldsymbol{\alpha} \cdot \boldsymbol{\sigma}$$

或者

$$u = \mathrm{e}^{-\frac{\mathrm{i}}{2}\boldsymbol{\alpha} \cdot \boldsymbol{\sigma}} \tag{9.1.3}$$

由于 $E_i^{k\dagger} = E_k^i$，所以

$$\sigma_i^\dagger = \sigma_i, \quad (i = 1,2,3) \tag{9.1.4}$$

极易证明算符 σ_i 满足如下的对易关系：

$$[\sigma_i, \sigma_j] = 2i\varepsilon_{ijk}\sigma_k \quad (i,j,k = 1,2,3) \tag{9.1.5}$$

以及如下的反对易关系：

$$\{\sigma_i, \sigma_j\} = 2\delta_{ij} \quad (i,j = 1,2,3) \tag{9.1.6}$$

和关系式

$$\sigma_1\sigma_2\sigma_3 = i \tag{9.1.7}$$

算符 σ_i 对基底的作用为

$$\begin{cases} \sigma_1\phi_1 = \phi_2, & \sigma_1\phi_2 = \phi_1 \\ \sigma_2\phi_1 = i\phi_2, & \sigma_2\phi_2 = -i\phi_1 \\ \sigma_3\phi_1 = \phi_1, & \sigma_3\phi_2 = -\phi_2 \end{cases} \tag{9.1.8}$$

如果我们引入

$$\begin{cases} S_+ = \dfrac{\sigma_1 + i\sigma_2}{2} = E_1^2 = \begin{pmatrix} 0 & 1 \\ 0 & 0 \end{pmatrix} \\ S_- = \dfrac{\sigma_1 - i\sigma_2}{2} = E_2^1 = \begin{pmatrix} 0 & 0 \\ 1 & 0 \end{pmatrix} \\ S_0 = \dfrac{1}{2}\sigma_3 = \dfrac{E_1^1 - E_2^2}{2} = \dfrac{1}{2}\begin{pmatrix} 1 & 1 \\ 0 & -1 \end{pmatrix} \end{cases} \tag{9.1.9}$$

那么它对基底的作用为

$$\begin{cases} S_+\phi_1 = 0, & S_+\phi_2 = \phi_1 \\ S_-\phi_1 = \phi_2, & S_-\phi_2 = 0 \\ S_0\phi_1 = \dfrac{1}{2}\phi_1, & S_0\phi_2 = -\dfrac{1}{2}\phi_2 \end{cases} \tag{9.1.10}$$

如果选取表象

$$\phi_1 = \begin{pmatrix} 1 \\ 0 \end{pmatrix}, \quad \phi_2 = \begin{pmatrix} 0 \\ 1 \end{pmatrix} \tag{9.1.11}$$

那么根据

$$E_\alpha^\beta\phi_i = \phi_\alpha\delta_i^\beta \tag{9.1.12}$$

可以导出

$$E_1^1=\begin{pmatrix}1&0\\0&0\end{pmatrix},\quad E_1^2=\begin{pmatrix}0&1\\0&0\end{pmatrix}$$
$$E_2^1=\begin{pmatrix}0&0\\1&0\end{pmatrix},\quad E_2^2=\begin{pmatrix}0&0\\0&1\end{pmatrix} \tag{9.1.13}$$

以及

$$\begin{cases}\sigma_1=\begin{pmatrix}0&1\\1&0\end{pmatrix},\quad \sigma_2=\begin{pmatrix}0&-\mathrm{i}\\\mathrm{i}&0\end{pmatrix},\quad \sigma_3=\begin{pmatrix}1&0\\0&-1\end{pmatrix}\\ S_+=\begin{pmatrix}0&1\\0&0\end{pmatrix},\quad S_-=\begin{pmatrix}0&0\\1&0\end{pmatrix},\quad S_0=\begin{pmatrix}1&0\\0&-1\end{pmatrix}\end{cases} \tag{9.1.14}$$

定义反对称张量

$$\varepsilon_{ik}=\begin{cases}1 & i=1,k=2\\0 & i=k\\-1 & i=2,k=1\end{cases} \tag{9.1.15}$$

由于

$$\varepsilon'_{ik}=a_i^{i'}a_k^{k'}\varepsilon_{i'k'}=\varepsilon_{ik}a_1^{i'}a_2^{k'}\varepsilon_{i'k'}=\varepsilon_{ik}\begin{vmatrix}a_1^1&a_2^1\\a_1^2&a_2^2\end{vmatrix}=\varepsilon_{ik}\det u=\varepsilon_{ik}$$

也就是

$$\varepsilon'_{ik}=\varepsilon_{ik} \tag{9.1.16}$$

所以反对称张量 ε_{ik} 是 SU_2 变换下的不变张量，这是幺模条件的直接结果. 类似地，定义反对称张量

$$\varepsilon^{ik}=\begin{cases}1 & (i=1,k=2)\\0 & (i=k)\\-1 & (i=2,k=1)\end{cases} \tag{9.1.17}$$

那么由于

$$\varepsilon^{ik'}=b_{i'}^{i}b_{k'}^{k}\varepsilon^{i'k'}=\varepsilon^{ik}\begin{vmatrix}b_1^1&b_2^1\\b_1^2&b_2^2\end{vmatrix}=\varepsilon^{ik}\det u^{-1}=\varepsilon^{ik}$$

也就是

$$\varepsilon^{ik\prime}=\varepsilon^{ik} \tag{9.1.18}$$

所以 ε^{ik} 是 SU_2 变换下的不变量,这也是幺模条件的直接结果.

9.2 逆变基底,共轭表示 SU_2^c

群 SU_2 在逆变基底上引起的变换为

$$\phi^i \to \phi^{\prime i} = u^c \phi^i = \phi^k a_i^{k*} \quad (i = 1,2; u \in SU_2)$$

因此,群 SU_2 在逆变基底上的共轭表示为

$$u \to u^c \quad (u \in SU_2)$$

算符 u^c 的指数形式为

$$u^c = e^{i\bar{\lambda}_{\alpha}^{\beta}\sigma_{\beta}^{\alpha}} = e^{-i\boldsymbol{\alpha}\cdot\boldsymbol{\tau}/2} \tag{9.2.1}$$

其中,$\tau_r(r=1,2,3)$是共轭表示的无穷小算符.

$$\begin{aligned} \tau_1 &= -I_1^2 - I_2^1 \\ \tau_2 &= \frac{-I_1^2 + I_2^1}{i} \\ \tau_3 &= -I_1^1 + I_2^2 \end{aligned} \tag{9.2.2}$$

它们满足如下的对易、反对易关系:

$$\begin{cases} [\tau_r, \tau_s] = 2i\varepsilon_{rst}\tau_t \\ \{\tau_r, \tau_s\} = 2\delta_{rs} \\ \tau_1\tau_2\tau_3 = i \end{cases} \tag{9.2.3}$$

它们对基底的作用为

$$\begin{cases} \tau_1\phi^1 = -\phi^2, \quad \tau_1\phi^2 = -\phi^1 \\ \tau_2\phi^1 = i\phi^2, \quad \tau_2\phi^2 = -i\phi^1 \\ \tau_3\phi^1 = -\phi^1, \quad \tau_3\phi^2 = \phi^2 \end{cases} \tag{9.2.4}$$

如果我们引进

$$
\begin{cases}
S_+ = \dfrac{\tau_1 + \mathrm{i}\tau_2}{2} = -I_1^2 \\
S_- = \dfrac{\tau_1 - \mathrm{i}\tau_2}{2} = -I_2^1 \\
S_0 = \dfrac{1}{2}\tau_3 = \dfrac{1}{2}(-I_1^1 + I_2^2)
\end{cases}
\tag{9.2.5}
$$

那么它们对基底的作用为

$$
\begin{cases}
S_+ \phi^1 = -\phi^2, \quad S_+ \phi^2 = 0 \\
S_- \phi^1 = 0, \quad S_- \phi^2 = -\phi^1 \\
S_0 \phi^1 = -\dfrac{1}{2}\phi^1, \quad S_0 \phi^2 = \dfrac{1}{2}\phi^2
\end{cases}
\tag{9.2.6}
$$

如果我们选取表象

$$
\phi^1 = \begin{pmatrix} 1 \\ 0 \end{pmatrix}, \quad \phi^2 = \begin{pmatrix} 0 \\ 1 \end{pmatrix}
\tag{9.2.7}
$$

那么根据

$$
I_\alpha^\beta \phi^i = \phi^\beta \delta_\alpha^i
\tag{9.2.8}
$$

可得

$$
\begin{aligned}
I_1^1 &= \begin{pmatrix} 1 & 0 \\ 0 & 0 \end{pmatrix}, \quad I_1^2 = \begin{pmatrix} 0 & 0 \\ 1 & 0 \end{pmatrix} \\
I_2^1 &= \begin{pmatrix} 0 & 1 \\ 0 & 0 \end{pmatrix}, \quad I_2^2 = \begin{pmatrix} 0 & 0 \\ 0 & 1 \end{pmatrix}
\end{aligned}
\tag{9.2.9}
$$

以及

$$
\begin{cases}
\tau_1' = \begin{pmatrix} 0 & -1 \\ -1 & 0 \end{pmatrix}, \quad \tau_2' = \begin{pmatrix} 0 & -\mathrm{i} \\ \mathrm{i} & 0 \end{pmatrix}, \quad \tau_3' = \begin{pmatrix} -1 & 0 \\ 0 & 1 \end{pmatrix} \\
S_+ = \begin{pmatrix} 0 & 0 \\ -1 & 0 \end{pmatrix}, \quad S_- = \begin{pmatrix} 0 & -1 \\ 0 & 0 \end{pmatrix}, \quad S_0 = \dfrac{1}{2}\begin{pmatrix} -1 & 0 \\ 0 & 1 \end{pmatrix}
\end{cases}
\tag{9.2.10}
$$

9.3 SU_2 与 SU_2^c 的关系

为了建立 SU_2 与 SU_2^c 的关系，我们分下列几种情形来讨论.

9.3.1 $\phi^i = \phi_i^*$ 复共轭表示

群 SU_2 在基底 ϕ^i 上引起的变换为

$$\phi_i \to \phi'_i = u\phi_i = \phi_k a_i^k \quad (i = 1,2) \tag{9.3.1}$$

求其复数共轭得

$$\phi_i^* \to \phi_i^{*\prime} = u^* \phi_i^* = \phi_k^* a_i^{k*} \quad (i = 1,2) \tag{9.3.2}$$

可见 ϕ_i^* 的变换方式与 ϕ^i 的变换方式相同，于是可以令

$$\phi^i = \phi_i^* \tag{9.3.3}$$

则有

$$\phi^i \to \phi'^i = u^c \phi^i = \phi^k a_i^{k*} \tag{9.3.4}$$

其中

$$u^c = u^* = e^{-i\boldsymbol{\alpha}\cdot\boldsymbol{\tau}/2} \tag{9.3.5}$$

u^* 称为群 SU_2 的复共轭表示，它的无穷小算符是 τ_r，

$$\tau_r = -\sigma_r^* \tag{9.3.6}$$

显然，τ_r 满足如下的对易、反对易关系：

$$\begin{cases} [\tau_r, \tau_s] = 2i\varepsilon_{rst}\tau_t \\ \{\tau_r, \tau_s\} = 2\delta_{rs} \\ \tau_1\tau_2\tau_3 = i \end{cases} \tag{9.3.7}$$

由于

$$\sigma_2\sigma_r\sigma_2 = -\sigma_r^* \tag{9.3.8}$$

所以

$$\tau_r = \sigma_2\sigma_r\sigma_2 \tag{9.3.9}$$

因此

$$u^c = u^* = \mathrm{e}^{-\mathrm{i}\boldsymbol{\alpha}\cdot\sigma_2\boldsymbol{\sigma}\sigma_2/2} = \sigma_2\mathrm{e}^{-\mathrm{i}\boldsymbol{\alpha}\cdot\boldsymbol{\sigma}/2}\sigma_2 = \sigma_2 u\sigma_2$$

若令

$$C = -\sigma_2 \tag{9.3.10}$$

则有

$$u^c = u^* = CuC^{-1} \tag{9.3.11}$$

9.3.2 $\phi^i = -\sigma_2\phi_i^*$

由于 ϕ_i^* 与 ϕ^i 的变换方式相同,可以二者最多相差一个幺正变换 C,即

$$\phi^i = C\phi_i^* \tag{9.3.12}$$

这时在式(9.3.2)上乘以 C 得

$$\begin{aligned} C\phi_i^* &\to C\phi_i^{*\prime} = Cu^*C^{-1}C\phi_i^* = C\phi_k^*a_i^{k*} \\ \phi^i &\to \phi'^i = u^c\phi^i = \phi^k a_i^{k*} \end{aligned} \tag{9.3.13}$$

u^c 称为群 SU_2 的共轭表示,它的指数形式为

$$u^c = Cu^*C^{-1} = C\mathrm{e}^{\mathrm{i}\boldsymbol{\alpha}\cdot\boldsymbol{\sigma}^*/2}C^{-1} = \mathrm{e}^{\mathrm{i}\boldsymbol{\alpha}\cdot C\boldsymbol{\sigma}^*C^{-1}/2} = \mathrm{e}^{-\mathrm{i}\boldsymbol{\alpha}\cdot\boldsymbol{\tau}/2}$$

或者

$$u^c = Cu^*C^{-1} = \mathrm{e}^{-\mathrm{i}\boldsymbol{\alpha}\cdot\boldsymbol{\tau}/2} \tag{9.3.14}$$

表示 SU_2^c 的无穷小算符是

$$\tau_r = -C\sigma_r^*C^{-1} \tag{9.3.15}$$

显然它满足如下的对易、反对易关系:

$$\begin{cases} [\tau_r, \tau_s] = 2\mathrm{i}\varepsilon_{rst}\tau_t \\ \{\tau_r, \tau_s\} = 2\delta_{rs} \\ \tau_1\tau_2\tau_3 = \mathrm{i} \end{cases} \tag{9.3.16}$$

如果要求 $\tau_r=\sigma_r(r=1,2,3)$，那么必须取

$$C=-\sigma_2$$

最多相差一个相因子.这时式(9.3.14)写为

$$u^c=Cu^*C^{-1}=\mathrm{e}^{-\mathrm{i}\boldsymbol{\alpha}\cdot\boldsymbol{\sigma}/2} \tag{9.3.17}$$

式(9.3.12)写为

$$\phi^i=C\phi_i^*=-\sigma_2\phi_i^* \tag{9.3.18}$$

9.3.3 $\phi^r=\mathrm{i}\varepsilon^{rs}\phi_s$

设

$$\phi^1=\mathrm{i}\phi_2,\quad \phi^2=-\mathrm{i}\phi_1 \tag{9.3.19}$$

反解之得

$$\phi_1=\mathrm{i}\phi^2,\quad \phi_2=-\mathrm{i}\phi^1 \tag{9.3.20}$$

SU_2 在基底 ϕ_i 上引起的变换为

$$\begin{cases}\phi_1'=\phi_1a_1^1+\phi_2a_1^2\\ \phi_2'=\phi_1a_2^1+\phi_2a_2^2\end{cases} \tag{9.3.21}$$

将式(9.3.20)代入得

$$\begin{cases}\phi'^1=\phi^1a_2^2-\phi^2a_2^1\\ \phi'^2=-\phi^1a_1^{12}+\phi^2a_1^1\end{cases} \tag{9.3.22}$$

如果令

$$\begin{cases}u=E_i^ia_k^i=\begin{pmatrix}a_1^1 & a_2^1\\ a_1^2 & a_2^2\end{pmatrix}\\ u^{-1}=E_i^kb_k^i=\begin{pmatrix}b_1^1 & b_2^1\\ b_1^2 & b_2^2\end{pmatrix}\end{cases} \tag{9.3.23}$$

那么由于幺模条件 $\det u=1$，所以 u 的逆矩阵是

$$u^{-1} = \begin{pmatrix} a_2^2 & -a_2^1 \\ -a_1^2 & a_1^1 \end{pmatrix} \tag{9.3.24}$$

与式(9.3.23)比较获得

$$\begin{cases} b_1^1 = a_2^2, & b_2^1 = -a_2^1 \\ b_1^2 = -a_1^2, & b_2^2 = a_1^1 \end{cases} \tag{9.3.25}$$

将式(9.3.25)代入式(9.3.22)得

$$\begin{cases} \phi'^1 = \phi^1 b_1^1 + \phi^2 b_2^1 \\ \phi'^2 = \phi^1 b_1^2 + \phi^2 b_2^2 \end{cases} \tag{9.3.26}$$

或者

$$\phi'^i = \phi^k b_k^i \tag{9.3.27}$$

可见 ϕ^i 的变换方式确实是共轭表示,这是幺模条件的直接结果.从式(9.1.8)得

$$\mathrm{i}\phi_2 = \sigma_2\phi_1, \quad -\mathrm{i}\phi_1 = \sigma_2\phi_2 \tag{9.3.28}$$

所以式(9.3.19)可以写成

$$\phi^1 = \sigma_2\phi_1, \quad \phi^2 = \sigma_2\phi_2 \tag{9.3.29}$$

也就是

$$\phi^r = \mathrm{i}\varepsilon^{rs}\phi_s = \sigma_2\phi_r \quad (r = 1,2) \tag{9.3.30}$$

类似地由

$$\phi'^1 = \mathrm{i}\phi_2', \quad \phi^{2\prime} = -\mathrm{i}\phi_1' \tag{9.3.31}$$

导出

$$\phi'^r = \sigma_2\phi_r' \tag{9.3.32}$$

因此得

$$u^c\phi^r = \sigma_2 u\phi_r = \sigma_2 u\sigma_2\sigma_2\phi_r = CuC^{-1}\phi^r \tag{9.3.33}$$

或者

$$u^c\phi^r = CuC^{-1}\phi^r \quad (r = 1,2) \tag{9.3.34}$$

从而获得

$$u^c = CuC^{-1} = u^* = \mathrm{e}^{-\mathrm{i}\boldsymbol{\alpha}\cdot\boldsymbol{\tau}/2} \tag{9.3.35}$$

9.4 群 SU_2 的二阶混合张量表示 $SU_2 \otimes SU_2^c$

群 SU_2 在二阶混合张量空间上引起的基底变换为

$$\phi_i^k \to \phi_i'^k = \phi_{i'}^{k'} a_i^{i'} a_{k'}^{k*} \tag{9.4.1}$$

因此,群 SU_2 的二阶混合张量表示是

$$u \to u \otimes u_c \quad (u \in SU_2)$$

其中

$$u \otimes u_c = \mathrm{e}^{-\mathrm{i}\boldsymbol{\alpha}\cdot(\boldsymbol{\sigma}+\boldsymbol{\tau})/2} = \mathrm{e}^{-\mathrm{i}\boldsymbol{\alpha}\cdot\boldsymbol{L}} \tag{9.4.2}$$

而其中

$$\boldsymbol{L} = \frac{\boldsymbol{\sigma} + \boldsymbol{\tau}}{2} \tag{9.4.3}$$

是表示 $SU_2 \otimes SU_2^c$ 的无穷小算符,它满足如下的对易关系:

$$[L_r, L_s] = \mathrm{i}\varepsilon_{rst} L_t \tag{9.4.4}$$

表示 $SU_2 \otimes SU_2^c$ 可以分解为阵迹表示和正则表示的直和,即

$$\phi_i^k = \psi_i^i + \frac{1}{2}\delta_i^k \phi_\alpha^\alpha$$

其中,ϕ_α^α 是阵迹表示的基底,而

$$\psi_i^k = \phi_i^k - \frac{1}{2}\delta_i^k \phi_\alpha^\alpha \tag{9.4.5}$$

是正则表示 R 的基底,它的显示表式是

$$\begin{cases} \psi_1^1 = \dfrac{\phi_1^1 - \phi_2^2}{2} \\ \psi_1^2 = \phi_1^2 \\ \psi_2^1 = \phi_2^1 \\ \psi_2^2 = \dfrac{-\phi_1^1 + \phi_2^2}{2} \end{cases} \tag{9.4.6}$$

由于 $\psi_\alpha^\alpha=\psi_1^1+\psi_2^2=0$,我们来组成正交基底,为此我们先考察无穷小算符对基底的作用,利用 σ_i、τ_i 对基底的作用如表 9.1 所列.

表 9.1 无穷小算符对基底的作用

	ψ_1^1	ψ_1^2	ψ_2^1
L_1	$-\dfrac{\psi_1^2-\psi_2^1}{2}$	$-\psi_1^1$	ψ_1^1
L_2	$\mathrm{i}\dfrac{\psi_1^2+\psi_2^1}{2}$	$-\mathrm{i}\psi_1^1$	$-\mathrm{i}\psi_1^1$
L_3	0	ψ_1^2	$-\psi_2^1$

在转动群中有

$$\begin{aligned}
L_1&=-\mathrm{i}(E_2^3-E_3^2)=\begin{pmatrix}0&0&0\\0&0&-\mathrm{i}\\0&\mathrm{i}&0\end{pmatrix}\\
L_2&=-\mathrm{i}(E_3^1-E_1^3)=\begin{pmatrix}0&0&\mathrm{i}\\0&0&0\\-\mathrm{i}&0&0\end{pmatrix}\\
L_3&=-\mathrm{i}(E_1^2-E_2^1)=\begin{pmatrix}0&-\mathrm{i}&0\\\mathrm{i}&0&0\\0&0&0\end{pmatrix}
\end{aligned}\tag{9.4.7}$$

它们满足如下的对易关系:

$$[L_r,L_s]=\mathrm{i}\varepsilon_{rst}L_t$$

它们对基底的作用如表 9.2 所列.

表 9.2 在转动群中无穷小算符对基底的作用

	ϕ_1	ϕ_2	ϕ_3
L_1	0	$\mathrm{i}\phi_3$	$-\mathrm{i}\phi_2$
L_2	$-\mathrm{i}\phi_3$	0	$\mathrm{i}\phi_1$
L_3	$\mathrm{i}\phi_2$	$-\mathrm{i}\phi_1$	0

因此我们令

$$\begin{cases} \phi_1 = \dfrac{\psi_1^2 + \psi_2^1}{\sqrt{2}} = \dfrac{\phi_1^2 + \phi_2^1}{\sqrt{2}} \\ \phi_2 = \dfrac{\psi_1^2 - \psi_2^1}{\sqrt{2}\mathrm{i}} = \dfrac{\phi_1^2 - \phi_2^1}{\sqrt{2}\mathrm{i}} \\ \phi_3 = \dfrac{\psi_1^1 - \psi_2^2}{\sqrt{2}} = \dfrac{\phi_1^1 - \phi_2^2}{\sqrt{2}} \end{cases} \tag{9.4.8}$$

那么表 9.1 就化为表 9.2,换言之,正则表示与转动群是同构的.式(9.4.8)的反展开是

$$\begin{cases} \psi_1^2 = \dfrac{\phi_1 + \mathrm{i}\phi_2}{\sqrt{2}} \\ \psi_2^1 = \dfrac{\phi_1 - \mathrm{i}\phi_2}{\sqrt{2}} \\ \psi_1^1 = \dfrac{\phi_3}{\sqrt{2}} \end{cases} \tag{9.4.9}$$

为了更进一步研究 SU_2 的正则表示 R 与转动群 O_3 之间的同构,我们详细地讨论 R 和 O_3.由于

$$u = \mathrm{e}^{-\mathrm{i}\boldsymbol{\alpha}\cdot\boldsymbol{\sigma}/2} = \cos\frac{\boldsymbol{\alpha}\cdot\boldsymbol{\sigma}}{2} - \mathrm{i}\sin\frac{\boldsymbol{\alpha}\cdot\boldsymbol{\sigma}}{2}$$

我们令

$$\boldsymbol{\alpha} = \alpha\boldsymbol{n} \tag{9.4.10}$$

其中 $\alpha = \sqrt{\alpha_1^2 + \alpha_2^2 + \alpha_3^2}$ 是矢量 $\boldsymbol{\alpha}$ 的长度,$\boldsymbol{n}$ 是矢量 $\boldsymbol{\alpha}$ 的方向,这时极易证明

$$(\boldsymbol{n}\cdot\boldsymbol{\sigma}) = (\boldsymbol{n}\cdot\boldsymbol{\sigma})^3 = (\boldsymbol{n}\cdot\boldsymbol{\sigma})^5 = \cdots$$
$$(\boldsymbol{n}\cdot\boldsymbol{\sigma})^0 = (\boldsymbol{n}\cdot\boldsymbol{\sigma})^2 = (\boldsymbol{n}\cdot\boldsymbol{\sigma})^4 = \cdots$$

代入得

$$\begin{aligned} u &= \cos\frac{\boldsymbol{\alpha}\cdot\boldsymbol{\sigma}}{2} - \mathrm{i}\sin\frac{\boldsymbol{\alpha}\cdot\boldsymbol{\sigma}}{2} = \cos(\boldsymbol{n}\cdot\boldsymbol{\sigma})\frac{\alpha}{2} - \mathrm{i}\sin(\boldsymbol{n}\cdot\boldsymbol{\sigma})\frac{\alpha}{2} \\ &= \cos\frac{\alpha}{2} - \mathrm{i}(\boldsymbol{n}\cdot\boldsymbol{\sigma})\sin\frac{\alpha}{2} \end{aligned}$$

也就是

$$u = \mathrm{e}^{-\mathrm{i}\boldsymbol{\alpha}\cdot\boldsymbol{\sigma}/2} = \cos\frac{\alpha}{2} - \mathrm{i}(\boldsymbol{n}\cdot\boldsymbol{\sigma})\sin\frac{\alpha}{2} \tag{9.4.11}$$

类似地可得

$$u^c = e^{-i\alpha\cdot\tau/2} = \cos\frac{\alpha}{2} - i(\boldsymbol{n}\cdot\boldsymbol{\tau})\sin\frac{\alpha}{2} \tag{9.4.12}$$

从式(9.4.11)和式(9.4.12)可得

$$\begin{aligned} R = u\otimes u^c &= \cos^2\frac{\alpha}{2} - i\boldsymbol{n}(\boldsymbol{\sigma}+\boldsymbol{\tau})\cos\frac{\alpha}{2}\sin\frac{\alpha}{2} - (\boldsymbol{n}\cdot\boldsymbol{\sigma})(\boldsymbol{n}\cdot\boldsymbol{\tau})\sin^2\frac{\alpha}{2} \\ &= \frac{1+\cos\alpha}{2} - i\boldsymbol{n}\cdot\frac{(\boldsymbol{\sigma}+\boldsymbol{\tau})}{2}\cdot\sin\alpha - (\boldsymbol{n}\cdot\boldsymbol{\sigma})(\boldsymbol{n}\cdot\boldsymbol{\tau})\frac{1-\cos\alpha}{2} \\ &= \frac{1+\cos\alpha}{2} - i\boldsymbol{n}\cdot\boldsymbol{L}\cdot\sin\alpha - (\boldsymbol{n}\cdot\boldsymbol{\sigma})(\boldsymbol{n}\cdot\boldsymbol{\tau})\frac{1-\cos\alpha}{2} \end{aligned} \tag{9.4.13}$$

由于式(9.4.3),所以

$$\begin{cases} \boldsymbol{n}\cdot\boldsymbol{L} = \boldsymbol{n}\cdot\dfrac{\boldsymbol{\sigma}+\boldsymbol{\tau}}{2} \\ (\boldsymbol{n}\cdot\boldsymbol{L})^2 = \dfrac{1+(\boldsymbol{n}\cdot\boldsymbol{\sigma})(\boldsymbol{n}\cdot\boldsymbol{\tau})}{2} \end{cases} \tag{9.4.14}$$

将$(\boldsymbol{n}\cdot\boldsymbol{\sigma})(\boldsymbol{n}\cdot\boldsymbol{\tau})=2(\boldsymbol{n}\cdot\boldsymbol{L})^2-1$代入得

$$R = \frac{1+\cos\alpha}{2} - i\boldsymbol{n}\cdot\boldsymbol{L}\sin\alpha - (2(\boldsymbol{n}\cdot\boldsymbol{L})^2-1)\frac{1-\cos\alpha}{2} \tag{9.4.15}$$

$$= 1 - i(\boldsymbol{n}\cdot\boldsymbol{L})\sin\alpha - (\boldsymbol{n}\cdot\boldsymbol{L})^2(1-\cos\alpha) \tag{9.4.16}$$

或者

$$R = 1 - i(\boldsymbol{n}\cdot\boldsymbol{L})\sin\alpha - (\boldsymbol{n}\cdot\boldsymbol{L})^2(1-\cos\alpha) \tag{9.4.17}$$

由于 $\boldsymbol{\tau}=-\boldsymbol{\sigma}^*$,所以 $\boldsymbol{L}$ 又可以写为

$$\boldsymbol{L} = \frac{\boldsymbol{\sigma}+\boldsymbol{\tau}}{2} = \frac{\boldsymbol{\sigma}-\boldsymbol{\sigma}^*}{2} \tag{9.4.18}$$

因此

$$\boldsymbol{L}^* = \frac{\boldsymbol{\sigma}^*-\boldsymbol{\sigma}}{2} = -\boldsymbol{L} \tag{9.4.19}$$

从而导出

$$R^* = R \tag{9.4.20}$$

的结果,这意味着正则表示 R 是一个实表示.利用表 9.2 可以导出,

$$\begin{aligned}(\boldsymbol{n}\cdot\boldsymbol{L})\phi_1 &= \mathrm{i}(n_3\phi_2 - n_2\phi_3)\\(\boldsymbol{n}\cdot\boldsymbol{L})\phi_2 &= \mathrm{i}(n_1\phi_3 - n_3\phi_1)\\(\boldsymbol{n}\cdot\boldsymbol{L})\phi_3 &= \mathrm{i}(n_2\phi_1 - n_1\phi_2)\end{aligned}\tag{9.4.21}$$

以及

$$\begin{aligned}(\boldsymbol{n}\cdot\boldsymbol{L})^2\phi_1 &= \phi_1 - n_1(n_1\phi_1 + n_2\phi_2 + n_3\phi_3)\\(\boldsymbol{n}\cdot\boldsymbol{L})^2\phi_2 &= \phi_2 - n_2(n_1\phi_1 + n_2\phi_2 + n_3\phi_3)\\(\boldsymbol{n}\cdot\boldsymbol{L})^2\phi_3 &= \phi_3 - n_3(n_1\phi_1 + n_2\phi_2 + n_3\phi_3)\end{aligned}\tag{9.4.22}$$

利用式(9.4.21)和(9.4.22)可以导出

$$\begin{cases}\phi_1^1 = R\phi_1 = \phi_1[\cos\alpha + n_1^2(1-\cos\alpha)] + \phi_2[n_3\sin\alpha + n_1n_2(1-\cos\alpha)]\\\qquad + \phi_3[-n_2\sin\alpha + n_1n_3(1-\cos\alpha)]\\\phi_2^1 = R\phi_2 = \phi_1[-n_3\sin + n_1n_2(1-\cos\alpha)] + \phi_2[\cos\alpha + n_2^2(1-\cos\alpha)]\\\qquad + \phi_3[n_1\sin\alpha + n_2n_3(1-\cos\alpha)]\\\phi_3^1 = R\phi_3 = \phi_1[n_2\sin\alpha + n_1n_3(1-\cos\alpha)] + \phi_2[-n_1\sin\alpha + n_2n_2(1-\cos\alpha)]\\\qquad + \phi_3[\cos\alpha + n_3^2(1-\cos\alpha)]\end{cases}\tag{9.4.23}$$

可见 R 确实是一个实表示.由于

$$\boldsymbol{\tau} = -\boldsymbol{\sigma}^* = -\tilde{\boldsymbol{\sigma}}$$

所以

$$\begin{aligned}\boldsymbol{L}^* &= -\boldsymbol{L}\\\tilde{\boldsymbol{L}} &= -\boldsymbol{L}\end{aligned}\tag{9.4.24}$$

因此

$$\begin{cases}R = \mathrm{e}^{-\mathrm{i}\boldsymbol{\alpha}\cdot\boldsymbol{L}} = 1 - \mathrm{i}(\boldsymbol{n}\cdot\boldsymbol{L})\sin\alpha - (\boldsymbol{n}\cdot\boldsymbol{L})^2(1-\cos\alpha)\\R^{-1} = \mathrm{e}^{\mathrm{i}\boldsymbol{\alpha}\cdot\boldsymbol{L}} = 1 + \mathrm{i}(\boldsymbol{n}\cdot\boldsymbol{L})\sin\alpha - (\boldsymbol{n}\cdot\boldsymbol{L})^2(1-\cos\alpha)\end{cases}\tag{9.4.25}$$

显然,从式(9.4.24)可以导出

$$\begin{cases}R^* = R\\\tilde{R} = R^{-1}\end{cases}\tag{9.4.26}$$

因此，式(9.4.23)的反变换为

$$\begin{cases}\phi_1 = R^{-1}\phi'_1 = \phi'_1[\cos\alpha + n_1^2(1-\cos\alpha)] + \phi'_2[-n_3\sin\alpha + n_1 n_2(1-\cos\alpha)] \\ \qquad + \phi'_3[n_2\sin\alpha + n_1 n_3(1-\cos\alpha)] \\ \phi_2 = R^{-1}\phi'_2 = \phi'_1[n_3\sin\alpha + n_1 n_2(1-\cos\alpha)] + \phi'_2[\cos\alpha + n_2^2(1-\cos\alpha)] \\ \qquad + \phi'_3[-n_1\sin\alpha + n_2 n_3(1-\cos\alpha)] \\ \phi_3 = R^{-1}\phi'_3 = \phi'_1[-n_2\sin\alpha + n_1 n_3(1-\cos\alpha)] \\ \qquad + \phi'_2[n_1\sin\alpha + n_2 n_2(1-\cos\alpha)] + \phi'_3[\cos\alpha + n_3^2(1-\cos\alpha)]\end{cases} \tag{9.4.27}$$

从式(9.4.26)可以导出逆变基底在 R 的变换下为

$$\phi^i \to \phi^{i'} = \phi^k(R^{-1})^i_k = \phi^k(\widetilde{R})^i_k = \phi^k R^k_i \quad (i = 1,2,3) \tag{9.4.28}$$

协变基底在 R 的变换下

$$\phi_i \to \phi'_i = \phi_k R^k_i \quad (i = 1,2,3) \tag{9.4.29}$$

比较之，可以导出

$$\begin{aligned} &\phi^i = \phi_i \quad (i = 1,2,3) \\ &R_c = R \end{aligned} \tag{9.4.30}$$

相应地我们可取

$$R^k_i = R_{ki} \quad (i,k = 1,2,3) \tag{9.4.31}$$

这时基底变换式(9.4.28)和式(9.4.29)变成

$$\phi_i \to \phi'_i = R\phi_i = \phi_k R_{ki} \quad (i = 1,2,3) \tag{9.4.32}$$

考虑在基底变换式(9.4.32)下，空间 L 中的矢量 $\boldsymbol{r}$ 的转动为

$$\boldsymbol{r} = \phi_i x_i \to R\boldsymbol{r} = R\phi_i x_i \tag{9.4.33}$$

将式(9.4.32)代入式(9.4.33)得

$$R\boldsymbol{r} = R\phi_i x_i = \phi'_i x_i \tag{9.4.34}$$

将式(9.4.23)代入式(9.4.34)得

$$\begin{aligned} R\boldsymbol{r} &= \boldsymbol{r}\cos\alpha + \phi_1(n_2x_3 - n_3x_2)\sin\alpha + \phi_2(n_3x_1 - n_1x_3)\sin\alpha + \phi_3(n_1x_2 - n_2x_1)\sin\alpha \\ &\quad + \phi_1 n_1 \boldsymbol{n}\cdot\boldsymbol{r}(1-\cos\alpha) + \phi_2 n_2 \boldsymbol{n}\cdot\boldsymbol{r}(1-\cos\alpha) + \phi_3 n_3 \boldsymbol{n}\cdot\boldsymbol{r}(1-\cos\alpha) \\ &= \boldsymbol{r}\cos\alpha + \boldsymbol{n}\times\boldsymbol{r}\sin\alpha + \boldsymbol{n}(\boldsymbol{n}\cdot\boldsymbol{r})(1-\cos\alpha) \end{aligned} \tag{9.4.35}$$

由于

$$n\times(n\times r)=n(n\cdot r)-r$$

所以

$$\begin{aligned}Rr&=r\cos\alpha+n\times r\sin\alpha+[r+n\times(n\times r)](1-\cos\alpha)\\&=r+n\times r\sin\alpha+n\times(n\times r)(1-\cos\alpha)\end{aligned}$$

或者

$$r\to r'=Rr=r+n\times r\sin\alpha+n\times(n\times r)(1-\cos\alpha)\tag{9.4.36}$$

另一方面,我们考虑空间中绕 $\boldsymbol{n}$ 方向转动 α 角的旋转 $C_n(\alpha)$,矢量 $\boldsymbol{r}$ 的变化如图 9.1 所示,为

$$r'=r+r_1+r_2$$

其中

$$\begin{aligned}r_1&=\frac{n\times r}{|n\times r|}(r\sin\theta)\sin\alpha=\frac{n\times r}{r\sin\theta}r\sin\theta\sin\alpha=n\times r\sin\alpha\\r_2&=\frac{n\times(n\times r)}{|n\times(n\times r)|}[(r\sin\theta)-r(\sin\theta)\cos\alpha]=\frac{n\times(n\times r)}{r\sin\theta}r\sin\theta(1-\cos\alpha)\\&=n\times(n\times r)(1-\cos\alpha)\end{aligned}$$

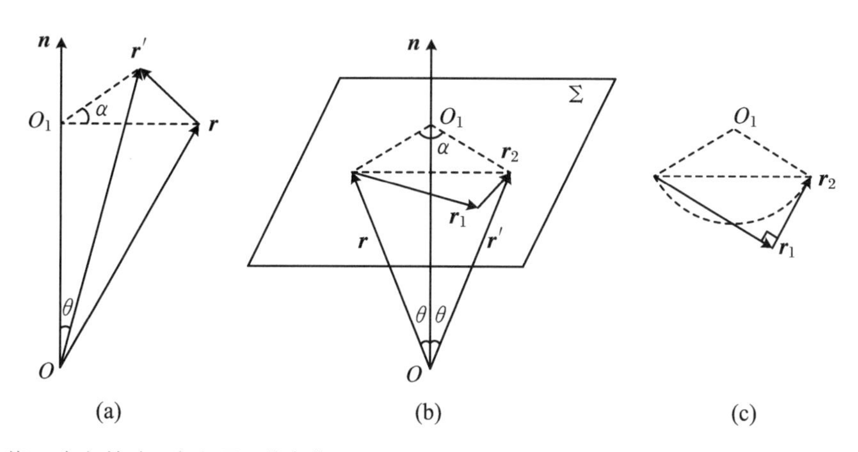

图 9.1　绕 $\boldsymbol{n}$ 方向转动 α 角矢量 $\boldsymbol{r}$ 的变化

图 9.1(b)中平面 Σ 为过 $\boldsymbol{r}$ 矢端垂直于 $\boldsymbol{n}$ 的平面,O_1 为 $\boldsymbol{n}$ 轴与该平面的交点.图 9.1(b)中 $\boldsymbol{r}_1$、$\boldsymbol{r}_2$ 都在该平面内,且相互垂直,可在 Σ 面上画如图 9.1(c)的示意图.将 $\boldsymbol{r}_1$、$\boldsymbol{r}_2$ 代入得代入得

$$r' = r + n \times r\sin\alpha + n \times (n \times r)(1 - \cos\alpha)$$

这与式(9.4.36)是一致的,按定义

$$r' = C_n(\alpha) r \tag{9.4.37}$$

与式(9.4.36)比较之则得

$$R = C_n(\alpha) \tag{9.4.38}$$

这样我们就证明了群 SU_2 的正则表示与转动群 O_3^+ 是同构的,而且具有相同的矩阵形式.

显然从式(9.4.23)可以看出

$$R_{rs}(\boldsymbol{\alpha}) = R_{rs}(\alpha \boldsymbol{n}) = \delta_{rs}\cos\alpha - \varepsilon_{rst}n_t\sin\alpha + n_r n_s(1 - \cos\alpha) \tag{9.4.39}$$

从式(9.4.39)我们可求证公式

$$u^\dagger \sigma_r u = R_{rs}\sigma_s \tag{9.4.40}$$

其中

$$u = e^{-i\boldsymbol{\alpha}\cdot\boldsymbol{\sigma}/2} = \cos\frac{\alpha}{2} - i(\boldsymbol{n}\cdot\boldsymbol{\sigma})\sin\frac{\alpha}{2}$$

$$u^\dagger = e^{i\boldsymbol{\alpha}\cdot\boldsymbol{\sigma}/2} = \cos\frac{\alpha}{2} + i(\boldsymbol{n}\cdot\boldsymbol{\sigma})\sin\frac{\alpha}{2}$$

将它们乘起来得

$$\begin{aligned} u^\dagger\sigma_r u &= \left(\cos\frac{\alpha}{2} + i\boldsymbol{n}\cdot\boldsymbol{\sigma}\sin\frac{\alpha}{2}\right)\sigma_r\left(\cos\frac{\alpha}{2} - i\boldsymbol{n}\cdot\boldsymbol{\sigma}\sin\frac{\alpha}{2}\right) \\ &= \cos^2\frac{\alpha}{2}\sigma_r - i[\sigma_r, \boldsymbol{n}\cdot\boldsymbol{\sigma}]\cos\frac{\alpha}{2}\sin\frac{\alpha}{2} + (\boldsymbol{n}\cdot\boldsymbol{\sigma})\sigma_r(\boldsymbol{n}\cdot\boldsymbol{\sigma})\sin^2\frac{\alpha}{2} \end{aligned}$$

由于

$$[\sigma_r, \boldsymbol{n}\cdot\boldsymbol{\sigma}] = 2i\varepsilon_{rst}n_s\sigma_t = -2i\varepsilon_{rst}n_t\sigma_s$$

$$(\boldsymbol{n}\cdot\boldsymbol{\sigma})\sigma_r(\boldsymbol{n}\cdot\boldsymbol{\sigma}) = -\sigma_r + (\boldsymbol{n}\cdot\boldsymbol{\sigma})\{\sigma_r, \boldsymbol{n}\cdot\boldsymbol{\sigma}\} = -\sigma_r + 2n_r\boldsymbol{n}\cdot\boldsymbol{\sigma}$$

所以

$$\begin{aligned} u^\dagger\sigma_r u &= \cos^2\frac{\alpha}{2}\sigma_r - \varepsilon_{rst}n_t\sigma_s\sin\alpha + (-\sigma_r + 2n_r\boldsymbol{n}\cdot\boldsymbol{\sigma})\sin^2\frac{\alpha}{2} \\ &= \cos\alpha\sigma_r - \varepsilon_{rst}n_t\sin\alpha\sigma_s + n_r n_s(1 - \cos\alpha)\sigma_s \end{aligned}$$

$$= [\delta_{rs}\cos\alpha - \varepsilon_{rst}n_t\sin\alpha + n_r n_s(1-\cos\alpha)]\sigma_s$$
$$= R_{rs}\sigma_s$$

于是式(9.4.40)得证.

在这个基础上我们可以挑选欧拉角 θ、φ、ψ 作为群 SU_2 的参数，我们挑选的欧拉角按如下方式定义.首先我们称基底 ϕ_1、ϕ_2、ϕ_3 为固定坐标架，而称基底 ϕ'_1，ϕ'_2，ϕ'_3为活动坐标架，其次规定：

(1) 如图 9.2 所示，活动坐标架第二基底 ϕ'_3在固定坐标架上的角坐标为(θ,φ)，即

$$\phi'_3 = \phi_1\sin\theta\cos\varphi + \phi_2\sin\theta\sin\varphi + \phi_3\cos\theta \tag{9.4.41}$$

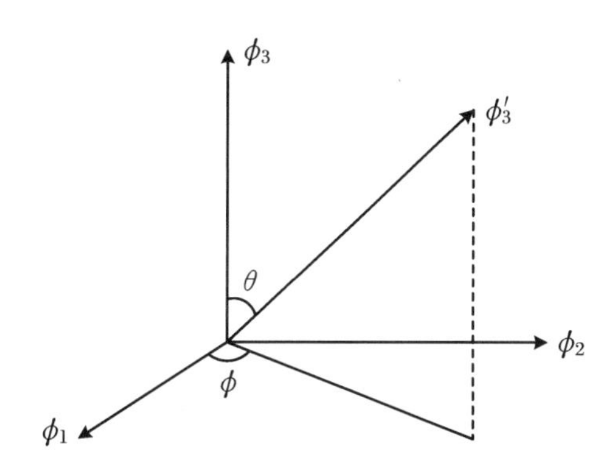

图 9.2　活动坐标架第二基底 ϕ'_3在固定坐标架上的角坐标为 θ、φ

将上式与式(9.4.23)相比较获得如下方程：

$$\begin{cases} n_2\sin\alpha + n_1 n_3(1-\cos\alpha) = \sin\theta\cos\varphi \\ -n_1\sin\alpha + n_2 n_3(1-\cos\alpha) = \sin\theta\sin\varphi \\ \cos\alpha + n_3^2(1-\cos\alpha) = \cos\theta \end{cases} \tag{9.4.42}$$

(2) 固定坐标架第三基底 ϕ_3 在活动坐标架上的角坐标为(θ,ψ)，即

$$\phi_3 = \phi'_1\sin\theta\cos\psi + \phi'_2\sin\theta\sin\psi + \phi'_3\cos\theta \tag{9.4.43}$$

将上式与式(9.4.27)相比较获得如下方程：

$$\begin{cases} -n_2\sin\alpha + n_1 n_3(1-\cos\alpha) = \sin\theta\cos\psi \\ n_1\sin\alpha + n_2 n_3(1-\cos\alpha) = \sin\theta\sin\psi \\ \cos\alpha + n_3^2(1-\cos\alpha) = \cos\theta \end{cases} \tag{9.4.44}$$

利用半角公式将式(9.4.42)、式(9.4.44)化为

$$
\begin{cases}
2n_2\sin\frac{\alpha}{2}\cos\frac{\alpha}{2}+2n_1n_3\sin^2\frac{\alpha}{2}=\sin\theta\cos\varphi \\
-2n_1\sin\frac{\alpha}{2}\cos\frac{\alpha}{2}+2n_2n_3\sin^2\frac{\alpha}{2}=\sin\theta\sin\varphi \\
-2n_2\sin\frac{\alpha}{2}\cos\frac{\alpha}{2}+2n_1n_3\sin^2\frac{\alpha}{2}=\sin\theta\cos\psi \\
2n_1\sin\frac{\alpha}{2}\cos\frac{\alpha}{2}+2n_2n_3\sin^2\frac{\alpha}{2}=\sin\theta\sin\psi \\
1-2(n_1^2+n_2^2)\sin^2\frac{\alpha}{2}=\cos\theta
\end{cases}
\tag{9.4.45}
$$

现在令

$$
\begin{cases}
a_0=\cos\frac{\alpha}{2} \\
a_1=n_1\sin\frac{\alpha}{2} \\
a_2=n_2\sin\frac{\alpha}{2} \\
a_3=n_3\sin\frac{\alpha}{2}
\end{cases}
\tag{9.4.46}
$$

则有

$$
\begin{cases}
2a_0a_2+2a_1a_3=\sin\theta\cos\varphi \\
-2a_0a_1+2a_2a_3=\sin\theta\sin\varphi \\
-2a_0a_2+2a_1a_3=\sin\theta\cos\psi \\
2a_0a_1+2a_2a_3=\sin\theta\sin\psi \\
a_1^2+a_2^2=\sin^2\frac{\theta}{2}
\end{cases}
$$

或者

$$
\begin{cases}
4a_0a_1=\sin\theta(-\sin\varphi+\sin\psi) \\
4a_0a_2=\sin\theta(\cos\varphi-\sin\psi) \\
4a_1a_3=\sin\theta(\cos\varphi+\cos\psi) \\
4a_2a_3=\sin\theta(\sin\varphi+\sin\psi) \\
a_1^2+a_2^2=\sin^2\frac{\theta}{2}
\end{cases}
$$

可以用 a_0 表示 $a_1a_2a_3$,得

$$\begin{cases} a_1 = \dfrac{\sin\theta(\sin\psi - \sin\varphi)}{4a_0} \\ a_2 = \dfrac{\sin\theta(-\cos\psi + \cos\varphi)}{4a_0} \\ a_3 = \dfrac{\sin\theta(\sin\psi + \sin\varphi)}{4a_2} = \dfrac{\sin\psi + \sin\varphi}{-\cos\psi + \cos\varphi}a_0 \\ a_1^2 + a_2^2 = \sin^2\dfrac{\theta}{2} \end{cases}$$

由于 $a_0^2+a_1^2+a_2^2+a_3^2=1$,所以由上述第四式获得

$$a_0^2 + a_3^2 = \cos^2\frac{\theta}{2}$$

将 a_3 代入得

$$\begin{cases} \left[1 + \left(\dfrac{\sin\psi + \sin\varphi}{-\cos\psi + \cos\varphi}\right)^2\right]a_0^2 = \cos^2\dfrac{\theta}{2} \\ \left[1 + \left(\dfrac{2\sin\dfrac{\psi+\varphi}{2} + \cos\dfrac{\psi-\varphi}{2}}{2\sin\dfrac{\psi+\varphi}{2} + \sin\dfrac{\psi-\varphi}{2}}\right)^2\right]a_0^2 = \cos^2\dfrac{\theta}{2} \\ a_0^2 = \left(\cos\dfrac{\theta}{2}\sin\dfrac{\psi-\varphi}{2}\right)^2 \\ a_0 = \pm\cos\dfrac{\theta}{2}\sin\dfrac{\psi-\varphi}{2} \end{cases}$$

代入得

$$\begin{cases} a_1 = \pm\sin\dfrac{\theta}{2}\cos\dfrac{\psi+\varphi}{2} \\ a_2 = \pm\sin\dfrac{\theta}{2}\sin\dfrac{\psi+\varphi}{2} \\ a_3 = \pm\cos\dfrac{\theta}{2}\cos\dfrac{\psi-\varphi}{2} \end{cases}$$

可见 $a_0a_1a_2a_3$ 有 ± 两组解,明确地写成

$$\begin{cases} \cos\dfrac{\alpha}{2} = \pm\cos\dfrac{\theta}{2}\sin\dfrac{\psi-\varphi}{2} \\ n_1\sin\dfrac{\alpha}{2} = \pm\sin\dfrac{\theta}{2}\cos\dfrac{\psi+\varphi}{2} \\ n_2\sin\dfrac{\alpha}{2} = \pm\sin\dfrac{\theta}{2}\sin\dfrac{\psi+\varphi}{2} \\ n_3\sin\dfrac{\alpha}{2} = \pm\cos\dfrac{\theta}{2}\cos\dfrac{\psi-\varphi}{2} \end{cases} \tag{9.4.47}$$

为了与 $\boldsymbol{\alpha}$ 比较，我们利用公式

$$\begin{cases} \sin A = \cos\left(\dfrac{\pi}{2} - A\right) \\ \cos A = \sin\left(\dfrac{\pi}{2} - A\right) \end{cases} \tag{9.4.48}$$

导出

$$\begin{cases} \cos\dfrac{\alpha}{2} = \pm\cos\dfrac{\theta}{2}\cos\dfrac{\pi-\psi+\varphi}{2} \\ n_1\sin\dfrac{\alpha}{2} = \pm\sin\dfrac{\theta}{2}\sin\dfrac{\pi-\psi-\varphi}{2} \\ n_2\sin\dfrac{\alpha}{2} = \pm\sin\dfrac{\theta}{2}\cos\dfrac{\pi-\psi-\varphi}{2} \\ n_3\sin\dfrac{\alpha}{2} = \pm\cos\dfrac{\theta}{2}\sin\dfrac{\pi-\psi+\varphi}{2} \end{cases} \tag{9.4.49}$$

引进

$$\gamma = \pi - \psi \tag{9.4.50}$$

则得

$$\begin{cases} \cos\dfrac{\alpha}{2} = \pm\cos\dfrac{\theta}{2}\cos\dfrac{\gamma+\varphi}{2} \\ n_1\sin\dfrac{\alpha}{2} = \pm\sin\dfrac{\theta}{2}\sin\dfrac{\gamma-\varphi}{2} \\ n_2\sin\dfrac{\alpha}{2} = \pm\sin\dfrac{\theta}{2}\cos\dfrac{\gamma-\varphi}{2} \\ n_3\sin\dfrac{\alpha}{2} = \pm\cos\dfrac{\theta}{2}\sin\dfrac{\gamma+\varphi}{2} \end{cases}$$

令 $\theta=\varphi=\gamma=0$[相应地 $\boldsymbol{n}=(0,0,1)$],则有两组结果

$$\begin{cases}\cos\dfrac{\alpha}{2}=1\\ \sin\dfrac{\alpha}{2}=0\end{cases},\quad \begin{cases}\cos\dfrac{\alpha}{2}=-1\\ \sin\dfrac{\alpha}{2}=0\end{cases}$$

相应于

$$\alpha=0,\quad \alpha=2\pi$$

如果我们认为参数 θ、φ、γ 的零值对应于 α_1、α_2、α_3 的零值,那么就应该挑选"+"解,即

$$\begin{cases}\cos\dfrac{\alpha}{2}=\cos\dfrac{\theta}{2}\cos\dfrac{\gamma+\varphi}{2}=\cos\dfrac{\theta}{2}\cos\dfrac{\psi-\varphi}{2}=0\\ n_1\sin\dfrac{\alpha}{2}=\sin\dfrac{\theta}{2}\sin\dfrac{\gamma-\varphi}{2}=\sin\dfrac{\theta}{2}\cos\dfrac{\psi+\varphi}{2}=a_1\\ n_2\sin\dfrac{\alpha}{2}=\sin\dfrac{\theta}{2}\cos\dfrac{\gamma-\varphi}{2}=\sin\dfrac{\theta}{2}\sin\dfrac{\psi+\varphi}{2}=a_2\\ n_3\sin\dfrac{\alpha}{2}=\cos\dfrac{\theta}{2}\sin\dfrac{\gamma+\varphi}{2}=\cos\dfrac{\theta}{2}\cos\dfrac{\psi+\varphi}{2}=a_3\end{cases}\tag{9.4.51}$$

由于

$$\begin{aligned}u&=\mathrm{e}^{-\mathrm{i}\boldsymbol{\alpha}\cdot\boldsymbol{\sigma}/2}=\cos\frac{\alpha}{2}-\mathrm{i}\boldsymbol{n}\cdot\boldsymbol{\sigma}\sin\frac{\alpha}{2}=a_0-\mathrm{i}\boldsymbol{\alpha}\cdot\boldsymbol{\sigma}\\&=E_1^1(a_0-\mathrm{i}a_3)+E_1^2(-\mathrm{i}a_1-a_2)+E_2^1(-\mathrm{i}a_1+a_2)+E_2^2(a_0+\mathrm{i}a_3)\end{aligned}$$

与

$$u=E_1^1a_1^1+E_1^2a_2^1+E_2^1a_1^2+E_2^2a_2^2$$

相比较获得

$$\begin{cases}a_1^1=a_0-\mathrm{i}a_3=\cos\dfrac{\theta}{2}\mathrm{e}^{-\mathrm{i}\frac{\gamma+\varphi}{2}}=-\mathrm{i}\cos\dfrac{\theta}{2}\mathrm{e}^{\mathrm{i}\frac{\psi-\varphi}{2}}\\ a_2^1=-\mathrm{i}a_1-a_2=-\sin\dfrac{\theta}{2}\mathrm{e}^{\mathrm{i}\frac{\gamma-\varphi}{2}}=-\mathrm{i}\sin\dfrac{\theta}{2}\mathrm{e}^{-\mathrm{i}\frac{\psi+\varphi}{2}}\\ a_1^2=-\mathrm{i}a_1+a_2=\sin\dfrac{\theta}{2}\mathrm{e}^{-\mathrm{i}\frac{\gamma-\varphi}{2}}=-\mathrm{i}\sin\dfrac{\theta}{2}\mathrm{e}^{\mathrm{i}\frac{\psi+\varphi}{2}}\\ a_2^2=a_0+\mathrm{i}a_3=\sin\dfrac{\theta}{2}\mathrm{e}^{-\mathrm{i}\frac{\gamma-\varphi}{2}}=\mathrm{i}\cos\dfrac{\theta}{2}\mathrm{e}^{-\mathrm{i}\frac{\psi-\varphi}{2}}\end{cases}\tag{9.4.52}$$

注意当仅当 $\theta=\varphi=0,\psi=\pi$ 时对应于单位元素.

在三维实空间中,矢量 $\boldsymbol{x}$ 的长度为

$$x_1^2+x_2^2+x_3^2$$

现在提一个问题:这个长度是否能分解为一个完全平方和? 即

$$x_1^2+x_2^2+x_3^2=(\sigma_1x_1+\sigma_2x_2+\sigma_3x_3)^2 \tag{9.4.53}$$

当 σ_1、σ_2、σ_3 是实数、复数时,回答是否定的,但是当 σ_1、σ_2、σ_3 是矩阵时,回答是肯定的,即展开上式得

$$\begin{aligned}x_1^2+x_2^2+x_3^2=&\ \sigma_1\sigma_1x_1^2+\sigma_2\sigma_2x_2^2+\sigma_3\sigma_3x_3^2+(\sigma_1\sigma_2+\sigma_2\sigma_1)x_1x_2\\&+(\sigma_2\sigma_3+\sigma_3\sigma_2)x_2x_3+(\sigma_3\sigma_1+\sigma_1\sigma_3)x_3x_1\end{aligned}$$

两边比较系数得

$$\{\sigma_r,\sigma_s\}=2\delta_{rs}\quad(r,s=1,2,3) \tag{9.4.54}$$

即如果矩阵 σ_1、σ_2、σ_3 满足上述的反对易关系,那么分解式(9.4.53)成为可能.满足反对易关系式(9.4.54)的矩阵的作用空间称为旋量空间.因此 SU_2 的作用空间又称为旋量空间.

9.5 欧拉角

在转动群 O_3^+ 中,每一个转动由三个参数所确定,所以取

$$\alpha_1=\alpha n_1,\quad \alpha_2=\alpha n_2,\quad \alpha_3=\alpha n_3 \tag{9.5.1}$$

作为参数,它们是矢量 $\alpha\boldsymbol{n}$ 在坐标轴上的投影,取通常所谓欧拉角 α、β、γ 来刻划转动是很方便的.为了定义这几个角,除了固定坐标系 $\phi_1\phi_2\phi_3$ 之外,我们引进与空间转动有关的活动坐标系 $\phi_1'\phi_2'\phi_3'$,平面 $\phi_1'O\phi_2'$与 $\phi_1O\phi_2$ 的交线称为节轴.如图 9.3 所示.

我们把矢量 $\boldsymbol{R}=\phi_3\times\phi_3'$的方向看作是节轴的正方向,以 β 标记 $\phi_3\phi_3'$的夹角.

$$0\leqslant\beta\leqslant\pi$$

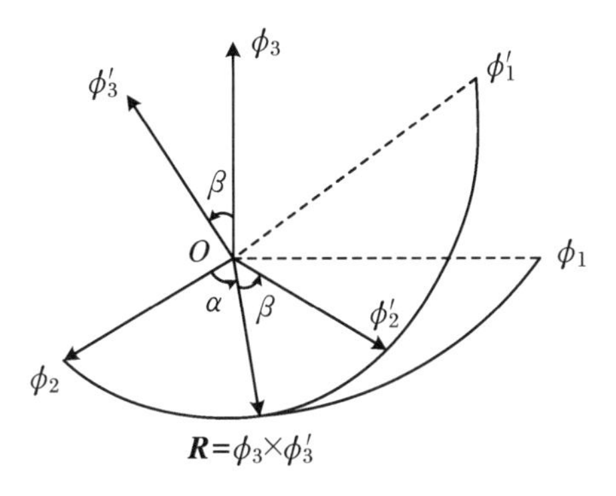

图 9.3　固定坐标系 $\phi_1\phi_2\phi_3$ 与活动坐标系 $\phi_1'\phi_2'\phi_3'$

以 γ 标记节轴 R 和 ϕ_2' 的夹角，以 α 标记节轴 R 和 ϕ_2 的夹角. 设角 $\gamma\alpha$ 的正方向如图中箭头所示，我们用 $R(\alpha,\beta,\gamma)$ 来表示由欧拉角 α、β、γ 所刻划的转动，这个转动可分为三个转动的乘积：绕 ϕ_3 轴的转动 $C_3(\gamma)$，绕 ϕ_2 轴的转动 $C_2(\beta)$ 和绕 ϕ_3 轴的转动 $C_3(\alpha)$，即

$$R(\alpha,\beta,\gamma)=C_3(\alpha)C_2(\beta)C_3(\gamma) \tag{9.5.2}$$

相应地群 SU_2 中的元素为

$$u(\alpha,\beta,\gamma)=u_3(\alpha)u_2(\beta)u_3(\gamma) \tag{9.5.3}$$

其中

$$\begin{cases} u_3(\alpha)=\mathrm{e}^{-\mathrm{i}\alpha\sigma_3/2}=\cos\dfrac{\alpha}{2}-\mathrm{i}\sigma_3\sin\dfrac{\alpha}{2} \\ u_2(\beta)=\mathrm{e}^{-\mathrm{i}\beta\sigma_2/2}=\cos\dfrac{\beta}{2}-\mathrm{i}\sigma_2\sin\dfrac{\beta}{2} \\ u_3(\gamma)=\mathrm{e}^{-\mathrm{i}\gamma\sigma_3/2}=\cos\dfrac{\gamma}{2}-\mathrm{i}\sigma_3\sin\dfrac{\gamma}{2} \end{cases} \tag{9.5.4}$$

相乘之，获得

$$\begin{aligned} u(\alpha,\beta,\gamma)=&\left(\cos\frac{\alpha}{2}-\mathrm{i}\sigma_3\sin\frac{\alpha}{2}\right)\left(\cos\frac{\beta}{2}-\mathrm{i}\sigma_2\sin\frac{\beta}{2}\right)\left(\cos\frac{\gamma}{2}-\mathrm{i}\sigma_3\sin\frac{\gamma}{2}\right) \\ =&\cos\frac{\beta}{2}\cos\frac{\gamma+\alpha}{2}-\mathrm{i}\sigma_1\sin\frac{\beta}{2}\sin\frac{\gamma-\alpha}{2} \\ &-\mathrm{i}\sigma_2\sin\frac{\beta}{2}\sin\frac{\gamma-\alpha}{2}-\mathrm{i}\sigma_3\sin\frac{\beta}{2}\sin\frac{\gamma+\alpha}{2} \end{aligned} \tag{9.5.5}$$

于是

$$
\begin{cases}
\cos\dfrac{\alpha}{2} = \cos\dfrac{\beta}{2}\cos\dfrac{\gamma+\alpha}{2} = a_0 \\
n_1\sin\dfrac{\alpha}{2} = \sin\dfrac{\beta}{2}\sin\dfrac{\gamma-\alpha}{2} = a_1 \\
n_2\sin\dfrac{\alpha}{2} = \sin\dfrac{\beta}{2}\cos\dfrac{\gamma-\alpha}{2} = a_2 \\
n_3\sin\dfrac{\alpha}{2} = \cos\dfrac{\beta}{2}\sin\dfrac{\gamma+\alpha}{2} = a_3
\end{cases}
\tag{9.5.6}
$$

从而导出

$$
\begin{cases}
a_1^1 = \cos\dfrac{\beta}{2}e^{-i\frac{\gamma+\alpha}{2}} \\
a_2^1 = -\sin\dfrac{\beta}{2}e^{i\frac{\gamma-\alpha}{2}} \\
a_1^2 = \sin\dfrac{\beta}{2}e^{-i\frac{\gamma-\alpha}{2}} \\
a_2^2 = \cos\dfrac{\beta}{2}e^{i\frac{\gamma+\alpha}{2}}
\end{cases}
\tag{9.5.7}
$$

显然地，令

$$
\begin{cases}
\alpha = \varphi \\
\beta = \theta \\
\gamma = \pi - \psi
\end{cases}
\tag{9.5.8}
$$

就得到上节的结果.亦即

$$
u(\theta,\varphi,\psi) = u_3(\varphi)u_2(\theta)u_3(\pi-\psi) \tag{9.5.8$'$}
$$

求其逆矩阵得

$$
\begin{aligned}
u^{-1}(\alpha,\beta,\gamma) &= u_3^{-1}(\gamma)u_2^{-1}(\beta)u_3^{-1}(\alpha) = u_3(-\gamma)u_2(-\beta)u_3(-\alpha) \\
&= u(-\alpha,-\beta,-\gamma)
\end{aligned}
$$

也就是

$$
u^{-1}(\alpha,\beta,\gamma) = u(-\gamma,-\beta,-\alpha) \tag{9.5.9}
$$

换言之，转动 α、β、γ 的逆转动的相应参数为 $-\gamma$、$-\beta$、$-\alpha$；相应地，转动 θ、φ、ψ 的逆转动相应参数为 $-\theta$、$\psi-\pi$、$\varphi+\pi$，即

$$
u^{-1}(\theta,\varphi,\psi) = u(-\theta,\psi-\pi,\varphi+\pi) \tag{9.5.10}
$$

还有一种定义方法，是绕 ϕ_1 轴转动 β，如图 9.4 所示.这时有

$$R(\alpha,\beta,\gamma) = C_3(\alpha)C_1(\beta)C_3(\gamma) \tag{9.5.11}$$

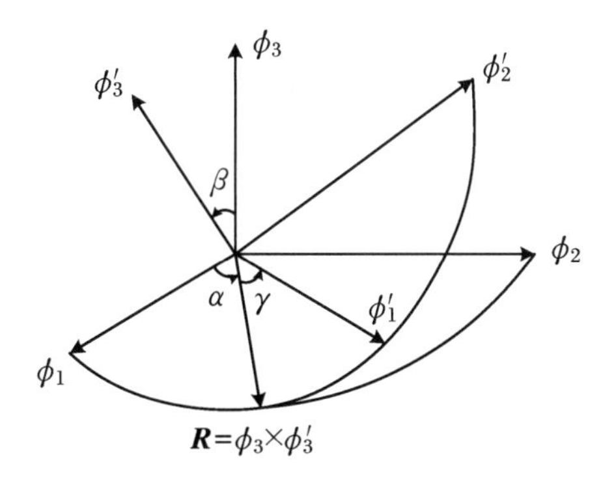

图 9.4　绕 ϕ_1 轴转动 β

相应地

$$u(\alpha,\beta,\gamma) = u_3(\alpha)u_1(\beta)u_3(\gamma) \tag{9.5.12}$$

其中

$$\begin{cases} u_3(\alpha) = \mathrm{e}^{-\mathrm{i}\alpha\sigma_3/2} = \cos\dfrac{\alpha}{2} - \mathrm{i}\sigma_3\sin\dfrac{\alpha}{2} \\ u_1(\beta) = \mathrm{e}^{-\mathrm{i}\alpha\sigma_3/2} = \cos\dfrac{\beta}{2} - \mathrm{i}\sigma_1\sin\dfrac{\beta}{2} \\ u_3(\gamma) = \mathrm{e}^{-\mathrm{i}\gamma\sigma_3/2} = \cos\dfrac{\gamma}{2} - \mathrm{i}\sigma_3\sin\dfrac{\gamma}{2} \end{cases} \tag{9.5.13}$$

相乘之后获得

$$\begin{aligned} u(\alpha,\beta,\gamma) &= \left(\cos\frac{\alpha}{2} - \mathrm{i}\sigma_3\sin\frac{\alpha}{2}\right)\left(\cos\frac{\beta}{2} - \mathrm{i}\sigma_1\sin\frac{\beta}{2}\right)\left(\cos\frac{\gamma}{2} - \mathrm{i}\sigma_3\sin\frac{\gamma}{2}\right) \\ &= \cos\frac{\beta}{2}\cos\frac{\alpha+\gamma}{2} - \mathrm{i}\sigma_1\sin\frac{\beta}{2}\cos\frac{\alpha-\gamma}{2} \\ &\quad - \mathrm{i}\sigma_2\sin\frac{\beta}{2}\sin\frac{\alpha-\gamma}{2} - \mathrm{i}\sigma_3\cos\frac{\beta}{2}\sin\frac{\alpha-\gamma}{2} \end{aligned} \tag{9.5.14}$$

于是

$$\begin{cases} \cos\dfrac{\alpha}{2} = \cos\dfrac{\beta}{2}\cos\dfrac{\alpha+\gamma}{2} \\ n_1\sin\dfrac{\alpha}{2} = \sin\dfrac{\beta}{2}\cos\dfrac{\alpha-\gamma}{2} \\ n_2\sin\dfrac{\alpha}{2} = \sin\dfrac{\beta}{2}\sin\dfrac{\alpha-\gamma}{2} \\ n_3\sin\dfrac{\alpha}{2} = \cos\dfrac{\beta}{2}\sin\dfrac{\alpha+\gamma}{2} \end{cases} \tag{9.5.15}$$

从而获得

$$\begin{cases} a_1^1 = \cos\dfrac{\beta}{2}\mathrm{e}^{-\mathrm{i}\frac{\alpha+\gamma}{2}} \\ a_2^1 = -\sin\dfrac{\beta}{2}\mathrm{e}^{-\mathrm{i}\frac{\alpha-\gamma}{2}} \\ a_1^2 = \sin\dfrac{\beta}{2}\mathrm{e}^{\mathrm{i}\frac{\alpha-\gamma}{2}} \\ a_2^2 = \cos\dfrac{\beta}{2}\mathrm{e}^{\mathrm{i}\frac{\alpha+\gamma}{2}} \end{cases} \tag{9.5.16}$$

因此,令

$$\begin{cases} \alpha = \varphi + \dfrac{\pi}{2} \\ \beta = \theta \\ \gamma = \dfrac{\pi}{2} - \psi \end{cases} \tag{9.5.17}$$

就得到上节的结果.亦即

$$u(\theta,\varphi,\psi) = u_3\left(\varphi + \frac{\pi}{2}\right)u_1(\theta)u_3\left(\frac{\pi}{2} - \psi\right) \tag{9.5.17$'$}$$

利用欧拉角 θ,φ,ψ,从式(9.4.51),式(9.4.23)可以获得

$$R_{rs} = (2a_0^2 - 1)\delta_{rs} + 2(a_r a_s - \varepsilon_{rst}a_0 a_t) \tag{9.5.18}$$

将式(9.4.51)中

$$\begin{cases} a_0 = \cos\dfrac{\theta}{2}\sin\dfrac{\psi-\varphi}{2} \\ a_1 = \sin\dfrac{\theta}{2}\cos\dfrac{\psi+\varphi}{2} \\ a_2 = \sin\dfrac{\theta}{2}\sin\dfrac{\psi+\varphi}{2} \\ a_3 = \cos\dfrac{\theta}{2}\cos\dfrac{\psi-\varphi}{2} \end{cases} \tag{9.5.19}$$

即对应于

$$u = a_0 - \mathrm{i}\boldsymbol{a}\cdot\boldsymbol{\sigma} \tag{9.5.20}$$

的参数代入得

$$\begin{cases} R_{11} = -\sin\varphi\sin\psi - \cos\theta\cos\varphi\cos\psi \\ R_{22} = -\cos\varphi\cos\psi - \cos\theta\sin\varphi\sin\psi \\ R_{33} = \cos\theta \\ R_{12} = \sin\varphi\cos\psi - \cos\theta\cos\varphi\sin\psi \\ R_{21} = \cos\varphi\sin\psi - \cos\theta\sin\varphi\cos\psi \\ R_{13} = \sin\theta\cos\varphi \\ R_{31} = \sin\theta\cos\psi \\ R_{23} = \sin\theta\sin\varphi \\ R_{32} = \sin\theta\sin\psi \end{cases} \tag{9.5.21}$$

我们已经证明对于 SU_2 的正则表示 R，不区分上、下指标，亦即按正则表示变换的量，协变量与逆变量的变换方式完全相同，因此表示

$$R = \mathrm{e}^{-\mathrm{i}\boldsymbol{\alpha}\cdot\boldsymbol{L}} \tag{9.5.22}$$

中的无穷小算符可以写为

$$\begin{cases} L_1 = -\mathrm{i}(E_{23} - E_{32}) = \begin{pmatrix} 0 & 0 & 0 \\ 0 & 0 & -\mathrm{i} \\ 0 & \mathrm{i} & 0 \end{pmatrix} \\ L_2 = -\mathrm{i}(E_{31} - E_{13}) = \begin{pmatrix} 0 & 0 & -\mathrm{i} \\ 0 & 0 & 0 \\ \mathrm{i} & 0 & 0 \end{pmatrix} \\ L_3 = -\mathrm{i}(E_{12} - E_{21}) = \begin{pmatrix} 0 & -\mathrm{i} & 0 \\ \mathrm{i} & 0 & 0 \\ 0 & 0 & 0 \end{pmatrix} \end{cases} \tag{9.5.23}$$

如果我们取表象

$$\phi_1 = \begin{pmatrix} 1 \\ 0 \\ 0 \end{pmatrix}, \quad \phi_2 = \begin{pmatrix} 0 \\ 1 \\ 0 \end{pmatrix}, \quad \phi_3 = \begin{pmatrix} 0 \\ 0 \\ 1 \end{pmatrix} \tag{9.5.24}$$

那么则有

$$E_{11} = \begin{pmatrix} 1 & 0 & 0 \\ 0 & 0 & 0 \\ 0 & 0 & 0 \end{pmatrix}, \quad E_{12} = \begin{pmatrix} 0 & 1 & 0 \\ 0 & 0 & 0 \\ 0 & 0 & 0 \end{pmatrix}, \quad \cdots \tag{9.5.25}$$

这时式(9.5.23)可以写成

$$\begin{cases} L_1 = -\mathrm{i}\begin{pmatrix} 0 & 0 & 0 \\ 0 & 0 & 1 \\ 0 & -1 & 0 \end{pmatrix} \\ L_2 = -\mathrm{i}\begin{pmatrix} 0 & 0 & -1 \\ 0 & 0 & 0 \\ 1 & 0 & 0 \end{pmatrix} \\ L_3 = -\mathrm{i}\begin{pmatrix} 0 & 1 & 0 \\ -1 & 0 & 0 \\ 0 & 0 & 0 \end{pmatrix} \end{cases} \tag{9.5.26}$$

类似地

$$R = E_{rs}R_{rs}$$

$$= \begin{pmatrix} -\sin\varphi\sin\psi - \cos\theta\cos\varphi\cos\psi & \sin\varphi\cos\psi - \cos\theta\cos\varphi\sin\psi & \sin\theta\cos\varphi \\ \cos\varphi\cos\psi - \cos\theta\sin\varphi\cos\psi & -\cos\psi - \cos\theta\sin\varphi\sin\psi & \sin\varphi \\ \sin\theta\cos\psi & \sin\theta\sin\psi & \cos\theta \end{pmatrix} \tag{9.5.27}$$

下面利用 L_i 的表示求一个公式，从式(9.5.23)直接导出，

$$(L_r)_{st} = -\mathrm{i}\varepsilon_{rst} \tag{9.5.28}$$

因此，我们可以求转动 R 的展开

$$\begin{aligned} R &= \mathrm{e}^{-\mathrm{i}\boldsymbol{\alpha}\cdot\boldsymbol{L}} = \mathrm{e}^{-\mathrm{i}\alpha\boldsymbol{n}\cdot\boldsymbol{L}} = \sum_{n=0}^{\infty}\frac{(-\mathrm{i}\alpha)^n}{n!}(\boldsymbol{n}\cdot\boldsymbol{L})^n \\ &= 1 + \sum_{n=0}^{\infty}\frac{(-\mathrm{i}\alpha)^{2n}}{(2n)!}(\boldsymbol{n}\cdot\boldsymbol{L})^{2n} + \sum_{n=0}^{\infty}\frac{(-\mathrm{i}\alpha)^{2n+1}}{(2n+1)!}(\boldsymbol{n}\cdot\boldsymbol{L})^{2n+1} \\ &= 1 + \sum_{n=0}^{\infty}(-1)^n\frac{\alpha^{2n}}{(2n)!}(\boldsymbol{n}\cdot\boldsymbol{L})^{2n} - \mathrm{i}\sum_{n=0}^{\infty}(-1)^n\frac{\alpha^{2n+1}}{(2n+1)!}(\boldsymbol{n}\cdot\boldsymbol{L})^{2n+1} \end{aligned} \tag{9.5.29}$$

从式(9.5.28)可以导出

$$\begin{cases} (\boldsymbol{n}\cdot\boldsymbol{L})_{rs} = -\mathrm{i}\varepsilon_{rst}n_t \\ (\boldsymbol{n}\cdot\boldsymbol{L})^2_{rs} = \delta_{rs} - n_r n_s \end{cases} \tag{9.5.30}$$

从式(9.5.30)可以导出

$$(\boldsymbol{n}\cdot\boldsymbol{L})^3_{rs} = -\mathrm{i}\varepsilon_{rst}n_t = (\boldsymbol{n}\cdot\boldsymbol{L})_{rs}$$

或者

$$(\boldsymbol{n}\cdot\boldsymbol{L})^3 = (\boldsymbol{n}\cdot\boldsymbol{L}) \tag{9.5.31}$$

因此，可以递推下去，

$$\begin{cases} (\boldsymbol{n}\cdot\boldsymbol{L})^4 = (\boldsymbol{n}\cdot\boldsymbol{L})^2 \\ (\boldsymbol{n}\cdot\boldsymbol{L})^5 = (\boldsymbol{n}\cdot\boldsymbol{L}) \\ \vdots \\ (\boldsymbol{n}\cdot\boldsymbol{L})^{2n} = (\boldsymbol{n}\cdot\boldsymbol{L})^2 \\ (\boldsymbol{n}\cdot\boldsymbol{L})^{2n+1} = (\boldsymbol{n}\cdot\boldsymbol{L}) \end{cases} \tag{9.5.32}$$

代入式(9.5.29)则得

$$R = 1 + (\boldsymbol{n}\cdot\boldsymbol{L})^2\sum_{n=1}^{\infty}(-1)^n\frac{\alpha^{2n}}{2n!} - \mathrm{i}(\boldsymbol{n}\cdot\boldsymbol{L})\sum_{n=1}^{\infty}(-1)^n\frac{\alpha^{2n}+1}{(2n+1)!}$$

$$= 1 - \mathrm{i}\boldsymbol{n} \cdot \boldsymbol{L}\sin\alpha - (\boldsymbol{n} \cdot \boldsymbol{L})^2(1 - \cos\alpha)$$

或

$$R = 1 - \mathrm{i}(\boldsymbol{n} \cdot \boldsymbol{L})\sin\alpha - (\boldsymbol{n} \cdot \boldsymbol{L})^2(1 - \cos\alpha) \tag{9.5.33}$$

任何一个 $u(\theta,\varphi,\psi) \in SU_2$ 根据式(9.5.8′)与式(9.5.17)可以表示为两种方式,即

$$u(\theta,\varphi,\psi) = u_3(\varphi)u_2(\theta)u_3(\pi - \psi) = u_3\left(\varphi + \frac{\pi}{2}\right)u_1(\theta)u_3\left(\frac{\pi}{2} - y\right) \tag{9.5.34}$$

从式(9.5.34)获得

$$u_3(\varphi)u_2(\theta)u_3(\pi - \psi) = u_3\left(\varphi + \frac{\pi}{2}\right)u_1(\theta)u_3\left(\frac{\pi}{2} + \psi\right)$$

左乘 $u_3(-\varphi)$,右乘 $u_3(\psi)$,则得

$$u_2(\theta)u_3(\pi) = u_3\left(\frac{\pi}{2}\right)u_1(\theta)u_3\left(\frac{\pi}{2}\right)$$

右乘 $u_3(-\pi)$则得

$$u_2(\theta) = u_3\left(\frac{\pi}{2}\right)u_1(\theta)u_3\left(-\frac{\pi}{2}\right) \tag{9.5.35}$$

或者

$$\mathrm{e}^{-\mathrm{i}\theta\sigma_2/2} = \mathrm{e}^{-\mathrm{i}\pi\sigma_3/4}\mathrm{e}^{-\mathrm{i}\theta\sigma_1/2}\mathrm{e}^{\mathrm{i}\pi\sigma_3/4} \tag{9.5.36}$$

9.6 群 SU_2 的 n 阶不可约表示 D_J

考虑 n 个协变基底的直积

$$\phi(i_1,\cdots,i_N) = \phi_{i_1} \cdot \cdots \cdot \phi_{i_n} \quad (i_1,\cdots,i_N = 1,2) \tag{9.6.1}$$

当群 SU_2 在空间 L 中引起一个基底变换时,相应地在空间 L^n 中引起一个基底变换

$$\phi(i_1,\cdots,i_N) \to \phi'(i_1,\cdots,i_N) = \phi(k_1,\cdots,k_n)a_{i_1}^{k_1},\cdots,a_{i_n}^{k_n} \quad (i_1,\cdots,i_N = 1,2) \tag{9.6.2}$$

因此群 SU_2 在空间 L^n 上的表示为

$$u \to u^n = u \otimes \cdots \otimes u \quad (u \in SU_2) \tag{9.6.3}$$

称为群 SU_2 的 n 阶张量表示，记为

$$SU_2^n = \{\cdots, u^n, \cdots\}$$

利用指数表示，u^n 可以写成

$$u^n = \mathrm{e}^{-\mathrm{i}\boldsymbol{\alpha}\cdot\boldsymbol{\sigma}(1)/2} \otimes \cdots \otimes \mathrm{e}^{-\mathrm{i}\boldsymbol{\alpha}\cdot\boldsymbol{\sigma}(n)/2} \tag{9.6.4}$$

由于 $\boldsymbol{\sigma}(1),\cdots,\boldsymbol{\sigma}(n)$ 是彼此可对易的，所以得

$$u^n = \mathrm{e}^{-\mathrm{i}\boldsymbol{\alpha}\cdot[\boldsymbol{\sigma}(1)+\cdots+\boldsymbol{\sigma}(n)]/2} = \mathrm{e}^{-\mathrm{i}\boldsymbol{\alpha}\cdot\boldsymbol{J}}$$

或

$$u^n = \mathrm{e}^{-\mathrm{i}\boldsymbol{\alpha}\cdot\boldsymbol{J}} \tag{9.6.5}$$

其中

$$\boldsymbol{J} = \frac{\boldsymbol{\sigma}(1) + \cdots + \boldsymbol{\sigma}(n)}{2} \tag{9.6.6}$$

是表示 SU_2^n 的无穷小算符，它满足如下的对易关系：

$$[J_r, J_s] = \mathrm{i}\varepsilon_{rst}J_t \quad (r,s,t = 1,2,3) \tag{9.6.7}$$

根据分解定理，n 阶张量 $\phi(i_1,\cdots,i_N)$ 可以按对称群 $\mathscr{S}_n$ 的正交单位 O_{rr}^{α}（$\alpha=[n]\cdots[1^n]$，$r=1,2,\cdots,f^{\alpha}$）分解为如下形式的直和：

$$\phi(i_1,\cdots,i_N) = \sum_{\alpha,r}\phi_r^{\alpha}(i_1,\cdots,i_N), \quad \phi_r^{\alpha}(i_1,\cdots,i_N) = O_{rr}^{\alpha}\phi(i_1,\cdots,i_N) \tag{9.6.8}$$

但是，非零空间只能用两个数的配分

$$\alpha = [\alpha_1\alpha_2] \quad (\alpha_1 \geqslant \alpha_2 \geqslant 0; \alpha_1 + \alpha_2 = n)$$

来描述，因此

$$\phi(i_1,\cdots,i_N) = \phi^{[n]}(i_1,\cdots,i_N) + \sum_{\substack{\alpha_1\geqslant\alpha_2\geqslant 0\\ \alpha_1+\alpha_2=n}}\sum_{r=1}^{f^{\alpha}}\phi_r^{[\alpha_1\alpha_2]}(i_1,\cdots,i_N) \tag{9.6.9}$$

根据等价定理，其中不可约表示

$$R_1^{\alpha},\cdots,R_{f^{\alpha}}^{\alpha}$$

都是等价的，记为 R^{α}，特别地表示

$$R^{[\alpha_1,\alpha_2]} \text{ 与 } R^{[\alpha_1-\alpha_2]}$$

是等价的，即

$$R^{[n-1,1]} \text{ 与 } R^{[n-2]} \text{ 等价}$$
$$R^{[n-2,2]} \text{ 与 } R^{[n-4]} \text{ 等价}$$
$$\cdots\cdots$$

因此，我们只要研究不可约表示 $R^{[n]}(n=0,1,2,\cdots)$就足够了.

不可约表示 $R^{[n]}$的矩阵元为

$$R^{[n]}(u)\begin{pmatrix} k_1,\cdots,k_n \\ i_1,\cdots,i_N \end{pmatrix} = \sum_{\beta} \frac{1}{n!} x_{\beta}^{[n]} \sum_{\sigma\in \mathscr{S}_{\beta}} a_{i_{\sigma_1}}^{k_1} \cdot \cdots \cdot a_{i_{\sigma_n}}^{k_n}$$

由于 $\chi_{\beta}^{[n]}=1$，所以

$$R^{[n]}(u)\begin{pmatrix} k_1,\cdots,k_n \\ i_1,\cdots,i_N \end{pmatrix} = \frac{1}{n!} \sum_{\sigma\in \mathscr{S}_n} a_{i_{\sigma_1}}^{k_1} \cdot \cdots \cdot a_{i_{\sigma_n}}^{k_n} \tag{9.6.10}$$

不可约表示 $R^{[n]}$的特征标定

$$\chi^{[n]}(\boldsymbol{\varepsilon}) = \frac{|\ \boldsymbol{\varepsilon}^{u_1}\ \boldsymbol{\varepsilon}^{u_2}\ |}{|\ \boldsymbol{\varepsilon}1\ |} = \frac{\begin{vmatrix} \boldsymbol{\varepsilon}_1^{u_1} & \boldsymbol{\varepsilon}_1^{u_2} \\ \boldsymbol{\varepsilon}_2^{u_1} & \boldsymbol{\varepsilon}_2^{u} \end{vmatrix}}{\begin{vmatrix} \boldsymbol{\varepsilon}_1 & 1 \\ \boldsymbol{\varepsilon}_2 & 1 \end{vmatrix}}$$

其中

$$u_1 = \alpha_1 + 1 = n + 1$$
$$u_2 = \alpha_2 = 0$$

所以

$$\chi^{[n]}(\varepsilon) = \frac{\begin{vmatrix} \varepsilon_1^{n+1} & 1 \\ \varepsilon_2^{n+1} & 1 \end{vmatrix}}{\begin{vmatrix} \varepsilon_1 & 1 \\ \varepsilon_2 & 1 \end{vmatrix}} = \frac{\varepsilon_1^{n+1} - \varepsilon_2^{n+1}}{\varepsilon_1 - \varepsilon_2}$$

其中，ε_1、ε_2 是 $u\in SU_2$ 的本征值，在矢量表示中

$$u = \mathrm{e}^{-\mathrm{i}\boldsymbol{\alpha}\cdot\boldsymbol{\sigma}/2} = \cos\frac{\alpha}{2} - \mathrm{i}(\boldsymbol{n}\cdot\boldsymbol{\sigma})\sin\frac{\alpha}{2}$$

因此

$$\varepsilon_1\varepsilon_2 = \det u = \mathrm{e}^{-\mathrm{i}\,\mathrm{tr}\,\boldsymbol{\alpha}\cdot\boldsymbol{\sigma}/2} = \mathrm{e}^{-\mathrm{i}0} = 1$$

$$\varepsilon_1 + \varepsilon_2 = \mathrm{tr}\,u = \mathrm{tr}\cos\frac{\alpha}{2} - \mathrm{i}\,\mathrm{tr}(\boldsymbol{n}\cdot\boldsymbol{\sigma})\sin\frac{\alpha}{2} = 2\cos\frac{\alpha}{2}$$

由此导出

$$(\varepsilon_1 - \varepsilon_2)^2 = (\varepsilon_1 + \varepsilon_2)^2 - 4\varepsilon_1\varepsilon_2 = 4\cos^2\frac{\alpha}{2} - 4 = -4\sin^2\frac{\alpha}{2}$$

或者

$$\varepsilon_1 - \varepsilon_2 = 2\mathrm{i}\sin\frac{\alpha}{2} = 2\mathrm{i}\left(\frac{\mathrm{e}^{\mathrm{i}\alpha/2} - \mathrm{e}^{-\mathrm{i}\alpha/2}}{2\mathrm{i}}\right) = \mathrm{e}^{\mathrm{i}\alpha/2} - \mathrm{e}^{-\mathrm{i}\alpha/2}$$

从而导出

$$\varepsilon_1 = \mathrm{e}^{-\mathrm{i}\alpha/2},\quad \varepsilon_2 = \mathrm{e}^{-\mathrm{i}\alpha/2}$$

代入得

$$\chi^{[n]}(\alpha) = \frac{\mathrm{e}^{\mathrm{i}(n+1)\alpha/2} - \mathrm{e}^{-\mathrm{i}(n+1)\alpha/2}}{\mathrm{e}^{\mathrm{i}\alpha/2} - \mathrm{e}^{-\mathrm{i}\alpha/2}} = \frac{\sin\dfrac{(n+1)\alpha}{2}}{\sin\dfrac{\alpha}{2}}$$

也就有

$$\chi^{[n]}(\alpha) = \frac{\sin\dfrac{(n+1)\alpha}{2}}{\sin\dfrac{\alpha}{2}} \tag{9.6.11}$$

不可约表示 $R^{[n]}$ 的维数是

$$d^{[n]} = \frac{|u_1|}{1!0!} = \begin{vmatrix} u_1 & 1 \\ u_2 & 1 \end{vmatrix} = \begin{vmatrix} n+1 & 1 \\ 0 & 1 \end{vmatrix} = n+1$$

也就是

$$d^{[n]} = n+1 \tag{9.6.12}$$

表示 $R^{[n]}$ 的作用空间 $L^{[n]}$ 中的基底是

$$\phi^{[n]}(i_1,\cdots,i_N)=O^{[n]}\phi(i_1,\cdots,i_N)\quad(i_1,\cdots,i_N=1,2)$$

其中

$$O^{[n]}=\frac{1}{\theta^{[n]}}\sum_{\sigma\in\mathscr{S}_n}v_{rr}^{[n]}(\sigma)\sigma$$

由于 $f^{[n]}=1$,所以

$$\theta^{[n]}=\frac{n!}{f[n]}=n!$$

这样

$$O^{[n]}=\frac{1}{n!}\sum_{\sigma\in\mathscr{S}_n}v^{[n]}(\sigma)\sigma=\frac{1}{n!}\sum_{\sigma\in\mathscr{S}_n}\chi^{[n]}(\sigma)\sigma$$

由于 $\chi^{[n]}(\sigma)=1$,所以

$$O^{[n]}=\frac{1}{n!}\sum_{\sigma\in\mathscr{S}_n}\sigma \tag{9.6.13}$$

代入得

$$\phi^{[n]}(i_1,\cdots,i_n)=\frac{1}{n!}\sum_{\sigma\in\mathscr{S}_n}\sigma\phi(i_1,\cdots,i_n) \tag{9.6.14}$$

显然,由于

$$\begin{aligned}\phi^{[n]}(i_{\tau_1},\cdots,i_{\tau_n})&=\frac{1}{n!}\sum_{\sigma\in\mathscr{S}_n}\phi\sigma(i_{\tau_1},\cdots,i_{\tau_n})=\frac{1}{n!}\sum_{\sigma\in\mathscr{S}_n}\phi\tau\sigma(i_1,\cdots,i_N)\\&=\frac{1}{n!}\sum_{\sigma\in\mathscr{S}_n}\sigma\phi(i_1,\cdots,i_N)=\phi^{[n]}(i_1,\cdots,i_N)\end{aligned}$$

或者

$$\phi^{[n]}(i_1,\cdots,i_n)=\phi^{[n]}(i_{\tau_1},\cdots,i_{\tau_n}) \tag{9.6.15}$$

所以不失普遍性可以令 $n=2J$,其中 $J=0,\frac{1}{2},1,\frac{3}{2},2,\cdots$,这时我们将 $R^{[n]}$写成 D_J,即

$$R^{[n]}(u)=D_J(u)\quad(u\in SU_2) \tag{9.6.16}$$

再令指标 $i_1,\cdots,i_n$ 之中有

$$J+M\text{ 个 }\phi_1$$

$$J - M \text{ 个 } \phi_2$$

作

$$\phi(\overbrace{1,\cdots,1}^{J+M}\overbrace{2,\cdots,2}^{J-M}) = \overbrace{\phi_1,\cdots,\phi_1}^{J+M}\overbrace{\phi_2,\cdots,\phi_2}^{J-M} = \phi^{J+M}\phi_2^{J-M}$$

代入 $\phi^{[n]}$之中得

$$\phi_{JM} = \phi^{[2J]}(\underbrace{1,\cdots,1}_{J+M}\underbrace{2,\cdots,2}_{J-M}) = \frac{1}{(2J)!}\sum_{\sigma}\sigma(\phi_1^{J+M}\phi_2^{J-M}) \tag{9.6.17}$$

当 $M = J, J-1, \cdots, -J+1, -J$ 时我们获得的正好是

$$2J + 1 = n + 1$$

个基底,可以作为空间

$$L_J = L^{[n]}$$

的基底.为了求得正交归一化的基底,我们求其内积,得

$$\langle \phi_{JM} \mid \phi_{JK} \rangle = \left[\frac{1}{(2J)!}\right]^2 \sum_{\sigma_1 \tau \in \mathscr{S}_{2J}} \langle \sigma\phi_1^{J+M}\phi_2^{J-M} \mid \tau\phi_1^{J+K}\phi_2^{J-K} \rangle$$

显然当 $M \neq K$ 时,无论 $\sigma_1 \tau$ 是什么置换,皆有

$$\langle \sigma\phi_1^{J+M}\phi_2^{J-M} \mid \tau\phi_1^{J+K}\phi_2^{J-K} \rangle \big|_{M\neq K} = 0$$

所以

$$\begin{aligned}
\langle \phi_{JM} \mid \phi_{JK} \rangle &= \delta_{MK}\left[\frac{1}{(2J)!}\right]^2 \sum_{\sigma,\tau \in \mathscr{S}_{2J}} \langle \sigma\phi_1^{J+M}\phi_2^{J-M} \mid \tau\phi_1^{J+K}\phi_2^{J-K} \rangle \\
&= \delta_{MK}\left[\frac{1}{(2J)!}\right]^2 \sum_{\sigma,\tau \in \mathscr{S}_{2J}} \langle \sigma\phi_1^{J+M}\phi_2^{J-M} \mid \tau\sigma\phi_1^{J+K}\phi_2^{J-K} \rangle \\
&= \delta_{MK}\left[\frac{1}{(2J)!}\right]^2 \sum_{\sigma,\tau \in \mathscr{S}_{2J}} \langle \phi_1^{J+M}\phi_2^{J-M} \mid \tau\phi_1^{J+K}\phi_2^{J-K} \rangle \\
&= \delta_{MK}\frac{1}{(2J)!} \sum_{\tau \in \mathscr{S}_{2J}} \langle \phi_1^{J+M}\phi_2^{J-M} \mid \tau\phi_1^{J+K}\phi_2^{J-K} \rangle
\end{aligned}$$

其中置换 τ 使得 $\phi_1 \to \phi_2$,或 $\phi_2 \to \phi_1$ 的就是零,只有那些仅仅置换$\underbrace{\phi_1,\cdots,\phi_1}_{J+M}$的对称群 $\mathscr{S}_{JM}$ 和仅仅置换$\underbrace{\phi_2,\cdots,\phi_2}_{J-M}$的对称群 $\mathscr{S}_{J-M}$ 的直积 $\mathscr{S}_{J+M} \otimes \mathscr{S}_{J-M}$ 的项才贡献因子 1,这样的项共有

$$(J+M)!(J-M)!$$

个,因此得

$$\langle \phi_{JM} \mid \phi_{JK} \rangle = \delta_{MK} \frac{(J+M)!(J-M)!}{(2J)!} \tag{9.6.18}$$

这样我们引进正交归一的基矢

$$\begin{aligned} Y_{JM} &= \sqrt{\frac{(2J)!}{(J+M)!(J-M)!}} \phi_{JM} = \sqrt{\frac{(2J)!}{(J+M)!(J-M)!}} \frac{1}{(2J)!} \sum_{\sigma} \sigma(\phi_1^{J+M} \phi_2^{J-M}) \\ &= \frac{1}{\sqrt{(2J)!(J+M)!(J-M)!}} \sum_{\sigma \in \mathscr{S}_{2J}} \sigma(\phi_1^{J+M} \phi_2^{J-M}) \end{aligned} \tag{9.6.19}$$

正交关系式(9.6.18)变成

$$\langle Y_{JM} \mid Y_{JK} \rangle = \delta_{MK} \tag{9.6.20}$$

现在考虑 n 阶不可约表示 $R^{[n]}(u)$ 的矩阵元,即

$$R^{[n]}(u) \phi^{[n]}(i_1, \cdots, i_N) = \phi^{[n]}(k_1, \cdots, k_n) R^{[n]}(u) \begin{pmatrix} k_1 & \cdots & k_n \\ i_1 & \cdots & i_n \end{pmatrix} \tag{9.6.21}$$

其中

$$\phi^{[n]}(i_1, \cdots, i_N) = \frac{1}{n!} \sum_{\sigma \in \mathscr{S}_n} \sigma \phi(i_1, \cdots, i_N) = \frac{1}{n!} \sum_{\sigma \in \mathscr{S}_n} \phi_{i\sigma_1} \cdots \phi_{i\sigma_n} \tag{9.6.22}$$

$$R^{[n]}(u) \begin{pmatrix} k_1 & \cdots & k_n \\ i_1 & \cdots & i_n \end{pmatrix} = \frac{1}{n!} \sum_{\sigma \in \mathscr{S}_n} a_{i\sigma_1}^{k_1} \cdots a_{i\sigma_n}^{k_n} \tag{9.6.23}$$

由于 $\phi^{[n]}(i_1 \cdots i_n)$ 是全对称的,所以它具有如下对称性质,即:

$$\phi^{[n]}(i_1, \cdots, i_n) = \phi^{[n]}(i_{\tau_1}, \cdots, i_{\tau_n})$$

因此,如果 $i_1, \cdots, i_n$ 之中有 $J+K$ 个指标 1,有 $J-K$ 个指标 2,那么总有一个置换 τ,使得

$$\phi^{[n]}(i_1, \cdots, i_N) = \phi^{[n]}(\underbrace{1, \cdots, 1}_{J+K} \underbrace{2, \cdots, 2}_{J-K}) = \phi_{JK} = \sqrt{\frac{(J+K)!(J-K)}{(2J)!}} Y_{JK}$$

或者

$$\phi^{[n]}(i_1, \cdots, i_N) = \sqrt{\frac{(J+K)!(J-K)}{(2J)!}} Y_{JK} \tag{9.6.24}$$

类似地，如果 $k_1,\cdots,k_n$ 之中有$S+M$ 个指标 1，有 $J-M$ 个指标 2，那么则有

$$\phi^{[n]}(k_1,\cdots,k_n)=\phi^{[n]}(\underbrace{1,\cdots,1}_{J+M}\underbrace{2,\cdots,2}_{J-M})=\phi_{JM}=\sqrt{\frac{(J+M)!(J-M)}{(2J)!}}\mathrm{Y}_{JM}$$

或者

$$\phi^{[n]}(k_1,\cdots,k_n)=\sqrt{\frac{(J+M)!(J-M)}{(2J)!}}\mathrm{Y}_{JM} \tag{9.6.25}$$

代入式(9.6.21)得

$$R^{[n]}(u)\mathrm{Y}_{JK}=\sum_{k_1,\cdots,k_n}\mathrm{Y}_{JM}\sqrt{\frac{(J+M)!(J-M)!}{(J+K)!(J-K)!}}R^{[n]}(u)\begin{pmatrix}k_1 & \cdots & k_n\\ i_1 & \cdots & i_n\end{pmatrix} \tag{9.6.26}$$

显然，$R^{[n]}(u)\begin{pmatrix}k_1 & \cdots & k_n\\ i_1 & \cdots & i_n\end{pmatrix}$具有如下对称性质：

$$R^{[n]}(u)\begin{pmatrix}k_1 & \cdots & k_n\\ i_1 & \cdots & i_n\end{pmatrix}=R^{[n]}(u)\begin{pmatrix}k_{\rho_1} & \cdots & k_{\rho_n}\\ i_{\rho_1} & \cdots & i_{\rho_n}\end{pmatrix}$$

代入得

$$\begin{aligned}R^{[n]}(u)\begin{pmatrix}k_1 & \cdots & k_n\\ i_1 & \cdots & i_n\end{pmatrix}&=\frac{1}{n!}\sum_{\sigma\in\mathscr{S}_n}a^{k_{\rho_1}}_{i_{(\sigma\rho_1)}}\cdot\cdots\cdot a^{k_{\rho_n}}_{i_{(\sigma\rho_n)}}=\frac{1}{n!}\sum_{\sigma\in\mathscr{S}_n}a^{k_{\rho_1}}_{i_{\sigma_1}}\cdot\cdots\cdot a^{k_{\rho_n}}_{i_{\sigma_n}}\\&=\frac{1}{n!}\sum_{\sigma\in\mathscr{S}_n}a^{k_{\rho_1}}_{i_{(\sigma\tau)_1}}\cdot\cdots\cdot a^{k_{\rho_n}}_{i_{(\sigma\tau)_n}}=R^{[n]}(u)\begin{pmatrix}k_1 & \cdots & k_n\\ i_{\tau_1} & \cdots & i_{\tau_n}\end{pmatrix}\end{aligned}$$

或者

$$R^{[n]}(u)\begin{pmatrix}k_1 & \cdots & k_n\\ i_1 & \cdots & i_n\end{pmatrix}=R^{[n]}(u)\begin{pmatrix}k_1 & \cdots & k_n\\ i_{\tau_1} & \cdots & i_{\tau_n}\end{pmatrix} \tag{9.6.27}$$

挑选

$$(i_{\tau_1},\cdots,i_{\tau_n})=(\underbrace{1,\cdots,1}_{J+K}\underbrace{2,\cdots,2}_{J-K})$$

$$(k_{\rho_1}\cdots k_{\rho_n})=(\underbrace{1,\cdots,1}_{J+M}\underbrace{2,\cdots,2}_{J-M})$$

则得

$$R^{[n]}(u)\begin{pmatrix} k_1 & \cdots & k_n \\ i_1 & \cdots & i_n \end{pmatrix} = R^{[n]}(u)\begin{pmatrix} \overbrace{1,\cdots,1}^{J+M} & \overbrace{2,\cdots,2}^{J-M} \\ \underbrace{1,\cdots,1}_{J+K} & \underbrace{2,\cdots,2}_{J-K} \end{pmatrix} = R^{[n]}(u)\begin{pmatrix} JM \\ JK \end{pmatrix} \tag{9.6.28}$$

代入式(9.6.26)得

$$R^{[n]}(u)Y_{JK} = \sum_{k_1,\cdots,k_n} Y_{JM}\sqrt{\frac{(J+M)!(J-M)!}{(J+K)!(J-K)!}}R^{[n]}(u)\begin{pmatrix} JM \\ JK \end{pmatrix}$$

由于求和 $\sum\limits_{k_1,\cdots,k_n}$ 之中共有

$$\frac{(2J)!}{(J+M)!(J-M)!}$$

项对称于$\underbrace{1,\cdots,1}_{J+M}\underbrace{2,\cdots,2}_{J-M}$,因此得

$$R^{[n]}(u)Y_{JK} = \sum_M Y_{JM}\frac{(2J)!}{\sqrt{(J+M)!(J-M)!(J+K)!(J-K)!}}R^{[n]}(u)\begin{pmatrix} JM \\ JK \end{pmatrix}$$

或者

$$D_J(u)Y_{JK} = Y_{JM}\frac{(2J)!}{\sqrt{(J+M)!(J-M)!(J+K)!(J-K)!}}R^{[n]}(u)\begin{pmatrix} JM \\ JK \end{pmatrix} \tag{9.6.29}$$

与

$$D_J(u)Y_{JK} = \sum_M Y_{JM}D^J_{MK}(u) \tag{9.6.30}$$

比较之获得

$$\begin{aligned} D^J_{MK}(u) &= \frac{(2J)!}{\sqrt{(J+M)!(J-M)!(J+K)!(J-K)!}}R^{[n]}(u)\begin{pmatrix} JM \\ JK \end{pmatrix} \\ &= \frac{1}{\sqrt{(J+M)!(J-M)!(J+K)!(J-K)!}}\sum_{\sigma\in\mathcal{S}_n} a^{k_{\rho_1}}_{i_{(\sigma\tau)_1}}\cdot\cdots\cdot a^{k_{\rho_n}}_{i_{(\sigma\tau)_n}} \end{aligned} \tag{9.6.31}$$

其中

$$(k_{\rho_1}\cdots k_{\rho_n})=(\overbrace{1,\cdots,1}^{J+M}\overbrace{2,\cdots,2}^{J-M})$$

$$(i_{\tau_1},\cdots,i_{\tau_n})=(\overbrace{1,\cdots,1}^{J+K}\overbrace{2,\cdots,2}^{J-K})$$

式(9.6.31)中的一般项具有形式

$$(a_1^1)^x(a_2^1)^y(a_1^2)^z(a_2^2)^w$$

其中 x,y,z,w 满足条件

$$x+y=J+M,\quad x+z=J+K$$
$$z+w=J-M,\quad y+w=J-K$$

求解之获得

$$\begin{cases}x=M+K+r\\ y=J-K-r\\ z=J-M-r\\ w=r\end{cases}$$

因此一般项具有形式

$$(a_1^1)^{M+K+r}(a_2^1)^{J-K-r}(a_1^2)^{J-M-r}(a_2^2)^r$$

对求和这个一般项在对称群 $\mathscr{S}_{2J}$ 的子群，即在

下指标 $J+K$ 个 1 的置换形成的对称群 $\mathscr{S}_{J+K}$

下指标 $J-K$ 个 2 的置换形成的对称群 $\mathscr{S}_{J-K}$

上指标 $J+M$ 个 1 的置换形成的对称群 $\mathscr{S}_{J+M}$

上指标 $J-M$ 个 2 的置换形成的对称群 $\mathscr{S}_{J-M}$

等四个对称群的置换下是不变的，所以这种项共有

$$(J+M)!(J-M)!(J+K)!(J-K)!$$

项，但是引进了重复数，即重复了

$(a_1^1)^{M+K+r}$ 中 $M+K+r$ 个 a_1^1 的置换形成的对称群 $\mathscr{S}_{M+K+r}$

$(a_2^1)^{J-K-r}$ 中 $J-K-r$ 个 a_2^1 的置换形成的对称群 $\mathscr{S}_{J-K-r}$

$(a_1^2)^{J-M-r}$ 中 $J-M-r$ 个 a_1^2 的置换形成的对称群 $\mathscr{S}_{J-M-r}$

$(a_2^2)^r$ 中 r 个 a_2^2 的置换形成的对称群 $\mathscr{S}_r$

的总置换数 $(M+K+r)!\ (J-K-r)!\ (J-M-r)!\ r!$,因此确切的项数是

$$\frac{(J+M)!(J-M)!(J+K)!(J-K)!}{(M+K+r)!(J-K-r)!(J-M-r)!r!}$$

代入得

$$D^J_{MK}(u) = \sqrt{(J+M)!(J-M)!(J+K)!(J-K)!} \cdot \sum_r \frac{(a_1^1)^{M+K+r}(a_2^1)^{J-K-r}(a_1^2)^{J-M-r}(a_2^2)^r}{(M+K+r)!(M-K-r)!(J-M-r)!r!} \tag{9.6.32}$$

其中求和 r 当 $r<0$ 时,由于 $r!=\infty$ 而自动为零,所以可以认为求和 r 是遍及于 $-\infty$ 到 $+\infty$ 的所有正负整数求和的.

定理 群 SU_2 的 n 阶不可约表示

$$D_J(u) = \mathrm{e}^{-\mathrm{i}\boldsymbol{\alpha}\cdot\boldsymbol{J}}$$

其中

$$u = \mathrm{e}^{-\mathrm{i}\boldsymbol{\alpha}\cdot\boldsymbol{\sigma}/2} = E_i^k a_k^i, \quad \boldsymbol{J} = \sum_{i=1}^n \frac{\boldsymbol{\sigma}(i)}{2}$$

在正交归一化基矢

$$\mathrm{Y}_{JM} = \frac{1}{\sqrt{(2J)!(J+M)!(J-M)!}} \sum_{\sigma\in\mathscr{S}_n} \sigma(\phi_1^{J+M}\phi_2^{J-M})$$

上的矩阵元为

$$\begin{aligned} D^J_{MK}(u) &= \langle JM \mid D^J(u) \mid JK \rangle \\ &= \sqrt{(J+M)!(J-M)!(J+K)!(J-K)!} \\ &\quad \cdot \sum_r \frac{(a_1^1)^{M+K+r}(a_2^1)^{J-K-r}(a_1^2)^{J-M-r}(a_2^2)^r}{(M+K+r)!(M-K-r)!(J-M-r)!r!} \end{aligned}$$

引进

$$\begin{cases} J_+ = J_1 + \mathrm{i}J_2 = \sum_{i=1}^{n} \sigma_+ (i) \\ J_- = J_1 - \mathrm{i}J_2 = \sum_{i=1}^{n} \sigma_- (i) \\ J_0 = J_3 = \sum_{i=1}^{n} \sigma_0(i) \end{cases} \tag{9.6.33}$$

并将它们作用到角动量本征态(基矢)上

$$J_+ \mathrm{Y}_{JM} = \frac{1}{\sqrt{(2J)!(J+M)!(J-M)!}} \sum_{i=1}^{n} \sigma_+ (i) \sum_{\sigma \in \mathscr{S}_{2J}} \tau(\phi_1^{J+M} \phi_2^{J-M})$$

利用式(9.1.10)得

$$\begin{aligned} J_+ \mathrm{Y}_{JM} &= \frac{(J-M)}{\sqrt{(2J)!(J+M)!(J-M)!}} \sum_{\tau \in \mathscr{S}_{2J}} \tau \phi_1^{J+M+1} \phi_2^{J-M-1} \\ &= \frac{\sqrt{(J+M+1)(J-M)}}{\sqrt{(2J)!(J+M+1)!(J-M-1)!}} \sum_{\tau \in \mathscr{S}_{2J}} \tau \phi_1^{J+M+1} \phi_2^{J-M-1} \\ &= \sqrt{J(J+1)-M(M+1)}\, \mathrm{Y}_{JM+1} \end{aligned}$$

类似地得

$$\begin{aligned} J_- \mathrm{Y}_{JM} &= \frac{1}{\sqrt{(2J)!(J+M)!(J-M)!}} \sum_{i=1}^{n} \sigma_- (i) \sum_{\tau \in \mathscr{S}_{2J}} \tau(\phi_1^{J+M} \phi_2^{J-M}) \\ &= \frac{(J+M)}{\sqrt{(2J)!(J+M)!(J-M)!}} \sum_{\tau \in \mathscr{S}_{2J}} \tau(\phi_1^{J+M-1} \phi^{J-M+1}) \\ &= \frac{\sqrt{(J+M)(J-M+1)}}{\sqrt{(2J)!(J+M+1)!(J-M-1)!}} \sum_{\tau \in \mathscr{S}_{2J}} \tau(\phi_1^{J+M-1} \phi_2^{J-M+1}) \\ &= \sqrt{J(J+1)-M(M-1)}\, \mathrm{Y}_{JM-1} \end{aligned}$$

以及

$$\begin{aligned} J_0 \mathrm{Y}_{JM} &= \frac{1}{\sqrt{(2J)!(J+M)!(J-M)!}} \sum_{i=1}^{n} \sigma_0(i) \sum_{\tau \in \mathscr{S}_{2J}} \tau(\phi_1^{J+M} \phi_2^{J-M}) \\ &= \frac{(J+m)\left(\frac{1}{2}\right) + (J-M)\left(-\frac{1}{2}\right)}{\sqrt{(2J)!(J+M)!(J-M)!}} \sum_{\tau \in \mathscr{S}_{2J}} \tau(\phi_1^{J+M} \phi_2^{J-M}) \\ &= M\mathrm{Y}_{JM} \end{aligned}$$

亦即

$$J_+ Y_{JM} = \sqrt{J(J+1) - M(M+1)}\, Y_{JM+1}$$
$$J_- Y_{JM} = \sqrt{J(J+1) - M(M-1)}\, Y_{JM} \tag{9.6.34}$$
$$J_0 Y_{JM} = M Y_{JM}$$

现在研究算符 $\boldsymbol{J}^2$ 的作用，它的定义是

$$J = J_1^2 + J_2^2 + J_3^2 = \frac{J_+ J_- + J_- J_+}{2} + J_0^2 \tag{9.6.35}$$

将它作用在 Y_{JM}上得

$$\begin{aligned} \boldsymbol{J}^2 Y_{JM} &= \left(\frac{J(J+1) - M(M-1) + J(J+1) - M(M+1)}{2} + M^2\right) Y_{JM} \\ &= \left(J(J+1) + \frac{-M^2 + M - M^2 - M + 2M^2}{2}\right) Y_{JM} \\ &= J(J+1) Y_{JM} \end{aligned}$$

或者

$$\boldsymbol{J}^2 Y_{JM} = J(J+1) Y_{JM} \tag{9.6.36}$$

特别地有对易关系

$$[\boldsymbol{J}^2, J_i] = 0 \quad (i = 1,2,3) \tag{9.6.37}$$

得到成立，因此从关系式

$$\begin{cases} J^2 Y_{JM} = J(J+1) Y_{JM} \\ J_0 Y_{JM} = M Y_{JM} \end{cases}$$

来看正交归一化基底 Y_{JM}是算符$(\boldsymbol{J}^2, J_0)$的共同本征矢量. 最后，证明一个公式，即

$$e^{i\alpha \cdot J} J_r e^{-i\alpha \cdot J} = (e^{-i\alpha \cdot L})_{rs} J_s = R_{rs} J_s \tag{9.6.38}$$

为此，我们先证明公式

$$e^{-A} B e^{A} = B + [B, A] + \frac{1}{2!}[[B, A], A] + \cdots \tag{9.6.39}$$

考虑

$$F(t) = e^{-At} B e^{At}$$

作泰勒展开得

$$e^{-At}Be^{At} = F(t) = F(0) + tF'(0) + \frac{t^2}{2!}F''(0) + \cdots$$

令 $t=1$,就得

$$A^{-A}BE^{A} = F(0) + F'(0) + \frac{1}{2!}F''(0) + \cdots$$

其中

$$F(0) = B$$
$$F'(0) = -AB + BA = [B, A]$$
$$F''(0) = A^2B - 2ABA + BA^2 = [[B, A], A]$$
$$\cdots$$

所以代入则得

$$e^{-A}Be^{A} = B + [B, A] + \frac{1}{2!}[[B, A], A] + \cdots$$

因此,在我们的情形中有

$$e^{i\boldsymbol{\alpha}\cdot\boldsymbol{J}}J_r e^{-i\boldsymbol{\alpha}\cdot\boldsymbol{J}} = J_r + [J_r, -i\boldsymbol{\alpha}\cdot\boldsymbol{J}] + \frac{1}{2!}[[J_r, -i\boldsymbol{\alpha}\cdot\boldsymbol{J}], -i\boldsymbol{\alpha}\cdot\boldsymbol{J}] + \cdots$$

利用公式

$$(L_s)_{rt} = i\varepsilon_{rst} \tag{9.6.40}$$

可以导出

$$[J_r, -i\boldsymbol{\alpha}\cdot\boldsymbol{J}] = (-i\alpha_s)[J_r, J_s] = (-i\alpha_s)i\varepsilon_{rst}J_t = (-i\alpha_s)(L_s)_{rt}J_t = (-i\boldsymbol{\alpha}\cdot\boldsymbol{L})_{rt}J_t$$

或

$$[J_r, -i\boldsymbol{\alpha}\cdot\boldsymbol{J}] = (-i\boldsymbol{\alpha}\cdot\boldsymbol{L})_{rs}J_s \tag{9.6.41}$$

利用式(9.6.41)又可以导出

$$\begin{aligned}[[J_r, -i\boldsymbol{\alpha}\cdot\boldsymbol{J}], -i\boldsymbol{\alpha}\cdot\boldsymbol{J}] &= (-i\boldsymbol{\alpha}\cdot\boldsymbol{L})_{rs}[J_s, -i\boldsymbol{\alpha}\cdot\boldsymbol{J}\} = (-i\boldsymbol{\alpha}\cdot\boldsymbol{L})_{rs}(-i\boldsymbol{\alpha}\cdot\boldsymbol{L})_{st}J_t \\ &= (-i\boldsymbol{\alpha}\cdot\boldsymbol{L})^2_{rs}J_s\end{aligned}$$

或者

$$[[J_r, -i\boldsymbol{\alpha}\cdot\boldsymbol{J}], -i\boldsymbol{\alpha}\cdot\boldsymbol{J}] = (-i\boldsymbol{\alpha}\cdot\boldsymbol{L})^2_{rs}J_s \tag{9.6.42}$$

继续这个步骤,得

$$[[J_r, -\mathrm{i}\boldsymbol{\alpha}\cdot\boldsymbol{J}]\cdots, -\mathrm{i}\boldsymbol{\alpha}\cdot\boldsymbol{J}] = (-\mathrm{i}\boldsymbol{\alpha}\cdot\boldsymbol{L})^n_{rs}J_s \tag{9.6.43}$$

将其代入则得

$$\mathrm{e}^{\mathrm{i}\alpha\cdot J}J_r\mathrm{e}^{-\mathrm{i}\alpha\cdot J} = \sum_{n=0}^{\infty}\frac{[(-\mathrm{i}\boldsymbol{\alpha}\cdot\boldsymbol{L})^n]_{rs}}{n!}J_s = \left(\sum_{n=0}^{\infty}\frac{(-\mathrm{i}\boldsymbol{\alpha}\cdot\boldsymbol{L})^n}{n!}\right)_{rs}J_s$$
$$= (\mathrm{e}^{-\mathrm{i}\alpha\cdot L})_{rs}J_s = R_{rt}J_t$$

也就是

$$\mathrm{e}^{-\mathrm{i}\alpha\cdot J}J_r\mathrm{e}^{\mathrm{i}\alpha\cdot J} = R_{sr}J_s$$

因此,断言得证.

最后讨论一下关于交换力,即将交换算符,表示为 SU_2 的无穷小算符的形式.

$$(1,2) = E^j_i(1)E^i_j(2) = E^j_1(1)E^1_j(2) + E^j_2(1)E^2_j(2)$$
$$= E^1_1(1)E^1_1(2) + E^2_1(1)E^1_2(2) + E^1_2(1)E^2_1(2) + E^2_2(1)E^2_2(2)$$

得

$$\begin{cases}\sigma_1 = E^2_1 + E^1_2\\ \sigma_2 = \dfrac{E^2_1 - E^1_2}{\mathrm{i}}\\ \sigma_3 = E^2_1 - E^1_2\end{cases} \tag{9.6.44}$$

代入得

$$(1,2) = E^1_1(1)E^1_1(2) + \frac{\sigma_1(1)+\mathrm{i}\sigma_2(1)}{2}\cdot\frac{\sigma_1(2)-\mathrm{i}\sigma_2(2)}{2}$$
$$+ E^2_2(1)E^2_2(2) + \frac{\sigma_1(1)-\mathrm{i}\sigma_2(1)}{2}\cdot\frac{\sigma_1(2)+\mathrm{i}\sigma_2(2)}{2}$$
$$= E^1_1(1)E^1_1(2) + E^2_2(1)E^2_2(2) + \frac{1}{4}(2\sigma_1(1)\sigma_1(2) + 2\sigma_2(1)\sigma_2(2))$$
$$= E^1_1(1)E^1_1(2) + E^2_2(1)E^2_2(2) + \frac{\boldsymbol{\sigma}(2)\cdot\boldsymbol{\sigma}(2) - \sigma_3(1)\sigma_3(2)}{2}$$
$$= E^1_1(1)E^1_1(2) + E^2_2(1)E^2_2(2) + \frac{1}{2}\boldsymbol{\sigma}(1)\cdot\boldsymbol{\sigma}(2)$$
$$-\frac{E^1_1(1)E^1_1(2) + E^2_2(1)E^2_2(2) - E^1_1(1)E^2_2(2) - E^2_2(1)E^1_1(2)}{2}$$

$$= \frac{E_1^1(1)E_1^1(2) + E_2^2(1)E_2^2(2) + E_1^1(1)E_2^2(2) + E_2^2(1)E_1^1(2) + \boldsymbol{\sigma}(1) \cdot \boldsymbol{\sigma}(2)}{2}$$

$$= \frac{E(1)E(2) + \boldsymbol{\sigma}(1) \cdot \boldsymbol{\sigma}(2)}{2} = \frac{1 + \boldsymbol{\sigma}(1) \cdot \boldsymbol{\sigma}(2)}{2}$$

亦即

$$(1,2) = \frac{1 + \boldsymbol{\sigma}(1) \cdot \boldsymbol{\sigma}(2)}{2} \tag{9.6.45}$$

在低能核力理论中,它被称为交换力.

9.7 广义球函数 $D^J_{MK}(\theta, \phi, \psi)$

我们将式(9.4.52)代入式(9.6.32)得

$$\begin{aligned} D^J_{MK}(\theta,\varphi,\psi) = {} & \sqrt{(J+M)!(J-M)!(J+K)!(J-K)!} \\ & \cdot \sum_r \frac{\left(-\mathrm{i}\cos\frac{\theta}{2}\mathrm{e}^{\mathrm{i}\frac{\psi-\varphi}{2}}\right)^{M+K+r}\left(-\mathrm{i}\sin\frac{\theta}{2}\mathrm{e}^{-\mathrm{i}\frac{\psi+\varphi}{2}}\right)^{J-K-r}}{(M+K+r)!(J-K-r)!(J-M-r)!r!} \\ & \cdot \left(-\mathrm{i}\sin\frac{\theta}{2}\mathrm{e}^{\mathrm{i}\frac{\psi+\varphi}{2}}\right)^{J-M-r}\left(\mathrm{i}\cos\frac{\theta}{2}\mathrm{e}^{-\mathrm{i}\frac{\psi-\varphi}{2}}\right)^{r} \\ = {} & \mathrm{e}^{-\mathrm{i}(M\varphi-K\psi)}\mathrm{e}^{-\mathrm{i}\pi J}\sqrt{(J+M)!(J-M)!(J+K)!(J-K)!} \\ & \cdot \sum_r (-1)^r \frac{\left(\cos\frac{\theta}{2}\right)^{M+K+2r}\left(\sin\frac{\theta}{2}\right)^{2J-M-K-2r}}{(J-M-r)!(J-K-r)!(M+K+r)!r!} \end{aligned} \tag{9.7.1}$$

因此,我们可将 $D^J_{MK}(\theta,\varphi,\psi)$写成

$$D^J_{MK}(\theta,\varphi,\psi) = \mathrm{e}^{-\mathrm{i}(M\varphi-K\psi)}\Theta^J_{MK}(\theta) \tag{9.7.2}$$

的形式,其中

$$\Theta^J_{MK}(\theta) = \mathrm{e}^{-\mathrm{i}\pi J}\sqrt{(J+M)!(J-M)!(J+K)!(J-K)!}$$

$$\cdot \sum_r (-1)^r \frac{\left(\cos\frac{\theta}{2}\right)^{M+K+2r}\left(\sin\frac{\theta}{2}\right)^{2J-M-K-2r}}{(J-M-r)!(J-K-r)!(M+K+r)!r!} \tag{9.7.3}$$

从式(9.7.3)导出 $\Theta^J_{MK}(\theta)$具有对称性质

$$\Theta^J_{MK}(\theta) = \Theta^J_{KM}(\theta) \tag{9.7.4}$$

在式(9.7.3)中令 $M+K+r=t$,则得

$$\Theta^J_{MK}(\theta) = \mathrm{e}^{-\mathrm{i}\pi(M+K)}\mathrm{e}^{-\mathrm{i}\pi J}\sqrt{(J+M)!(J-M)!(J+K)!(J-K)!}$$
$$\cdot \sum_r (-1)^r \frac{\left(\cos\frac{\theta}{2}\right)^{-M-K+2r}\left(\sin\frac{\theta}{2}\right)^{2J+M+K-2r}}{(J+M-r)!(J+K-r)!(-M-K+r)!r!} \tag{9.7.5}$$

从式(9.7.5)导出 $\Theta^J_{MK}(\theta)$具有对称性质

$$\Theta^J_{MK}(\theta) = \mathrm{e}^{-\mathrm{i}\pi(M+K)}\Theta^J_{-M-K}(\theta) \tag{9.7.6}$$

在式(9.7.3)中令 $J-K-r=t$,则得

$$\Theta^J_{MK}(\theta) = \mathrm{e}^{-\mathrm{i}\pi(K-J)}\mathrm{e}^{-\mathrm{i}\pi J}\sqrt{(J+M)!(J-M)!(J+K)!(J-K)!}$$
$$\cdot \sum_r (-1)^r \frac{\left(\cos\frac{\theta}{2}\right)^{2J+M-K-2r}\left(\sin\frac{\theta}{2}\right)^{-M+K+2r}}{(J+M-r)!(J-K-r)!(-M+K+r)!r!} \tag{9.7.7}$$

从式(9.7.7)导出 $\Theta^J_{MK}(\theta)$具有对称性质,即

$$\Theta^J_{MK}(\theta) = \mathrm{e}^{-\mathrm{i}\pi(K-J)}\Theta^J_{-MK}(\pi-\theta) \tag{9.7.8}$$

在式(9.7.3)中令 $J-M-r=t$,则得

$$\Theta^J_{MK}(\theta) = \mathrm{e}^{-\mathrm{i}\pi(M-J)}\mathrm{e}^{-\mathrm{i}\pi J}\sqrt{(J+M)!(J-M)!(J+K)!(J-K)!}$$
$$\cdot \sum_r (-1)^r \frac{\left(\cos\frac{\theta}{2}\right)^{2J-M+K-2r}\left(\sin\frac{\theta}{2}\right)^{M-K+2r}}{(J-M-r)!(J+K-r)!(M-K+r)!r!} \tag{9.7.9}$$

从式(9.7.9)导出 $\Theta^J_{MK}(\theta)$具有对称性质,即

$$\Theta^J_{MK}(\theta) = \mathrm{e}^{-\mathrm{i}\pi(M-J)}\Theta^J_{M-K}(\pi-\theta) \tag{9.7.10}$$

并且从式(9.7.3)直接导出如下对称性质:

$$\Theta^J_{MK}(\theta) = \mathrm{e}^{\mathrm{i}\pi 2J}\Theta^{J^*}_{MK}(\theta) \tag{9.7.11}$$

$$\Theta_{MK}^{J}(\theta) = e^{-i\pi(M+K-2J)}\Theta_{M-K}^{J}(-\theta) \tag{9.7.12}$$

当 J 为正整数(设为 L)时令 $M=K=0$,则有

$$\Theta_{00}^{L}(\theta) = (-1)^{L}(L!)^{2}\sum_{r}(-1)^{r}\frac{\left(\cos\frac{\theta}{2}\right)^{2r}\left(\sin\frac{\theta}{2}\right)^{2L-2r}}{[(L-r)!]^{2}(r!)^{2}}$$

$$\cdot\sum_{r}(-1)^{r}\frac{L!^{2}}{[(L-r)!]^{2}(r!)^{2}}(1+\cos\theta)^{r}(1-\cos\theta)^{L-r}$$

其中

$$(1+\cos\theta)^{r} = \frac{r!}{L!}\left(\frac{d}{d\cos\theta}\right)^{L-r}(1+\cos\theta)^{L}$$

$$(1-\cos\theta)^{r} = (-1)^{r}\frac{(L-r)!}{L!}\left(\frac{d}{d\cos\theta}\right)^{r}(1-\cos\theta)^{L}$$

代入得

$$\begin{aligned}
\Theta_{00}^{L}(\theta) &= \frac{(-1)^{L}}{2^{L}}\sum_{r}\frac{1}{r!(L-r)!}\left(\frac{d}{d\cos\theta}\right)^{L-r}(1+\cos\theta)^{L}\cdot\left(\frac{d}{d\cos\theta}\right)^{r}(1-\cos\theta)^{L} \\
&= \frac{(-1)^{L}}{2^{L}L!}\left(\frac{d}{d\cos\theta}\right)^{L}(1+\cos\theta)^{L}(1-\cos\theta)^{L} \\
&= \frac{(-1)^{L}}{2^{L}L!}\left(\frac{d}{d\cos\theta}\right)^{L}(1-\cos^{2}\theta)^{L} \\
&= \frac{1}{2^{L}L!}\left(\frac{d}{d\cos\theta}\right)^{L}(\cos^{2}\theta-1)^{L} = P_{L}(\cos\theta)
\end{aligned}$$

也就有

$$\Theta_{00}^{L}(\theta) = P_{L}(\cos\theta) \tag{9.7.13}$$

其中,$P_L(\cos\theta)$是勒让德函数.其次,当 J 为正整数(设为 L),$K=0$ 时,则有

$$\begin{aligned}
\Theta_{M0}^{L}(\theta) &= e^{-i\pi L}L!\sqrt{(L-M)!(L-M)!}\sum_{r}(-1)^{r}\frac{\left(\cos\frac{\theta}{2}\right)^{-M+2r}\left(\sin\frac{\theta}{2}\right)^{2L-M-2r}}{(L-M-r)!(L-r)!(M+r)!r!} \\
&= \frac{L!}{2^{L}}\sqrt{(L+M)!(L-M)!}\sum_{r}(-1)^{r}\frac{\left(1+\cos\frac{\theta}{2}\right)^{\frac{M}{2}+r}\left(1-\cos\frac{\theta}{2}\right)^{L-\frac{M}{2}-r}}{(L-M-r)!(L-r)!(M+r)!r!} \\
&= \frac{L!}{2^{L}}\sqrt{(L+M)!(L-M)!}(1-\cos^{2}\theta)^{\frac{M}{2}}
\end{aligned}$$

$$\cdot \sum_r (-1)^{L+r} \frac{(1+\cos\theta)^r (1-\cos\theta)^{L-M-r}}{(L-M-r)!(L-r)!(M+r)!r!}$$

$$= \frac{L!}{2^L} \sqrt{(L+M)!(L-M)!} (1-\cos^2\theta)^{\frac{M}{2}}$$

$$\cdot \sum_r (-1)^{L+M+r} \frac{(1+\cos\theta)^{-M+r} (1-\cos\theta)^{L-r}}{(L-r)!(L+M-r)!(-M+r)!r!}$$

其中

$$(1+\cos\theta)^{-M+r} = \frac{(-M+r)!}{L!} \left(\frac{\mathrm{d}}{\mathrm{d}\cos\theta}\right)^{L+M-r} (1+\cos\theta)^L$$

$$(1-\cos\theta)^{L-r} = (-1)^r \frac{(L-r)!}{L!} \left(\frac{\mathrm{d}}{\mathrm{d}\cos\theta}\right)^r (1-\cos\theta)^L$$

代入得

$$\Theta_{M0}^L(\theta) = \frac{(-1)^{L+M}}{2^L L!} \sqrt{(L+M)!(L-M)!} (\sin\theta)^M \sum_r \frac{1}{(L+M-r)r!}$$

$$\cdot \left(\frac{\mathrm{d}}{\mathrm{d}\cos\theta}\right)^{L+M-r} (1+\cos\theta)^L \cdot \left(\frac{\mathrm{d}}{\mathrm{d}\cos\theta}\right)^r (1-\cos\theta)^L$$

$$= \frac{(-1)^{L+M}}{2^L L!} \frac{\sqrt{(L+M)!(L-M)}}{(L+M)!} (\sin\theta)^M \left(\frac{\mathrm{d}}{\mathrm{d}\cos\theta}\right)^{L+M} (1-\cos^2\theta)^L$$

$$= (-1)^M \sqrt{\frac{(L-M)!}{(L+M)!}} \frac{1}{2^L L!} (\sin\theta)^M \left(\frac{\mathrm{d}}{\mathrm{d}\cos\theta}\right)^{L+M} (\cos^2\theta - 1)^L$$

$$= (-1)^M \sqrt{\frac{(L-M)!}{(L+M)!}} \mathrm{P}_{LM}(\cos\theta)$$

或者

$$\Theta_{M0}^L(\theta) = (-1)^M \sqrt{\frac{(L-M)!}{(L+M)!}} \mathrm{P}_{LM}(\cos\theta) \tag{9.7.14}$$

其中

$$\mathrm{P}_{LM}(\cos\theta) = \frac{1}{2^L L!} (\sin\theta)^M \left(\frac{\mathrm{d}}{\mathrm{d}\cos\theta}\right)^{L+M} (\cos^2\theta - q)^L \tag{9.7.15}$$

称为连带勒让德函数.类似地有

$$\Theta_{0K}^L(\theta) = (-1)^K \sqrt{\frac{(L-K)!}{(L+K)!}} P_{LK}(\cos\theta) \tag{9.7.16}$$

从函数 $\Theta^J_{MK}(\theta)$的对称性质极易导出广义球函数的对称性质为

$$\begin{aligned}D^J_{MK}(\theta,\varphi,\psi) &= D^J_{MK}(\theta-\varphi-\psi) = (-1)^{M+K}D^J_{-M-K}(\theta-\varphi-\psi)\\ &= (-1)^{K-J}D^J_{-M,K}(\pi-\theta,-\varphi,\psi)\\ &= (-1)^{M-J}D^J_{M,-K}(\pi-\theta,\varphi,-\psi)\end{aligned}\tag{9.7.17}$$

以及

$$D^J_{MK}(\theta,\varphi,\psi) = (-1)^{2J}D^{J^*}_{MK}(\theta-\varphi-\psi) = (-1)^{M-K}D^{J^*}_{-M-K}(\theta,\varphi,\psi)\tag{9.7.18}$$

$$D^J_{MK}(\theta,\varphi,\psi) = (-1)^{M-K}D^J_{MK}(-\theta,\varphi,\psi)\tag{9.7.19}$$

特别地有

$$D^L_{0K}(\theta,\varphi,\psi) = \sqrt{\frac{4\pi}{2L+1}}\mathrm{Y}_{LK}(\theta\psi)\tag{9.7.20}$$

$$D^L_{M0}(\theta,\varphi,\psi) = \sqrt{\frac{4\pi}{2L+1}}\mathrm{Y}^*_{LM}(\theta,\varphi)\tag{9.7.20$'$}$$

以及

$$D^L_{00}(\theta,\varphi,\psi) = \mathrm{P}_L(\cos\theta)$$

其中,$\mathbf{Y}_{LM}(\theta,\varphi)$称为球谐函数,它的定义是

$$\mathrm{Y}_{LM}(\theta,\varphi) = (-1)^M\sqrt{\frac{(2L+1)}{4\pi}\frac{(L-M)!}{(l+M)!}}\mathrm{P}_{LM}(\cos\theta)\mathrm{e}^{\mathrm{i}M\varphi}\tag{9.7.21}$$

从广义球函数的对称性质,可以导出球谐函数的对称性质为

$$\begin{aligned}\mathrm{Y}_{LM}(\theta,\varphi) &= (-1)^M\mathrm{Y}_{L-M}(\theta,-\varphi) = (-1)^{L-M}\mathrm{Y}_{LM}(\pi-\theta,\varphi)\\ &= (-1)^M\mathrm{Y}_{LM}(\theta,\varphi+\pi) = (-1)^L\mathrm{Y}_{LM}(\pi-\theta,\varphi+\pi)\end{aligned}\tag{9.7.22}$$

以及

$$\begin{aligned}\mathrm{Y}_{LM}(\theta,\varphi) &= \mathrm{Y}^*_{LM}(\theta-\varphi) = (-1)^M\mathrm{Y}^*_{L-M}(\theta,\varphi)\\ \mathrm{Y}_{LM}(\theta,\varphi) &= (-1)^M\mathrm{Y}_{LM}(-\theta,\varphi)\end{aligned}\tag{9.7.23}$$

从广义球函数的对称性质还可以计算

$$\langle JM \mid D^\dagger_J(u) \mid JK\rangle = D^{J^*}_{KM}(\theta,\varphi,\psi) = (-1)^{2J}D^J_{MK}(\theta,\varphi,\psi)\tag{9.7.24}$$

以及

$$\langle JM \mid D^{-1}_J(u) \mid JK\rangle = D^J_{MK}(-\theta,\psi-\pi,\varphi+\pi) = (-1)^{2J}D^J_{MK}(\theta,\psi,\varphi)\tag{9.7.25}$$

因此有

$$D_J^{\dagger}(u) = D_J^{-1}(u) \tag{9.7.26}$$

亦即矩阵是幺正的.

现在考虑广义球函数的另一表述形式,从式(9.7.23)可得

$$\begin{aligned}
\Theta_{MK}^J(\theta) = & \frac{e^{-i\pi J}}{2J}\sqrt{(J+M)!(J-M)!(J+K)!(J-K)!} \\
& \cdot \sum_r (-1)^r \frac{(1+u)^{\frac{M+K}{2}+r}(1-u)^{J-\frac{M+K}{2}-r}}{(J-M-r)!(J-K-r)!(M+K+r)!r!} \\
= & \frac{e^{-i\pi J}}{2J}\sqrt{(J+M)!(J-M)!(J+K)!(J-K)!}(1+u)^{-\frac{M+K}{2}}(1-u)^{-\frac{M-K}{2}} \\
& \cdot \sum_r (-1)^r \frac{(1+u)^{M+K+r}(1-u)^{J-K-r}}{(J-M-r)!(J-K-r)!(M+K+r)!r!}
\end{aligned}$$

其中

$$\begin{cases}
(1+u)^{M+K+r} = \dfrac{(M+K+r)!}{(J+K)!}\left(\dfrac{d}{du}\right)^{J-M-r}(1+u)^{J+K} \\
(1-u)^{J-K-r} = (-1)^r\dfrac{(J-K-r)!}{(J-K)!}\left(\dfrac{d}{du}\right)^{r}(1-u)^{J-K}
\end{cases} \tag{9.7.27}$$

代入得

$$\begin{aligned}
\Theta_{MK}^J(\theta) = & \frac{e^{-i\pi J}}{2^J}\sqrt{\frac{(J+M)!(J-M)!}{(J+K)!(J-K)!}}(1+u)^{-\frac{M+K}{2}}(1-u)^{-\frac{M-K}{2}} \\
& \cdot \sum_r \frac{1}{(J-M-r)!r!}\left(\frac{d}{du}\right)^{J-u-r}(1+u)^{J+K}\left(\frac{d}{du}\right)^{r}(1-u)^{J-K} \\
= & \frac{e^{-i\pi J}}{2^J}\frac{1}{(J-M)!}\sqrt{\frac{(J+M)!(J-M)!}{(J+K)!(J-K)!}}(1+u)^{-\frac{M+K}{2}}(1-u)^{-\frac{M-K}{2}} \\
& \cdot \left(\frac{d}{du}\right)^{J-M}(1+u)^{J+K}(1-u)^{J-K}
\end{aligned} \tag{9.7.28}$$

或利用 $\Theta_{MK}^J(\theta)$的对称性质式(9.7.4)与式(9.7.6)即得

$$\begin{aligned}
\Theta_{MK}^J(\theta) = & \frac{e^{-i\pi J}}{2^J(J-M)!}\sqrt{\frac{(J+M)!(J-M)!}{(J+K)!(J-K)!}}(1+u)^{-\frac{M+K}{2}}(1-u)^{-\frac{M-K}{2}} \\
& \cdot \left(\frac{d}{du}\right)^{J-M}(1+u)^{J+K}(1-u)^{J-K}
\end{aligned}$$

$$= \frac{e^{-i\pi J}}{2^J (J-K)!} \sqrt{\frac{(J+M)!(J-M)!}{(J+K)!(J-K)!}} (1+u)^{-\frac{K+M}{2}} (1-u)^{-\frac{K-M}{2}}$$

$$\cdot \left(\frac{d}{du}\right)^{J-K} (1+u)^{J+M} (1-u)^{J-M}$$

$$= (-1)^{M+K} \frac{e^{-i\pi J}}{2^J (J+M)!} \sqrt{\frac{(J+M)!(J-M)!}{(J+K)!(J-K)!}} (1+u)^{\frac{K+M}{2}} (1-u)^{\frac{M-K}{2}}$$

$$\cdot \left(\frac{d}{du}\right)^{J+M} (1+u)^{J-K} (1-u)^{J+K}$$

$$= (-1)^{M+K} \frac{e^{-i\pi J}}{2^J (J+K)!} \sqrt{\frac{(J+M)!(J-M)!}{(J+K)!(J-K)!}} (1+u)^{\frac{K+M}{2}} (1-u)^{\frac{K-M}{2}}$$

$$\cdot \left(\frac{d}{du}\right)^{J+K} (1+u)^{J-M} (1-u)^{J+M} \tag{9.7.29}$$

有了表达式(9.7.29)之后我们进一步求证矩阵 $D_J(u)$的幺正性,即求证

$$\begin{cases} \sum_{M=-J}^{J} D^J_{MK}(\theta,\varphi,\psi) D^{J^*}_{MK'}(\theta,\varphi,\psi) = \delta_{KK'} \\ \sum_{K=-J}^{J} D^J_{MK}(\theta,\varphi,\psi) D^{J^*}_{M'K}(\theta,\varphi,\psi) = \delta_{MM'} \end{cases} \tag{9.7.30}$$

我们首先求证第一个公式:

$$\sum_{M=-J}^{J} D^J_{MK}(\theta,\varphi,\psi) D^{J'}_{MK'}(\theta,\varphi,\psi) = \sum_{M=-J}^{J} e^{-i(M\varphi-K\psi)} \Theta^J_{MK}(\theta) e^{i(M\varphi-K'\psi)} \Theta^{J^*}_{MK'}(\theta)$$

$$= e^{i(K-K')\psi} \sum_{M=-J}^{J} \Theta^J_{MK}(\theta) \Theta^{J^*}_{MK'}(\theta)$$

利用式(9.7.11),并将式(9.7.29)中的第二、四个符号代入得

$$\sum_{M=-J}^{J} D^J_{MK}(\theta,\varphi,\psi) D^{J^*}_{MK'}(\theta,\varphi,\psi)$$

$$= e^{i(K-K')\psi} \frac{1}{2^{2J}} \sqrt{\frac{(J+K)!(J-K')!}{(J-K)!(J+K')!}} (1+u)^{\frac{K'-K}{2}} (1-u)^{\frac{K'-K}{2}} \sum_M \frac{(-1)^{M+K'}}{(J+M)!(J-M)!}$$

$$\cdot \left(\frac{d}{dx}\right)^{J-K} (1+x)^{J+M} (1-x)^{J-M} \left(\frac{d}{dx'}\right)^{J+K'} (1+x')^{J-M} (1-x')^{J+M} \Big|_{x=x'=u}$$

$$= \frac{e^{i(K-K')\psi}}{2^{2J}} \sqrt{\frac{(J+K)!(J-K')!}{(J-K)!(J+K')!}} (1-u^2)^{\frac{K-K'}{2}} \left(\frac{d}{dx}\right)^{J-K} \left(\frac{d}{dx'}\right)^{J+K'}$$

$$\cdot \sum_M \frac{(-1)^{M+K'}}{(J+M)!(J-M)!} ((1+x)(1-x'))^{J+M} ((1-x)(1+x'))^{J-M} \Big|_{x=x'=u}$$

$$= \frac{e^{i(K-K')\psi}(-1)^{K'+J}}{2^{2J}}\sqrt{\frac{(J+K)!(J-K')!}{(J-K)!(J+K')!}}(1-u^2)^{\frac{K'-K}{2}}\left(\frac{d}{dx}\right)^{J-K}\left(\frac{d}{dx'}\right)^{J+K'}$$

$$\cdot \sum_M \frac{(-1)^{J-M}}{(J+M)!(J-M)!}((1+x)(1-x'))^{J+M}((1-x)(1+x'))^{J-M}\Big|_{x=x'=u}$$

$$= \frac{e^{i(K-K')\psi}(-1)^{K'+J}}{2^{2J}\cdot(2J)!}\sqrt{\frac{(J+K)!(J-K')!}{(J-K)!(J+K')!}}(1-u^2)^{\frac{K-K'}{2}}\left(\frac{d}{dx}\right)^{J-K}\left(\frac{d}{dx'}\right)^{J+K'}$$

$$\cdot [\underbrace{(1+x)(1-x')-(1-x)(1+x')}_{2(x-x')}]^{2J}\Big|_{x=x'=u}$$

$$= \frac{e^{i(K-K')\psi}(-1)^{K'+J}}{(2J)!}\sqrt{\frac{(J+K)!(J-K')!}{(J-K)!(J+K')!}}(1-u^2)^{\frac{K-K'}{2}}$$

$$\cdot \left(\frac{d}{dx}\right)^{J-K}\left(\frac{d}{dx'}\right)^{J+K'}(x-x')^{2J}\Big|_{x=x'=u}$$

$$= \frac{e^{i(K-K')\psi}(-1)^{K'+J}}{(2J)!}\sqrt{\frac{(J+K)!(J-K')!}{(J-K)!(J+K')!}}(1-u^2)^{\frac{K-K'}{2}}$$

$$\cdot \frac{(2J)!}{(J+K)!}\left(\frac{d}{dx'}\right)^{J+K'}(x-x')^{J+K}\Big|_{x=x'=u}$$

$$= e^{i(K-K')\psi}\sqrt{\frac{(J+K)!(J-K')!}{(J-K)!(J+K')!}}(1-u^2)^{\frac{K-K'}{2}}$$

$$\cdot \frac{1}{(J+K)!}\left(-\frac{d}{dx'}\right)^{J+K'}(x-x')^{J-K}\Big|_{x=x'=u}$$

其中,微商项具有如下性质:

(1) $K'>K$ 时:

$$\frac{1}{(J+K)!}\left(-\frac{d}{dx'}\right)^{J+K'}(x-x')^{J+K}\Big|_{x=x'=u} = 0$$

(2) $K'<K$ 时:

$$\frac{1}{(J+K)!}\cdot\frac{(J+K)!}{(K-K')}(x-x')^{K-K'}\Big|_{x=x'=u} = \frac{1}{(K-K')!}(x-x')^{K-K'}\Big|_{x=x'=u} = 0$$

(3) $K'=K$ 时:

$$\frac{1}{(J+K)!}\cdot\left(-\frac{d}{dx'}\right)^{J+K}(x-x')^{J+K}\Big|_{x=x'=u} = \frac{1}{(J+K)!}(J+K)! = 1$$

因此

$$\frac{1}{(J+K)!}\left(-\frac{\mathrm{d}}{\mathrm{d}x'}\right)^{J+K'}(x-x')^{J+K}\Big|_{x=x'=u}=\delta_{KK'} \tag{9.7.31}$$

将式(9.7.31)代入则得

$$\sum_M D^J_{MK}(\theta,\varphi,\psi)D^{J^*}_{MK'}(\theta,\varphi,\psi)=\delta_{x,x'}$$

或

$$\sum_M \Theta^J_{MK}(\theta)\Theta^{J^*}_{MK'}(\theta)=\delta_{KK'} \tag{9.7.32}$$

由于

$$\Theta^J_{MK}(\theta)=\Theta^J_{KM}(\theta)$$

所以

$$\sum_K \Theta^J_{MK}(\theta)\Theta^{J^*}_{M'K}(\theta)=\delta^J_{MM} \tag{9.7.33}$$

从而导出

$$\sum_M D^J_{MK}(\theta,\varphi,\psi)D^{J^*}_{M'K}(\theta,\varphi,\psi)=\mathrm{e}^{-\mathrm{i}(M-M')\varphi}\sum_K \Theta^J_{MK}(\theta)\Theta^{J^*}_{MK}(\theta)=\mathrm{e}^{-\mathrm{i}(M-M')\varphi}\delta_{MM'}=\delta_{MM'}$$

这样我们就完成了广义球函数幺正性的证明.

最后我们讨论一下表示 $D_J(u)$的多值性,欧拉角 θ,φ,ψ 的定义域为

$$\begin{cases}0\leqslant\theta\leqslant\pi\\0\leqslant\varphi\leqslant 2\pi\\0\leqslant\psi\leqslant 2\pi\end{cases} \tag{9.7.34}$$

其中,$\theta=\varphi=0,\psi=\pi$ 对应于静止,或单位转动.显然,如果 $D_J(\theta,\varphi,\psi)$和 $D_J(\theta,\varphi+2\pi,\psi)$以及 $D_J(\theta,\varphi,\psi+2\pi)$相等,那么表示是单值的,否则是多值的.利用广义球函数的对称性可以导出

$$D^J_{MK}(\theta,\varphi,\psi)=(-1)^{2M}D^J_{MK}(\theta,\varphi+2\pi,\psi)=(-1)^{2K}D^J_{MK}(\theta,\varphi,\psi+2\pi)$$

由于

$$(-1)^{2M}=(-1)^{M+J+M-J}=(-1)^{M+J}(-1)^{M-J}=(-1)^{M+J}(-1)^{-M+J}=(-1)^{2J}$$

类似地

$$(-1)^{2K}=(-1)^{2J}$$

所以

$$D_M^J(\theta,\varphi,\psi) = (-1)^{2J}D_{MK}^J(\theta,\varphi+2\pi,\psi) = (-1)^{2J}D_{MK}^J(\theta,\varphi,\psi+2\pi) \quad (9.7.35)$$

因此,当权 J 是整数时表示 D_J 是单值的,当权 J 是半整数时,表示 D_J 是双值的.

当表示 $D_L(L=0,1,2,\cdots)$是单值的条件下,我们可以直接写下

$$D_L(u) = D_L(R) \quad (9.7.36)$$

其中,u 是群 SU_2 的元素,而 R 是相应的转动群的元素.根据群 R 的结合律

$$(Rg) = R \cdot g \quad (9.7.37)$$

相应地应该有

$$D_L(Rg) = D_L(R)D_L(g) \quad (9.7.38)$$

取其矩阵元得

$$D_{MK}^L(Rg) = \sum_{K'} D_{MK'}^L(R)D_{K'K}^L(g) \quad (9.7.39)$$

令 $K=0$,得

$$D_{M0}^L(Rg) = \sum_K D_{MK}^L(R)D_{K0}^L(g) \quad (9.7.40)$$

其中

$$\begin{cases} D_{M0}^L(Rg) = \sqrt{\dfrac{4\pi}{2L+1}}Y_{LM}^*(R\boldsymbol{g}\boldsymbol{e}_3) \\ D_{K0}^L(g) = \sqrt{\dfrac{4\pi}{2L+1}}Y_{LK}^*(\boldsymbol{g}\boldsymbol{e}_3) \end{cases} \quad (9.7.41)$$

其中,$Y_{LK}(\boldsymbol{g}\boldsymbol{e}_3)$代表是矢量 $\boldsymbol{g}\boldsymbol{e}_3$ 的方向的函数.代入得

$$Y_{LM}^*(R\boldsymbol{g}\boldsymbol{e}_3) = \sum_K D_{MK}^L(R)Y_{LK}^*(\boldsymbol{g}\boldsymbol{e}_3)$$

取复数共轭得

$$Y_{LM}(R\boldsymbol{g}\boldsymbol{e}_3) = \sum_K D_{MK}^{L^*}(R)Y_{LK}(\boldsymbol{g}\boldsymbol{e}_3) = \sum_K Y_{LK}(\boldsymbol{g}\boldsymbol{e}_3)D_{KM}^L(R^{-1})$$

在空间中取固定坐标架 $\boldsymbol{e}_1$、$\boldsymbol{e}_2$、$\boldsymbol{e}_3$,那么活动坐标架将为 $\boldsymbol{g}\boldsymbol{e}_1$、$\boldsymbol{g}\boldsymbol{e}_2$、$\boldsymbol{g}\boldsymbol{e}_3$,而活动坐标架第三个基矢在固定坐标架上的展开为

$$\boldsymbol{g}\boldsymbol{e}_3 = \boldsymbol{r}_0 = \sin\theta\cos\varphi\boldsymbol{e}_1 + \sin\theta\sin\varphi\boldsymbol{e}_2 + \cos\theta\boldsymbol{e}_3 \quad (9.7.42)$$

代入得

$$Y_{LM}(R\boldsymbol{r}_0)=\sum_K Y_{LK}(\boldsymbol{r}_0)D^L_{KM}(R^{-1}) \tag{9.7.43}$$

这个公式将作为波函数按转动群表示变换的基础.

将式(9.7.43)的右边与

$$D(R^{-1})Y_{LM}=\sum_K Y_{LM}D^L_{KM}(R^{-1})$$

相比较得

$$Y_{LM}(R\boldsymbol{r}_0)=\sum_K Y_{LM}(\boldsymbol{r}_0)D^L_{KM}(R^{-1})=D(R^{-1})Y_{LM}(\boldsymbol{r}_0) \tag{9.7.44}$$

亦即球谐函数 $\mathbf{Y}_{LM}(\boldsymbol{r}_0)$的变换性质与基矢 $\mathbf{Y}_{LM}$的变换性质相同,从式(9.7.43)又得

$$D(R^{-1})Y_{LM}(\boldsymbol{r}_0)=Y_{LM}(R\boldsymbol{r}_0) \tag{9.7.45}$$

或者

$$D(R)Y_{LM}(\boldsymbol{r}_0)=Y_{LM}(R^{-1}\boldsymbol{r}_0) \tag{9.7.46}$$

在式(9.7.39)中令 $M=K=0$,得

$$D^L_{00}(Rg)=\sum_M D^L_{0M}(R)D^L_{M0}(g) \tag{9.7.47}$$

其中,R 如式(9.5.27)所给.

从式(9.7.47)和式(9.5.27)得

$$\begin{aligned}\cos\omega&=(Rg)_{33}=\sum_{r=1}^{3}R_{3r}g_{r3}=R_{31}g_{13}+R_{32}g_{23}+R_{33}g_{33}\\&=(\sin\Theta\cos\psi)(\sin\theta\cos\varphi)+(\sin\Theta\sin\psi)(\sin\theta\sin\varphi)+(\cos\Theta)(\cos\theta)\end{aligned}$$

因此将式(9.7.20)、式(9.7.20′)代入式(9.7.47)得

$$P_L(\cos\omega)=\sum_M\frac{4\pi}{2L+1}Y_{LM}(\Theta\psi)Y^*_{LM}(\theta,\varphi)$$

将 $\psi\to\Phi$,得球谐函数的加法定理

$$(2L+1)P_L(\cos\omega)=4\pi\sum_M Y^*_{LM}(\Theta,\Phi)Y_{LM}(\theta,\varphi) \tag{9.7.48}$$

其中

$$\cos\omega=(\sin\theta\cos\varphi)(\sin\Theta\cos\Phi)+(\sin\theta\sin\varphi)(\sin\Theta\sin\Phi)+(\cos\theta)(\cos\Theta) \tag{9.7.49}$$

引进

$$\begin{aligned} \boldsymbol{r}_0 &= \boldsymbol{e}_1 \sin\theta\cos\varphi + \boldsymbol{e}_2 \sin\theta\sin\varphi + \boldsymbol{e}_3\cos\theta \\ \boldsymbol{R}_0 &= \boldsymbol{e}_1 \sin\Theta\cos\Phi + \boldsymbol{e}_2 \sin\Theta\sin\Phi + \boldsymbol{e}_3\cos\Theta \end{aligned} \tag{9.7.50}$$

那么则有

$$(2L+1)\mathrm{P}_L(\boldsymbol{R}_0\cdot\boldsymbol{r}_0) = 4\pi\sum_M \mathrm{Y}^*_{LM}(\boldsymbol{R}_0)\mathrm{Y}_{LM}(\boldsymbol{r}_0) \tag{9.7.51}$$

它的几何意义如图 9.5 所示.

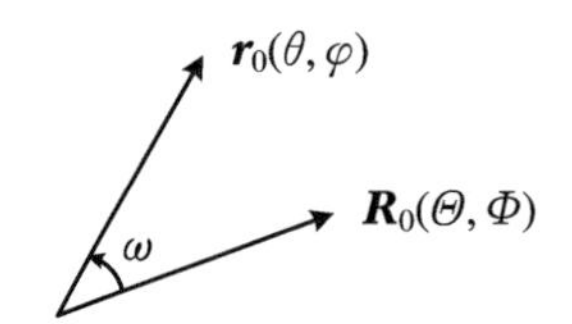

图 9.5　球谐函数的加法定理

9.8　群 SU_2 的 n 阶逆变张量表示 SU_2^{cn}

考虑 n 个逆变基底的直积

$$\phi_c(i_1,\cdots,i_n) = \phi^{i_1}\cdots\phi^{i_n}\quad(i_1,\cdots,i_n=1,2) \tag{9.8.1}$$

当群 SU_2 在空间 L 中引起一个基底变换时,相应地在空间 L_c^n 中引起一个基底变换

$$\phi_c(i_1,\cdots,i_n)\to\phi'_c(i_1,\cdots,i_n) = \phi_c(k_1,\cdots,k_n)a_{i_1}^{k_1^*}\cdot\cdots\cdot a_{i_n}^{k_n^*}\quad(i_1,\cdots,i_n=1,2) \tag{9.8.2}$$

因此群 SU_2 在空间 L_c^n 上的表示为

$$u\to u_c^n = u_c\otimes\cdots\otimes u_c\quad(u\in SU_2) \tag{9.8.3}$$

称为群 SU_2 的 n 阶逆变张量表示 SU_2^{cn},记为

$$SU_2^{cn}=\{\cdots,u_c^n,\cdots\}$$

利用指数表示,u_c^n 可以写为

$$u_c^n=\mathrm{e}^{-\mathrm{i}\alpha\cdot(\tau(1)+\cdots+\tau(n))/2}=\mathrm{e}^{-\mathrm{i}\boldsymbol{\alpha}\cdot\boldsymbol{J}} \tag{9.8.4}$$

其中

$$J_r=\frac{\tau_r(1)+\cdots+\tau_r(n)}{2},\quad (r=1,2,3) \tag{9.8.5}$$

是表示 SU_2^{cn} 的无穷小算符,它满足如下的对易关系:

$$[J_r,J_s]=\mathrm{i}\varepsilon_{rst}J_t\quad (r,s,t=1,2,3) \tag{9.8.6}$$

n 阶逆变张量 $\phi_c(i_1,\cdots,i_n)$ 可以按对称群 $\mathscr{S}_n$ 的正交单位 $O_{rr}^{\alpha}\begin{pmatrix}r=[n]\cdots[1^n]\\ r=1\cdots f^{\alpha}\end{pmatrix}$ 分解为

$$\phi_c(i_1,\cdots,i_n)=\sum_{\alpha,r}\phi_{cr}^{\alpha}(i_1,\cdots,i_n)$$

的直和,其中

$$\phi_{cr}^{\alpha}(i_1,\cdots,i_n)=O_{rr}^{\alpha}\phi_c(i_1,\cdots,i_n)$$

但是非零子空间只能用两个数的配分

$$\alpha=[\alpha_1\alpha_2]\quad \alpha_1\geqslant\alpha_2\geqslant 0\quad \alpha_1+\alpha_2=n$$

来描述,即

$$\phi_c(i_1,\cdots,i_n)=\phi_c^{[n]}(i_1,\cdots,i_n)+\sum_{\substack{\alpha_1\geqslant\alpha_2\geqslant 0\\ \alpha_1+\alpha_2=n}}\sum_{r=1}^{f^{\alpha}}\phi_{cr}^{[\alpha_1\alpha_2]}(i_1,\cdots,i_n)$$

但是其中不可约表示

$$R_{c1}^{\alpha}\cdots R_{cf^{\alpha}}^{\alpha}$$

都是等价的;特别地表示

$$R_c^{[\alpha_1\alpha_2]},\quad R_c^{[\alpha_1-\alpha_2,0]}$$

是等价的,因此我们只需要研究表示

$$R_c^{[n]}\quad (n=0,1,2,\cdots)$$

就足够了.不可约表示 $R_c^{[n]}$ 的矩阵元为

$$R_c^{[n]}(u)\begin{pmatrix} i_1,\cdots,i_N \\ k_1,\cdots,k_n \end{pmatrix} = \frac{1}{n!}\sum_{\sigma\in\mathscr{S}_n} a_{i_{\sigma_1}}^{k_1^*}\cdot\cdots\cdot a_{i_{\sigma_n}}^{k_n^*} \tag{9.8.7}$$

将复数共轭运算去掉就得

$$R_c^{[n]}(u)\begin{pmatrix} i_1,\cdots,i_N \\ k_1,\cdots,k_n \end{pmatrix} = R^{[n]}(u)\begin{pmatrix} k_1,\cdots,k_n \\ i_1,\cdots,i_N \end{pmatrix}^* \tag{9.8.8}$$

不可约表示 $R_c^{[n]}$ 的特征标是

$$\chi_c^{[n]}(\varepsilon) = \chi^{[n]}(\varepsilon^{-1}) = \frac{(\varepsilon_1^{-1})^{n+1} - (\varepsilon_2^{-1})^{n+1}}{\varepsilon_1^{-1} - \varepsilon_2^{-1}} = \frac{e^{-i(n+1)\alpha/2} - e^{i(n+1)\alpha/2}}{e^{-i\alpha/2} - e^{i\alpha/2}}$$

$$= \frac{e^{i(n+1)\alpha/2} - e^{-i(n+1)\alpha/2}}{e^{i\alpha/2} - e^{-i\alpha/2}} = \frac{\sin(n+1)\dfrac{\alpha}{2}}{\sin\dfrac{\alpha}{2}} = \chi^{[n]}(\varepsilon)$$

或

$$\chi_c^{[n]}(\alpha) = \frac{\sin(n+1)\dfrac{\alpha}{2}}{\sin\dfrac{\alpha}{2}} = \chi^{[n]}(\alpha) = \frac{\sin(n+1)\dfrac{\alpha}{2}}{\sin\dfrac{\alpha}{2}} \tag{9.8.9}$$

所以表示 $R_c^{[n]}$ 与表示$R^{[n]}$也是等价的.表示 $R_c^{[n]}$ 的维数是

$$a_c^{[n]} = n+1 \tag{9.8.10}$$

表示空间 $L_c^{[n]}$ 中的基底是

$$\phi_c^{[n]}(i_1,\cdots,i_n) = \frac{1}{n!}\sum_{\sigma\in\mathscr{S}_n}\sigma(\phi^{i_1}\cdot\cdots\cdot\phi^{i_n}) \tag{9.8.11}$$

显然它满足性质

$$\phi_c^{[n]}(i_1,\cdots,i_N) = \phi_c^{[n]}(i_{\tau_1},\cdots,i_{\tau_n}) \tag{9.8.12}$$

所以不失普遍性,可令 $n=2J$,而且指标 $i_1,\cdots,i_n$ 之中有$J+M$ 个 1,有 $J-M$ 个 2,

$$\phi_c^{[n]}(i_1,\cdots,i_N) = \phi_c^{[n]}(\underbrace{1,\cdots,1}_{J+M}\ \underbrace{2,\cdots,2}_{J-M}) = \frac{1}{(2J)!}\sum_{\sigma\in\mathscr{S}_{2J}}\sigma(\phi^{1^{J+M}}\phi^{2^{J-M}})$$

或者

$$\phi^{JM} = \frac{1}{(2J)!}\sum_{\sigma\in\mathscr{S}_{2J}}\sigma(\phi^{1^{J+M}}\phi^{2^{J-M}}) \tag{9.8.13}$$

$M = J, J-1, \cdots, -J+1, -J$,一共是 $2J+1$ 个基底.由于

$$\langle \phi^{JM} \mid \phi^{JK} \rangle = \delta_{MK}\frac{(J+M)!(J-M)!}{(2J)!}$$

所以我们引进正交归一化基底

$$\mathrm{Y}^{JM} = \frac{1}{\sqrt{(2J)!(J+M)!(J-M)!}}\sum_{\sigma\in\mathscr{S}_{2J}}\sigma(\phi^{1^{J+M}}\phi^{2^{J-M}}) \tag{9.8.14}$$

类似地,由于

$$R_c^{[n]}(u)\phi_c^{[n]}(i_1,\cdots,i_N) = \phi_c^{[n]}(k_1,\cdots,k_n)R_c^{[n]}(u)\begin{pmatrix} i_1,\cdots,i_N \\ k_1,\cdots,k_n \end{pmatrix}$$

所以

$$R_c^{[n]}(u)\mathrm{Y}^{JK} = \mathrm{Y}^{JM}\frac{(2J)!}{\sqrt{(J+M)!l(J-M)!(J+K)!(J-K)!}}R_c^{[n]}(u)\begin{pmatrix} JK \\ JM \end{pmatrix}$$

或

$$C_J(u)\mathrm{Y}^{JK} = \mathrm{Y}^{JM}\frac{(2J)!}{\sqrt{(J+M)!l(J-M)!(J+K)!(J-K)!}}R_c^{[n]}(u)\begin{pmatrix} JK \\ JM \end{pmatrix} \tag{9.8.15}$$

与

$$C_J(u)\mathrm{Y}^{JK} = \mathrm{Y}^{JM}C_{MK}^J(u) \tag{9.8.16}$$

通过比较得

$$\begin{aligned} C_{MK}^J(u) &= \frac{(2J)!}{\sqrt{(J+M)!(J-M)!(J+K)!(J-K)!}}R_c^{[n]}\begin{pmatrix} JK \\ JM \end{pmatrix} \\ &= \frac{(2J)!}{\sqrt{(J+M)!(J-M)!(J+K)!(J-K)!}}\sum_{\sigma\in\mathscr{S}_n}a_{i_{(\sigma\tau)_1}}^{k_{\rho_1}^*}\cdots a_{i_{(\sigma\tau)_n}}^{k_{\rho_n}^*} \\ &= D_{MK}^{J^*}(u) \end{aligned}$$

或者

$$C_{MK}^J(\theta,\varphi,\psi) = D_{MK}^{J^*}(\theta,\varphi,\psi) \tag{9.8.17}$$

写成矩阵元形式为

$$\langle Y^{JM} \mid R_c^{[n]}(u) \mid Y^{JK} \rangle = \langle Y_{JM} \mid R_c^{[n]}(u) \mid Y_{JK} \rangle^* \tag{9.8.18}$$

也就是

$$\langle Y^{JM} \mid C_J(u) \mid Y^{JK} \rangle = \langle Y_{JM} \mid D_J(u) \mid Y_{JK} \rangle^*$$

我们把式(9.3.19)代入式(9.8.14)则得

$$\begin{aligned} Y^{JM} &= \frac{1}{\sqrt{(2J)!(J+M)!(J-M)!}} \sum_{\sigma \in \mathscr{S}_{2J}} \sigma(\phi^{1^{J+M}} \phi^{2^{J-M}}) \\ &= \frac{1}{\sqrt{(2J)!(J+M)!(J-M)!}} \sum_{\sigma \in \mathscr{S}_{2J}} \sigma[(\mathrm{i}\phi_2)^{J+M}(-\mathrm{i}\phi_1)^{J-M}] \end{aligned}$$

其中

$$\mathrm{i}^{J+M}(-\mathrm{i})^{J-M} = \mathrm{i}^{2M} = \mathrm{e}^{\mathrm{i}\pi M}$$

所以

$$Y^{JM} = \frac{\mathrm{e}^{\mathrm{i}\pi M}}{\sqrt{(2J)!(J+M)!(J-M)!}} \sum_{\sigma \in \mathscr{S}_{2J}} \sigma(\phi_1^{J-M} \phi_2^{J+M}) = \mathrm{e}^{\mathrm{i}\pi M} Y_{J-M}$$

或者

$$Y^{J,M} = \mathrm{e}^{\mathrm{i}\pi M} Y_{J,-M} \tag{9.8.19}$$

这时利用表示 D_J 的幺正性可以证明

$$\sum_M Y^{JM} Y_{JM}$$

是一个不变量,因此由式(9.8.19)

$$\sum_M \mathrm{e}^{\mathrm{i}\pi M} Y_{J-M} Y_{JM} = \sum_{MM'} g_{MM'} Y_{JM} Y_{JM'} \tag{9.8.20}$$

也是一个不变量,其中

$$g_{MM'} = \mathrm{e}^{-\mathrm{i}\pi M} \delta_{M,-M'} \tag{9.8.21}$$

称为度规张量.

9.9 群 SU_2 的不变积分，广义球函数的正交性质

由于

$$u_\alpha = e^{-i\boldsymbol{\alpha}\cdot\boldsymbol{\sigma}/2} = \cos\frac{\alpha}{2} - i\boldsymbol{n}^\alpha\cdot\boldsymbol{\sigma}\sin\frac{\alpha}{2} = a_0 - i\boldsymbol{a}\cdot\boldsymbol{\sigma} \tag{9.9.1}$$

其中

$$\begin{cases} a_0 = \cos\dfrac{\alpha}{2} \\ a_1 = n_1^\alpha\sin\dfrac{\alpha}{2} \\ a_2 = n_2^\alpha\sin\dfrac{\alpha}{2} \\ a_3 = n_3^\alpha\sin\dfrac{\alpha}{2} \end{cases} \tag{9.9.1$'$}$$

类似地有

$$u_\beta = e^{-i\boldsymbol{\beta}\cdot\boldsymbol{\sigma}/2} = \cos\frac{\beta}{2} - i\boldsymbol{n}^\beta\cdot\boldsymbol{\sigma}\sin\frac{\alpha}{2} = b_0 - i\boldsymbol{b}\cdot\boldsymbol{\sigma} \tag{9.9.2}$$

其中

$$\begin{cases} b_0 = \cos\dfrac{\beta}{2} \\ b_1 = n_1^\beta\sin\dfrac{\beta}{2} \\ b_2 = n_2^\beta\sin\dfrac{\beta}{2} \\ b_3 = n_3^\beta\sin\dfrac{\beta}{2} \end{cases} \tag{9.9.2$'$}$$

以及

$$u_\gamma = e^{-i\gamma\cdot\boldsymbol{\sigma}/2} = \cos\frac{\gamma}{2} - i\boldsymbol{n}^\gamma\cdot\boldsymbol{\sigma}\sin\frac{\gamma}{2} = c_0 - i\boldsymbol{c}\cdot\boldsymbol{\sigma} \tag{9.9.3}$$

其中

$$
\begin{cases}
c_0 = \cos\dfrac{\gamma}{2} \\
c_1 = n_1^{\gamma}\sin\dfrac{\gamma}{2} \\
c_2 = n_2^{\gamma}\sin\dfrac{\gamma}{2} \\
c_3 = n_3^{\gamma}\sin\dfrac{\gamma}{2}
\end{cases}
\tag{9.9.3'}
$$

如果有封闭性关系

$$u_\beta u_\alpha = u_\gamma \tag{9.9.4}$$

成立,那么从

$$u_\beta u_\alpha = (b_0 - \mathrm{i}\boldsymbol{b}\cdot\boldsymbol{\sigma})(a_0 - \mathrm{i}\boldsymbol{a}\cdot\boldsymbol{\sigma}) = \boldsymbol{a}\cdot\boldsymbol{b} - \mathrm{i}(a_0\boldsymbol{b} + b_0\boldsymbol{a})\cdot\boldsymbol{\sigma} - (\boldsymbol{b}\cdot\boldsymbol{\sigma})(\boldsymbol{a}\cdot\boldsymbol{\sigma})$$

利用

$$(\boldsymbol{b}\cdot\boldsymbol{\sigma})(\boldsymbol{a}\cdot\boldsymbol{\sigma}) = \boldsymbol{a}\cdot\boldsymbol{b} + \mathrm{i}(\boldsymbol{b}\times\boldsymbol{a})\cdot\boldsymbol{\sigma} \tag{9.9.5}$$

得

$$u_\beta u_\alpha = a_0 b_0 - \boldsymbol{a}\cdot\boldsymbol{b} - \mathrm{i}(a_0\boldsymbol{b} + b_0\boldsymbol{a} + \boldsymbol{b}\times\boldsymbol{a})\cdot\boldsymbol{\sigma} \tag{9.9.6}$$

与式(9.9.3)相比较得

$$
\begin{cases}
c_0 = a_0 b_0 - \boldsymbol{a}\cdot\boldsymbol{b} \\
\boldsymbol{c} = a_0\boldsymbol{b} + b_0\boldsymbol{a} + \boldsymbol{b}\times\boldsymbol{a}
\end{cases}
\tag{9.9.7}
$$

或

$$
\begin{cases}
c_0 = a_0 b_0 - a_1 b_1 - a_2 b_2 - a_3 b_3 \\
c_1 = a_0 b_1 + a_1 b_0 - a_2 b_3 + a_3 b_2 \\
c_2 = a_0 b_2 + a_1 b_3 + a_2 b_0 - a_3 b_1 \\
c_3 = a_0 b_3 - a_1 b_2 + a_2 b_1 + a_3 b_0
\end{cases}
\tag{9.9.7'}
$$

在式(9.9.1)中我们挑选了 $\alpha_1 = n_1\alpha, \alpha_2 = n_2\alpha, \alpha_3 = n_3\alpha$ 作为群SU_2 的参数,但是我们也可挑选 a_0、a_1、a_2、a_3 作为群 SU_2 的参数,它们被关系式

$$a_0^2 + a_1^2 + a_2^2 + a_3^2 = 1 \tag{9.9.8}$$

联系起来，当我们挑选 a_1、a_2、a_3 作为独立参数时，可以将 a_0 看作 a_1、a_2、a_3 的函数，即

$$a_0^2 = 1 - a_1^2 - a_2^2 - a_3^2 \tag{9.9.8'}$$

这时 $a_1 = a_2 = a_3 = 0(a_0 = 1)$ 对应于单位变换.现在计算函数行列式

$$S(b,a) = \frac{\partial(c_1 c_2 c_3)}{\partial(b_1 b_2 b_3)} = \begin{pmatrix} a_1 \dfrac{\partial b_0}{\partial b_1} + a_0 & a_1 \dfrac{\partial b_0}{\partial b_2} + a_3 & a_1 \dfrac{\partial b_0}{\partial b_3} - a_2 \\ a_2 \dfrac{\partial b_0}{\partial b_1} - a_3 & a_2 \dfrac{\partial b_0}{\partial b_2} + a_0 & a_2 \dfrac{\partial b_0}{\partial b_3} + a_1 \\ a_3 \dfrac{\partial b_0}{\partial b_1} + a_2 & a_3 \dfrac{\partial b_0}{\partial b_2} - a_1 & a_3 \dfrac{\partial b_0}{\partial b_3} + a_0 \end{pmatrix}$$

由于 b_0 是 $b_1 b_2 b_3$ 的函数，即有

$$\frac{\partial b_0}{\partial b_i} = -\frac{\partial b_i}{\partial b_0} \quad (i = 1,2,3) \tag{9.9.8''}$$

代入得

$$S(b,a) = \begin{pmatrix} -\dfrac{a_1 b_1}{b_0} + a_0 & -\dfrac{a_1 b_2}{b_0} + a_3 & -\dfrac{a_1 b_3}{b_0} - a_2 \\ -\dfrac{a_2 b_1}{b_0} - a_3 & -\dfrac{a_2 b_2}{b_0} + a_0 & -\dfrac{a_2 b_3}{b_0} + a_1 \\ -\dfrac{a_3 b_1}{b_0} + a_2 & -\dfrac{a_3 b_2}{b_0} - a_1 & -\dfrac{a_3 b_3}{b_0} + a_0 \end{pmatrix} \tag{9.9.9}$$

首先从式(9.9.9)求矩阵 $T(b) = S(b,\tilde{b})$，由于

$$\tilde{b}_0 = b_0, \quad \tilde{b}_1 = -b_1, \quad \tilde{b}_2 = -b_2, \quad \tilde{b}_3 = -b_3$$

所以得 $a = \tilde{b}$ 代入得

$$T(b) = \begin{pmatrix} \dfrac{b_1^2}{b_0} + b_0 & \dfrac{b_1 b_2}{b_0} - b_3 & \dfrac{b_1 b_3}{b_0} + b_2 \\ \dfrac{b_2 b_1}{b_0} - b_3 & \dfrac{b_2^2}{b_0} + b_0 & \dfrac{b_2 b_3}{b_0} - b_1 \\ \dfrac{b_3 b_1}{b_0} - b_2 & \dfrac{b_3 b_2}{b_0} + b_1 & \dfrac{b_3^2}{b_0} + b_0 \end{pmatrix} \tag{9.9.10}$$

从而导出

$$\det T(b) = \frac{1}{b_0} \tag{9.9.11}$$

或者

$$\det T(a) = \frac{1}{a_0} \tag{9.9.12}$$

其次求函数行列式

$$S'(b,a) = \frac{\partial(c_1,c_2,c_3)}{\partial(a_1,a_2,a_3)} = \begin{vmatrix} \frac{\partial a_0}{\partial a_1}b_1 + b_0 & \frac{\partial a_0}{\partial a_2}b_1 - b_3 & \frac{\partial a_0}{\partial a_3}b_1 + b_2 \\ \frac{\partial a_0}{\partial a_1}b_2 + b_3 & \frac{\partial a_0}{\partial a_2}b_2 + b_0 & \frac{\partial a_0}{\partial a_3}b_2 - b_1 \\ \frac{\partial a_0}{\partial a_1}b_3 - b_2 & \frac{\partial a_0}{\partial a_2}b_3 + b_1 & \frac{\partial a_0}{\partial a_3}b_3 + b_0 \end{vmatrix}$$

利用

$$\frac{\partial a_0}{\partial a_i} = -\frac{a_i}{a_0} \quad (i = 1,2,3) \tag{9.9.8'''}$$

得

$$S'(b,a) = \begin{vmatrix} -\frac{a_1 b_1}{a_0} + b_0 & -\frac{a_2 b_1}{a_0} - b_3 & -\frac{a_3 b_1}{a_0} + b_2 \\ -\frac{a_1 b_2}{a_0} + b_3 & -\frac{a_2 b_2}{a_0} + b_0 & -\frac{a_3 b_b}{a_0} - b_1 \\ -\frac{a_1 b_3}{a_0} - b_2 & -\frac{a_2 b_3}{a_0} + b_1 & -\frac{a_3 b_3}{a_0} + b_0 \end{vmatrix} \tag{9.9.13}$$

从式(9.9.13)求 $T'(a) = S'(\tilde{a},a)$,由于

$$\tilde{a}_0 = a_0, \quad \tilde{a}_1 = -a_1, \quad \tilde{a}_2 = -a_2, \quad \tilde{a}_3 = -a_3$$

所以将 $b = \tilde{a}$ 代入得

$$T'(a) = S'(\tilde{a},a) = \begin{vmatrix} \frac{a_1^2}{a_0} + a_0 & \frac{a_1 a_2}{a_0} + a_3 & \frac{a_1 a_3}{a_0} - a_2 \\ \frac{a_2 a_1}{a_0} - a_3 & \frac{a_2^2}{a_0} + a_0 & \frac{a_2 a_3}{a_0} + a_1 \\ \frac{a_3 a_1}{a_0} + a_2 & \frac{a_3 a_2}{a_0} - a_1 & \frac{a_3^2}{a_0} + a_0 \end{vmatrix} \tag{9.9.14}$$

从而导出

$$\det T'(a) = \frac{1}{a_0} \tag{9.9.15}$$

因此,群 SU_2 的左不变积分与右不变积分相等,即有

$$\begin{aligned} J(f) &= \int_V f(a_1, a_2, a_3) \left| \det T(a) \right| \mathrm{d}a_1 \mathrm{d}a_2 \mathrm{d}a_3 \\ &= \int_V f(a_1, a_2, a_3) \frac{1}{|a_0|} \mathrm{d}a_1 \mathrm{d}a_2 \mathrm{d}a_3 \\ &= \int_V f(a_1, a_2, a_3) \frac{1}{\sqrt{1 - a_1^2 - a_2^2 - a_3^2}} \mathrm{d}a_1 \mathrm{d}a_2 \mathrm{d}a_3 \end{aligned} \tag{9.9.16}$$

同时还有

$$\begin{aligned} J(f) &= \int_V f(\tilde{a}_1 \tilde{a}_2 \tilde{a}_3) \frac{1}{\sqrt{1 - a_1^2 - a_2^2 - a_3^2}} \mathrm{d}a_1 \mathrm{d}a_2 \mathrm{d}a_3 \\ &= \int_V f(-a_1 - a_2 - a_3) \frac{1}{\sqrt{1 - a_1^2 - a_2^2 - a_3^2}} \mathrm{d}a_1 \mathrm{d}a_2 \mathrm{d}a_3 \end{aligned} \tag{9.9.17}$$

如果我们挑选 $\alpha_1, \alpha_2, \alpha_3$ 为群参数,那么由于

$$a_1 = \alpha_1 \frac{\sin \alpha/2}{\alpha}$$

$$a_2 = \alpha_2 \frac{\sin \alpha/2}{\alpha}$$

$$a_3 = \alpha_3 \frac{\sin \alpha/2}{\alpha}$$

以及

$$\sqrt{1 - a_1^2 - a_2^2 - a_3^2} = \cos \frac{\alpha}{2}$$

$$\frac{\partial a_0}{\partial \alpha_i} \frac{\sin \alpha/2}{\alpha} = \frac{\alpha_i}{\alpha} \cdot 4\left(\frac{\cos \alpha/2}{\alpha/2} - \frac{\sin \alpha/2}{(\alpha/2)^2}\right)$$

导出函数矩阵

$$\frac{\partial(a_1,a_2,a_3)}{\partial(\alpha_1,\alpha_2,\alpha_3)} = \frac{1}{\alpha}\begin{pmatrix} \sin\frac{\alpha}{2}+\alpha_1^2 c & \alpha_1\alpha_2 c & \alpha_1\alpha_3 c \\ \alpha_1\alpha_2 c & \sin\frac{\alpha}{2}+\alpha_2^2 c & \alpha_2\alpha_3 c \\ \alpha_1\alpha_3 c & \alpha_2\alpha_3 c & \sin\frac{\alpha}{2}+\alpha_3^2 c \end{pmatrix} \tag{9.9.18}$$

其中

$$c = r\left(\frac{\cos\alpha/2}{\alpha/2} - \frac{\sin\alpha/2}{(\alpha/2)^2}\right)$$

从式(9.9.18)可以导出函数行列式

$$\left\|\frac{\partial(a_1,a_2,a_3)}{\partial(\alpha_1,\alpha_2,\alpha_3)}\right\| = \frac{1-\cos\alpha}{4\alpha^2}\cos\frac{\alpha}{2} \tag{9.9.19}$$

所以

$$J(f) = \int_V f(\alpha_1,\alpha_2,\alpha_3)\frac{1-\cos\alpha}{4\alpha^2}\mathrm{d}\alpha_1\mathrm{d}\alpha_2\mathrm{d}\alpha_3 \tag{9.9.20}$$

以及

$$J(f) = \int_V f(-\alpha_1,-\alpha_2,-\alpha_3)\frac{1-\cos\alpha}{4\alpha^2}\mathrm{d}\alpha_1\mathrm{d}\alpha_2\mathrm{d}\alpha_3 \tag{9.9.20$'$}$$

如果我们挑选 θ、φ、ψ 为群参数，那么由于

$$\begin{cases} a_0 = \cos\frac{\theta}{2}\sin\frac{\psi-\varphi}{2} \\ a_1 = \sin\frac{\theta}{2}\cos\frac{\psi+\varphi}{2} \\ a_2 = \sin\frac{\theta}{2}\sin\frac{\psi+\varphi}{2} \\ a_3 = \cos\frac{\theta}{2}\cos\frac{\psi-\varphi}{2} \end{cases}$$

所以相应的函数矩阵为

$$\frac{\partial(a_1,a_2,a_3)}{\partial(\theta,\varphi,\psi)}=\frac{1}{2}\begin{pmatrix}\cos\frac{\theta}{2}\cos\frac{\psi+\varphi}{2} & -\sin\frac{\theta}{2}\sin\frac{\psi+\varphi}{2} & -\sin\frac{\theta}{2}\cos\frac{\psi+\varphi}{2}\\ \cos\frac{\theta}{2}\sin\frac{\psi+\varphi}{2} & \sin\frac{\theta}{2}\cos\frac{\psi+\varphi}{2} & \sin\frac{\theta}{2}\cos\frac{\psi+\varphi}{2}\\ -\sin\frac{\theta}{2}\cos\frac{\psi-\varphi}{2} & \cos\frac{\theta}{2}\sin\frac{\psi-\varphi}{2} & -\cos\frac{\theta}{2}\sin\frac{\psi-\varphi}{2}\end{pmatrix}$$

从而导出函数行列式

$$\left\|\frac{\partial(a_1,a_2,a_3)}{\partial(\theta,\varphi,\psi)}\right\|=\frac{1}{8}\sin\theta\cos\frac{\theta}{2}\left|\sin\frac{\psi-\varphi}{2}\right|$$

$$\sqrt{1-a_1^2-a_2^2-a_3^2}=\cos\frac{\theta}{2}\left|\sin\frac{\psi-\varphi}{2}\right|$$

所以得

$$J(f)=\int_V f(\theta,\varphi,\psi)\frac{\sin\theta}{2}\mathrm{d}\theta\mathrm{d}\varphi\mathrm{d}\psi \tag{9.9.21}$$

由于

$$\tilde{\theta}=-\theta,\quad \tilde{\varphi}=\varphi-\pi,\quad \tilde{\psi}=\varphi+\pi \tag{9.9.22}$$

所以又有

$$J(f)=\int_V f(-\theta,\varphi-\pi,\psi+\pi)\frac{\sin\theta}{8}\mathrm{d}\theta\mathrm{d}\varphi\mathrm{d}\psi \tag{9.9.23}$$

令 $f(\alpha,\varphi,\psi)=1$,则有

$$\Omega=\frac{1}{8}\int_V\sin\theta\mathrm{d}\theta\mathrm{d}\varphi\mathrm{d}\psi=\frac{1}{8}\cdot(2\pi)^2\int_0^\pi\sin\theta\mathrm{d}\theta=\frac{1}{8}\cdot(2\pi)^2\cdot 2=\pi^2$$

由此,我们定义归一化的不变积分为

$$\begin{aligned}I(f)&=\frac{1}{8\pi^2}\int\sin\theta\mathrm{d}\theta\mathrm{d}\varphi\mathrm{d}\psi f(\theta,\varphi,\psi)\\&=\frac{1}{8\pi^2}\int\sin\theta\mathrm{d}\theta\mathrm{d}\varphi\mathrm{d}\psi f(-\theta,\varphi-\pi,\psi+\pi)\end{aligned} \tag{9.9.24}$$

这们我们就了群 SU_2 上不变积分的定义.

根据这个定义,我们可以导出广义球函数的正交性质.为此我们考虑积分

$$\frac{1}{8\pi^2}\int\sin\theta\mathrm{d}\theta\mathrm{d}\varphi\mathrm{d}\psi D_{MK}^J(\theta,\varphi,\psi)D_{M'K'}^{J'C}(\theta,\varphi,\psi)$$

其中

$$D^C = \widetilde{D}^{-1} = \widetilde{D}^{\dagger} = D^*$$

所以亦即考虑积分

$$\frac{1}{8\pi^2}\int \sin\theta \mathrm{d}\theta \mathrm{d}\varphi \mathrm{d}\psi D^J_{MK}(\theta,\varphi,\psi) D^{J'^*}_{M'K'}(\theta,\varphi,\psi)$$

将 $D^J_{MK}(\theta,\varphi,\psi)=\mathrm{e}^{-\mathrm{i}(M\varphi-K\psi)}\Theta^J_{MK}(\theta)$代入得

$$\frac{1}{8\pi^2}\int \sin\theta \mathrm{d}\theta \mathrm{d}\varphi \mathrm{d}\psi D^J_{MK}(\theta,\varphi,\psi) D^{J^{**}}_{MK'}(\theta,\varphi,\psi)$$

$$= \frac{1}{8\pi^2}\int \sin\theta \mathrm{d}\theta \mathrm{d}\varphi \mathrm{d}\psi \mathrm{e}^{-\mathrm{i}(M-M')\varphi}\mathrm{e}^{-\mathrm{i}(K-K')\psi}\Theta^J_{MK}(\theta)\Theta^{J''}_{MK'}(\theta)$$

其中

$$\int_0^{2\pi}\mathrm{d}\varphi \mathrm{e}^{-\mathrm{i}(M-M')\varphi} = 2\pi \mathrm{e}^{-\mathrm{i}(M-M')\pi}\frac{\sin(M-M')\pi}{(M-M')\pi} = 2\pi\delta_{MM'}$$

而

$$\int_0^{2\pi}\mathrm{d}\psi \mathrm{e}^{-\mathrm{i}(K-K')\psi} = 2\pi\delta_{KK'}$$

代入得

$$\frac{1}{8\pi^2}\int \sin\theta \mathrm{d}\theta \mathrm{d}\varphi \mathrm{d}\psi D^J_{MK}(\theta,\varphi,\psi) D^{J'^*}_{MK'}(\theta,\varphi,\psi)$$

$$= \delta_{MM'}\delta_{KK'}\frac{1}{2}\int_0^{\pi}\sin\theta \mathrm{d}\theta\Theta^J_{MK}(\theta)\Theta^{J'}_{MK'}(\theta) \tag{9.9.25}$$

为了求得这个积分，我们先推导一个一般公式，即

$$\frac{1}{2}\int_0^{\pi}\sin\theta \mathrm{d}\theta\cos^{2a}\frac{\theta}{2}\sin^{2b}\frac{\theta}{2} = \frac{a!b!}{(a+b+1)!} \tag{9.9.26}$$

其中，a、b 是整数. 令

$$\mathrm{d}(\cos\theta)^{2a+2} = -2(a+1)(\cos\theta)^{2a+1}\sin\theta \mathrm{d}\theta$$

所以

$$J(a,b) = -\frac{1}{a+1}\int_0^{\pi/2}(\sin\theta)^{2b}\mathrm{d}(\cos\theta)^{2a+2} = \int_0^{\pi/2}\mathrm{d}\theta(\cos\theta)^{2a+3}(\sin\theta)^{2b-1}$$

$$= \frac{b}{a+1} J(a+1, b-1)$$

也就是

$$J(a,b) = \frac{b}{a+1} J(a+1, b-1)$$

一直交换下去得

$$J(a,b) = \frac{b}{a+1} \cdot \frac{b-1}{a+2} \cdot \frac{b-2}{a+3} \cdot \cdots \cdot \frac{1}{a+b} J(a+b,0) = \frac{a!b!}{(a+b)!} J(a+b,0)$$

或者

$$J(a,b) = \frac{a!b!}{(a+b)!} J(a+b,0)$$

其中

$$J(a+b,0) = 2\int_0^{\pi/2} \mathrm{d}\theta (\cos\theta)^{2(a+b)+1} \sin\theta = -2\int_0^{\pi/2} (\cos\theta)^{2(a+b)+1} \mathrm{d}\cos\theta$$

$$= \frac{1}{a+b+1}$$

代入得

$$J(a,b) = \frac{a!b!}{(a+b+1)!}$$

或者

$$\begin{cases} \dfrac{1}{2}\displaystyle\int_0^{\pi} \sin\theta \mathrm{d}\theta \left(\cos\frac{\theta}{2}\right)^{2a} \left(\sin\frac{\theta}{2}\right)^{2b} = \dfrac{a!b!}{(a+b+1)!} \\ 2\displaystyle\int_0^{\pi/2} \mathrm{d}\theta (\cos\theta)^{2a+1} (\sin\theta)^{2b+1} = \dfrac{a!b!}{(a+b+1)!} \end{cases} \tag{9.9.27}$$

现在进一步来求积分式(9.9.25)，我们将式(9.7.29)的第1、3式代入得

$$\frac{1}{8\pi^2}\int \sin\theta \mathrm{d}\theta \mathrm{d}\varphi \mathrm{d}\psi D^J_{MK}(\theta,\varphi,\psi) D^{J''}_{MK'}(\theta,\varphi,\psi)$$

$$= \delta_{MM'}\delta_{KK'} \frac{\mathrm{e}^{-\mathrm{i}\pi(J-J')}}{2^{J+J'+1}} \left(\frac{\mathrm{d}}{\mathrm{d}u}\right)^{J-M} (1+u)^{J+K} (1-u)^{J-K}$$

$$\cdot \frac{1}{(J-M)!}\sqrt{\frac{(J+M)!(J-M)!}{(J+K)!(J-K)!}} \cdot \frac{1}{(J'+M)!}\sqrt{\frac{(J'+M)!(J'-M)!}{(J'+K)!(J'-K)!}}$$

$$\cdot (-1)^{M+K}\int_0^{\pi}\sin\theta \mathrm{d}\theta \left(\frac{\mathrm{d}}{\mathrm{d}u}\right)^{J'+M}(1+u)^{J'-K}(1-u)^{J'+K}$$

$$= \delta_{MM'}\delta_{KK'}\frac{\mathrm{e}^{-\mathrm{i}\pi(J-J')}}{2^{J+J'+1}}$$

$$\cdot \frac{1}{(J-M)!}\sqrt{\frac{(J+M)!(J-M)!}{(J+K)!(J-K)!}}\cdot\frac{1}{(J'+M)!}\sqrt{\frac{(J'+M)!(J'-M)!}{(J'+K)!(J'-K)!}}(-1)^{M+K}$$

$$\cdot \int_{-1}^{1}\mathrm{d}u\left(\frac{\mathrm{d}}{\mathrm{d}u}\right)^{J-M}(1+u)^{J+K}(1-u)^{J-K}\cdot\left(\frac{\mathrm{d}}{\mathrm{d}u}\right)^{J'+M}(1+u)^{J'-K}(1-u)^{J'+K}$$

如果 $J>J'$，那么我们将微商 $\left(\frac{\mathrm{d}}{\mathrm{d}u}\right)^{J-M}$ 写为

$$\left(\frac{\mathrm{d}}{\mathrm{d}u}\right)^{J-M}\left(\frac{\mathrm{d}}{\mathrm{d}u}\right)^{J'-M}\left(\frac{\mathrm{d}}{\mathrm{d}u}\right)^{J-J'}$$

利用分部积分得

$$\frac{1}{8\pi^2}\int\sin\theta\mathrm{d}\theta\mathrm{d}\varphi\mathrm{d}\psi D^J_{MK}(\theta,\varphi,\psi)D^{J'^*}_{MK'}(\theta,\varphi,\psi)$$

$$= \delta_{MM'}\delta_{KK'}\frac{\mathrm{e}^{-\mathrm{i}\pi(J-J')}}{2^{J+J'+1}}\cdot\frac{1}{(J-M)!}\sqrt{\frac{(J+M)!(J-M)!}{(J+K)!(J-K)!}}$$

$$\cdot\frac{1}{(J'+M)!}\sqrt{\frac{(J'+M)!(J'-M)!}{(J'+K)!(J'-K)!}}(-1)^{M+K}(-1)^{J'-M}$$

$$\cdot\int_{-1}^{1}\mathrm{d}u\left(\frac{\mathrm{d}}{\mathrm{d}u}\right)^{J-J'}(1+u)^{J+K}(1-u)^{J-K}\left(\frac{\mathrm{d}}{\mathrm{d}u}\right)^{2J'}(1+u)^{J'-K}(1-u)^{J'+K}$$

$$= \delta_{MM'}\delta_{KK'}\frac{\mathrm{e}^{-\mathrm{i}\pi(J-J')}}{2^{J+J'+1}}\frac{1}{(J-M)!}\sqrt{\frac{(J+M)!(J-M)!}{(J+K)!(J-K)!}}$$

$$\cdot\frac{1}{(J'+M)!}\sqrt{\frac{(J'+M)!(J'-M)!}{(J'+K)!(J'-K)!}}\cdot(2J')!$$

$$\cdot\int_{-1}^{1}\mathrm{d}u\left(\frac{\mathrm{d}}{\mathrm{d}u}\right)^{J-J'}(1+u)^{J+K}(1-u)^{J-K}$$

注意，在 $M=M'$，$K=K'$ 的条件下，J 和 J' 必须同时为整数或半整数，因此 $J-J'>0$，即 $J-J'=1,2,\cdots$，所以上述积分又可以写成

$$\frac{1}{8\pi^2}\int\sin\theta\mathrm{d}\theta\mathrm{d}\varphi\mathrm{d}\psi D^J_{MK}(\theta,\varphi,\psi)D^{J'^*}_{MK'}(\theta,\varphi,\psi)$$

$$= \delta_{MM'}\delta_{KK'}\frac{\mathrm{e}^{-\mathrm{i}\tau(J-J')}}{2^{J+J'+1}}\frac{1}{(J-M)!}\sqrt{\frac{(J+M)!(J-M)!}{(J+K)!(J-K)!}}$$

$$\cdot \frac{1}{(J'+M)!}\sqrt{\frac{(J'+M)!(J'-M)!}{(J'+K)!(J'-K)!}(2J')!}$$

$$\times \int_{-1}^{1} \mathrm{d}\left[\left(\frac{\mathrm{d}}{\mathrm{d}u}\right)^{J-J'-1}(1+u)^{J+K}(1-u)^{J-K}\right]$$

$$= 0$$

即如果 $J>J'$,那么则有$\frac{1}{8\pi^2}\int\sin\theta\mathrm{d}\theta\mathrm{d}\varphi\mathrm{d}\psi D^J_{MK}(\theta,\varphi,\psi)D^{J'^*}_{M'K'}(\theta,\varphi,\psi)=0$;类似地可以证明,如果 $J<J'$,同样地这个积分也是零.换言之,在 $J\neq J'$的条件下,积分

$$\frac{1}{8\pi^2}\int\sin\theta\mathrm{d}\theta\mathrm{d}\varphi\mathrm{d}\psi D^J_{MK}(\theta,\varphi,\psi)D^{J'^*}_{M'K'}(\theta,\varphi,\psi)=0$$

如果 $J=J'$,那么

$$\frac{1}{8\pi^2}\int\sin\theta\mathrm{d}\theta\mathrm{d}\varphi\mathrm{d}\psi D^J_{MK}(\theta,\varphi,\psi)D^{J^*}_{MK'}(\theta,\varphi,\psi)$$

$$=\delta_{MM'}\delta_{KK'}\frac{1}{2^{2J+1}}\frac{(-1)^{M+K}}{(J+K)!(J-K)!}$$

$$\cdot\int_{-1}^{1}\mathrm{d}u\left(\frac{\mathrm{d}}{\mathrm{d}u}\right)^{J-M}(1-u)^{J+K}(1-u)^{J-K}\left(\frac{\mathrm{d}}{\mathrm{d}u}\right)^{J+M}(1-u)^{J-K}(1-u)^{J+K}$$

$$=\frac{\delta_{MMM'}\delta_{KK'}(-1)^{J+K}}{2^{2J+1}(J+K)!(J-K)!}\int_{-1}^{1}\mathrm{d}u(1+u)^{J+K}(1-u)^{J-K}$$

$$=\delta_{MM'}\delta_{KK'}\frac{(2J)!}{(J+K)!(J-K)!}\frac{1}{2}\int_0^{\pi}\sin\theta\mathrm{d}\theta\left(\cos\frac{\theta}{2}\right)^{2(J+K)}\left(\sin\frac{\theta}{2}\right)^{2(J-K)}$$

$$=\delta_{MM'}\delta_{KK'}\frac{(2J)!}{(J+K)!(J-K)!}\cdot\frac{(J+K)!(J-K)!}{(2J+1)!}$$

$$=-\frac{1}{2J+1}\delta_{MM'}\delta_{KK'}$$

这样我们就证明了广义球函数的正交性质,为

$$\frac{1}{8\pi^2}\int\sin\theta\mathrm{d}\theta\mathrm{d}\varphi\mathrm{d}\psi D^J_{MK}(\theta,\varphi,\psi)D^{J'^*}_{M'K'}(\theta,\varphi,\psi)=\frac{1}{2J+1}\delta^{JJ'}\delta_{MM'}\delta_{KK'}\quad(9.9.28)$$

这个结果与一般理论的结果是一样的.由于

$$D^{J^*}_{MK}(\Omega)=(-1)^{M-K}D^J_{-M-K}(\Omega)$$

所以式(9.9.28)又可以写成

$$\frac{1}{8\pi^2}\int \sin\theta \mathrm{d}\theta \mathrm{d}\varphi \mathrm{d}\psi D^J_{MK}(\theta,\varphi,\psi) D^{J'}_{M'K'}(\theta,\varphi,\psi) = \frac{(-1)^{M-K'}}{2J+1}\delta^{JJ'}\delta_{MM'}\delta_{KK'} \quad (9.9.29)$$

利用式(9.9.29)可以讨论群 SU_2 的不变量,令

$$\phi = \sum_{MM'} C(J,M;J',M') e_{JM} f_{J'M'} \quad (9.9.30)$$

其中,e_{JM}是空间L_J的基底,$f_{J'M'}$是空间$L_{J'}$中的基底,如果 $u \in SU_2$ 在空间 L 中引起一个基底变换,那么相应地在 L_J 和$L_{J'}$中也引起一个基底变换,即

$$\begin{cases} e_{JK} \to e'_{JK} = D_J(u) e_{JK} = \sum\limits_M e_{JM} D^J_{MK}(u) \\ f_{J'K'} \to f'_{J'K'} = D_{J'}(u) f_{J'K'} = \sum\limits_{M'} f_{J'M'} D^{J'}_{M'K'}(u) \end{cases} \quad (9.9.31)$$

在新基上,ϕ 又可以展开为

$$\begin{aligned} \phi &= \sum_{KK'} C'(J,K;J',K') e'_{JK} f'_{J'K'} \\ &= \sum_{MM'} \Big(\sum_{KK'} C'(J,K;J',K') D^J_{MK}(u) D^{J'}_{M'K'}(u) \Big) e_{JM} f_{J'M'} \end{aligned}$$

与式(9.9.30)比较得

$$C(J,M;J',M') = \sum_{KK'} C'(JKJ'K') D^J_{MK}(u) D^{J'}_{M'K'}(u) \quad (9.9.32)$$

根据不变性条件 $C'(JKJ'K') = C(JKJ'K')$,得

$$C(J,M;J',M') = \sum_{KK'} C(JKJ'K') D^J_{MK}(u) D^{J'}_{M'K'}(u) \quad (9.9.33)$$

乘以$\frac{1}{8\pi^2}\int \mathrm{d}\Omega$ 积分得

$$\begin{aligned} C(JMJ'M') &= \sum_{KK'} C(J,K;J',K') \frac{1}{2J+1} \delta^{JJ'}\delta_{MM'}\delta_{KK'}(-1)^{-K+M} \\ &= \sum_K C(J,K;J,-K) \frac{(-1)^{-K}}{2J+1} \delta^{JJ'}\delta_{MM'}(-1)^M \\ &= C(J)\delta^{JJ'}\delta_{MM'}(-1)^M \end{aligned}$$

或

$$C(J,M;J',M') = C(J)\delta^{JJ'}\delta_{MM'}(-1)^M \quad (9.9.34)$$

代入式(9.9.30)中得

$$\phi = C(J)\delta^{JJ'}\sum_M e_{JM}f_{J-M}(-1)^M = \delta^{JJ'}C(J)\sum_M e_{JM}f^{JM}$$

所以归一化的不变量 Φ 为

$$\Phi = \frac{\delta^{JJ'}}{\sqrt{2J+1}}\sum_M e_{JM}f^{JM} \tag{9.9.35}$$

在式(9.9.28)式中令 $J=L, K=0$,则得球谐函数满足的正交归一化条件

$$\int \sin\theta \mathrm{d}\theta \mathrm{d}\varphi \mathrm{Y}_{LM}(\theta\varphi)\mathrm{Y}^*_{L'M'}(\theta\varphi) = \delta_{LL'}\delta_{MM'} \tag{9.9.36}$$

9.10 广义球函数满足的微分方程

由于广义球函数满足正交归一化条件

$$\frac{1}{8\pi^2}\int \mathrm{d}\Omega D^J_{MK}(v)D^{J'*}_{M'K'}(v) = \frac{1}{2J+1}\delta^{JJ'}\delta_{MM'}\delta_{KK'} \tag{9.10.1}$$

其中($v\in SU_2$),因此我们可以将广义球函数

$$D^J_{MK}(v) \quad (K = J, J-1, \cdots, -J) \tag{9.10.2}$$

看成 $2J+1$ 维线性空间的基底,这 $2J+1$ 个基底满足的正交归一化条件为

$$\frac{1}{8\pi^2}\int \mathrm{d}\Omega D^J_{MK}(v)D^{J*}_{M'K'}(v) = \frac{1}{2J+1}\delta_{KK'} \tag{9.10.3}$$

在这个空间中,群 SU_2 的表示为

$$u \to R(u) \quad (u \in SU_2)$$

表示 $R(u)$在这个空间中引起的基底变换为

$$D^J_{MK}(v) \to D^{J'}_{MK}(v) = R(u)D^J_{MK}(v) = D^J_{MK}(vu) \tag{9.10.4}$$

根据表示 D_J 的封闭性得

$$D^J_{MK}(vu) = \sum_{K'} D^J_{MK'}(v)D^J_{K'K}(u) \tag{9.10.5}$$

也就是

$$R(u)D^J_{MK}(v) = \sum_{K'} D^J_{MK'}(v) D^J_{K'K}(u) \tag{9.10.6}$$

可见基底 $D^J_{MK}(v)(k = J, J-1, \cdots, -J)$形成的线性空间是表示 $R(u)$不变子空间，在这个子空间中表示 $R(u)$的矩阵元是

$$D^J_{K'K}(u) \quad (K, K' = J, J-1, \cdots, -J)$$

亦即表示 $R(u)$在这个 $2J+1$ 维空间中形成 SU_2 群的不可约表示 $D^J(u)$，而广义球函数 $D^J_{MK}(v)(K = J, J-1, \cdots, -J)$起看标准基的作用.

现在来计算表示 $R(u)$的无穷小算符.从式(9.10.4)得

$$\left.\frac{\partial R(u)}{\partial \alpha_r}\right|_{\alpha_1 = \alpha_2 = \alpha_3 = 0} D^J_{MK}(v) = \left.\frac{\partial D^J_{MK}(vu)}{\partial \alpha_r(u)}\right|_{\alpha_1 = \alpha_2 = \alpha_3 = 0}$$

因为

$$u = \mathrm{e}^{-\mathrm{i}\boldsymbol{\alpha} \cdot \boldsymbol{\sigma}/2} \rightarrow R(u) = \mathrm{e}^{-\mathrm{i}\boldsymbol{\alpha} \cdot \boldsymbol{J}}$$

所以

$$J_r = \mathrm{i}\left.\frac{\partial R(u)}{\partial \alpha_r}\right|_{\boldsymbol{\alpha} = 0} \quad (r = 1,2,3) \tag{9.10.7}$$

代入得

$$\begin{aligned}
J_r D^J_{MK}(v) &= \mathrm{i}\left.\frac{\partial D^J_{MK}(vu)}{\partial \alpha_r(u)}\right|_{\boldsymbol{\alpha} = 0} = \mathrm{i}\frac{\partial}{\partial \alpha_r(u)} D^J_{MK}[\theta(vu), \varphi(vu), \psi(vu)]\Big|_{\boldsymbol{\alpha} = 0} \\
&= \mathrm{i}\frac{\partial}{\partial \theta(vu)} D^J_{MK}[\theta(vu), \varphi(vu), \psi(vu)]\Big|_{\alpha(u) = 0} \left.\frac{\partial \theta(vu)}{\partial \alpha_r(u)}\right|_{\alpha(u) = 0} \\
&\quad + \mathrm{i}\frac{\partial}{\partial \varphi(vu)} D^J_{MK}[\theta(vu), \varphi(vu), \psi(vu)]\Big|_{\alpha(u) = 0} \left.\frac{\partial \varphi(vu)}{\partial \alpha_r(u)}\right|_{\alpha(u) = 0} \\
&\quad + \mathrm{i}\frac{\partial}{\partial \psi(vu)} D^J_{MK}[\theta(vu), \varphi(vu), \psi(vu)]\Big|_{\alpha(u) = 0} \left.\frac{\partial \psi(vu)}{\partial \alpha_r(u)}\right|_{\alpha(u) = 0} \\
&= \mathrm{i}\frac{\partial}{\partial \theta(v)} D^J_{MK}[\theta(v), \varphi(v), \psi(v)] \cdot \left.\frac{\partial \theta(vu)}{\partial \alpha_r(u)}\right|_{\alpha(u) = 0} \\
&\quad + \mathrm{i}\frac{\partial}{\partial \varphi(v)} D^J_{MK}[\theta(v), \varphi(v), \psi(v)]\Big|_{\alpha(u) = 0} \cdot \left.\frac{\partial \varphi(vu)}{\partial \alpha_r}\right|_{\alpha(u) = 0} \\
&\quad + \mathrm{i}\frac{\partial}{\partial \psi(v)} D^J_{MK}[\theta(v), \varphi(v), \psi(v)] \cdot \left.\frac{\partial \psi(vu)}{\partial \alpha_r(u)}\right|_{\alpha(u) = 0}
\end{aligned}$$

$$= \mathrm{i}\left[\frac{\partial\theta(vu)}{\partial\alpha_r(u)}\bigg|_{\alpha(u)=0}\frac{\partial}{\partial\theta} + \frac{\partial\varphi(vu)}{\partial\alpha_r(u)}\bigg|_{\alpha(u)=0}\frac{\partial}{\partial\varphi} + \frac{\partial\psi(vu)}{\partial\alpha_r(u)}\bigg|_{\alpha(u)=0}\frac{\partial}{\partial\psi}\right]D^J_{MK}(v)$$

其中我们为了简单,将 $\theta(v),\varphi(v),\psi(v)$记成了 θ,φ,ψ,即

$$\theta(v) = \theta,\quad \varphi(v) = \varphi,\quad \psi(v) = \psi$$

这样,我们导出表 $R(u)$的无穷小算符是

$$J_r = \mathrm{i}\left[\frac{\partial\theta(vu)}{\partial\alpha_r(u)}\bigg|_{\boldsymbol{\alpha}(u)=0}\frac{\partial}{\partial\theta} + \frac{\partial\varphi(vu)}{\partial\alpha_r(u)}\bigg|_{\boldsymbol{\alpha}(u)=0}\frac{\partial}{\partial\varphi} + \frac{\partial\psi(vu)}{\partial\alpha_r(u)}\bigg|_{\boldsymbol{\alpha}(u)=0}\frac{\partial}{\partial\psi}\right]$$

其中仅仅对 $\alpha_r(u)$微商,因此可以令其他的 $\alpha_s\neq\alpha_r$ 等于零,从而导出

$$J_r = \mathrm{i}\left\{\frac{\partial\theta(vu(\alpha_r))}{\partial\alpha_r}\bigg|_{\alpha_r=0}\frac{\partial}{\partial\theta} + \frac{\partial\varphi(vu(\alpha_r))}{\partial\alpha_r}\bigg|_{\alpha_r=0}\frac{\partial}{\partial\varphi} + \frac{\partial\psi(vu(\alpha_r))}{\partial\alpha_r}\bigg|_{\alpha_r=0}\frac{\partial}{\partial\psi}\right\} \tag{9.10.8}$$

为了简单我们引进下列记号:

$$\begin{cases} \dfrac{\partial\theta[vu(\alpha_r)]}{\partial\alpha_r}\bigg|_{\alpha_r=0} = \theta'_r \\ \dfrac{\partial\varphi[vu(\alpha_r)]}{\partial\alpha_r}\bigg|_{\alpha_r=0} = \varphi'_r \\ \dfrac{\partial\psi[vu(\alpha_r)]}{\partial\alpha_r}\bigg|_{\alpha_r=0} = \psi'_r \end{cases} \tag{9.10.9}$$

其中 $r=1,2,3$,这样可以将式(9.10.8)写成

$$J_r = \mathrm{i}\left(\theta'_r\frac{\partial}{\partial\theta} + \varphi'_r\frac{\partial}{\partial\varphi} + \psi'_r\frac{\partial}{\partial\psi}\right)\quad (r = 1,2,3) \tag{9.10.10}$$

的形式.现在来求系数 $\theta'_r,\varphi'_r,\psi'_r(r=1,2,3)$,以 $r=1$ 为例,有

$$v = a_0 - \mathrm{i}\boldsymbol{a}\cdot\boldsymbol{\sigma} \tag{9.10.11}$$

其中

$$\begin{cases} a_0 = \cos\dfrac{\theta}{2}\sin\dfrac{\psi-\varphi}{2} \\ a_1 = \sin\dfrac{\theta}{2}\cos\dfrac{\psi+\varphi}{2} \\ a_2 = \sin\dfrac{\theta}{2}\sin\dfrac{\psi+\varphi}{2} \\ a_3 = \cos\dfrac{\theta}{2}\cos\dfrac{\psi-\varphi}{2} \end{cases} \tag{9.10.11'}$$

同时有

$$u(\alpha_1)=\mathrm{e}^{-\mathrm{i}\alpha_1\sigma_1/2}=\cos\frac{\alpha_1}{2}-\mathrm{i}\sigma_1\sin\frac{\alpha_1}{2}=b_0-\mathrm{i}\boldsymbol{b}\cdot\boldsymbol{\sigma}\tag{9.10.12}$$

其参数为

$$\begin{cases}b_0=\cos\dfrac{\alpha_1}{2}\\ b_1=\sin\dfrac{\alpha_1}{2}\\ b_2=0\\ b_3=0\end{cases}\tag{9.10.12$'$}$$

相乘之得

$$\begin{aligned}vu(\alpha_1)&=a_0b_0-\boldsymbol{a}\cdot\boldsymbol{b}-\mathrm{i}(a_0\boldsymbol{b}+b_0\boldsymbol{a}+\boldsymbol{a}\times\boldsymbol{b})\cdot\boldsymbol{\sigma}\\&=a_0b_0-a_1b_1-\mathrm{i}(a_0b_1\boldsymbol{i}+b_0\boldsymbol{a}+b_1\boldsymbol{a}\times\boldsymbol{i})\cdot\boldsymbol{\sigma}\end{aligned}\tag{9.10.13}$$

现在令

$$vu(\alpha_1)=c_0-\mathrm{i}\boldsymbol{c}\cdot\boldsymbol{\sigma}\tag{9.10.14}$$

则有

$$\begin{cases}c_0=a_0b_0-a_1b_1\\ \boldsymbol{c}=a_0b_1\boldsymbol{i}+b_0\boldsymbol{a}+b_1\boldsymbol{a}\times\boldsymbol{i}\end{cases}\tag{9.10.15}$$

对 α_1 求微得

$$\left.\frac{\partial\boldsymbol{c}}{\partial\alpha_1}\right|_{\alpha_1=0}=a_0\left.\frac{\partial b_1}{\partial\alpha_1}\right|_{\alpha_1=0}\boldsymbol{i}+\left.\frac{\partial b_0}{\partial\alpha_1}\right|_{\alpha_1=0}\boldsymbol{a}+\left.\frac{\partial b_1}{\partial\alpha_1}\right|_{\alpha_1=0}\boldsymbol{a}\times\boldsymbol{i}\tag{9.10.16}$$

由于

$$\left.\frac{\partial b_0}{\partial\alpha_1}\right|_{\alpha_1=0}=-\frac{1}{2}\sin\left.\frac{\alpha_1}{2}\right|_{\alpha_1=0}=0$$

$$\left.\frac{\partial b_1}{\partial\alpha_1}\right|_{\alpha_1=0}=\frac{1}{2}\cos\left.\frac{\alpha_1}{2}\right|_{\alpha_1=0}=\frac{1}{2}$$

所以

$$\left.\frac{\partial\boldsymbol{c}}{\partial\alpha_1}\right|_{\alpha_1=0}=\frac{1}{2}(a_0\boldsymbol{i}+\boldsymbol{a}\times\boldsymbol{i})$$

又由于

$$\begin{aligned}\left.\frac{\partial \boldsymbol{c}}{\partial \alpha_1}\right|_{\alpha_1=0} &= \left.\frac{\partial \boldsymbol{c}}{\partial \theta(vu(\alpha_1))}\right|_{\alpha_1=0}\left.\frac{\partial \theta(vu(\alpha_1))}{\partial \alpha_1}\right|_{\alpha_1=0} + \left.\frac{\partial \boldsymbol{c}}{\partial \varphi(vu(\alpha_1))}\right|_{\alpha_1=0}\left.\frac{\partial \varphi(vu(\alpha_1))}{\partial \alpha_1}\right|_{\alpha_1=0} \\ &\quad + \left.\frac{\partial \boldsymbol{c}}{\partial \psi(vu(\alpha_1))}\right|_{\alpha_1=0}\left.\frac{\partial \psi(vu(\alpha_1))}{\partial \alpha_1}\right|_{\alpha_1=0} \\ &= \left.\frac{\partial \boldsymbol{c}(vu(\alpha_1))}{\partial \theta(vu(\alpha_1))}\right|_{\alpha_1=0}\theta'_1 + \left.\frac{\partial \boldsymbol{c}(vu(\alpha_1))}{\partial \varphi(vu(\alpha_1))}\right|_{\alpha_1=0}\varphi'_1 + \left.\frac{\partial \boldsymbol{c}(vu(\alpha_1))}{\partial \psi(vu(\alpha_1))}\right|_{\alpha_1=0}\psi'_1 \\ &= \frac{\partial \boldsymbol{a}}{\partial \theta}\theta'_1 + \frac{\partial \boldsymbol{a}}{\partial \varphi}\varphi'_1 + \frac{\partial \boldsymbol{a}}{\partial \psi}\psi'_1\end{aligned}$$

也就有

$$\left.\frac{\partial \boldsymbol{c}}{\partial \alpha_1}\right|_{\alpha_1=0} = \frac{\partial \boldsymbol{a}}{\partial \theta}\theta'_1 + \frac{\partial \boldsymbol{a}}{\partial \varphi}\varphi'_1 + \frac{\partial \boldsymbol{a}}{\partial \psi}\psi'_1 \tag{9.10.17}$$

与式(9.10.16)相比较得

$$\frac{\partial \boldsymbol{a}}{\partial \theta}\theta'_1 + \frac{\partial \boldsymbol{a}}{\partial \varphi}\varphi'_1 + \frac{\partial \boldsymbol{a}}{\partial \psi}\psi'_1 = \frac{1}{2}(a_0\boldsymbol{i} + \boldsymbol{a} \times \boldsymbol{i}) \tag{9.10.18}$$

写成“矩阵”形式为

$$\begin{pmatrix} \frac{\partial a_1}{\partial \theta} & \frac{\partial a_1}{\partial \varphi} & \frac{\partial a_1}{\partial \psi} \\ \frac{\partial a_2}{\partial \theta} & \frac{\partial a_2}{\partial \varphi} & \frac{\partial a_2}{\partial \psi} \\ \frac{\partial a_3}{\partial \theta} & \frac{\partial a_3}{\partial \varphi} & \frac{\partial a_3}{\partial \psi} \end{pmatrix}\begin{pmatrix} \theta'_1 \\ \varphi'_1 \\ \psi'_1 \end{pmatrix} = \frac{1}{2}\begin{pmatrix} a_0 \\ a_3 \\ -a_2 \end{pmatrix} \tag{9.10.19}$$

类似地有

$$\frac{\partial \boldsymbol{a}}{\partial \theta}\theta'_2 + \frac{\partial \boldsymbol{a}}{\partial \varphi}\varphi'_2 + \frac{\partial \boldsymbol{a}}{\partial \psi}\psi'_2 = \frac{1}{2}(a_0\boldsymbol{j} + \boldsymbol{a} \times \boldsymbol{j})$$

$$\begin{pmatrix} \frac{\partial a_1}{\partial \theta} & \frac{\partial a_1}{\partial \varphi} & \frac{\partial a_1}{\partial \psi} \\ \frac{\partial a_2}{\partial \theta} & \frac{\partial a_2}{\partial \varphi} & \frac{\partial a_2}{\partial \psi} \\ \frac{\partial a_3}{\partial \theta} & \frac{\partial a_3}{\partial \varphi} & \frac{\partial a_3}{\partial \psi} \end{pmatrix}\begin{pmatrix} \theta'_2 \\ \varphi'_2 \\ \psi'_2 \end{pmatrix} = \frac{1}{2}\begin{pmatrix} -a_3 \\ a_0 \\ a_1 \end{pmatrix} \tag{9.10.20}$$

以及

$$\frac{\partial \boldsymbol{a}}{\partial \theta}\theta_3' + \frac{\partial \boldsymbol{a}}{\partial \varphi}\varphi_3' + \frac{\partial \boldsymbol{a}}{\partial \psi}\psi_3' = \frac{1}{2}(a_0\boldsymbol{k} + \boldsymbol{a} \times \boldsymbol{k})$$

$$\begin{pmatrix} \frac{\partial a_1}{\partial \theta} & \frac{\partial a_1}{\partial \varphi} & \frac{\partial a_1}{\partial \psi} \\ \frac{\partial a_2}{\partial \theta} & \frac{\partial a_2}{\partial \varphi} & \frac{\partial a_2}{\partial \psi} \\ \frac{\partial a_3}{\partial \theta} & \frac{\partial a_3}{\partial \varphi} & \frac{\partial a_3}{\partial \psi} \end{pmatrix} \begin{pmatrix} \theta_3' \\ \varphi_3' \\ \psi_3' \end{pmatrix} = \frac{1}{2} \begin{pmatrix} a_2 \\ -a_1 \\ a_0 \end{pmatrix} \tag{9.10.21}$$

我们将式(9.10.18)～式(9.10.21)写成矩阵方程的形式得

$$\begin{pmatrix} \frac{\partial a_1}{\partial \theta} & \frac{\partial a_1}{\partial \varphi} & \frac{\partial a_1}{\partial \psi} \\ \frac{\partial a_2}{\partial \theta} & \frac{\partial a_2}{\partial \varphi} & \frac{\partial a_2}{\partial \psi} \\ \frac{\partial a_3}{\partial \theta} & \frac{\partial a_3}{\partial \varphi} & \frac{\partial a_3}{\partial \psi} \end{pmatrix} \begin{pmatrix} \theta_1' & \theta_2' & \theta_3' \\ \varphi_1' & \varphi_2' & \varphi_3' \\ \psi_1' & \psi_2' & \psi_3' \end{pmatrix} = \frac{1}{2} \begin{pmatrix} a_0 & -a_3 & a_2 \\ a_3 & a_0 & -a_1 \\ -a_2 & a_1 & a_0 \end{pmatrix} \tag{9.10.22}$$

其中

$$\frac{\partial(a_1, a_2, a_3)}{\partial(\theta, \varphi, \psi)} = \begin{pmatrix} \frac{\partial a_1}{\partial \theta} & \frac{\partial a_1}{\partial \varphi} & \frac{\partial a_1}{\partial \psi} \\ \frac{\partial a_2}{\partial \theta} & \frac{\partial a_2}{\partial \varphi} & \frac{\partial a_2}{\partial \psi} \\ \frac{\partial a_3}{\partial \theta} & \frac{\partial a_3}{\partial \varphi} & \frac{\partial a_3}{\partial \psi} \end{pmatrix}$$

$$= \frac{1}{2} \begin{pmatrix} \cos\frac{\theta}{2}\cos\frac{\psi+\varphi}{2} & -\sin\frac{\theta}{2}\sin\frac{\psi+\varphi}{2} & \sin\frac{\theta}{2}\sin\frac{\psi+\varphi}{2} \\ \cos\frac{\theta}{2}\sin\frac{\psi+\varphi}{2} & \sin\frac{\theta}{2}\cos\frac{\psi+\varphi}{2} & \sin\frac{\theta}{2}\cos\frac{\psi+\varphi}{2} \\ -\sin\frac{\theta}{2}\cos\frac{\psi-\varphi}{2} & \cos\frac{\theta}{2}\sin\frac{\psi-\varphi}{2} & -\cos\frac{\theta}{2}\sin\frac{\psi-\varphi}{2} \end{pmatrix} \tag{9.10.23}$$

它的逆矩阵为

$$\frac{\partial(\theta, \varphi, \psi)}{\partial(a_1, a_2, a_3)} = \frac{-1}{\sin\theta\cos\frac{\theta}{2}\sin\frac{\psi-\varphi}{2}}$$

$$
\cdot \begin{pmatrix} \sin\theta(\sin\varphi - \sin\psi) & -\sin\theta(\cos\varphi - \cos\psi) & 0 \\ \cos\theta\cos\varphi - \cos\psi & \cos\theta\sin\varphi - \sin\psi & -\sin\theta \\ -\cos\theta\cos\varphi + \cos\psi & -\cos\theta\cos\varphi + \cos\psi & \sin\theta \end{pmatrix} \tag{9.10.24}
$$

因此式(9.10.22)又可以写成

$$
\begin{aligned}
&\begin{pmatrix} \theta'_1 & \theta'_2 & \theta'_3 \\ \varphi'_1 & \varphi'_2 & \varphi'_3 \\ \psi'_1 & \psi'_2 & \psi'_3 \end{pmatrix} \\
&= \frac{-1}{2\sin\theta\cos\frac{\theta}{2}\sin\frac{\psi-\varphi}{2}} \begin{pmatrix} \sin\theta(\sin\varphi - \sin\psi) & -\sin\theta(\cos\varphi - \cos\psi) & 0 \\ \cos\theta\cos\varphi - \cos\psi & \cos\theta\sin\varphi - \sin\psi & -\sin\theta \\ -\cos\theta\cos\varphi + \cos\psi & -\cos\theta\cos\varphi + \cos\psi & \sin\theta \end{pmatrix} \\
&\quad \times \begin{pmatrix} \cos\frac{\theta}{2}\sin\frac{\psi-\varphi}{2} & -\cos\frac{\theta}{2}\cos\frac{\psi-\varphi}{2} & \sin\frac{\theta}{2}\sin\frac{\psi+\varphi}{2} \\ \cos\frac{\theta}{2}\cos\frac{\psi-\varphi}{2} & \cos\frac{\theta}{2}\sin\frac{\psi-\varphi}{2} & -\sin\frac{\theta}{2}\cos\frac{\psi+\varphi}{2} \\ -\sin\frac{\theta}{2}\sin\frac{\psi+\varphi}{2} & \sin\frac{\theta}{2}\cos\frac{\psi-\varphi}{2} & \cos\frac{\theta}{2}\sin\frac{\psi-\varphi}{2} \end{pmatrix}
\end{aligned} \tag{9.10.25}
$$

经过计算可以获得

$$
\begin{pmatrix} \theta'_1 & \theta'_2 & \theta'_3 \\ \varphi'_1 & \varphi'_2 & \varphi'_3 \\ \psi'_1 & \psi'_2 & \psi'_3 \end{pmatrix} = \begin{pmatrix} \sin\psi & -\cos\psi & 0 \\ \dfrac{\cos\psi}{\sin\theta} & \dfrac{\sin\psi}{\sin\theta} & 0 \\ \cot\theta\cos\psi & \cot\theta\sin\psi & -1 \end{pmatrix} \tag{9.10.26}
$$

将这个结果与下列结果相比较即对式(9.10.15)第一式求微商可得

$$
\frac{\partial a_0}{\partial\theta}\theta'_r + \frac{\partial a_0}{\partial\varphi}\varphi'_r + \frac{\partial a_0}{\partial\psi}\psi'_r = -\frac{a_r}{2} \quad (r = 1,2,3)
$$

或者

$$
\begin{pmatrix} \theta'_1 & \theta'_2 & \theta'_3 \\ \varphi'_1 & \varphi'_2 & \varphi'_3 \\ \psi'_1 & \psi'_2 & \psi'_3 \end{pmatrix} = \begin{pmatrix} \dfrac{\partial a_0}{\partial\theta} \\ \dfrac{\partial a_0}{\partial\varphi} \\ \dfrac{\partial a_0}{\partial\psi} \end{pmatrix} = -\frac{1}{2}\begin{pmatrix} a_1 \\ a_2 \\ a_3 \end{pmatrix} \tag{9.10.27}
$$

将式(9.10.26)的结果代入左边得

$$\begin{pmatrix} \sin\psi & -\cos\psi & 0 \\ \dfrac{\cos\psi}{\sin\theta} & \dfrac{\sin\psi}{\sin\theta} & 0 \\ \cot\theta\cos\psi & \cot\theta\sin\psi & -1 \end{pmatrix} \frac{1}{2} \begin{pmatrix} -\sin\dfrac{\theta}{2}\sin\dfrac{\psi-\varphi}{2} \\ -\cos\dfrac{\theta}{2}\cos\dfrac{\psi-\varphi}{2} \\ \cos\dfrac{\theta}{2}\cos\dfrac{\psi-\varphi}{2} \end{pmatrix} = -\frac{1}{2} \begin{pmatrix} \sin\dfrac{\theta}{2}\sin\dfrac{\psi+\varphi}{2} \\ \sin\dfrac{\theta}{2}\sin\dfrac{\psi+\varphi}{2} \\ \cos\dfrac{\theta}{2}\cos\dfrac{\psi-\varphi}{2} \end{pmatrix}$$

$$= -\frac{1}{2} \begin{pmatrix} a_1 \\ a_2 \\ a_3 \end{pmatrix}$$

可见获得的结果是正确的.将式(9.10.26)代入式(9.10.10)获得

$$\begin{cases} J_1 = \mathrm{i}\left(\sin\psi \dfrac{\partial}{\partial\theta} + \dfrac{\cos\psi}{\sin\theta}\dfrac{\partial}{\partial\varphi} + \cot\theta\cos\psi \dfrac{\mathrm{d}}{\mathrm{d}\psi}\right) \\ J_2 = \mathrm{i}\left(-\cos\psi \dfrac{\partial}{\partial\theta} + \dfrac{\sin\psi}{\sin\theta}\dfrac{\partial}{\partial\varphi} + \cot\theta\sin\psi \dfrac{\mathrm{d}}{\mathrm{d}\psi}\right) \\ J_3 = -\mathrm{i}\dfrac{\mathrm{d}}{\mathrm{d}\psi} \end{cases} \tag{9.10.28}$$

代入

$$\begin{cases} J_+ = J_1 + \mathrm{i}J_2 = \mathrm{e}^{\mathrm{i}\psi}\left(\dfrac{\partial}{\partial\theta} + \dfrac{\mathrm{i}}{\sin\theta}\dfrac{\partial}{\partial\varphi} + \mathrm{i}\cot\theta\dfrac{\mathrm{d}}{\mathrm{d}\psi}\right) \\ J_- = J_1 - \mathrm{i}J_2 = \mathrm{e}^{-\mathrm{i}\psi}\left(-\dfrac{\partial}{\partial\theta} + \dfrac{\mathrm{i}}{\sin\theta}\dfrac{\partial}{\partial\varphi} + \mathrm{i}\cot\theta\dfrac{\partial}{\partial\psi}\right) \\ J_0 = J_3 = -\mathrm{i}\dfrac{\mathrm{d}}{\mathrm{d}\psi} \end{cases} \tag{9.10.29}$$

然后研究它对 $D^J_{MK}(v) = D^J_{MK}(\theta,\varphi,\psi)$的作用.由于

$$D^J_{MK}(\theta,\varphi,\psi) = \mathrm{e}^{-\mathrm{i}(M\varphi - K\psi)}\Theta^J_{MK}(\theta)$$

所以

$$\begin{cases} J_+ D^J_{MK}(\theta,\varphi,\psi) = \mathrm{e}^{-\mathrm{i}(M\varphi - \overline{K+1}\psi)}\left(\dfrac{\mathrm{d}}{\mathrm{d}\theta} + \dfrac{M}{\sin\theta} - Kc + g\theta\right)\Theta^J_{MK}(\theta) \\ J_- D^J_{MK}(\theta,\varphi,\psi) = \mathrm{e}^{-\mathrm{i}(M\varphi - \overline{K+1}\psi)}\left(\dfrac{\mathrm{d}}{\mathrm{d}\theta} + \dfrac{M}{\sin\theta} - Kc + g\theta\right)\Theta^J_{MK}(\theta) \\ J_0 D^J_{MK}(\theta,\varphi,\psi) = K D^J_{MK}(\theta,\varphi,\psi) \end{cases} \tag{9.10.30}$$

为了求出其中对 θ 的微商，我们先求证一个公式

$$\left(\frac{\mathrm{d}}{\mathrm{d}\theta}+\frac{M}{\sin\theta}-K\cot\theta\right)f(\theta)$$
$$=\left(\cos\frac{\theta}{2}\right)^{K+M}\left(\sin\frac{\theta}{2}\right)^{K-M}\frac{\mathrm{d}}{\mathrm{d}\theta}\left(\cos\frac{\theta}{2}\right)^{-K-M}\left(\sin\frac{\theta}{2}\right)^{-K+M}f(\theta) \quad (9.10.31)$$

其中，M、K 是任意正负整数、半整数，$f(\theta)$是一个任意函数. 为此考虑微商算符

$$\left(\cos\frac{\theta}{2}\right)^{a}\left(\sin\frac{\theta}{2}\right)^{b}\frac{\mathrm{d}}{\mathrm{d}\theta}\left(\cos\frac{\theta}{2}\right)^{-a}\left(\sin\frac{\theta}{2}\right)^{-b}=\frac{\mathrm{d}}{\mathrm{d}\theta}+\frac{(a-b)/2}{\sin\theta}-\frac{a+b}{2}\cot\theta \quad (9.10.32)$$

也就是

$$\left(\cos\frac{\theta}{2}\right)^{a}\left(\sin\frac{\theta}{2}\right)^{b}\frac{\mathrm{d}}{\mathrm{d}\theta}\left(\cos\frac{\theta}{2}\right)^{-a}\left(\sin\frac{\theta}{2}\right)^{-b}f(\theta)$$
$$=\left(\frac{\mathrm{d}}{\mathrm{d}\theta}+\frac{(a-b)/2}{\sin\theta}-\frac{a+b}{2}\cot\theta\right)f(\theta) \quad (9.10.33)$$

如果令$\dfrac{a-b}{2}=M$，$\dfrac{a+b}{2}=K$，就得到式(9.10.31). 现在利用公式(9.10.31)计算式(9.10.30)，为了方便利用

$$\frac{\mathrm{d}}{\mathrm{d}\theta}=-\sin\theta\frac{\mathrm{d}}{\mathrm{d}u}-(1+u)^{\frac{1}{2}}(1-u)^{\frac{1}{2}}\frac{\mathrm{d}}{\mathrm{d}u} \quad (9.10.34)$$

将式(9.10.31)改写为

$$\left(\frac{\mathrm{d}}{\mathrm{d}\theta}+\frac{M}{\sin\theta}-K\cot\theta\right)f(\theta)$$
$$=-(1-u)^{\frac{K+1+M}{2}}(1-u)^{\frac{K+1-M}{2}}\frac{\mathrm{d}}{\mathrm{d}u}(1+u)^{-\frac{K+M}{2}}(1-u)^{-\frac{K-M}{2}}f(\theta) \quad (9.10.35)$$

令 $M\to -M$，$K\to -K$，得

$$\left(-\frac{\mathrm{d}}{\mathrm{d}\theta}+\frac{M}{\sin\theta}-K\cot\theta\right)f(\theta)$$
$$=(1+u)^{-\frac{K-1+M}{2}}(1-u)^{-\frac{K-1-M}{2}}\frac{\mathrm{d}}{\mathrm{d}u}(1+u)^{\frac{K+M}{2}}(1-u)^{\frac{K-M}{2}}f(\theta) \quad (9.10.36)$$

这样我们利用式(9.10.35)将式(9.7.29)第四式代入式(9.10.30)第一式得

$$J_+ D^J_{MK}(\theta,\varphi,\psi) = e^{-i(M\varphi-(K+1)\psi)}(-1)(1+u)^{\frac{K+1+M}{2}}(1-u)^{\frac{K+1-M}{2}}$$

$$\cdot \frac{d}{du}(1+u)^{-\frac{K-M}{2}}(1-u)^{-\frac{K-M}{2}}\Theta^J_{MK}(\theta)$$

$$= e^{-i(M\varphi-\overline{K+1}\psi)}e^{-i\pi(M+(K+1))}\frac{e^{-i\pi J}}{2^J}\frac{1}{(J+K)!}\sqrt{\frac{(J+K)!(J-K)!}{(J+M)!(J-M)!}}$$

$$\cdot (1+u)^{\frac{\overline{K+1}+M}{2}}(1-u)^{\frac{(K+1)-M}{2}}\left(\frac{d}{du}\right)^{J+(K+1)}(1+u)^{J-M}(1-u)^{J+M}$$

$$= \sqrt{(J+K+1)(J-K)}\cdot e^{-i(M\varphi-(K+1)\psi)}(-1)^{M+(K+1)}$$

$$\cdot \frac{e^{-i\pi J}}{2^J(J+K+1)!}\sqrt{\frac{(J+K+1)!(J-K-1)!}{(J+M)!(J-M)!}}$$

$$\cdot (1+u)^{\frac{K+1+M}{2}}(1-u)^{\frac{K+1-M}{2}}\left(\frac{d}{du}\right)^{J+K+1}(1+u)^{J-M}(1-u)^{J+M}$$

$$= \sqrt{J(J+1)-K(K+1)}DD^J_{MK+1}(\theta,\varphi,\psi)$$

也就有

$$J_+ D^J_{MK}(\theta,\varphi,\psi) = \sqrt{J(J+1)-K(K+1)}D^J_{MK+1}(\theta,\varphi,\psi) \quad (9.10.37)$$

其次利用式(9.10.36)将式(9.7.29)第二式代入式(9.10.30)第二式得

$$J_- D^J_{MK}(\theta,\varphi,\psi)$$

$$= e^{-i(M\varphi-(K-1)\psi)}(-1)(1+u)^{\frac{K-1+M}{2}}(1-u)^{\frac{K-1-M}{2}}\frac{d}{du}(1+u)^{\frac{K+M}{2}}(1-u)^{\frac{K+M}{2}}\Theta^J(\theta)$$

$$= e^{-i(M\varphi-(K-1)\psi)}e^{-i\pi(M+(K+1))}\frac{e^{-i\pi J}}{2^J(J-K)!}\sqrt{\frac{(J+K)!(J-K)!}{(J+M)!(J-M)!}}$$

$$\cdot (1+u)^{-\frac{K-1+M}{2}}(1-u)^{-\frac{K-1-M}{2}}\left(\frac{d}{du}\right)^{J-(K-1)}(1+u)^{J+M}(1-u)^{J-M}$$

$$= \sqrt{(J+K)(J-K+1)}\cdot e^{-i(M\varphi-(K-1)\psi)}$$

$$\cdot \frac{e^{-i\pi J}}{2^J(J-K+1)!}\sqrt{\frac{(J+K-1)!(J-K+1)!}{(J+M)!(J-M)!}}$$

$$\cdot (1+u)^{-\frac{K-1+M}{2}}(1-u)^{-\frac{K-1-M}{2}}\left(\frac{d}{du}\right)^{J-(K-1)}(1+u)^{J+M}(1-u)^{J-M}$$

$$= \sqrt{J(J+1)-K(K-1)}D^J_{MK-1}(\theta,\varphi,\psi)$$

或者

$$J_- D^J_{MK}(\theta,\varphi,\psi) = \sqrt{J(J+1)-K(K-1)}D^J_{MK-1}(\theta,\varphi,\psi) \quad (9.10.38)$$

这样我们导出了公式

$$\begin{cases}J_+ D^J_{MK}(\theta,\varphi,\psi) = \sqrt{J(J+1)-K(K+1)}D^J_{MK+1}(\theta,\varphi,\psi)\\ J_- D^J_{MK}(\theta,\varphi,\psi) = \sqrt{J(J+1)-K(K-1)}D^J_{MK-1}(\theta,\varphi,\psi)\\ J_0 D^J_{MK}(\theta,\varphi,\psi) = KD^J_{MK}(\theta,\varphi,\psi)\end{cases} \tag{9.10.39}$$

以及

$$\begin{cases}\left(\frac{\mathrm{d}}{\mathrm{d}\theta}+\frac{M}{\sin\theta}-K\cot\theta\right)\Theta^J_{MK}(\theta) = \sqrt{J(J+1)-K(K+1)}\Theta^J_{MK+1}(\theta)\\ \left(-\frac{\mathrm{d}}{\mathrm{d}\theta}+\frac{M}{\sin\theta}-K\cot\theta\right)\Theta^J_{MK}(\theta) = \sqrt{J(J+1)-K(K+1)}\Theta^J_{MK-1}(\theta)\end{cases} \tag{9.10.40}$$

在这个基础上我们来求 $\Theta^J_{MK}(\theta)$满足的微分方程,我们将式(9.10.39)第一式的 J_+ 展开得

$$\mathrm{e}^{-\mathrm{i}\psi}\left(\frac{\partial}{\partial\theta}+\frac{M}{\sin\theta}-K\cot\theta\right)D^J_{MK}(\theta,\varphi,\psi) = \sqrt{(J+1)-K(K+1)}D^J_{MK+1}(\theta,\varphi,\psi)$$

乘以 J_- 得

$$\begin{aligned}&\mathrm{e}^{-\mathrm{i}\psi}\left(-\frac{\partial}{\partial\theta}+\frac{\mathrm{i}}{\sin\theta}\frac{\partial}{\partial\varphi}+\mathrm{i}\cot\theta\frac{\partial}{\partial\psi}\right)\mathrm{e}^{\mathrm{i}\psi}\left(\frac{\partial}{\partial\theta}+\frac{M}{\sin\theta}-K\cot\theta\right)D^J_{MK}(\theta,\varphi,\psi)\\ &=[J(J+1)-K(K+1)]D^J_{MK}(\theta,\varphi,\psi)\\ &\quad\cdot\left[-\frac{\partial^2}{\partial\theta^2}-\cot\theta\frac{\partial}{\partial\theta}+\frac{M^2-2MK\cos\theta+K^2}{\sin\theta}-K(K+1)\right]D^J_{MK}(\theta,\varphi,\psi)\\ &=[J(J+1)-K(K+1)]D^J_{MK}(\theta,\varphi,\psi)\end{aligned}$$

也就有

$$\left[\frac{\partial^2}{\partial\theta^2}\cot\theta\frac{\partial}{\partial\theta}+J(J+1)-\frac{M^2-2MK\cos\theta+K^2}{\sin^2\theta}\right]D^J_{MK}(\theta,\varphi,\psi)=0 \tag{9.10.41}$$

从式(9.10.41)立即获得

$$\left[\frac{\mathrm{d}^2}{\mathrm{d}\theta^2}\cot\theta\frac{\mathrm{d}}{\mathrm{d}\theta}+J(J+1)-\frac{M^2-2MK\cos\theta+K^2}{\sin^2\theta}\right]\Theta^J_{MK}(\theta)=0 \tag{9.10.42}$$

现在引进算符 $\boldsymbol{J}^2$,它的定义是

$$\boldsymbol{J}^2 = J_1^2+J_2^2+J_3^2 = \frac{J_+J_-+J_-J_+}{2}+J_0^2 \tag{9.10.43}$$

因此它对 $D^J_{MK}(\theta,\varphi,\psi)$的作用为

$$J^2 D^J_{MK}(\theta,\varphi,\psi) = J(J+1) D^J_{MK}(\theta,\varphi,\psi) \tag{9.10.44}$$

在式(9.10.39)中令 $M=0$,得球谐函数满足的微分方程,

$$\begin{cases} L_+ \mathrm{Y}_{LM}(\theta\varphi) = \sqrt{L(L+1)-M(M+1)}\,\mathrm{Y}_{LM+1}(\theta\varphi) \\ L_- \mathrm{Y}_{LM}(\theta\varphi) = \sqrt{L(L+1)-M(M-1)}\,\mathrm{Y}_{LM-1}(\theta,\varphi) \\ L_0 \mathrm{Y}_{LM}(\theta\varphi) = M\mathrm{Y}_{LM}(\theta\varphi) \end{cases} \tag{9.10.45}$$

其中

$$L_+ = \mathrm{e}^{\mathrm{i}\varphi}\left(\frac{\partial}{\partial\theta} + \mathrm{i}\frac{\cos\theta}{\sin\theta}\frac{\partial}{\partial\varphi}\right)$$

$$L_+ = \mathrm{e}^{-\mathrm{i}\varphi}\left(-\frac{\partial}{\partial\theta} + \mathrm{i}\frac{\cos\theta}{\sin\theta}\frac{\partial}{\partial\varphi}\right)$$

$$L_0 = \mathrm{i}\frac{\partial}{\partial\varphi}$$

9.11 表示 $D_{J_1}\otimes D_{J_2}$的分解,CG 系数

本节我们考虑群 SU_2 两个不可约表示的直积

$$\chi_J(\alpha) = \frac{\sin\left(J+\frac{1}{2}\right)\alpha}{\sin\frac{1}{2}\alpha} = \sum_{M=J\cdots-J} \mathrm{e}^{\mathrm{i}M\alpha} \tag{9.11.1}$$

所以表示 $D_{J_1}\otimes D_{J_2}$ 的特征标是

$$\begin{aligned} \chi(\alpha) = \chi_{J_1}(\alpha)\chi_{J_2}(\alpha) &= \sum_{M_1=-J_1}^{J_1} \mathrm{e}^{\mathrm{i}M_1\alpha} \sum_{M_2=-J_2}^{J_2} \mathrm{e}^{\mathrm{i}M_2\alpha} \\ &= \sum_{J=|J_1-J_2|}^{J_1+J_2} \sum_{M=-J}^{J} \mathrm{e}^{\mathrm{i}M\alpha} = \sum_{J=J_1+J_2} \chi_J(\alpha) \end{aligned}$$

也就是

$$\chi(\alpha)=\chi_{J_1}(\alpha)\chi_{J_2}(\alpha)=\chi_{J_1+J_2}(\alpha)+\chi_{J_1+J_2-1}(\alpha)+\cdots+\chi_{|J_1-J_2|}(\alpha) \quad (9.11.2)$$

因此，根据特征标的理论表示 $D_{J_1}\otimes D_{J_2}$ 包含不可约表示

$$D_J(J=J_1+J_2,J_1+J_2-1,\cdots,|J_1-J_2|)$$

仅仅一次，亦即

$$D_{J_1}\otimes D_{J_2}=D_{J_1+J_2}\dotplus D_{J_1+J_2-1}\dotplus\cdots\dotplus D_{|J_1-J_2|} \quad (9.11.3)$$

为了精确地讨论乘积表示 $D_{J_1}\otimes D_{J_2}$，我们考虑函数

$$D^{J_1}_{M_1K_1}(\theta,\varphi,\psi)D^{J_2}_{M_2K_2}(\theta,\varphi,\psi)$$

是否可以按广义球函数 $D^J_{MK}(\theta,\varphi,\psi)$ 展开？为此我们首先讨论积分

$$\frac{1}{8\pi^2}\int\sin\theta\mathrm{d}\theta\mathrm{d}\varphi\mathrm{d}\psi D^{J_1}_{M_1K_1}(\theta,\varphi,\psi)D^{J_2}_{M_2K_2}(\theta,\varphi,\psi)D^{J^*}_{MK}(\theta,\varphi,\psi)$$

为了求出这个积分，我们先做积分

$$\frac{1}{8\pi^2}\int\sin\theta\mathrm{d}\theta\mathrm{d}\varphi\mathrm{d}\psi D^{J_1}_{M_1J_1}(\theta,\varphi,\psi)D^{J_2}_{M_2-J_2}(\theta,\varphi,\psi)D^{J^*}_{MK}(\theta,\varphi,\psi)$$

从式(9.7.1)可以导出

$$D^J_{MJ}(\theta,\varphi,\psi)=\mathrm{e}^{-\mathrm{i}(M\varphi-J\psi)}\mathrm{e}^{-\mathrm{i}\pi J}\sqrt{\frac{(2J)!}{(J+M)!(J-M)!}}\left(\cos\frac{\theta}{2}\right)^{J+M}\left(\sin\frac{\theta}{2}\right)^{J-M} \quad (9.11.4)$$

$$D^J_{M-J}(\theta,\varphi,\psi)=\mathrm{e}^{-\mathrm{i}(M\varphi+J\psi)}\mathrm{e}^{-\mathrm{i}\pi M}\sqrt{\frac{(2J)!}{(J+M)!(J-M)!}}\left(\cos\frac{\theta}{2}\right)^{J-M}\left(\sin\frac{\theta}{2}\right)^{J+M} \quad (9.11.5)$$

将式(9.7.1)、式(9.11.4)和式(9.11.5)代入得

$$\begin{aligned}&\frac{1}{8\pi^2}\int\sin\theta\mathrm{d}\theta\mathrm{d}\varphi\mathrm{d}\psi D^{J_1}_{M_1J_1}(\theta,\varphi,\psi)D^{J_2}_{M_2-J_2}(\theta,\varphi,\psi)D^{J^*}_{MK}(\theta,\varphi,\psi)\\&\quad=\frac{1}{8\pi^2}\int\sin\theta\mathrm{d}\theta\mathrm{d}\varphi\mathrm{d}\psi\\&\qquad\cdot\mathrm{e}^{-\mathrm{i}(M_1\varphi-J_1\psi)}\mathrm{e}^{-\mathrm{i}\pi J_1}\sqrt{\frac{(2J_1)!}{(J_1+M_1)!(J_1-M_1)!}}\left(\cos\frac{\theta}{2}\right)^{J_1+M_1}\left(\sin\frac{\theta}{2}\right)^{J_1-M_1}\end{aligned}$$

$$\cdot\, e^{-i(M_2\varphi+J_2\psi)}e^{-i\pi M_2}\sqrt{\frac{(2J_2)!}{(J_2+M_2)!(J_2-M_2)!}}\left(\cos\frac{\theta}{2}\right)^{J_2-M_2}\left(\sin\frac{\theta}{2}\right)^{J_2+M_2}$$

$$\cdot\, e^{+i(M\varphi-K\psi)}e^{+i\pi J}\sqrt{(J+M)!(J-M)!(J+K)!(J-K)!}$$

$$\cdot\sum_r(-1)^r\frac{\left(\cos\frac{\theta}{2}\right)^{M+K+2r}\left(\sin\frac{\theta}{2}\right)^{2J-M-K-2r}}{(J-M-r)!(J-K-r)!(M+K+r)!r!}$$

完成对 φ 与 ψ 的积分给出

$$\frac{1}{8\pi^2}\int\sin\theta d\theta d\varphi d\psi D^{J_1}_{M_1J_1}(\theta,\varphi,\psi)D^{J_2}_{M_2-J_2}(\theta,\varphi,\psi)D^{J^*}_{MK}(\theta,\varphi,\psi)$$

$$=\delta_{M_1+M_2,M}\delta_{J_1-J_2,K}e^{-i\pi(J_1+M_2-J)}\sqrt{\frac{(2J_1)!(2J_2)!(J+M)!(J-M)!(J+K)!(J-K)!}{(J_1+M_1)!(J_1-M_1)!(J_2+M_2)!(J_2-M_2)!}}$$

$$\cdot\sum_r(-1)^r\frac{1}{(J-M-r)!(J-K-r)!(M+K+r)!r!}$$

$$\cdot\frac{1}{2}\int_0^\pi\sin\theta d\theta\left(\cos\frac{\theta}{2}\right)^{J_1+J_2+K+M+M_1-M_2+2r}\left(\sin\frac{\theta}{2}\right)^{2J+J_1+J_2-K-M-M_1+M_2-2r}$$

$$=\delta_{M_1+M_2,M}\delta_{J_1-J_2,K}e^{-i\pi(J_1+M_2-J)}\sqrt{\frac{(2J_1)!(2J_2)!(J+M)!(J-M)!(J+K)!(J-K)!}{(J_1+M_1)!(J_1-M_1)!(J_2+M_2)!(J_2-M_2)!}}$$

$$\cdot\sum_r(-1)^r\frac{1}{(J-M-r)!(J-K-r)!(M+K+r)!r!}$$

$$\cdot\frac{1}{2}\int_0^\pi\sin\theta d\theta\left(\cos\frac{\theta}{2}\right)^{2J_1+2M_1+2r}\left(\sin\frac{\theta}{2}\right)^{2J+2J_2-2M_1-2r}$$

$$=\delta_{M_1+M_2,M}\delta_{J_1-J_2,K}e^{-i\pi(J_1+M_2-J)}\sqrt{\frac{(2J_1)!(2J_2)!(J+M)!(J-M)!(J+K)!(J-K)!}{(J_1+M_1)!(J_1-M_1)!(J_2+M_2)!(J_2-M_2)!}}$$

$$\cdot\frac{1}{(J_1+J_2+J+1)}\sum_r(-1)^r\frac{1}{(J-M-r)!(J-K-r)!(M+K+r)!r!}$$

$$=\delta_{M_1+M_2,M}\delta_{J_1-J_2,K}e^{-i\pi(J_1+M_2-J)}$$

$$\cdot\sqrt{\frac{(2J_1)!(2J_2)!(J+J_1-J_2)!(J-J_1+J_2)!(J+M)!(J-M)!}{(J_1+M_1)!(J_1-M_1)!(J_2+M_2)!(J_2-M_2)!}}$$

$$\cdot\frac{1}{(J_1+J_2+J+1)!}$$

$$\cdot\sum_r(-1)^r\frac{(J_1+M_1+r)(J+J_2-M_1-r)!}{(J-M-r)!(J-J_1+J_2-r)!(J_1-J_2+M+r)!r!}$$

$$
\begin{aligned}
&= \delta_{M_1+M_2,M}\delta_{J_1-J_2,K}\mathrm{e}^{-\mathrm{i}\pi(J_1+M_2-J)} \\
&\quad \cdot \sqrt{\frac{(2J_1)!(2J_2)!(J+J_1-J_2)!(J-J_1+J_2)!(J+M)!(J-M)!}{(J_1+M_1)!(J_1-M_1)!(J_2+M_2)!(J_2-M_2)!}} \\
&\quad \cdot \frac{(J_1-M_1)!(J_2-M_2)!}{(J-M)!(J_1+J_2+J+1)!}\sum_r(-1)^r C_{J_2-M_2}^{J_1+M_1+r} C_{J_1-M_1}^{J+J_2-M_1-r} C_r^{J-M} \\
&= \delta_{M_1+M_2,M}\delta_{J_1-J_2,K}\mathrm{e}^{-\mathrm{i}\pi(J_1+M_2-J)} \\
&\quad \cdot \sqrt{\frac{(2J_1)!(2J_2)!(J+J_1-J_2)!(J-J_1+J_2)!(J_1-M_1)(J_2-M_2)!(J+M)!}{(J_1+M_1)!(J_2+M_2)!(J-M)!}} \\
&\quad \cdot \frac{1}{(J_1+J_2+J+1)!}\sum_r(-1)^r C_{J_2-M_2}^{J_1+M_1+r} C_{J_1-M_1}^{(J-M)+(J_2+M_2)-r} C_r^{J-M} \qquad (9.11.6)
\end{aligned}
$$

我们将其中求和另改写成

$$
I_{r_1r_2} = \sum_{r_3}(-1)^{r_3} C_{r_1}^{J_1+M_1+r_3} C_{r_2}^{(J-M)+(J_2+M_2)-r_3} C_{r_3}^{J-M}
$$

的形式,当 $r_1 = J_2 - M_2$, $r_2 = J_1 - M_1$,就得到我们需要的数值,乘以 $x^{r_1}y^{r_2}$ 对 r_1r_2 求和得

$$
\begin{aligned}
\sum_{r_1r_2} x^{r_1}y^{r_2}I_{r_1r_2} &= \sum_{r_1r_2r_3} x^{r_1}y^{r_2}(-1)^{r_3} C_{r_1}^{J_1+M_1+r_3} C_{r_2}^{(J-M)+(J_2+M_2)-r_3} C_{r_3}^{J-M} \\
&= \sum_{r_3}(1+x)^{J_1+M_1+r_3}(1+y)^{(J-M)+(J_2+M_2)-r_3}(-1)^{r_3} C_{r_3}^{J-M} \\
&= (1+x)^{J_1+M_1}(1+y)^{J_2+M_2}(-1)^{r_3}\sum_{r_3}(1+x)^{r_3}(1+y)^{J-M-r_3} C_{r_3}^{J-M} \\
&= (1+x)^{J_1+M_1}(1+y)^{J_2+M_2}(y-x)^{J-M}
\end{aligned}
$$

重新按二项定理展开得

$$
\begin{aligned}
\sum_{r_1r_2} x^{r_1}y^{r_2}I_{r_1r_2} &= (1+x)^{J_1+M_1}(1+y)^{J_2+M_2}(y-x)^{J-M} \\
&= \sum_{\alpha_1,\alpha_2,\alpha_3} C_{\alpha_1}^{J_1+M_1}x^{\alpha_1} C_{\alpha_2}^{J_2+M_2}y^{\alpha_2} C_{\alpha_3}^{J-M}(-x)^{\alpha_3}y^{J-M-\alpha_3} \\
&= \sum_{\alpha_1,\alpha_2,\alpha_3} x^{\alpha_1+\alpha_3}y^{J-M+\alpha_2-\alpha_3}(-1)^{\alpha_3} C_{\alpha_1}^{J_1+M_1} C_{\alpha_2}^{J_2+M_2} C_{\alpha_3}^{J-M}
\end{aligned}
$$

令 $\alpha_1+\alpha_3 = r_1$, $J-M+\alpha_2-\alpha_3 = r_2$,得

$$\sum_{r_1 r_2} x^{r_1} y^{r_2} I_{r_1 r_2} = \sum_{r_1 r_2} x^{r_1} y^{r_2} \sum_{\alpha_3} (-1)^{\alpha_3} C_{r_1-\alpha_3}^{J_1+M_1} C_{r_2-J+M+\alpha_3}^{J_2+M_2} C_{\alpha_3}^{J-M}$$

两边比较之获得

$$I_{r_1 r_2} = \sum_{\alpha_3} (-1)^{\alpha_3} C_{r_1-\alpha_3}^{J_1+M_1} C_{r_2-J+M+\alpha_3}^{J_2+M_2} C_{\alpha_3}^{J-M}$$

或

$$\sum_r (-1)^r C_{r_1}^{J_1+M_1+r} C_{r_2}^{J-M+J_2+M_2-r} C_{r_3}^{J-M} = \sum_r (-1)^r C_{r_1-r}^{J_1+M_1} C_{r_2-J+M+r}^{J_2+M_2} C_r^{J-M} \tag{9.11.7}$$

令 $r_1 = J_2 - M_2, r_2 = J_1 - M_1$ 则得

$$\sum_r (-1)^r C_{J_2-M_2}^{J_1+M_1+r} C_{J_1-M_1}^{J-M+J_2+M_2-r} C_r^{J-M} = \sum_r (-1)^r C_{J_2-M_2-r}^{J_1+M_1} C_{J_1-J+M_2+r}^{J_2+M_2} C_r^{J-M} \tag{9.11.8}$$

代入式(9.11.6)之中得

$$\frac{1}{8\pi^2}\int \mathrm{d}\Omega D_{M_1 J_1}^{J_1}(\Omega) D_{M_2 J_2}^{J_2}(\Omega) D_{MK}^{J^*}(\Omega)$$

$$= \delta_{M_1+M_2,M}\delta_{J_1-J_2,K} \mathrm{e}^{-\mathrm{i}\pi(J_1+M_2-J)}$$

$$\cdot \sqrt{\frac{(2J_1)!(2J_2)!(J+J_1-J_2)!(J-J_1+J_2)!(J_1-M_1)!(J_2-M_2)!(J+M)!}{(J_1+M_1)!(J_2+M_2)!(J-M)!}}$$

$$\cdot \frac{1}{(J_1+J_2+J+1)!}\sum_r (-1)^r C_{J_2-M_2-r}^{J_1+M_1} C_{J_1-J+M_2+r}^{J_2+M_2} C_r^{J-M}$$

$$= \delta_{M_1+M_2,M}\delta_{J_1-J_2,K}\sqrt{\frac{(2J_1)!(2J_2)!(J+J_1-J_2)!(J-J_1+J_2)!}{(J_1+J_2+J+1)!}}$$

$$\cdot \sqrt{(J_1+M_1)!(J_1-M_1)!(J_2+M_2)!(J_2-M_2)!(J+M)!(J-M)!}$$

$$\cdot \sum_r \frac{(-1)^{J_1-J+M_2+r}}{(J_1-J+M_2+r)!(J-J_1+J_2-r)!(J_2-M_2-r)!}$$

$$\cdot \frac{1}{(J_1-J_2+M+r)!(J-M-r)!r!}$$

$$= \frac{1}{2J+1}\delta_{J_1-J_2,K}\sqrt{\frac{(2J+1)(2J_1)!(2J_2)!}{(J_1+J_2+J+1)!(J_1+J_2-J)!}}\delta_{M_1+M_2,M}\Delta(J_1J_2J)$$

$$\cdot \sqrt{(2J+1)(J_1+M_1)!(J_1-M_1)(J_2+M_2)!(J_2-M_2)!(J+M)!(J-M)!}$$

$$\cdot \sum_z \frac{(-1)^z}{z!(J_1+J_2-J-z)!(J-J_1-M_2+z)!(J_2+M_2-z)!}$$

$$\cdot \frac{1}{(J_1-J_2+M_1+z)!(J_1-M_1-z)!}$$

$$= \frac{1}{2J+1}\delta_{J_1-J_2,K}\sqrt{\frac{(2J+1)(2J_1)!(2J_2)!}{(J_1+J_2+J+1)!(J_1+J_2-J)!}}C^{JM}_{J_1M_1J_2M_2} \quad (9.11.9)$$

上面倒数第二个等号用了代换 $z=J_1-J+M_2+r$,又其中

$$C^{JM}_{J_1M_1J_2M_2} = \delta_{M_1+M_2,M}\Delta(J_1J_2J)$$

$$\cdot \sum_z (-1)^z \frac{\sqrt{(2J+1)(J_2+M_2)!(J_2-M_2)!(J+M)!(J-M)!}}{z!(J_1+J_2-J-z)!(J-J_1-M_2+z)!(J_2+M_2-z)!}$$

$$\cdot \frac{\sqrt{(J_1+M_1)!(J_1-M_1)}}{(J_1-J_2+M_1+z)!(J_1-M_1-z)!} \quad (9.11.10)$$

称为 CG 系数(Clebsh-Gordon coefficient).其中

$$\Delta(J_1J_2J) = \sqrt{\frac{(J_1+J_2-J)!(J_2+J-J_1)!(J+J_1-J_2)!}{(J_1+J_2+J+1)!}} \quad (9.11.11)$$

显然 CG 系数是一个实数(这其实是作了适当相位约定).如果我们令 $M_1=J_1, M_2=-J_2$, $M=K$,那么从式(9.11.10)立得

$$C^{JK}_{J_1J_1,J_2-J_2} = \delta_{J_1-J_2,K}\sqrt{\frac{(2J+1)(2J_1)!(2J_2)!}{(J_1+J_2+J+1)!(J_1+J_2-J)!}} \quad (9.11.12)$$

将式(9.11.12)代入式(9.11.9)之中立得

$$\frac{1}{8\pi^2}\int d\Omega D^{J_1}_{M_1J_1}(\Omega)D^{J_2}_{M_2-J_2}(\Omega)D^{J^*}_{MK}(\Omega) = \frac{1}{2J+1}C^{JK}_{J_1J_1J_2-J_2}C^{JM}_{J_1M_1J_2M_2} \quad (9.11.13)$$

下面讨论 CG 系数的正交性质.由于积分的不变性,得

$$\frac{1}{8\pi^2}\int d\Omega_\alpha D^{J_1}_{M_1J_1}(G_\alpha^{-1})D^{J_2}_{M_2-J_2}(G_\alpha^{-1})D^{J}_{MK}(G_\alpha^{-1}) = \frac{1}{2J+1}C^{JK}_{J_1J_1J_2-J_2}C^{JM}_{J_1M_1J_2M_2}$$

$$\frac{1}{8\pi^2}\int d\Omega_\alpha D^{J^*}_{M_1J_1}(G_\alpha)D^{J_2^*}_{-J_2M_2}(G_\alpha)D^{J}_{MK}(G_\alpha) = \frac{1}{2J+1}C^{JK}_{J_1J_1J_2-J_2}C^{JM}_{J_1M_1J_2M_2}$$

由于 CG 系数是实数,所以取上式的复数共轭得

$$\frac{1}{8\pi^2}\int d\Omega_\alpha D^{J_1}_{J_1M_1}(G_\alpha)D^{J_2}_{-J_2M_2}(G_\alpha)D^{J^*}_{MK}(G_\alpha) = \frac{1}{2J+1}C^{JK}_{J_1J_1J_2-J_2}C^{JM}_{J_1M_1J_2M_2} \quad (9.11.14)$$

将式(9.11.13)与式(9.11.14)相乘,并对 M_1M_2 求和得(并利用积分的左不变性)

$$\frac{C^{JK}_{J_1J_1J_2-J_2}C^{J'K'}_{J_1J_1J_2-J_2}}{(2J+1)(2J'+1)}\sum_{M_1M_2}C^{JM}_{J_1M_1J_2M_2}C^{J'M'}_{J_1M_1J_2M_2}$$

$$= \left(\frac{1}{8\pi^2}\right)^2\int d\Omega_\alpha d\Omega_\beta D^{J_1}_{J_1J_1}(G_\beta G_\alpha)D^{J_2}_{-J_2J_2}(G_\beta G_\alpha)D^{J^*}_{MK}(G_\alpha)D^{J'^*}_{K'M'}(G_\beta)$$

$$= \left(\frac{1}{8\pi^2}\right)^2\int d\Omega_\alpha d\Omega_\beta D^{J_1}_{J_1J_1}(G_\beta G_\alpha)D^{J_2}_{-J_2J_2}(G_\beta G_\alpha)D^{J^*}_{MK}(G_\beta^{-1}G_\beta G_\alpha)D^{J^*}_{K'M'}(G_\beta)$$

$$= \sum_{K''}\frac{1}{8\pi^2}\int d\Omega_\beta\frac{1}{8\pi^2}\int d\Omega_\alpha D^{J_1}_{J_1J_1}(G_\beta G_\alpha)D^{J_2}_{-J_2J_2}(G_\beta G_\alpha)D^{J^*}_{K''K}(G_\beta G_\alpha)D^{J}_{K''M}(G_\beta)D^{J^*}_{K'M'}(G_\beta)$$

$$= \sum_{K''}\frac{1}{8\pi^2}\int d\Omega_\alpha D^{J_1}_{J_1J_1}(G_\alpha)D^{J_2}_{-J_2J_2}(G_\alpha)D^{J^*}_{K''K}(G_\alpha)\frac{1}{8\pi^2}\int d\Omega_\beta D^{J}_{K''M}(G_\beta)D^{J^*}_{K'M'}(G_\beta)$$

$$= \sum_{K''}\frac{1}{2J+1}C^{JK''}_{J_1J_1J_2-J_2}C^{JK}_{J_1J_1J_2-J_2}\cdot\frac{1}{2J+1}\delta^{JJ'}\delta_{K''K'}\delta_{MM}$$

$$= \frac{C^{JJ}_{J_1J_1J_2-J_2}C^{J'K'}_{J_1J_1J_2-J_2}}{(2J+1)(2J'+1)}\delta^{JJ'}\delta_{MM'}$$

因此有

$$\sum_{M_1M_2}C^{JM}_{J_1M_1J_2M_2}C^{J'M'}_{J_1M_1J_2M_2} = \delta^{JJ'}\delta_{MM'} \tag{9.11.15}$$

由于 $M_1=J_1,\cdots,-J_1$ 共 $2J_1+1$ 个指标,$M_2=J_2,\cdots,-J_2$ 共 $2J_2+1$ 个指标,所以 M_1,M_2 共有 $(2J_1+1)(2J_2+1)$ 个指标,类似地 $M=J,\cdots,-J$ 共有 $2J+1$ 个指标. $J=J_1+J_2,\cdots,|J_1-J_2|$ 共有 $J_1+J_2-|J_1-J_2|+1$ 个指标. 因此,J、M 共有

$$\begin{aligned}\sum_{J,M}1 &= \sum_J(2J+1) = 2\sum_J J+\sum_J 1\\ &= 2[(J_1+J_2)+(J_1+J_2-1)+\cdots+|J_1-J_2|]+J_1+J_2-|J_1-J_2|+1\\ &= (J_1+J_2+|J_1-J_2|)(J_1+J_2-|J_1-J_2|+1)+J_1+J_2-|J_1-J_2|+1\\ &= (J_1+J_2+|J_1-J_2|+1)(J_1+J_2-|J_1-J_2|+1)\\ &= (2J_1+1)(2J_2+1)\end{aligned}$$

即共有

$$\sum_{J,M}1 = (2J_1+1)(2J_2+1)$$

个指标.所以可令

$$C_{J_1M_1J_2M_2}^{JM} = C_{M_1M_2,JM} = C_{r,s}$$

其中 $r = M_1M_2, S = JM$,各有$(2J_1+1)(2J_2+1)$个分量.这时第一正交关系变成

$$\sum_r C_{rs}C_{rs'} = \delta_{ss'}$$

或者

$$\widetilde{C}C = E$$

求其行列式得

$$(\det C)^2 = 1$$

所以 C 是一个非奇异矩阵,因此有逆 C^{-1},从而导出

$$C\widetilde{C} = C\widetilde{C}CC^{-1} = CEC^{-1} = CC^{-1} = E$$

或者

$$C\widetilde{C} = E$$

写成分量形式为

$$\sum_s C_{rs}C_{r's} = \delta_{rr'}$$

即有

$$\sum_{JM} C_{J_1M_1J_2M_2}^{JM} C_{J_1M_1'J_2M_2'}^{JM} = \delta_{M_1M_1'}\delta_{M_2M_2'} \tag{9.11.16}$$

第二正交关系成立.换言之,C 是一个实正交矩阵,即

$$\begin{cases} \sum\limits_{M_1M_2} C_{J_1M_1J_2M_2}^{JM} C_{J_1M_1J_2M_2}^{J'M'} = \delta_{JJ'}\delta_{MM'} \\ \sum\limits_{JM} C_{J_1M_1J_2M_2}^{JM} C_{J_1M_1'J_2M_2'}^{JM} = \delta_{M_1M_1'}\delta_{M_2M_2'} \end{cases} \tag{9.11.17}$$

这就是CG系数的正交性质,下面利用CG系数的正交性质讨论乘积表示 $D_{J_1}\otimes D_{J_2}$ 的分解问题,由于积分具有左不变性,所以从式(9.11.13)导出

$$\begin{aligned} &\frac{1}{2J+1} C_{J_1J_1J_2-J_2}^{JJ_1} C_{J_1M_1J_2M_2}^{JJ_2} \\ &\quad = \frac{1}{8\pi^2}\int \mathrm{d}\Omega_\alpha D_{M_1J_1}^{J_1}(G_\gamma G_\alpha) D_{M_2-J_2}^{J_2}(G_\gamma G_\alpha) D_{MK_0}^{J^*}(G_\gamma G_\alpha) \end{aligned}$$

$$= \sum_{K_1K_2K} D^{J_1}_{M_1K_1}(G_\gamma) D^{J_2}_{M_2K_2}(G_\gamma) D^{J^*}_{MK}(G_\gamma) \frac{1}{8\pi^2}\int \mathrm{d}\Omega_\alpha D^{J_1}_{K_1J_1}(G_\alpha) D^{J_2}_{K_2-J_2}(G_\alpha) D^{J_0^*}_{KK_0}(G_\alpha)$$

$$= \sum_{K_1K_2K} D^{J_1}_{M_1K_1}(G_\gamma) D^{J_2}_{M_2K_2}(G_\gamma) D^{J^*}_{MK}(G_\gamma) \frac{1}{2J+1} C^{JJ_1}_{J_1J_1J_2-J_2} C^{JK_2}_{J_1M_1J_2M_2}$$

或者

$$\sum_{K_1K_2K} D^{J_1}_{M_1K_1}(G_\gamma) D^{J_2}_{M_2K_2}(G_\gamma) D^{J^*}_{MK}(G_\gamma) C^{JK}_{J_1M_1J_2M_2} = C^{JM}_{J_1M_1J_2M_2}$$

乘以 $\sum_M D^J_{MK'}(G_\gamma)$，利用 D_J 的幺正性得

$$\sum_{K_1K_2} D^{J_1}_{M_1K_1}(G_\gamma) D^{J_2}_{M_2K_2}(G_\gamma) C^{JK}_{J_1K_1J_2K_2} = \sum_M D^J_{MK}(G_\gamma) C^{JM}_{J_1M_1J_2M_2} \tag{9.11.18}$$

乘以 $\sum_{JK} C^{JK}_{J_1K_1'}$，利用 CG 系数的正交性质得

$$D^{J_1}_{M_1K_1}(\theta,\varphi,\psi) D^{J_2}_{M_2K_2}(\theta,\varphi,\psi) = \sum_{JMK} D^J_{MK}(\theta,\varphi,\psi) C^{JM}_{J_1M_1J_2M_2} C^{JK}_{J_1K_1J_2K_2} \tag{9.11.19}$$

这就是表示 $D_{J_1}\otimes D_{J_2}$ 的分解. 在式(9.11.18)两边乘以 $\sum_{M_1M_2} C^{J'M'}_{J_1M_1J_2M_2}$，利用 CG 系数的正交性质得

$$D^J_{MK}(\theta,\varphi,\psi)\delta_{JJ'} = \sum_{M_1M_2K_1K_2} D^{J_1}_{M_1K_1}(\theta,\varphi,\psi) D^{J_2}_{M_2K_2}(\theta,\varphi,\psi) C^{JM}_{J_1M_1J_2M_2} C^{JK}_{J_1K_1J_2K_2} \tag{9.11.20}$$

或者

$$D^J_{MK}(\theta,\varphi,\psi) = \sum_{M_1M_2K_1K_2} D^{J_1}_{M_1K_1}(\theta,\varphi,\psi) D^{J_2}_{M_2K_2}(\theta,\varphi,\psi) C^{JM}_{J_1M_1J_2M_2} C^{JK}_{J_1K_1J_2K_2} \tag{9.11.21}$$

这就是乘积表示 $D_{J_1}\otimes D_{J_2}$ 的合成. 导出这几个关系之后，可以求积分

$$\begin{aligned}
\frac{1}{8\pi^2}\int \mathrm{d}\Omega D^{J_1}_{M_1K_1}(\Omega) D^{J_2}_{M_2K_2}(\Omega) D^{J'}_{MK}(\Omega) &= \sum_{J'M'K'} \frac{1}{8\pi^2}\int \mathrm{d}\Omega D^{J'}_{MK'}(\Omega) D^{J^*}_{MK}(\Omega) C^{J'}_{J_1M_1J_2M_2} C^{J'}_{J_1K_1J_2K_2} \\
&= \sum_{J'MK'} \frac{1}{2J+1}\delta^{JJ'}\delta_{MM'}\delta_{KK'} C^{J'}_{J_1M_1J_2M_2} C^{J'K'}_{J_1K_1J_2K_2} \\
&= \frac{1}{2J+1} C^{JM}_{J_1M_1J_2M_2} C^{JK}_{J_1K_1J_2K_2}
\end{aligned}$$

也就有

$$\frac{1}{8\pi^2}\int \mathrm{d}\Omega D^{J_1}_{M_1K_1}(\Omega)D^{J_2}_{M_2K_2}(\Omega)D^{J'}_{MK}(\Omega) = \frac{1}{2J+1}C^{JM}_{J_1M_1J_2M_2}C^{JK}_{J_1K_1J_2K_2} \tag{9.11.22}$$

由于 $D^{J^*}_{MK}(\Omega)=(-1)^{M-K}D^{J}_{-M-K}(\Omega)$，所以从式(9.11.22)导出

$$\frac{1}{8\pi^2}\int \mathrm{d}\Omega D^{J_1}_{M_1K_1}(\Omega)D^{J_2}_{M_2K_2}(\Omega)D^{J}_{MK}(\Omega) = \frac{1}{2J+1}(-1)^{-M+K}C^{J-M}_{J_1M_1J_2M_2}C^{J-K}_{J_1K_1J_2K_2} \tag{9.11.23}$$

定义 Wigner 系数

$$\begin{pmatrix} J_1 & J_2 & J \\ M_1 & M_2 & M \end{pmatrix} = \frac{(-1)^{J_1-J_2-M}}{\sqrt{2J+1}}C^{J-M}_{J_1M_1J_2M_2} \tag{9.11.24}$$

那么从式(9.11.10)可以给出

$$\begin{aligned}\begin{pmatrix} J_1 & J_2 & J \\ M_1 & M_2 & M \end{pmatrix} &= S(M_1+M_2+M)\Delta(J_1J_2J)(-1)^{J_1-J_2-M} \\ &\cdot \sum_z \frac{(-1)^z\sqrt{(J_2+M_2)!(J_2-M_2)!(J+M)!(J-M)!}}{z!(J_1+J_2-J-z)!(J-J_1-M_2+z)!(J_2+M_2-z)!} \\ &\cdot \frac{\sqrt{(J_1+M_1)!(J_1-M_1)!}}{(J_1-J_2+M_1+z)!(J_1-M_1-z)!}\end{aligned} \tag{9.11.25}$$

其中，记 $\delta_{M_1+M_2,-M}=\delta(M_1+M_2+M)$. 同时由于

$$\begin{aligned}(-1)^{-M+K} &= (-1)^{-M+K}(-1)^{J_1-J_2-J_1+J_2} = (-1)^{J_1-J_2-M}(-1)^{-J_1+J_2+K} \\ &= (-1)^{J_1-J_2-M}(-1)^{J_1-J_2-K}\end{aligned}$$

所以从式(9.11.23)可以导出

$$\frac{1}{8\pi^2}\int \mathrm{d}\Omega D^{J_1}_{M_1K_1}(\Omega)D^{J_2}_{M_2K_2}(\Omega)D^{J}_{MK}(\Omega) = \begin{pmatrix} J_1 & J_2 & J \\ M_1 & M_2 & M \end{pmatrix}\begin{pmatrix} J_1 & J_2 & J \\ K_1 & K_2 & K \end{pmatrix} \tag{9.11.26}$$

利用式(9.11.26)可以导出 Wigner 系数的对称性质，即由

$$\begin{aligned}&\frac{1}{8\pi^2}\int \mathrm{d}\Omega D^{J_1}_{M_1K_1}(\Omega)D^{J_2}_{M_2K_2}(\Omega)D^{J}_{MK}(\Omega) \\ &= \begin{pmatrix} J_1 & J_2 & J \\ M_1 & M_2 & M \end{pmatrix}\begin{pmatrix} J_1 & J_2 & J \\ K_1 & K_2 & K \end{pmatrix} \\ &= \frac{1}{8\pi^2}\int \mathrm{d}\Omega D^{J_2}_{M_2K_2}(\Omega)D^{J}_{MK}(\Omega)D^{J_1}_{M_1K_1}(\Omega) = \begin{pmatrix} J_2 & J & J_1 \\ M_2 & M & M_1 \end{pmatrix}\begin{pmatrix} J_2 & J & J_1 \\ K_2 & K & K_1 \end{pmatrix}\end{aligned}$$

$$= \frac{1}{8\pi^2}\int \mathrm{d}\Omega D^{J}_{MK}(\Omega) D^{J_1}_{M_1 K_1}(\Omega) D^{J_2}_{M_2 K_2}(\Omega) = \begin{pmatrix} J & J_1 & J_2 \\ M & M_1 & M_2 \end{pmatrix}\begin{pmatrix} J & J_1 & J_2 \\ K & K_1 & K_2 \end{pmatrix}$$

$$= \frac{1}{8\pi^2}\int \mathrm{d}\Omega D^{J_2}_{M_2 K_2}(\Omega) D^{J_1}_{M_1 K_1}(\Omega) D^{J}_{MK}(\Omega) = \begin{pmatrix} J_2 & J_1 & J \\ M_2 & M_1 & M \end{pmatrix}\begin{pmatrix} J_2 & J_1 & J \\ K_2 & K_1 & K \end{pmatrix}$$

$$= \frac{1}{8\pi^2}\int \mathrm{d}\Omega D^{J_1}_{M_1 K_1}(\Omega) D^{J}_{MK}(\Omega) D^{J_2}_{M_2 K_2}(\Omega) = \begin{pmatrix} J_1 & J & J_2 \\ M_1 & M & M_2 \end{pmatrix}\begin{pmatrix} J_1 & J & J_2 \\ K_1 & K & K_2 \end{pmatrix}$$

$$= \frac{1}{8\pi^2}\int \mathrm{d}\Omega D^{J}_{MK}(\Omega) D^{J_2}_{M_2 K_2}(\Omega) D^{J_1}_{M_1 K_1}(\Omega) = \begin{pmatrix} J & J_2 & J_1 \\ M & M & M_1 \end{pmatrix}\begin{pmatrix} J & J_2 & J_1 \\ K & K_2 & K_1 \end{pmatrix} \tag{9.11.27}$$

或者

$$\begin{aligned}
&\begin{pmatrix} J_1 & J_2 & J \\ M_1 & M_2 & M \end{pmatrix}\begin{pmatrix} J_1 & J_2 & J \\ K_1 & K_2 & K \end{pmatrix} \\
&\quad = \begin{pmatrix} J_2 & J & J_1 \\ M_2 & M & M_1 \end{pmatrix}\begin{pmatrix} J_2 & J & J_1 \\ K_2 & K & K_1 \end{pmatrix} = \begin{pmatrix} J & J_1 & J_2 \\ M & M_1 & M_2 \end{pmatrix}\begin{pmatrix} J & J_1 & J_2 \\ K & K_1 & K_2 \end{pmatrix} \\
&\quad = \begin{pmatrix} J_1 & J & J_2 \\ M_1 & M & M_2 \end{pmatrix}\begin{pmatrix} J_1 & J & J_2 \\ K_1 & K & K_2 \end{pmatrix} = \begin{pmatrix} J & J_2 & J_1 \\ M & M_2 & M_1 \end{pmatrix}\begin{pmatrix} J & J_2 & J_1 \\ K & K_2 & K_1 \end{pmatrix} \\
&\quad = \begin{pmatrix} J_2 & J_1 & J \\ M_2 & M_1 & M \end{pmatrix}\begin{pmatrix} J_2 & J_1 & J \\ K_2 & K_1 & K \end{pmatrix}
\end{aligned} \tag{9.11.28}$$

令 $K_1 = J_1, K_2 = -J_2, (K = -J_1 + J_2)$，则有

$$\begin{aligned}
&\begin{pmatrix} J_1 & J_2 & J \\ M_1 & M_2 & M \end{pmatrix}\begin{pmatrix} J_1 & J_2 & J \\ J_1 & -J_2 & K \end{pmatrix} \\
&\quad = \begin{pmatrix} J_2 & J & J_1 \\ M_2 & M & M_1 \end{pmatrix}\begin{pmatrix} J_2 & J & J_1 \\ -J_2 & K & J_1 \end{pmatrix} = \begin{pmatrix} J & J_1 & J_2 \\ M & M_1 & M_2 \end{pmatrix}\begin{pmatrix} J & J_1 & J_2 \\ K & J_1 & -J_2 \end{pmatrix} \\
&\quad = \begin{pmatrix} J_1 & J & J_2 \\ M_1 & M & M_2 \end{pmatrix}\begin{pmatrix} J_1 & J & J_2 \\ J_1 & K & -J_2 \end{pmatrix} = \begin{pmatrix} J & J_2 & J_1 \\ M & M_2 & M_1 \end{pmatrix}\begin{pmatrix} J & J_2 & J_1 \\ K & -J_2 & J_1 \end{pmatrix} \\
&\quad = \begin{pmatrix} J_2 & J_1 & J \\ M_2 & M_1 & M \end{pmatrix}\begin{pmatrix} J_2 & J_1 & J \\ -J_2 & J_1 & K \end{pmatrix}
\end{aligned} \tag{9.11.29}$$

其中

$$
\begin{cases}
\begin{pmatrix} J_1 & J_2 & J \\ J_1 & -J_2 & K \end{pmatrix} = (-1)^{2J_1-2J_2}\delta(J_1-J_2+K_2)\sqrt{\dfrac{(2J_1)!(2J_2)!}{(J_1+J_2+J+1)!(J_1+J_2-J)!}} \\
\begin{pmatrix} J_2 & J & J_1 \\ -J_2 & K & J_1 \end{pmatrix} = (-1)^{2J}\delta(J_1-J_2+K)\sqrt{\dfrac{(2J_1)!(2J_2)!}{(J_1+J_2+J+1)!(J_1+J_2-J)!}} \\
\begin{pmatrix} J & J_1 & J_2 \\ K & J_1 & -J_2 \end{pmatrix} = (-1)^{-2J_1+2J_2}\delta(J_1-J_2+K)\sqrt{\dfrac{(2J_1)!(2J_2)!}{(J_1+J_2+J+1)!(J_1+J_2-J)!}} \\
\begin{pmatrix} J_1 & J & J_2 \\ J_1 & K & -J_2 \end{pmatrix} = (-1)^{J_1-J+J_2}\delta(J_1-J_2+K)\sqrt{\dfrac{(2J_1)!(2J_2)!}{(J_1+J_2+J+1)!(J_1+J_2-J)!}} \\
\begin{pmatrix} J & J_2 & J_1 \\ K & -J_2 & J_1 \end{pmatrix} = (-1)^{J_1+J_2-J}\delta(J_1-J_2+K)\sqrt{\dfrac{(2J_1)!(2J_2)!}{(J_1+J_2+J+1)!(J_1+J_2-J)!}} \\
\begin{pmatrix} J_2 & J_1 & J \\ -J_2 & J_1 & K \end{pmatrix} = (-1)^{J_1+J_2-J}\delta(J_1-J_2+K)\sqrt{\dfrac{(2J_1)!(2J_2)!}{(J_1+J_2+J+1)!(J_1+J_2-J)!}}
\end{cases}
\tag{9.11.30}
$$

如同式(9.11.25)所采用的记法 $\delta(J_1-J_2+K_2)=\delta_{J_1-J_2,-K}$ 等等,代入式(9.11.29)得

$$
\begin{aligned}
&\begin{pmatrix} J_1 & J_2 & J \\ M_1 & M_2 & M \end{pmatrix}(-1)^{2J_1-2J_2} \\
&= \begin{pmatrix} J_2 & J & J_1 \\ M_2 & M & M_1 \end{pmatrix}(-1)^{2J} = \begin{pmatrix} J & J_1 & J_2 \\ M & M_1 & M_2 \end{pmatrix}(-1)^{-2J_1+2J_2} = \begin{pmatrix} J_1 & J & J_2 \\ M_1 & M & M_2 \end{pmatrix}(-1)^{J_1-J+J_2} \\
&= \begin{pmatrix} J & J_2 & J_1 \\ M & M_2 & M_1 \end{pmatrix}(-1)^{J_1+J_2-J} = \begin{pmatrix} J_2 & J_1 & J \\ M_2 & M_1 & M \end{pmatrix}(-1)^{J_1+J_2-J}
\end{aligned}
$$

由于

$$
\begin{aligned}
&(-1)^{2J-2J_1+2J_2} = (-1)^{2(J-J_1+J_2)} = 1 \\
&(-1)^{J_1+J_2-J+2J_1-2J_2} = (-1)^{3J_1-J_2-J} = (-1)^{-J_1-J_2-J} = (-1)^{J_1+J_2+J}
\end{aligned}
$$

所以

$$
\begin{aligned}
\begin{pmatrix} J_1 & J_2 & J \\ M_1 & M_2 & M \end{pmatrix} &= \begin{pmatrix} J_2 & J & J_1 \\ M_2 & M & M_1 \end{pmatrix} = \begin{pmatrix} J & J_1 & J_2 \\ M & M_1 & M_2 \end{pmatrix} = \begin{pmatrix} J_1 & J & J_2 \\ M_1 & M & M_2 \end{pmatrix}(-1)^{J_1+J_2+J} \\
&= \begin{pmatrix} J & J_2 & J_1 \\ M & M_2 & M_1 \end{pmatrix}(-1)^{J_1+J_2+J} = \begin{pmatrix} J_2 & J_1 & J \\ M_2 & M_1 & M \end{pmatrix}(-1)^{J_1+J_2+J}
\end{aligned}
\tag{9.11.31}
$$

其次由于 Wigner 系数是实数,所以

$$\frac{1}{8\pi^2}\int \mathrm{d}\Omega D^{J_1}_{M_1K_1}(\Omega)D^{J_2}_{M_2K_2}(\Omega)D^{J}_{MK}(\Omega)$$

$$=\frac{1}{8\pi^2}\int \mathrm{d}\Omega D^{J_1^*}_{M_1K_1}(\Omega)D^{J_2^*}_{M_2K_2}(\Omega)D^{J^*}_{MK}(\Omega)$$

$$=(-1)^{M_1-K_1}(-1)^{M_2-K_2}(-1)^{M-K}\frac{1}{8\pi^2}\int \mathrm{d}\Omega D^{J_1}_{-M_1-K_1}(\Omega)D^{J_2}_{-M_2-K_2}(\Omega)D^{J}_{-M-K}(\Omega)$$

因此有

$$\begin{pmatrix} J_1 & J_2 & J \\ M_1 & M_2 & M \end{pmatrix}\begin{pmatrix} J_1 & J_2 & J \\ K_1 & K_2 & K \end{pmatrix}$$

$$=(-1)^{M_1+M_2+M}(-1)^{-K_1-K_2-K}\begin{pmatrix} J_1 & J_2 & J \\ -M_1 & -M_2 & -M \end{pmatrix}\begin{pmatrix} J_1 & J_2 & J \\ -K_1 & -K_2 & -K \end{pmatrix}$$

$$=\begin{pmatrix} J_1 & J_2 & J \\ -M_1 & -M_2 & -M \end{pmatrix}\begin{pmatrix} J_1 & J_2 & J \\ -K_1 & -K_2 & -K \end{pmatrix}$$

令 $K_1=J_1, K_2=-J_2$,则有

$$\begin{pmatrix} J_1 & J_2 & J \\ M_1 & M_2 & M \end{pmatrix}\begin{pmatrix} J_1 & J_2 & J \\ J_1 & -J_2 & K \end{pmatrix}=\begin{pmatrix} J_1 & J_2 & J \\ -M_1 & -M_2 & -M \end{pmatrix}\begin{pmatrix} J_1 & J_2 & J \\ -J_1 & J_2 & -K \end{pmatrix}$$

其中

$$\begin{pmatrix} J_1 & J_2 & J \\ M_1 & M_2 & M \end{pmatrix}\begin{pmatrix} J_1 & J_2 & J \\ J_1 & -J_2 & K \end{pmatrix}=\begin{pmatrix} J_1 & J_2 & J \\ -M_1 & -M_2 & -M \end{pmatrix}\begin{pmatrix} J_1 & J_2 & J \\ -J_1 & J_2 & -K \end{pmatrix} \tag{9.11.32}$$

代入得

$$\begin{pmatrix} J_1 & J_2 & J \\ M_1 & M_2 & M \end{pmatrix}(-1)^{2J_1-2J_2}=\begin{pmatrix} J_1 & J_2 & J \\ -M_1 & -M_2 & -M \end{pmatrix}(-1)^{J_1+J_2-J}$$

或者

$$\begin{pmatrix} J_1 & J_2 & J \\ M_1 & M_2 & M \end{pmatrix}=(-1)^{J_1+J_2+J}\begin{pmatrix} J_1 & J_2 & J \\ -M_1 & -M_2 & -M \end{pmatrix} \tag{9.11.33}$$

亦即 Wigner 系数具有如下的对称性质:

(1) Wigner 系数经过一个偶置换其值不变,即

$$\begin{pmatrix} J_1 & J_2 & J \\ M_1 & M_2 & M \end{pmatrix} = \begin{pmatrix} J_2 & J & J_1 \\ M_2 & M & M_1 \end{pmatrix} = \begin{pmatrix} J & J_1 & J_2 \\ M & M_1 & M_2 \end{pmatrix} \tag{9.11.34}$$

(2) Wigner 系数经过一个奇置换其值改变一个符号$(-1)^{J_1+J_2+J}$,即

$$\begin{aligned} \begin{pmatrix} J_1 & J_2 & J \\ M_1 & M_2 & M \end{pmatrix} &= (-1)^{J_1+J_2+J} \begin{pmatrix} J_1 & J & J_2 \\ M_1 & M & M_2 \end{pmatrix} = (-1)^{J_1+J_2+J} \begin{pmatrix} J & J_2 & J_1 \\ M & M_2 & M_1 \end{pmatrix} \\ &= (-1)^{J_1+J_2+J} \begin{pmatrix} J_2 & J_1 & J \\ M_2 & M_1 & M \end{pmatrix} \end{aligned} \tag{9.11.35}$$

(3) Wigner 系数的 M 值改号,其值改变一个符号$(-1)^{J_1+J_2+J}$,即

$$\begin{pmatrix} J_1 & J_2 & J \\ M_1 & M_2 & M \end{pmatrix} = (-1)^{J_1+J_2+J} \begin{pmatrix} J_1 & J_2 & J \\ -M_1 & -M_2 & -M \end{pmatrix} \tag{9.11.36}$$

(4) Wigner 系数的正交性质可以表达为

$$\begin{aligned} &\sum_{M_1 M_2} (2J+1) \begin{pmatrix} J_1 & J_2 & J \\ M_1 & M_2 & M \end{pmatrix} \begin{pmatrix} J_1 & J_2 & J' \\ M_1 & M_2 & M' \end{pmatrix} = \delta_{JJ'} \delta_{MM'} \\ &\sum_{JM} (2J+1) \begin{pmatrix} J_1 & J_2 & J \\ M_1 & M_2 & M \end{pmatrix} \begin{pmatrix} J_1 & J_2 & J \\ M_1' & M_2' & M' \end{pmatrix} = \delta_{M_1 M_1'} \delta_{M_2 M_2'} \end{aligned} \tag{9.11.37}$$

Wigner 系数的对称性质式(9.11.34)～式(9.11.36)相应于 CG 系数的对称性质为

$$\begin{aligned} C_{J_1 M_1 J_2 M_2}^{JM} &= (-1)^{J_1-J+M_2} \sqrt{\frac{2J+1}{2J_1+1}} C_{J_1 M_1 J_2 -M_2}^{J_1 M_1} = (-1)^{J_2+M_2} \sqrt{\frac{2J+1}{2J_1+1}} C_{J-M_1 J_2 M_2}^{J_1 -M_1} \\ &= (-1)^{J_2-J+M_1} \sqrt{\frac{2J+1}{2J_2+1}} C_{J_1 -M_1 JM}^{J_2 M_2} = (-1)^{J_1-M_1} \sqrt{\frac{2J+1}{2J_2+1}} C_{J_1 M_1 J-M}^{J_2 -M_2} \\ &= (-1)^{J_1+J_2-J} C_{J_2 M_2, J_1 M_1}^{JM} \\ &= (-1)^{J_1+J_2-J} C_{J_1 -M_1, J_2 -M_2}^{J-M} \end{aligned} \tag{9.11.38}$$

下面讨论 CG 系数的递推关系.

从式(9.11.19)出发可以导出

$$
\begin{cases}
\sum_{K_1K_2K} D^{J_1}_{M_1K_1}(\Omega) D^{J_2}_{M_2K_2}(\Omega) D^{J^*}_{MK}(\Omega) C^{JK}_{J_1K_1J_2K} = C^{JM}_{J_1M_1J_2M_2} \\
\sum_{K_1K_2K} D^{J_1}_{M_1K_1}(\Omega) D^{J_2}_{M_2K_2}(\Omega) D^{J}_{-M-K}(\Omega)(-1)^{K-M} C^{JK}_{J_1K_1J_2K_2} = C^{JM}_{J_1M_1J_2M_2} \\
\sum_{K_1K_2K} D^{J_1}_{M_1K_1}(\Omega) D^{J_2}_{M_2K_2}(\Omega) D^{J}_{MK}(\Omega)(-1)^{K-M} C^{J-K}_{J_1K_1J_2K_2} = C^{J-M}_{J_1M_1J_2M_2} \\
\sum_{K_1K_2K} D^{J_1}_{M_1K_1}(\Omega) D^{J_2}_{M_2K_2}(\Omega) D^{J}_{MK}(\Omega)(-1)^{J_1-J_2-K} C^{J-K}_{J_1K_1J_2K_2} = (-1)^{J_1J_2-M} C^{J-M}_{J_1M_1J_2M_2} \\
\sum_{K_1K_2K} D^{J_1}_{M_1K_1}(\Omega) D^{J_2}_{M_2K_2}(\Omega) D^{J}_{MK}(\Omega) \begin{pmatrix} J_1 & J_2 & J \\ K_1 & K_2 & K \end{pmatrix} = \begin{pmatrix} J_1 & J_2 & J \\ M_1 & M_2 & M \end{pmatrix}
\end{cases}
\tag{9.11.39}
$$

用 J_+ 对式(9.11.39)作用之得

$$
\begin{aligned}
0 = \sum_{K_1K_2K} & \sqrt{J_1(J_1+1)-K_1(K_1+1)} \begin{pmatrix} J_1 & J_2 & J \\ K_1 & K_2 & K \end{pmatrix} D^{J_1}_{M_1K_1+1}(\Omega) D^{J_2}_{M_2K_2}(\Omega) D^{J}_{MK}(\Omega) \\
& + \sqrt{J_2(J_2+1)-K_2(K_2+1)} \begin{pmatrix} J_1 & J_2 & J \\ K_1 & K_2 & K \end{pmatrix} D^{J_1}_{M_1K_1}(\Omega) D^{J_2}_{M_2K_2+1}(\Omega) D^{J}_{MK}(\Omega) \\
& + \sqrt{J(J+1)-K(K+1)} \begin{pmatrix} J_1 & J_2 & J \\ K_1 & K_2 & K \end{pmatrix} D^{J_1}_{M_1K_1}(\Omega) D^{J_2}_{M_2K_2}(\Omega) D^{J}_{MK+1}(\Omega) \\
= \sum_{K_1K_2K} & \Bigg[\sqrt{J_1(J_1+1)-K_1(K_1-1)} \begin{pmatrix} J_1 & J_2 & J \\ K_1-1 & K_2 & K \end{pmatrix} \\
& + \sqrt{J_2(J_2+1)-K_2(K_2-1)} \begin{pmatrix} J_1 & J_2 & J \\ K_1 & K_2-1 & K \end{pmatrix} \Bigg] D^{J_1}_{M_1K_1}(\Omega) D^{J_2}_{M_2K_2}(\Omega) D^{J}_{MK}(\Omega) \\
& + \sqrt{J(J+1)-K(K-1)} \begin{pmatrix} J_1 & J_2 & J \\ K_1 & K_2 & K-1 \end{pmatrix}
\end{aligned}
$$

由于 $D^{J_1}_{M_1K_1}(\Omega) D^{J_2}_{M_2K_2}(\Omega) D^{J}_{MK}(\Omega)$的幺正性质，所以得

$$
\begin{aligned}
& \sqrt{J_1(J_1+1)-K_1(K_1-1)} \begin{pmatrix} J_1 & J_2 & J \\ K_1-1 & K_2 & K \end{pmatrix} \\
& \quad + \sqrt{J_2(J_2+1)-K_2(K_2-1)} \begin{pmatrix} J_1 & J_2 & J \\ K_1 & K_2-1 & K \end{pmatrix} \\
& \quad + \sqrt{J(J+1)-K(K-1)} \begin{pmatrix} J_1 & J_2 & J \\ K_1 & K_2 & K-1 \end{pmatrix} = 0
\end{aligned}
\tag{9.11.40}
$$

用 J_- 作用之立得

$$
\begin{aligned}
0 = \sum_{K_1K_2K} & \sqrt{J_1(J_1+1)-K_1(K_1-1)}\begin{pmatrix} J_1 & J_2 & J \\ K_1 & K_2 & K \end{pmatrix} D^{J_1}_{M_1K_1-1}(\Omega)D^{J_2}_{M_2K_2}(\Omega)D^{J}_{MK}(\Omega) \\
& + \sqrt{J_2(J_2+1)-K_2(K_2-1)}\begin{pmatrix} J_1 & J_2 & J \\ K_1 & K_2 & K \end{pmatrix} D^{J_1}_{M_1K_1}(\Omega)D^{J_2}_{M_2K_2-1}(\Omega)D^{J}_{MK}(\Omega) \\
& + \sqrt{J(J+1)-K(K-1)}\begin{pmatrix} J_1 & J_2 & J \\ K_1 & K_2 & K \end{pmatrix} D^{J_1}_{M_1K_1}(\Omega)D^{J_2}_{M_2K_2}(\Omega)D^{J}_{MK-1}(\Omega) \\
= \sum_{K_1K_2K} & \Bigg[\sqrt{J_1(J_1+1)-K_1(K_1+1)}\begin{pmatrix} J_1 & J_2 & J \\ K_1+1 & K_2 & K \end{pmatrix} \\
& + \sqrt{J_2(J_2+1)-K_2(K_2+1)}\begin{pmatrix} J_1 & J_2 & J \\ K_1 & K_2+1 & K \end{pmatrix} \\
& + \sqrt{J(J+1)-K(K+1)}\begin{pmatrix} J_1 & J_2 & J \\ K_1 & K_2 & K+1 \end{pmatrix} \Bigg] D^{J_1}_{M_1K_1}(\Omega)D^{J_2}_{M_2K_2}(\Omega)D^{J}_{MK}(\Omega)
\end{aligned}
$$

或者

$$
\begin{aligned}
& \sqrt{J_1(J_1+1)-K_1(K_1+1)}\begin{pmatrix} J_1 & J_2 & J \\ K_1+1 & K_2 & K \end{pmatrix} \\
& \quad + \sqrt{J_2(J_2+1)-K_2(K_2+1)}\begin{pmatrix} J_1 & J_2 & J \\ K_1 & K_2+1 & K \end{pmatrix} \\
& \quad + \sqrt{J(J+1)-K(K+1)}\begin{pmatrix} J_1 & J_2 & J \\ K_1 & K_2 & K+1 \end{pmatrix} = 0
\end{aligned}
\tag{9.11.41}
$$

相应地 CG 系数的递推关系是

$$
\left\{
\begin{aligned}
\sqrt{J(J+1)-K(K+1)}\,C^{JK+1}_{J_1K_1J_2K_2} &= \sqrt{J_1(J_1+1)-K_1(K_1-1)}\,C^{JK}_{J_1K_1-1J_2K_2} \\
&\quad + \sqrt{J_2(J_2+1)-K_2(K_2-1)}\,C^{JK}_{J_1K_1J_2K_2-1} \\
\sqrt{J(J+1)-K(K-1)}\,C^{JK-1}_{J_1K_1J_2K_2} &= \sqrt{J_1(J_1+1)-K_1(K_1+1)}\,C^{JK}_{J_1K_1+1J_2K_2} \\
&\quad + \sqrt{J_2(J_2+1)-K_2(K_2+1)}\,C^{JK}_{J_1K_1J_2K_2+1}
\end{aligned}
\right.
\tag{9.11.42}
$$

此公式可以概括为

$$
\begin{aligned}
\sqrt{J(J+1)-K(K+u)}\,C^{JK+u}_{JK|u}C^{JK+u}_{J_1K_1J_2K_2} &= \sqrt{J_1(J_1+1)-K_1(K_1-u)}\,C^{J_1K_1}_{J_1K_1-u|u}C^{JK}_{J_1K_1-u,J_2K_2} \\
&\quad + \sqrt{J_2(J_2+1)-K_2(K_2-u)}\,C^{J_2K_2}_{J_2K_2-u|u}C^{JK}_{J_1K_1J_2K_2-u}
\end{aligned}
$$

其中，$u=\pm 1$.

利用式(9.11.10)可以计算CG系数的几个特殊值：

$$\begin{cases} C^{JM}_{J_1J_1J_2M_2} = \delta_{J_1+M_1,M}\sqrt{\dfrac{(2J+1)(2J_1)!}{(J_1+J_2+J+1)!(J_1+J_2-J)!}} \\ \qquad \cdot \dfrac{\sqrt{(J-J_1+J_2)!(J+M)!(J_2-M_2)!}}{\sqrt{(J+J_1-J_2)!(J-M)!(J_2+M_2)!}} \\ C^{JM}_{J_1-J_1J_2M_2} = \delta_{-J_1+M_2,M}(-1)^{J_1+J_2-J}\sqrt{\dfrac{(2J+1)(2J_1)!}{(J_1+J_2+J+1)!(J_1+J_2-J)!}} \\ \qquad \cdot \dfrac{\sqrt{(J-J_1+J_2)!(J-M)!(J_2+M_2)!}}{\sqrt{(J+J_1-J_2)!(J+M)!(J_2-M_2)!}} \\ C^{J_1+J_2;M}_{J_1M_1;J_2M_2} = \delta_{M_1+M_2,M}\sqrt{\dfrac{(2J_1)!(2J_2)!(J+M)!(J-M)!}{(2J)!(J_1+M_1)!(J_1-M_1)!(J_2+M_2)!(J_2-M_2)!}} \\ C^{00}_{JMJ-M} = \dfrac{(-1)^{J-M}}{\sqrt{2J+1}} \\ C^{JM}_{J_1M_1,00} = \delta_{J_1J}\delta_{M_1M} \\ C^{JM}_{00,J_2M_2} = \delta_{J_2J}\delta_{M_2M} \end{cases} \tag{9.11.43}$$

以及可以证明

$$C^{J0}_{J_10J_00} = \frac{1+(-1)^{J_1+J_2+J}}{2}(-1)^{\frac{J_1+J_2-J}{2}}\sqrt{2J+1}\Delta(J_1J_2J) \cdot \frac{\dfrac{J_1+J_2+J}{2}}{\dfrac{J_1+J_2-J}{2}!\dfrac{J+J_1-J_2}{2}!\dfrac{J-J_1+J_2}{2}!} \tag{9.11.44}$$

或者

$$\begin{pmatrix} J_1 & J_2 & J \\ 0 & 0 & 0 \end{pmatrix} = \frac{1+(-1)^{J_1+J_2+J}}{2}(-1)^{\frac{J_1+J_2+J}{2}}\Delta(J_1J_2J) \cdot \frac{\dfrac{J_1+J_2+J}{2}}{\dfrac{J_1+J_2-J}{2}!\dfrac{J+J_1-J_2}{2}!\dfrac{J-J_1+J_2}{2}!} \tag{9.11.45}$$

由式(9.11.10)可知

$$C^{J0}_{J_1 0 J_2 0} = \Delta(J_1 J_2 J)\sqrt{2J+1}J_1!J_2!J!\sum_r \frac{(-1)^r}{r!(J_1+J_2-J-r)!}$$

$$\cdot \frac{1}{(J-J_1+r)!(J_2-r)!(J-J_2+r)!(J_1-r)!} \quad (9.11.46)$$

由于可令 $M_1=0, M_2=0, M=0$,所以 J_1, J_2, J 都是整数,同时由式(9.11.38)可知

$$C^{J0}_{J_1 0 J_2 0} = (-1)^{J_1+J_2-J} C^{J0}_{J_1 0 J_2 0}$$

所以 J_1+J_2+J 必须是偶数,否则有 $C^{J0}_{J_1 0 J_2 0}=0$,因此我们在

$$J_1 + J_2 + J = 2g \quad (g = 0,1,2,\cdots) \quad (9.11.47)$$

的条件下计算式(9.11.46)的数值.这时,

$$\begin{cases} \dfrac{J_1+J_2-J}{2} = n = g - J \\ \dfrac{J_2+J-J_1}{2} = n_1 = g - J_1 \\ \dfrac{J+J_1-J_2}{2} = n_2 = g - J_2 \end{cases} \quad (9.11.48)$$

是正整数,它们满足条件

$$n_1 + n_2 + n = g \quad (9.11.49)$$

在式(9.11.46)的求和中我们令

$$r = t + n$$

则有

$$C^{J0}_{J_1 0 J_2 0} = \Delta(J_1 J_2 J)\sqrt{2J+1}J_1!J_2!J!(-1)^{g-J}$$

$$\cdot \sum_r \frac{(-1)^r}{(n_1+r)!(n_1-r)!(n_2+r)!(n_2-r)!(n+r)!(n-r)!} \quad (9.11.50)$$

我们令

$$V(n_1,n_2,n)$$

$$= \sum_r (-1)^r \frac{1}{(n_1+r)!(n_1-r)!(n_2+r)!(n_2-r)!(n+r)!(n-r)!}$$

$$= \frac{1}{2n_1}\sum_r (-1)^r \frac{(n_1 - r) + (n_1 + r)}{(n_1 + r)!(n_1 - r)!(n_2 + r)!(n_2 - r)!(n + r)!(n - r)!}$$

$$= \frac{1}{2n_1}\sum_r (-1)^r \left\{ \frac{1}{(n_1 + r)!(n_1 - r - 1)!(n_2 + r)!(n_2 - r)!(n + r)!(n - r)!} \right.$$

$$\left. + \frac{1}{(n_1 + r - 1)!(n_1 - r)!(n_2 + r)!(n_2 - r)!(n + r)!(n - r)!} \right\}$$

对上式{ }中第二项求和变量作替换 $r \to r + 1$ 得

$$V(n_1, n_2, n) = \frac{1}{2n_1}\sum_r \left\{ \frac{1}{(n_1 + r)!(n_1 - r - 1)!(n_2 + r)!(n_2 - r)!(n + r)!(n - r)!} \right.$$

$$- \frac{1}{(n_1 + r)!(n_1 - r - 1)!(n_2 + r + 1)!}$$

$$\left. \cdot \frac{1}{(n_2 - r - 1)!(n + r + 1)!(n - r - 1)!} \right\} (-1)^r$$

$$= \frac{1}{2n_1}\sum_r (-1)^r \frac{(n + n_2 + 1)(2r + 1)}{(n_1 + r)!(n_1 - r - 1)!}$$

$$\cdot \frac{1}{(n_2 + r + 1)!(n_2 - r)!(n + r + 1)!(n - r)!}$$

$$= \frac{(n + n_2 + 1)}{2n_1}\sum_r (-1)^r \frac{(2r + 1)}{(n_1 + r)!(n_1 - r - 1)!}$$

$$\cdot \frac{1}{(n_2 + r + 1)!(n_2 - r)!(n + r + 1)!(n - r)!}$$

$$= \frac{(n + n_2 + 1)}{2(n + n_1)n_1}\sum_r (-1)^r \frac{(2r + 1)(n + n_1)}{(n_1 + r)!(n_1 - r - 1)!}$$

$$\cdot \frac{1}{(n_2 + r + 1)!(n_2 - r)!(n + r + 1)!(n - r)!}$$

$$= \frac{(n + n_2 + 1)}{2(n + n_1)n_1}\sum_r (-1)^r \frac{(n_1 + r)(n + r + 1) - (n_1 - r - 1)(n - r)}{(n_1 + r)!(n_1 - r - 1)!}$$

$$\cdot \frac{1}{(n_2 + r + 1)!(n_2 - r)!(n + r + 1)!(n - r)!}$$

$$= \frac{(n + n_2 + 1)}{2(n + n_1)n_1}\sum_r (-1)^r \left\{ \frac{1}{(n_1 + r - 1)!(n_1 - r - 1)!} \right.$$

$$\cdot \frac{1}{(n_2 + r + 1)!(n_2 - r)!(n + r)!(n - r)!}$$

$$+ \frac{1}{(n_1 + r)!(n_1 - r - 2)!}$$

$$\cdot \frac{1}{(n_2+r+1)!(n_2-r)!(n+r+1)!(n-r-1)!}\Big\}$$

对上式{ }中第二项求和变量作替换 $r \to r-1$ 得

$$\begin{aligned}
V(n_1,n_2,n) &= \frac{(n+n_2+1)}{2(n+n_1)n_1}\sum_r(-1)^r\Big\{\frac{1}{(n_1+r-1)!(n_1-r-1)!} \\
&\quad \cdot \frac{1}{(n_2+r+1)!(n_2-r)!(n+r)!(n-r)!} \\
&\quad + \frac{1}{(n_1+r-1)!(n_1-r-1)!} \\
&\quad \cdot \frac{1}{(n_2+r)!(n_2-r+1)!(n+r)!(n-r)!}\Big\} \\
&= \frac{(n+n_2+1)}{2(n+n_1)n_1}\sum_r(-1)^r\frac{2(n_2+1)}{(n_1+r-1)!(n_1-r-1)!} \\
&\quad \cdot \frac{1}{(n_2+r+1)!(n_2-r-1)!(n+r)!(n-r)!} \\
&= \frac{(n+n_2+1)(n_2+1)}{(n+n_1)n_1}\sum_r(-1)^r\frac{2}{(n_1-1+r)!(n_1-1-r)!} \\
&\quad \cdot \frac{1}{(n_2+1+r)!(n_2+1-r)!(n+r)!(n-r)!} \\
&= \frac{(n+n_2+1)(n_2+1)}{(n+n_1)n_1}V(n_1-1,n_2+1,n)
\end{aligned} \tag{9.11.51}$$

或者

$$V(n_1,n_2,n) = \frac{(n+n_2+1)(n_2+1)}{(n+n_1)n_1}V(n_1-1,n_2+1,n) \tag{9.11.52}$$

从递推关系式(9.11.52)可以导出

$$V(n_1,n_2,n) = \frac{(n+n_2+x)!(n_2+x)!(n+n_1-x)!(n_1-x)}{n_1!n_2!(n+n_1)!(n+n_2)!}V(n_1-x,n_2+x,n) \tag{9.11.53}$$

令 $x=n_1$,则有

$$V(n_1,n_2,n) = \frac{n_1(n_1+n_2)!(n_1+n_2+n)!}{n_1!n_2!(n+n_1)!(n+n_2)!}V(0,n_1+n_2,n) \tag{9.11.54}$$

由于

$$V(0,n_1+n_2,n)=\frac{1}{n!^2(n_1+n_2)!^2} \tag{9.11.55}$$

所以代入式(9.11.54)则得

$$V(n_1,n_2,n)=\frac{(n_1+n_2+n)!}{n_1!n_2!(n+n_1)!(n+n_2)!(n_1+n_2)!}=\frac{g!}{n_1!n_2!n!J_1!J_2!J!} \tag{9.11.56}$$

代入式(9.11.50),则得

$$C_{J_1 0 J_2 0}^{J0}=\Delta(J_1J_2J)\sqrt{2J+1}\frac{(-1)^{g-J}g!}{n_1!n_2!n!} \tag{9.11.57}$$

确切地说,

$$C_{J_1 0 J_2 0}^{J0}=\begin{cases}(-1)^{\frac{J_1+J_2-J}{2}}\dfrac{\sqrt{2J+1}\Delta(J_1J_2J)\dfrac{J_1+J_2+J}{2}}{\dfrac{J_1+J_2-J}{2}!\dfrac{J+J_1-J_2}{2}!\dfrac{J-J_1+J_2}{2}!} & (J_1+J_2+J=\text{偶})\\ 0 & (J_2+J=\text{奇})\end{cases} \tag{9.11.58}$$

对应的 Wigner 系数是

$$\begin{pmatrix}J_1 & J_2 & J\\ 0 & 0 & 0\end{pmatrix}$$

$$=\begin{cases}(-1)^{\frac{J_1+J_2-J}{2}}\dfrac{\Delta(J_1J_2J)\dfrac{J_1+J_2+J}{2}}{\dfrac{J_1+J_2-J}{2}!\dfrac{J+J_1-J_2}{2}!\dfrac{J-J_1+J_2}{2}!} & (J_1+J_2+J=\text{偶})\\ 0 & (J_2+J=\text{奇})\end{cases} \tag{9.11.59}$$

最后讨论乘积表示 $D_{J_1}\otimes D_{J_2}$ 空间中的基底,为此讨论不变量

$$\phi=\sum_{M_1M_2M_3}C(J_1M_1J_2M_2J_3M_3)e_{J_1M_1}f_{J_2M_2}g_{J_3M_3} \tag{9.11.60}$$

其中,$e_{J_1M_1}$ 是表示 D_{J_1} 作用空间 $L_{J_1}^-$ 的基底,$f_{J_2M_2}$ 是表示 D_{J_2} 作用空间 $L_{J_2}^-$ 的基底,$g_{J_3M_3}$ 是表示 D_{J_3} 作用空间 $L_{J_3}^-$ 的基底等等.当 $u\leftarrow SU_2$ 在空间 L 中引起一个基底变换时,相应地在空间 $L_{J_1}L_{J_2}L_{J_3}$ 中也引起一个基底变换,即

$$\begin{cases} e_{J_1K_1} \to e'_{J_1K_1} = D_{J_1}(u)e_{J_1K_1} = \sum\limits_{M_1} e_{J_1M_1} D^{J_1}_{M_1K_1}(u) \\ f_{J_2K_2} \to f'_{J_2K_2} = D_{J_2}(u)f_{J_2K_2} = \sum\limits_{M_2} f_{J_2M_2} D^{J_2}_{M_2K_2}(u) \\ g_{J_3K_3} \to g'_{J_3K_3} = D_{J_3}(u)g_{J_3K_3} = \sum\limits_{M_3} g_{J_3M_3} D^{J_3}_{M_3K_3}(u) \end{cases} \tag{9.11.61}$$

在新基 $e'_{J_1K_1}f'_{J_2K_2}g'_{J_3K_3}$ 上 ϕ 又可以展开为

$$\begin{aligned} \phi &= \sum_{K_1K_2K_3} C'(J_1K_1J_2K_2J_3K_3)e'_{J_1K_1}f'_{J_2K_2}g'_{J_3K_3} \\ &= \sum_{M_1M_2M_3}\Big(\sum_{K_1K_2K_3} C'(J_1K_1J_2K_2J_3K_3)D^{J_1}_{M_1K_1}(u)D^{J_2}_{M_2K_2}(u)D^{J_3}_{M_3K_3}(u)\Big)e_{J_1M_1}f_{J_2M_2}g_{J_3M_3} \end{aligned} \tag{9.11.62}$$

与式(9.11.60)相比较得

$$C(J_1M_1J_2M_2J_3M_3) = \sum_{K_1K_2K_3} C'(J_1K_1J_2K_2J_3K_3)D^{J_1}_{M_1K_1}(u)D^{J_2}_{M_2K_2}(u)D^{J_3}_{M_3K_3}(u) \tag{9.11.63}$$

根据不变性条件

$$C'(J_1K_1J_2K_2J_3K_3) = C(J_1K_1J_2K_2J_3K_3)$$

所以式(9.11.63)改为

$$C(J_1M_1J_2M_2J_3M_3) = \sum_{K_1K_2K_3} C(J_1K_1J_2K_2J_3K_3)D^{J_1}_{M_1K_1}(u)D^{J_2}_{M_2K_2}(u)D^{J_3}_{M_3K_3}(u) \tag{9.11.64}$$

乘以$\frac{1}{8\pi^2}\int \mathrm{d}\Omega$ 得

$$\begin{aligned} C(J_1M_1J_2M_2J_3M_3) &= \sum_{K_1K_2K_3} C(J_1K_1J_2K_2J_3K_3)\frac{(-1)^{K_2-M_3}}{2J_3+1}C^{J_3-M_3}_{J_1M_1J_2M_2}C^{J_3-K_3}_{J_1K_1J_2K_2} \\ &= C(J_1J_2J_3)(-1)^{-M_3}C^{J_3-M_3}_{J_1M_1J_2M_2} \end{aligned}$$

代入式(9.11.60)得

$$\phi = \sum_{M_1M_2M_3} C(J_1J_2J_3)(-1)^{-M_3}C^{J_3-M_3}_{J_1M_1J_2M_2}e_{J_1M_1}f_{J_2M_2}g_{J_3M_3}$$

$$= C(J_1J_2J_3)\sum_{M_1M_2M_3} C^{J_3M_3}_{J_1M_1J_2M_2} f_{J_2M_2}(-1)^{M_3} g_{J_3-M_3}$$

$$= C(J_1J_2J_3)\sum_{M_3}\sum_{M_1M_2} C^{J_3M_3}_{J_1M_1J_2M_2} f_{J_2M_2}\cdot g^{J_3M_3}$$

$$= C(J_1J_2J_3)\sum_{M_3} h_{J_3M_3} g^{J_3M_3}$$

或者

$$\phi = c\sum_{M} h_{JM}g^{JM} \tag{9.11.65}$$

其中

$$h_{JM} = \sum_{M_1M_2} C^{JM}_{J_1M_1J_2M_2} e_{J_1M_1} f_{J_2M_2} \tag{9.11.66}$$

显然

$$\langle h_{JM} \mid h_{J'M'}\rangle = \sum_{M_1M_2M_1'M_2'} C^{JM}_{J_1M_1J_2M_2} C^{J'M'}_{J_1M_1'J_2M_2'} \delta_{M_1M_1'}\delta_{M_2M_2'} = \sum_{M_1M_2} C^{JM}_{J_1M_1J_2M_2} C^{J'M'}_{J'M'J^2M^2} = \delta_{JJ'}\delta_{MM'}$$

或者

$$\langle h_{JM} \mid h_{J'M'}\rangle = \delta_{JJ'}\delta_{MM'} \tag{9.11.67}$$

所以归一化的 Φ 是

$$\Phi = \frac{1}{\sqrt{2J+1}}\sum_{M} h_{JM}g^{JM} \tag{9.11.68}$$

由于 Φ 是一个 SU_2 不变量，所以 h_{JM} 的变换性质与 Y_{JM} 的变换性质相同，亦即 h_{JM} 可以当作表示 D_J 作用空间 L_J 中的基底．特别地由于 h_{JM} 是由 $e_{J_1M_1}$ 和 $f_{J_2M_2}$ 的直积耦合而成的基底，所以 h_{JM} 可以看作乘积表示 $D_{J_1}\otimes D_{J_2}$ 所包含的表示 D_J 的基底．利用 CG 系数的正交性质又可以获得

$$e_{J_1M_1} f_{J_2M_2} = \sum_{JM} C^{JM}_{J_1M_1J_2M_2} h_{JM} \tag{9.11.69}$$

公式(9.11.69)表示空间 L_{J_1} 的基底 $e_{J_1M_1}$ 与空间 L_{J_2} 的基底 $f_{J_2M_2}$ 的直积分解为空间 L_J $(J = J_1J_2,\cdots,|J_1-J_2|)$ 的基底直和，即

$$L_{J_1}\otimes L_{J_2} = L_{J_1+J_2} \dotplus L_{J_1+J_2-1} \dotplus \cdots \dotplus L_{|J_1-J_2|} \tag{9.11.70}$$

在式(9.11.19)中令 $J_1=l_1, J_2=l_2, M_1=0, M_2=0$,则得如下公式:

$$Y_{l_1m_1}(\boldsymbol{r}_0)Y_{l_2m_2}(\boldsymbol{r}_0)=\sum_{lm}\sqrt{\frac{(2l_1+1)(2l_2+1)}{4\pi(2l+1)}}C^{l0}_{l_10,l_20}C^{lm}_{l_1m_1l_2m_2}Y_{lm}(\boldsymbol{r}_0) \tag{9.11.71}$$

其中,CG 系数 $C^{l0}_{l_10,l_20}$要求 $l_1+l_2+l=$偶数.

9.12 表示 $D_{J_1}\otimes D_{J_2}\otimes D_{J_3}$的分解,拉卡系数

在上节我们考虑群 SU_2 两个不可约表示的直积

$$D_{J_1}\otimes D_{J_2}$$

导出其分解

$$D^{J_1}_{M_1K_1}(\Omega)D^{J_2}_{M_2K_2}(\Omega)\sum_{JMK}D^J_{MK}(\Omega)C^{JM}_{J_1M_1J_2M_2}C^{JK}_{J_1K_1J_2K_2} \tag{9.12.1}$$

现在我们考虑群 SU_2 三个不可约表示的直积

$$D_{J_1}\otimes D_{J_2}\otimes D_{J_3}$$

即 $D^{J_1}_{M_1K_1}(\Omega)D^{J_2}_{M_2K_2}(\Omega)D^{J_3}_{M_3K_3}(\Omega)$的分解分题,根据上节的讨论它可以按如下方式分解:

$$\begin{aligned}
&D^{J_1}_{M_1K_1}(\Omega)D^{J_2}_{M_2K_2}(\Omega)D^{J_3}_{M_3K_3}(\Omega)\\
&\quad=\sum_{J_{12}M_{12}K_{12}}D^{J_{12}}_{M_{12}K_{12}}(\Omega)D^{J_3}_{M_3K_3}(\Omega)C^{J_{12}M_{12}}_{J_1M_1J_2M_2}C^{J_{12}K_{12}}_{J_1K_1J_2K_2}\\
&\quad=\sum_{\substack{JMK\\J_{12}M_{12}K_{12}}}D^J_{MK}(\Omega)C^{JK}_{J_{12}K_{12}J_3K_3}C^{J_{12}M_{12}}_{J_1M_1J_2M_2}\quad C^{J_{12}K_{12}}_{J_1K_1J_2K_2}\\
&\quad=\sum_{JMK}D^J_{MK}(\Omega)\sum_{J_{12}}\sum_{M_{12}}C^{J_{12}M_{12}}_{J_1M_1J_2M_2}C^{JM}_{J_{12}M_{12}J_3M_3}\sum_{K_1}C^{J_{12}K_{12}}_{J_1K_1J_2K_2}C^{JK}_{J_{12}K_{12}}
\end{aligned}$$

或者

$$\begin{aligned}
&D^{J_1}_{M_1K_1}(\Omega)D^{J_2}_{M_2K_2}(\Omega)D^{J_3}_{M_3K_3}(\Omega)\\
&\quad=\sum_{JMK}D^J_{MK}(\Omega)\sum_{J_{12}}\sum_{M_{12}}C^{J_{12}M_{12}}_{J_1M_1J_1J_2M_2}C^{JM}_{J_{12}M_{12},J_3M_3}\sum_{K_1}C^{J_{12}K_{12}}_{J_1K_1I_2J_2K_2}C^{JK}_{J_{12}K_{12}J_3K_3}
\end{aligned} \tag{9.12.2}$$

由于 $D^{J_1}_{M_1K_1}(\Omega)D^{J_2}_{M_2K_2}(\Omega)D^{J_3}_{M_3K_3}(\Omega)$的排列是全对称的，所以它有六种耦合方式，但是这六种耦合方式中只有三种是独立的，即

$$
\begin{aligned}
&D^{J_1}_{M_1K_1}(\Omega)D^{J_2}_{M_2K_2}(\Omega)D^{J_3}_{M_3K_3}(\Omega)\\
&\quad=\sum_{JMK}D^{J}_{MK}(\Omega)\sum_{J_{12}}\sum_{M_{12}}C^{J_{12}M_{12}}_{J_1M_1J_2M_2}C^{JM}_{J_{12}M_{12}J_3M_3}\sum_{K_{12}}C^{J_{12}K_{12}}_{J_1K_1J_2K_2}C^{JK}_{J_{12}K_{12}J_3K_3}\\
&\quad=\sum_{JMK}D^{J}_{MK}(\Omega)\sum_{J_{23}}\sum_{M_{23}}C^{JM}_{J_1M_1J_{23}M_{23}}C^{J_{23}M_{23}}_{J_2M_2J_3M_3}\sum_{K_{23}}C^{JK}_{J_1K_1J_{23}K_{23}}C^{J_{23}K_{23}}_{J_2K_2J_3K_3}\\
&\quad=\sum_{JMK}D^{J}_{MK}(\Omega)\sum_{J_{13}}\sum_{M_{13}}C^{J_{13}M_{13}}_{J_1M_1J_3M_3}C^{JM}_{J_{13}M_{13}J_2M_2}\sum_{K_{13}}C^{J_{13}K_{13}}_{J_1J_1J_3K_3}C^{JK}_{J_{13}K_{13}J_2K_2}
\end{aligned}\tag{9.12.3}
$$

由于 $D^{J}_{MK}(\Omega)$是正交的，所以获得如下恒等式：

$$
\begin{aligned}
&\sum_{J_{12}}\sum_{M_{12}}C^{J_{12}M_{12}}_{J_1M_1J_2M_2}C^{JM}_{J_{12}M_{12}J_3M_3}\sum_{K_{12}}C^{J_{12}K_{12}}_{J_1K_1J_2K_2}C^{JK}_{J_{12}K_{12}J_3K_3}\\
&\quad=\sum_{J_{23}}\sum_{M_{23}}C^{JM}_{J_1M_1J_{23}M_{23}}C^{J_{23}M_{23}}_{J_2M_2J_3M_3}C^{JK}_{J_1K_1J_{23}K_{23}}C^{J_{23}K_{23}}_{J_2K_2J_3K_3}\\
&\quad=\sum_{J_{13}}\sum_{M_{13}}C^{J_{13}M_{13}}_{J_1M_1J_3M_3}C^{JM}_{J_{13}M_{13}J_2M_2}\sum_{K_{13}}C^{J_{13}K_{13}}_{J_1K_1J_3K_3}C^{JK}_{J_{13}K_{13}J_2K_2}
\end{aligned}\tag{9.12.4}
$$

乘以 $\sum\limits_{M_1M_2M_3}\sum\limits_{M'_{23}}C^{J'M'}_{J_1M_1J'_{23}M'_{23}}C^{J'_{23}M'_{23}}_{J_2M_2J_3M_3}$ 得

$$
\begin{aligned}
&\sum_{J_{12}}\sum_{M_1M_2M_3}\sum_{M_{12}}C^{J_{12}M_{12}}_{J_1M_1J_2M_2}C^{JM}_{J_{12}M_{12}J_3M_3}\sum_{M_{23}}C^{J'M'}_{J_1M_1J_{23}M_{23}}C^{J_{23}M_{23}}_{J_2M_2J_3M_3}\sum_{K_{12}}^{J_{21}M_{12}}C^{J_{12}K_{12}}_{J_1K_1J_2K_2}C^{JK}_{J_{12}K_{12}J_3K_3}\\
&\quad=\delta_{JJ'}\delta_{MM'}\sum_{K_{23}}C^{JK}_{J_1K_1J_{23}K_{23}}C^{J_{23}K_{23}}_{J_2K_2J_3K_3}\\
&\quad=\sum_{J_{13}}\sum_{M_1M_2M_3}\sum_{M_{13}}C^{J_{13}M_{13}}_{J_1M_1J_3M_3}C^{JM}_{J_{13}M_{13}J_2M_2}\sum_{M_{23}}C^{J'M'}_{J_1M_1J_{23}M_{23}}C^{J_2M_3}_{J_2M_2J_3M_3}\sum_{K_{13}}C^{J_{13}K_{13}}_{J_1K_1J_3K_3}C^{JK}_{J_{13}K_{13}J_2K_2}
\end{aligned}\tag{9.12.5}
$$

乘以 $\sum\limits_{K_1K_2K_3}\sum\limits_{M'_{12}}C^{J'_{12}K'_{12}}_{J_1K_1J_2K_2}C^{JK}_{J'_{12}K'_{12}J_3K_3}$ 得

$$
\begin{aligned}
&\sum_{M_1M_2M_3}\sum_{M_{12}}C^{J_{12}M_{12}}_{J_1M_1J_2M_2}C^{JM}_{J_{12}M_{12}J_3M_3}\sum_{M_{23}}C^{J'M'}_{J_1M_1J_{33}M_{23}}C^{J_{23}M_{23}}_{J_2M_2J_3M_3}\\
&\quad=\delta_{JJ'}\delta_{MM'}\sum_{K_1K_2K_3}\sum_{K_{12}}C^{J_{12}K_{I_2}}_{J_1K_1J_2K_2}C^{JK}_{J_{12}K_{12}J_3K_3}\sum_{K_{23}}C^{JK}_{J_1K_1J_{23}K_{23}}C^{J_2K_{23}}_{J_2K_2J_3K_3}\\
&\quad=\sum_{J_{13}}\sum_{M_1M_2M_3}\sum_{M_{13}}C^{J_{13}M_{13}}_{J_1M_1J_3M_3}C^{JM}_{J_{13}M_{13}J_2M_2}\sum_{M_{23}}C^{J'M'}_{J_1M_1}C^{J_{23}M_{23}}_{J_2M_2J_3M_3}
\end{aligned}
$$

$$\cdot \sum_{K_1K_2K_3}\sum_{K_{13}} C^{J_{13}K_{13}}_{J_1K_1J_3K_3} C^{JK}_{J_{13}K_{13}J_2K_2} \sum_{K_{12}} C^{J_{12}K_{12}}_{J_1K_1J_2K_2} C^{JK}_{J_{12}K_{12}J_3K_3} \tag{9.12.6}$$

由此可见式(9.12.6)中左边与 K 无关,可以对 K 求平均,乘以$\dfrac{1}{2J+1}\sum\limits_K$ 得

$$\sum_{M_1M_2M_3M_{12}M_{23}} C^{J_{12}M_{12}}_{J_1M_1J_2M_2} C^{JM}_{J_{12}M_{12}J_3M_3} \sum_{M_{23}} C^{J'M'}_{J_1M_1J_{23}M_{23}} C^{J_{23}M_{23}}_{J_2M_2J_3M_3}$$

$$= \sum_{J_{13}}\sum_{M_1M_2M_3M_{13}M_{23}} C^{J_{13}M_{13}}_{J_1M_1J_3M_3} C^{JM}_{J_{13}M_{13}J_2M_2} \sum_{M_{23}} C^{J'M'}_{J_1M_1J_{23}M_{23}} C^{J_{23}M_{23}}_{J_2M_2J_3M_3}$$

$$\cdot \frac{1}{2J+1}\sum_{K_1K_2K_3KK_{13}K_{12}} C^{J_{13}K_{13}}_{J_1K_1J_3K_3} C^{JK}_{J_{13}K_{13}J_2K_2} C^{J_{12}K_{12}}_{J_1K_1J_2K_2} C^{JK}_{J_{12}K_{12}J_3K_3} \tag{9.12.7}$$

从式(9.12.7)出发我们定义拉卡系数

$$W(J_1J_2JJ_3, J_{12}J_{23}) = \frac{1}{(2J+1)\sqrt{(2J_{12}+1)(2J_{23}+1)}}$$

$$\cdot \sum_{K_1K_2K_3K_{12}K_{23}} C^{J_{12}K_{12}}_{J_1K_1J_2K_2} C^{JK}_{J_{12}K_{12}J_3K_3} C^{JK}_{J_1K_1J_{23}K_{23}} C^{J_{23}K_{23}}_{J_2K_2J_3K_3} \tag{9.12.8}$$

如拉卡所指出的,系数 $W(J_1J_2JJ_3, J_{12}J_{23})$可以按照下列公式来计算:

$$W(J_1J_2JJ_3, J_{12}J_{23}) = (-1)^{J_1+J_2+J_3+J}\Delta(J_1J_2J_{12})\Delta(J_2J_3J_{23})\Delta(J_1J_{23}J)\Delta(J_{12}J_3J)$$

$$\cdot \sum_r \frac{(-1)^r(r+1)!}{(r-J_1-J_2-J_{12})!(r-J_2-J_3-J_{23})!}$$

$$\cdot \frac{1}{(r-J_1-J_{23}-J)!(r-J_{12}-J_3-J)!(J_1+J_2+J_3+J-r)!}$$

$$\cdot \frac{1}{(J_1+J_3+J_{12}+J_{23}-r)!(J_2+J+J_{12}+J_{23}-r)!} \tag{9.12.9}$$

将式(9.12.9)代入式(9.12.7)导出

$$\sum_{M_1M_2M_3M_{12}M_{23}} C^{J_{12}M_{12}}_{J_1M_1J_2M_2} C^{JM}_{J_{12}M_{12}J_3M_3M_{23}} C^{J'M'}_{J_1M_1J_{23}M_{23}} C^{J_{23}M_{23}}_{J_2M_2J_3M_3}$$

$$= \delta_{JJ'}\delta_{MM'}\sqrt{(2J_{12}+1)(2J_{23}+1)}\,W(J_1J_2JJ_3, J_{12}J_{23}) \tag{9.12.10}$$

以及

$$\sum_{J_{13}}(-1)^{J_1+J_2+J_3+J+J_{12}+J_{23}+J_{13}}(2J_{13}+1)W(J_1J_3JJ_2, J_{13}J_{23})W(J_3J_1JJ_2, J_{13}J_{12})$$

$$= W(J_1J_2JJ_3, J_{12}J_{23}) \tag{9.12.11}$$

其中我们利用了关系

$$(-1)^{-J_{12}-J_{23}-J_{13}} = (-1)^{J_{12}+J_{23}+J_{13}}$$

由恒等式(9.12.5)还可以获得

$$\sum_{J_{12}} \sqrt{(2J_{12}+1)(2J_{23}+1)}\, W(J_1 J_2 J J_3, J_{12} J_{23}) \sum_{K_{12}} C^{J_{12}K_{12}}_{J_1K_1J_2K_2} C^{JK}_{J_{12}K_{12}J_3K_3}$$
$$= \sum_{K_{23}} C^{JK}_{J_1K_1J_{23}K_{23}} C^{J_{23}K_{23}}_{J_2K_2J_3K_3} \tag{9.12.12}$$

乘以 $\sum_{K_1K_2K_3}\sum_{K'_{23}} C^{JK}_{J_1K_1,J'_{23}K'_{23}} C^{J'_{23}K'_{23}}_{J_2K_2,J_3K_3}$ 得

$$\sum_{J_{12}} \sqrt{(2J_{12}+1)(2J_{23}+1)}\, W(J_1 J_2 J J_3, J_{12} J_{23}) \times$$
$$\sum_{K_1K_2K_3K_{12}K_{23}} C^{J_{12}K_{12}}_{J_1K_1J_2K_2} C^{JK}_{J_{12}K_{12}J_3K_3} C^{JK}_{J_1K_1J'_{23}K'_{23}} C^{J'_{23}K'_{23}}_{J_2K_2J_3K_3} = \delta_{J_{23},J'_{23}}$$

或者

$$\sum_{J_{12}} (2J_{12}+1)(2J_{23}+1) W(J_1J_2JJ_3, J_{12}J_{23}) W(J_1J_2JJ_3, J_{12}J'_{23}) = \delta_{J_{23},J'_{23}} \tag{9.12.13}$$

下面讨论拉卡系数的对称性质.在拉卡系数上乘以$(-1)^{J_1+J_2+J_3+J}$就得到 Wigner 的 $6j$ 记号

$$\begin{Bmatrix} J_1 & J_2 & J_{12} \\ J_3 & J & J_{23} \end{Bmatrix}$$
$$= (-1)^{J_1+J_2+J_3+J} W(J_1 J_2 J J_3, J_{12} J_{23})$$
$$= \Delta(J_1J_2J_{12})\Delta(J_2J_3J_{23})\Delta(J_1J_{23}J)\Delta(J_{12}J_3J)$$
$$\cdot \frac{\sum_r (-1)^r (r+1)!}{(r-J_1-J_2-J_{12})!(r-J_2-J_3-J_{23})!(r-J_1-J_{23}-J)!}$$
$$\cdot \frac{1}{(r-J_{12}-J_3-J)!(J_1+J_3+J_{12}+J_{23}-r)!(J_2+J+J_{12}+J_{23}-r)!} \tag{9.12.14}$$

利用 Wigner 系数 $6j$ 记号可以表示为

$$\begin{Bmatrix} J_1 & J_2 & J_{12} \\ J_3 & J & J_{23} \end{Bmatrix} = \sum_{K_1K_2K_3K} (-1)^{J_1+J_2+J_3+J+J_{12}+J_{23}+J_{13}+K_1+2K_2+3K_3}$$
$$\cdot \begin{pmatrix} J_1 & J_2 & J_{12} \\ K_1 & K_2 & K_3+K \end{pmatrix} \begin{pmatrix} J_{12} & J_3 & J \\ K_1+K_2 & K_3 & K \end{pmatrix}$$

$$\cdot \begin{Bmatrix} J_1 & J_{23} & J \\ K_1 & K_2+K_3 & K \end{Bmatrix} \begin{Bmatrix} J_2 & J_3 & J_{23} \\ K_2 & K_3 & K_1+K \end{Bmatrix} \tag{9.12.15}$$

从式(9.12.14)或式(9.12.15)极易导出 $6j$ 记号具有如下的对称性质：

$$\begin{cases} \begin{Bmatrix} a & b & c \\ a' & b' & c' \end{Bmatrix} = \begin{Bmatrix} b & c & a \\ b' & c' & a' \end{Bmatrix} = \begin{Bmatrix} c & a & b \\ c' & a' & b' \end{Bmatrix} = \begin{Bmatrix} a & c & b \\ a' & c' & b' \end{Bmatrix} \\ \qquad\qquad = \begin{Bmatrix} c & b & a \\ c' & b' & a' \end{Bmatrix} = \begin{Bmatrix} b & a & c \\ b' & a' & c' \end{Bmatrix} \\ \begin{Bmatrix} a & b & c \\ a' & b' & c' \end{Bmatrix} = \begin{Bmatrix} a & b' & c' \\ a' & b & c \end{Bmatrix} = \begin{Bmatrix} a' & b & c' \\ a & b' & c \end{Bmatrix} = \begin{Bmatrix} a' & b' & c \\ a & b & c' \end{Bmatrix} \end{cases} \tag{9.12.16}$$

一共 8 条对称关系，给出 24 个拉卡系数相等.利用对称性质，我们可把式(9.12.11)和式(9.12.13)改写成

$$\begin{Bmatrix} J_1 & J_2 & J_{12} \\ J_3 & J & J_{23} \end{Bmatrix} = \sum_{J_{13}} (-1)^{J_{12}+J_{23}+J_{13}} (2J_{13}+1) \begin{Bmatrix} J_2 & J_3 & J_{23} \\ J_1 & J & J_{13} \end{Bmatrix} \begin{Bmatrix} J_3 & J_1 & J_{13} \\ J_2 & J & J_{12} \end{Bmatrix} \tag{9.12.11$'$}$$

以及

$$\begin{cases} \sum_c (2c+1)(2\gamma+1) \begin{Bmatrix} a & b & c \\ \alpha & \beta & \gamma \end{Bmatrix} \begin{Bmatrix} a & b & c \\ \alpha & \beta & \gamma' \end{Bmatrix} = \delta_{\gamma\gamma'} \\ \sum_\gamma (2c+1)(2\gamma+1) \begin{Bmatrix} a & b & c \\ \alpha & \beta & \gamma \end{Bmatrix} \begin{Bmatrix} a & b & c' \\ \alpha & \beta & \gamma \end{Bmatrix} = \delta_{cc'} \\ \sum_b (2b+1)(2\beta+1) \begin{Bmatrix} a & b & c \\ \alpha & \beta & \gamma \end{Bmatrix} \begin{Bmatrix} a & b & c \\ \alpha & \beta' & \gamma \end{Bmatrix} = \delta_{\beta\beta'} \\ \sum_\beta (2b+1)(2\beta+1) \begin{Bmatrix} a & b & c \\ \alpha & \beta & \gamma \end{Bmatrix} \begin{Bmatrix} a & b' & c \\ \alpha & \beta & \gamma \end{Bmatrix} = \delta_{bb'} \\ \sum_a (2a+1)(2\alpha+1) \begin{Bmatrix} a & b & c \\ \alpha & \beta & \gamma \end{Bmatrix} \begin{Bmatrix} a & b & c \\ \alpha' & \beta & \gamma \end{Bmatrix} = \delta_{\alpha\alpha'} \\ \sum_\alpha (2a+1)(2\alpha+1) \begin{Bmatrix} a & b & c \\ \alpha & \beta & \gamma \end{Bmatrix} \begin{Bmatrix} a' & b & c \\ \alpha & \beta & \gamma \end{Bmatrix} = \delta_{aa'} \end{cases} \tag{9.12.13$'$}$$

等等，这里就不一一列举了.下面计算拉卡系数的几个特殊值：

$$
\left\{\begin{aligned}
W(J_1J_2JJ_3, J_1+J_2, J_{23}) = &\sqrt{\frac{(J+J_1+J_2-J_3)!}{(2J_1+2J_2+1)!(J_2+J_3-J_{23})!}} \\
&\cdot\sqrt{\frac{(J_1+J_2+J_3+J+1)!}{(J_{23}+J_2-J_3)!(J_2+J_3+J_{23}+1)!}} \\
&\cdot\sqrt{\frac{(2J_1)!(2J_2)!(J_{23}+J_3-J_2)!}{(J_1+J_{23}-J)!(J+J_1-J_{23})!}} \\
&\cdot\sqrt{\frac{(J_{23}+J-J_1)!(J_1+J_2+J_3-J)!}{(J_1+J_{23}+J+1)(J_3+J-J_1-J_2)!}} \\
W(J_1J_2J0, J_{12}J_{23}) = &\ \delta_{J_1J_{12}}\delta_{J_2,J_{23}}\sqrt{(2J_{12}+1)(2J_{23}+1)}
\end{aligned}\right. \tag{9.12.17}
$$

相应于表示空间的直积,基矢的直积也有三种方式,即

$$
\begin{aligned}
\psi(J_1M_1)\psi(J_2M_2)\psi(J_3M_3) &= \sum_{JM,J_{12}M_{12}} C^{J_{12}M_{12}}_{J_1M_1J_2M_2} C^{JM}_{J_{12}M_{12}J_3M_3}\psi(J_1J_2(J_{12})J_3, JM) \\
&= \sum_{JM,J_{23}M_{23}} C^{JM}_{J_1M_1J_{23}M_{23}} C^{J_{23}M_{23}}_{J_2M_2J_3M_3}\psi(J_1J_2J_3(J_{23}), JM) \\
&= \sum_{JM,J_{13}M_{13}} C^{J_{13}M_{13}}_{J_1M_1J_3M_3} C^{JM}_{J_{13}M_{13}J_2M_2}\psi(J_1J_3(J_{13})J_2, JM)
\end{aligned} \tag{9.12.18}
$$

其中

$$
\left\{\begin{aligned}
\psi(J_1J_2(J_{12})J_3, JM) &= \sum_{\substack{M_1M_2\\M_3M_{12}}} C^{J_{12}M_{12}}_{J_1M_1J_2M_2} C^{JM}_{J_{12}M_{12}J_3M_3}\psi(J_1M_1)\psi(J_2M_2)\psi(J_3M_3) \\
\psi(J_1J_2J_3(J_{23}), JM) &= \sum_{\substack{M_1M_2\\M_3M_{23}}} C^{JM}_{J_1M_1J_{23}M_{23}} C^{J_{23}M_{23}}_{J_2M_2J_3M_3}\psi(J_1M_1)\psi(J_2M_2)\psi(J_3M_3) \\
\psi(J_1J_3(J_{13})J_2, JM) &= \sum_{\substack{M_1M_2\\M_3M_{13}}} C^{J_{13}M_{13}}_{J_1M_1J_3M_3} C^{JM}_{J_{13}M_{13}J_2M_2}\psi(J_1M_1)\psi(J_2M_2)\psi(J_3M_3)
\end{aligned}\right. \tag{9.12.19}
$$

考虑将式(9.12.18)代入式(9.12.19)得

$$
\begin{aligned}
&\psi(J_1J_2(J_{12})J_3, JM) \\
&\quad = \sum_{J'M'J_{23}} \sum_{\substack{M_1M_2M_3\\M_{12}M_{23}}} C^{J_{12}M_{12}}_{J_1M_1J_2M_2} C^{JM}_{J_{12}M_{12}J_3M_3} C^{J'M'}_{J_1M_1J_{23}M_{23}} C^{J_{23}M_{23}}_{J_2M_2J_3M_3}\psi(J_1J_2J_3(J_{23}), J'M')
\end{aligned}
$$

$$= \sum_{J'M'J_{13}} \sum_{\substack{M_1 M_2 M_3 \\ M_{12} M_{13}}} C_{J_1 M_1 J_2 M_2}^{J_{12} M_{12}} C_{J_{12} M_{12} J_3 M_3}^{JM} C_{J_1 M_1 J_3 M_3}^{J_{13} M_{13}} C_{J_{13} M_{13} J_2 M_2}^{J'M'} \psi(J_1 J_3 (J_{13}) J_2, J'M')$$

(9.12.20)

$$\psi(J_1 J_2 J_3 (J_{23}), JM)$$
$$= \sum_{J'M'J_{12}} \sum_{\substack{M_1 M_2 M_3 \\ M_{12} M_{23}}} C_{J_1 M_1 J_{23} M_{23}}^{JM} C_{J_2 M_2 J_3 M_3}^{J_{23} M_{23}} C_{J_1 M_1 J_2 M_2}^{J_{12} M_{12}} C_{J_{12} M_{12}, J_3 M_3}^{J'M'} \psi(J_1 J_2 (J_{12}) J_3, J'M')$$
$$= \sum_{J'M'J_{13}} \sum_{\substack{M_1 M_2 M_3 \\ M_{23} M_{13}}} C_{J_1 M_1 J_{23} M_{23}}^{JM} C_{J_2 M_2 J_3 M_3}^{J_{23} M_{23}} C_{J_1 M_1 J_3 M_3}^{J_3 M_{M_3}} C_{J_{13} M_{13}, J_2 M_2}^{J'M'} \psi(J_1 J_3 (J_{13}) J_2, J'M')$$

(9.12.21)

$$\psi(J_1 J_3 (J_{13}) J_2, JM)$$
$$= \sum_{J'M'J_{12}} \sum_{\substack{M_1 M_2 M_3 \\ M_{12} M_{13}}} C_{J_1 M_1 J_3 M_3}^{J_{13} M_{13}} C_{J_{13} M_{13} J_2 M_2}^{JM} C_{J_1 M_1 J_2 M_2}^{J_{12} M_{12}} C_{J_{12} M_{12}, J_3 M_3}^{J'M'} \psi(J_1 J_2 (J_{12}) J_3, J'M')$$
$$= \sum_{J'M'J_{23}} \sum_{\substack{M_1 M_2 M_3 \\ M_{23} M_{13}}} C_{J_1 M_1 J_3 M_3}^{J_{13} M_{13}} C_{J_{13} M_{13} J_2 M_2}^{JM} C_{J_1 M_1 J_{23} M_{23}}^{J'M'} C_{J_2 M_2 J_3 M_3}^{J_{23} M_{23}} \psi(J_1 J_2 J_3 (J_{23}), J'M')$$

(9.12.22)

从式(9.12.20)～式(9.12.22)导出这三套基底间的变换系数为

$$\begin{cases} \langle J_1 J_2 (J_{12}) J_3, JM \mid J_1 J_2 J_3 (J_{23}), J'M' \rangle \\ \quad = \delta_{JJ'} \delta_{MM'} \sqrt{(2J_{12}+1)(2J_{23}+1)} W(J_1 J_2 J J_3, J_{12} J_{23}) \\ \langle J_1 J_2 (J_{12}) J_3, JM \mid J_1 J_3 (J_{13}) J_2, J'M' \rangle \\ \quad = \delta_{JJ'} \delta_{MM'} (-1)^{J_1+J-J_{12}-J_{13}} \sqrt{(2J_{12}+1)(2J_{13}+1)} W(J_2 J_1 J J_3, J_{12} J_{13}) \\ \langle J_1 J_2 J_3 (J_{23}), JM \mid J_1 J_3 (J_{13}) J_2, J'M' \rangle \\ \quad = \delta_{JJ'} \delta_{MM'} (-1)^{J_2+J_3-J_{23}} \sqrt{(2J_{23}+1)(2J_{13}+1)} W(J_2 J_3 J J_1, J_{23} J_{13}) \end{cases}$$

(9.12.23)

引进符号

$$\begin{cases}\langle J_1J_2(J_{12})J_3J \mid J_1J_2J_3(J_{23})J\rangle = \sqrt{(2J_{12}+1)(2J_{23}+1)}\,W(J_1J_2JJ_3,J_{12}J_{23})\\ \langle J_1J_2(J_{12})J_3J \mid J_1J_3(J_{13})J_2J\rangle\\ \quad = (-1)^{J_1+J-J_{12}-J_{13}}\sqrt{(2J_{12}+1)(2J_{13}+1)}\,W(J_2J_1JJ_3,J_{12}J_{13})\\ \langle J_1J_2J_3(J_{23})J \mid J_1J_3(J_{13})J_2J\rangle\\ \quad = (-1)^{J_2+J_3-J_{23}}\sqrt{(2J_{23}+1)(2J_{13}+1)}\,W(J_2J_3JJ_1,J_{23}J_{13})\end{cases} \tag{9.12.24}$$

则有

$$\begin{cases}\langle J_1J_2(J_{12})J_3JM \mid J_1J_2J_3(J_{23})J'M'\rangle = \delta_{JJ'}\delta_{MM'}\langle J_1J_2(J_{12})J_3J \mid J_1J_2J_3(J_{23})J\rangle\\ \langle J_1J_2(J_{12})J_3JM \mid J_1J_3(J_{13})J_2J'M'\rangle = \delta_{JJ'}\delta_{MM'}\langle J_1J_2(J_{12})J_3J \mid J_1J_3(J_{13})J_2J\rangle\\ \langle J_1J_2J_3(J_{23})JM \mid J_1J_3(J_{13})J_2J'M'\rangle = \delta_{JJ'}\delta_{MM'}\langle J_1J_2J_3(J_{23})J \mid J_1J_3(J_{13})J_2J\rangle\end{cases} \tag{9.12.25}$$

代入则有

$$\begin{aligned}\psi(J_1J_2(J_{12})J_3,JM) &= \sum_{J_{23}}\langle J_1J_2J_3(J_{23})J \mid J_1J_2(J_{12})J_3J\rangle\psi(J_1J_2J_3(J_{23}),JM)\\ &= \sum_{J_{13}}\langle J_1J_3(J_{13})J_2J \mid J_1J_2(J_{12})J_3J\rangle\psi(J_1J_3(J_{13})J_2,JM)\end{aligned} \tag{9.12.26}$$

$$\begin{aligned}\psi(J_1J_2J_3(J_{23}),JM) &= \sum_{J_{12}}\langle J_1J_2(J_{12})J_3J \mid J_1J_2J_3(J_{23})J\rangle\psi(J_1J_2(J_{12})J_3,JM)\\ &= \sum_{J_{13}}\langle J_1J_3(J_{13})J_2J \mid J_1J_2J_3(J_{23})J\rangle\psi(J_1J_3(J_{13})J_2,JM)\end{aligned} \tag{9.12.27}$$

$$\begin{aligned}\psi(J_1J_3(J_{13})J_2,JM) &= \sum_{J_{23}}\langle J_1J_2(J_{12})J_3J \mid J_1J_3(J_{13})J_2J\rangle\psi(J_1J_2(J_{12})J_3,JM)\\ &= \sum_{J_{23}}\langle J_1J_3J_2(J_{23})J \mid J_1J_3(J_{13})J_2J\rangle\psi(J_1J_2J_3(J_{23}),JM)\end{aligned} \tag{9.12.28}$$

9.13 表示 $D_{J_1} \otimes D_{J_2} \otimes D_{J_3} \otimes D_{J_4}$ 的分解，U 系数

本节讨论四个表示的直积

$$D_{J_1} \otimes D_{J_2} \otimes D_{J_3} \otimes D_{J_4}$$

我们先指定构成直积的顺序，先按

$$\{D_{J_1} \otimes D_{J_2}\} \otimes \{D_{J_3} \otimes D_{J_4}\}$$

的顺序分解这个直积，得

$$\begin{aligned}
& D^{J_1}_{M_1K_1}(\Omega) D^{J_2}_{M_2K_2}(\Omega) D^{J_3}_{M_3K_3}(\Omega) D^{J_4}_{M_4K_4}(\Omega) \\
&= \sum_{\substack{JMK \\ J_{12}M_{12}K_{12} \\ J_{34}M_{34}K_{34}}} D^J_{MK}(\Omega) C^{J_{12}M_{12}}_{J_1M_1J_2M_2} C^{J_{34}M_{34}}_{J_3M_3J_4M_4} C^{JJ_{34}}_{J_{12}M_{12}J_{34}M_{34}} C^{J_{12}K_{12}}_{J_1K_1J_2K_2} C^{J_3K_{34}}_{J_3K_3J_4K_4} C^{JK}_{J_{12}K_{12}J_{34}K_{34}} \\
&= \sum_{\substack{JMK \\ J_{13}M_{13}K_{13} \\ J_{24}M_{24}K_{24}}} D^J_{MK}(\Omega) C^{J_{13}M_{13}}_{J_1M_1J_3M_3} C^{J_{24}M_{24}}_{J_2M_2J_4M_4} C^{JM}_{J_{13}M_{13}J_{24}M_{24}} C^{J_{13}K_{13}}_{J_1K_1J_3K_3} C^{J_{24}K_{24}}_{J_2K_2J_4K_4} C^{JK}_{J_{13}K_{13}J_{24}K_{24}}
\end{aligned} \tag{9.13.1}$$

由于 $D^J_{MK}(\Omega)$ 是正交的，所以获得恒等式

$$\begin{aligned}
& \sum_{\substack{J_{12}M_{11}K_{12} \\ J_{34}M_{34}K_{34}}} C^{J_{12}M_{12}}_{J_1M_1J_2M_2} C^{J_{34}M_{34}}_{J_3M_3J_4M_4} C^{JM}_{J_{12}M_{12}J_{34}M_{34}} C^{J_{12}K_{22}}_{J_1K_1L_2K_2K_2} C^{J_3K_{34}}_{J_3K_3K_3K_4K_4} C^{JK}_{J_{12}K_{12}J_{34}K_{34}} \\
&= \sum_{\substack{J_{13}M_{13}K_{13} \\ J_{24}M_{24}K_{24}}} C^{J_{13}M_{13}}_{J_1M_1J_3M_3} C^{J_{24}M_{24}}_{J_2M_2J_4M_4} C^{JM}_{J_{13}M_{13}J_{24}M_{24}} C^{J_{13}K_{13}}_{J_1K_1J_3K_3} C^{J_{24}K_{24}}_{J_2K_2J_4K_4} C^{JK}_{J_{13}K_{13}J_{24}K_{24}}
\end{aligned} \tag{9.13.2}$$

乘以 $\sum\limits_{M_1M_2M_3M_4} C^{J'_{13}M'_{13}}_{J_1M_1J_3M_3} C^{J'_{24}M'_{24}}_{J_2M_2J_4M_4} \sum\limits_{K_1K_2K_3K_4} C^{J'_{12}K'_{12}}_{J_1K_1J_2K_2} C^{J'_{34}K'_{34}}_{J_3K_3J_4K_4}$ 得

$$\begin{aligned}
& \sum_{\substack{M_1M_2M_3M_4 \\ M_{12}M_{34}}} C^{J_{12}M_{12}}_{J_1M_1J_2M_2} C^{J_{34}M_{34}}_{J_3M_3J_4M_4} C^{JM}_{J_{12}M_{12}J_{34}M_{34}} C^{J_{13}M_{13}}_{J_1M_1J_3M_3} C^{J_{24}M_{24}}_{J_2M_2J_4M_4} C^{JK}_{J_{12}K_{12}J_{34}K_{34}} \\
&= \sum_{K_1K_2K_3K_4} C^{J_{13}K_{24}}_{K_1K_1J_2K_2} C^{J_{34}K_{34}}_{J_3K_3J_4K_4} C^{J_{13}K_{13}}_{J_1K_1J_3K_3} C^{J_{24}K_{24}}_{J_2K_2J_4K_4} C^{JK}_{J_{13}K_{13}J_{24}K_{24}} C^{JM}_{J_{13}M_{13}J_{24}M_{24}}
\end{aligned}$$

乘以 $\sum_{M_{13}M_{24}K_{12}K_{34}} C^{J'M'}_{J_{13}M_{13}J_{24}M_{24}} C^{JK}_{J_{12}K_{12}J_{34}K_{34}}$ 得

$$\sum_{\substack{M_1M_2M_3M_4\\ M_{12}M_{34}M_{13}M_{24}}} C^{J_{12}M_{12}}_{J_1M_1J_2M_2} C^{J_3M_{34}}_{J_3M_3J_4M_4} C^{JM}_{J_{12}M_{12}J_{34}M_{34}} C^{J_{33}M_{13}}_{J_1M_1J_3M_3} C^{J_{22}M_{24}}_{J_2M_2J_4M_4} C^{J'M'}_{J_{13}M_{13}J_{24}M_{24}}$$

$$= \delta_{JJ'}\delta_{MM'} \sum_{\substack{K_1K_2K_3K_4\\ K_{12}K_{34}K_{13}K_{24}}} C^{J_{12}K_{12}}_{J_1K_1J_2K_2} C^{J_{34}K_{34}}_{J_3K_3J_4K_4} C^{JK}_{J_{12}K_{12}J_{34}K_{34}} C^{J_{13}K_{13}}_{J_1K_1J_3K_3} C^{J_{24}K_{24}}_{J_2K_2J_4K_4} C^{JK}_{J_{13}K_{13}J_{24}K_{24}}$$

$$= \delta_{JJ'}\delta_{MM'} \frac{1}{2J+1} \sum_{\substack{K_1K_2K_3K_4K\\ K_{12}K_{34}K_{13}K_{24}}} C^{J_{12}K_{12}}_{K_{12}K_1J_2J_{24}K_2} C^{J_{34}K_{34}}_{J_3K_3J_4K_4} C^{JK}_{J_{12}K_{12}J_{34}K_{34}} C^{J_{13}K_{13}}_{J_1K_1J_3K_3} C^{J_{24}K_{24}}_{J_2K_2J_4K_4} C^{JK}_{J_{13}K_{13}J_{24}K_{24}}$$

$$= \delta_{JJ'}\delta_{MM'} \sqrt{(2J_{12}+1)(2J_{34}+1)(2J_{13}+1)(2J_{24}+1)}\, U\begin{pmatrix} J_1 & J_2 & J_{12}\\ J_3 & J_4 & J_{34}\\ J_{13} & J_{24} & J \end{pmatrix} \tag{9.13.3}$$

其中

$$U\begin{pmatrix} J_1 & J_2 & J_{12}\\ J_3 & J_4 & J_{34}\\ J_{13} & J_{24} & J \end{pmatrix} = \frac{1}{(2J+1)\sqrt{(2J_{12}+1)(2J_{34}+1)(2J_{13}+1)(2J_{24}+1)}}$$

$$\cdot \sum_{\substack{K_1K_2K_3K_4K\\ K_{12}K_{34}K_{13}K_{24}}} C^{J_{12}K_{12}}_{J_1K_1J_2K_2} C^{J_{34}K_{34}}_{J_3K_3J_4K_4} C^{JK}_{J_{12}K_{12}J_{34}K_{34}}$$

$$\cdot C^{J_{13}K_{13}}_{J_1K_1J_3K_3} C^{J_{24}K_{24}}_{J_2K_2J_4K_4} C^{JK}_{J_{13}K_{13}J_{24}K_{24}} \tag{9.13.4}$$

称为 U 系数,显然它是基矢

$$\psi^{(J_1J_2)(J_3J_4)}_M = \sum_{\substack{M_1M_2M_3\\ M_4M_{12}M_{34}}} C^{J_{12}M_{12}}_{J_1M_1J_2M_2} C^{J_3M_{34}}_{J_3M_3J_4M_4} C^{JM}_{J_{12}M_{12}J_{34}M_{34}} \psi(J_1M_1)\psi(J_2M_2)\psi(J_3M_3)\psi(J_4M_4)$$

$$\psi^{(J_1J_3)(J_2J_4)}_M = \sum_{\substack{M_1M_2M_3\\ M_4M_{12}M_{34}}} C^{J_{13}M_{13}}_{J_1M_1J_3M_3} C^{J_{24}M_{24}}_{J_2M_2J_4M_4} C^{JM}_{J_{13}M_{13}J_{24}M_{24}} \psi(J_1M_1)\psi(J_2M_2)\psi(J_3M_3)\psi(J_4M_4)$$

间的变换系数,即

$$\psi^{(J_1J_3)(J_2J_4)}_M = \sum_{\substack{M_1M_2M_3\\ M_4M_{13}M_{24}}} C^{J_{13}M_{13}}_{J_1M_1J_3M_3} C^{J_{24}M_{24}}_{J_2M_2J_4M_4} C^{JM}_{J_{13}M_{13}J_{24}M_{24}}$$

$$\cdot \sum_{\substack{J'M'\\ J_{12}M_{12}}} C^{J_{12}M_{12}}_{J_1M_1J_2M_2} C^{J_{34}M_{34}}_{J_3M_3J_4M_4} C^{JM}_{J_{12}M_{12}J_{34}M_{34}} \psi^{(J_1J_2)(J_3J_4)}_M$$

$$= \sum_{J_{12}J_{34}} \sqrt{(2J_{12}+1)(2J_{34}+1)(2J_{13}+1)(2J_{24}+1)}$$

$$\cdot U_{13} \begin{pmatrix} J_1 & J_2 & J_{12} \\ J_3 & J_4 & J_{34} \\ J_{13} & J_{24} & J \end{pmatrix} \psi_M^{(J_1J_2)(J_3J_4)} \quad (9.13.5)$$

或者

$$\psi_M^{(J_1J_3)(J_2J_4)} = \sum_{J_{12}J_{34}} \sqrt{(2J_{12}+1)(2J_{34}+1)(2J_{13}+1)(2J_{24}+1)}\, U_{13} \begin{pmatrix} J_1 & J_2 & J_{12} \\ J_3 & J_4 & J_{34} \\ J_{13} & J_{24} & J \end{pmatrix} \psi_M^{(J_1J_2)(J_3J_4)} \quad (9.13.6)$$

如果我们有展开

$$\psi_M^{(J_1J_3)(J_2J_4)} = \sum_{\substack{J'M' \\ J_{12}J_{34}}} \langle J_1J_2(J_{12})J_3J_4(J_{34}),J'M' \mid J_1J_3(J_{13})J_2J_4(J_{24}),JM\rangle \psi_{M'}^{(J_1J_2)(J_3J_4)}$$

那么则有

$$\begin{aligned} &\langle J_1J_2(J_{12})J_3J_4(J_{34}),JM \mid J_1J_3(J_{13})J_2J_4(J_{24}),J'M'\rangle \\ &= \delta_{JJ'}\delta_{MM'}\langle J_1J_2(J_{12})J_3J_4(J_{34})J \mid J_1J_3(J_{13})J_2J_4(J_{24})J\rangle \end{aligned} \quad (9.13.7)$$

其中

$$\begin{aligned} &\langle J_1J_2(J_{12})J_3J_4(J_{34}),J \mid J_1J_3(J_{13})J_2J_4(J_{24}),J\rangle \\ &= \sqrt{(2J_{12}+1)(2J_{34}+1)(2J_{13}+1)(2J_{24}+1)}\, U \begin{pmatrix} J_1 & J_2 & J_{12} \\ J_3 & J_4 & J_{34} \\ J_{13} & J_{24} & J \end{pmatrix} \end{aligned} \quad (9.13.8)$$

类似地可以推出

$$\psi_M^{(J_1J_2)(J_3J_4)} = \sum_{J_{13}J_{24}} \sqrt{(2J_{12}+1)(2J_{34}+1)(2J_{13}+1)(2J_{24}+1)}\, U \begin{pmatrix} J_1 & J_2 & J_{12} \\ J_3 & J_4 & J_{34} \\ J_{13} & J_{24} & J \end{pmatrix} \psi_M^{(J_1J_3)(J_2J_4)} \quad (9.13.9)$$

因此,从式(9.13.6)、式(9.13.9)可导出,U 系数的正交关系,即

$$\psi_M^{(J_1J_2)(J_3J_4)} = \sum_{J_{13}J_{24}} \sqrt{(2J_{12}+1)(2J_{34}+1)(2J_{13}+1)(2J_{24}+1)}\, U \begin{pmatrix} J_1 & J_2 & J_{12} \\ J_3 & J_4 & J_{34} \\ J_{13} & J_{24} & J \end{pmatrix}$$

$$\cdot \sum_{J'_{12}J'_{34}} \sqrt{(2J'_{12}+1)(2J'_{34}+1)(2J_{13}+1)(2J_{24}+1)}$$

$$\cdot U\begin{pmatrix} J_1 & J_2 & J'_{12} \\ J_3 & J_4 & J'_{34} \\ J_{13} & J_{24} & J \end{pmatrix} \psi_M^{(J_1J_2)'(J_3J_4)'} \tag{9.13.10}$$

或者

$$\sum_{J_{13}J_{24}} (2J_{12}+1)(2J_{34}+1)(2J_{13}+1)(2J_{24}+1)$$

$$\cdot U\begin{pmatrix} J_1 & J_2 & J_{12} \\ J_3 & J_4 & J_{34} \\ J_{13} & J_{24} & J \end{pmatrix} U\begin{pmatrix} J_1 & J_2 & J'_{12} \\ J_3 & J_4 & J'_{34} \\ J_{13} & J_{24} & J \end{pmatrix} = \delta_{J_{12}J'_{12}} \delta_{J_{33}J_{34}} \tag{9.13.11}$$

类似地可以导出

$$\sum_{J_{12}J_{34}} (2J_{12}+1)(2J_{34}+1)(2J_{13}+1)(2J_{24}+1)$$

$$\cdot U\begin{pmatrix} J_1 & J_2 & J_{12} \\ J_3 & J_4 & J_{34} \\ J_{13} & J_{24} & J \end{pmatrix} U\begin{pmatrix} J_1 & J_2 & J_{12} \\ J_3 & J_4 & J_{34} \\ J'_{13} & J'_{24} & J \end{pmatrix} = \delta_{J_{13}J'_{13}} \delta_{J_{24}J'_{24}} \tag{9.13.12}$$

下面我们讨论 U 系数的对称性质，从式(9.13.4)，并利用式(9.11.24)所定义的 Wigner 系数得

$$U\begin{pmatrix} J_1 & J_2 & J_{12} \\ J_3 & J_4 & J_{34} \\ J_{13} & J_{24} & J \end{pmatrix} = \sum_{\substack{K_1K_2K_3K_4K \\ K_{12}K_{34}K_{13}K_{24}}} (-1)^{J_1-J_2-K_{12}} (-1)^{J_3-J_4-K_{34}} (-1)^{J_{12}-J_{34}+K}$$

$$\cdot (-1)^{J_1-J_3-K_{13}} (-1)^{J_2-J_4-K_{24}} (-1)^{J_{13}-J_{24}+K}$$

$$\cdot \begin{pmatrix} J_1 & J_2 & J_{12} \\ K_1 & K_2 & K_{12} \end{pmatrix} \begin{pmatrix} J_3 & J_4 & J_{34} \\ K_3 & K_4 & K_{34} \end{pmatrix} \begin{pmatrix} J_{12} & J_{34} & J \\ -K_{12} & -K_{34} & -K \end{pmatrix}$$

$$\cdot \begin{pmatrix} J_1 & J_3 & J_{13} \\ K_1 & K_3 & K_{13} \end{pmatrix} \begin{pmatrix} J_2 & J_4 & J_{24} \\ K_2 & K_4 & K_{24} \end{pmatrix} \begin{pmatrix} J_{13} & J_{24} & J \\ -K_{13} & -K_{24} & -K \end{pmatrix}$$

$$= \sum_{K_1K_2K_3K_4} \begin{pmatrix} J_1 & J_2 & J_{12} \\ K_1 & K_2 & K_{12} \end{pmatrix} \begin{pmatrix} J_3 & J_4 & J_{34} \\ K_3 & K_4 & K_{34} \end{pmatrix} \begin{pmatrix} J_{12} & J_{34} & J \\ K_{12} & K_{34} & K \end{pmatrix}$$

$$\cdot \begin{pmatrix} J_1 & J_3 & J_{13} \\ K_1 & K_3 & K_{13} \end{pmatrix} \begin{pmatrix} J_2 & J_4 & J_{24} \\ K_2 & K_4 & K_{24} \end{pmatrix} \begin{pmatrix} J_{13} & J_{24} & J \\ K_{13} & K_{24} & K \end{pmatrix}$$

或者

$$U\begin{pmatrix} J_1 & J_2 & J_{12} \\ J_3 & J_4 & J_{34} \\ J_{13} & J_{24} & J \end{pmatrix} = \sum_{\substack{K_1K_2K_3K_4K \\ K_{12}K_{34}K_{13}K_{24}}} \begin{pmatrix} J_1 & J_2 & J_{12} \\ K_1 & K_2 & K_{12} \end{pmatrix}\begin{pmatrix} J_3 & J_4 & J_{34} \\ K_3 & K_4 & K_{34} \end{pmatrix}\begin{pmatrix} J_{12} & J_{34} & J \\ K_{12} & K_{34} & K \end{pmatrix}$$

$$\cdot \begin{pmatrix} J_1 & J_3 & J_{13} \\ K_1 & K_3 & K_{13} \end{pmatrix}\begin{pmatrix} J_2 & J_4 & J_{24} \\ K_2 & K_4 & K_{24} \end{pmatrix}\begin{pmatrix} J_{13} & J_{24} & J \\ K_{13} & K_{24} & K \end{pmatrix} \quad (9.13.13)$$

其中我们计算了相因子

$$\begin{aligned} &(-1)^{(2J_1-2J_4+J_{12}-J_{34}+J_{13}-J_{24})+(-K_{12}-K_{34}-K_{13}-K_{24}+2K)+(J_{12}+J_{34}+J+J_{13}+J_{24}+J)} \\ &= (-1)^{2J_1-2J_4+2J+2J_{12}+2J_{13}+4K} = (-1)^{2K_1-2K_4+2K+2K_{12}+2K_{13}} \\ &= (-1)^{2(K_1-K_4-K_{12}-K_{34}+K_{12}+K_{13})} = (-1)^{2(K_1-K_4+K_{13}-K_{34})} \\ &= (-1)^{2(K_1-K_4-K_1-K_3+K_3+K_4)} = (-1)^0 = 1 \end{aligned}$$

利用式(9.13.13)我们可以导出如下的对称性质：

$$\begin{aligned} U\begin{pmatrix} J_1 & J_2 & J_{12} \\ J_3 & J_4 & J_{34} \\ J_{13} & J_{24} & J \end{pmatrix} &= U\begin{pmatrix} J_1 & J_3 & J_{13} \\ J_2 & J_4 & J_{24} \\ J_{12} & J_{34} & J \end{pmatrix} = U\begin{pmatrix} J & J_{34} & J_{12} \\ J_{24} & J_4 & J_2 \\ J_{13} & J_3 & J_1 \end{pmatrix} \\ &= (-1)^{\sigma}U\begin{pmatrix} J_3 & J_4 & J_{34} \\ J_1 & J_2 & J_{12} \\ J_{13} & J_{24} & J \end{pmatrix} = (-1)^{\sigma}\begin{pmatrix} J_1 & J_2 & J_{12} \\ J_{13} & J_{24} & J \\ J_3 & J_4 & J_{34} \end{pmatrix}U \\ &= (-1)^{\sigma}U\begin{pmatrix} J_{13} & J_{24} & J \\ J_3 & J_4 & J_{34} \\ J_1 & J_2 & J_{12} \end{pmatrix} = (-1)^{\sigma}U\begin{pmatrix} J_2 & J_1 & J_{12} \\ J_4 & J_3 & J_{34} \\ J_{24} & J_{13} & J \end{pmatrix} \\ &= (-1)^{\sigma}\begin{pmatrix} J_1 & J_{12} & J_2 \\ J_3 & J_{34} & J_4 \\ J_{13} & J & J_{24} \end{pmatrix}U = (-1)^{\sigma}U\begin{pmatrix} J_{12} & J_2 & J_1 \\ J_{34} & J_4 & J_3 \\ J & J_{24} & J_{13} \end{pmatrix} \end{aligned}$$

(9.13.14)

其中，$\sigma = J_1 + J_2 + J_3 + J_4 + J_{12} + J_{34} + J_{13} + J_{24} + J$，这意味着：

(1) 进行一次转置，U 系数不变；

(2) 行(或列)间进行一次奇置换 U 系数增加一个相$(-1)^{\sigma}$，这时进行一次偶置换的话，U 系数不变.

我们可以进一步将 U 系数表示了三个拉卡系数的乘积之和.为此考虑如下基矢:

$$\left\{\begin{aligned}
\psi_M^{(J_1J_2)(J_3J_4)} &= \sum_{\substack{M_1M_2M_3\\M_4M_{12}M_{34}}} C_{J_1M_1J_2M_2}^{J_{12}M_{12}} C_{J_3M_3J_4M_4}^{J_{34}M_{34}} C_{J_{12}M_{12}J_{34}M_{34}}^{JM} \\
&\quad \times \psi(J_1M_1)\psi(J_2M_2)\psi(J_3M_3)\psi(J_4M_4) \\
\psi_M^{[(J_1J_2)J_3]J_4} &= \sum_{\substack{M_1M_2M_3\\M_4M_{12}M_{123}}} C_{J_1M_1J_2M_2}^{J_{12}M_{12}} C_{J_{12}M_{12}J_3M_3}^{J_{123}M_{123}} C_{J_{123}M_{123}J_4M_4}^{JM} \\
&\quad \times \psi(J_1M_1)\psi(J_2M_2)\psi(J_3M_3)\psi(J_4M_4) \\
\psi_M^{[J_1(J_2J_3)]J_4} &= \sum_{\substack{M_1M_2M_3\\M_4M_{23}M_{123}}} C_{J_1M_1J_{23}M_{23}}^{J_{123}M_{123}} C_{J_2M_2J_3M_3}^{J_{23}M_{23}} C_{J_{123}M_{123}J_4M_4}^{JM} \\
&\quad \times \psi(J_1M_1)\psi(J_2M_2)\psi(J_3M_3)\psi(J_4M_4) \\
\psi_M^{J_1[(J_2J_3)J_4]} &= \sum_{\substack{M_1M_2M_3\\M_4M_{23}M_{234}}} C_{J_1M_1J_{234}M_{234}}^{JM} C_{J_2M_2J_3M_3}^{J_{23}M_{23}} C_{J_{23}M_{23}J_4M_4}^{J_{234}M_{234}} \\
&\quad \times \psi(J_1M_1)\psi(J_2M_2)\psi(J_3M_3)\psi(J_4M_4) \\
\psi_M^{J_1[J_2(J_3J_4)]} &= \sum_{\substack{M_1M_2M_3\\M_4M_{31}M_{234}}} C_{J_1M_1J_{234}M_{234}}^{JM} C_{J_2M_{21}J_{34}M_{34}}^{J_{234}M_{234}} C_{J_3M_3J_4M_4}^{J_{34}M_{34}} \\
&\quad \times \psi(J_1M_1)\psi(J_2M_2)\psi(J_3M_3)\psi(J_4M_4)
\end{aligned}\right. \tag{9.13.15}$$

其中

$$J_{12} = (J_1J_2),\quad J_{23} = (J_2J_3),\quad J_{34} = (J_3J_4)$$
$$J_{123} = [(J_1J_2)J_3] = [J_1(J_2J_3)],\quad J_{234} = [(J_2J_3)J_4] = [J_2(J_3J_4)]$$
$$J = (J_1J_2)(J_3J_4) = [(J_1J_2)J_3]J_4 = [J_1(J_2J_3)]J_4 = J_1[(J_2J_3)J_4] = J_1[J_2(J_3J_4)]$$

等等.利用式(9.13.15)可以证明

$$\begin{aligned}
\psi_M^{(J_1J_2)(J_3J_4)} &= \sum_{J_{123}} \langle J_{12}J_3(J_{123})J_4J \mid J_{12}J_3J_4(J_{34})J\rangle \psi_M^{[(J_1J_2)J_3]J_4} \\
&= \sum_{J_{234}} \langle J_1J_2(J_{12})J_{34}J \mid J_1J_2J_{34}(J_{234})J\rangle \psi_M^{J_1[J_2(J_3J_4)]} \\
\psi_M^{[(J_1J_2)J_3]J_4} &= \sum_{J_{23}} \langle J_1J_2(J_{12})J_3J_{123} \mid J_1J_2J_3(J_{23})J_{123}\rangle \psi_M^{[J_1(J_2J_3)]J_4} \\
&= \sum_{J_{34}} \langle J_{12}J_3(J_{123})J_4J \mid J_{12}J_3J_4(J_{34})J\rangle \psi_M^{(J_1J_2)(J_3J_4)}
\end{aligned}$$

$$
\begin{aligned}
\psi_M^{[J_1(J_2J_3)]J_4} &= \sum_{J_{234}} \langle J_1J_{23}(J_{123})J_4J \mid J_1J_{23}J_4(J_{234})J_{123}\rangle \psi_M^{J_1[(J_2J_3)J_4]} \\
&= \sum_{J_{12}} \langle J_1J_2(J_{12})J_3J_{123} \mid J_1J_2J_3(J_{23})J\rangle \psi_M^{[(J_1J_2)J_3]J_4} \\
\psi_M^{J_1[(J_2J_3)J_4]} &= \sum_{J_{34}} \langle J_2J_3(J_{23})J_4J_{234} \mid J_2J_3J_4(J_{34})J_{234}\rangle \psi_M^{J_1[J_2(J_3J_4)]} \\
&= \sum_{J_{123}} \langle J_1J_{23}(J_{123})J_4J \mid J_1J_{23}J_4(J_{234})J\rangle \psi_M^{[J_1(J_2J_3)]J_4} \\
\psi_M^{J_1[J_2(J_3J_4)]} &= \sum_{J_{12}} \langle J_1J_2(J_{12})J_{34}J \mid J_1J_2J_{34}(J_{234})J\rangle \psi_M^{(J_1J_2)(J_3J_4)} \\
&= \sum_{J_{23}} \langle J_2J_3(J_{23})J_4J_{234} \mid J_2J_3J_4(J_{34})J_{234}\rangle \psi_M^{J_1[(J_2J_3)J_4]}
\end{aligned}
$$

利用式(9.12.23)获得

$$
\begin{cases}
\psi_M^{(J_1J_2)(J_3J_4)} = \sum\limits_{J_{123}} \sqrt{(2J_{123}+1)(2J_{34}+1)}\, W(J_{12}J_3J_4, J_{123}J_{34})\, \psi_M^{[(J_1J_2)J_3]J_4} \\
\psi_M^{[(J_1J_2)J_3]J_4} = \sum\limits_{J_{23}} \sqrt{(2J_{12}+1)(2J_{23}+1)}\, W(J_1J_2J_{123}J_3, J_{12}J_{23})\, \psi_M^{[J_1(J_2J_3)]J_4} \\
\psi_M^{[J_1(J_2J_3)]J_4} = \sum\limits_{J_{234}} \sqrt{(2J_{123}+1)(2J_{234}+1)}\, W(J_1J_{23}J_4, J_{123}J_{234})\, \psi_M^{J_1[(J_2J_3)J_4]} \\
\psi_M^{J_1[(J_2J_3)J_4]} = \sum\limits_{J_{34}} \sqrt{(2J_{23}+1)(2J_{34}+1)}\, W(J_2J_3J_{234}J_4, J_{23}J_{34})\, \psi_M^{J_1[J_2(J_3J_4)]} \\
\psi_M^{J_1[J_2(J_3J_4)]} = \sum\limits_{J_{12}} \sqrt{(2J_{12}+1)(2J_{234}+1)}\, W(J_1J_2J_{34}, J_{12}J_{234})\, \psi_M^{(J_1J_2)(J_3J_4)}
\end{cases}
\tag{9.13.16}
$$

以及

$$
\begin{cases}
\psi_M^{(J_1J_2)(J_3J_4)} = \sum\limits_{J_{234}} \sqrt{(2J_{12}+1)(2J_{234}+1)}\, W(J_1J_2J_{34}, J_{12}J_{234})\, \psi_M^{J_1[J_2(J_3J_4)]} \\
\psi_M^{J_M[J_2(J_3J_4)]} = \sum\limits_{J_{23}} \sqrt{(2J_{23}+1)(2J_{34}+1)}\, W(J_2J_3J_{234}J_4, J_{23}J_{34})\, \psi_M^{J_1[(J_2J_3)J_4]} \\
\psi_M^{J_1[(J_2J_3)J_4]} = \sum\limits_{J_{234}} \sqrt{(2J_{123}+1)(2J_{234}+1)}\, W(J_1J_{23}JJ_4, J_{123}J_{234})\, \psi_M^{[J_1(J_2J_3)]J_4} \\
\psi_M^{[J_1(J_2J_3)]J_4} = \sum\limits_{J_{34}} \sqrt{(2J_{12}+1)(2J_{23}+1)}\, W(J_1J_2J_{123}J_3, J_{12}J_{23})\, \psi_M^{[(J_1J_2)J_3]J_4} \\
\psi_M^{[(J_1J_2)J_3]J_4} = \sum\limits_{J_{12}} \sqrt{(2J_{123}+1)(2J_{34}+1)}\, W(J_{12}J_3J_4, J_{123}J_{34})\, \psi_M^{(J_1J_2)(J_3J_4)}
\end{cases}
\tag{9.13.17}
$$

类似地将 2 与 3 置换可以得到

$$
\begin{cases}
\psi_M^{(J_1J_3)(J_2J_4)} = \sum\limits_{J_{123}} \sqrt{(2J_{123}+1)(2J_{24}+1)}\,W(J_{13}J_2J_4,J_{123}J_{24})\,\psi_M^{J_1[J_3(J_2J_4)]} \\
\psi_M^{[(J_1J_3)J_2]J_4} = \sum\limits_{J_{23}} \sqrt{(2J_{13}+1)(2J_{23}+1)}\,W(J_1J_3J_{123}J_2,J_{13}J_{23})\,\psi_M^{[J_1(J_3J_2)]J_4} \\
\psi_M^{[J_1(J_3J_2)]J_4} = \sum\limits_{J_{234}} \sqrt{(2J_{123}+1)(2J_{234}+1)}\,W(J_1J_{23}J_4,J_{123}J_{234})\,\psi_M^{J_1[(J_3J_2)J_4]} \\
\psi_M^{J_1[(J_3J_2)J_4]} = \sum\limits_{J_{24}} \sqrt{(2J_{23}+1)(2J_{24}+1)}\,W(J_3J_2J_{234}J_4,J_{23}J_{24})\,\psi_M^{J_1[J_3(J_2J_4)]} \\
\psi_M^{J_1[J_3(J_2J_4)]} = \sum\limits_{J_{13}} \sqrt{(2J_{13}+1)(2J_{234}+1)}\,W(J_1J_3JJ_{24},J_{13}J_{234})\,\psi_M^{(J_1J_3)(J_2J_4)}
\end{cases}
\tag{9.13.18}
$$

以及

$$
\begin{cases}
\psi_M^{(J_1J_3)(J_2J_4)} = \sum\limits_{J_{234}} \sqrt{(2J_{13}+1)(2J_{234}+1)}\,W(J_1J_3JJ_{24},J_{13}J_{234})\,\psi_M^{J_1[J_3(J_2J_4)]} \\
\psi_M^{J_1[J_3(J_2J_4)]} = \sum\limits_{J_{23}} \sqrt{(2J_{23}+1)(2J_{24}+1)}\,W(J_3J_2J_{234}J_4,J_{23}J_{24})\,\psi_M^{J_1[(J_3J_2)J_4]} \\
\psi_M^{J_1[(J_3J_2)J_4]} - \sum\limits_{J_{123}} \sqrt{(2J_{123}+1)(2J_{234}+1)}\,W(J_1J_{23}J_4,J_{123}J_{234})\,\psi_M^{[J_1(J_3J_2)]J_4} \\
\psi_M^{[J_1(J_3J_2)]J_4} = \sum\limits_{J_{13}} \sqrt{(2J_{13}+1)(2J_{23}+1)}\,W(J_1J_3J_{123}J_2,J_{13}J_{23})\,\psi_M^{[(J_1J_3)J_2]J_4} \\
\psi_M^{[(J_1J_3)J_2]J_4} = \sum\limits_{J_{24}} \sqrt{(2J_{123}+1)(2J_{24}+1)}\,W(J_{13}J_2JJ_4,J_{123}J_{24})\,\psi_M^{(J_1J_3)(J_2J_4)}
\end{cases}
\tag{9.13.19}
$$

基矢式(9.13.16)、式(9.13.17)与式(9.13.18)、式(9.3.19)之间存在之关系为

$$
\begin{cases}
\psi_M^{[J_1(J_2J_3)]J_4} = (-1)^{J_2+J_3-J_{23}}\,\psi_M^{[J_1(J_3J_2)]J_4} \\
\psi_M^{J_1[(J_2J_3)J_4]} = (-1)^{J_2+J_3-J_{23}}\,\psi_M^{J_1[(J_3J_2)J_4]}
\end{cases}
\tag{9.13.20}
$$

以及

$$
\begin{cases}
\psi_M^{(J_1J_2)(J_3J_4)} = \sum\limits_{J_{13}J_{24}} \sqrt{(2J_{12}+1)(2J_{34}+1)(2J_{13}+1)(2J_{24}+1)} \\
\qquad \cdot U\begin{pmatrix} J_1 & J_2 & J_{12} \\ J_3 & J_4 & J_{34} \\ J_{13} & J_{24} & J \end{pmatrix} \psi_M^{(J_1J_3)(J_2J_4)} \\
\psi_M^{(J_1J_3)(J_2J_4)} = \sum\limits_{J_{12}J_{34}} \sqrt{(2J_{12}+1)(2J_{34}+1)(2J_{13}+1)(2J_{24}+1)} \\
\qquad \cdot U\begin{pmatrix} J_1 & J_2 & J_{12} \\ J_3 & J_4 & J_{34} \\ J_{13} & J_{24} & J \end{pmatrix} \psi_M^{(J_1J_2)(J_3J_4)}
\end{cases}
\tag{9.13.21}
$$

有了这些公式,可以导出拉卡系数间的关系.

从式(9.13.16)可以获得

$$
\begin{aligned}
\psi^{(J_1J_2)(J_3J_4)} = & \sum_{J_{123}J_{23}J_{234}} (2J_{123}+1)\sqrt{(2J_{12}+1)(2J_{23}+1)(2J_{34}+1)(2J_{234}+1)} \\
& \cdot W(J_{12}J_3JJ_4, J_{123}J_{34})W(J_1J_2J_{123}J_3, J_{12}J_{23}) \\
& \cdot W(J_1J_{23}JJ_4, J_{123}J_{234})\psi_M^{J_1[(J_2J_3)J_4]}
\end{aligned}
$$

从式(9.13.17)可以获得

$$
\begin{aligned}
\psi_M^{(J_1J_2)(J_3J_4)} = & \sum_{J_{23}J_{234}} \sqrt{(2J_{12}+1)(2J_{23}+1)(2J_{34}+1)(2J_{234}+1)} \\
& \cdot W(J_1J_2JJ_{34}, J_{12}J_{234})W(J_2J_3J_{234}J_4, J_{23}J_{34})\psi^{J_1[(J_2J_3)J_4]}
\end{aligned}
$$

比较之获得

$$
\begin{aligned}
& W(J_2J_3J_{234}J_4, J_{23}J_{34})W(J_1J_2JJ_{34}, J_{12}J_{234}) \\
& \quad = \sum_{J_{123}} (2J_{123}+1)W(J_{12}J_3JJ_4, J_{123}J_{34})W(J_1J_2J_{123}J_3, J_{12}J_{23})W(J_1J_{23}JJ_4, J_{123}J_{234})
\end{aligned}
\tag{9.13.22}
$$

类似地有

$$
\begin{aligned}
& W(J_1J_2JJ_{34}, J_{12}J_{234})W(J_{12}J_3JJ_4, J_{123}J_{34}) \\
& \quad = \sum_{J_{23}} (2J_{23}+1)W(J_1J_2J_{123}J_3, J_{12}J_{23})W(J_1J_{23}JJ_4, J_{123}J_{234})W(J_2J_3J_{234}J_4, J_{23}J_{34})
\end{aligned}
\tag{9.13.23}
$$

$$
W(J_{12}J_3JJ_4, J_{123}J_{34})W(J_1J_2J_{123}J_3, J_{12}J_{23})
$$

$$= \sum_{J_{234}} (2J_{234}+1) W(J_1 J_{23} J J_4, J_{123} J_{234}) W(J_2 J_3 J_{234} J_4, J_{23} J_{34}) W(J_1 J_2 J J_{34}, J_{12} J_{234})$$

(9.13.24)

$$W(J_1 J_2 J_{123} J_3, J_{12} J_{23}) W(J_1 J_{23} J J_4, J_{123} J_{234})$$
$$= \sum_{J_{34}} (2J_{34}+1) W(J_2 J_3 J_{234} J_4, J_{23} J_{34}) W(J_1 J_2 J J_{34}, J_{12} J_{234}) W(J_1 J_3 J J_4, J_{123} J_{34})$$

(9.13.25)

$$W(J_1 J_{23} J_4, J_{123} J_{234}) W(J_2 J_3 J_{234} J_4, J_{23} J_{34})$$
$$= \sum_{J_{12}} (2J_{12}+1) W(J_1 J_2 J J_{34}, J_{12} J_{234}) W(J_{12} J_3 J J_4, J_{123} J_{34}) W(J_1 J_2 J_{123} J_3, J_{12} J_{23})$$

(9.13.26)

式(9.13.22)～式(9.13.26)可以概括地写成

$$W(abcd, ef) W(a'bc'd, e'f)$$
$$= \sum_{\lambda} (2\lambda+1) W(a'\lambda be, ae') W(a'\lambda f_c, ac') W(c\lambda de', ce') \quad (9.13.27)$$

利用式(9.13.16)、式(9.13.17)获得

$$\psi_M^{(J_1 J_2)(J_3 J_4)} = \sum_{J_{123}} \sqrt{(2J_{123}+1)(2J_{34}+1)} W(J_{12} J_3 J_4, J_{123} J_{34})$$
$$\cdot \sum_{J_{23}} \sqrt{(2J_{12}+1)(2J_{23}+1)} W(J_1 J_2 J_{123} J_3, J_{12} J_{23}) (-1)^{-J_2-J_3+J_{23}}$$
$$\cdot \sum_{J_{234}} \sqrt{(2J_{123}+1)(2J_{234}+1)} W(J_1 J_{23} J_4, J_{123} J_{234})$$
$$\cdot \sum_{J_{24}} \sqrt{(2J_{23}+1)(2J_{24}+1)} W(J_3 J_2 J_{234} J_4, J_{23} J_{24})$$
$$\cdot \sum_{J_{13}} \sqrt{(2J_{13}+1)(2J_{234}+1)} W(J_1 J_3 J J_{24}, J_{13} J_{234}) \psi_M^{(J_1 J_3)(J_2 J_4)}$$

与式(9.13.21)比较之获得

$$U\begin{pmatrix} J_1 & J_2 & J_{12} \\ J_3 & J_4 & J_{34} \\ J_{13} & J_{24} & J \end{pmatrix} = \sum_{J_{123} J_{23} J_{234}} (2J_{123}+1)(2J_{23}+1)(2J_{234}+1)(-1)^{-J_2-J_3+J_{23}}$$
$$\cdot W(J_1 J_2 J_{123}, J_{12} J_{23}) W(J_1 J_{23} J J_4, J_{123} J_{234})$$
$$\cdot W(J_3 J_2 J_{234} J_4, J_{23} J_{24}) W(J_1 J_3 J_{24}, J_{13} J_{234})$$

利用式(9.13.22)得

$$U\begin{pmatrix} J_1 & J_2 & J_{12} \\ J_3 & J_4 & J_{34} \\ J_{13} & J_{24} & J \end{pmatrix} = \sum_{J_{23}J_{234}} (2J_{123}+1)(2J_{234}+1)(-1)^{-J_2-J_3+J_{23}}$$

$$\cdot W(J_1J_2J_{234}J_4, J_{12}J_{23})W(J_1J_2JJ_{34}, J_{12}J_{234})$$

$$\cdot W(J_3J_2J_{234}J_4, J_{23}J_{24})W(J_1J_3J_{24}, J_{13}J_{234})$$

利用式(9.12.11)得

$$U\begin{pmatrix} J_1 & J_2 & J_{12} \\ J_3 & J_4 & J_{34} \\ J_{13} & J_{24} & J \end{pmatrix}$$

$$= \sum_{\lambda} (2\lambda+1)(-1)^{-2J_2-2J_3-J_4-J_{24}-J_{34}-\lambda}$$

$$\cdot W(J_2J_4\lambda J_3, J_{24}J_{34})W(J_1J_2JJ_{34}, J_{12}\lambda)W(J_1J_3J_{24}, J_{13}\lambda)$$

$$= \sum_{\lambda} (2\lambda+1)W(J_1J_2JJ_{34}, J_{12}\lambda)W(J_2J_{24}J_{34}J_3, J_4\lambda)W(J_1J_3J_{24}, J_{13}\lambda)$$

$$= (-1)^{\sigma}\sum_{\lambda} (2\lambda+1)W(J_2J_{12}J_3J_{13}, J_1\lambda)$$

$$\cdot W(J_3J_{34}J_2J_{24}, J_4\lambda)W(J_{13}J_{24}J_{12}J_{34}, J\lambda) \tag{9.13.28}$$

U 系数的变数中,如果有一个是零就简单了,而归结于拉卡系数,即

$$U\begin{pmatrix} J_1 & J_2 & J_{12} \\ J_3 & J_4 & J_{34} \\ J_{13} & J_{24} & 0 \end{pmatrix} = (-1)^{J_1+J_2+J_3+J_4+J_{12}+J_{34}+J_{13}+J_{24}} \sum_{\lambda} (2\lambda+1)$$

$$\cdot W(J_2J_{12}J_3J_{13}, J_1\lambda)W(J_3J_{34}J_2J_{24}, J_4\lambda)W(J_{13}J_{24}J_{12}J_{34}, 0\lambda)$$

由于

$$W(J_{13}J_{24}J_{12}J_{34}, 0\lambda) = (-1)^{-J_{12}-J_{13}+\lambda} \frac{\delta_{J_{12},J_{34}}\delta_{J_{13}J_{24}}}{\sqrt{(2J_{12+1})(2J_{13}+1)}}$$

所以

$$U\begin{pmatrix} J_1 & J_2 & J_{12} \\ J_3 & J_4 & J_{34} \\ J_{13} & J_{24} & 0 \end{pmatrix} = \delta_{J_{12}J_{34}}\delta_{J_{13}J_{24}} \frac{(-1)^{J_1+J_2+J_3+J_4+J_{12}+J_{13}}}{\sqrt{(2J_{12}+1)(2J_{13}+1)}} \sum_{\lambda} (2\lambda+1)(-1)^{\lambda}$$

$$\cdot W(J_2J_{12}J_3J_{13}, J_1\lambda)W(J_3J_{12}J_2J_{13}, J_4\lambda)$$

$$= \delta_{J_{12}J_{34}} \delta_{J_{13}J_{24}} \frac{(-1)^{J_1+J_2+J_3+J_4+J_{12}+J_{13}}}{\sqrt{(2J_{12}+1)(2J_{13}+1)}} \sum_{\lambda} (2\lambda+1)(-1)^{\lambda}$$

$$\cdot W(J_2 J_3 J_{12} J_{13}, \lambda J_1) W(J_3 J_2 J_{12} J_{13}, \lambda J_4)$$

利用式(9.12.11)导出

$$U\begin{pmatrix} J_1 & J_2 & J_{12} \\ J_3 & J_4 & J_{34} \\ J_{13} & J_{24} & J \end{pmatrix} = \delta_{J_{12}J_{34}} \delta_{J_{13}J_{24}} \frac{W(J_3 J_{13} J_{12} J_2, J_1 J_4)}{\sqrt{(2J_{12}+1)(2J_{13}+1)}}$$

$$= \delta_{J_{12}J_{34}} \delta_{J_{13}J_{24}}$$

$$\cdot \frac{(-1)^{J_1+J_4-J_{12}-J_{13}}}{\sqrt{(2J_{12}+1)(2J_{13}+1)}} W(J_1 J_2 J_3 J_4, J_{12} J_{13}) \quad (9.13.29)$$

简洁地有

$$U\begin{pmatrix} a & b & e \\ c & d & e \\ f & f & 0 \end{pmatrix} = \frac{(-1)^{a+b-e-f}}{\sqrt{(2e+1)(2f+1)}} W(abcd, ef) \quad (9.13.29')$$

特别地从对称性质式(9.13.14)可以导出

$$U\begin{pmatrix} a & b & e \\ c & d & e \\ f & f' & g \end{pmatrix} = 0 \quad (\text{当 } f + f' + g = \text{奇数时}) \quad (9.13.30)$$

9.14 不可约张量算符代数、约化矩阵元和几何因子

式(9.6.30)写为

$$D(\Omega) \mathrm{Y}_{JM} = \sum_{K} \mathrm{Y}_{JK} D^{J}_{KM}(\Omega) \quad (9.14.1)$$

引进内积概念之后,则有

$$D^{J}_{KM}(\Omega) = \langle JK \mid D(\Omega) \mid JM \rangle \quad (9.14.2)$$

其中

$$D(\Omega) = \mathrm{e}^{-\mathrm{i}\boldsymbol{\alpha}\cdot\boldsymbol{J}} \tag{9.14.3}$$

所以表示 D 的无穷小算符是

$$J_k = \mathrm{i}\frac{\partial D(\Omega)}{\partial \alpha_k}\bigg|_{\alpha=0} \tag{9.14.4}$$

它们满足如下的对易关系：

$$[J_r, J_s] = \mathrm{i}\varepsilon_{rst}J_t \tag{9.14.5}$$

根据式(9.6.34)我们有

$$\begin{cases} J_+ \mathrm{Y}_{JM} = \sqrt{J(J+1) - M(M+1)}\mathrm{Y}_{JM+1} \\ J_- \mathrm{Y}_{JM} = \sqrt{J(J+1) - M(M-1)}\mathrm{Y}_{JM-1} \\ J_0 \mathrm{Y}_{JM} = M\mathrm{Y}_{JM} \end{cases} \tag{9.14.6}$$

其中

$$\begin{cases} J_+ = J_1 + \mathrm{i}J_2 \\ J_- = J_1 - \mathrm{i}J_2 \\ J_0 = J_3 \end{cases} \tag{9.14.7}$$

它们满足如下的对易关系：

$$\begin{cases} [J_+, J_-] = 2J_0 \\ [J_0, J_+] = J_+ \\ [J_0, J_-] = -J_- \end{cases} \tag{9.14.8}$$

现在我们引进 k 阶不可约张量算符的概念，设有 $2k+1$ 个算符

$$T_q^k \quad (q = k, k-1, \cdots, k)$$

在 D 的作用下它的变换为

$$T_q^k \rightarrow T_q^{k'} = D(\Omega)T_q^k D^{-1}(\Omega) = \sum_{q'} T_{q'}^k D_{q'q}^k(\Omega) \tag{9.14.9}$$

根据无穷小算符的定义式(9.14.4)，从式(9.14.9)我们可以导出

$$[J_i, T_q^k] = \sum_{q'} T_{q'}^k \langle kq' \mid J_i \mid kq \rangle \tag{9.14.10}$$

利用式(9.14.6)，从式(9.14.10)可以导出

$$\begin{cases}[J_+, T_q^k] = \sqrt{k(k+1) - q(q+1)}\, T_{q+1}^k \\ [J_-, T_q^k] = \sqrt{k(k+1) - q(q-1)}\, T_{q-1}^k \\ [J_0, T_q^k] = qT_q^k\end{cases} \tag{9.14.11}$$

以式(9.14.11)为基础 Condon-Shortley 作出了关于 $k=1$ 的张量运算,而 Racah 作出了关于一般的 k 的张量运算.

我们将算符 T_q^k 作用在基矢 $\psi(jm)$上获得矢量

$$T_q^k\psi(jm)$$

然后作矢量

$$\Phi_{JM} = \sum_{q,m} T_q^k\psi(jm) C_{kq,jm}^{JM}$$

显然由于

$$\begin{aligned}D(\Omega)\Phi_{JM} &= \sum_{q'm'} D(\Omega) T_q^k D^{-1}(\Omega) D(\Omega)\psi(jm) C_{kq,jm}^{JM} \\ &= \sum_{\substack{qm \\ q'm'}} D_{q'q}^k(\Omega) D_{m'm}^j(\Omega) C_{kq,jm}^{JM} T_q^k, \psi(jm)\end{aligned}$$

利用式(9.11.19)得

$$D(\Omega)\Phi_{JM} = \sum_{\substack{q'm' \\ M'}} D_{M'M}^J(\Omega) C_{mq'\cdot jm'}^{JM'} T_{q'}^k\psi(jm') = \sum D_{M'M}^J(\Omega)\Phi_{JM'}$$

或者

$$D(\Omega)\Phi_{JM} = \sum_{M'} \Phi_{JM'} D_{M'M}^J(\Omega) \tag{9.14.12}$$

所以矢量 Φ_{JM}的变换性质与 Y_{JM}的变换性质相合.

现在求算符 T_q^k 的矩阵元:

$$\langle \alpha jm \mid T_q^k \mid \alpha' j' m' \rangle = \langle \alpha jm \mid D^{-1}(\Omega) D(\Omega) T_q^k D^{-1}(\Omega) D(\Omega) \mid \alpha' j' m' \rangle$$

其中

$$\begin{cases}D(\Omega) \mid \alpha' j' m' \rangle = \sum_{m''} \mid \alpha' j' m'' \rangle D_{m''m'}^{j'}(\Omega) \\ \langle \alpha jm \mid D^{-1}(\Omega) = \sum_{m''} D_{m''m}^{j*}(\Omega) \langle \alpha jm'' \mid \\ D(\Omega) T_q^k D^{-1}(\Omega) = \sum_{q'} D_{q'q}^k(\Omega) T_{q'}^k\end{cases}$$

代入得

$$\langle \alpha jm \mid T_q^k \mid \alpha' j' m' \rangle = \sum_{q'm''m'''} \langle \alpha jm'' \mid T_{q'}^k \mid \alpha' j' m''' \rangle D_{q'q}^k(\Omega) D_{m'''m'}^{j'}(\Omega) D_{m''m}^{j^*}(\Omega)$$

乘以$\frac{1}{8\pi^2}\int d\Omega$ 求平均得

$$\begin{aligned}\langle \alpha jm \mid T_q^k \mid \alpha' j' m' \rangle &= \frac{1}{2j+1} \sum_{q'm''m'''} \langle \alpha jm'' \mid T_{q'}^k \mid \alpha' j' m''' \rangle C_{kq',j'm'''}^{jm''} C_{kq,j'm'}^{jm} \\ &= \langle \alpha j \parallel T^{(k)} \parallel \alpha' j' \rangle C_{kq,j'm'}^{jm}\end{aligned}$$

或者

$$\langle \alpha jm \mid T_q^k \mid \alpha' j' m' \rangle = \langle \alpha j \parallel T^{(k)} \parallel \alpha' j' \rangle C_{kq,j'm'}^{jm} \tag{9.14.13}$$

其中

$$\langle \alpha j \parallel T^{(k)} \parallel \alpha' j' \rangle = \frac{1}{2j+1} \sum_{qmm'} \langle \alpha jm \mid T_q^k \mid \alpha' j' m' \rangle C_{kq,j'm'}^{jm} \tag{9.14.14}$$

称为约化矩阵元,它代表矩阵元的物理部分,而 CG 系数代表矩阵元的几何部分,例如

(1) $k=0$ 时,$T_0^0=1$,所以

$$\begin{aligned}\langle \alpha j \parallel 1 \parallel \alpha' j' \rangle &= \frac{1}{2j+1} \sum_{mm'} \langle \alpha jm \mid 1 \mid \alpha' j' m' \rangle C_{00,j'm'}^{jm} = \frac{1}{2j+1} \delta(\alpha,\alpha')\delta(j,j')\delta(m,m') \\ &= \frac{1}{2j+1} \delta(\alpha,\alpha')\delta(j,j') \sum_m 1 = \delta(\alpha,\alpha')\delta(j,j')\end{aligned}$$

或者

$$\langle \alpha j \parallel 1 \parallel \alpha' j' \rangle = \delta(\alpha,\alpha')\delta(j,j') \tag{9.14.15}$$

(2) $k=1$ 时,T_m^1 满足的关系是

$$\begin{cases}[J_+, T_m^1] = \sqrt{2-m(m+1)}\, T_{m+1}^1 \\ [J_-, T_m^1] = \sqrt{2-m(m-1)}\, T_{m-1}^1 \\ [J_0, T_m^1] = mT_m^1\end{cases} \tag{9.14.16}$$

亦即

$$\begin{cases}[J_+, T_1^1] = 0 \\ [J_-, T_1^1] = \sqrt{2}\, T_0^1 \\ [J_0, T_1^1] = T_1^1\end{cases} \tag{9.14.17}$$

$$\begin{cases}[J_+, T^1_{-1}] = \sqrt{2}T^1_0 \\ [J_-, T^1_{-1}] = 0 \\ [J_0, T^1_{-1}] = -T^1_{-1}\end{cases} \tag{9.14.18}$$

$$\begin{cases}[J_+, T^1_0] = \sqrt{2}T^1_1 \\ [J_-, T^1_0] = \sqrt{2}T^1_{-1} \\ [J_0, T^1_0] = 0\end{cases} \tag{9.14.19}$$

与对易关系式(9.14.8)相比较我们可以令

$$\begin{cases}T^1_1 = a_1 J_+ \\ T^1_{-1} = a_{-1} J_- \\ T^1_0 = a_0 J_0\end{cases}$$

这时从式(9.14.17)～式(9.14.19)导出

$$a_0 = -\sqrt{2}a_1 = \sqrt{2}a_{-1}$$

如果令 $a_0 = 1$,则有

$$a_1 = -\frac{1}{\sqrt{2}}, \quad a_{-1} = \frac{1}{\sqrt{2}}$$

因此

$$\begin{cases}T^1_1 = -\dfrac{1}{\sqrt{2}}J_+ \\ T^1_{-1} = \dfrac{1}{\sqrt{2}}J_- \\ T^1_0 = J_0\end{cases} \tag{9.14.20}$$

从而求取约化矩阵元

$$\langle \alpha j \| T^{(1)} \| \alpha' j' \rangle = \frac{1}{2j+1}\sum_{mm'\mu}\langle \alpha j m \mid T^1_\mu \mid \alpha' j' m' \rangle C^{jm}_{1\mu, j'm'}$$

根据式(9.14.20)得

$$\begin{aligned}\langle \alpha j \| T^{(1)} \| \alpha' j' \rangle &= \frac{1}{2j+1}\sum_{m,\mu}\delta(\alpha,\alpha')\delta(j,j')\langle jm+\mu \mid T^1_\mu \mid j\mu \rangle C^{jm+\mu}_{1\mu, j'm} \\ &= \frac{\delta(\alpha,\alpha')\delta(j,j')}{2j+1}\sum_m \{\langle jm+1 \mid T^1_1 \mid jm \rangle C^{jm+1}_{11,jm}\end{aligned}$$

$$
\begin{aligned}
&+\langle jm-1\mid T^1_{-1}\mid jm\rangle C^{jm-1}_{1-1,jm}+\langle jm\mid T^1_0\mid jm\rangle C^{jm}_{10,jm}\Big\}\\
&=\frac{\delta(\alpha,\alpha')\delta(j,j')}{2j+1}\sum_m\Big\{-\frac{1}{\sqrt{2}}\langle jm+1\mid J_+\mid jm\rangle C^{jm+1}_{11,jm}\\
&+\frac{1}{\sqrt{2}}\langle jm-1\mid J_-\mid jm\rangle C^{jm-1}_{11,jm}+\langle jm\mid J_0\mid jm\rangle C^{jm}_{10,jm}\Big\}\\
&=\frac{\delta(\alpha,\alpha')\delta(j,j')}{2j+1}\sum_m\Big\{-\frac{\sqrt{j(j+1)-m(m+1)}}{\sqrt{2}}C^{jm+1}_{11,jm}\\
&+\frac{\sqrt{j(j+1)-m(m-1)}}{\sqrt{2}}C^{jm-1}_{1-1,jm}+C^{jm}_{10,jm}\Big\}
\end{aligned}
$$

从 CG 系数的定义可以求

$$
\begin{cases}
C^{jm+1}_{11,jm}=\dfrac{\sqrt{j(j+1)-m(m+1)}}{\sqrt{2j(j+1)}}\\
C^{jm+1}_{1-1,jm}=\dfrac{-\sqrt{j(j+1)-m(m-1)}}{\sqrt{2j(j+1)}}\\
C^{jm+1}_{10,jm}=\dfrac{m}{\sqrt{j(j+1)}}
\end{cases}
\tag{9.14.21}
$$

代入得

$$
\begin{aligned}
\langle\alpha j\parallel T^{(1)}\parallel\alpha'j'\rangle&=\frac{\delta(\alpha,\alpha')\delta(j,j')}{(2j+1)\sqrt{j(j+1)}}\\
&\quad\cdot\sum_m\Big[-\frac{j(j+1)-m(m+1)}{2}-\frac{j(j+1)-m(m-1)}{2}-m^2\Big]\\
&=\frac{\delta(\alpha,\alpha')\delta(j,j')}{\sqrt{j(j+1)}(2j+1)}\sum_m-j(j+1)\\
&=-\delta(\alpha,\alpha')\delta(j,j')\sqrt{j(j+1)}
\end{aligned}
$$

式中，$\delta(\alpha,\alpha')$即 $\delta_{\alpha,\alpha'}$，$\delta(j,j')$及下面将出现的 $\delta(k_1,k_2)$等类似. 上面我们得到了

$$
\langle\alpha j\parallel T^{(1)}\parallel\alpha'j'\rangle=-\delta(\alpha,\alpha')\delta(j,j')\sqrt{j(j+1)}\tag{9.14.22}
$$

这时我们有

$$
\langle\alpha jm\mid T^1_\mu\mid\alpha'j'm'\rangle=\langle\alpha j\parallel T^{(1)}\parallel\alpha'j'\rangle C^{jm}_{1\mu,j'm'}\tag{9.14.23}
$$

下面研究两个不可约张量的直积：

$$U_{q_1}^{k_1} V_{q_2}^{k_2}$$

从它可以构成矢量乘积,与持量复种两种乘积,矢量乘积的定义是

$$(U^{(k_1)} \times V^{(k_2)})_q^k = \sum_{q_1 q_2} U_{q_1}^{k_1} V_{q_2}^{k} C_{k_1 q, k_2 q_2}^{kq} \tag{9.14.24}$$

显然,在 D 的变换下,它的变换是

$$\begin{aligned}
(U^{(k_1)} \times V^{(k_2)})_q^k \to (U^{(k_1)} \times V^{(k_2)})_q^{k'} &= D(\Omega)(U^{(k_1)} \times V^{(k_2)})_q^k D^{-1}(\Omega) \\
&= \sum_{q_1 q_2} D(\Omega) U_{q_1}^{k_1} D^1(\Omega) D(\Omega) V_{q_2}^{k_2} D^{-1}(\Omega) C_{k_1 q_1, k_2 q_2}^{kq} \\
&= \sum_{q_1 q_2 q_1' q_2'} D_{q_1' q_1}^{k}(\Omega) D_{q_2' q_2}^{k_2}(\Omega) C_{k_1 q_1, k_2 q_2}^{kq} U_{q_1'}^{k_1} V_{q_2'}^{k_2} \\
&= \sum_{q_1' q_2' q'} D_{q'q}^{k}(\Omega) C_{k_1 q_1', k_2 q_2'}^{kq'} U_{q_1'}^{k_1} V_{q_2'}^{k_2} \\
&= \sum_{q'} D_{q'q}^{k}(\Omega)(U^{(k_1)} \times V^{(k_2)})_{q'}^{k}
\end{aligned} \tag{9.14.25}$$

或者

$$\begin{aligned}
(U^{(k_1)} \times V^{(k_2)})_q^k \to (U^{(k_1)} \times V^{(k_2)})_q^{k'} &= D(\Omega)(U^{(k_1)} \times V^{(k_2)})_q^k D^{-1}(\Omega) \\
&= \sum_{q'} D_{q'q}^{k}(\Omega)(U^{(k_1)} \times V^{(k_2)})_{q'}^{k}
\end{aligned} \tag{9.14.26}$$

因此,矢量乘积$(U^{(k_1)} \times V^{(k_2)})_q^k$ 的变换性质与 k 阶不可约张量算符 T_q^k 的变换性质是一样的. 标量乘积的定义是

$$(U^{(k)} \cdot V^{(k)}) = \sum_q (-1)^q U_q^k V_{-q}^k \tag{9.14.27}$$

显然在 D 的变换下,它的变换是

$$\begin{aligned}
(U^{(k)} \cdot V^{(k)}) \to (U^{(k)} \cdot V^{(k)})' &= D(\Omega)(U^{(k)} \cdot V^{(k)}) D^{-1}(\Omega) \\
&= \sum_q (-1)^q D(\Omega) U_q^k D^{-1}(\Omega) D(\Omega) V_{-q}^k D^{-1}(\Omega) \\
&= \sum_{qq'q''} (-1)^q D_{q'q}^{k}(\Omega) D_{q''-q}^{k}(\Omega) U_{q'}^{k} V_{q''}^{k}
\end{aligned}$$

由于

$$C_{kq, k-q}^{0,0} = \frac{(-1)^{-k+q}}{\sqrt{2k+1}}$$

或者

$$(-1)^q = (-1)^k \sqrt{2k+1} C_{kq, k-q}^{00}$$

所以利用式(9.11.19)得

$$\begin{aligned}(U^{(k)}\cdot V^{(k)})'&=\sum_{q'q''}(-1)^k\sqrt{2k+1}\sum_q C^{0,0}_{kq,k-q}D^k_{q'q}(\Omega)D^k_{q''-q}(\Omega)U^k_{q'}V^k_{q''}\\&=\sum_{q'q''}(-1)^k\sqrt{2k+1}D^0_{00}(\Omega)C^{00}_{kq',kq'}U^k_{q'}V^k_{q''}\\&=\sum_q(-1)^k\sqrt{2k+1}C^{0,0}_{kq,k-q}U^k_qV^k_{-q}\\&=\sum_q(-1)^qU^k_qV^k_{-q}=(U^{(k)}\cdot V^{(k)})\end{aligned}$$

亦即

$$(U^{(k)}\cdot V^{(k)})\to(U^{(k)}\cdot V^{(k)})'=D(\Omega)(U^{(k)}\cdot V^{(k)})D^{-1}(\Omega)=(U^k\cdot V^{(k)})\tag{9.14.28}$$

因此标量乘积$(U^k\cdot V^{(k)})$是一个不变量,极易求出矢量乘积的零,分量就是标量乘积,即

$$(U^{(k_1)}\cdot V^{(k_2)})^0_0=\sum_{q_1q_2}U^{k_1}_{q_1}V^{k_2}_{q_2}C^{00}_{k_1q_1k_2q_2}=\sum_qU^{k_1}_qV^{k_2}_{-q}C^{00}_{k_1q_1k_2-q}$$

由于

$$C^{00}_{k_1q,k_2-q}=\delta(k_1,k_2)\frac{(-1)^{-k_1+q}}{\sqrt{2k_1+1}}$$

所以

$$\begin{aligned}(U^{(k_1)}\cdot V^{(k_2)})^0_0&=\sum_qU^{k_1}_qV^{k_2}_{-q}\delta(k_1,k_2)\frac{(-1)^{-k_1+q}}{\sqrt{2k_1+1}}\\&=\frac{(-1)^{-k_1}}{\sqrt{2k_1+1}}\delta(k_1,k_2)\sum_q(-1)^qU^{k_1}_qV^{k_1}_{-q}\\&=\delta(k_1,k_2)\frac{(-1)^{-k_1}}{\sqrt{2k_1+1}}(U^{(k_1)}\cdot V^{(k_1)})\end{aligned}$$

或者

$$(U^{(k_1)}\cdot V^{(k_2)})^0_0=\delta(k_1,k_2)\frac{(-1)^{-k_1}}{\sqrt{2k_1+1}}(U^{(k_1)}\cdot V^{(k_2)})\tag{9.14.29}$$

现在来求不可约张量算符$(U^{(k_1)}\cdot V^{(k_2)})^k_q$的矩阵元

$$\langle\alpha jm\mid(U^{(k_1)}\cdot V^{(k_2)})^k_q\mid\alpha'j'm'\rangle$$

$$= \sum_{q_1 q_2} \langle \alpha jm \mid U_{q_1}^{k_1} \cdot V_{q_2}^{k_2} \mid \alpha' j' m' \rangle C_{k_1 q_1, k_2 q_2}^{kq}$$

$$= \sum_{q_1 q_2} \langle \alpha jm \mid U_{q_1}^{k_1} \mid \alpha'' j'' m'' \rangle \langle \alpha'' j'' m'' \mid V_{q_2}^{k_2} \mid \alpha' j' m' \rangle C_{k_1 q_1, k_2 q_2}^{kq}$$

$$= \sum_{\substack{q_1 q_2 \\ \alpha' m'}} \langle \alpha jm \mid U_{q_1}^{k_1} \mid \alpha'' j'' m'' \rangle \langle \alpha'' j'' m'' \mid V_{q_2}^{k_2} \mid \alpha' j' m' \rangle C_{k_1 q_1, k q_2 q_2}^{kq}$$

$$= \sum_{\alpha'' j''} \langle \alpha j \parallel U^{(k_1)} \parallel \alpha'' j'' \rangle \langle \alpha'' j'' \parallel V^{(k_2)} \parallel \alpha' j' \rangle$$

$$\cdot \sum_{q_1 q_2 m''} C_{k_1 q_1 j'' m''}^{jm} C_{k_2 q_2 j'' m'}^{j'' m''} C_{k_1 q_1, k_2 q_2}^{kq_2}$$

$$= \sum_{\alpha'' j''} \langle \alpha j \parallel U^{(k_1)} \parallel \alpha'' j'' \rangle \langle \alpha'' j'' \parallel V^{(k_2)} \parallel \alpha' j' \rangle$$

$$\cdot \sqrt{(2k+1)(2j''+1)}\, W(k_1 k_2 jj', kj'') C_{kq, j'm'}^{jm}$$

与

$$\langle \alpha jm \mid (U^{(k_1)} \cdot V^{(k_2)})_q^k \mid \alpha' j' m' \rangle = \langle \alpha j \parallel (U^{(k_1)} \cdot V^{(k_2)}) \parallel \alpha' j' \rangle C_{kq, j'm'}^{jm} \tag{9.14.30}$$

相比较获得约化矩阵元为

$$\langle \alpha j \parallel (U^{(k_1)} \cdot V^{(k_2)})^{(k)} \parallel \alpha' j' \rangle$$
$$= \sum_{\alpha'' j''} \langle \alpha j \parallel U^{(k_1)} \parallel \alpha'' j'' \rangle \langle \alpha'' j'' \parallel V^{(k_2)} \parallel \alpha' j' \rangle \sqrt{(2k+1)(2j''+1)}\, W(k_1 k_2 jj', kj'') \tag{9.14.31}$$

这样它就可以由 $U^{(k_1)} V^{(k_2)}$ 的约化矩阵元所决定,类似地我们求标量乘积 $U^{(k_1)} \cdot V^{(k_2)}$ 的矩阵元

$$\langle \alpha jm \mid U^{(k)} \cdot V^{(k)} \mid \alpha' j' m' \rangle$$
$$= \sum_q (-1)^q \langle \alpha jm \mid U_q^k \cdot V_{-q}^k \mid \alpha' j' m' \rangle$$
$$= \sum_{\alpha' j'' m''} (-1)^q \langle \alpha jm \mid U_q^k \mid \alpha'' j'' m'' \rangle \langle \alpha'' j'' m'' \mid V_{-q}^k \mid \alpha' j' m' \rangle$$
$$= \sum_{\alpha'' j''} \langle \alpha j \parallel U^{(k)} \parallel \alpha'' j'' \rangle \langle \alpha'' j'' \parallel V^{(k)} \parallel \alpha' j' \rangle \cdot \sum_{qm''} (-1)^q C_{kq, j''m''}^{jm} C_{k-q, j'm'}^{j''m''}$$

利用

$$C_{k-q, j'm'}^{j''m''} = (-1)^{j''-j'-q} \sqrt{\frac{2j''+1}{2j'+1}}\, C_{kq, j''m''}^{j'm'}$$

则有

$$\langle \alpha jm \mid U^{(k)} \cdot V^{(k)} \mid \alpha' j' m' \rangle = \sum_{\alpha'' j''} \langle \alpha j \| U^{(k)} \| \alpha'' j'' \rangle$$

$$\cdot \langle \alpha'' j'' \| V^{(k)} \| \alpha' j' \rangle (-1)^{j''-j''} \sqrt{\frac{2j''+1}{2j'+1}} \sum_{qm''} C^{jm}_{kq,j''m''} C^{j'm''}_{kq,j''m''}$$

$$= \delta(j,j') \delta(m,m') \sum_{\alpha'' j''} \langle \alpha j \| U^{(k)} \| \alpha'' j'' \rangle$$

$$\cdot \langle \alpha'' j'' \| V^{(k)} \| \alpha' j \rangle (-1)^{j''-j} \sqrt{\frac{2j''+1}{2j+1}}$$

与

$$\langle \alpha jm \mid U^{(k)} \cdot V^{(k)} \mid \alpha' j' m' \rangle = \langle \alpha j \| U^{(k)} \cdot V^{(k)} \| \alpha' j \rangle C^{jm}_{00,j'm'} \quad (9.14.32)$$

比较之得

$$\langle \alpha j \| U^{(k)} \cdot V^{(k)} \| \alpha' j \rangle = \sum_{\alpha'' j''} (-1)^{j''-j} \sqrt{\frac{2j''+1}{2j+1}}$$

$$\cdot \langle \alpha j \| U^{(k)} \| \alpha'' j'' \rangle \langle \alpha'' j'' \| V^{(k)} \| \alpha' j \rangle \quad (9.14.33)$$

当不可约张量算符 $U^{(k_1)}$ 仅仅作用在以“1”为标志的空间，$V^{(k_2)}$ 仅仅作用在以“2”为标志的空间时，求如下矩阵元：

$$\langle \alpha j_1 j_2 jm \mid (U^{(k_1)} \times V^{(k_2)})^k_q \mid \alpha' j'_1 j'_2 j' m' \rangle$$

$$= \sum_{q_1 q_2} \langle \alpha j_1 j_2 jm \mid U^{k_1}_{q_1} V^{k_2}_{q_2} \mid \alpha' j'_2 j' m' \rangle C^{kq}_{k_1 q_1, k_2 q_2}$$

$$= \sum_{q_1 q_2 m_1 m_2 m'_1 m'_2} \langle \alpha j_1 m_1 j_2 \mid U^{k_1}_{q_1} V^{k_2}_{q_2} \mid \alpha' j'_1 m'_1 j'_2 m'_2 \rangle C^{kq}_{k_1 q_1, k_2 q_2} C^{jm}_{j_1 m_1 j_2 m_2} C^{j'm'}_{j_1 m'_1 j_2 m'_2}$$

$$\cdot C^{kq}_{k_1 q_1, k_2 q_2} C^{jm_1}_{j_1 m_1 j_2 m_2} C^{j'm'}_{j_1 m' m_1 j'_2 m'_2}$$

$$= \sum_{\substack{q_1 q_2, m_1 m_2 m_2, m'_1, m'_2 \\ \alpha, j_1, m_1, m_2}} \langle \alpha j_1 m_1 \mid U^{k_1}_{q_1} \mid \alpha'' j''_1 m''_1 \rangle \delta(j_2 j'_2) \delta(m_2 m''_2)$$

$$\cdot \langle \alpha'' j''_2 m \mid V^{k_2}_{q_2} \mid \alpha' j'_2 m'_2 \rangle \delta(j''_1 j'_1) \delta(m''_1 m'_1) C^{kq}_{k_1 q_1, k_2 q_2} C^{jm}_{j_1 m_1 j_2 m_2} C^{j'm'}_{j_1 m'_1 j_3 m'_2}$$

$$= \sum_{\alpha''} \langle \alpha j_1 m_1 \mid U^{q_1 q_2 m_1 m_2 m'_1 m'_2}_{q_1} \mid \alpha'' j''_1 m''_1 \rangle \langle \alpha'' j_2 m_2 \mid V^{k_2}_{q_2} \mid \alpha' j'_2 m'_2 \rangle$$

$$\cdot C^{kq}_{k_1 q_1, k_2 q_2} C^{jm}_{j_1 m_1 m_2 j_2 m_2} C^{j'm'}_{j'_1 m'_1 j'_2 m'_2}$$

$$= \sum_{\alpha''} \langle \alpha j_1 \| U^{(k_1)} \| \alpha'' j'_1 \rangle \langle \alpha'' j_2 \| V^{(k_2)} \| \alpha' j'_2 \rangle$$

$$= \sum_{\substack{\alpha'' \\ q_1 q_2 m_1 m_2 m_1' m_2'}} C^{jm}_{j_1 m_1 j_2 m_2} C^{j'm'}_{j_1' m_1' j_2' m_2'} C^{j_1 m_1}_{m_1 q_1 j_1' m_1'} C^{j_2 m_2}_{k_2 q_2 j_2' m_2'} C^{kq}_{k_1 q_1, k_2 q_2}$$

其中 CG 系数项为

$$C = \sum_{q_1 q_2 m_1 m_2 m_1' m_2'} C^{jm}_{j_1 m_1 j_2 m_2} C^{j'm'}_{j_1' m_1' j_2' m_2'} \sqrt{\frac{2j_1+1}{2k_1+1}} (-1)^{j_1'+m_1'}$$

$$\cdot C^{k_1 -q}_{j_1 - m_1 j_1' m_1'} \sqrt{\frac{2j_2+1}{2k_2+1}} (-1)^{j_2'+m_2'} C^{k_2 -q}_{j_2 - m_2 j_2' m_2'}$$

$$= \sum_{q_1 q_2 m_1 m_2 m_1' m_2'} \sqrt{\frac{(2j_1+1)(2j_2+1)}{(2k_1+1)(2k_2+1)}} (-1)^{j_1'+j_2'+m'}$$

$$\cdot C^{jm}_{j_1 - m_1 j_2 - m_2} C^{j'm'}_{j_1' + m_1' j_2' + m_2'} C^{k_1 q_1}_{j_1 m_1 j_1' m_1'} C^{k_2 q_2}_{j_2 m_2 j_2' m_2'}$$

$$= \sum_{q_1 q_2 m_1 m_2 m_1' m_2'} \sqrt{\frac{(2j_1+1)(2j_2+1)}{(2k_1+1)(2k_2+1)}} (-1)^{j_1'+j_2'+m'+j_1+j_2-j+k_1+k_2-k}$$

$$\cdot C^{kq}_{k_1 - q_1 k_2 - q_2} C^{j-m}_{j_1 m_1 j_2 m_2} C^{j'm_1'}_{j_1' + m_1' j_2' + m_2} C^{k_1 q_1}_{j_1 m_1 j_1' m_1'} C^{k_2 q_2}_{j_2 m_2 j_2' m_2'} C^{k-q}_{k_1 q_1 k_2 q_2}$$

$$= \sqrt{\frac{(2j_1+1)(2j_2+1)}{(2k_1+1)(2k_2+1)}} (-1)^{j_1'+j_2'+j_1+j_2+k_1+k_2-j-k-m'} C^{k-q}_{j-m, j'm'}$$

$$\cdot \sqrt{(2j+1)(2j'+1)(2k_1+1)(2k_2+1)}\, U \begin{pmatrix} j_1 & j_2 & j \\ j_1' & j_2' & j' \\ k_1 & k_2 & k \end{pmatrix}$$

$$= \sqrt{(2j_1+1)(2j_2+1)(2j+1)(2j'+1)} (-1)^{j_1'+j_2'+j_1+j_2+k_1+k_2-j-k+m'}$$

$$\cdot (-1)^{j'+m'} \sqrt{\frac{2k+1}{2j-1}} C^{jm}_{kq, j'm'} U \begin{pmatrix} j_1 & j_2 & j \\ j_1' & j_2' & j' \\ k_1 & k_2 & k \end{pmatrix}$$

$$= \sqrt{(2j_1+1)(2j_2+1)(2j'+1)(2k+1)} (-1)^{j_1+j_2+j_1'+j_2'+k_1+k_2-j-j'-k}$$

$$\cdot C^{jm}_{kq, j'm'} U \begin{pmatrix} j_1 & j_2 & j \\ j_1' & j_2' & j' \\ k_1 & k_2 & k \end{pmatrix}$$

$$= \sqrt{(2j_1+1)(2j_2+1)(2j'+1)(2k+1)} (-1)^{j_1+j_2+j_1'+j_2'+k_1+k_2+j+j'+k}$$

$$\cdot C^{jm}_{kq, j'm'} U \begin{pmatrix} j_1 & j_2 & j \\ j_1' & j_2' & j' \\ k_1 & k_2 & k \end{pmatrix}$$

$$= \sqrt{(2j_1+1)(2j_2+1)(2j'+1)(2k+1)}(-1)^{\sigma} U \begin{pmatrix} j_1 & j_2 & j \\ j_1' & j_2' & j' \\ k_1 & k_2 & k \end{pmatrix} C^{jm}_{kq,j'm'} \tag{9.14.34}$$

式中用了式(9.13.4)所定义的 U 系数,并且 σ 同式(9.13.14)出现时给的定义,这里 $\sigma = j_1+j_2+j_1'+j_2'+k_1+k_2+j+j'+k$.将上式代入前一式得

$$\begin{aligned} &\langle \alpha j_1 j_2 jm \mid (U^{(k_1)} \times V^{(k_2)})^k_q \mid \alpha' j_1' j_2' j' m' \rangle \\ &\quad = \sum_{\alpha'} \langle \alpha j_1 \parallel U^{(k_1)} \parallel \alpha'' j_1' \rangle \langle \alpha'' j_2 \parallel V^{(k_2)} \parallel \alpha' j_2' \rangle \\ &\qquad \cdot \sqrt{(2j_1+1)(2j_2+1)(2j'+1)(2k+1)}(-1)^{\sigma} U \begin{pmatrix} j_1 & j_2 & j \\ j_1' & j_2' & j' \\ k_1 & k_2 & k \end{pmatrix} C^{jm}_{kq,j'm'} \end{aligned} \tag{9.14.35}$$

与

$$\langle j_1 j_2 jm \mid (U^{(k_1)} \times V^{(k_2)})^k_q \mid \alpha' j_1' j_2' j' m' \rangle = \langle \alpha j_1 j_2 j \parallel (U^{(k_1)} \times V^{(k_2)}) \parallel \alpha' j_1' j_2' j' \rangle C^{jm}_{kq,j'm'} \tag{9.14.36}$$

比较之获得

$$\begin{aligned} &\langle \alpha j_1 j_2 j \parallel (U^{(k_1)} \times V^{(k_2)})^{(k)} \parallel \alpha' j_1' j_2' j' \rangle \\ &\quad = \sqrt{(2j_1+1)(2j_2+1)(2j'+1)(2k+1)}(-1)^{\sigma} U \begin{pmatrix} j_1 & j_2 & j \\ j_1' & j_2' & j' \\ k_1 & k_2 & k \end{pmatrix} \\ &\qquad \cdot \sum_{\alpha''} \langle \alpha j_1 \parallel U^{(k_1)} \parallel \alpha'' j_1' \rangle \langle \alpha'' j_2 \parallel V^{(k_2)} \parallel \alpha' j_2' \rangle \end{aligned} \tag{9.14.37}$$

下面再求标量乘积的矩阵元

$$\begin{aligned} &\langle \alpha j_1 j_2 jm \mid U^{(k)} \cdot V^{(k)} \mid \alpha' j_1' j_2' j' m' \rangle \\ &\quad = \sum_q (-1)^q \langle \alpha j_1 j_2 jm \mid U^k_q V^k_{-q} \mid \alpha' j_2' j' m' \rangle \\ &\quad = \sum_{qm_1 m_2 m_1' m_2'} \langle \alpha j_1 m_1 j_2 m_2 \mid U^k_q V^k_{-q} \mid \alpha' j_1' m_1' j_2' m_2' \rangle (-1)^q C^{jm}_{j_1 m_1 j_2 m_2} C^{j'm'}_{j_1' m_1' j_2' m_2'} \\ &\quad = \sum_{\substack{qm_1, m_2 m_1, m' \\ \alpha'' j_1' m_1 j_2 m_2'}} \langle \alpha j_1 m_1 j_2 m_2 \mid U^k_q \mid \alpha'' j_1'' m_1'' j_2'' m_2'' \rangle \langle \alpha'' j_1'' m_1'' j_2'' m_2'' \mid V^k_{-q} \mid \alpha' j_1' m_1' j_2' m_2' \rangle \end{aligned}$$

$$\cdot (-1)^q C^{jm}_{j_1 m_1 j_2 m_2} C^{j'm'}_{j'_1 m'_1 j'_2 m'_2}$$

$$= \sum_{\substack{qm_1, m_2 m_j{}', m'_2 \\ \alpha'_3 j_1 m_1 j_1 m_2}} \langle \alpha j_1 m_1 \mid U^k_q \mid \alpha'' j''_1 m''_1 \rangle \delta(j_2 j'_2) \delta(m_2 m''_2)$$

$$\cdot \langle \alpha'' j''_2 m \mid V^k_{-q} \mid \alpha' j'_2 m'_2 \rangle \delta(j''_1 j'_1) \delta(m''_1 m'_1) (-1)^q C^{jm}_{j_1 m_1 j_2 m_2} C^{j'm'}_{j'_1 m'_1 j'_2 m'_2}$$

$$= \sum_{\alpha'' q m_1 m_2 m'_1 m'_2} \langle \alpha j_1 m_1 \mid U^k_q \mid \alpha'' j_2 m_2 \mid V^k_{-q} \mid \alpha' j'_2 m'_2 \rangle (-1)^q C^{jm_2}_{j_1 m_1 j_2 m_2} C^{j''}_{j'_1 m_1 j_2 j'_2 m'_2}$$

$$= \sum_{\alpha''} \langle \alpha j_1 \parallel U^{(k)} \parallel \alpha'' j'_1 \rangle \langle \alpha'' j_2 \mid V^{(k)} \mid \alpha' j'_2 \rangle$$

$$= \sum_{qm_1 m_2 m'_1 m'_2} (-1)^q C^{jm}_{j_1 m_1 j_2 m_2} C^{j'm'}_{j'_1 m'_1 j'_2 m'_2} C^{j_1 m_1}_{kq, j_1 m'_1} C^{j_2 m_2}_{k-q, j_2 m'_2} \tag{9.14.38}$$

在式(9.14.34)中令 $k_1 = k_2, k = q = 0$ 则有

$$C_0 = \sum_{qm_1 m_2 m'_1 m'_2} C^{jm}_{j_1 m_1 j_2 m_2} C^{j'm'}_{j'_1 m'_1 j'_2 m'_2} C^{j_1 m_1}_{kqj'_1 m'_1} C^{j_2 m_2}_{k-q, j'_2 m'_2} C^{00}_{kq, k-q}$$

$$= \frac{(-1)^{-k}}{\sqrt{2k+1}} \sum_{qm_1 m_2 m'_1 m'_3} (-1)^q C^{jm}_{j_1 m_1 j_2 m_2} C^{j'm'}_{j'_1 m'_1 j'_2 m'_2} C^{j_1 m_1}_{kqj'_1 m'_1} C^{j_2 m_2}_{k-q, j'_2 m'_2}$$

$$= \sqrt{(2j_1+1)(2j_2+1)(2j'+1)} (-1)^{j_1+j_2+j+j'_1+j'_2+j'+2k} U \begin{pmatrix} j_1 & j_2 & j \\ j'_1 & j'_2 & j' \\ k & k & 0 \end{pmatrix} C^{jm}_{00, j'm'} \tag{9.14.39}$$

从而获得

$$\sum_{qm_1 m_2 m'_1 m'_2} (-1)^q C^{jm_2}_{j_1 m_1 m_2 j_2 m_2} C^{j'm'}_{j'_1 m_1 j'_2 m'_2} C^{j_1 m_1}_{kqj_1 m'_1} C^{j_2 m_2}_{k-q, j'_2 m'_2}$$

$$= \delta(j, j') \delta(m, m') \sqrt{(2j_1+1)(2j_2+1)(2j'+1)(2k+1)}$$

$$\cdot (-1)^{j_1+j_2+j'_1+j'_2+j'+2j+3k} U \begin{pmatrix} j_1 & j_2 & j \\ j'_1 & j'_2 & j' \\ k & k & 0 \end{pmatrix}$$

$$= \delta(j, j') \delta(m, m') \sqrt{(2j_1+1)(2j_2+1)(2j'+1)(2k+1)}$$

$$\cdot (-1)^{j_1+j_2+j'_1+j'_2+j'+2j+3k} (-1)^{j+k+j_1-j'_2} \frac{1}{\sqrt{(2j+1)(2k+1)}} W(j_1 j_2 j'_1 j'_2, jk)$$

$$= \delta(j, j') \delta(m, m') (-1)^{j_2+j'_1-j} \sqrt{(2j_1+1)(2j_2+1)} W(j_1 j_2 j'_1 j'_2, jk) \tag{9.14.40}$$

代入得

$$\begin{aligned}
&\langle \alpha j_1 j_2 jm \mid U^{(k)} \cdot V^{(k)} \mid \alpha' j_1' j_2' j' m' \rangle \\
&= \delta_{jj'}\delta_{mm'}(-1)^{j_2+j_1'-j}\sqrt{(2j_1+1)(2j_2+1)}W(j_1 j_2 j_1' j_2', jk) \\
&\quad \cdot \sum_{\alpha''}\langle \alpha j_1 \parallel U^{(k)} \parallel \alpha'' j_1' \rangle \langle \alpha'' j_2 \parallel V^{(k)} \parallel \alpha' j_2' \rangle
\end{aligned} \tag{9.14.41}$$

与下式比较之，

$$\langle \alpha j_1 j_2 jm \mid U^{(k)} \cdot V^{(k)} \mid \alpha' j_1' j_2' j' m' \rangle = \langle \alpha j_1 j_2 j \parallel U^{(k)} \cdot V^{(k)} \parallel \alpha' j_1' j_2' j \rangle C_{00 \cdot j'm'}^{jm} \tag{9.14.42}$$

获得如下约化矩阵元：

$$\begin{aligned}
&\langle \alpha j_1 j_2 j \mid U^{(k)} \cdot V^{(k)} \mid \alpha' j_1' j_2' j' \rangle \\
&= (-1)^{j_1'+j_2-j}\sqrt{(2j_1+1)(2j_2+1)}W(j_1 j_2 j_1' j_2', jk) \\
&\quad \cdot \sum_{\alpha''}\langle \alpha j_1 \parallel U^{(k)} \parallel \alpha'' j_1' \rangle \langle \alpha'' j_2 \parallel V^{(k)} \parallel \alpha' j_2' \rangle
\end{aligned} \tag{9.14.43}$$

最后推导一条常用的公式，一般地对于权为 j 的空间有

$$\begin{cases}
J_+ \mathrm{Y}_{jm} = \sqrt{j(j+1)-m(m+1)}\mathrm{Y}_{jm+1} \\
J_- \mathrm{Y}_{jm} = \sqrt{j(j+1)-m(m+1)}\mathrm{Y}_{jm-1} \\
J_0 \mathrm{Y}_{jm} = m\mathrm{Y}_{jm}
\end{cases} \tag{9.14.44}$$

成立，由于从式(9.14.21)可以获得

$$\begin{cases}
C_{jm+1,1-1}^{jm} = \dfrac{\sqrt{j(j+1)-m(m+1)}}{\sqrt{2j(j+1)}} \\
C_{jm-1,11}^{jm} = -\dfrac{\sqrt{j(j+1)-m(m+1)}}{\sqrt{2j(j+1)}} \\
C_{jm-1,10}^{jm} = \dfrac{m}{\sqrt{j(j+1)}}
\end{cases} \tag{9.14.45}$$

代入式(9.14.44)则得

$$\begin{cases}
-\dfrac{J_1+\mathrm{i}J_2}{\sqrt{2}}\mathrm{Y}_{jm} = -\sqrt{j(j+1)}C_{jm+1,1-1}^{jm}\mathrm{Y}_{jm+1} \\
\dfrac{J_1-\mathrm{i}J_2}{\sqrt{2}}\mathrm{Y}_{jm} = -\sqrt{j(j+1)}C_{jm-1,11}^{jm}\mathrm{Y}_{jm-1} \\
J_3 \mathrm{Y}_{jm} = \sqrt{j(j+1)}C_{jm,10}^{jm}\mathrm{Y}_{jm}
\end{cases} \tag{9.14.46}$$

引进 $J_n(n=1,0,-1)$

$$\begin{cases} J_1 = -\dfrac{J_x + \mathrm{i}J_y}{\sqrt{2}} \\ J_0 = J_z \\ J_{-1} = \dfrac{J_x - \mathrm{i}J_y}{\sqrt{2}} \end{cases} \tag{9.14.47}$$

则式(9.14.46)可以概括为

$$J_n Y_{jm} = (-1)^n \sqrt{j(j+1)} C^{jm}_{jm+n,1-n} Y_{jm+n} \tag{9.14.48}$$

由于$(-1)^n C^{jm}_{jm+n,1-n} = C^{jm+n}_{jm,1n}$,所以考虑

$$J_n Y_{jm} = \sqrt{j(j+1)} C^{jm+n}_{jm,1n} Y_{jm+n} \tag{9.14.49}$$

角动量算符

$$\begin{aligned} \boldsymbol{J} &= \boldsymbol{e}_1 J_1 + \boldsymbol{e}_2 J_2 + \boldsymbol{e}_3 J_3 \\ &= -\left(-\frac{\boldsymbol{e} + \mathrm{i}\boldsymbol{e}_2}{\sqrt{2}}\right)\left(\frac{J_1 - \mathrm{i}J_2}{\sqrt{2}}\right) - \left(-\frac{\boldsymbol{e}_1 - \mathrm{i}\boldsymbol{e}_2}{\sqrt{2}}\right)\left(-\frac{J_1 + \mathrm{i}J_2}{\sqrt{2}}\right) + \boldsymbol{e}_3 J_3 \\ &= -\boldsymbol{\xi}_1 J_{-1} - \boldsymbol{\xi}_{-1} J_1 + \boldsymbol{\xi}_0 J_0 \\ &= \sum_n (-1)^n \boldsymbol{\xi}_n J_{-n} = \sum_n (-1)^n \boldsymbol{\xi}_{-n} J_n \end{aligned}$$

或者

$$\boldsymbol{J} = \sum_{i=1,2,3} \boldsymbol{e}_i J_i = \sum_{n=1,0,-1} (-1)^n \boldsymbol{\xi}_{-n} J_n \tag{9.14.50}$$

将 $\boldsymbol{J}$ 作用于 Y_{jm},则得

$$\boldsymbol{J} Y_{jm} = \sum_n (-1)^n \boldsymbol{\xi}_{-n} J_n Y_{jm} \tag{9.14.51}$$

利用式(9.14.48)得

$$\begin{aligned} \boldsymbol{J} Y_{jm} &= \sum_n (-1)^n \boldsymbol{\xi}_{-n} (-1)^n \sqrt{j(j+1)} C^{jm}_{jm+n,1-n} Y_{jm+n} \\ &= \sqrt{j(j+1)} \sum_n Y_{jm+n} \boldsymbol{\xi}_{-n} C^{jm}_{jm+n,1-n} = \sqrt{j(j+1)} \sum_n Y_{jm-n} \boldsymbol{\xi}_n C^{jm}_{jm-n,1n} \\ &= \sqrt{j(j+1)} \sum_{k,n} Y_{jk} \boldsymbol{\xi}_n C^{jm}_{jk,1n} = \sqrt{j(j+1)} \boldsymbol{T}_{jjm} \end{aligned}$$

或者

$$\boldsymbol{J}\mathbf{Y}_{jm} = \sqrt{j(j+1)}\boldsymbol{T}_{jjm} \tag{9.14.52}$$

其中

$$\boldsymbol{T}_{jjm} = \sum_{k,n} \mathrm{Y}_{jk}\boldsymbol{\xi}_n C^{jm}_{jn,1n} \tag{9.14.53}$$

或者习惯地写成

$$\boldsymbol{J}\mathbf{Y}_{jm} = \sqrt{j(j+1)}\sum_{k,n} \mathrm{Y}_{jk}\boldsymbol{\xi}_n C^{jm}_{jn,1n} \tag{9.14.54}$$

9.15 平面波按球谐函数的展开式

波函数 $\mathrm{e}^{\mathrm{i}k\cdot x}$称为平面波,由于它可以写成

$$\mathrm{e}^{\mathrm{i}\boldsymbol{k}\cdot\boldsymbol{x}} = \mathrm{e}^{\mathrm{i}kr\cos\omega}$$

的形式,所以它可以按照勒让德函数展开为

$$\mathrm{e}^{\mathrm{i}\boldsymbol{k}\cdot\boldsymbol{x}} = \mathrm{e}^{\mathrm{i}kr\cos\omega} = \sum_{L=0}^{\infty}\mathrm{i}^L(2L+1)\psi_L(r)\mathrm{P}_L(\cos\omega) \tag{9.15.1}$$

的形式,为了完全确立这个展开我们必须求出 $\psi_L(r)$,利用勒让德函数的正交关系

$$\int_{-1}^{1}\mathrm{P}_L(x)\mathrm{P}_{L'}(x)\mathrm{d}x = \frac{2}{2L+1}\delta_{L,L'} \tag{9.15.2}$$

从式(9.15.1)可以获得

$$\begin{aligned}\psi_L(r) &= \frac{1}{2x^L}\int_{-1}^{1} - \mathrm{e}^{\mathrm{i}krx}\mathrm{P}_L(x)\mathrm{d}x,(\sigma = kr)\\ &= \frac{1}{2\mathrm{i}^L}\int_{-1}^{1}\mathrm{e}^{\mathrm{i}\sigma x}\mathrm{P}_L(x)\mathrm{d}x\end{aligned}$$

将勒让德函数的表式

$$\mathrm{P}_L(x) = \frac{1}{2^L L!}\left(\frac{\mathrm{d}}{\mathrm{d}x}\right)^L(x^2-1)^L \tag{9.15.3}$$

代入得

$$\psi_L(r) = \frac{1}{2^{L+1}L!\mathrm{i}^L}\int_{-1}^{1}\mathrm{e}^{\mathrm{i}\sigma x}\left(\frac{\mathrm{d}}{\mathrm{d}x}\right)(x^2-1)^L\mathrm{d}x$$

$$= \frac{1}{2^{L+1}L!\mathrm{i}^L}\int_{-1}^{1}\mathrm{e}^{\mathrm{i}\sigma x}\mathrm{d}\left(\frac{\mathrm{d}}{\mathrm{d}x}\right)^{L-1}(x^2-1)^L$$

$$= \frac{-\mathrm{i}\sigma}{2^{L+1}L!\mathrm{i}^L}\int_{-1}^{1}\mathrm{e}^{\mathrm{i}\sigma x}\left(\frac{\mathrm{d}}{\mathrm{d}x}\right)^{L-1}(x^2-1)^L\mathrm{d}x$$

$$= \cdots$$

$$= \frac{(-\mathrm{i}\sigma)^L}{2^{L+1}L!\mathrm{i}^L}\int_{-1}^{1}\mathrm{e}^{\mathrm{i}\sigma x}\left(\frac{\mathrm{d}}{\mathrm{d}x}\right)^{L-1}(x^2-1)^L\mathrm{d}x$$

$$= \frac{\sigma^L}{2^{L+1}L!}\int_{-1}^{1}\mathrm{e}^{\mathrm{i}\sigma x}(1-x)^L\mathrm{d}x$$

$$= \frac{\sigma^L}{2^{L+1}L!}\sum_{M=0}^{\infty}\frac{(\mathrm{i}\sigma)^n}{n!}\int_{-1}^{1}x^n(1-x^2)^L\mathrm{d}x$$

$$= \frac{\sigma^L}{2^{L+1}L!}\sum_{M=0}^{\infty}\frac{(\mathrm{i}\sigma)^n}{n!}(-1)^n\int_{-1}^{1}x^n(1-x^2)^L\mathrm{d}x$$

$$= \frac{\sigma^L}{2^{L+1}L!}\sum_{M=0}^{\infty}\frac{(\mathrm{i}\sigma)^n}{n!}\frac{1+(-1)^n}{2}\int_{-1}^{1}x^n(1-x^2)^L\mathrm{d}x$$

$$= \frac{\sigma^L}{2^{L+1}L!}\sum_{N=0}^{\infty}\frac{(-1)^N\sigma^{2N}}{(2N)!}\int_{-1}^{1}x^{2N}(1-x^2)^L\mathrm{d}x$$

$$= \frac{\sigma^L}{2^L L!}\sum_{N=0}^{\infty}\frac{(-1)^N\sigma^{2N}}{2N!}\int_{0}^{1}x^{2N}(1-x^2)^L\mathrm{d}x$$

令 $x^2=t$,则有

$$\psi(r) = \frac{\sigma^L}{2^L L!}\sum_{N=0}^{\infty}\frac{(-1)^N\sigma^{2N}}{2N!}\int_{0}^{1}t^N(1-t)^l\frac{\mathrm{d}t}{2\sqrt{t}}$$

$$\frac{\sigma^L}{2^{L+1}L!}\sum_{N=0}^{\infty}\frac{(-1)^N\sigma^{2N}}{2N!}\int_{0}^{1}t^{N-\frac{1}{2}}(1-t)^L\mathrm{d}t$$

其中

$$\int_{0}^{1}t^{N-1}(1-t)^L\mathrm{d}t = \mathrm{B}\left(N+\frac{1}{2},L+1\right) \tag{9.15.4}$$

为 Beta 函数,代入前一式得

$$\psi_L(r)\frac{\sigma^L}{2^{L+1}L!}\sum_{N=0}^{\infty}\frac{(-1)^N\sigma^{2N}}{2N!}\mathrm{B}\left(N+\frac{1}{2},L+1\right) \tag{9.15.5}$$

由于

$$B\left(N+\frac{1}{2},L+1\right)=\frac{\Gamma\left(N+\frac{1}{2}\right)\Gamma(L+1)}{\Gamma\left(N+L+\frac{3}{2}\right)} \tag{9.15.6}$$

以及

$$\Gamma(2N)=\frac{2^{2N-1}}{\sqrt{\pi}}\Gamma(N)\Gamma\left(N+\frac{1}{2}\right) \tag{9.15.7}$$

所以又有

$$B\left(N+\frac{1}{2},L+1\right)=\frac{\sqrt{\pi}}{2^{2N-1}}\frac{\Gamma(2N)\Gamma(L+1)}{\Gamma(N)\Gamma\left(N+L+\frac{3}{2}\right)} \tag{9.15.8}$$

代入式(9.15.5)得

$$\begin{aligned}\psi_L(r)&=\sum_{N=0}^{+\infty}\frac{(-1)^N\sigma^{2N+1}}{2^{2N+2}}\frac{\sqrt{\pi}}{2N\Gamma(N)\Gamma\left(N+L+\frac{3}{2}\right)}\\&=\sqrt{\frac{\pi}{2\sigma}}\sum_{N=0}^{+\infty}\frac{(-1)^N}{\Gamma(N)\Gamma\left(N+L+\frac{3}{2}\right)}\left(\frac{\sigma}{2}\right)^{2N+L+\frac{1}{2}}\\&=\sqrt{\frac{\pi}{2\sigma}}J_{L+\frac{1}{2}}(\sigma)=j_L(\sigma)=j_L(kr)\end{aligned}$$

亦即

$$\psi_L(r)=j_L(kr)=\sqrt{\frac{\pi}{2kr}}=J_{L+\frac{1}{2}}(kr)$$

代入式(9.15.1)则有

$$e^{ik\cdot x}=e^{ikr\cos\omega}=\sum_{L=0}^{\infty}(2L+1)i^L j_L(kr)P_L(\cos\omega) \tag{9.15.9}$$

利用球谐函数的加法定理则得

$$e^{ik\cdot x}=\sum_{L=0}^{\infty}(2L+1)i^L j_L(kr)P_L(\boldsymbol{k}_0\cdot\boldsymbol{r}_0)=\sum_{LM}4\pi i^L j_L(kr)Y_{LM}^*(\boldsymbol{k}_0)Y_{LM}(\boldsymbol{r}_0) \tag{9.15.10}$$

其中

$$\boldsymbol{k}_0 = \frac{\boldsymbol{k}}{k}, \quad \boldsymbol{r}_0 = \frac{\boldsymbol{x}}{r}$$

为了简单我们引入函数

$$g_L(kr) = 4\pi \mathrm{i}^L \mathrm{j}_L(kr) = (2\pi)^{3/2}\mathrm{i}^L \frac{\mathrm{J}_{L+\frac{1}{2}}(kr)}{\sqrt{kr}} \tag{9.15.11}$$

这样式(9.15.10)可以改写成

$$\mathrm{e}^{\mathrm{i}\boldsymbol{k}\cdot\boldsymbol{x}} = \sum_{LM} g_L(kr)\mathrm{Y}_{LM}^*(\boldsymbol{k}_0)\mathrm{Y}_{LM}(\boldsymbol{r}_0) \tag{9.15.12}$$

的形式.下面我们从平面波的归一化条件求函数 $g_L(kr)$的归一化条件,即从

$$\int \mathrm{d}^3 x \mathrm{e}^{\mathrm{i}\boldsymbol{k}\cdot\boldsymbol{x}}\mathrm{e}^{-\mathrm{i}\boldsymbol{k}'\cdot\boldsymbol{x}} = (2\pi)^3\delta(\boldsymbol{k}-\boldsymbol{k}') \tag{9.15.13}$$

出发,将式(9.15.12)代入得

$$\begin{aligned}&\int \mathrm{d}^3 x \sum_{LM} g_L(kr)\mathrm{Y}_{LM}^*(\boldsymbol{k}_0)\mathrm{Y}_{LM}(\boldsymbol{r}_0)\sum_{L'M'} g_{L'}^*(k'r)\mathrm{Y}_{L'M'}(\boldsymbol{k}_0')\mathrm{Y}_{L'M}^*(\boldsymbol{r}_0')\\&\quad = (2\pi)^3\delta(\boldsymbol{k}-\boldsymbol{k}')\end{aligned}$$

上式对 $\mathrm{d}^3 x = r^2\mathrm{d}r\mathrm{d}^2\boldsymbol{r}_0$ 的 $\mathrm{d}^2\boldsymbol{r}_0$ 积分时利用球谐函数的正交归一条件即可给出

$$\int r^2\mathrm{d}r\sum_{LM} g_L(kr)g_L^*(k'r)\mathrm{Y}_{LM}^*(\boldsymbol{k}_0)\mathrm{Y}_{LM}(\boldsymbol{k}_0{}') = (2\pi)^3\delta(\boldsymbol{k}-\boldsymbol{k}') \tag{9.15.13$'$}$$

式(9.15.13′) 两边乘以$\int \mathrm{d}\Omega_{k_0}\mathrm{Y}_{LM}(\boldsymbol{k}_0)$ 积分之,利用球谐函数的正交归一条件即得

$$\begin{aligned}\int_0^{+\infty} r^2\mathrm{d}r g_L(kr)g_L^*(kr)\mathrm{Y}_{LM}(\boldsymbol{k}_0{}') &= \int \mathrm{d}\Omega_{k_0}\mathrm{Y}_{LM}(\boldsymbol{k}_0)(2\pi)^3\delta(\boldsymbol{k}-\boldsymbol{k}')\\&= \mathrm{Y}_{LM}(\boldsymbol{k}_0')(2\pi)^3\int \mathrm{d}\Omega_{k_0}\delta(\boldsymbol{k}-\boldsymbol{k}')\end{aligned}$$

或者

$$\int_0^{+\infty} r^2\mathrm{d}r g_L(kr)g_L^*(k'r) = (2\pi)^3\int \mathrm{d}\Omega_{k_0}\delta(\boldsymbol{k}-\boldsymbol{k}') \tag{9.15.13$''$}$$

由于

$$\int \mathrm{d}^3 x\delta(\boldsymbol{x}-\boldsymbol{x}') = 1$$

$$\int r^2 \mathrm{d}r \mathrm{d}\cos\theta \mathrm{d}\varphi \delta(\boldsymbol{x}-\boldsymbol{x}')=1$$

所以 δ 函数的角坐标表示式为

$$\delta(\boldsymbol{x}-\boldsymbol{x}')=\frac{1}{r^2}\delta(r-r')\delta(\cos\theta-\cos\theta')\delta(\varphi-\varphi') \tag{9.15.14}$$

代入式(9.15.13″)得

$$\int_0^{+\infty} r^2 \mathrm{d}r g_L(kr) g_L^*(k'r)=\frac{(2\pi)^3}{k^2}\delta(k-k') \tag{9.15.15}$$

或者

$$\int_0^{+\infty} r \mathrm{d}r \mathrm{j}_L(kr)\mathrm{j}_L(k'r)=\frac{\pi}{2k^2}\delta(k-k') \tag{9.15.16}$$

也就是

$$\int_0^{+\infty} r \mathrm{d}r \mathrm{J}_{L+\frac{1}{2}}(kr)\mathrm{J}_{L+\frac{1}{2}}(k'r)=\frac{1}{k}\delta(k-k') \tag{9.15.17}$$

由于 kr 是对称的,所以从式(9.15.15)又可以获得

$$\begin{cases}\displaystyle\int_0^{+\infty} k^2 \mathrm{d}k g_L(kr) g_L^*(kr')=\frac{(2\pi)^3}{2r^2}\delta(r-r') \\ \displaystyle\int_0^{+\infty} k^2 \mathrm{d}k \mathrm{j}_L(kr)\mathrm{j}_L(kr')=\frac{\pi}{2r^2}\delta(r-r') \\ \displaystyle\int_0^{+\infty} k \mathrm{d}k \mathrm{J}_{L+\frac{1}{2}}(kr)\mathrm{J}_{L+\frac{1}{2}}(kr')=\frac{1}{r}\delta(r-r')\end{cases} \tag{9.15.18}$$

反过来将式(9.15.15)代入式(9.15.13′)得

$$\sum_{LM}\frac{(2\pi)^3\delta(k-k')}{k^2}\mathrm{Y}_{LM}^*(\boldsymbol{k}_0)\mathrm{Y}_{LM}(\boldsymbol{k}_0{}')=(2\pi)^3\delta(\boldsymbol{k}-\boldsymbol{k}')$$

或者

$$\frac{\delta(k-k')}{k^2}\sum_{LM}\mathrm{Y}_{LM}^*(\boldsymbol{k}_0)\mathrm{Y}_{LM}(\boldsymbol{k}_0')=\delta(\boldsymbol{k}-\boldsymbol{k}')$$

换为 $\boldsymbol{r}$、$\boldsymbol{r}'$,得

$$\frac{\delta(r-r')}{r^2}\sum_{LM}\mathrm{Y}_{LM}(\boldsymbol{r}_0)\mathrm{Y}_{LM}^*(\boldsymbol{r}_0{}')=\frac{\delta(r-r')}{r^2}\delta(\cos\theta-\cos\theta')\delta(\varphi-\varphi')$$

乘以$\int r^2 \mathrm{d}r$积分之,获得

$$\sum_{LM} \mathrm{Y}_{LM}(\boldsymbol{r}_0)\mathrm{Y}_{LM}^*(\boldsymbol{r}_0{}') = \delta(\cos\theta - \cos\theta')\delta(\varphi - \varphi') \tag{9.15.19}$$

这个公式与

$$\int_0^{+\infty} k^2 \mathrm{d}k g_L(kr) g_L^*(kr') = \frac{(2\pi)^3 \delta(r - r')}{2r^2} \tag{9.15.20}$$

互相补充.或者是下式相互补充

$$\begin{aligned} &\int_0^{+\infty} r^2 \mathrm{d}r g_L(kr) g_L(k'r) = \frac{(2\pi)^3 \delta(k - k')}{k^2} \\ &\sum_{LM} \mathrm{Y}_{LM}(\boldsymbol{k}_0)\mathrm{Y}_{LM}^*(\boldsymbol{k}_0') = \delta(\cos\theta - \cos\theta')\delta(\varphi - \varphi') \end{aligned} \tag{9.15.21}$$

利用式(9.15.21)我们来讨论一下连续谱与分立谱之间的过渡问题,在笛卡尔坐标中我们有如下过渡:

$$\sum_{k} = \int \frac{V \mathrm{d}^3 \boldsymbol{k}}{(2\pi)^3} \tag{9.15.22}$$

这是由于将它作用于$\delta_{\boldsymbol{k},\boldsymbol{k}'}$上后获得

$$\sum_{k} \delta_{\boldsymbol{k},\boldsymbol{k}'} = \int \frac{V \mathrm{d}^3 k}{(2\pi)^3} \delta_{\boldsymbol{k},\boldsymbol{k}'}$$

这给出

$$1 = \int \frac{V \mathrm{d}^3 k}{(2\pi)^3} \delta_{\boldsymbol{k},\boldsymbol{k}'}$$

由于

$$\delta(\boldsymbol{k} - \boldsymbol{k}') = \delta^3(0)\delta_{\boldsymbol{k},\boldsymbol{k}'} = \frac{V}{(2\pi)^3}\delta_{\boldsymbol{k},\boldsymbol{k}'}$$

也就有

$$\delta^3(0) = \frac{V}{(2\pi)^3}$$

代入先前积分式即得

$$1 = \int \mathrm{d}^3 k \delta(\boldsymbol{k} - \boldsymbol{k}')$$

这也说明式(9.15.22)的正确性.现在问在球坐标中这个过渡如何完成？为此必须利用式(9.15.21)求 $\delta(0)$.由式(9.15.21)可以获得

$$\int_0^R g_0(kr)g_0^*(kr)r^2\mathrm{d}r = \frac{(2\pi)^3\delta(0)}{k^2}$$

作变量代换得

$$\int_0^{kR} g_0(r)g_0^*(r)r^2\mathrm{d}r = k(2\pi)^3\delta(0)$$

将

$$g_0(r) = 4\pi\frac{\sin r}{r}$$

代入得

$$\delta(0) = \frac{2}{\pi k}\int_0^{kR}\sin^2 r\mathrm{d}r = \frac{R}{\pi} - \frac{\sin(kR)\cos(kR)}{kR} = \frac{R}{\pi} - \frac{R}{4\pi^2}g_0(kR)\cos(kR)$$

我们规定在大球边界(半径为 R 的球面)上，$g_0(kr)$满足

$$g_0(kR) = 0$$

这相当于

$$\sin(kR) = 0,\quad |\cos(kR)| = 1$$

按照这个原则取分立谱，则有

$$\delta(0) = \frac{R}{\pi} \tag{9.15.23}$$

从而导出

$$\delta(\boldsymbol{k} - \boldsymbol{k}') = \delta(0)\delta_{\boldsymbol{k},\boldsymbol{k}'} = \frac{R}{\pi}\delta_{\boldsymbol{k},\boldsymbol{k}'}$$

也就有

$$\delta(\boldsymbol{k} - \boldsymbol{k}') = \frac{R}{\pi}\delta_{\boldsymbol{k},\boldsymbol{k}'} \tag{9.15.24}$$

这样我们考虑恒等式(连续与分立)

$$\int_0^{+\infty} k^2 \mathrm{d}k \frac{\delta(k-k')}{k^2} = 1 = \sum_{\boldsymbol{k}} \delta(k,k')$$

$$\int_0^{+\infty} \mathrm{d}k \delta(k-k') = \sum_k \delta_{k,k'}$$

$$\int_0^{+\infty} \mathrm{d}k \delta(0) \delta_{k,k'} = \sum_k \delta_{k,k'}$$

$$\frac{R}{\pi} \int_0^{+\infty} \mathrm{d}k \delta_{k,k'} = \sum_k \delta_{k,k'}$$

可见

$$\sum_k = \frac{R}{\pi} \int_0^{+\infty} \mathrm{d}k \tag{9.15.25}$$

利用式(9.15.22)可以作如下过渡：

$$\sum_k = \int \frac{V \mathrm{d}^3 k}{(2\pi)^3} = \int_0^{+\infty} \frac{V k^2 \mathrm{d}k \mathrm{d}\Omega}{(2\pi)^3} = \frac{V}{(2\pi)^3} \frac{\pi}{R} \sum_k k^2 \int \mathrm{d}\Omega$$

也就是

$$\begin{cases} \displaystyle\sum_k = \frac{V\pi}{(2\pi)^3 R} \sum_k k^2 \int \mathrm{d}\Omega \\ \displaystyle\sum_k = \int_0^{+\infty} \frac{R \mathrm{d}k}{\pi} \end{cases} \tag{9.15.26}$$

如果引进径向波函数

$$\mathrm{h}_l(kr) = \frac{k}{(2\pi)^{3/2}} \sqrt{\frac{\pi}{R}} g_l(kr) = k \sqrt{\frac{2}{R}} \mathrm{i}^l \mathrm{j}_l(kr) \tag{9.15.27}$$

那么从式(9.15.15)可以导出，它满足如下正交归一化条件：

$$\int_0^R r^2 \mathrm{d}r \mathrm{h}_l(kr) \mathrm{h}_l^*(k'r) = \delta_{k,k'} \tag{9.15.28}$$

同时归一化的平面波可以展开为如下球面波：

$$\frac{\mathrm{e}^{-\mathrm{i}\boldsymbol{k}\cdot\boldsymbol{x}}}{\sqrt{V}} = \frac{1}{k} \sqrt{\frac{(2\pi)^3}{V}} \cdot \frac{R}{\pi} \sum_{LM} \mathrm{h}_l(kr) \mathrm{Y}_{lm}^*(\boldsymbol{k}_0) \mathrm{Y}_{lm}(\boldsymbol{r}_0) \tag{9.15.29}$$

这时波函数可以作如下的平面波展开：

$$
\begin{cases}
\psi(\boldsymbol{x}) = \sum_{k} a(\boldsymbol{k}) \dfrac{\mathrm{e}^{-\mathrm{i}\boldsymbol{k}\cdot\boldsymbol{x}}}{\sqrt{V}} \\
a(\boldsymbol{k}) = \int \mathrm{d}^3 x \dfrac{\mathrm{e}^{-\mathrm{i}\boldsymbol{k}\cdot\boldsymbol{x}}}{\sqrt{V}} \psi(\boldsymbol{x})
\end{cases}
\tag{9.15.30}
$$

也可作如下的球面波展开：

$$
\begin{cases}
\psi(\boldsymbol{x}) = \sum_{k,lm} a_{lm}(\boldsymbol{k}) \mathrm{h}_l(kr) \mathrm{Y}_{lm}(\boldsymbol{r}_0) \\
a_{lm}(\boldsymbol{k}) = \int \mathrm{d}^3 x \mathrm{h}_l^*(kr) \mathrm{Y}_{lm}^*(\boldsymbol{r}_0) \psi(\boldsymbol{x})
\end{cases}
\tag{9.15.31}
$$

展开系数 $a(k)$和 $a_{lm}(k)$之间存在如下关系：

$$
a(\boldsymbol{k}) = \frac{1}{k} \sqrt{\frac{(2\pi)^3}{V} \cdot \frac{R}{\pi}} \sum_{lm} a_{lm}(k) \mathrm{Y}_{lm}(\boldsymbol{k}_0)
\tag{9.15.32}
$$

9.16 带有自旋的球函数

为了研究一个粒子的物理系统，我们挑选参考系 K 来描述这个粒子的连动，令这个参考系的基矢是

$$
\boldsymbol{e}_i \quad (i = 1,2,3)
$$

空间点 $\boldsymbol{x}$ 在这套基底上可以展开为

$$
\boldsymbol{x} = \boldsymbol{e}_i x_i
\tag{9.16.1}
$$

时刻 t，物理点 $\boldsymbol{x}$ 上粒子的波函数有多个分量，即

$$
\Psi(\boldsymbol{x}, t) = \sum_{MSu} \mathrm{Y}_{Su}^{(n)} \Psi_{Su}^{(n)}(x, t)
\tag{9.16.2}
$$

其中 $\mathrm{Y}_{Su}^{(n)}$ 是波函数空间中的基矢

$$
S = 0, \frac{1}{2}, 1, \cdots; \quad u = S, S-1, \cdots, -S
$$

而 n 代表不可约子空间 L_{Su}^{n} 的个数，它按照群 O_3^+ 的表示 D_S，而变换，即

$$D(R)\mathrm{Y}_{Su} = \sum_{y} \mathrm{Y}_{Sy} D^{S}_{yu}(R) \tag{9.16.3}$$

波函数 $\Psi^{(n)}_{Su}(x,t)$可以按平面波展开为

$$\Psi^{(n)}_{su}(\boldsymbol{x},t) = \sum_{k} a^{(n)}_{Su}(\boldsymbol{k},t)\mathrm{e}^{-\mathrm{i}\boldsymbol{k}\cdot\boldsymbol{x}} \tag{9.16.4}$$

将式(9.15.10)代入得波函数按角动量 $\boldsymbol{L}$ 本征态的展开(即分波展开)

$$\Psi^{(n)}_{Su}(\boldsymbol{x},t) = \sum_{k} a^{(n)}_{Su}(\boldsymbol{k},t) = \sum_{lm} g_l(kr)\mathrm{Y}^{*}_{lm}(\boldsymbol{k}_0)\mathrm{Y}_{lm}(\boldsymbol{r}_0) = \sum_{lm} u^{(n)}_{lm,Su}(r,t)\mathrm{Y}_{lm}(\boldsymbol{r}_0)$$

或者

$$\Psi^{(n)}_{Su}(\boldsymbol{x},t) = \sum_{lm} u^{(n)}_{lm,Su}(r,t)\mathrm{Y}_{lm}(\boldsymbol{r}_0) \tag{9.16.5}$$

其中 $\boldsymbol{r}_0$ 代表 $\boldsymbol{x}$ 的方向,即

$$\boldsymbol{r}_0 = \frac{\boldsymbol{x}}{r} \quad r = |\boldsymbol{x}|$$

由于 $\mathrm{Y}_{lm}(\boldsymbol{r}_0)$和 Y_{Su}分别地按照群 O_3^+ 的表示进行变换,所以系数 $u^{(n)}_{lm,Su}(r,t)$按照表示

$$D_l \otimes D_s$$

进行变换.换言之,我们将式(9.16.5)代入式(9.16.2)得

$$\Psi(\boldsymbol{x},t) = \sum_{n!mSu} u^{(n)}_{lm,Su}(r,t)\mathrm{Y}_{lm}(\boldsymbol{r}_0)\mathrm{Y}^{(n)}_{Su} \tag{9.16.6}$$

以 $D(R)$作用之获得

$$\Psi(\boldsymbol{x},t) \to \Psi'(\boldsymbol{x},t) = D(R)\Psi(\boldsymbol{x},t)$$

其左边为

$$\Psi'(\boldsymbol{x},t) = \sum_{nlmSu} u^{(n)}_{lm,Su}(r,t)\mathrm{Y}_{lm}(\boldsymbol{r}_0)\mathrm{Y}^{(n)}_{Su} \tag{9.16.7}$$

而右边为

$$\begin{aligned} D(R)\Psi(\boldsymbol{x},t) &= \sum_{nlmSu} u^{(n)}_{lm,Su}(r,t)D(R)\mathrm{Y}_{lm}(\boldsymbol{r}_0)D(R)\mathrm{Y}^{(n)}_{Su} \\ &= \sum_{nlmk} u^{(n)}_{lm,Su}(r,t)\mathrm{Y}_{lm}(\boldsymbol{r}_0)D^{l}_{km}(R)\mathrm{Y}^{(n)}_{Su}D^{s}_{v\mu}(R) \\ &= \sum_{nlmSu}\Big(\sum_{kv} u^{(n)}_{lk,Sv}(r,t)D^{l}_{mk}(R)D^{s}_{\mu v}(R)\Big)\mathrm{Y}_{lm}(\boldsymbol{r}_0)\mathrm{Y}^{(n)}_{Su} \end{aligned}$$

也就是

$$D(R)\Psi(\boldsymbol{x},t)=\sum_{nlmSu}\Big(\sum_{kv}u_{lk,Sv}^{(n)}(r,t)D_{mk}^{l}(R)D_{\mu\nu}^{s}(R)\Big)\mathrm{Y}_{lm}(\boldsymbol{r}_0)\mathrm{Y}_{Su}^{(n)}\tag{9.16.8}$$

将式(9.16.7)与式(9.16.8)比较之，得

$$u_{lm,su}^{(n)}(r,t)=\sum_{kv}u_{lk,sv}^{(n)}(r,t)D_{mk}^{l}(R)D_{\mu\nu}^{s}(R)\tag{9.16.9}$$

这就证明了系数 $u_{lm,Su}^{(n)}(r,t)$ 的变换性质由 $D_l\otimes D_s$ 决定，利用直积的表式又得

$$\begin{aligned}u_{lm,Su}^{(n)}(r,t)&=\sum_{kv}\sum_{JMK}u_{lk,sv}^{(n)}(r,t)D_{MK}^{J}(R)C_{lm,Su}^{JM}C_{lk,sv}^{JK}\\&=\sum_{JMK}D_{MK}^{J}C_{lm,su}^{JM}\sum_{kv}u_{lu,sv}^{(n)}(r,t)C_{lk,sv}^{JK}\end{aligned}$$

乘以 $\sum_{mn}C_{lm,su}^{J'M'}$ 得

$$\sum_{mn}u_{lm,su}^{(n)}(r,t)C_{lm,su}^{JM}=\sum_{k}D_{MK}^{J}(R)\sum_{kv}u_{lk,sv}^{(n)}(r,t)C_{lk,sv}^{JK}\tag{9.16.10}$$

引进新系数

$$u_{lsJM}^{(n)}(r,t)=\sum_{mn}u_{lm,su}^{(n)}(r,t)C_{lm,s\mu}^{JM}\tag{9.16.11}$$

或者

$$u_{lm,su}^{(n)}(r,t)=\sum_{JM}u_{lsJM}^{(n)}(r,t)C_{lm,s\mu}^{JM}\tag{9.16.12}$$

代入式(9.16.10)得

$$u_{ls,M}^{(n)}(r,t)=\sum_{K}D_{MK}^{J}(r)u_{lsJK}^{(n)}(r,t)\tag{9.16.13}$$

换言之，系数 $u_{lsJM}^{(n)}(r,t)$ 按照表示 D_J 变换，因此我们将它引入式(9.16.5)中获得

$$\begin{aligned}\Psi_{su}^{(n)}(\boldsymbol{x},t)&=\sum_{l,m}\sum_{JM}u_{lsJM}^{(n)}(r,t)C_{lm,su}^{JM}\mathrm{Y}_{lm}(\boldsymbol{r}_0)=\sum_{lJM}u_{lsJM}^{(n)}(r,t)\sum_{m}C_{lm,su}^{JM}\mathrm{Y}_{lm}(\boldsymbol{r}_0)\\&=\sum_{lJM}u_{lsJM}^{(n)}(r,t)X_{lsu,JM}(\boldsymbol{r}_0)\end{aligned}$$

也就有

$$\Psi_{su}^{(n)}(\boldsymbol{x},t)=\sum_{lJM}u_{lsJM}^{(n)}(r,t)X_{lsu,JM}(\boldsymbol{r}_0)\tag{9.16.14}$$

其中

$$X_{lsu,JM}(\boldsymbol{r}_0)=\sum_{m}C_{lm,su}^{JM}\mathrm{Y}_{lm}(\boldsymbol{r}_0)\tag{9.16.15}$$

称为带自旋 S 的球函数. 当 $S=0$ 时,立得

$$X_{l00,JM}(\boldsymbol{r}_0)=\delta_{l,J}\mathrm{Y}_{JM}(\boldsymbol{r}_0) \tag{9.16.16}$$

考虑

$$X_{lsu,JM}(\boldsymbol{r}_0)=\sum_m C^{JM}_{lm,su}\mathrm{Y}_{lm}(R\boldsymbol{r}_0) \tag{9.16.17}$$

将式(9.7.43)代入得

$$X_{lsu,JM}(R\boldsymbol{r}_0)=\sum_{m,k}C^{JM}_{lm,su}D^l_{km}(R)\mathrm{Y}_{lk}(\boldsymbol{r}_0) \tag{9.16.18}$$

由于

$$D^l_{mk}(R)D^s_{\mu\nu}(R)=\sum_{JMK}C^{JM}_{lm,su}C^{JK}_{lk,sv}D^J_{MK}(R)$$

乘以 $\sum_{k,y}C^{J'K'}_{lk,Jy}$ 得

$$\sum_{k,y}C^{JK}_{lk,sy}D^l_{mk}(R)D^s_{\mu\nu}(R)=\sum_M C^{JM}_{lm,su}D^J_{MK}(R)$$

乘以 $\sum_m D^l_{k'm}(R^{-1})$ 得

$$\sum_y C^{JK}_{lk,sy}D^s_{\mu\nu}(R)=\sum_{mM}C^{JM}_{lm,su}D^l_{km}(R^{-1})D^J_{MK}(R)$$

乘以 $\sum_K D^J_{KM}(R^{-1})$ 得

$$\sum_{yK}C^{JK}_{lk,sy}D^s_{\mu\nu}(R)D^J_{KM}(R^{-1})=\sum_m C^{JM}_{lm,su}D^l_{km}(R^{-1}) \tag{9.16.19}$$

将式(9.6.19)代入得

$$\begin{aligned}X_{lsu,JM}(R\boldsymbol{r}_0)&\sum_{kyK}C^{JK}_{lk,sy}D^s_{\mu\nu}(R)D^J_{KM}(R^{-1})\mathrm{Y}_{lk}(\boldsymbol{r}_0)\\&=\sum_{yK}D^J_{KM}(R^{-1})D^s_{\mu\nu}(R)X_{lsy,JK}(\boldsymbol{r}_0)\end{aligned}$$

或者

$$X_{lsu,JM}(R\boldsymbol{r}_0)=\sum_{yK}D^s_{\mu\nu}(R)D^J_{KM}(R^{-1})X_{lsy,JK}(\boldsymbol{r}_0) \tag{9.16.20}$$

乘以 $\sum_u D^s_{y'u}(R^{-1})$ 得

$$\sum_{\mu} D^s_{\nu\mu}(R^{-1}) X_{ls\mu,JM}(R\boldsymbol{r}_0) = \sum_{K} D^J_{KM}(R^{-1}) X_{ls\nu,JK}(\boldsymbol{r}_0)$$

或者

$$\sum_{\nu} D^s_{\mu\nu}(R^{-1}) X_{ls\nu,JM}(R\boldsymbol{r}_0) = \sum_{K} D^J_{KM}(R^{-1}) X_{ls\mu,JK}(\boldsymbol{r}_0) \qquad (9.16.21)$$

式(9.16.20)和式(9.16.21)是带有自旋 S 的球函数的转动性质.

9.17 参考系变换时，波函数的变换

在上一节中,我们在参考系 K 中写下了时刻 t,在物理点 $\boldsymbol{x}$ 的粒子波函数是

$$\Psi(\boldsymbol{x},t) = \sum_{\alpha} \phi_{\alpha} \Psi_{\alpha}(x_1, x_2, x_3, t) \qquad (9.17.1)$$

其中

$$\boldsymbol{x} = \boldsymbol{e}_i x_i$$

是在参考系 K 中物理点 x 的坐标 $\Psi_{\alpha}(\alpha=1,2,\cdots)$是在参考系 K 中波函数的分量.

当我们转动参考系 K 到达另外一个参考系 K′时,在新参考系 K′中的基矢是

$$\boldsymbol{e}_i \to \boldsymbol{e}'_i = R\boldsymbol{e}_i = \boldsymbol{e}_k R_{ki} \qquad (9.17.2)$$

物理点 $\boldsymbol{x}$ 在新坐标架上的展开为

$$\boldsymbol{x} = \boldsymbol{e}_i x_i = \boldsymbol{e}'_i x'_i \qquad (9.17.3)$$

从式(9.17.3)导出的物理点 x 在新旧坐标系上的坐标间的联系是

$$x_i = R_{ik} x'_k \quad (i = 1,2,3) \qquad (9.17.4)$$

利用 R_{ik} 的正交性质,从式(9.17.4)又可以导出

$$x'_i = R_{ki} x_k \quad (i = 1,2,3) \qquad (9.17.5)$$

当参考系 K 经过一个转动变为参考系 K′时,相应地在波函数空间中引起一个基底变换

$$\phi_{\alpha} \to \phi'_{\alpha} = S(R)\phi_{\alpha} = \phi_{\beta} S_{\beta\alpha}(R) \qquad (9.17.6)$$

其中

$$R \to S(R) \quad R \leftarrow O_3^+$$

是群 O_3^+ 的一个手征表示，适当选择 ϕ_x 时，它将是传统的表示 $D(R)$，在新的坐标系统中，描述粒子运动的波函数，可以展开为

$$\Psi(\boldsymbol{x},t) = \phi'_\alpha \Psi'_\alpha(x'_1 x'_2 x'_3, t) \tag{9.17.7}$$

波函数的展开式(9.17.1)和式(9.17.7)是同一波函数 $\Psi(x,t)$ 在不同坐标系统中的两种表述方式，由于同一时刻 t，同一物理点 $\boldsymbol{x}$ 上粒子波函数的物理值不会由于坐标选择的不同而有所改变，所以应该有

$$\Psi(\boldsymbol{x},t) = \phi'_\alpha \Psi'_\alpha(x'_1 x'_2 x'_3, t) = \phi_\alpha \Psi(x_1, x_2, x_3, t) \tag{9.17.8}$$

从式(9.17.8)可以导出

$$\phi_\alpha \Psi'_\alpha(x'_1 x'_2 x'_3, t) = \phi_\alpha S_{\alpha\beta}(R^{-1}) \Psi_\beta(x_1, x_2, x_3, t)$$

将 $x_i = R_{ik} x'_k$ 代入得

$$\phi_\alpha \Psi'_\alpha(x'_1 x'_2 x'_3, t) = \phi_\alpha S_{\alpha\beta}(R^{-1}) \Psi_\beta(R_{1k} x'_k R_{2k} x'_k R_{3k} x'_k, t)$$

或者

$$\Psi'_\alpha(x'_1 x'_2 x'_3, t) = S_{\alpha\beta}(R^{-1}) \Psi_\beta(R_{1k} x'_k R_{2k} x'_k R_{3k} x'_k, t)$$

将坐标的′去掉得

$$\Psi'_\alpha(x_1, x_2, x_3, t) = S_{\alpha\beta}(R^{-1}) \Psi_\beta(R_{1k} x_k R_{2k} x_k R_{3k} x_k, t) \tag{9.17.9}$$

极易证明，上式给出了转动群 O_3^+ 的一个表示，设第一次转动 R_1 将参考系 K→K′，这时波函数间的变换为

$$\Psi'_\alpha(x_1, x_2, x_3, t) = S_{\alpha\beta}(\boldsymbol{R}_1) \Psi_\beta(R^{(1)}_{\beta} x_k, R^{(1)}_{2k} x_k, R^{(1)}_{3k} x_k, t)$$

第二次转动 R_2 将参考系 K→K″，这时波函数时间的变换为

$$\Psi''_\alpha(x_1, x_2, x_3, t) = S_{\alpha\beta}(R_2^{-1}) \Psi'_\beta(R^{(2)}_{1k} x_k, R^{(2)}_{2k} x_k, R^{(2)}_{3k} x_k, t)$$

因此，波函数当 K→K″时的变换为

$$\begin{aligned}
\Psi''_\alpha(x_1, x_2, x_3, t) &= S_{\alpha\beta}(R_2^{-1}) \Psi'_\beta(R^{(2)}_{1k} x_k, R^{(2)}_{2k} x_k, R^{(2)}_{3k} x_k, t) \\
&= S_{\alpha\beta}(R_2^{-1}) S_{\beta\gamma}(R_1^{-1}) \Psi_\gamma(R^{(1)}_{1j} R^{(2)}_{jk} x_k, \cdots, t) \\
&= S_{\alpha\gamma}(R_2^{-1} R_1^{-1}) \Psi_\gamma((R_1 R_2)_{1k} x_k, (R_1 R_2)_{2k} x_k, (R_1 R_2)_{3k} x_k, t) \\
&= S_{\alpha\gamma}((R_1 R_2)^{-1}) \Psi_\gamma((R_1 R_2)_{1k} x_k, (R_1 R_2)_{2k} x_k, (R_1 R_2)_{3k} x_k, t)
\end{aligned}$$

如果令 $R = R_1 R_2$，那么则有

$$\Psi''_{\alpha}(x_1, x_2, x_3, t) = S_{\alpha\gamma}(R^{-1})\Psi_{\gamma}(R_{1k}x_k, R_{2k}x_k, R_{3k}x_k, t) \tag{9.17.10}$$

即如果 K→K″间的转动为 $R = R_1 R_2$,那么波函数间的变换由式(9.17.9)给出.

定理 参考系 K 与 K′间波函数的变换

$$\Psi'_{\alpha}(x_1, x_2, x_3, t) = S_{\alpha\beta}(R^{-1})\Psi_{\beta}(R_{1k}x_k, R_{2k}x_k, R_{3k}x_k, t)$$

给出了转动群 O_3^+ 的一个表示.

如果我们将上式中的 $x_1 x_2 x_3$,写成矢量 x 的三个分量的形式,即

$$\boldsymbol{x} = \boldsymbol{e}_i x_i \tag{9.17.11}$$

那么由于

$$R\boldsymbol{x} = R\boldsymbol{e}_k x_k = \boldsymbol{e}_i R_{ik} x_k$$

或者

$$R\boldsymbol{x} = \boldsymbol{e}_i R_{ik} x_k \tag{9.17.12}$$

我们就可以将式(9.17.10)改写成

$$\Psi'_{\alpha}(\boldsymbol{x}, t) = S_{\alpha\beta}(R^{-1})\Psi_{\beta}(R\boldsymbol{x}, t) \tag{9.17.13}$$

的形式,取表像 $\alpha = (u, su)$,$\beta = (u', s'u')$,得

$$\Psi_{su}^{(u)'}(\boldsymbol{x}, t) = \sum_{u's'y} D_{uy}^{s}(R^{-1})\delta_{uu'}\delta_{ss'}\Psi_{s'y}^{(\mu u')}(R\boldsymbol{x}, t) = \sum_{y} D_{uy}^{s}(R^{-1})\Psi_{sy}^{(u)}(R\boldsymbol{x}, t)$$

或者

$$\Psi_{su}^{(u)'}(\boldsymbol{x}, t) = \sum_{y} D_{uy}^{s}(R^{-1})\Psi_{sy}^{(u)}(R\boldsymbol{x}, t) \tag{9.17.14}$$

按带有自旋 S 的球函数展开得

$$\Psi_{su}^{(u)'}(\boldsymbol{x}, t) = \sum_{lJM} u_{slJM}^{(u)'}(r, t) X_{lsu, JM}(\boldsymbol{r}_0) \tag{9.17.15}$$

$$\Psi_{su}^{(u)}(\boldsymbol{x}, t) = \sum_{lJK} u_{slJM}^{(u)}(r, t) X_{lsy, JK}(\boldsymbol{r}_0) \tag{9.17.16}$$

以及

$$\Psi_{sy}^{(u)}(R\boldsymbol{x}, t) = \sum_{lJK} u_{slJK}^{(u)}(r, t) X_{lsy, JK}(R\boldsymbol{r}_0)$$

将式(9.16.20)代入得

$$\Psi_{sy}^{(u)}(Rx,t)=\sum_{lJK}u_{slJK}^{(u)}(r,t)\sum_{uM}D_{yu}^{s}(R)D_{MK}^{J}(R^{-1})X_{lsu,JM}(r_0)$$
$$=\sum_{lJMKy'}u_{slJK}^{(u)}(r,t)D_{yy}^{s}(R)D_{MK}^{J}(R^{-1})X_{lsy'JM}(r_0)$$

将式(9.17.16)代入式(9.17.12)得

$$\Psi_{su}^{(u)'}(x,t)=\sum_{lJKKyy}u_{slJK}^{(u)}(r,t)D_{uy}^{s}(R^{-1})D_{yy}^{s}(R)D_{MK}^{J}(R^{-1})X_{lsy',JM}(r_0)$$
$$=\sum_{lJMK}u_{slJK}^{(u)}(r,t)D_{MK}^{J}(R^{-1})X_{lsu,JM}(r_0)$$
$$=\sum_{lJM}\left[\sum_{K}u_{slJK}^{(u)}(r,t)D_{MK}^{J}(R^{-1})\right]X_{lsu,JM}(r_0)$$

或者

$$\Psi_{su}^{(u)'}(x,t)=\sum_{lJM}\left[\sum_{K}u_{slJK}^{(u)}(r,t)D_{MK}^{J}(R^{-1})\right]X_{lsu,JM}(r_0)\tag{9.17.17}$$

将式(9.17.15)与式(9.17.17)相比较,获得

$$u_{slJM}^{(u)}(r,t)=\sum_{K}D_{MK}^{J}(R^{-1})u_{slJK}^{(u)}(r,t)\tag{9.17.18}$$

这就是当坐标系变换时,波函数间的变换关系.

显然式(9.17.10)还可以写成

$$\Psi'_{\alpha}(R_{ik}x_k,t)=S_{\alpha\beta}(R)\Psi_{\beta}(x_i,t)\tag{9.17.19}$$

的形式.

9.18 关于空间转动群不变的方程式

在真空或者是空间均匀且各向同性的连续媒质中,这个波函数满足一定的微分方程组.根据空间的均匀性和各同向性,这个方程组的形式应该在参考系的转动下是不变的,即满足协变原理的要求.

为不失普遍性可以假定,这个波动方程只包含一阶层数.事实上,通过利用将波函数的一阶层数作为波函数分量本身的办法,总可以做到这一点.为了简单,我们设在方程中不包含对时间的导数.

这样我们考虑方程

$$(A_i)_{\alpha\beta}\frac{\partial}{\partial x_i}\Psi_\beta(x_1,x_2,x_3t)=x\Psi_\alpha(x_1,x_2,x_3t) \tag{9.18.1}$$

由于

$$\Psi_\alpha(x_1,x_2,x_3t)=S_{\alpha\beta}(R)\Psi'_\beta(x'_1x'_2x'_3t) \tag{9.18.2}$$

代入得

$$(A_i)_{\alpha\beta}\frac{\partial}{\partial x_i}S_{\beta\gamma}(R)\Psi'_\beta(x'_1x'_2x'_3t)=xS_{\alpha\gamma}(R)\Psi'_\gamma(x'_1x'_2x'_3t)$$

$$[A_iS(R)]_{\alpha\beta}\frac{\partial}{\partial x_i}\Psi'_\beta(x'_1x'_2x'_3t)=xS_{\alpha\gamma}(R)\Psi'_\gamma(x'_1x'_2x'_3t)$$

乘以$\sum_\alpha S_{\alpha'\alpha}(R^{-1})$,得

$$[S(R^{-1})A_iS(R)]_{\alpha\beta}\frac{\partial}{\partial x_i}\Psi'_\beta(x'_1x'_2x'_3t)=x\Psi'_\alpha(x'_1x'_2x'_3t)$$

其中 $x'_k=R_{ik}x_i$,所以有

$$\frac{\partial}{\partial x_i}=R_{ik}\frac{\partial}{\partial x'_k} \tag{9.18.3}$$

代入得

$$[S(R^{-1})A_iS(R)]_{\alpha\beta}R_{ik}\frac{\partial}{\partial x'_k}\Psi'_\beta(x'_1x'_2x'_3t)=x\Psi'_\alpha(x'_1x'_2x'_3t) \tag{9.18.4}$$

如果参考系 K 和 K′是等价的,亦即物理上等效的,那么在 K′中应该有方程

$$(A_k)_{\alpha\beta}\frac{\partial}{\partial x'_k}\Psi'_\beta(x'_1x'_2x'_3t)=x\Psi'_\alpha(x'_1x'_2x'_3t) \tag{9.18.5}$$

成立.比较方程式(9.18.5)与式(9.18.4)得

$$S(R^{-1})A_iS(R)R_{ik}=A_k \tag{9.18.6}$$

或利用 R 的正交性质获得

$$S(R^{-1})A_iS(R)=R_{ik}A_k \tag{9.18.7}$$

这就是方程组式(9.18.1)的协变条件.其中

$$\begin{cases}R=\mathrm{e}^{-\mathrm{i}\boldsymbol{\alpha}\cdot\boldsymbol{L}}\\ S(R)=\mathrm{e}^{-\mathrm{i}\boldsymbol{\alpha}\cdot\boldsymbol{S}}\end{cases} \tag{9.18.8}$$

代入得

$$e^{i\alpha\cdot S}A_i e^{-i\alpha\cdot S} = (e^{-i\alpha\cdot L})_{ik}A_k \tag{9.18.9}$$

在无穷小变换的条件下获得

$$\alpha_r[A_i,S_r] = \alpha_r(L_r)_{ik}A_k$$

由于 α_r 是独立的,所以得

$$[A_i,S_r] = (L_r)_{ik}A_k \tag{9.18.10}$$

利用

$$\begin{cases} L_1 = -i(E_{23} - E_{32}) \\ L_2 = -i(E_{31} - E_{13}) \\ L_3 = -i(E_{12} - E_{21}) \end{cases} \tag{9.18.11}$$

由式(9.18.10)可得

$$\begin{cases} [A_1,S_1] = 0 \\ [A_2,S_1] = -iA_3 \\ [A_3,S_1] = iA_2 \end{cases} \quad \begin{cases} [A_1,S_2] = iA_3 \\ [A_2,S_2] = 0 \\ [A_3,S_2] = -iA_2 \end{cases} \quad \begin{cases} [A_1,S_3] = -iA_2 \\ [A_2,S_3] = iA_1 \\ [A_3,S_3] = 0 \end{cases} \tag{9.18.12}$$

概括地写成

$$\boldsymbol{A} \times \boldsymbol{S} = i\boldsymbol{A} \tag{9.18.13}$$

或简洁地写成

$$[A_r,S_s] = i\varepsilon_{rst}A_t \tag{9.18.14}$$

的形式.与 S 满足的对易关系

$$[S_r,S_s] = i\varepsilon_{rst}S_t \tag{9.18.15}$$

比较之,我们可以获得解

$$\boldsymbol{A} = \boldsymbol{S} \tag{9.18.16}$$

也就是

$$A_i = S_i \quad (i = 1,2,3)$$

这样关于空间转动群表示的方程就是

$$(S_i)_{\alpha\beta}\frac{\partial}{\partial x_i}\Psi(x,t)=x\Psi_\alpha(x,t) \tag{9.18.17}$$

或者

$$\left(x+S_i\frac{\partial}{\partial x_i}\right)\Psi(x,t)=0 \tag{9.18.18}$$

9.19 正则表示 $SU_2\times SU_2^c$ 与二阶张量表示 $SU_2\times SU_2$

群 SU_2 的二阶张量表示的基底,按式(9.6.19)是

$$\mathrm{Y}_{1u}=\frac{1}{\sqrt{2(1+u)!(1-u)!}}\sum_{\sigma\leftarrow\sigma_2}\sigma(\phi_1^{1+u}\phi_2^{1-u}) \tag{9.19.1}$$

从而获得

$$\begin{cases}\xi_1=\mathrm{Y}_{11}=\phi_1\phi_1=\phi_{11}\\ \xi_0=\mathrm{Y}_{10}=\dfrac{\phi_1\phi_2+\phi_2\phi_1}{\sqrt{2}}=\dfrac{\phi_{12}+\phi_{21}}{\sqrt{2}}\\ \xi_{-1}=\mathrm{Y}_{1-1}=\phi_2\phi_2=\phi_{22}\end{cases} \tag{9.19.2}$$

相应地表示的矩阵元按式(9.7.3)、式(9.7.5)为

$$D'_{\mu\nu}(\theta,\varphi,\psi)=\mathrm{e}^{-\mathrm{i}(\mu\varphi-\nu\psi)}\sqrt{(1+\mu)!(1-\mu)!(1+\nu)!(1-\nu)!}\cdot\sum_r(-1)^r\frac{\left(\cos\dfrac{\theta}{2}\right)^{\mu+\nu+2r}\left(\sin\dfrac{\theta}{2}\right)^{2-\mu-\nu-2r}}{(1-\mu-r)!(1-\nu-r)!(\nu+\mu+r)!r!} \tag{9.19.3}$$

从而获得

$$\begin{cases}D_{11}^1(\theta,\varphi,\psi)=-\dfrac{1}{2}\mathrm{e}^{-\mathrm{i}(\varphi-\psi)}(1+\cos\theta)\\ D_{10}^1(\theta,\varphi,\psi)=-\dfrac{1}{\sqrt{2}}\mathrm{e}^{-\mathrm{i}\varphi}\sin\theta\\ D_{1-1}^1(\theta,\varphi,\psi)=-\dfrac{1}{2}\mathrm{e}^{-\mathrm{i}(\varphi+\psi)}(1-\cos\theta)\end{cases} \tag{9.19.4a}$$

$$\begin{cases} D^{1'}_{01}(\theta,\varphi,\psi) = -\dfrac{1}{\sqrt{2}}e^{-i\psi}\sin\theta \\ D^{1}_{00}(\theta,\varphi,\psi) = \cos\theta \\ D^{1}_{0\bar{1}}(\theta,\varphi,\psi) = \dfrac{1}{\sqrt{2}}e^{-i\psi}\sin\theta \end{cases} \tag{9.19.4b}$$

$$\begin{cases} D^{1}_{\bar{1}1}(\theta,\varphi,\psi) = -\dfrac{1}{2}e^{i(\varphi+\psi)}(1-\cos\theta) \\ D^{1}_{\bar{1}0}(\theta,\varphi,\psi) = -\dfrac{1}{\sqrt{2}}e^{i\varphi}\sin\theta \\ D^{1}_{-1-1}(\theta,\varphi,\psi) = -\dfrac{1}{2}e^{i(\varphi-\psi)}(1+\cos\theta) \end{cases} \tag{9.19.4c}$$

式(9.19.2)和式(9.19.4)给出了表示 SU_2^2 的全部内容.

现在我们从正则表示 $SU_2 \otimes SU_2^c$ 出发求出相应于式(9.19.2)和式(9.19.4)的内容. 在正则表示的作用空间中基底 $\phi_i(i=1,2,3)$ 由式(9.4.8)给出为

$$\begin{cases} \phi = \dfrac{\phi_1^2 + \phi_2^1}{\sqrt{2}} \\ \phi_2 = \dfrac{\phi_1^2 - \phi_2^1}{\sqrt{2}} \\ \phi_3 = \dfrac{\phi_1^1 - \phi_2^2}{\sqrt{2}} \end{cases} \tag{9.19.5}$$

由于

$$\phi^i = \sigma_2 \phi_i \quad (i = 1,2) \tag{9.19.6}$$

或者

$$\phi^1 = i\phi_2 \quad \phi^2 = -i\phi_1$$

所以式(9.19.5)可以改写为

$$\begin{cases} \boldsymbol{\phi}_1 = i\dfrac{-\phi_{11} + \phi_{22}}{\sqrt{2}} = i\dfrac{-\boldsymbol{\xi}_1 + \boldsymbol{\xi}_{-1}}{\sqrt{2}} \\ \boldsymbol{\phi}_2 = i\dfrac{-\phi_{11} - \phi_{22}}{\sqrt{2}} = \dfrac{-\boldsymbol{\xi}_1 - \boldsymbol{\xi}_{-1}}{\sqrt{2}} \\ \boldsymbol{\phi}_3 = i\dfrac{\phi_{12} + \phi_{21}}{\sqrt{2}} = i\boldsymbol{\xi}_0 \end{cases} \tag{9.19.7}$$

从式(9.19.7)第三式可见,引进如下基底是方便的,即

$$e_r = -\mathrm{i}\boldsymbol{\phi}_r \quad (r = 1,2,3) \tag{9.19.8}$$

这时式(9.19.7)可改写为

$$\begin{cases} \boldsymbol{e}_1 = \dfrac{-\boldsymbol{\xi}_1 + \boldsymbol{\xi}_{-1}}{\sqrt{2}} \\ \boldsymbol{e}_2 = \dfrac{\boldsymbol{\xi}_1 + \boldsymbol{\xi}_{-1}}{\sqrt{2}} \\ \boldsymbol{e}_3 = -\boldsymbol{\xi}_0 \end{cases} \tag{9.19.9}$$

正则表示 R 的定义为

$$R\phi_r = \phi_t R_{tr} \quad (r = 1,2,3) \tag{9.19.10}$$

乘以 $-\mathrm{i}$ 得

$$R\phi_r = \boldsymbol{e}R_{tr} \quad (r = 1,2,3) \tag{9.19.11}$$

或展开为

$$\begin{cases} R\boldsymbol{e}_1 = \boldsymbol{e}_1 R_{11} + \boldsymbol{e}_2 R_{21} + \boldsymbol{e}_3 R_{31} \\ R\boldsymbol{e}_2 = \boldsymbol{e}_1 R_{12} + \boldsymbol{e}_2 R_{22} + \boldsymbol{e}_3 R_{32} \\ R\boldsymbol{e}_3 = \boldsymbol{e}_1 R_{13} + \boldsymbol{e}_2 R_{23} + \boldsymbol{e}_3 R_{33} \end{cases} \tag{9.19.12}$$

将式(9.19.9)代入得

$$\begin{cases} R\boldsymbol{e}_1 = \boldsymbol{\xi}_1 \dfrac{-R_{11} + \mathrm{i}R_{21}}{\sqrt{2}} + \boldsymbol{\xi}_0 R_{31} + \boldsymbol{\xi}_{-1} \dfrac{R_{11} + \mathrm{i}R_{21}}{\sqrt{2}} \\ R\boldsymbol{e}_2 = \boldsymbol{\xi}_1 \dfrac{-R_{12}\mathrm{i}R_{22}}{\sqrt{2}} + \boldsymbol{\xi}_0 R_{32} + \boldsymbol{\xi}_{-1} \dfrac{R_{12} + \mathrm{i}R_{22}}{\sqrt{2}} \\ R\boldsymbol{e}_3 = \boldsymbol{\xi}_1 \dfrac{-R_{13} + \mathrm{i}R_{23}}{\sqrt{2}} + \boldsymbol{\xi}_0 R_{33} + \boldsymbol{\xi}_{-1} \dfrac{R_{13} + \mathrm{i}R_{23}}{\sqrt{2}} \end{cases} \tag{9.19.13}$$

从而获得

$$\begin{cases} R\xi_1 = \xi_1 \dfrac{R_{11} + R_{22} + \mathrm{i}R_{12} - \mathrm{i}R_{21}}{2} + \xi_0 \dfrac{-R_{31} - \mathrm{i}R_{32}}{\sqrt{2}} + \xi_{-1} \dfrac{-R_{11} + R_{22} - \mathrm{i}R_{12} - \mathrm{i}R_{21}}{2} \\ R\xi_0 = \xi_1 \dfrac{-R_{13} + \mathrm{i}R_{23}}{\sqrt{2}} + \xi_0 R_{33} + \xi_{-1} \dfrac{R_{13} + \mathrm{i}R_{23}}{\sqrt{2}} \\ R\xi_{-1} = \xi_1 \dfrac{-R_{11} + R_{22} + \mathrm{i}R_{12} + \mathrm{i}R_{01}}{2} + \xi_0 \dfrac{R_{31} - \mathrm{i}R_{32}}{\sqrt{2}} + \xi_{-1} \dfrac{R_{11} + R_{22} - \mathrm{i}R_{12} + \mathrm{i}R_{21}}{2} \end{cases}$$

(9.19.14)

或写成如下形式：

$$R\xi_\mu = \xi_\nu R_{\nu\mu} \quad (\mu = 1, 0, -1) \tag{9.19.15}$$

将式(9.5.21)代入式(9.19.14)则得矩阵元 $R_{\mu\nu}$ 为

$$\begin{cases} R_{11} = \dfrac{R_{11} + R_{22} + iR_{12} - iR_{21}}{2} = -\dfrac{1}{2}e^{-i(\varphi-\psi)}(1+\cos\theta) \\ R_{10} = \dfrac{-R_{13} + iR_{23}}{\sqrt{2}} = -\dfrac{1}{\sqrt{2}}e^{-i\varphi}\sin\theta \\ R_{1-1} = \dfrac{-R_{11} + R_{22} + iR_{12} + iR_{21}}{2} = -\dfrac{1}{2}e^{-i(\varphi+\psi)}(1-\cos\theta) \end{cases} \tag{9.19.16a}$$

$$\begin{cases} R_{01} = \dfrac{-R_{31} - iR_{32}}{\sqrt{2}} = -\dfrac{1}{\sqrt{2}}e^{-i\varphi}\sin\theta \\ R_{00} = R_{33} = \cos\theta \\ R_{0-1} = \dfrac{R_{31} - iR_{32}}{\sqrt{2}} = \dfrac{1}{\sqrt{2}}e^{-i\varphi}\sin\theta \end{cases} \tag{9.19.16b}$$

$$\begin{cases} R_{-11} = \dfrac{-R_{11} + R_{22} - iR_{12} - iR_{21}}{2} = -\dfrac{1}{2}e^{i(\varphi+\psi)}(1-\cos\theta) \\ R_{-10} = \dfrac{R_{13} + iR_{23}}{\sqrt{2}} = \dfrac{1}{\sqrt{2}}e^{i\varphi}\sin\theta \\ R_{-1-1} = \dfrac{R_{11} + R_{22} + iR_{12} + iR_{21}}{2} = -\dfrac{1}{2}e^{i(\varphi+\psi)}(1+\cos\theta) \end{cases} \tag{9.19.16c}$$

从式(9.19.4)与式(9.19.16)的比较获得

$$D^1_{\mu\nu}(\theta,\varphi,\psi) = R_{\mu\nu}(\theta,\varphi,\psi) \quad (\mu\nu = 1, 0, -1) \tag{9.19.17}$$

同时从式(9.19.4)与式(9.19.16)还可以获得球谐函数

$$\begin{cases} Y_{11}(\theta\varphi) = -\sqrt{\dfrac{3}{4\pi}}\dfrac{e^{i\varphi}\sin\theta}{\sqrt{2}} \\ Y_{10}(\theta\varphi) = \sqrt{\dfrac{3}{4\pi}}\cos\theta \\ Y_{1-1}(\theta\varphi) = \sqrt{\dfrac{3}{4\pi}}\dfrac{e^{-i\varphi}\sin\theta}{\sqrt{2}} \end{cases} \tag{9.19.18}$$

我们引进是简矢量

$$X = \boldsymbol{e}_1 x_1 + \boldsymbol{e}_2 x_2 + \boldsymbol{e}_3 x_3 \tag{9.19.19}$$

将 $\boldsymbol{e}_i$ 换成 $\boldsymbol{\xi}_\mu$ 则得

$$\boldsymbol{X} = -\boldsymbol{\xi}_1 \frac{x_1 - \mathrm{i}x_2}{\sqrt{2}} + \boldsymbol{\xi}_0 x_3 - \boldsymbol{\xi}_{-1} \frac{-x_1 - \mathrm{i}x_2}{\sqrt{2}} \tag{9.19.20}$$

引入角坐标

$$\begin{cases} x_1 = r\sin\theta\cos\varphi \\ x_2 = r\sin\theta\sin\varphi \\ x_3 = r\cos\theta \end{cases} \tag{9.19.21}$$

则有

$$\begin{cases} \dfrac{-x_1 - \mathrm{i}x_2}{\sqrt{2}} = -\dfrac{r\mathrm{e}^{\mathrm{i}\varphi}\sin\theta}{\sqrt{2}} = r\sqrt{\dfrac{4\pi}{3}}\mathrm{Y}_{11}(\theta\varphi) \\ x_3 = r\cos\theta = r\sqrt{\dfrac{4\pi}{3}}\mathrm{Y}_{10}(\theta\varphi) \\ \dfrac{x_1 - \mathrm{i}x_2}{\sqrt{2}} = r\dfrac{\mathrm{e}^{-\mathrm{i}\varphi}\sin\theta}{\sqrt{2}} = r\sqrt{\dfrac{4\pi}{3}}\mathrm{Y}_{1-1}(\theta\varphi) \end{cases} \tag{9.19.22}$$

将式(9.19.22)代入式(9.19.20)则得

$$\begin{aligned} \boldsymbol{r}_0 = \frac{\boldsymbol{X}}{r} &= \sqrt{\frac{4\pi}{3}}(-\boldsymbol{\xi}_1\mathrm{Y}_{1-1}(\theta\varphi) + \boldsymbol{\xi}_0\mathrm{Y}_{10}(\theta\varphi) - \boldsymbol{\xi}_{-1}\mathrm{Y}_{1-1}(\theta\varphi)) \\ &= \sqrt{\frac{4\pi}{3}}\sum_\mu(-1)^\mu\boldsymbol{\xi}_{-\mu}\mathrm{Y}_{1\mu}(\theta\varphi) \end{aligned}$$

或简洁地写成

$$\boldsymbol{r}_0 = \sqrt{\frac{4\pi}{3}}\sum_\mu(-1)^\mu\boldsymbol{\xi}_{-\mu}\mathrm{Y}_{1\mu}(\boldsymbol{r}_0) \tag{9.19.23}$$

现在考虑矢量 $R\boldsymbol{r}_0$，一方面它等于(根据式(9.7.43))

$$\begin{aligned} R\boldsymbol{r}_0 &= \sqrt{\frac{4\pi}{3}}\sum_\mu(-1)^\mu\boldsymbol{\xi}_{-\mu}\mathrm{Y}_{1\mu}(R\boldsymbol{r}_0) = \sqrt{\frac{4\pi}{3}}\sum_{\mu\nu}(-1)^\mu\boldsymbol{\xi}_{-\mu}\mathrm{Y}_{1\nu}(\boldsymbol{r}_0)D^1_{\nu\mu}(R^{-1}) \\ &= \sqrt{\frac{4\pi}{3}}\sum_{\mu,\nu}(-1)^\mu\boldsymbol{\xi}_{-\mu}\mathrm{Y}_{1\nu}(\boldsymbol{r}_0)(-1)^{\mu+\nu}D^1_{-\mu-\nu}(R) \\ &= \sqrt{\frac{4\pi}{3}}\sum_{\mu,\nu}(-1)^\nu\boldsymbol{\xi}_{-\mu}\mathrm{Y}_{1\nu}(\boldsymbol{r}_0)D^1_{-\mu-\nu}(R) \end{aligned}$$

也就有

$$R\boldsymbol{r}_0 = \sqrt{\frac{4\pi}{3}}\sum_{\mu\nu}\boldsymbol{\xi}_\mu Y_{1\nu}^*(\boldsymbol{r}_0)D_{\mu\nu}^1(R) \tag{9.19.24}$$

另一方面,它又等于(根据式(9.19.15))

$$R\boldsymbol{r}_0 = \sqrt{\frac{4\pi}{3}}\sum_{\mu}(-1)^\mu R\boldsymbol{\xi}_\mu Y_{1\mu}(\boldsymbol{r}_0) = \sqrt{\frac{4\pi}{3}}\sum_{\mu}R\boldsymbol{\xi}_\mu Y_{1\mu}^*(\boldsymbol{r}_0) = \sqrt{\frac{4\pi}{3}}\sum_{\mu,\nu}\boldsymbol{\xi}_\mu R_{\mu\nu} Y_{1\nu}^*(\boldsymbol{r}_0)$$

也就有

$$R\boldsymbol{r}_0 = \sqrt{\frac{4\pi}{3}}\sum_{\mu\nu}\boldsymbol{\xi}_\mu Y_{1\nu}^*(\boldsymbol{r}_0)R_{\mu\nu} \tag{9.19.25}$$

将式(9.19.24)与式(9.19.25)比较之获得

$$D_{\mu\nu}^1(R) = R_{\mu\nu} \tag{9.19.26}$$

这个证明同样导出了结果式(9.19.17).

如果我们在空间中引进内积的概念,即引进

$$\begin{cases} \boldsymbol{e}_r^* = \boldsymbol{e}_r \\ \boldsymbol{e}_r \cdot \boldsymbol{e}_s = \delta_{rs} \\ \boldsymbol{e}_1\times\boldsymbol{e}_2 = \boldsymbol{e}_3, \quad \boldsymbol{e}_2\times\boldsymbol{e}_3 = \boldsymbol{e}_1, \quad \boldsymbol{e}_3\times\boldsymbol{e}_1 = \boldsymbol{e}_2 \\ \boldsymbol{e}_1\times\boldsymbol{e}_1 = 0, \quad \boldsymbol{e}_2\times\boldsymbol{e}_2 = 0, \quad \boldsymbol{e}_3\times\boldsymbol{e}_3 = 0 \end{cases} \quad (r = 1,2,3) \tag{9.19.27}$$

那么相应的基矢 $\xi_\mu(\mu=1,0,-1)$,存在如下关系:

$$\begin{cases} \boldsymbol{\xi}_\mu^* = (-1)^\mu\boldsymbol{\xi}_{-\mu} \\ \boldsymbol{\xi}_\mu^*\cdot\boldsymbol{\xi}_\nu = \delta_{\mu\nu} \\ \boldsymbol{\xi}_\mu\times\boldsymbol{\xi}_\nu = \mathrm{i}\sqrt{2}C_{1-\mu,1\nu}^{\mu+\nu} = \mathrm{i}\sqrt{2}\sum_\sigma C_{1\mu,1\nu}^{1\sigma}\boldsymbol{\xi}_a \end{cases} \quad (\mu = 1,0,-1) \tag{9.19.28}$$

其中,$\sqrt{2}C_{1\mu,1\nu}^{1\mu+\nu}$的数值如表9.3所示.

表9.3 $\sqrt{2}C_{1\mu,1\nu}^{1\mu+\nu}$的数值

μ	1	0	-1
1	0	-1	-1
1	1	0	-1
1	1	1	0

9.20 梯度的极坐标表示式

如果在笛卡尔坐标系统中空间矢量 $\boldsymbol{X}$ 可以表示为

$$\boldsymbol{X} = \boldsymbol{e}_1 x_1 + \boldsymbol{e}_2 x_2 + \boldsymbol{e}_3 x_3 \tag{9.20.1}$$

那么求其全微分,则得

$$\mathrm{d}\boldsymbol{X} = \boldsymbol{e}_1 \mathrm{d}x_1 + \boldsymbol{e}_2 \mathrm{d}x_2 + \boldsymbol{e}_3 \mathrm{d}x_3 \tag{9.20.2}$$

挑选坐标

$$\begin{cases} x_1 = r\sin\theta\cos\varphi \\ x_2 = r\sin\theta\sin\varphi \\ x_3 = r\cos\theta \end{cases} \tag{9.20.3}$$

那么由于

$$\begin{cases} \mathrm{d}x_1 = \sin\theta\cos\varphi(\mathrm{d}r) + \cos\theta\cos\varphi(r\mathrm{d}\theta) - \sin\varphi(r\sin\theta\mathrm{d}\varphi) \\ \mathrm{d}x_2 = \sin\theta\sin\varphi(\mathrm{d}r) + \cos\theta\sin\varphi(r\mathrm{d}\theta) + \cos\varphi(r\sin\theta\mathrm{d}\varphi) \\ \mathrm{d}x_3 = \cos\theta(\mathrm{d}r) - \sin\theta(r\mathrm{d}\theta) \end{cases} \tag{9.20.4}$$

或者

$$\begin{pmatrix} \mathrm{d}x_1 \\ \mathrm{d}x_2 \\ \mathrm{d}x_3 \end{pmatrix} = \begin{pmatrix} \sin\theta\cos\varphi & \cos\theta\cos\varphi & -\sin\varphi \\ \sin\theta\sin\varphi & \cos\theta\sin\varphi & \cos\varphi \\ \cos\theta & -\sin\theta & 0 \end{pmatrix} \begin{pmatrix} \mathrm{d}r \\ r\mathrm{d}\theta \\ r\sin\theta\mathrm{d}\varphi \end{pmatrix} \tag{9.20.5}$$

求其逆变换符

$$\begin{pmatrix} \mathrm{d}r \\ r\mathrm{d}\theta \\ r\sin\theta\mathrm{d}\varphi \end{pmatrix} = \begin{pmatrix} \sin\theta\cos\varphi & \sin\theta\sin\varphi & \cos\theta \\ \cos\theta\cos\varphi & \cos\theta\sin\varphi & -\sin\theta \\ -\sin\varphi & \cos\varphi & 0 \end{pmatrix} \begin{pmatrix} \mathrm{d}x_1 \\ \mathrm{d}x_2 \\ \mathrm{d}x_3 \end{pmatrix} \tag{9.20.6}$$

或者

$$\begin{cases} dr = \sin\theta\cos\varphi + dx_1 + \sin\theta\sin\varphi dx_2 + \cos\theta dx_3 \\ d\theta = \dfrac{1}{r}\cos\theta\cos\varphi + dx_1 + \dfrac{1}{r}\cos\theta\sin\varphi dx_2 - \dfrac{1}{r}\sin\theta dx_3 \\ d\varphi = -\dfrac{\sin\varphi}{r\sin\theta} + dx_1 + \dfrac{\cos\varphi}{r\sin\theta}dx_2 \end{cases} \tag{9.20.7}$$

将式(9.20.4)代入式(9.20.2)得

$$\begin{aligned} d\boldsymbol{X} = & \boldsymbol{e}_1(\sin\theta\cos\varphi(dr) + \cos\theta\cos\varphi(rd\theta) - \sin\varphi(r\sin\theta d\varphi)) \\ & + \boldsymbol{e}_2(\sin\theta\sin\varphi(dr) + \cos\theta\sin\varphi(rd\theta) + \cos\varphi(r\sin\theta d\varphi)) \\ & + \boldsymbol{e}_3(\cos\theta(dr) - \sin\theta(rd\theta)) \\ = & (\boldsymbol{e}_1\sin\theta\cos\varphi + \boldsymbol{e}_2\sin\theta\sin\varphi + \boldsymbol{e}_3\cos\theta)dr \\ & + (-\boldsymbol{e}_1\cos\theta\cos\varphi + \boldsymbol{e}_2\cos\theta\sin\varphi - \boldsymbol{e}_3\sin\theta)rd\theta \\ & + (-\boldsymbol{e}_1\sin\varphi + \boldsymbol{e}_2\cos\varphi)(r\sin\theta d\varphi) \\ = & \boldsymbol{r}_0 dr + \boldsymbol{\theta}_0 rd\theta + \boldsymbol{\theta}_0 r\sin\theta d\varphi \end{aligned}$$

或者

$$d\boldsymbol{X} = \boldsymbol{r}_0 dr + \boldsymbol{\theta}_0 rd\theta + \boldsymbol{\theta}_0 r\sin\theta d\varphi \tag{9.20.8}$$

其中

$$\begin{cases} \boldsymbol{r}_0 = \boldsymbol{e}_x\sin\theta\cos\varphi + \boldsymbol{e}_y\sin\theta\sin\varphi + \boldsymbol{e}_z\cos\theta \\ \boldsymbol{\theta}_0 = \boldsymbol{e}_x\cos\theta\cos\varphi + \boldsymbol{e}_y\cos\theta\sin\varphi - \boldsymbol{e}_z\sin\theta \\ \boldsymbol{\varphi}_0 = -\boldsymbol{e}_x\sin\varphi + \boldsymbol{e}_y\cos\varphi \end{cases} \tag{9.20.9}$$

从式(9.20.9)可以导出，它满足如下正交性质：

$$\begin{cases} \boldsymbol{r}_0\cdot\boldsymbol{r}_0 = 1, \quad \boldsymbol{\theta}_0\cdot\boldsymbol{\theta}_0 = 1, \quad \boldsymbol{\varphi}_0\cdot\boldsymbol{\varphi}_0 = 1 \\ \boldsymbol{r}_0\cdot\boldsymbol{\theta}_0 = 0, \quad \boldsymbol{\theta}_0\cdot\boldsymbol{\varphi}_0 = 0, \quad \boldsymbol{\varphi}_0\cdot\boldsymbol{r}_0 = 0 \end{cases} \tag{9.20.10}$$

以及

$$\begin{cases} \boldsymbol{r}_0\times\boldsymbol{r}_0 = 0, \quad \boldsymbol{\theta}_0\times\boldsymbol{\theta}_0 = 0, \quad \boldsymbol{\varphi}_0\times\boldsymbol{\varphi}_0 = 0 \\ \boldsymbol{r}_0\times\boldsymbol{\theta}_0 = \boldsymbol{\varphi}_0, \quad \boldsymbol{\theta}_0\times\boldsymbol{\varphi}_0 = \boldsymbol{r}_0, \quad \boldsymbol{\varphi}_0\times\boldsymbol{r}_0 = \boldsymbol{\theta}_0 \end{cases} \tag{9.20.11}$$

将式(9.20.7)代入式(9.20.8)得

$$\begin{aligned} d\boldsymbol{X} = & \boldsymbol{r}_0(\sin\theta\cos\varphi dx_1 + \sin\theta\sin\varphi dx_2 + \cos\theta dx_3) \\ & + \boldsymbol{\theta}_0(\cos\theta\cos\varphi dx_1 + \cos\theta\sin\varphi dx_2 - \sin\theta dx_3) + \boldsymbol{\varphi}_0(-\sin\varphi dx_1 + \cos\varphi dx_2) \\ = & (\boldsymbol{r}_0\sin\theta\cos\varphi + \boldsymbol{\theta}_0\cos\theta\cos\varphi - \boldsymbol{\varphi}_0\sin\varphi)dx_1 \end{aligned}$$

$$+ (\boldsymbol{r}_0 \sin\theta\sin\varphi + \boldsymbol{\theta}_0 \cos\theta\sin\varphi + \boldsymbol{\varphi}_0 \cos\varphi) \mathrm{d}x_2 + (\boldsymbol{r}_0\cos\theta - \boldsymbol{\theta}_0\sin\theta)\mathrm{d}x_3$$

$$= \boldsymbol{e}_1 \mathrm{d}x_1 + \boldsymbol{e}_2 \mathrm{d}x_2 + \boldsymbol{e}_3 \mathrm{d}x_3 \tag{9.20.12}$$

比较可得

$$\begin{cases} \boldsymbol{e}_1 = \boldsymbol{r}_0 \sin\theta\cos\varphi + \boldsymbol{\theta}_0\cos\theta\cos\varphi - \boldsymbol{\varphi}_0 \sin\varphi \\ \boldsymbol{e}_2 = \boldsymbol{r}_0 \sin\theta\sin\varphi + \boldsymbol{\theta}_0\cos\theta\sin\varphi + \boldsymbol{\varphi}_0 \cos\varphi \\ \boldsymbol{e}_3 = \boldsymbol{r}_0\cos\theta - \boldsymbol{\theta}_0 \sin\theta \end{cases} \tag{9.20.13}$$

或者利用变换式(9.20.5)、式(9.20.6)也可以从式(9.20.9)得到式(9.20.13).利用式(9.20.7)可以获得微商的角坐标表示式.

$$\frac{\partial}{\partial x_1} = \frac{\partial r}{\partial x_1}\frac{\partial}{\partial r} + \frac{\partial \theta}{\partial x_1}\frac{\partial}{\partial \theta} + \frac{\partial \varphi}{\partial x_1}\frac{\partial}{\partial \varphi} = \sin\theta\cos\varphi\frac{\partial}{\partial r} + \frac{\cos\theta\cos\varphi}{r}\frac{\partial}{\partial\theta} - \frac{\sin\varphi}{r\sin\theta}\frac{\partial}{\partial\varphi}$$

$$\frac{\partial}{\partial x_2} = \frac{\partial r}{\partial x_2}\frac{\partial}{\partial r} + \frac{\partial \theta}{\partial x_2}\frac{\partial}{\partial \theta} + \frac{\partial \varphi}{\partial x_2}\frac{\partial}{\partial \varphi} = \sin\theta\sin\varphi\frac{\partial}{\partial r} + \frac{\cos\theta\sin\varphi}{r}\frac{\partial}{\partial\theta} + \frac{\cos\varphi}{r\sin\theta}\frac{\partial}{\partial\varphi}$$

$$\frac{\partial}{\partial x_3} = \frac{\partial r}{\partial x_3}\frac{\partial}{\partial r} + \frac{\partial \theta}{\partial x_3}\frac{\partial}{\partial \theta} + \frac{\partial \varphi}{\partial x_3}\frac{\partial}{\partial \varphi} = \cos\theta\frac{\partial}{\partial r} - \frac{\sin\theta}{r}\frac{\partial}{\partial\theta}$$

或者

$$\begin{cases} \dfrac{\partial}{\partial x_1} = \sin\theta\cos\varphi\dfrac{\partial}{\partial r} + \cos\theta\cos\varphi\dfrac{1}{r}\dfrac{\partial}{\partial\theta} - \sin\varphi\dfrac{1}{r\sin\theta}\dfrac{\partial}{\partial\varphi} \\ \dfrac{\partial}{\partial x_2} = \sin\theta\sin\varphi\dfrac{\partial}{\partial r} + \cos\theta\sin\varphi\dfrac{1}{r}\dfrac{\partial}{\partial\theta} + \cos\varphi\dfrac{1}{r\sin\theta}\dfrac{\partial}{\partial\varphi} \\ \dfrac{\partial}{\partial x_3} = \cos\theta\dfrac{\partial}{\partial r} - \sin\theta\dfrac{1}{r}\dfrac{\partial}{\partial\theta} \end{cases} \tag{9.20.14}$$

利用变换式(9.20.6)得

$$\begin{cases} \dfrac{\partial}{\partial x} = \sin\theta\cos\varphi\dfrac{\partial}{\partial x_1} + \sin\theta\sin\varphi\dfrac{\partial}{\partial x_2} + \cos\theta\dfrac{\partial}{\partial x_3} \\ \dfrac{1}{r}\dfrac{\partial}{\partial\theta} = \cos\theta\cos\varphi\dfrac{\partial}{\partial x_1} + \cos\theta\sin\varphi\dfrac{\partial}{\partial x_2} - \sin\theta\dfrac{\partial}{\partial x_3} \\ \dfrac{1}{r\sin\theta}\dfrac{\partial}{\partial\varphi} = -\sin\varphi\dfrac{\partial}{\partial x_1} + \cos\varphi\dfrac{\partial}{\partial x_2} \end{cases} \tag{9.20.15}$$

将式(9.20.14)写成矢量形式,即

$$\nabla = \boldsymbol{e}_1\frac{\partial}{\partial x_1} + \boldsymbol{e}_2\frac{\partial}{\partial x_2} + \boldsymbol{e}_3\frac{\partial}{\partial x_3} = \boldsymbol{r}_0\frac{\partial}{\partial r} + \boldsymbol{\theta}_0\frac{1}{r}\frac{\partial}{\partial\theta} + \boldsymbol{\varphi}_0\frac{1}{r\sin\theta}\frac{\partial}{\partial\varphi} \tag{9.20.16}$$

现在讨论角动量算符，按定义

$$
\begin{aligned}
\boldsymbol{L} &= -\,\mathrm{i}\boldsymbol{X}\times\nabla \\
&= \boldsymbol{e}_1(-\,\mathrm{i})\left(x_2\frac{\partial}{\partial x_3}-x_3\frac{\partial}{\partial x_2}\right)+\boldsymbol{e}_2(-\,\mathrm{i})\left(x_3\frac{\partial}{\partial x_1}-x_1\frac{\partial}{\partial x_3}\right)+\boldsymbol{e}_3(-\,\mathrm{i})\left(x_1\frac{\partial}{\partial x_2}-x_2\frac{\partial}{\partial x_1}\right) \\
&= \boldsymbol{e}_1L_1+\boldsymbol{e}_2L_2+\boldsymbol{e}_3L_3
\end{aligned}
\tag{9.20.17}
$$

其中

$$
\begin{cases}
L_1=-\,\mathrm{i}\left(x_2\dfrac{\partial}{\partial x_3}-x_3\dfrac{\partial}{\partial x_2}\right)\\[2ex]
L_2=-\,\mathrm{i}\left(x_3\dfrac{\partial}{\partial x_1}-x_1\dfrac{\partial}{\partial x_3}\right)\\[2ex]
L_3=-\,\mathrm{i}\left(x_1\dfrac{\partial}{\partial x_2}-x_2\dfrac{\partial}{\partial x_1}\right)
\end{cases}
\tag{9.20.18}
$$

换成球坐标

$$
\begin{cases}
L_1=-\,\mathrm{i}\left(-\sin\varphi\dfrac{\partial}{\partial\theta}-\dfrac{\cos\theta\cos\varphi}{\sin\theta}\dfrac{\partial}{\partial\varphi}\right)\\[2ex]
L_2=-\,\mathrm{i}\left(\cos\varphi\dfrac{\partial}{\partial\theta}-\dfrac{\cos\theta\cos\varphi}{\sin\theta}\dfrac{\partial}{\partial\varphi}\right)\\[2ex]
L_3=-\,\mathrm{i}\dfrac{\partial}{\partial\varphi}
\end{cases}
\tag{9.20.19}
$$

从式(9.20.19)可以导出

$$
\begin{cases}
L_+=L_1+\mathrm{i}L_2=\mathrm{e}^{\mathrm{i}\varphi}\left(\dfrac{\partial}{\partial\theta}+\mathrm{i}\cot\theta\dfrac{\partial}{\partial\varphi}\right)\\[2ex]
L_-=L_1\quad \mathrm{i}L_2=\mathrm{c}^{-\mathrm{i}\varphi}\left(-\dfrac{\partial}{\partial\theta}+\cot\theta\dfrac{\partial}{\partial\varphi}\right)\\[2ex]
L_0=L_3=-\,\mathrm{i}\dfrac{\partial}{\partial\varphi}
\end{cases}
\tag{9.20.20}
$$

以及

$$
L^2=L_1^2+L_2^2+L_3^2=L_+L_-+L_0^2-L_0=-\frac{1}{\sin\theta}\frac{\partial}{\partial\theta}\sin\theta\frac{\partial}{\partial\theta}-\frac{1}{\sin^2\theta}\frac{\partial^2}{\partial\varphi^2}
\tag{9.20.21}
$$

将式(9.20.19)代入式(9.20.17)得

$$
\boldsymbol{L}=\boldsymbol{e}_1L_1+\boldsymbol{e}_2L_2+\boldsymbol{e}_3L_3
$$

$$= -\mathrm{i}\boldsymbol{e}_1\left(-\sin\varphi\frac{\partial}{\partial\theta}-\cos\theta\cos\varphi\frac{1}{\sin\theta}\frac{\partial}{\partial\varphi}\right)$$

$$-\mathrm{i}\boldsymbol{e}_2\left(\cos\varphi\frac{\partial}{\partial\theta}-\cos\theta\sin\varphi\frac{1}{\sin\theta}\frac{\partial}{\partial\varphi}\right)-\mathrm{i}\boldsymbol{e}_3\frac{\partial}{\partial\varphi}$$

也就有

$$\boldsymbol{L} = -\mathrm{i}\left[\boldsymbol{\varphi}_0\frac{\partial}{\partial\theta}-\boldsymbol{\theta}_0\frac{1}{\sin\theta}\frac{\partial}{\partial\varphi}\right] \tag{9.20.22}$$

从式(9.20.22)可以导出

$$\boldsymbol{r}_0\times\boldsymbol{L} = \mathrm{i}\left[\boldsymbol{\theta}_0\frac{\partial}{\partial\theta}-\boldsymbol{\varphi}_0\frac{1}{\sin\theta}\frac{\partial}{\partial\varphi}\right] \tag{9.20.23}$$

由此梯度公式又可以写为

$$\nabla = \boldsymbol{r}_0\frac{\partial}{\partial r}-\frac{\mathrm{i}}{r}\boldsymbol{r}_0\times\boldsymbol{L} \tag{9.20.24}$$

这个公式是显然的,如果考虑

$$\boldsymbol{r}_0\times(\boldsymbol{r}_0\times\nabla) = \boldsymbol{r}_0(\boldsymbol{r}_0\cdot\nabla)-(\boldsymbol{r}_0\cdot\boldsymbol{r}_0)\nabla = \boldsymbol{r}_0\frac{\partial}{\partial r}-\nabla$$

则得

$$\nabla = \boldsymbol{r}_0\frac{\partial}{\partial r}-\boldsymbol{r}_0\times(\boldsymbol{r}_0\times\nabla) = \boldsymbol{r}_0\frac{\partial}{\partial r}-\frac{\mathrm{i}}{\boldsymbol{r}}\boldsymbol{r}_0\times\boldsymbol{L}$$

这正好是式(9.20.24).

9.21 梯度公式

本节我们讨论梯度对函数 $\Phi(r)\mathrm{Y}_{lm}(\boldsymbol{r}_0)$的作用,亦即

$$\nabla\Phi(r)\mathrm{Y}_{lm}(\boldsymbol{r}_0)$$

的表示式问题,利用式(9.20.24)获得

$$\nabla\Phi(r)\mathrm{Y}_{lm}(\boldsymbol{r}_0) = \frac{\mathrm{d}\Phi(r)}{\mathrm{d}r}\boldsymbol{r}_0\mathrm{Y}_{lm}(\boldsymbol{r}_0)-\frac{\Phi(r)}{r}\mathrm{i}\boldsymbol{r}_0\times\boldsymbol{L}\mathrm{Y}_{lm}(\boldsymbol{r}_0) \tag{9.21.1}$$

因此，必须解决$(\boldsymbol{r}_0)\mathrm{Y}_{lm}(\boldsymbol{r}_0)$和$\mathrm{i}\boldsymbol{r}_0\times\boldsymbol{L}\mathrm{Y}_{lm}(\boldsymbol{r}_0)$的表示式问题. 我们首先来讨论$\boldsymbol{r}_0\mathrm{Y}_{lm}(\boldsymbol{r}_0)$，利用式(9.19.23)

$$\boldsymbol{r}_0=\sqrt{\frac{4\pi}{3}}\sum_{\mu}(-1)^{\mu}\boldsymbol{\xi}_{-\mu}\mathrm{Y}_{1\mu}(\boldsymbol{r}_0)$$

其中，$\boldsymbol{\xi}_{-\mu}$的定义见式(9.19.2). 由此可得

$$\boldsymbol{r}_0\mathrm{Y}_{lm}(\boldsymbol{r}_0)=\sqrt{\frac{4\pi}{3}}\sum_{\mu}(-1)^{\mu}\boldsymbol{\xi}_{-\mu}\mathrm{Y}_{lm}(\boldsymbol{r}_0)\mathrm{Y}_{1\mu}(\boldsymbol{r}_0)\tag{9.21.2}$$

利用式(9.11.52)式，得

$$\mathrm{Y}_{lm}(\boldsymbol{r}_0)\mathrm{Y}_{1\mu}(\boldsymbol{r}_0)=\sqrt{\frac{4\pi}{3}}\sum_{\lambda k}\mathrm{Y}_{\lambda k}(\boldsymbol{r})\sqrt{\frac{2l+1}{2\lambda+1}}C_{l0,10}^{\lambda0}C_{lm,1\mu}^{\lambda k}\tag{9.21.3}$$

将式(9.21.3)代入得

$$\boldsymbol{r}_0\mathrm{Y}_{lm}(\boldsymbol{r}_0)=\sum_{\lambda}\sqrt{\frac{2l+1}{2\lambda+1}}C_{l0,10}^{\lambda0}\sum_{k\mu}C_{lm,1\mu}^{\lambda k}\mathrm{Y}_{\lambda k}(\boldsymbol{r}_0)\boldsymbol{\xi}_{-\mu}(-1)^{\mu}\tag{9.21.4}$$

其中

$$C_{lm,1\mu}^{\lambda k}=(-1)^{\lambda+l+\mu}\sqrt{\frac{2\lambda+1}{2l+1}}C_{\lambda k,1-\mu}^{lm}=(-1)^{1+\mu}\sqrt{\frac{2\lambda+1}{2l+1}}C_{\lambda k,1-\mu}^{lm}$$

其中我们利用了条件$\lambda+l+1=$系数，代入得

$$\begin{aligned}\boldsymbol{r}_0\mathrm{Y}_{lm}(\boldsymbol{r}_0)&=-\sum_{\lambda}C_{l0,10}^{\lambda0}\sum_{k\mu}C_{\lambda k,1-\mu}^{lm}\mathrm{Y}_{\lambda k}(\boldsymbol{r}_0)\boldsymbol{\xi}_{-\mu}=-\sum_{\lambda}C_{l0,10}^{\lambda0}\sum_{k\mu}C_{\lambda k,1\mu}^{lm}\mathrm{Y}_{\lambda k}(\boldsymbol{r}_0)\boldsymbol{\xi}_{\mu}\\&=-\sum_{\lambda}C_{l0,10}^{\lambda0}\boldsymbol{T}_{l\lambda m}(\boldsymbol{r}_0)\end{aligned}$$

或者

$$\boldsymbol{r}_0\mathrm{Y}_{lm}(\boldsymbol{r}_0)=-\sum_{\lambda}C_{l0,10}^{\lambda0}\boldsymbol{T}_{l\lambda m}(\boldsymbol{r}_0)\tag{9.21.5}$$

其中

$$\boldsymbol{T}_{l\lambda m}(\boldsymbol{r}_0)=\sum_{k\mu}C_{\lambda k,1\mu}^{lm}\mathrm{Y}_{\lambda k}(\boldsymbol{r}_0)\boldsymbol{\xi}_{\mu}\tag{9.21.6}$$

称为矢量球谐函数，在式(9.21.5)的求和中，由于$\lambda+l+1=$系数，所以λ只能是$l+1$，$l-1$两个值，我们由

$$\begin{cases} C_{l0,10}^{l+1,0} = \sqrt{\dfrac{l+1}{2l+1}} \\ C_{l0,10}^{l-1,0} = \sqrt{\dfrac{l}{2l+1}} \end{cases} \tag{9.21.7}$$

导出

$$\boldsymbol{r}_0 \mathrm{Y}_{lm}(\boldsymbol{r}_0) = -\sqrt{\frac{l+1}{2l+1}} \boldsymbol{T}_{ll+1m}(\boldsymbol{r}_0) + \sqrt{\frac{l}{2l+1}} \boldsymbol{T}_{ll-1m}(\boldsymbol{r}_0) \tag{9.21.8}$$

下面开始讨论 $\mathrm{i}\boldsymbol{r}_0 \times \boldsymbol{L}\mathrm{Y}_{lm}(\boldsymbol{r}_0)$的表示式,我们由 $\boldsymbol{L}\mathrm{Y}_{lm}(\boldsymbol{r}_0)$出发,由于

$$\boldsymbol{L} = \boldsymbol{e}_1 L_1 + \boldsymbol{e}_2 L_2 + \boldsymbol{e}_3 L_3 = -\boldsymbol{\xi}_1 \frac{L_1 - \mathrm{i}L_2}{\sqrt{2}} + \boldsymbol{\xi}_0 L_0 + \boldsymbol{\xi}_{-1} \frac{L_1 + \mathrm{i}L_2}{\sqrt{2}} \tag{9.21.9}$$

所以

$$\boldsymbol{L}\mathrm{Y}_{lm}(\boldsymbol{r}_0) = -\boldsymbol{\xi}_1 \sqrt{\frac{l(l+1)-m(m-1)}{2}} \mathrm{Y}_{lm-1}(\boldsymbol{r}_0) + \boldsymbol{\xi}_0 m \mathrm{Y}_{lm}(\boldsymbol{r}_0)$$
$$+ \boldsymbol{\xi}_{-1} \sqrt{\frac{l(l+1)-m(m+1)}{2}} \mathrm{Y}_{lm-1}(\boldsymbol{r}_0)$$

由于

$$\begin{cases} C_{lm+1,1-1}^{lm} = \sqrt{\dfrac{l(l+1)-m(m+1)}{2l(l+1)}} \\ C_{lm-1,11}^{lm} = -\sqrt{\dfrac{l(l+1)-m(m-1)}{2l(l+1)}} \\ C_{lm,10}^{lm} = \dfrac{m}{\sqrt{l(l+1)}} \end{cases} \tag{9.21.10}$$

所以

$$\begin{aligned} &\boldsymbol{L}\mathrm{Y}_{lm}(\boldsymbol{r}_0) \\ &= \sqrt{l(l+1)} \{ \mathrm{Y}_{lm-1}(\boldsymbol{r}_0) \xi_1 C_{lm-1,11}^{lm} + \mathrm{Y}_{lm}(\boldsymbol{r}_0) \xi_0 C_{lm,10}^{lm} + \mathrm{Y}_{lm+1}(\boldsymbol{r}_0) \xi_{-1} C_{lm+-1,1-1}^{lm} \} \\ &= \sqrt{l(l+1)} \sum_{\mu} \mathrm{Y}_{lm-\mu}(\boldsymbol{r}_0) \boldsymbol{\xi}_\mu C_{lm-\mu,1\mu}^{lm} = \sqrt{l(l+1)} \sum_{k\mu} \mathrm{Y}_{lk}(\boldsymbol{r}_0) \boldsymbol{\xi}_\mu C_{lk,1\mu}^{lm} \\ &= \sqrt{l(l+1)} \boldsymbol{T}_{llm}(\boldsymbol{r}_0) \end{aligned}$$

也就有

$$\boldsymbol{L}\mathrm{Y}_{lm}(\boldsymbol{r}_0) = \sqrt{l(l+1)} \boldsymbol{T}_{llm}(\boldsymbol{r}_0) \tag{9.21.11}$$

将 $\boldsymbol{r}_0 = \sqrt{\frac{4\pi}{3}}\sum_{\mu}(-1)^{\mu}\mathrm{Y}_{1-\mu}(\boldsymbol{r}_0)\boldsymbol{\xi}_{\mu}$ 乘上去,获得

$$
\begin{aligned}
\mathrm{i}\boldsymbol{r}_0 \times \boldsymbol{L}\mathrm{Y}_{lm}(\boldsymbol{r}_0) &= \mathrm{i}\sqrt{\frac{4\pi}{3}}\sum_{\mu}(-1)^{\mu}\mathrm{Y}_{1-\mu}(\boldsymbol{r}_0)\boldsymbol{\xi}_{\mu} \times \boldsymbol{L}\mathrm{Y}_{lm}(\boldsymbol{r}_0) \\
&= \mathrm{i}\sqrt{\frac{4\pi l(l+1)}{3}}\sum_{k\mu\nu}(-1)^{\mu}\mathrm{Y}_{lm}(\boldsymbol{r}_0)\mathrm{Y}_{1-\mu}(\boldsymbol{r}_0)C^{lm}_{lm,l\nu}\boldsymbol{\xi}_{\mu} \times \boldsymbol{\xi}_{\nu} \\
&= \mathrm{i}\sqrt{\frac{4\pi}{3}}\sqrt{2l(l+1)}\sum_{k\mu\nu\sigma}(-1)^{\mu}\mathrm{Y}_{lk}(\boldsymbol{r}_0)\mathrm{Y}_{1-\mu}(\boldsymbol{r}_0)C^{lm}_{lk,1\nu}C^{1\sigma}_{1\mu 1\nu}\boldsymbol{\xi}_{\sigma} \\
&= -\sqrt{\frac{4\pi}{3}}\sqrt{2l(l+1)}\sum_{k\mu\nu\sigma}(-1)^{\mu}\mathrm{Y}_{lk}(\boldsymbol{r}_0)\mathrm{Y}_{1-\mu}(\boldsymbol{r}_0)C^{lm}_{lk,1\nu}C^{1\sigma}_{1\mu 1\nu}\boldsymbol{\xi}_{\sigma} \\
&= -\sqrt{2l(l+1)}\sum_{\lambda kq\mu\nu\sigma}(-1)^{\mu}\mathrm{Y}_{\lambda q}(\boldsymbol{r}_0)\boldsymbol{\xi}_{\sigma} \\
&\quad \cdot C^{\lambda 0}_{l0,10}C^{\lambda q}_{lk,1\mu}C_{1\sigma}{}^{1-\mu,1\nu}C^{lk}_{\lambda q,1-\mu}(-1)^{1+\mu}\sqrt{\frac{2\lambda+1}{2l+1}} \\
&= \sqrt{2l(l+1)}\sum_{\lambda kq\mu\nu\sigma}\mathrm{Y}_{\lambda q}(\boldsymbol{r}_0)\boldsymbol{\xi}_{\sigma}C^{\lambda 0}_{l0,10}C^{\lambda k}_{lq,1\mu}C^{lm}_{lk,1\nu}C^{1\sigma}_{1\mu,1\nu}
\end{aligned}
$$

其中

$$
\mathrm{Y}_{\lambda q}(\boldsymbol{r}_0)\boldsymbol{\xi}_{\sigma} = \sum_{JK}C^{JK}_{\lambda q,1\sigma}\boldsymbol{T}_{J\lambda K}(\boldsymbol{r}_0) \tag{9.21.12}
$$

代入得

$$
\begin{aligned}
&\mathrm{i}\boldsymbol{r}_0 \times \boldsymbol{L}\mathrm{Y}_{lm}(\boldsymbol{r}_0)\sqrt{2l(l+1)}\sum_{J\lambda K}\boldsymbol{T}_{J\lambda K}(\boldsymbol{r}_0)C^{\lambda 0}_{l0,10}\sum_{kq\mu\nu\sigma}C^{lk}_{\lambda q,1\mu}C^{lm}_{lk,1\nu}C^{JK}_{\lambda q,1\sigma}C^{1\sigma}_{1\mu,1\nu} \\
&= \sqrt{2l(l+1)}\sum_{J\lambda K}\boldsymbol{T}_{J\lambda K}(\boldsymbol{r}_0)C^{\lambda 0}_{l0,10}\delta_{l,J}\delta_{m,K}\sqrt{3(2l+1)}W(\lambda\mid l\mid,l1) \\
&= \sqrt{6l(l+1)(2l+1)}\sum_{\lambda}\boldsymbol{T}_{l\lambda m}(\boldsymbol{r}_0)C^{\lambda 0}_{l0,10}W(\lambda\mid l\mid,l1)
\end{aligned}
$$

也就是

$$
\mathrm{i}\boldsymbol{r}_0 \times \boldsymbol{L}\mathrm{Y}_{lm}(\boldsymbol{r}_0) = \sqrt{6l(l+1)(2l+1)}\sum_{\lambda}C^{\lambda 0}_{l0,10}W(\lambda\mid l\mid,l1)\boldsymbol{T}_{l\lambda m}(\boldsymbol{r}_0) \tag{9.21.13}
$$

展开得

$$
\mathrm{i}\boldsymbol{r}_0 \times \boldsymbol{L}\mathrm{Y}_{lm}(\boldsymbol{r}_0) = \sqrt{6l(l+1)(2l+1)}
$$

$$\cdot\left\{\sqrt{l+1}W(l+1\mid l\mid,l1\mid)T_{ll+1K}(\boldsymbol{r}_0)-\sqrt{2}W(l-1\mid l\mid,l1)T_{ll-lm}(\boldsymbol{r}_0)\right\}$$

由于

$$\begin{cases} W(l+1\mid l\mid,l1)=-\sqrt{\dfrac{l}{6(l+1)(2l+1)}} \\ W(l-1\mid l\mid,l1)=\sqrt{\dfrac{l+1}{6l(2l+1)}} \end{cases} \tag{9.21.14}$$

所以

$$\begin{aligned} \mathrm{i}\boldsymbol{r}_0\times\boldsymbol{L}\mathrm{Y}_{lm}(\boldsymbol{r}_0) &= -l\sqrt{\frac{l+1}{2l+1}}\boldsymbol{T}_{ll+1m}(\boldsymbol{r}_0)-(l+1)\sqrt{\frac{l}{2l+1}}\boldsymbol{T}_{ll-1m}(\boldsymbol{r}_0) \\ &= -\sqrt{\frac{l(l+1)}{2l+1}}\left\{\sqrt{l}\boldsymbol{T}_{ll+1m}(\boldsymbol{r}_0)+\sqrt{l+1}\boldsymbol{T}_{ll-1m}(\boldsymbol{r}_0)\right\} \end{aligned} \tag{9.21.15}$$

我们将式(9.21.5)、式(9.21.13)代入式(9.20.1)之中获得

$$\begin{aligned} &\nabla\Phi(r)\mathrm{Y}_{lm}(\boldsymbol{r}_0) \\ &= -\sum_{\lambda}\left(\frac{\mathrm{d}\Phi(r)}{\mathrm{d}r}+\frac{\Phi(r)}{r}\sqrt{6l(l+1)(2l+1)}W(\lambda\mid l\mid,l1)\right)\boldsymbol{C}_{l0,10}^{\lambda0}\boldsymbol{T}_{l\lambda m}(\boldsymbol{r}_0) \end{aligned} \tag{9.21.16}$$

或者展开得

$$\begin{aligned} \nabla\Phi(r)\mathrm{Y}_{lm}(\boldsymbol{r}_0) &= -\sqrt{\frac{l+1}{2l+1}}\left(\frac{\mathrm{d}\Phi(r)}{\mathrm{d}r}-l\frac{\Phi(r)}{r}\right)\boldsymbol{T}_{ll+1m}(\boldsymbol{r}_0) \\ &\quad+\sqrt{\frac{l}{2l+1}}\left(\frac{\mathrm{d}\Phi(r)}{\mathrm{d}r}+(l+1)\frac{\Phi(r)}{r}\right)\boldsymbol{T}_{ll-1m}(\boldsymbol{r}_0) \end{aligned} \tag{9.21.17}$$

如果 $\Phi(r)=1$,那么则有

$$\nabla\mathrm{Y}_{lm}(\boldsymbol{r}_0)=l\sqrt{\frac{l+1}{2l+1}}\boldsymbol{T}_{ll+1m}(\boldsymbol{r}_0)+(l+1)\sqrt{\frac{l}{2l+1}}\boldsymbol{T}_{ll-1m}(\boldsymbol{r}_0) \tag{9.21.18}$$

联立等式式(9.21.18)、式(9.21.8),我们得到矢量球谐函数的表式

$$
\begin{cases}
\boldsymbol{T}_{ll+1m}(\boldsymbol{r}_0) = \dfrac{r\nabla - (l+1)\boldsymbol{r}_0}{\sqrt{(l+1)(2l+1)}} \mathrm{Y}_{lm}(\boldsymbol{r}_0) \\
\boldsymbol{T}_{ll-1m}(\boldsymbol{r}_0) = \dfrac{r\nabla + l\boldsymbol{r}_0}{\sqrt{l(2l+1)}} \mathrm{Y}_{lm}(\boldsymbol{r}_0) \\
\boldsymbol{T}_{llm}(\boldsymbol{r}_0) = \dfrac{1}{\sqrt{l(l+1)}} \mathrm{Y}_{lm}(\boldsymbol{r}_0)
\end{cases}
\tag{9.21.19}
$$

从式(9.21.6)式我们还可以获得

$$
\boldsymbol{\xi}_\mu \cdot \boldsymbol{T}_{l\lambda m}(\boldsymbol{r}_0) = \sum_k \mathrm{Y}_{\lambda k}(\boldsymbol{r}_0) C^{lm}_{\lambda k,1\mu} = T_{\lambda m-\mu} C^{lm}_{\lambda m-\mu,1\mu}
\tag{9.21.20}
$$

我们定义矢量球谐函数

$$
\begin{cases}
\boldsymbol{T}^{(1)}_{lm}(\boldsymbol{r}_0) = \dfrac{r\nabla}{\sqrt{l(l+1)}} \mathrm{Y}_{lm}(\boldsymbol{r}_0) \\
\boldsymbol{T}^{(0)}_{lm}(\boldsymbol{r}_0) = \dfrac{\boldsymbol{L}}{\sqrt{l(l+1)}} \mathrm{Y}_{lm}(\boldsymbol{r}_0) \\
\boldsymbol{T}^{(-1)}_{lm}(\boldsymbol{r}_0) = \boldsymbol{r}_0 \mathrm{Y}_{lm}(\boldsymbol{r}_0)
\end{cases}
\tag{9.21.21}
$$

那么它与矢量球谐函数 $\boldsymbol{T}_{l\lambda m}(\boldsymbol{r}_0)$的关系为

$$
\begin{cases}
\boldsymbol{T}^{(1)}_{lm}(\boldsymbol{r}_0) = \sqrt{\dfrac{l}{2l+1}} \boldsymbol{T}_{ll+1m}(\boldsymbol{r}_0) + \sqrt{\dfrac{l+1}{2l+1}} \boldsymbol{T}_{ll-1m}(\boldsymbol{r}_0) \\
\boldsymbol{T}^{(0)}_{lm}(\boldsymbol{r}_0) = \boldsymbol{T}_{llm}(\boldsymbol{r}_0) \\
\boldsymbol{T}^{(-1)}_{lm}(\boldsymbol{r}_0) = -\sqrt{\dfrac{l+1}{2l+1}} \boldsymbol{T}_{ll+1m}(\boldsymbol{r}_0) + \sqrt{\dfrac{l}{2l+1}} \boldsymbol{T}_{ll-1m}(\boldsymbol{r}_0)
\end{cases}
\tag{9.21.22}
$$

反解之,或式(9.21.19)可以写成

$$
\begin{cases}
\boldsymbol{T}_{ll+1m}(\boldsymbol{r}_0) = \sqrt{\dfrac{l}{2l+1}} \boldsymbol{T}^{(1)}_{lm}(\boldsymbol{r}_0) - \sqrt{\dfrac{l+1}{2l+1}} \boldsymbol{T}^{(-1)}_{lm}(\boldsymbol{r}_0) \\
\boldsymbol{T}_{llm}(\boldsymbol{r}_0) = \boldsymbol{T}^{(0)}_{lm}(\boldsymbol{r}_0) \\
\boldsymbol{T}_{ll-1m}(\boldsymbol{r}_0) = \sqrt{\dfrac{l+1}{2l+1}} \boldsymbol{T}^{(1)}_{lm}(\boldsymbol{r}_0) + \sqrt{\dfrac{l}{2l+1}} \boldsymbol{T}^{(-1)}_{lm}(\boldsymbol{r}_0)
\end{cases}
\tag{9.21.23}
$$

矢量球谐函数

$$
\boldsymbol{T}_{Jm}(\boldsymbol{r}_0) = \sum_{m,\mu} C^{JM}_{lm,1\mu} \mathrm{Y}_{lm}(\boldsymbol{r}_0) \boldsymbol{\xi}_\mu
\tag{9.21.24}
$$

代表总角动量为 JM 的光子,其中

$$J = L + S$$

而 $\boldsymbol{L}$ 是光子的轨边角动量，$\boldsymbol{S}$ 是光子的内禀自旋. 而总角动量为 JM 的纵向光子与横向光子，则由矢量球谐函数

$$\boldsymbol{T}_{JM}^{(\lambda)}(\boldsymbol{r}_0) \quad (\lambda = 1, 0, -1)$$

所代表. 由于按定义式(9.21.19)

$$\begin{cases} \boldsymbol{T}_{JM}^{(1)}(\boldsymbol{r}_0) = \dfrac{1}{\sqrt{J(J+1)}}\left\{\boldsymbol{\theta}_0 \dfrac{\partial \mathrm{Y}_{JM}(\boldsymbol{r}_0)}{\partial \theta} + \boldsymbol{\varphi}_0 \dfrac{1}{\sin\theta} \dfrac{\partial \mathrm{Y}_{JM}(\boldsymbol{r}_0)}{\partial \varphi}\right\} \\ \boldsymbol{T}_{JM}^{(0)}(\boldsymbol{r}_0) = \dfrac{-1}{\sqrt{J(J+1)}}\left\{-\boldsymbol{\theta}_0 \dfrac{1}{\sin\theta} \dfrac{\partial \mathrm{Y}_{JM}(\boldsymbol{r}_0)}{\partial \varphi} + \boldsymbol{\varphi} \dfrac{\partial \mathrm{Y}_{JM}(\boldsymbol{r}_0)}{\partial \theta}\right\} \\ \boldsymbol{T}_{JM}^{(-1)}(\boldsymbol{r}_0) = \boldsymbol{r}_0 \mathrm{Y}_{JM}(\boldsymbol{r}_0) \end{cases} \tag{9.21.25}$$

可见 $\boldsymbol{T}_{JM}^{(-1)}(\boldsymbol{r}_0)$ 只有 $\boldsymbol{r}_0$ 方向的分量，所以它代表纵向光子，而 $\boldsymbol{T}_{JM}^{(0)}(\boldsymbol{r}_0)$、$\boldsymbol{T}_{JM}^{(1)}(\boldsymbol{r}_0)$ 只有 $\boldsymbol{\theta}_0$、$\boldsymbol{\varphi}_0$ 方向的分量，所以它代表横向光子. 换言之 $\lambda = 0, 1$ 代表横向光子，$\lambda = -1$ 代表纵向光子.

从式(9.21.24)出发可以导出矢量球谐函数 $\boldsymbol{T}_{Jlm}(\boldsymbol{r}_0)$ 满足如下的正交归一化条件：

$$\int \mathrm{d}\Omega \boldsymbol{T}_{Jlm}^{*}(\boldsymbol{r}_0) \cdot \boldsymbol{T}_{J'l'm'}(\boldsymbol{r}_0) = \delta_{JJ'}\delta_{mm'}\delta_{ll'} \tag{9.21.26}$$

利用式(9.21.26)和式(9.21.22)可以导出矢量球谐函数 $\boldsymbol{T}_{Jm}^{(\lambda)}(\boldsymbol{r}_0)$ 满足如下的正交归一化条件：

$$\int \mathrm{d}\Omega \boldsymbol{T}_{Jm}^{(\lambda)^{*}}(\boldsymbol{r}_0) \cdot \boldsymbol{T}_{J'm'}^{(\lambda')}(\boldsymbol{r}_0) = \delta_{JJ'}\delta_{mm'}\delta_{\lambda\lambda'} \tag{9.21.27}$$

9.22　不变方程的分波展开

在第 9.19 节，我们导出关于转动群不变的方程式

$$(K + \boldsymbol{S} \cdot \nabla)\Psi(\boldsymbol{x}, t) = 0 \tag{9.22.1}$$

我们先将 $\Psi(\boldsymbol{x}, t)$ 按内禀自旋展开，即

$$\Psi(\boldsymbol{x},t) = \sum_{n,s,\mu} Y_{s\mu}^{(n)} \Psi_{s\mu}^{(n)}(\boldsymbol{x},t) \tag{9.22.2}$$

代入方程则得

$$\sum_{ns\mu} K Y_{s\mu}^{(n)} \Psi_{s\mu}^{(n)}(\boldsymbol{x},t) + \boldsymbol{S} Y_{s\mu}^{(n)} \cdot \nabla \Psi_{s\mu}^{(n)}(\boldsymbol{x},t)$$

利用式(9.14.54)则得

$$\begin{aligned}
0 &= \sum_{ns\mu} X Y_{s\mu}^{(n)} \Psi_{s\mu}^{(n)}(\boldsymbol{x},t) + \sum_{ns\mu yp} \sqrt{S(S+1)}\, Y_{sy}^{(n)} \boldsymbol{\xi}_p C_{sy,1p}^{sn} \cdot \nabla \Psi_{s\mu}^{(n)}(\boldsymbol{x},t) \\
&= \sum_{ns\mu} K Y_{s\mu}^{(n)} \Psi_{s\mu}^{(n)}(\boldsymbol{x},t) + \sum_{ns\mu yp} \sqrt{S(S+1)}\, C_{s\mu,1p}^{sy} Y_{s\mu}^{(n)} \boldsymbol{\xi}_p \cdot \nabla \Psi_{s\mu}^{(n)}(\boldsymbol{x},t) \\
&= \sum_{ns\mu} Y_{s\mu}^{(n)} \left\{ K \Psi_{s\mu}^{(n)}(\boldsymbol{x},t) + \sqrt{S(S+1)} \sum_{yp} C_{sy,1p}^{s\mu} (-1)^p \boldsymbol{\xi}_{-p} \cdot \nabla \Psi_{su}^{(n)}(\boldsymbol{x},t) \right\} \\
&= \sum_{ns\mu} Y_{s\mu}^{(n)} \left\{ K \Psi_{s\mu}^{(n)}(\boldsymbol{x},t) + \sqrt{S(S+1)} \sum_{yp} C_{sy,1p}^{s\mu} \boldsymbol{\xi}_p^* \cdot \nabla \Psi_{sy}^{(n)}(\boldsymbol{x},t) \right\}
\end{aligned}$$

从而获得方程

$$K \Psi_{s\mu}^{(n)}(\boldsymbol{x},t) + \sqrt{S(S+1)} \sum_{yp} C_{sy,1p}^{s\mu} \boldsymbol{\xi}_p \cdot \nabla \Psi_{sy}^{(n)}(\boldsymbol{x},t) = 0 \tag{9.22.3}$$

然后将 $\Phi_{s\mu}^{(n)}(\boldsymbol{x},t)$作分波展开

$$\Phi_{s\mu}^{(n)}(\boldsymbol{x},t) = \sum_{lm} \Phi_{lm,s\mu}^{(n)}(r,t) Y_{lm}(\boldsymbol{r}_0) \tag{9.22.4}$$

代入式(9.22.3)得(将式(9.21.16)、(9.21.20)代入)

$$\begin{aligned}
0 &= \sum_{lm} x \Phi_{lm,s\mu}^{(n)}(r,t) Y_{lm}(\boldsymbol{r}_0) + \sqrt{S(S+1)} \sum_{lm,py} C_{sy,1p}^{s\mu} \boldsymbol{\xi}_p^* \cdot \nabla \Phi_{lm,s\mu}^{(n)}(r,t) Y_{lm}(\boldsymbol{r}_0) \\
&= \sum_{lm} x \Phi_{lm,s\mu}^{(n)}(r,t) Y_{lm}(\boldsymbol{r}_0) - \sqrt{S(S+1)} \sum_{lm,py\lambda} C_{sy,1p}^{s\mu} C_{l0,10}^{\lambda 0} \boldsymbol{\xi}_p \cdot \boldsymbol{T}_{l\lambda m}(\boldsymbol{r}_0) \\
&\quad \cdot \left[\frac{\mathrm{d}\Phi_{lm,sy}^{(n)}}{\mathrm{d}r} + \frac{\Phi_{lm,sy}^{(n)}}{r} \sqrt{6l(l+1)(2l+1)}\, W(\lambda \mid l \mid, l) \right] \\
&= \sum_{lm} x \Phi_{lm,s\mu}^{(n)}(r,t) Y_{lm}(\boldsymbol{r}_0) - \sqrt{S(S+1)} \sum_{lm,py\lambda k} C_{sy,1p}^{s\mu} C_{l0,10}^{\lambda 0} C_{\lambda k k 1 p}^{lm} Y_{\lambda k}(\boldsymbol{r}_0) \\
&\quad \cdot \left[\frac{\mathrm{d}\Phi_{lm,sy}^{(n)}}{\mathrm{d}r} + \frac{\Phi_{lm,sy}^{(n)}}{r} \sqrt{6\lambda(\lambda+1)(2\lambda+1)}\, W(l \mid \lambda \mid, \lambda) \right] \\
&= \sum_{lm} x \Phi_{lm,s\mu}^{(n)}(r,t) Y_{lm}(\boldsymbol{r}_0) - \sqrt{S(S+1)} \sum_{lm,py\lambda k} C_{sy,1p}^{s\mu} C_{sy,1p}^{s\mu} C_{\lambda 0,10}^{l0} C_{lm,1p}^{\lambda\lambda k} Y_{lm}(\boldsymbol{r}_0) \\
&\quad \cdot \left[\frac{\mathrm{d}\Phi_{\lambda k,sy}^{(n)}}{\mathrm{d}r} + \frac{\Phi_{\lambda k,sy}^{(n)}}{r} \sqrt{6\lambda(\lambda+1)(2\lambda+1)}\, W(l \mid \lambda \mid, \lambda) \right] \\
&= \sum_{lm} Y_{lm}(\boldsymbol{r}_0) \Big\{ x \Phi_{lm,s\mu}^{(n)}(r,t) Y_{lm}(\boldsymbol{r}_0) - \sqrt{S(S+1)} \sum_{\lambda kpy} C_{sy,1p}^{s\mu} C_{sy,1p}^{s\mu} C_{\lambda 0,10}^{l0} C_{lm,1p}^{\lambda kk}
\end{aligned}$$

$$\cdot \left[\frac{\mathrm{d}\Phi^{(n)}_{\lambda k,sy}}{\mathrm{d}r} + \frac{\Phi^{(n)}_{\lambda k,sy}}{r}\sqrt{6\lambda(\lambda+1)(2\lambda+1)}W(l\mid\lambda\mid,\lambda)\right]\Bigg\}$$

从而导出方程

$$0 = x\Phi^{(n)}_{lm,s\mu}(r,t) - \sqrt{S(S+1)}$$
$$\cdot\left[\frac{\mathrm{d}\Phi^{(n)}_{\lambda k,sy}(r,t)}{\mathrm{d}r} + \frac{\Phi^{(n)}_{\lambda k,sy}(r,t)}{r}\sqrt{6\lambda(\lambda+1)(2\lambda+1)}W(l\mid\lambda\mid,\lambda)\right]C^{l0}_{\lambda 0,10}C^{s\mu}_{sy,1p}C^{\lambda k}_{lm,1p}$$
$$(9.22.5)$$

为了导入总角动量表象之中乘以 $\sum\limits_{m\mu}C^{JM}_{lm,s\mu}$ 得

$$0 = x\Phi^{(n)}_{lsJM}(r,t) - \sqrt{S(S+1)}$$
$$\cdot\sum_{\lambda kpym\mu}\left[\frac{\mathrm{d}\Phi^{(n)}_{\lambda k,sy}}{\mathrm{d}r} + \frac{\Phi^{(n)}_{\lambda k,sy}}{r}\sqrt{6\lambda(\lambda+1)(2\lambda+1)}W(l\mid\lambda\mid,\lambda)\right]C^{l0}_{\lambda 0,10}C^{s\mu}_{sy,1p}C^{\lambda k}_{lm,1p}C^{JM}_{lms\mu}$$

其中

$$\Phi^{(n)}_{lsJM}(r,t) = \sum_{m,\mu}\Phi^{(n)}_{lm,s\mu}(r,t)C^{JM}_{lm,s\mu} \tag{9.22.6}$$

或者

$$\Phi^{(n)}_{lm,s\mu}(r,t) = \sum_{JM}\Phi^{(n)}_{lsJM}(r,t)C^{JM}_{lm,s\mu} \tag{9.22.6'}$$

将式(9.22.6′)代入得

$$x\Phi^{(n)}_{lsJM}(r,t) = \sqrt{S(S+1)}\sum_{\substack{JH'\lambda k\\ pym,\mu}}\left[\frac{\mathrm{d}\Phi^{(n)}_{\lambda sJ'M}}{\mathrm{d}r} + \frac{\Phi^{(n)}_{\lambda sJ'M'}}{r}\sqrt{6\lambda(\lambda+1)(2\lambda+1)}W(l\mid\lambda\mid,\lambda)\right]C^{l0}_{\lambda 0,10}$$
$$\times C^{s\mu}_{sy,1p}C^{JM}_{lm,s,\mu}C^{J'M'}_{\lambda k,sy}C^{\lambda k}_{lm,1p}$$
$$\downarrow \quad \downarrow \quad \downarrow \quad \downarrow$$
$$C^{ss\mu}_{sy,1p} \quad C^{JM}_{s\mu,lm} \quad C^{J'M'}_{sy,\lambda k}C^{\lambda k}_{1p,lm}$$
$$(-1)^{l+s-J}(-1)^{s+\lambda-J'}(-1)^{l+1-\lambda}$$

其中相因子为

$$(-1)^{l+s-J}(-1)^{s+\lambda-J'}(-1)^{l+1-\lambda} = (-1)^{-l-s+J}(-1)^{s+\lambda-J'}$$
$$= (-1)^{l+\lambda+J-J'} = (-1)^{J-J'}$$

所以

$$0 = x\Phi^{(n)}_{lsJM}(r,t) + \sqrt{S(S+1)}\sum_{\lambda J'M'}C^{l0}_{\lambda 0,10}(-1)^{J-J'}\sum_{kpym\mu}C^{su}_{sy,1p}C^{JM}_{s\mu,lm}C^{J'M'}_{sy,\lambda k}C^{\lambda k}_{qp,lm}$$

$$\cdot \left(\frac{\mathrm{d}\Phi^{(n)}_{\lambda SJ'M'}(r,t)}{\mathrm{d}r} + \frac{\Phi^{(n,t)}_{\lambda SJ'M'}}{r} \sqrt{6\lambda(\lambda+1)(2\lambda+1)}\, W(l1\lambda 1,\lambda 1) \right)$$

$$= x\Phi^{(n)}_{lsSJM}(r,t) + \sqrt{S(S+1)} \sum_{\lambda J'M'} \delta_{JJ'}\delta_{MM'} \sqrt{(2S+1)(2\lambda+1)}\, W(S1Jl,S\lambda)$$

$$\cdot (-1)^{J-J'} C^{l0}_{\lambda 0,10} \left(\frac{\mathrm{d}\Phi^{(n)}_{\lambda SJ'M'}}{\mathrm{d}r} + \frac{\Phi^{(n)}_{\lambda SJ'MM'}}{r} \sqrt{6\lambda(\lambda+1)(2\lambda+1)}\, W(l1\lambda 1,\lambda 1) \right)$$

$$= x\Phi^{(n)}_{lsSM}(r,t) + \sqrt{S(S+1)(2S+1)} \sum_{\lambda} \sqrt{2\lambda+1}\, C^{l0}_{\lambda 0,10} W(S1Jl,S\lambda)$$

$$\cdot \left(\frac{\mathrm{d}\Phi^{(n)}_{\lambda SJM}}{\mathrm{d}r} + \frac{\Phi^{(n)}_{\lambda SJM}}{r} \sqrt{6\lambda(\lambda+1)(2\lambda+1)}\, W(l1\lambda 1,\lambda 1) \right)$$

其中

$$\begin{cases} C^{l0}_{\lambda 0,10} = \sqrt{\dfrac{2l+1}{2\lambda+1}} C^{\lambda 0}_{l0,10} \\ W(S1Jl,S\lambda) = W(1lSJ,\lambda S) \end{cases}$$

而

$$\begin{aligned} x\Phi^{(n)}_{lSJM}(r,t) = {} & \sqrt{S(S+1)(2S+1)(2l+1)} \\ & \cdot \left\{ \left[\frac{\mathrm{d}\Phi^{(n)}_{l+1SJM}}{\mathrm{d}r} + \frac{\Phi^{(n)}_{l+1SSM}}{r} \sqrt{6(l+1)(l+2)(2l+3)}\, W(l1\lambda 1,l+1) \right] \right. \\ & \cdot C^{l+10}_{l0,10} W(1lSJ,l+1S) + \left[\frac{\mathrm{d}\Phi^{(n)}_{l-1SJM}}{\mathrm{d}r} + \sqrt{6(l-1)(l-2)} \right. \\ & \left. \left. \cdot \frac{\Phi^{(n)}_{l-1SJM}}{r} W(l1\lambda-11,l-11) \right] C^{l-10}_{l0,10} W(1lSJ,l-1S) \right\} \end{aligned} \tag{9.22.7}$$

其中

$$\begin{cases} C^{l+10}_{l0,10} = \sqrt{\dfrac{l+1}{2l+1}} \\ C^{l-10}_{l0,10} = -\sqrt{\dfrac{l+1}{2l+1}} \\ W(l1l+11,l+11) = \sqrt{\dfrac{l+2}{6(l+1)(2l+1)}} \\ W(l1l-11,l-11) = -\sqrt{\dfrac{l-1}{6l(2l-1)}} \end{cases} \tag{9.22.8}$$

代入得

$$x\Phi_{lSJM}^{(n)}(r,t)=\sqrt{S(S+1)(2S+1)}$$

$$\cdot\left\{\left[\frac{\mathrm{d}\Phi_{l+1SJM}^{(n)}}{\mathrm{d}r}+(l+2)\frac{\Phi_{l+1SJM}^{(n)}}{r}\right]\sqrt{(l+1)}W(1lSJM,l+1S)\right.$$

$$\left.-\left[\frac{\mathrm{d}\Phi_{l-1SJM}^{(n)}}{\mathrm{d}r}-(l-1)\frac{\Phi_{l-1SJM}^{(n)}}{r}\right]\sqrt{l}W(1lSJ,l-1S)\right\}$$

其中

$$W(llSJ,l+1S)=\frac{1}{2}\sqrt{\frac{(S+J-l)(1+l+J-S)(1+l+S-J)(2+l+S+J)}{S(S+1)(2S+1)(l+1)(2l+1)(2l+3)}}$$

$$W(llSJ,l-1S)=\frac{1}{2}\sqrt{\frac{(1+S+J-l)(l+J-S)(l+S-J)(1+l+S+J)}{S(S+1)(2S+1)l(2l-1)(2l+1)}}$$

$$(9.22.9)$$

代入得

$$x\Phi_{lSJM}^{(n)}(r,t)=\left(\frac{\mathrm{d}\Phi_{l+1SJM}^{(n)}}{\mathrm{d}r}+(l+2)\frac{\Phi_{l+1SJM}^{(n)}}{r}\right)$$

$$\cdot\sqrt{\frac{(S+J+1)(1+l+J-S)(1+l+S-J)(2+l+S+J)}{4(2l+1)(2l+1)}}$$

$$-\left(\frac{\mathrm{d}\Phi_{l-1SSM}^{(n)}}{\mathrm{d}r}-(l-1)\frac{\Phi_{l-1SJM}^{(n)}}{r}\right)$$

$$\cdot\sqrt{\frac{(1+S+J-l)(l+J-S)(l+S-J)(1+l+S+J)}{4(2l+1)(2l-1)}}\qquad(9.22.10)$$

9.23 麦克斯韦方程

在真空中电磁场满足的方式为

$$\nabla\times\boldsymbol{B}=\frac{\partial\boldsymbol{E}}{\partial t}+4\pi\boldsymbol{j}\qquad(9.23.1)$$

$$\nabla\times\boldsymbol{E}=-\frac{\partial\boldsymbol{B}}{\partial t}\qquad(9.23.2)$$

$$\nabla\cdot\boldsymbol{E}=4\pi\rho\qquad(9.23.3)$$

$$\nabla\cdot \boldsymbol{B} = 0 \tag{9.23.4}$$

称为麦克斯韦方程,其中我们采用了光时间,即

$$t = 光速 \times 时间$$

通常的一秒相当于 3×10^{10} 厘米.电荷守恒定律表达为

$$\nabla\cdot \boldsymbol{J} + \frac{\partial \rho}{\partial t} = 0 \tag{9.23.5}$$

由于磁荷是不存在的,所以磁场是一个无源场;由于$\nabla\cdot\boldsymbol{B}=0$,可以引进矢量势 $\boldsymbol{A}$,使得

$$\boldsymbol{B} = \nabla\times \boldsymbol{A} \tag{9.23.6}$$

这时方程$\nabla\cdot\boldsymbol{B}=0$ 自动地得到满足,将式(9.23.6)代入式(9.23.2)得

$$\nabla\times\left(\boldsymbol{E} + \frac{\partial \boldsymbol{A}}{\partial t}\right) = 0 \tag{9.23.7}$$

这表明 $\boldsymbol{E}+\dfrac{\partial \boldsymbol{A}}{\partial t}$是一个没有旋度的场,即它是一个梯度场,因此可以引进标量势 φ,使得

$$\boldsymbol{E} + \frac{\partial \boldsymbol{A}}{\partial t} = -\nabla\varphi$$

或者

$$\boldsymbol{E} = -\nabla\varphi - \frac{\partial \boldsymbol{A}}{\partial t} \tag{9.23.8}$$

这时式(9.23.7)自动地得到满足.将式(9.23.6)、式(9.23.8)代入式(9.23.1)得

$$\nabla\times(\nabla\times \boldsymbol{A}) = -\nabla\frac{\partial\varphi}{\partial t} - \frac{\partial^2 \boldsymbol{A}}{\partial t^2} + 4\pi\boldsymbol{j}$$

或者

$$\Box\boldsymbol{A} - \nabla\frac{\partial A_\mu}{\partial x_\mu} = -4\pi\boldsymbol{j} \tag{9.23.9}$$

将式(9.23.6)、式(9.23.8)代入式(9.23.3)得

$$\nabla\cdot\left(-\nabla\varphi - \frac{\partial \boldsymbol{A}}{\partial t}\right) = 4\pi\rho$$

或者

$$\Box\varphi + \frac{\partial}{\partial t}\frac{\partial A_\mu}{\partial x_\mu} = -4\pi\rho \tag{9.23.10}$$

其中

$$x_\mu = (x_1, x_2, x_3, \mathrm{i}t)$$
$$A_\mu = (A_1, A_2, A_3, \mathrm{i}\varphi)$$

如果我们引进

$$j_\mu = (j_1, j_2, j_3, \mathrm{i}\rho)$$

那么电荷守恒定律可以表述为

$$\frac{\partial j_\mu}{\partial x_\mu} = 0 \tag{9.23.11}$$

而方程式(9.23.9)、式(9.23.10)可以合写为

$$\Box A_\mu - \frac{\partial}{\partial x_\mu}\left(\frac{\partial A_\nu}{\partial x_\nu}\right) = -4\pi j_\mu \tag{9.23.12}$$

引进矢量势 $\boldsymbol{A}$ 和标量势 φ 之后,麦克斯韦方程可以写成

$$\begin{cases} \boldsymbol{B} = \nabla\times \boldsymbol{A} \\ \boldsymbol{E} = -\nabla\varphi - \dfrac{\partial \boldsymbol{A}}{\partial t} \\ \Box A_\mu - \dfrac{\partial}{\partial x_\mu}\left(\dfrac{\partial A_\nu}{\partial x_\nu}\right) = -4\pi j_\mu \end{cases} \tag{9.23.13}$$

的形式.由方程式(9.23.13)可以看出,可观变量 $\boldsymbol{E}$ 和 $\boldsymbol{B}$ 并不能唯一地决定 $\boldsymbol{A}$ 和 φ,这是由于方程式(9.23.13)在第二类梯度变换下是不变,即令

$$A_\mu = A'_\mu + \frac{\partial S}{\partial x_\mu} \tag{9.23.14}$$

其中,S 是一个任意的标量函代入式(9.23.13),经过计算立即可以导出

$$\begin{cases} \boldsymbol{B} = \nabla\times \boldsymbol{A}' \\ \boldsymbol{E} = -\nabla\varphi - \dfrac{\partial \boldsymbol{A}'}{\partial t} \\ \Box A_\mu - \dfrac{\partial}{\partial x_\mu}\left(\dfrac{\partial A_\nu}{\partial x_\nu}\right) = -4\pi j_\mu \end{cases} \tag{9.23.13'}$$

可见矢量势 $\boldsymbol{A}'$ 和 φ' 也给出可观变量 $\boldsymbol{E}$ 和 $\boldsymbol{B}$;由于标量函数是任意的,而且非零,所以势

A_μ 不是可观变量,也不是单值可以相关一个任意函数 S.

可以利用势 A_μ 的这种非单值性,引进一个补充条件来对 A_μ 进行限制,通常选择所谓洛伦茨条件

$$\frac{\partial A_\mu}{\partial x_\mu} = 0 \tag{9.23.15}$$

此条件是唯一可能的对 A_μ 的线性不变条件.考虑到洛伦茨条件,方式变为

$$\Box A_\mu = -4\pi j_\mu \tag{9.23.16}$$

相应地麦克斯韦方程组可以写为

$$\begin{cases} \boldsymbol{B} = \nabla\times \boldsymbol{A} \\ \boldsymbol{E} = -\nabla\varphi - \dfrac{\partial \boldsymbol{A}}{\partial t} \\ \dfrac{\partial A_\mu}{\partial x_\mu} = 0 \\ \Box A_\mu = -4\pi j_\mu \end{cases} \tag{9.23.17}$$

当我们对方程组式(9.23.17)再次进行第二类梯度变换式(9.23.14)时得

$$\begin{cases} \boldsymbol{B} = \nabla\times \boldsymbol{A}' \\ \boldsymbol{E} = -\nabla\varphi' - \dfrac{\partial \boldsymbol{A}'}{\partial t} \\ \dfrac{\partial A_\mu}{\partial x_\mu} + \Box S = 0 \\ \Box A'_\mu + \dfrac{\partial}{\partial x_\mu}\Box S = -4\pi j_\mu \end{cases} \tag{9.23.17$'$}$$

可见方程组式(9.23.17)在第二梯度变换式(9.23.14)的变换下,不再是不变的.但是如果我们引进所谓特殊第二类梯度变换

$$A_\mu = A'_\mu + \frac{\partial S}{\partial x_\mu}, \quad \Box S = 0 \tag{9.23.18}$$

亦即 S 不再是一个任意的非零标量函数,而是一个任意的非零谐和标量函数.这时方程式(9.23.17)经式(9.23.18)的变换后,得

$$\begin{cases} \boldsymbol{B} = \nabla\times \boldsymbol{A}' \\ \boldsymbol{E} = -\nabla\varphi' - \dfrac{\partial \boldsymbol{A}'}{\partial t} \\ \dfrac{\partial A_\mu}{\partial x_\mu} = 0 \\ \Box A'_\mu = -4\pi j_\mu \end{cases} \tag{9.23.17''}$$

可见方程组式(9.23.17)在特殊分第二类梯度变换下是不变的，这表明引进洛伦茨规范之后，势 A_μ 依然没有被唯一地决定，各套势 A_μ 之间可以相差一个任意的非零谐和标量函数S.

利用势 A_μ 的这种非单值性，我们可以在没有源的时空区域中将麦克斯韦方程组写得特别简单.即在 $\boldsymbol{j}=0$ 的时空区域中麦克斯韦方程组式(9.23.17)可以写成

$$\begin{cases} \boldsymbol{B} = \nabla\times \boldsymbol{A} \\ \boldsymbol{E} = -\nabla\varphi - \dfrac{\partial \boldsymbol{A}}{\partial t} \\ \dfrac{\partial A_\mu}{\partial x_\mu} = 0 \\ \Box A_\mu = 0 \end{cases} \tag{9.23.19}$$

的形式.我们进行特殊第二类梯度变换式(9.23.18)，以期获得一组比较简单的势，我们假定给定一组势 $\boldsymbol{A}$、φ 之后，方程式(9.23.19)可以写成

$$\begin{cases} \boldsymbol{B} = \nabla\times \boldsymbol{A} \\ \boldsymbol{E} = -\nabla\varphi - \dfrac{\partial \boldsymbol{A}}{\partial t} \\ \nabla\cdot \boldsymbol{A} + \dfrac{\partial \varphi}{\partial t} = 0 \\ \Box A_\mu = 0 \end{cases} \tag{9.23.20}$$

的形式，然后进行特殊第二类梯度变换

$$\begin{cases} \boldsymbol{A} = \boldsymbol{A}' + \nabla S \\ \varphi = \varphi' - \dfrac{\partial S}{\partial t} \\ \Box S = 0 \end{cases} \tag{9.23.21}$$

方程式(9.23.20)变为

$$\begin{cases} \boldsymbol{B} = \nabla \times \boldsymbol{A} \\ \boldsymbol{E} = -\nabla \varphi - \dfrac{\partial \boldsymbol{A}}{\partial t} \\ \nabla \cdot \boldsymbol{A} + \dfrac{\partial \varphi}{\partial t} = 0 \\ \Box A_\mu = 0 \end{cases} \tag{9.23.20'}$$

其中势 $\boldsymbol{A}'$、φ'是待定的.由于函数 S 满足达朗贝尔方程

$$\Box S = 0$$

所以 $-\dfrac{\partial S}{\partial t}$也满足达朗贝尔方式,即

$$\Box \varphi = 0$$

换言之,给定的标量势 φ 与任意的函数 $-\dfrac{\partial S}{t}$都是达朗贝尔方程的解.但是由于 S 是任意的,这就允许我们挑选一个特殊的标量函数 S,使得它对时间微商的负数等于假定的标量势 φ,即方程

$$\varphi = \frac{\partial S}{\partial t} \tag{9.23.22}$$

得到满足,这是对 S 的任意性的一个限制,但这是允许的.如果我们挑选这样一个标量函数 S,那么从式(9.23.21)直接导出

$$\varphi' = 0 \tag{9.23.23}$$

这时方程式(9.23.20)就变得特别简单

$$\begin{cases} \boldsymbol{B} = \nabla \times \boldsymbol{A} \\ \boldsymbol{E} = -\dfrac{\partial \boldsymbol{A}}{\partial t} \\ \nabla \cdot \boldsymbol{A} = 0 \\ \Box A_\mu = 0 \end{cases} \tag{9.23.24}$$

因此,在无源的时空区域中,电磁场只决定于矢量势,这就是所谓无散度规,或库仑规范.物理上意味着可将标量光子去掉.

总结以上的讨论是,在真空中电磁场方程可以借助于矢量势 $\boldsymbol{A}$,标量势 φ,写为如下形式:

$$\begin{cases} \boldsymbol{B} = \nabla\times \boldsymbol{A} \\ \boldsymbol{E} = -\nabla\varphi - \dfrac{\partial \boldsymbol{A}}{\partial t} \\ \dfrac{\partial A_\mu}{\partial x_\mu} = 0 \\ \Box A_\mu = -4\pi \boldsymbol{j}_\mu \end{cases} \tag{9.23.25}$$

其中,A_μ 是非单值的,可以相差一个任意的谐和函数 S;精确地说方程式(9.23.25)是在特殊第二类梯度变换下不变的.而其中电荷守恒定律表示为

$$\frac{\partial \boldsymbol{j}_\mu}{\partial x_\mu} = 0 \tag{9.23.26}$$

特别地,在电荷、电流为零的时空区域中,我们可以取库仑规范,以至于电磁场完全由矢量势所决定,即

$$\begin{cases} \boldsymbol{B} = \nabla\times \boldsymbol{A} \\ \boldsymbol{E} = -\dfrac{\partial \boldsymbol{A}}{\partial t} \\ \nabla\cdot \boldsymbol{A} = 0 \\ \Box A_\mu = 0 \end{cases} \tag{9.23.27}$$

最后,应该注意的是,由于电场 $\boldsymbol{E}$ 是矢量,磁场 $\boldsymbol{B}$ 是赝矢量,所以矢量势 $\boldsymbol{A}$ 是一个矢量.标量势是一个标量在空间反射之下,它的变换如下:在右手坐标系统中空间矢量 $\boldsymbol{x}$ 在基底 $\boldsymbol{e}_1,\boldsymbol{e}_2,\boldsymbol{e}_3$ 上可以写成

$$\boldsymbol{X} = \boldsymbol{e}_1 X_1 + \boldsymbol{e}_2 X_2 + \boldsymbol{e}_3 X_3 \tag{9.23.28}$$

的形式,在这右手系中物理点 $\boldsymbol{x}$ 上的矢量势表示为

$$\boldsymbol{A}(\boldsymbol{x},t) = \boldsymbol{e}_1 A_1(X_1,X_2,X_3,t) + \boldsymbol{e}_2 A_2(X_1,X_2,X_3,t) + \boldsymbol{e}_3 A_3(X_1,X_2,X_3,t) \tag{9.23.29}$$

标量势表示为

$$\varphi(\boldsymbol{X},t) = \varphi(X_1,X_2,X_3,t) \tag{9.23.30}$$

与这个右手系相应我们引进左手坐标系

$$\begin{aligned} \boldsymbol{e}_1 &\to \boldsymbol{e}_1' = -\boldsymbol{e}_1 \\ \boldsymbol{e}_2 &\to \boldsymbol{e}_2' = -\boldsymbol{e}_2 \\ \boldsymbol{e}_3 &\to \boldsymbol{e}_3' = -\boldsymbol{e}_3 \end{aligned} \tag{9.23.31}$$

在这左手系中物理点 $\boldsymbol{x}$ 可以表示为

$$\boldsymbol{X}=\boldsymbol{e}_1X_1'+\boldsymbol{e}_2X_2'+\boldsymbol{e}_3X_3'=-\boldsymbol{e}_1X_1'-\boldsymbol{e}_2X_2'-\boldsymbol{e}_3X_3' \tag{9.23.32}$$

与式(9.23.28)相比较,获得

$$\boldsymbol{X}=\boldsymbol{e}_1X_1+\boldsymbol{e}_2X_2+\boldsymbol{e}_3X_3=-\boldsymbol{e}_1X_1'-\boldsymbol{e}_2X_2'-\boldsymbol{e}_3X_3'$$

也就是

$$\begin{cases}X_1'=-X_1\\X_2'=-X_2\\X_3'=-X_3\end{cases} \tag{9.23.33}$$

同时在物理点 $\boldsymbol{x}$ 上的势 $A_\mu(\boldsymbol{x},t)$ 又可以表示为

$$\begin{cases}\boldsymbol{A}(\boldsymbol{X},t)=\boldsymbol{e}_1'A_1'(X_1',X_2',X_3',t)+\boldsymbol{e}_2A_2(X_1',X_2',X_3',t)+\boldsymbol{e}_3A_3'(X_1,X_2,X_3,t)\\ \qquad =-\boldsymbol{e}_1A_1(-X_1,-X_2,-X_3,t)-\boldsymbol{e}_2A_2'(-X_1,-X_2,-X_3,t)\\ \qquad\quad -\boldsymbol{e}_3A_3'(-X_1,-X_2,-X_3,t)\\ \varphi(\boldsymbol{r},t)=\varphi'(X_1',X_2',X_3',t)-\boldsymbol{e}_2A_2'(-X_1,-X_2,-X_3,t)\\ \qquad -\boldsymbol{e}_3A_3'(-X_1,-X_2,-X_3,t)\end{cases} \tag{9.23.34}$$

与式(9.23.29)比较之获得

$$\begin{aligned}\boldsymbol{A}(\boldsymbol{X},t)&=-\boldsymbol{e}_1A_1'(-X_1,-X_2,-X_3,t)-\boldsymbol{e}_2A_2'(-X_1,-X_2,-X_3,t)\\&\quad-\boldsymbol{e}_3A_3'(-X_1,-X_2,-X_3,t)\\&=\boldsymbol{e}_1A_1(X_1,X_2,X_3,t)+\boldsymbol{e}_2A_2(X_1,X_2,X_3,t)+\boldsymbol{e}_3A_3(X_1,X_2,X_3,t)\\ \varphi(\boldsymbol{r},t)&=\varphi'(-X_1,-X_2,-X_3,t)=\varphi(X_1,X_2,X_3,t)\end{aligned}$$

也就是

$$\begin{aligned}&A_r'(-X_1,-X_2,-X_3,t)=-A_r(X_1,X_2,X_3,t)\quad(r=1,2,3)\\&\varphi'(-X_1,-X_2,-X_3,t)=\varphi(X_1,X_2,X_3,t)\end{aligned}$$

或者

$$\begin{cases}A_r'(X_1,X_2,X_3,t)=-A_r(-X_1,X_2,X_3,t)\quad(r=1,2,3)\\ \varphi'(X_1,X_2,X_3,t)=\varphi(-X_1,-X_2,-X_3,t)\end{cases} \tag{9.23.35}$$

9.24 多极场

在无源的真空中电磁场方程是

$$\begin{cases} \boldsymbol{B} = \nabla \times \boldsymbol{A} \\ \boldsymbol{E} = -\dfrac{\partial \boldsymbol{A}}{\partial t} \\ \nabla \cdot \boldsymbol{A} = 0 \\ \boldsymbol{A} = 0 \end{cases} \tag{9.24.1}$$

其中我们已取库仑规范.我们将 $\boldsymbol{A}(x)$作平面波展开得

$$\boldsymbol{A}(x) = \int \frac{V \mathrm{d}^4 k}{(2\pi)^3} \boldsymbol{A}(k) \mathrm{e}^{ikx}$$

由于它满足达朗贝尔方程,即

$$0 = \boldsymbol{A} = \int \frac{V \mathrm{d}^4 k}{(2\pi)^3} k^2 \boldsymbol{A}(k) \mathrm{e}^{ikx}$$

从而导出

$$k^2 \boldsymbol{A}(k) = 0$$

因此 $\boldsymbol{A}(x)$必须取如下形式的解:

$$\boldsymbol{A}(k) = \delta(k^2) \boldsymbol{a}(k) \sqrt{\frac{2\omega}{V}}, \quad \omega = | k' |$$

代入则得

$$\boldsymbol{A}(x) = \int \frac{V \mathrm{d}^4 k}{(2\pi)^3} \delta(k^2) \boldsymbol{a}(k) \sqrt{\frac{2\omega}{V}} \mathrm{e}^{ikx} \tag{9.24.2}$$

我们将

$$\delta(k^2) = \frac{\delta(k_0 - \omega) + \delta(k_0 + \omega)}{2\omega}$$

代入(9.24.2)积分之,获得

$$\boldsymbol{A}(x)=\int\frac{V\mathrm{d}^4k}{(2\pi)^3}\left\{\boldsymbol{a}(k)\frac{\mathrm{e}^{\mathrm{i}(kx-\omega t)}}{\sqrt{2\omega V}}+\boldsymbol{a}(-k)\frac{\mathrm{e}^{-\mathrm{i}(kx-\omega t)}}{\sqrt{2\omega V}}\right\}$$

$$=\sum_k\boldsymbol{a}(k)\frac{\mathrm{e}^{\mathrm{i}kx}}{\sqrt{2\omega V}}+\boldsymbol{a}(-k)\frac{\mathrm{e}^{-\mathrm{i}kx}}{\sqrt{2\omega V}}\tag{9.24.3}$$

由于 $\boldsymbol{E}$、$\boldsymbol{B}$ 是实数,所以 $\boldsymbol{A}(x)$也是实数,即 $\boldsymbol{A}(x)=\boldsymbol{A}^*(x)$

$$\int\frac{V\mathrm{d}^4k}{(2\pi)^3}\delta(k^2)\boldsymbol{a}(k)\sqrt{\frac{2\omega}{V}}\mathrm{e}^{\mathrm{i}kx}=\int\frac{V\mathrm{d}^4k}{(2\pi)^3}\delta(k^2)\boldsymbol{a}^*(-k)\sqrt{\frac{2\omega}{V}}\mathrm{e}^{\mathrm{i}kx}$$

从而获得

$$\delta(k^2)\boldsymbol{a}(k)=\delta(k^2)\boldsymbol{a}^*(-k)\tag{9.24.4}$$

分别乘以$\int\mathrm{d}k_0\theta(k_0)$积分之获得

$$\begin{aligned}\boldsymbol{a}(\boldsymbol{k},\omega)&=\boldsymbol{a}^*(-\boldsymbol{k},-\omega)\\ \boldsymbol{a}(-\boldsymbol{k},-\omega)&=\boldsymbol{a}^*(\boldsymbol{k},\omega)\end{aligned}\tag{9.24.5}$$

代入得

$$\boldsymbol{A}(x)=\sum_{\boldsymbol{k}}\left[\boldsymbol{a}(\boldsymbol{k})\frac{\mathrm{e}^{\mathrm{i}kx}}{\sqrt{2\omega V}}+\boldsymbol{a}^*(\boldsymbol{k})\frac{\mathrm{e}^{\mathrm{i}kx}}{\sqrt{2\omega V}}\right]\tag{9.24.6}$$

其中 $\boldsymbol{a}(\boldsymbol{k})=\boldsymbol{a}(\boldsymbol{k},\omega)$.

现在改变系数 $a(\boldsymbol{k})$的开展,在笛卡尔坐标系中

$$\boldsymbol{a}(\boldsymbol{k})=\sum_i\boldsymbol{e}_ia_i(\boldsymbol{k})\tag{9.24.7}$$

换成 ξ_μ 得

$$\boldsymbol{a}(\boldsymbol{k})=\sum_\mu(-1)^\mu\boldsymbol{\xi}_{-\mu}a_\mu(\boldsymbol{k})\tag{9.24.8}$$

然后将 $a_\mu(k)$作分波展开得

$$a_\mu(\boldsymbol{k})=\sum_{lm}a_{lm,1\mu}(\omega)\mathrm{Y}_{lm}^*(\boldsymbol{k}_0)=\sum_{lm}(-1)^m a_{l-m,1\mu}(\omega)\mathrm{Y}_{lm}(\boldsymbol{k}_0)$$

所以

$$(-1)^\mu a_{-\mu}(\boldsymbol{k})=\sum_{lm}(-1)^{m+\mu}a_{l-m,1-\mu}(\omega)\mathrm{Y}_{lm}(\boldsymbol{k}_0)\tag{9.24.9}$$

或者

$$a_{lm,1\mu}(\boldsymbol{\omega})\int \mathrm{d}\Omega \mathrm{Y}_{lm}(\boldsymbol{k}_0)a_{\mu}(\boldsymbol{k}) \tag{9.24.9$'$}$$

代入式(9.24.8)得

$$\boldsymbol{a}(\boldsymbol{k}) = \sum_{lm\mu}\mathrm{Y}_{lm}(\boldsymbol{k}_0)\boldsymbol{\xi}_{\mu}(-1)^{m+\mu}a_{l-m,1\mu}(\omega) \tag{9.24.10}$$

将

$$\mathrm{Y}_{lm}(\boldsymbol{k}_0)\boldsymbol{\xi}_{\mu} = \sum_{JM}\boldsymbol{T}_{Jlm}(\boldsymbol{k}_0)C_{lm,1\mu}^{JM}$$

代入得

$$\boldsymbol{a}(\boldsymbol{k}) = \sum_{Jlm}\boldsymbol{T}_{Jlm}(k_0)\sum_{m\mu}(-1)^{m+\mu}a_{l-m,1-\mu}(\omega)C_{lm,1\mu}^{JM} = \sum_{JlM}\boldsymbol{T}_{Jlm}(k_0)a_{JlM}(\omega)$$

或者

$$\boldsymbol{a}(\boldsymbol{k}) = \sum_{JlM}\boldsymbol{T}_{Jlm}(k_0)a_{JlM}(\omega) \tag{9.24.11}$$

其中

$$a_{JlM}(\omega) = \sum_{m\mu}(-1)^{m+\mu}a_{l-m,1-\mu}(\omega)C_{lm,1\mu}^{JM} \tag{9.24.12}$$

现在考察洛伦茨条件对 $\boldsymbol{a}(\boldsymbol{k})$的限制,即

$$0 = \nabla\cdot\boldsymbol{A}(x) = \int\frac{V\mathrm{d}^4k}{(2\pi)^3}\delta(k^2)\sqrt{\frac{2\omega}{V}}\mathrm{i}\boldsymbol{k}\cdot\boldsymbol{a}(\boldsymbol{k})\mathrm{e}^{\mathrm{i}k\lambda}$$

从而导出

$$\delta(k^2)\boldsymbol{k}\cdot\boldsymbol{a}(\boldsymbol{k}) = 0$$

由此导出横波条件

$$\boldsymbol{k}\cdot\boldsymbol{a}(\boldsymbol{k}) = 0 \tag{9.24.13}$$

这个条件将纵向光子(积化沿 $\boldsymbol{k}$ 方向的光子)去掉,只留下横向光子(极化垂直于 $\boldsymbol{k}$ 方向的光子),这就是洛伦茨条件的实质所在.总结来说:库仑规范将标量光子去掉,洛伦茨条件将纵向光子去掉,这意味着标量光子和纵向光子不是可观察的,只有横向光子才可以观察.

为此,我们将 $a(k)$展为纵向光子与横向光子之和,即

$$
\begin{aligned}
\boldsymbol{a}(\boldsymbol{k}) &= \sum_{JM}[T_{JJ+1M}(\boldsymbol{k}_0)a_{MM+1M}(\omega)+T_{JJM}(\boldsymbol{k}_0)a_{JJM}(\omega)+T_{JJ-1M}(\boldsymbol{k}_0)a_{JJ-1M}(\omega)] \\
&= \sum_{JM}\left\{\left(\sqrt{\frac{J}{2J+1}}\boldsymbol{T}_{JM}^{(1)}(\boldsymbol{k}_0)-\sqrt{\frac{J+1}{2J+1}}\boldsymbol{T}_{JM}^{(-1)}(\boldsymbol{k}_0)\right)a_{JJ+1M}(\omega)\right. \\
&\quad \left.+(\boldsymbol{T}_{JM}^{(0)}(\boldsymbol{k}_0))a_{JJM}(\omega)+\left(\sqrt{\frac{J+1}{2J+1}}\boldsymbol{T}_{JM}^{(1)}(\boldsymbol{k}_0)-\sqrt{\frac{J}{2J+1}}\boldsymbol{T}_{JM}^{(-1)}(\boldsymbol{k}_0)\right)a_{JJ-1M}(\omega)\right\} \\
&= \sum_{JM}\left\{\boldsymbol{T}_{JM}^{(1)}(\boldsymbol{k}_0)\left(\sqrt{\frac{J}{2J+1}}a_{JJ+1M}(\omega)+\sqrt{\frac{J+1}{2J+1}}a_{JJ-1M}(\omega)\right)\right. \\
&\quad \left.+\boldsymbol{T}_{JM}^{(0)}(\boldsymbol{k}_0)a_{JJM}(\omega)+\boldsymbol{T}_{JM}^{(-1)}(\boldsymbol{k}_0)\left(-\sqrt{\frac{J+1}{2J+1}}a_{JJ+1M}(\omega)+\sqrt{\frac{J}{2J+1}}a_{JJ-1M}(\omega)\right)\right\} \\
&= \sum_{JM\lambda}\boldsymbol{T}_{JM}^{(\lambda)}(\boldsymbol{k}_0)a_{JM}^{(\lambda)}(\omega)
\end{aligned}
$$

或者

$$
\boldsymbol{a}(\boldsymbol{k}) = \sum_{JM\lambda}\boldsymbol{T}_{JM}^{(\lambda)}(\boldsymbol{k}_0)a_{JM}^{(\lambda)}(\omega) \tag{9.24.14}
$$

其中，$a_{JM}^{(\lambda)}(\omega)$代 $\lambda=-1$ 代表纵向光子，$\lambda=0,1$ 代表横向光子，它的具体表式是

$$
\begin{cases}
a_{JM}^{(1)}(\omega) = \sqrt{\dfrac{J}{2J+1}}a_{JJ+1M}(\omega)+\sqrt{\dfrac{J+1}{2J+1}}a_{JJ-1M}(\omega) \\
a_{JM}^{(0)}(\omega) = a_{JJM}(\omega) \\
a_{JM}^{(-1)}(\omega) = -\sqrt{\dfrac{J+1}{2J+1}}a_{JJ+1M}(\omega)+\sqrt{\dfrac{J}{2J+1}}a_{JJ-1M}(\omega)
\end{cases} \tag{9.24.15}
$$

将洛伦茨条件代入得

$$
\begin{aligned}
0 = \boldsymbol{k}\cdot\boldsymbol{a}(\boldsymbol{k}) &= \sum_{M\lambda}\boldsymbol{k}\cdot\boldsymbol{T}_{JM}^{(\lambda)}(\boldsymbol{k}_0)a_{JM}^{(\lambda)}(\omega) = \sum_{JM}\boldsymbol{k}\cdot\boldsymbol{T}_{JM}^{(-1)}(\boldsymbol{k}_0)a_{JM}^{(-1)}(\omega) \\
&= \omega\sum_{JM}\mathrm{Y}_{JM}(\boldsymbol{k}_0)a_{JM}^{(-1)}(\omega)
\end{aligned}
$$

从而导出

$$
a_{JM}^{(-1)}(\omega) = 0 \tag{9.24.16}
$$

亦即洛伦茨条件将纵向光子去掉.代入得，满足洛伦茨条件的 $\boldsymbol{a}(\boldsymbol{k})$

$$
\boldsymbol{a}(\boldsymbol{k}) = \sum_{JM\lambda=0,1}\boldsymbol{T}_{JM}^{(\lambda)}(\boldsymbol{k}_0)a_{JM}^{(\lambda)}(\omega) \tag{9.24.17}
$$

代入 $\boldsymbol{A}(x)$之中我们获得

$$
\begin{aligned}
\boldsymbol{A}(x)=&\sum_{kJM}\sum_{\lambda=0,1}\left[a_{JM}^{(\lambda)}(\omega)\boldsymbol{T}_{JM}^{(\lambda)}(\boldsymbol{k}_0)\frac{\mathrm{e}^{\mathrm{i}kx}}{\sqrt{2\omega V}}+a_{JM}^{(\lambda)^*}(\omega)\boldsymbol{T}_{JM}^{(\lambda)^*}(\boldsymbol{k}_0)\frac{\mathrm{e}^{-\mathrm{i}kx}}{\sqrt{2\omega V}}\right]\\
=&\int\frac{V\mathrm{d}^3k}{(2\pi)^3\sqrt{2\omega V}}\sum_{kJM}\sum_{\lambda=0,1}\left[a_{JM}^{(\lambda)}(\omega)\boldsymbol{T}_{JM}^{(\lambda)}(\boldsymbol{k}_0)\mathrm{e}^{\mathrm{i}kx}+a_{JM}^{(\lambda)^*}(\omega)\boldsymbol{T}_{JM}^{(\lambda)^*}(\boldsymbol{k}_0)\mathrm{e}^{-\mathrm{i}kx}\right]\\
=&\sum_{kJM}\sum_{\lambda=0,1}\frac{V}{2(\pi)^2R}\cdot\frac{1}{\sqrt{2\omega V}}\\
&\cdot\int\mathrm{d}\Omega\left[a_{JM}^{(\lambda)}(\omega)\boldsymbol{T}_{JM}^{(\lambda)}(\boldsymbol{k}_0)\mathrm{e}^{\mathrm{i}(\boldsymbol{k}\cdot\boldsymbol{x}-\omega t)}+a_{JM}^{(\lambda)^*}(\omega)\boldsymbol{T}_{JM}^{(\lambda)^*}(\boldsymbol{k}_0)\mathrm{e}^{-\mathrm{i}(\boldsymbol{k}\cdot\boldsymbol{x}-\omega t)}\right]\\
=&\sum_{kJM}\sum_{\lambda=0,1}\frac{V}{2(\pi)^2R\sqrt{2\omega V}}\\
&\cdot\left[a_{JM}^{(\lambda)}(\omega)\mathrm{e}^{-\mathrm{i}\omega t}\int\mathrm{d}\Omega_k\boldsymbol{T}_{JM}^{(\lambda)}(\boldsymbol{k}_0)\mathrm{e}^{\mathrm{i}kx}+a_{JM}^{(\lambda)^*}(\omega)\mathrm{e}^{\mathrm{i}\omega t}\int\mathrm{d}\Omega_k\boldsymbol{T}_{JM}^{(\lambda)^*}(\boldsymbol{k}_0)\mathrm{e}^{-\mathrm{i}kx}\right]
\end{aligned}
$$

定义

$$
\boldsymbol{A}_{JM}^{(\lambda)}(\boldsymbol{x})=\int\mathrm{d}\Omega_k\boldsymbol{T}_{JM}^{(\lambda)}(\boldsymbol{k}_0)\mathrm{e}^{\mathrm{i}\boldsymbol{k}\cdot\boldsymbol{x}}\tag{9.24.18}
$$

则有

$$
\boldsymbol{A}(x)=\sum_{\omega JM}\frac{V}{(2\pi)^2}\frac{\pi}{R}\frac{1}{\sqrt{2\omega V}}\left(a_{JM}^{(\lambda)}(\omega)\mathrm{e}^{-\mathrm{i}\omega t}\boldsymbol{A}_{JM}^{(\lambda)}(\boldsymbol{x})+a_{JM}^{(\lambda)^*}(\omega)\mathrm{e}^{\mathrm{i}\omega t}\boldsymbol{A}_{JM}^{(\lambda)^*}(\boldsymbol{x})\right)\tag{9.24.19}
$$

由于

$$
\boldsymbol{A}_{JM}(\boldsymbol{x})=\int\mathrm{d}\Omega_k\boldsymbol{T}_{JM}(\boldsymbol{k}_0)\mathrm{e}^{\mathrm{i}kx}=g_l(\omega r)\boldsymbol{T}_{JMM}(\boldsymbol{r}_0)\tag{9.24.20}
$$

所以可以导出

$$
\begin{aligned}
\boldsymbol{A}_{JM}^{(1)}(\boldsymbol{x})=&\int\mathrm{d}\Omega_k\boldsymbol{T}_{JM}^{(1)}(\boldsymbol{k}_0)\mathrm{e}^{\mathrm{i}\boldsymbol{k}\cdot\boldsymbol{x}}=\sqrt{\frac{J}{2J+1}}\boldsymbol{A}_{JJ+1M}(\boldsymbol{x})+\sqrt{\frac{J+1}{2J+1}}\boldsymbol{A}_{JJ-1M}(\boldsymbol{x})\\
=&\sqrt{\frac{J}{2J+1}}g_{J+1}(\omega r)\boldsymbol{T}_{JJ+1M}(\boldsymbol{r}_0)+\sqrt{\frac{J+1}{2J+1}}g_{J-1}(\omega r)\boldsymbol{T}_{JJ-1M}(\boldsymbol{r}_0)\\
=&\left(\frac{J}{2J+1}g_{J+1}(\omega r)+\frac{J+1}{2J+1}g_{J-1}(\omega r)\right)\boldsymbol{T}_{JM}^{(1)}(\boldsymbol{r}_0)\\
&+\frac{\sqrt{J(J+1)}}{2J+1}\left(-g_{J+1}(\omega r)+g_{J-1}(\omega r)\right)\boldsymbol{T}_{JM}^{(-1)}(\boldsymbol{r}_0)
\end{aligned}\tag{9.24.21}
$$

$$
\boldsymbol{A}_{JM}^{(0)}(\boldsymbol{x})=\int\mathrm{d}\Omega_k\boldsymbol{T}_{JM}^{(0)}(\boldsymbol{k}_0)\mathrm{e}^{\mathrm{i}\boldsymbol{k}\cdot\boldsymbol{x}}=\boldsymbol{A}_{JJM}(x)=g_J(\omega r)\boldsymbol{T}_{JM}^{(0)}(\boldsymbol{r}_0)\tag{9.24.22}
$$

$$A_{JM}^{(-1)}(\boldsymbol{x}) = \int \mathrm{d}\Omega_k \boldsymbol{T}_{JM}^{(-1)}(\boldsymbol{k}_0)\mathrm{e}^{\mathrm{i}\boldsymbol{k}\cdot\boldsymbol{x}} = -\sqrt{\frac{J+1}{2J+1}}\boldsymbol{A}_{JJ+1M}(\boldsymbol{x}) + \sqrt{\frac{J}{2J+1}}\boldsymbol{A}_{JJ-1M}(\boldsymbol{x})$$

$$= -\sqrt{\frac{J+1}{2J+1}}g_{J+1}(\omega r)\boldsymbol{T}_{JJ+1M}(\boldsymbol{r}_0) + \sqrt{\frac{J}{2J+1}}g_{J-1}(\omega r)\boldsymbol{T}_{JJ-1M}(\boldsymbol{r}_0)$$

$$= \frac{\sqrt{J(J+1)}}{2J+1}(-g_{J+1}(\omega r) + g_{J-1}(\omega r))\boldsymbol{T}_{JM}^{(1)}(\boldsymbol{r}_0)$$

$$+ \left(\frac{J+1}{2J+1}g_{J+1}(\omega r) + \frac{J}{2J+1}g_{J-1}(\omega r)\right)\boldsymbol{T}_{JM}^{(-1)}(\boldsymbol{r}_0) \tag{9.24.23}$$

这些是 $\boldsymbol{A}_{JM}^{(\lambda)}(x)(\lambda = 1,0,-1)$的具体表达式，为了确切地定义光子，必须对场进行量子化，一般的量子化方式是先引进与广义坐标 $\boldsymbol{A}_r(x)$相对应的广义动量

$$\pi_r(x) = \frac{\partial A_r(x)}{\partial t}, \quad (r = 1,2,3) \tag{9.24.24}$$

然后引进正则对易关系

$$[A_r(x), \pi_s(x')]_{t=t'} = \mathrm{i}\delta_{rS}\delta(\boldsymbol{x} - \boldsymbol{x}') \tag{9.24.25}$$

与对易关系式(9.24.25)相应地，有光子算符的对易关系：

$$[a_r(\boldsymbol{k}), a_s^*(\boldsymbol{k}')] = \delta_{rs}\delta_{kk'} \tag{9.24.26}$$

这是相应于笛卡尔坐标 $r = 1,2,3$ 的，相应于 $\mu = 1,0,-1$ 极易证明如下对易关系成立：

$$[a_\mu(\boldsymbol{k}), a_\mu^*(\boldsymbol{k}')] = \delta_{\mu\mu'}\delta_{\boldsymbol{k},\boldsymbol{k}'} \tag{9.24.27}$$

然后求 $a_{lm,1\mu}(\omega) = \int \mathrm{d}\Omega \mathrm{Y}_{lm}(\boldsymbol{k}_0)a_\mu(\boldsymbol{k})$ 的对易关系得

$$[a_{lm,1\mu}(\omega), a_{l'm',1\mu'}^*(\omega)] = \delta_{ll'}\delta_{mm'}\delta_{\mu\mu'}\frac{\delta(\omega - \omega')}{\omega^2}\cdot\frac{(2\pi)^3}{V} \tag{9.24.28}$$

从而导出

$$[a_{JlM}(\omega), a_{J'l'M'}^*(\omega')] = \delta_{JJ'}\delta_{MM'}\delta_{ll'}\frac{\delta(\omega - \omega')}{\omega^2}\cdot\frac{(2\pi)^3}{V} \tag{9.24.29}$$

类似地导出

$$[a_{JM}^{(\lambda)}(\omega), a_{J'M'}^{(\lambda')^*}(\omega') = \delta_{JJ'}\delta_{MM'}\delta_{\lambda\lambda'}\frac{\delta(\omega - \omega')}{\omega^2}\cdot\frac{(2\pi)^3}{V} \tag{9.24.30}$$

引进分立谱

$$\delta(\omega-\omega')=\frac{R}{\pi}\delta_{\omega\omega'}$$

则式(9.24.30)改写为

$$[a_{JM}^{(\lambda)}(\omega),a_{J'M'}^{(\lambda')}(\omega')]=\delta_{JJ'}\delta_{MM'}\delta_{\lambda\lambda'}\delta_{\omega\omega'}\frac{1}{\omega^2}\cdot\frac{R}{\pi}\cdot\frac{(2\pi)^3}{V}\tag{9.24.31}$$

如果我们引进

$$b_{JM}^{(\lambda)}(\omega)=\frac{\omega}{2\pi}\sqrt{\frac{V}{2R}}\cdot a_{JM}^{(\lambda)}(\omega)\tag{9.24.32}$$

那么式(9.24.31)改写为

$$[b_{JM}^{(\lambda)}(\omega),b_{J'M'}^{(\lambda')^*}(\omega')]=\delta_{JJ'}\delta_{MM'}\delta_{\lambda\lambda'}\delta_{\omega\omega'}\tag{9.24.33}$$

我们引进

$$\begin{cases}N_{JM}^{(\lambda)}(\omega)=b_{JM}^{(\lambda)^*}(\omega)b_{JM}^{(\lambda)}(\omega)\\ N=\sum\limits_{\omega JM\lambda}N_{JM}^{(\lambda)}(\omega)=\sum\limits_{\omega JM\lambda}b_{JM}^{(\lambda)^*}(\omega)b_{JM}^{(\lambda)}(\omega)\end{cases}\tag{9.24.34}$$

那么极易导出如下对易关系：

$$\begin{cases}[b_{JM}^{(\lambda)}(\omega),N_{JJ'M'}^{(\lambda)}(\omega')]=\delta_{JJ'}\delta_{MM'}\delta_{\lambda\lambda'}\delta_{\omega\omega'}b_{JM}^{(\lambda)}(\omega)\\ [b_{JM}^{(\lambda)}(\omega),N_{JM'M'}^{(\lambda)}(\omega')]=-\delta_{JJ'}\delta_{MM'}\delta_{\lambda\lambda'}\delta_{\omega\omega'}b_{JM}^{(\lambda)^*}(\omega)\end{cases}\tag{9.24.35}$$

$$\begin{cases}[b_{JM}^{(\lambda)}(\omega),N]=b_{JM}^{(\lambda)}(\omega)\\ [b_{JM}^{(\lambda)^*}(\omega),N]=-b_{JM}^{(\lambda)^*}(\omega)\end{cases}\tag{9.24.36}$$

再引进真空态 Φ,它的定义是

$$b_{JM}^{(\lambda)}(\omega)\Phi=0\tag{9.24.37}$$

因此,从式(9.24.36)可以导出

$$\begin{cases}N\Phi_0=0\\ Nb^*\Phi_0=b^*\Phi\\ Nb^*b^*\Phi_0=2b^*b^*\Phi_0\end{cases}\tag{9.24.38}$$

所以 N 是标准的粒子数算符,这说明我们挑选的消灭算符是正确的,判别准则是对易关系式(9.24.33)

$$A(x)=\sum_{\omega JM\lambda}\left[b_{JM}^{(\lambda)}(\omega)\frac{1}{4\pi}\sqrt{\frac{\omega}{R}}e^{-i\omega t}\boldsymbol{A}_{JM}^{(\lambda)}(\boldsymbol{x})+b_{JM}^{(\lambda)*}(\omega)\frac{1}{4\pi}\sqrt{\frac{\omega}{R}}e^{i\omega t}\boldsymbol{A}_{JM}^{(\lambda)*}(\boldsymbol{x})\right]$$

(9.24.39)

下面求电磁场

$$\begin{aligned}\boldsymbol{E}(k)&=\frac{\partial \boldsymbol{A}(x)}{\partial t}\\&=i\sum_{\omega JM\lambda}b_{JM}^{(\lambda)}(\omega)\sqrt{\frac{\pi}{2R}}\left(\frac{\omega}{2\pi}\right)^{3/2}e^{-i\omega t}\boldsymbol{A}_{JM}^{(\lambda)}(x)+\sum_{\omega JM\lambda}b_{JM}^{(\lambda)}(\omega)\sqrt{\frac{\pi}{2R}}\left(\frac{\omega}{2\pi}\right)^{3/2}e^{i\omega t}\boldsymbol{A}_{JM}^{(\lambda)*}(x)\end{aligned}$$

(9.24.40)

磁场 $\boldsymbol{B}(x)$求取比较麻烦一些，

$$\boldsymbol{B}(x)=\nabla\times\boldsymbol{A}(x)=\sum_{k}\left[i\boldsymbol{k}\times\boldsymbol{a}(\boldsymbol{k})\frac{e^{ikx}}{\sqrt{2\omega V}}-i\boldsymbol{k}\times\boldsymbol{a}^{*}(\boldsymbol{k})\frac{e^{-ikx}}{\sqrt{2\omega V}}\right]$$

计算

$$\boldsymbol{k}\times\boldsymbol{a}(\boldsymbol{k})=\boldsymbol{k}\times\sum_{JM\lambda}\boldsymbol{T}_{JM}^{(\lambda)}(\boldsymbol{k}_0)a_{JM}^{(\lambda)}(\omega)=\omega\sum_{JM\lambda}\boldsymbol{k}_0\times\boldsymbol{T}_{JM}^{\lambda}(\boldsymbol{k}_0)a_{JM}^{(\lambda)}(\omega)\quad(9.24.41)$$

利用式(9.21.19)可以导出

$$\begin{cases}\boldsymbol{r}_0\times\boldsymbol{T}_{JM}^{(1)}(\boldsymbol{r}_0)=i\boldsymbol{T}_{JM}^{(0)}(\boldsymbol{r}_0)\\\boldsymbol{r}_0\times\boldsymbol{T}_{JM}^{(0)}(\boldsymbol{r}_0)=i\boldsymbol{T}_{JM}^{(1)}(\boldsymbol{r}_0)\\\boldsymbol{r}_0\times\boldsymbol{T}_{JM}^{(-1)}(\boldsymbol{r}_0)=0\end{cases}\quad(9.24.42)$$

概括为

$$\boldsymbol{r}_0\times\boldsymbol{T}_{JM}^{(\lambda)}(\boldsymbol{r}_0)=i\boldsymbol{T}_{JM}^{(1-\lambda)}(\boldsymbol{r}_0)\quad(\lambda=1,2)\quad(9.24.43)$$

代入得

$$\boldsymbol{k}\times\boldsymbol{a}(\boldsymbol{k})=i\omega\sum_{JM\lambda}\boldsymbol{T}_{JM}^{(1-\lambda)}(\boldsymbol{r}_0)a_{JM}^{(\lambda)}(\omega)$$

或者

$$\begin{cases}i\boldsymbol{k}\times\boldsymbol{a}(\boldsymbol{k})=-\omega\sum_{JM\lambda}\boldsymbol{T}_{JM}^{(1-\lambda)}(\boldsymbol{r}_0)a_{JM}^{(\lambda)}(\omega)\\-i\boldsymbol{k}\times\boldsymbol{a}(\boldsymbol{k})=-\omega\sum_{JM\lambda}\boldsymbol{T}_{JM}^{*(1-\lambda)}(\boldsymbol{r}_0)a_{JM}^{(\lambda)*}(\omega)\end{cases}\quad(9.24.44)$$

与 $\boldsymbol{A}(x)$的展开比较之，将 $\boldsymbol{A}(x)$中波函数指标 $\lambda\to1-\lambda$，并乘以 $-\omega$ 就获得$\boldsymbol{B}(x)$了，即

$$B(x)=\nabla\times A(x)$$

$$=-\sum_{\omega JM\lambda}b_{JM}^{(\lambda)}(\omega)\sqrt{\frac{\pi}{2R}}\left(\frac{\omega}{2\pi}\right)^{3/2}e^{-i\omega t}\boldsymbol{A}_{JM}^{(1-\lambda)}(\boldsymbol{x})+\sum_{\omega JM\lambda}b_{JM}^{(\lambda)*}(\omega)\sqrt{\frac{\pi}{2R}}\left(\frac{\omega}{2\pi}\right)^{3/2}e^{i\omega t}\boldsymbol{A}_{JM}^{(1-\lambda)}(\boldsymbol{x}) \tag{9.24.45}$$

下面从式(9.24.30)、式(9.24.40)和式(9.24.45)求能量 ω,总角动量 JM,数化 λ 的复数矢量势和电磁场.

$\lambda=0$ 时,

$$\begin{cases}\boldsymbol{A}_{\omega JM}^{0}(x)=\dfrac{1}{4\pi}\sqrt{\dfrac{\omega}{R}}e^{-i\omega t}\boldsymbol{A}_{JM}^{0}(\boldsymbol{x})\\ \boldsymbol{E}_{\omega JM}^{(0)}(x)=i\sqrt{\dfrac{\pi}{2R}}\left(\dfrac{\omega}{2R}\right)^{3/2}e^{-i\omega t}\boldsymbol{A}_{JM}^{(0)}(\boldsymbol{x})\\ \boldsymbol{B}_{\omega JM}^{(0)}(x)=-\sqrt{\dfrac{\pi}{2R}}\left(\dfrac{\omega}{2R}\right)^{3/2}e^{i\omega t}\boldsymbol{A}_{JM}^{(1)}(\boldsymbol{x})\end{cases} \tag{9.24.46}$$

$\lambda=1$ 时,

$$\begin{cases}\boldsymbol{A}_{\omega JM}^{(1)}(x)=\dfrac{1}{4\pi}\sqrt{\dfrac{\omega}{R}}e^{-i\omega t}\boldsymbol{A}_{JM}^{(1)}(\boldsymbol{x})\\ \boldsymbol{E}_{\omega JM}^{(1)}(x)=i\sqrt{\dfrac{\pi}{2R}}\left(\dfrac{\omega}{2R}\right)^{3/2}e^{-i\omega t}\boldsymbol{A}_{JM}^{(1)}(\boldsymbol{x})\\ \boldsymbol{B}_{\omega JM}^{(1)}(x)=-\sqrt{\dfrac{\pi}{2R}}\left(\dfrac{\omega}{2R}\right)^{3/2}e^{-i\omega t}\boldsymbol{A}_{JM}^{(0)}(\boldsymbol{x})\end{cases} \tag{9.24.47}$$

它们之间存在关系

$$\frac{\boldsymbol{E}_{\omega JM}^{\lambda}}{i\omega}=\boldsymbol{A}_{\omega JM}^{\lambda}(x)=\frac{\boldsymbol{B}_{\omega JM}^{(1-\lambda)}(x)}{-\omega}\quad(\lambda=0,1) \tag{9.24.48}$$

当 $\lambda=0$ 时,$\boldsymbol{A}_{\omega JM}^{(0)}(x)$称为 2^J 极磁场,它的宇称为

$$(-1)^{J+1}$$

当 $\lambda=1$ 时,$\boldsymbol{A}_{\omega JM}^{(1)}(x)$称为 2^J 极磁场,它的宇称为

$$(-1)^J$$

这是由于在空间反射之下有

$$PT_{JlM}(\boldsymbol{r}_0)=(-1)^{l+1}T_{JlM}(\boldsymbol{r}_0) \tag{9.24.49}$$

从而导出

$$PT_{JM}^{(\lambda)}(\boldsymbol{r}_0) = (-1)^{J+1+\lambda} T_{JM}^{(\lambda)}(\boldsymbol{r}_0) \tag{9.24.50}$$

的缘故，将式(9.24.46)、式(9.24.27)代回原式则有

$$\begin{cases} \boldsymbol{A}(x) = \sum\limits_{\omega JM\lambda} \left[b_{JM}^{(\lambda)}(\omega) \boldsymbol{A}_{\omega JM}^{(\lambda)}(x) + b_{JM}^{(\lambda)*}(\omega) \boldsymbol{A}_{\omega JM}^{(\lambda)*}(x) \right] \\ \boldsymbol{E}(x) = \sum\limits_{\omega JM\lambda} \left[b_{JM}^{(\lambda)}(\omega) \boldsymbol{E}_{\omega JM}^{(\lambda)}(x) + b_{JM}^{(\lambda)*}(\omega) \boldsymbol{E}_{\omega JM}^{(\lambda)*}(x) \right] \\ \boldsymbol{B}(x) = \sum\limits_{\omega JM\lambda} \left[b_{JM}^{(\lambda)}(\omega) \boldsymbol{B}_{\omega JM}^{(\lambda)}(x) + b_{JM}^{(\lambda)*}(\omega) \boldsymbol{B}_{\omega JM}^{(\lambda)*}(x) \right] \end{cases} \tag{9.24.51}$$

而式(9.24.46)、式(9.24.27)可以概括为

$$\begin{cases} \boldsymbol{A}_{\omega JM}^{(\lambda)}(x) = \dfrac{1}{4\pi} \sqrt{\dfrac{\omega}{R}} \mathrm{e}^{-\mathrm{i}\omega t} \boldsymbol{A}_{JM}^{(\lambda)}(\boldsymbol{x}) \\ \boldsymbol{E}_{\omega JM}^{(\lambda)}(x) = \mathrm{i} \sqrt{\dfrac{\pi}{2R}} \left(\dfrac{\omega}{2\pi} \right)^{3/2} \mathrm{e}^{-\mathrm{i}\omega t} \boldsymbol{A}_{JM}^{(\lambda)}(\boldsymbol{x}) \\ \boldsymbol{B}_{\omega JM}^{(\lambda)}(x) = -\sqrt{\dfrac{\pi}{2R}} \left(\dfrac{\omega}{2\pi} \right)^{3/2} \mathrm{e}^{-\mathrm{i}\omega t} \boldsymbol{A}_{JM}^{(1-\lambda)}(\boldsymbol{x}) \end{cases} \tag{9.24.52}$$

其中，$\lambda = 0,1$.

后记

一日，张鹏飞来信，说道："在中国科大出版社的大力支持下，阮图南老师遗留的《量子场论导引》与《幺正对称性和介子、重子波函数》讲义都计划出版，并列入'十四五'国家重点出版物出版规划重大项目'量子科学出版工程'. 阮老师遗留下来的大量讲义、手写稿是一个宝库，还有更多有待于整理出版."

我很高兴老师的书能问世. 在阮图南老师指导下多年，我以为他在理论物理上的功底应该是全国数一数二的. 他擅长于处理冗长和繁复的推算，而这些东西别人都不敢触及. 他的推导形式工整，如艺术品. 他备课，不看教材，自己从头推导起，边推导，边想出往往与众不同的新方法. 他可以几个小时端坐在条凳上，可谓正襟危坐. 他的特点如下：

一是听说别人的论文中有一个数学物理结果，他并不看任何文献，回家自己琢磨推导，而且往往都能推导成功.

二是善于将别人的结果向更广义的情形推广，任凭推导如何复杂，他都能梳理出结果来. 例如，他在路径积分方面，以独有的方法给出新的广义的拉格朗日量.

三是善于将数学物理的各种方法融为一炉，升华为新方法.

四是他的推导既全面又细腻，可谓事无巨细. 越是难的推导，他越有兴趣.

五是他的推导书法工整，却有飘逸之风.

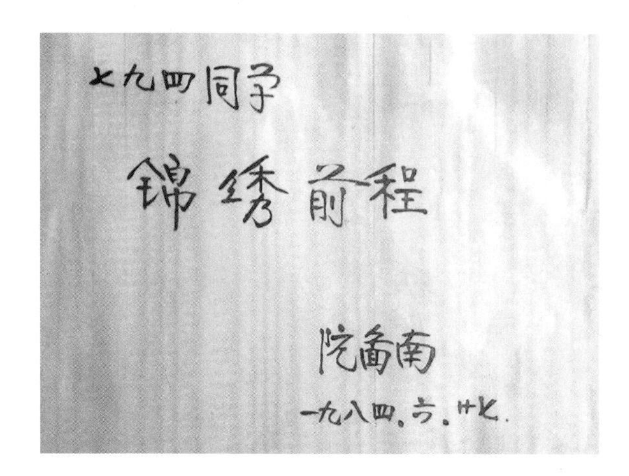

阮老师送给学生的祝福语

他经常一边与人交谈，一边在黑板上连续推导满满一整板，看了让人叹服.他的推导能力，完全出于用功.阮图南先生心胸坦荡，自己写的论文愿意跟人分享，也不争名前后.对于学生的成就也不妒忌，没有他的推荐，我不可能被列为中国第一批18名博士之一.

阮老师在强子结构的层子模型、陪集空间纯规范场理论、相对论等时方程、复合粒子量子场论等研究中，成果卓著.他还给出了路径积分量子化等效拉格朗日函数的一般形式以及超弦B-S方程，并在费米子的玻色化结构、约束动力学、Bargmann-Wigner方程的严格解、螺旋振幅分析方法等领域均有重要的建树.

读阮先生的书，可体会他推导理论物理一丝不苟，却又旷达洒落，自成理路，如其为人.故其麾下，求学者众多也！

范洪义

2022年2月